国家植物园
CHINA NATIONAL
BOTANICAL GARDEN

中国 二十一世纪的 园林之母

第七卷

CHINA

Mother of Gardens, in the Twenty-first Century

Volume 7

马金双　主编

Editor in Chief: MA Jinshuang

中国林业出版社
CFPH China Forestry Publishing House

内容提要

《中国——二十一世纪的园林之母》为系列丛书，记载今日中国观赏植物研究与历史以及相关的人物与机构，其宗旨是总结中国观赏植物资源及其现状，弘扬园林之母对世界植物学，乃至园林学和园艺学的贡献。全书拟分卷出版，本书为第七卷，共10章：第1章，中国重楼属植物（黑药花科）；第2章，中国石蒜科石蒜属植物；第3章，中国姜花属植物；第4章，中国杜鹃花科马醉木属植物；第5章，中国龙胆科植物；第6章，中国爵床科植物；第7章，韩尔礼的植物学之路；第8章，中国园林与博物馆的融合——园林类博物馆；第9章，黑龙江省森林植物园的发展历程（1958—2023）；第10章，秦岭国家植物园。

图书在版编目（CIP）数据

中国——二十一世纪的园林之母. 第七卷 / (美) 马金双主编. -- 北京 : 中国林业出版社, 2024. 10.

ISBN 978-7-5219-2858-7

Ⅰ. S68

中国国家版本馆CIP数据核字第2024FB1574号

责任编辑：张　华　贾麦娥
装帧设计：刘临川

出版发行：中国林业出版社
（100009，北京市西城区刘海胡同7号，电话83143566）
电子邮箱：43634711@qq.com
网址：https://www.cfph.net
印刷：北京博海升彩色印刷有限公司
版次：2024年10月第1版
印次：2024年10月第1次
开本：889mm × 1194mm　1/16
印张：37.75
字数：1120千字
定价：498.00元

《中国——二十一世纪的园林之母》
第七卷编辑委员会

编写说明

《中国——二十一世纪的园林之母》为系列丛书，由多位作者集体创作，完成的内容组成一卷即出版一卷。

《中国——二十一世纪的园林之母》记载中国观赏植物资源以及有关的人物与机构，其顺序为植物分类群在前，人物与机构于后。收录的类群以中国具有观赏价值和潜在观赏价值的种类为主；其系统排列为先蕨类植物后种子植物（即裸子植物和被子植物），并采用最新的分类系统（蕨类植物：CHRISTENHUSZ et al., 2011；裸子植物：CHRISTENHUSZ et al., 2011；被子植物：APG IV, 2016）。人物与机构的排列基本上以汉语拼音顺序记载，其内容则侧重于历史上为中国观赏植物做出重要贡献的主要人物以及以研究与收藏中国观赏植物为主的重要机构。植物分类群的记载包括隶属简介、分类历史与系统、分类群（含学名以及模式信息）介绍、识别特征、地理分布和资源引种以及传播历史等。人物侧重于其主要经历、与中国观赏植物和机构的关系及其主要成就；而机构则侧重于基本信息、自然地理概况、历史变迁、现状以及收藏的具有特色的中国观赏植物资源及其影响等。

本丛书不设具体的收载文字与照片限制，这不仅仅是因为植物类群不一、人物和机构不同，更考虑到其多样性以及其影响。特别是通过这样的工作能够使作者们充分发挥潜力并提高研究水平，不仅仅是记载相关的历史渊源与文化传承，更重要的是借以提高对观赏植物资源开发利用和保护的科学认知。

欢迎海内外同仁与同行加入编写行列。在21世纪的今天，我们携手总结中国观赏植物概况，不仅仅是充分展示今日园林之母的成就，弘扬中华民族对世界植物学乃至园林学和园艺学的贡献；而且希望通过这样的工作，锻炼、培养一批有志于该领域的人才，继承传统并发扬光大。

本丛书第一卷和第二卷于2022年秋天出版，并得到业界和读者的广泛认可。2023年再次推出第三、第四和第五卷。2024年继续完成第六卷、第七卷出版工作。特别感谢各位作者的真诚奉献，使得丛书能够在4年时间内完成7卷本的顺利出版！感谢各位照片拍摄者和提供者，使得丛书能够图文并茂并增加可读性。特别感谢国家植物园（北园）领导的大力支持、有关部门的通力协助以及有关课题组与相关人员的大力支持；感谢中国林业出版社编辑们的全力合作与辛苦付出，使得本书顺利面世。

因时间紧张，加之水平有限，错误与不当之处，诚挚地欢迎各位批评指正。

编者

2024年中秋

前言

中国是世界著名的文明古国，同时也是世界公认的园林之母！数千年的农耕历史不仅为中国积累了丰富的栽培与利用植物的宝贵经验，而且大自然还赋予了中国得天独厚的自然条件，因而孕育了独特而又丰富的植物资源。多重因素叠加，使得中国成为举世公认的植物大国！中国高等植物总数超过欧洲和北美洲的总和，高居北半球之首，而且名列世界前茅。然而，园林之母也好，植物大国也罢，我们究竟有多少具有观赏价值或者潜在观赏价值（尚未开发利用）的植物，要比较准确或者可靠地回答这个问题，则是摆在业界面前比较困难的挑战。特别是，中国观赏植物在世界园林历史上的作用与影响，我们还有哪些经验教训值得总结，更值得我们深思。

百余年来，经过几代人的艰苦奋斗，先后完成《中国植物志》（1959—2004）中文版和英文版（*Flora of China*，1994—2013）两版国家级植物志和近百部省（自治区、直辖市）植物志，特别是近年来不断地深入研究使得数据更加准确，这使得我们有可能进一步探讨中国观赏植物的资源现状，并总结这些物种及其在海内外的传播与利用，辅之以学科有关的重要人物与主要机构介绍。这在21世纪的今天，作为园林之母的中国显得格外重要。一方面，我们要清楚自己的家底，总结其开发与利用的经验教训，以便进一步保护与利用；另一方面，我们要激发民族的自豪感与优越感，进而鼓励业界更好地深入研究并探讨，充分扩展我们的思路与视野，真正引领世界行业发展。

改革开放40多年来，国人的生活水准有了极大的改善与提高，国民大众的生活不仅仅满足于温饱而更进一步向小康迈进，尤其是在休闲娱乐、亲近自然、欣赏园林之美等层面不断提出更高要求。作为专业人士，一方面，我们应该尽职尽责做好本职工作，充分展示园林之母对世界植物学乃至园林学和园艺学的贡献；另一方面，我们要开阔自己的视野，以园林之母主人公姿态引领时代的需求，总结丰富的中国观赏植物资源，以科学的方式展示给海内外读者。中国是一个14亿人口的大国，要将植物知识和园林文化融合发展，讲好中国植物故事，彰显中华文化和生物多样性魅力以及提高国民素质，科学普及工作可谓任重道远。

基于此，我们组织业界有关专家与学者，对中国观赏植物以及具有潜在观赏价值的植物资源进行了总结，充分记载中国观赏植物的资源现状及其海内外引种传播历史和对世界园林界的贡献。与此同时，对海内外业界有关采集并研究中国观赏植物比较突出的人物与事迹，相关机构的概况等进行了介绍；并借此机会，致敬业界的前辈，同时激励民族的后人。

国家植物园（北园），期待业界的同仁与同事参与，我们共同谱写二十一世纪园林之母新篇章。

贺　然　魏　钰　马金双

2024年

目录

内容提要

编写说明

前言

第1章　中国重楼属植物（黑药花科）…… 001

第2章　中国石蒜科石蒜属植物 …… 059

第3章　中国姜花属植物 …… 099

第4章　中国杜鹃花科马醉木属植物 …… 153

第5章　中国龙胆科植物 …… 165

第6章　中国爵床科植物 …… 291

第7章　韩尔礼的植物学之路 …… 339

第8章　中国园林与博物馆的融合——园林类博物馆 …… 363

第9章　黑龙江省森林植物园的发展历程（1958—2023）…… 463

第10章　秦岭国家植物园 …… 527

植物中文名索引 …… 590

植物学名索引 …… 593

中文人名索引 …… 595

西文人名索引 …… 596

Summary

Explanation

Preface

1 *Paris* (Melanthiaceae) in China ········ 001

2 *Lycoris* of Amaryllidaceae in China ········ 059

3 The Genus *Hedychium* in China ········ 099

4 *Pieris* of Ericaceae in China ········ 153

5 Gentianaceae in China ········ 165

6 Acanthaceae in China ········ 291

7 The Botanical Pathway of Augustine Henry ········ 339

8 Integration of Chinese Garden and Museum —— Garden-type Museum ········ 363

9 The Development Process of Heilongjiang Forest Botanical Garden (1958—2023) ········ 463

10 Qinling National Botanical Garden ········ 527

Plant Names in Chinese ········ 590

Plant Names in Latin ········ 593

Persons Index in Chinese ········ 595

Persons Index ········ 596

园林之母
China

01

-ONE-

中国重楼属植物（黑药花科）

Paris (Melanthiaceae) in China

王廷璐[1,2] 侯禄晓[1,3] 杨成金[4] 纪运恒[1*]

（[1]中国科学院昆明植物研究所；[2]广东药科大学中药学院；[3]中国科学院大学昆明生命科学学院；[4]云南白药集团中药资源有限公司）

WANG Tinglu[1,2] HOU Luxiao[1,3] YANG Chengjin[4] JI Yunheng[1*]

([1]Kunming Institute of Botany, Chinese Academy of Sciences; [2]School of Traditional Chinese Medicine, Guangdong Pharmaceutical University; [3]Kunming College of Life Science, University of Chinese Academy of Sciences; [4]Chinese Medicinal Resources Co. LTD, Yunnan Baiyao Group)

* 邮箱：jiyh@mail.kib.ac.cn

摘　要：本章从重楼属植物的分类、地理分布、药用价值、观赏价值等方面全面地对国产重楼属植物进行介绍，并对中国重楼属物种的形态特征进行了详细的描述，旨在帮助读者更深入地了解这些独特的植物，以高值综合利用促进对它们的有效保护。

关键词：重楼属　分类　可持续利用　物种保护

Abstract: In this chapter, our focus lies on the classification, geographical distribution, medicinal and ornamental values of *Paris* species (Melanthiaceae) in China. On this basis, we provide a comprehensive description of the morphological characteristics of Chinese *Paris* species to enhance readers' understanding of these unique plants and promote their effective conservation through holistic utilization.

Keywords: *Paris*, Taxonomy, Sustainable utilization, Species conservation

王廷璐，侯禄晓，杨成金，纪运恒，2024，第1章，中国重楼属植物（黑药花科）；中国——二十一世纪的园林之母，第七卷：001-057页.

重楼属（*Paris* L.）隶属于黑药花科（Melanthiaceae）重楼族（Parideae），为多年生草本，其根状茎细长或粗厚，具明显的环节，茎直立，不分枝，地上部分冬季枯萎，地下根状茎在翌年春天产生新芽。叶4～12（～16）枚，轮生于茎顶部，具柄或无柄；叶片绿色或具紫色斑块，全缘，叶脉网状。花顶生于茎顶端，花梗较长，为茎的延续；花被片离生、宿存，排成2轮，明显分化，外轮为花萼，内轮为花瓣，两轮数目相等；萼片通常叶状，绿色，稀为白色，披针形至宽卵形；花瓣狭长，狭线形或丝状，通常为黄绿色，与萼片互生；花丝细，扁平，花药线形、2室，侧向纵裂，花粉黄色，药隔突出于花药顶端或不明显；子房近球形或圆锥形，常为绿色，花柱明显，分裂为枝状柱头，柱头数与胎座数相等。果为蒴果或浆果，种子多数，具红色或黄色的多汁外种皮或海绵状假种皮。

根据对该属的最新分类修订（Ji, 2021），重楼属共26种，广泛分布于东亚及欧洲的寒温带、温带、亚热带和热带地区。除四叶重楼（*Paris quadrifolia*）和无瓣重楼（*P. incompleta*）分布于欧洲外，剩余24种为东亚特有种。其中，中国分布有22种，分布范围涵盖南北各地，但主要集中在西南地区。重楼属植物在中国有悠久的药用历史，其传统利用最早可追溯到《神农百草经》。《滇南本草》中首次以“重楼”作为正式的药名，并详细记录了它的医药用途。重楼属植物具有重要的经济和药用价值，在传统医学中，具粗壮根状茎的种类被广泛用于治疗多种疾病，包括蛇咬伤、炎症、肿毒等。据统计，现有92种国药准字号药品以药用重楼为原料，包括“云南白药”“宫血宁胶囊”“云南红药胶囊”等知名药物，其年产值在100亿元左右。长期以来，医药工业生产所需重楼原料均来源于野生，巨大的商品药材需求量（约3 000吨/年）远远超出了种群的更新速度，使国产重楼属植物野生资源逐渐枯竭。2021年国家林业和草原局、农业农村部发布的《国家重点保护野生植物名录》中，将北重楼（*Paris verticillata*）以外的所有国产种类列为国家二级保护植物。

本章从重楼属植物的分类、地理分布、药用价值、观赏价值等方面全面地对国产重楼属植物进行介绍，并对中国重楼属物种的形态特征进行了详细描述，旨在帮助读者更深入地了解这些独特的植物，以高值综合利用促进对它们的有效保护。

1 重楼属的分类历史

1.1 重楼属的建立及分类归属

Linnaeus（1753）以四叶重楼（*Paris quadrifolia*）为模式种创立重楼属。其属名*Paris*来自中世纪拉丁语词根Par，指该属植物轮生叶与叶片状萼片平行之意。重楼属植物叶4～12（～16）枚，轮生于茎的顶端，花1朵，顶生于叶轮中央，其形态极其鲜明而易与其他被子植物类群区别，但其分类归属却长期处于争论之中。

De-Jusseau（1789）将重楼属划分到百合科（Liliaceae）中，该分类处理得到恩格勒系统的认可（Engler, 1897）。《中国植物志》和*Flora of China*对重楼属的编写均采用恩格勒系统，也将其视为百合科下的一个属（汪发缵和唐进，1978; Liang and Soukup, 2000）。Du-Mortier（1829）基于重楼属（*Paris*）和延龄草属（*Trillium*）的形态相似性及其与百合科其他类群的形态差异，将二者从百合科中划出，建立了一个独立的科级分类单元：重楼科（Paridaceae）。鉴于重楼属和延龄草属与菝葜科（Smilacaceae）植物叶脉形态特征相似性程度较高，Endlicher（1836—1840）又将重楼科处理为菝葜科下的一个族级分类单元（重楼族，Parideae）。Lindley（1846）则认为重楼属和延龄草属的叶和花的形态与菝葜科植物存在显著差异，据此以延龄草属为模式，命名了一个新科：延龄草科（Trilliaceae），该分类处理得到了Hutchinson（1926）、Thorne（1992）、Takhtajan（1959, 1980, 1987, 1997）分类系统的认同。20世纪末，在基于分子系统学证据建立的被子植物APG（Angiosperm Phylogeny Group, 1998, 2003, 2009, 2016）分类系统中，又将重楼属和延龄草属划入黑药花科（Melanthiaceae）。自建立以来，重楼属的分类归属经历了多次变迁，从最初的百合科到重楼科、菝葜科、延龄草科，再到最新的黑药花科。比较而言，APG系统将其纳入黑药花科更为合理，因此得到了学界的广泛认可。

1.2 重楼属的分类系统

Hara（1969）基于果实和种子特征，将重楼属划分为3个组，分别为Sect. *Paris*、Sect. *Kinugasa*和Sect. *Euthyra*. 汪发缵和唐进（1978）在编撰《中国植物志》重楼属部分时，采用了Hara（1969）的分类系统，将国产重楼属植物归为Sect. *Paris*和Sect. *Euthyra*两个组，但也对Hara提出的重楼属的模式种四叶重楼（*Paris quadrifolia* L.）除分布于欧洲外，在中国新疆也有分布的观点提出了质疑（迄今为止，新疆并无重楼属植物标本记录）。此外，在《中国植物志》中，还基于采自四川宝兴的标本，描述了一个新种：巴山重楼（*Paris bashanensis* Wang et Tang），并将四叶重楼的一个变种*Paris quadrifolia* L. var. *sichuanensis* Franch. 处理为巴山重楼的异名（汪发缵，唐进，1978）。分子系统学证据（Ji et al., 2006, 2019）表明该分类处理具有合理性。

Takhtajan（1983）根据子房、种子、果实和根状茎的不同形态将重楼属划分为3个独立的属，分别为*Paris sensu stricto*、*Kinugasa*和*Daiswa*，该分类处理并未得到分子系统学证据的支持（Ji et al., 2006, 2019）。

李恒（1998）对重楼属植物进行了全面的分类修订，根据子房胎座类型（侧膜胎座、中轴胎座）将本属划分为Subgen. *Daiswa*和Subgen. *Paris*两个亚属，并且根据雄蕊轮数、花基数大小、花粉纹饰、种皮类型和假种皮的有无、根状茎的粗细等重要特征将这两个亚属再划分为Sect. *Dunniana* H. Li、Sect. *Euthyra*、Sect. *Marmoratae* H. Li、Sect. *Fargesianae* H. Li、Sect. *Thibeticae* H. Li

（Subgen. *Daiswa*）、Sect. *Axiparis* H. Li、Sect. *Paris* 和Sect. *Kinugasa*（Subgen. *Paris*）等8个组。李恒（1998）还对重楼属植物进行了全面的分类修订，将《中国植物志》中纳入*Paris polyphylla* Sm.内的多个变种恢复为独立的种。此外，李恒（1998）还对古籍文献中记载的重楼属植物的基源进行了考证；据此，将*Paris polyphylla*的中文名称由七叶一枝花（汪发缵和唐进，1978）修正为多叶重楼，将*Paris polyphylla* var. *chinensis* (Franch.) Hara的中文名称由华重楼（汪发缵和唐进，1978）修正为七叶一枝花，将*Paris polyphylla* var. *yunnanensis* (Franch.) Hand.-Mzt.的中文名称由宽瓣重楼（汪发缵，唐进，1978）修正为滇重楼。这些中文名称的更正得到了广泛的认可，并被《中华人民共和国药典》各届编委会采用。

Liang and Soukup（2000）在编撰*Flora of China*重楼属章节时，也大多采纳了李恒（1998）的分类修订意见。此外，基于形态学证据将缅甸重楼

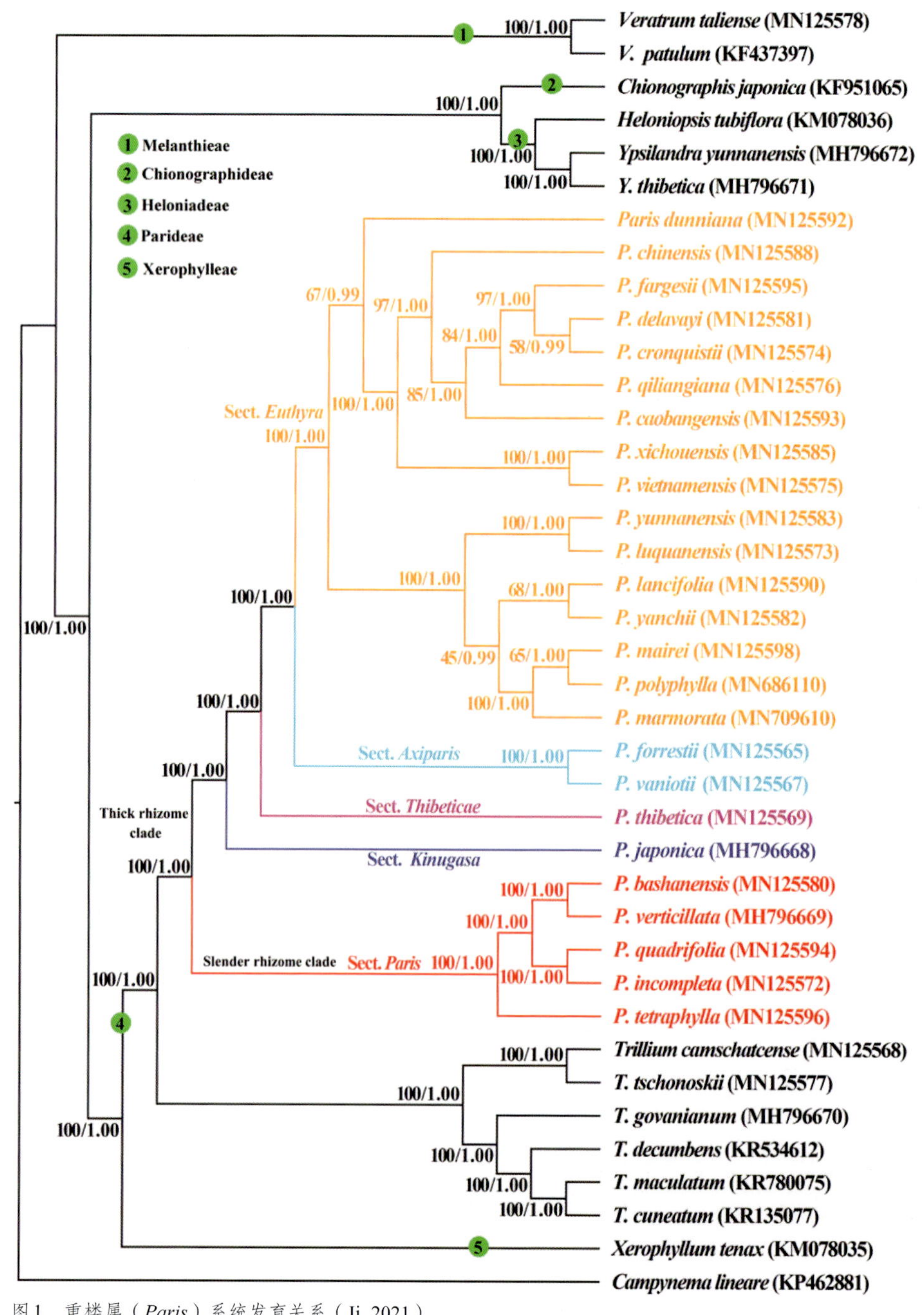

图1 重楼属（*Paris*）系统发育关系（Ji, 2021）

Paris birmanica (Takht.) H. Li et H. Noltie处理为滇重楼*Paris polyphylla* var. *yunnanensis* (Franch.) Hand.-Mzt.的异名，该分类修订得到了分子证据的支持（Zhou et al., 2023）。

Ji（2021）对重楼属植物进行了全面的分类修订，重新界定了滇重楼和七叶一枝花的分类地位并重建了重楼属的系统发育关系。在这次修订中，将Hara（1969）划归为多叶重楼变种的滇重楼和七叶一枝花恢复为独立的种*Paris yunnanensis* Franch.（滇重楼），*Paris chinensis* Franch.（七叶一枝花）。且基于叶绿体全基因组数据建立了重楼属系统发育框架，较好地解析了重楼属的系统发育关系（图1）。基于该系统发育关系将重楼属划分为5个组：蚤休组［Sect. *Euthyra*（Salisb.）Franch.］、五指莲组（Sect. *Axiparis* H. Li）、黑籽组（Sect. *Thibeticae* H. Li）、日本重楼组［Sect. *Kinugasa*（Tategawi & Suto）Hara］和北重楼组（Sect. *Paris* Hara）（图2）。

图2　重楼属（*Paris*）组间系统发育关系及根状茎、花、果实和种子的形态比较（Ji, 2021）

重楼属植物分组检索表（Ji, 2021）

1a. 根状茎长而纤细，子房和果实球形 ………………………………… 1. 北重楼组 Sect. *Paris*
1b. 根状茎粗壮，子房和果实具棱角
  2a. 萼片白色，种子无外种皮或假种皮 ………………………… 2. 日本重楼组 Sect. *Kinugasa*
  2b. 萼片叶状，种子被外种皮或假种皮覆盖
    3a. 中轴胎座；果为浆果，不开裂 ……………………………… 3. 五指莲组 Sect. *Axiparis*
    3b. 侧膜胎座；果为蒴果，开裂
      4a. 种子黑色，不完全被红色多汁假种皮 …………………… 4. 黑籽组 Sect. *Thibeticae*
      4b. 种子白色，完全被红色或橙色外种皮 …………………… 5. 蚤休组 Sect. *Euthyra*

重楼属植物分种检索表（Ji, 2021）

1a. 根状茎长而纤细；花柱基部未扩大，果实球形（1. 北重楼组）
  2a. 叶通常4枚（少数5或6枚）；花通常为4瓣，萼片反折
    3a. 具花瓣，药隔的离生部分长于4mm，柱头短于5mm
      4a. 叶倒卵形；萼片长圆状披针形，5～10mm ……………… 3. 四叶重楼 *P. quadrifolia*
      4b. 叶长圆形或椭圆形；萼片狭披针形，3～5mm ……………5. 巴山重楼 *P. bashanensis*
    3b. 花瓣缺失，药隔的离生部分短于2mm，柱头长于8mm … 1. 日本四叶重楼 *P. tetraphylla*
  2b. 叶通常6～10枚；花4～6瓣，萼片水平展开
    5a. 花瓣宿存，柱头短 ………………………………………………… 4. 北重楼 *P. verticillata*
    5b. 花瓣缺失，柱头长于雄蕊 ……………………………………… 2. 无瓣重楼 *P. incompleta*
1b. 根状茎粗壮；花柱基部扩大，果实具棱角
  6a. 萼片艳丽；种子没有外种皮或假种皮 ……………6. 日本重楼 *P. japonica*（2. 日本重楼组）
  6b. 萼片叶状；种子被外种皮或假种皮覆盖
    7a. 子房多室，中轴胎座；果为浆果，不开裂 ………………………………（4. 五指莲组）
      8a. 雄蕊2× 花瓣数量 …………………………………………………… 9. 长柱重楼 *P. forrestii*
      8b. 雄蕊3×（少数2× 或4×）花瓣数量 ……………………… 8. 平伐重楼 *P. vaniotii*
    7b. 子房单室，侧膜胎座；果为蒴果，开裂
      9a. 种子黑色，不完全被红色多汁假种皮 ……7. 黑籽重楼 *P. thibetica*（3. 黑籽重楼组）
      9b. 种子白色，完全被红色或橙色外种皮 ……………………………………（5. 蚤休组）
        10a. 雄蕊（3～4）× 花瓣数量
          11a. 雄蕊4（少数3）× 花瓣数量；叶长圆状倒卵形至倒卵形，先端锐尖，萼片长圆状披针形，短于花瓣 ……………………………… 10. 海南重楼 *P. dunniana*
          11b. 雄蕊3× 花瓣数量，叶椭圆形至卵形，先端渐尖，萼片披针形，长于花瓣 … ……………………………………………………… 12. 西畴重楼 *P. xichouensis*
        10b. 雄蕊2×（少数3×）花瓣数量
          12a. 叶正面沿叶脉有白色或浅绿色斑纹
            13a. 植株无毛
              14a. 植株高于30cm；叶片心形在基部，先端锐尖，尾状 ………………………

……………………………………………………… 17. 凌云重楼 *P. cronquistii*

14b. 植株矮于30cm；叶片楔形在基部，先端渐尖

15a. 叶倒卵形或倒卵状长圆形；花瓣远长于萼片 ………………………………

…………………………………………… 21. 禄劝花叶重楼 *P. luquanensis*

15b. 叶长圆形或披针形；花瓣短或稍长于萼片 …24. 花叶重楼 *P. marmorata*

13b. 植株有短柔毛或乳头状短柔毛 ………………………… 26. 毛重楼 *P. mairei*

12b. 叶正面无斑纹

16a. 雄蕊小于8mm，药隔的离生部分椭圆形或近球形 ……………………………

……………………………………………………… 16. 球药隔重楼 *P. fargesii*

16b. 雄蕊长于1cm，药隔的离生部分非椭圆形或近球形；药隔非椭圆形或近球形

17a. 药隔的离生部分长于4mm

18a. 萼片通常为紫色；花瓣远短于萼片、反折 ……18. 金线重楼 *P. delavayi*

18b. 萼片绿色；花瓣长于萼片或与萼片等长，直立或水平展开 ……………

…………………………………………………… 23. 云龙重楼 *P. yanchii*

17b. 药隔的离生部分短于3mm

19a. 叶具2～3对侧脉，基部发达

20a. 花瓣通常短于萼片 …………………………… 13. 七叶一枝花 *P. chinensis*

20b. 花瓣长于萼片或与萼片等长

21a. 花柱基部青紫色，星状 ………………… 11. 南重楼 *P. vietnamensis*

21b. 花柱基部白色、紫色或暗红色

22a. 花瓣2～5mm

23a. 叶（20～30）cm×（8～15）cm；花瓣2～3mm，尖端稍宽

…………………………………………… 19. 李氏重楼 *P. liiana*

23b. 叶（8～15）cm×（3～7）cm；花瓣3～5mm ………………

…………………………………… 20. 滇重楼 *P. yunnanensis*

22b. 花瓣1～2mm ……………………………15. 启良重楼 *P. qiliangiana*

19b. 叶具一对侧脉，基部发达

24a. 叶4～6枚，革质、正面具光泽 …………14. 高平重楼 *P. caobangensis*

24b. 叶9～15枚，膜质或纸质

25a. 叶线形至披针形（长圆状披针形）、无柄或具非常短的叶柄 ……

…………………………………………… 22. 狭叶重楼 *P. lancifolia*

25b. 叶长圆形至长椭圆形，叶柄1～3cm …… 25. 多叶重楼 *P. polyphylla*

2 重楼属植物形态特征

重楼属植物为多年生草本植物，成熟的植株包括不定根、根状茎、茎、叶和花（果实和种子）。根状茎粗壮或纤细，生有环节。地上茎直立，绿色或紫红色。叶通常4~12（~16）枚，少数3枚，轮生于茎顶部，排成一轮，具三主脉和网状细脉；叶具柄或无柄，绿色或紫色。花单生，花基数4~8枚；花梗似为茎的延续，绿色或紫色；萼片绿色（偶有紫色斑点），卵形或披针形；花瓣线形或丝状，绿黄色、黄色或暗红色；雄蕊2~5轮；花丝淡绿色或黄绿色；花药黄色，药隔突出；子房近球形或锥形，绿色或蓝紫色，具棱或光滑；侧膜胎座或中轴胎座；花柱增厚或不增厚，外卷或直立；蒴果或浆果，光滑或具棱，开裂或不开裂；种子多数，近球形，具红色多汁外种皮或黄色多汁外种皮，部分为假种皮或种皮（李恒，1998; Ji, 2021）（图3）。

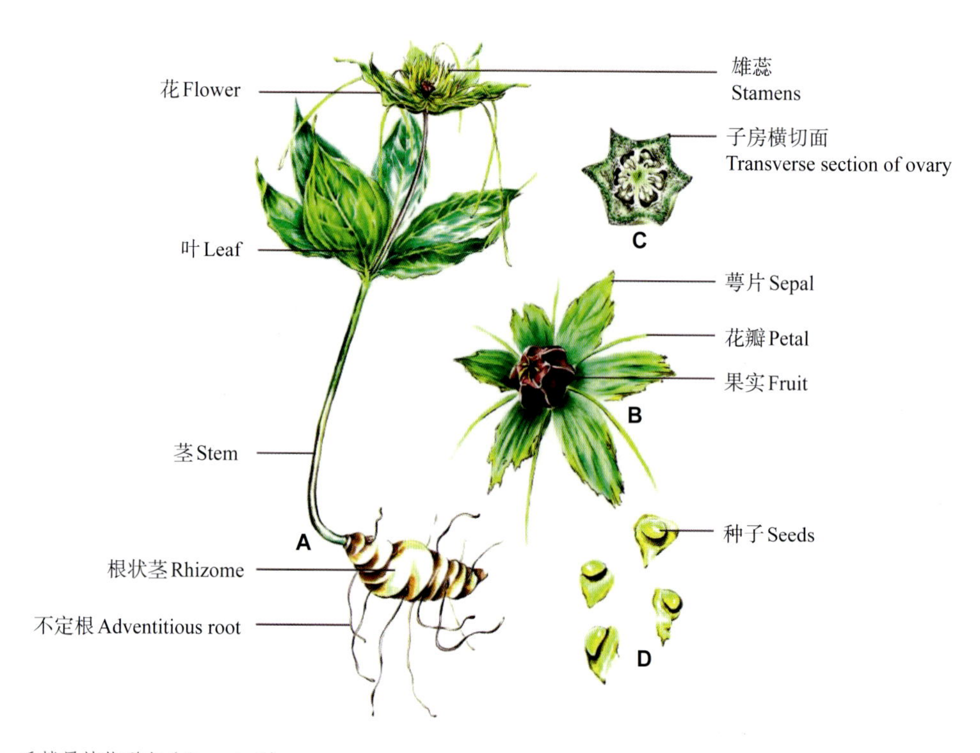

图3　重楼属植物形态（*P. vaniotii*）

3 重楼属植物的地理分布与物种介绍

3.1 重楼属植物的地理分布

重楼属（*Paris* L.）隶属于黑药花科（Melanthiaceae）重楼族（Parideae），分布于欧亚大陆的寒温带、温带、亚热带和热带地区，全属共26种，其中四叶重楼（*P. quadrifolia*）和无瓣重楼（*P. incompleta*）分布在欧洲，剩余24种为东亚特有种，主要分布区域为中国。四叶重楼分布于西伯利亚至乌拉尔、高加索和欧洲。无瓣重楼分布于格鲁吉亚、俄罗斯和土耳其。中国是该属的分布和多样化中心，中国重楼属植物的主要分布区为西南、华南、华中地区，主要生长在常绿阔叶林、落叶阔叶林、竹林和灌木丛中。

3.2 国产重楼属植物概况

3.2.1 巴山重楼

Paris bashanensis Wang et Tang, Fl. Reip. Pop. Sin. 15: 88. 1978; H. Li, The Genus *Paris* (Trilliaceae) 60. 1998; S. Y. Liang et V. G. Soukup, Fl. Chin. 24: 93. 2000. Type: China. Sichuan, Baoxing, *Song Z. P. 38238* (Holotype, SZ).

Paris quadrifolia L. var. *setchuanensis* Franch., Journ. Bot. 12: 191. 1898.; *Paris verticillata* var. *setchuanensis* (Franch.) Hand.-Mazz., Symb. Sin. 7: 1214. 1936.; *Paris setchuenensis* (Franch.) Barkalov, Sosud. Rost. Sovet. Dal'nego Vostaka 3: 171. 1988.; Type: China, Chongqing, Chengkou, *R. P. Farges 414* (Holotype, P; Isotype, PE).

识别特征：多年生草本植物，根状茎黄色、横走，多分枝，长20～30cm、直径2～4mm，节增粗（节间长5～10mm）（图4）。地上茎直立，高10～30cm，绿色，无毛。叶通常4枚（稀5枚），长圆状披针形至长圆形，近无柄。花梗绿色，长

图4　巴山重楼（*P. bashanensis*）（根状茎）

3～7cm；花基数4（稀5）（图5），与叶同数；萼片狭披针形，反折；花瓣淡绿色，丝状或线形，与萼片等长或稍长；雄蕊2轮；花丝淡绿色；花药黄色，线形，药隔突出部分细长，长4～14mm；子房紫黑色，球形；中轴胎座；花柱基不明显；花柱紫色，较短（约2mm）；柱头4（或5）浅裂，紫色。浆果近球形，紫黑色，不开裂。种子多数，无假种皮。花期5～6月，果期7～9月。

地理分布：中国重庆、湖北、四川。生于海拔1 400～2 750m的阔叶林和竹林中。

国家重点保护野生植物级别：二级。

海外传播与开发利用：英国爱丁堡皇家植物园（Royal Botanic Garden Edinburgh）有引种。

图5 巴山重楼（*P. bashanensis*）（叶和花）

3.2.2 凌云重楼

Paris cronquistii (Takht.) H. Li, Act. Bot. Yunnan 6 (4): 357. 1984; H. Li, Bull. Bot. Res. Harbin 6 (1):112.1986; H. Li, The Genus *Paris* (Trilliaceae) 25. 1998; S. Y. Liang et V. G. Soukup, Fl. Chin. 24: 89. 2000. *Daiswa cronquistii* Takht., Brittonia 35: 262. 1983; B. Mitchell, Liang et V. G. Soukup, Fl. Chin. 24: 89. 2000.; *Daiswa cronquistii* Takht., Brittonia 35: 262. 1983; B. Mitchell, Plantsman 10 (3): 172. 1988. Type: China, Guangxi, Lingyun, 13 Apr. 1933, *A. N. Steward & H. C. Cheo 187*. (Holotype, NY; Isotype, GH, PE).

Paris cronquistii (Takht.) H. Li var. *brevipetalata* H. X. Yin et H. Zhang, Acta Bot. Boreal. -Occident. Sin. 33(1): 90. 2013. Type: China, Sichuan, Chongzhou, 1 100m, 27 Apr. 2011, *Yin X. H. et al. 0427001* (Holotype, WCU).

Paris polyandra S. F. Wang, Bull. Bot. Res. Harbin 5(1): 169. 1985. Type: China, Sichuan, Mt. Emei, 08 Apr. 1956, *Xiao J. X. 48491* (SZ).

识别特征：多年生草本植物，根状茎粗壮，不定根发达，长5～78.5cm、直径2～3cm。地上茎直立，高20～100cm，上部绿色，下部常紫红色（图6）。叶4～7枚，卵形，正面绿色，沿主脉有白色斑纹，背面具紫色或绿色带紫色斑纹，先端骤尖，具尾尖，基部心形；叶柄长2.5～7.6cm，紫色（图7）。花基数4～7；花梗长12～60cm，绿色或紫色（图8）；萼片绿色，披针形或卵状披针形；花瓣黄绿色，丝状，长2～8cm，通常短于萼片（稀长于萼片）；雄蕊3或2轮；花丝淡绿色；花药金黄色，药隔突出部分绿色或黄色，长1～6mm；子房绿色或淡紫色，4～7棱（图9），侧膜胎座，花柱基较厚；花柱紫绿色或黄红色；柱头5～6裂，黄红色或紫色，外卷。果为蒴果，成熟时红色，

图6　凌云重楼（*P. cronquistii*）（叶和花）

图7　凌云重楼（*P. cronquistii*）（A：叶片正面；B：叶片背面）

图8　凌云重楼（*P. cronquistii*）（花）

图9　凌云重楼（*P. cronquistii*）（A：雌蕊；B：子房横切面；C：子房纵切面）

不规则开裂。种子多数，近球形，被红色多汁外种皮。花期4~6月，果期7~10月。

地理分布：中国重庆、广西、贵州、四川、云南；越南北部。生长于海拔200~1 950m的常绿阔叶林、落叶阔叶林和针叶林中。

国家重点保护野生植物级别：二级。

海外传播与开发利用：英国爱丁堡皇家植物园有引种。

3.2.3　金线重楼

Paris delavayi Franch., Journ. Bot. (Morot) 12: 190. 1898; Pei et Chou, Icon. Chin. Medic. fig. 307. 1964; Hara, Journ. Fac. Sci. Univ. Tokyo, Sect. 3, 10 (10): 159. 1969; H. Li, Bull. Bot. Res. Harbin 6(1): 114. 1986; H. Li, The Genus *Paris* (Trilliaceae) 28. 1998; S. Y. Liang et V. G. Soukup, Fl. Chin. 24: 89.

2000. *Daiswa delavayi* (Franch.) Takht., Brittonia 35 (3): 269. 1983; B. Mitchell, Plantsman 10(3):172. 1988. Type: China, Yunnan, Yanjin: 01 May 1894, *J. M. Delavay s. n.* (Holotype, P; Isotype, P).

Paris henryi Diels, Bot. Jahrb. Syst. 29 (2): 252. 1901. Type: China, Hubei, 01 Jan. 1885, *A. Henry 5380* (Lectotype, B; Isotype, B, E).

Paris bockiana Diels, Bot. Jahrb. Syst. 29 (2): 253. 1901.; *Daiswa bockiana* (Diels) Takht., Brittonia 35 (3): 267. 1983. Type: China, Chongqing, Nanchuan, 1891, *A. V. Rosthorn. & C. Bock 642* (B).

Paris polyphylla Smith var. *pseudothibetica* H. Li, Bull. Bot. Res. Harbin 6 (1): 126. 1986. Type: China, Yunnan, Yiliang: 1 900m, 16 Jun. 1982, *Li H., Chen Y. & Yu H. Y. 1275* (Holotype, KUN); loc. eodem, 1 900m, 17 Jun. 1982, *Li H., Chen Y. & Yu H. Y. 1323* (Paratype, KUN).

Paris polyphylla Smith var. *pseudothibetica* Li H. f. *macrosepala* H. Li, Bull. Bot. Res. Harbin 6(1): 127. 1986. Type: China, Yunnan, Yiliang, 1 800m, 17 Jun. 1982, *Li H. 1275* (KUN).

Paris polyphylla Smith var. *minor* S. F. Wang, Bull. Bot. Res. Harbin 8 (3): 139. 1988; S. Y. Liang et V. G. Soukup, Fl. Chin. 24: 91. 2000. Type: China, Sichuan, Mt. Emei, 12 May 1986, *Wang S. F. 6512* (SZ).

Paris petiolata Baker ex C. H. Wright, Journ. Linn. Soc. Bot. 36: 145. 1903.; *Paris fargesii* Franch. var. *petiolata* (Baker ex C. H. Wright) F. T. Wang & Tang, Fl. Reipubl. Popul. Sin. 15: 91. 1978.; *Paris delavayi* Franch. var. *petiolata* (Baker ex C.H. Wright) H. Li, The Genus *Paris* (Trilliaceae) 28. 1998. Type: China, Sichuan, *S. Prat 572* (Holotype, K).

Paris delavayi Franch. var. *ovalifolia* H. Li, Bull. Bot. Res. Harbin 6 (1): 115. 1986. Type: China, Yunnan, Yiliang, *Li H. 1324 L* (KUN).

识别特征：多年生草本植物，根状茎粗壮，不定根发达，长5～12cm、直径1.5～4cm。地上茎直立、光滑，高30～60cm，绿色或紫色（图10）。叶5～8枚，常膜质，狭披针形、披针形、长圆状披针形或卵形，先端渐尖，基部楔形至圆形，叶柄长0～2.5cm（图11）。花基数4～7；花梗绿色或紫色，长1～15cm；萼片绿色或紫色，狭小，常反折；花瓣短于花萼，暗紫色（稀黄绿色），反折（图12）；雄蕊2轮，花丝紫色，花药黄色，药隔突出部分明显，紫色，长2～15mm；子房圆锥形，绿色，侧膜胎座；花柱紫色，基部增厚，柱头紫色或暗红色（图13）。果实为开裂蒴果，圆锥形，成熟时仍然为绿色。种子多数，被红色多汁的外

图10　金线重楼（*P. delavayi*）（叶和花）

图11　金线重楼（*P. delavayi*）（叶形的种内变异）

图12　金线重楼（*P. delavayi*）（A：花；B：雌蕊）

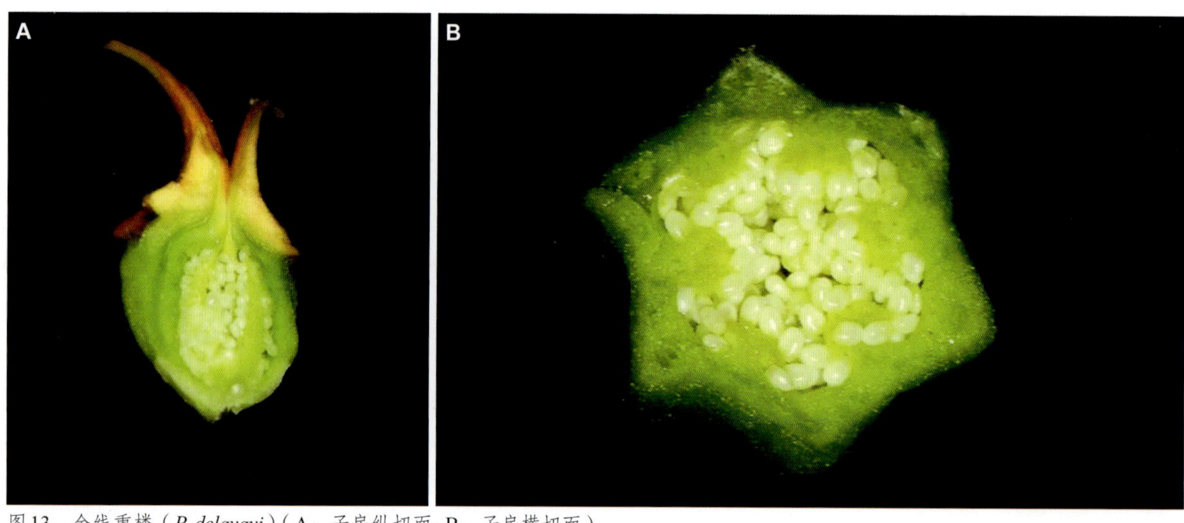

图13　金线重楼（*P. delavayi*）（A：子房纵切面；B：子房横切面）

种皮。花期4～5月，果期6～10月。

地理分布：中国重庆、广西、贵州、湖北、湖南、江西、四川、云南；越南北部。生长于海拔700～2 900m的常绿阔叶林、落叶阔叶林和针叶林中。

国家重点保护野生植物级别：二级。

海外传播与开发利用：英国爱丁堡皇家植物园有引种。

3.2.4　海南重楼

Paris dunniana Lévl. In Fedde., Repert. Spec. Nov. Regni. Veg. 9: 78. 1910; H. Li, Act. Bot. Yunnan. 6(4): 357. 1984; H. Li, The Genus *Paris* (Trilliaceae) 23. 1998; S. Y. Liang et V. G. Soukup, Fl. Chin. 24: 89. 2000. *Daiswa dunniana* (Lévl.) Takht., Brittonia 35: 257 1983; B. Mitchell, Plantsman 10 (3):173. 1988. Type: China, Guizhou, Luodian, Mar. 1909, *J. Cavalerie s. n. 3652* (Holotype, E; Isotype, E, PE).

Paris hainanensis Merr., Philipp. J. Sci. 23: 238. 1923; Lingnan. Sci. Journ. 5: 43. 192; fl. Hainan. 4: 120, fig. 1027, 1977.; *Daiswa hainanensis* (Merr.) Takht., Brittonia 35:258. 1983; B. Mitchell, Plantsman 10 (3): 175. 1988.; Type: China, Hainan, Apr. 1920, *F. A. McClure 9347* (Lectotype, PNH; Isotype, GH); loc. eodem, 21 Apr. 1922, *F. A. McClure 9213* (Syntype, PNH).

识别特征：多年生草本植物，根状茎粗厚，长8～30cm，不定根多数。地上茎高大（可达3m以上），绿色或暗红色，光滑无毛（图14）。叶5～8枚，绿色、膜质，倒卵状长圆形，先端骤尖（图15）。花单生，花梗长60～150cm，绿色或紫色，花基数5～8；萼片绿色，膜质，长圆披针形，长5～12cm、宽1.5～3.5cm；花瓣黄绿色，丝状，长于花萼；雄蕊3～4轮，花丝绿色，长5～15mm，花药长12～25mm，药隔突出部分尖锐，长1～4mm（图16）；子房侧膜胎座、具棱，淡绿色或紫色（图17）；花柱紫红色，基部增厚，柱头5～8，幼时直立，花后外卷。蒴果近球形，成熟时淡绿色，开裂。种子多数，为不规则球形，外种皮橙黄色，肉质、多汁。花期3～4月，果期10～11月。

地理分布：中国广西、贵州、海南。生长于海拔400～1 100m的常绿阔叶林中。

国家重点保护野生植物级别：二级。

海外传播与开发利用：国外无引种。

3.2.5　球药隔重楼

Paris fargesii Franch., Journ. Bot. (Morot) 12: 190. 1898; Franch., lcon. Cormoph. Sin. 5: 516. fig. 7862. 1976; Wang et Tang, Fl. Reip. Pop. Sin. 15. 691. 1978; H. Li, Act. Bot. Yunnan 6 (4): 359. 1984; H. Li, Bull. Bot. Res. Harbin 6 (1): 131. 1986; H. Li, The Genus *Paris* (Trilliaceae) 48. 1998; S. Y. Liang et V. G. Soukup, Fl. Chin. 24: 92. 2000. *Paris polyphylla* Smith subsp. *fargesii* (Franch.) Hara., Journ. Fac. Sci.

图14 海南重楼（*P. dunniana*）（叶和花）

图15 海南重楼（*P. dunniana*）（A：叶片背面；B：叶片正面）

图16 海南重楼（*P. dunniana*）（花）

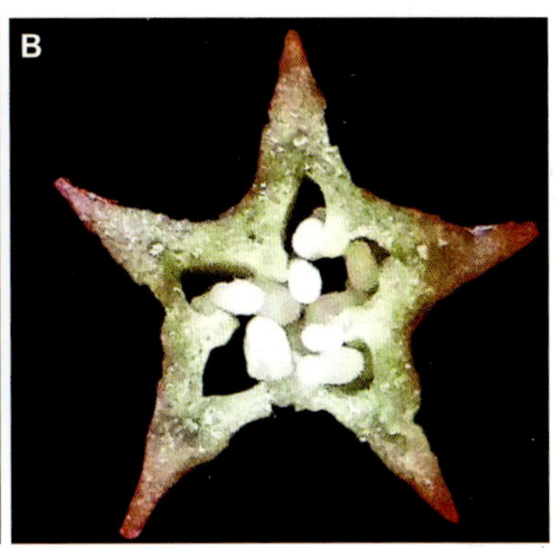

图17 海南重楼（*P. dunniana*）（A：雌蕊；B：子房横切面）

Univ. Tokyo, Sect. 3, 10 (10): 177. 1969.; *Daiswa fargesii* (Franch.) Takht., Brittonia 35 (3): 264. 1983; B. Mitchell, Plantsman 10 (3): 174. 1988; T. C. Hunaget K. C. Yang, Taiwania 33: 122. 1988.; *Paris polyphylla* Smith var. *fargesii* (Franch.) S. Dasgupta, Fasc. Fl. India 23: 109. 2006. Type: China, Chongqing, Chengkou, *R. P. Farges 573* (Holotype, P).

Paris petiolata Baker ex C. H. Wright var. *membranacea* C. H. Wright, Journ. Linn. Soc. 36: 145. 1903. Type: China, Hubei, Mar. 1889, *A. Henry 5385* (Holotype, K).

Paris hookeri Lévl., Repert. Spec. Nov. Regni Veg. 7: 231. 1909. Type: China, Guizhou, Guiding, Nov. 1907, *J. Cavalerie s. n.* (Holotype, E).

Daiswa fargesii Franch. var. *brevipetalata* T. C. Huang & K. C. Yang, Taiwania 33: 123. 1988.; *Paris fargesii* Franch. var. *brevipetalata* (T. C. Huang & K. C. Yang) T. C. Huang & K. C. Yang, Taiwania 34: 52. 1989. Type: China, Taiwan, Yilan, *Huang T. C. & Yang K. C. 10803* (Holotype, TAI).

Paris fargesii Franch. var. *latipetala* H. Li & V. G. Soukup, Acta Bot. Yunnan. Suppl. 5: 17. 1992. Type: China, Guizhou, Guiding, 11 May 1987, *Li H. 87-167* (Holotype, KUN); loc. eodem, *Li H. 88-198* (Paratype, CINCI).

识别特征：多年生草本植物，根状茎粗壮，长8～20cm、直径1～4cm。地上茎绿色或紫色，光滑无毛（图18、图19）。叶4～6枚，叶片卵形或卵状长圆形（图20），长7.5～18cm、宽4～11.5cm，先端骤狭渐尖，基部心形或圆形，侧脉2~3对，弧形，近基出；叶柄为绿色或紫色，长1.5～9.5cm。花基数4～6；花梗绿色或紫色，长15～50cm（图21）；

萼片绿色，卵形、卵状披针形或披针形，先端渐尖成尾状；花瓣黄绿色或紫黑色，线形，常反折，短于萼片；雄蕊2轮，整个雄蕊很短；药隔突出部分近球形，呈紫黑色；子房具棱，方柱形或五角柱形（图22、图23）；侧膜胎座；花柱短，紫黑色，基部增厚，方形或五角形；柱头花期渐反卷。果近球形，紫黑色或绿色，开裂。种子多数，被红色多汁的假种皮（图24）。花期3~4月，果期5~10月。

图18　球药隔重楼（*P. fargesii*）（根状茎）

图19　球药隔重楼（*P. fargesii*）（叶和花）

图20　球药隔重楼（*P. fargesii*）（A：叶片正面；B：叶片背面）

图21　球药隔重楼（*P. fargesii*）（花）

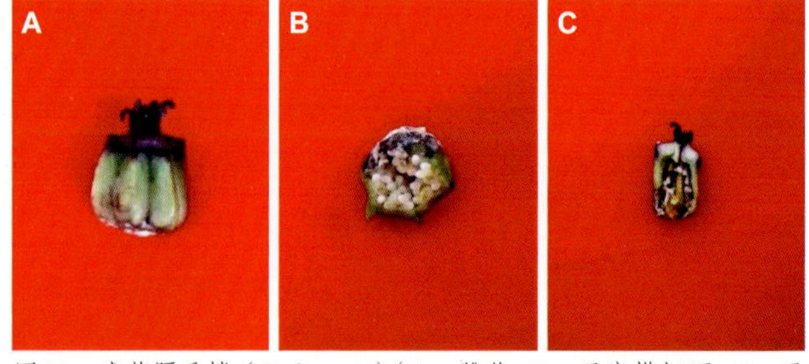

图22　球药隔重楼（*P. fargesii*）（A：雌蕊；B：子房横切面；C：子房纵切面）

图23　球药隔重楼（*P. fargesii*）（A：子房横切面；B：子房纵切面）

图24　球药隔重楼（*P. fargesii*）（A：雄蕊和雌蕊；B：幼果；C：蒴果开裂）

地理分布：中国重庆、广东、广西、贵州、湖北、湖南、四川、台湾、云南；越南。生长于海拔500～2 100m的常绿阔叶林和落叶阔叶林中。

国家重点保护野生植物级别：二级。

海外传播与开发利用：英国爱丁堡皇家植物园有引种。

3.2.6 长柱重楼

Paris forrestii (Takht.) H. Li, Act. Bot. Yunnan. 6 (4): 359. 1984; H. Li, Bull. Bot. Res. Harbin 6 (1): 135. 1986; H. Li, The Genus *Paris* (Trilliaceae) 56. 1998; S. Y. Liang et V. G. Soukup, Fl. Chin. 24: 93. 2000. *Daiswa forrestii* Takht., Brittonia 35 (3): 268, 1983; B. Mitchell, Plantsman 10 (3): 174. 1988. Type: China, Yunnan, Tengchong, 25°300′ N, 98°250′ E, May 1931,*G. Forrest 29602* (Holotype, E; Isotype, BM).

Paris longistigmata H. Li, Act. Bot. Yunnan. 6 (3): 275, 1984. Type: China, Yunnan, Baoshan, *Yang J. S. 63-1590* (Holotype, KUN).

Paris rugosa H. Li & Kurita, Acta Bot. Yunnan. Suppl. 5: 13. 1992; H. Li, The Genus *Paris* (Trilliaceae) 58. 1998. Type: China, Yunnan, Gongshan, 1 620m, 16 May 1991, *Dulongjiang Expedition 5388* (Holotype, KUN).

Paris dulongensis H. Li & Kurita, Acta Bot. Yunnan. Suppl. 5: 14. 1992; H. Li, The Genus *Paris* (Trilliaceae) 59. 1998. Type: China, Yunnan, Gongshan, 1 550m, *Dulongjiang Botany Expedition 6765* (Holotype, KUN); loc. Eodem, *Dulongjiang Botany Expedition 5329* (Paratype, KUN).

Paris tengchongensis Y. H. Ji, C. J. Yang & Y. L. Huang, Phytotaxa 306 (3): 234~236. 2017. Type: China. Yunnan, Tengchong, 3 120m, 25 ° 34 ′ 02 ″ N, 98° 16′ 23″ E, 14 Apr. 2015, *Ji Y. H. 1341* (Holotype, KUN; Isotype, KUN, PE).

识别特征：多年生草本植物，根状茎圆柱形，棕褐色，有密集的环节（图25）。地上茎直立，高15～60cm，绿色、紫色或黑紫色（图26）。叶4～7枚，长圆形、倒卵状长圆形或卵状长圆形，先端短渐尖，具尾尖，基部心形、浅心形，稀圆形，基出侧脉1～2对；叶柄长2.5～7cm（图27）。花基数4～7；花梗长4.5～40cm，绿色或紫色，花期直立，果期弯曲；萼片卵形、长圆形或卵状披针形，偶有紫色斑点；花瓣黄绿色（稀暗红色），丝状；雄蕊2轮；花丝绿黄色；花药浅黄色，药隔不突出（图28）；子房绿色或红色，具4～7棱（图29）；中轴胎座；花柱红色、橙色或紫绿色，花柱基明显增厚；柱头4～7，通常外卷。果为浆果，具棱，成熟时绿色或暗红色，不开裂。种子多数（图30），卵形，一半为黄色海绵质假种皮。花期

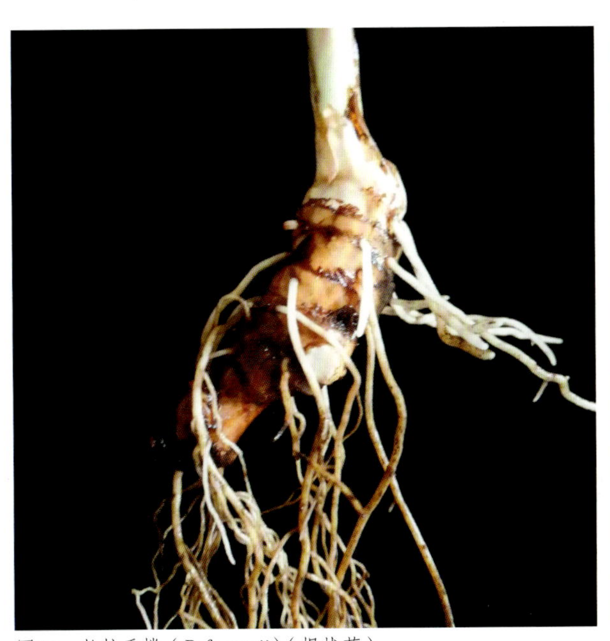

图25　长柱重楼（*P. forrestii*）（根状茎）

图26　长柱重楼（*P. forrestii*）（叶和花）

图27 长柱重楼（*P. forrestii*）（叶形的种内变异）

图28 长柱重楼（*P. forrestii*）（花）

图29 长柱重楼（*P. forrestii*）（A：雌蕊；B：子房纵切面；C：子房横切面）

图30 长柱重楼（*P. forrestii*）（A：成熟浆果；B：种子）

4～5月，果期6～10月。

地理分布：中国四川、西藏、云南；印度；尼泊尔；缅甸。生长于海拔600～3 200m的常绿（落叶）阔叶和针叶林、竹林和杜鹃花灌丛中。

国家重点保护野生植物级别：二级。

海外传播与开发利用：英国爱丁堡皇家植物园有引种。

3.2.7 禄劝花叶重楼

Paris luquanensis H. Li, Act. Bot. Yunnan 4 (4): 353. 1982; H. Li, Act. Bot. Yunnan 6 (5): 358. 1984; H. Li, Bull. Bot. Res. Harbin 6 (1): 129, 1986; H. Li, The Genus *Paris* (Trilliaceae) 46. 1998; S. Y. Liang et V. G. Soukup, Fl. Chin. 24: 92. 2000. Type: China, Yunnan, Luquan, *Zhu W. M. 671* (Holotype, HGUY); loc. eodem, *Li H. 1082, 1326* (Paratype, KUN).

识别特征：多年生草本植物，根状茎粗壮，表面棕色，长1.5～5cm、直径0.5～2cm（图31）。地上茎直立，高5～20cm，紫色，无毛。叶4～7枚，倒卵形或菱形，先端骤狭后急尖或短渐尖，

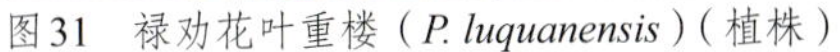

图31 禄劝花叶重楼（*P. luquanensis*）（植株）

基部楔形、宽楔形，稀为圆形，上面深绿色，下面深紫色，两面叶脉及沿脉淡绿色；叶无柄或长2~10mm。花单生，花基数4~7枚；花梗紫色；萼片披针形、卵状披针形或椭圆形，淡绿色，叶脉绿白色；花瓣黄色，丝状，长2~5cm，长于萼片；雄蕊2轮；花药线状，黄色，药隔突出部分不明显（图32）；子房紫色或绿色，卵球形，具4~7棱；花柱紫色；柱头紫色，短，小于1mm，果期外卷。蒴果绿色。种子少数，近球形，被红色多汁外种皮（图33）。花期4~6月，果期7~10月。

地理分布：中国四川、云南。生长于海拔2 300~2 800m的常绿（或落叶）阔叶林和针叶林中。

国家重点保护野生植物级别：二级。

海外传播与开发利用：国外无引种。

3.2.8 毛重楼

Paris mairei Lévl. in Fedde, Repert. Spec. Nov. Regni Veg. 11: 302. 1912; H. Li, Act. Bot. Yunnan 6 (4): 357. 1984; H. Li, Bull. Bot. Res. Harbin 6 (1): 127. 1986; H. Li, The Genus *Paris* (Trilliaceae) 42. 1998; S. Y. Liang et V. G. Soukup, Fl. Chin. 24: 91. 2000. Type: China, Yunnan, Dongchuan, 2 700m, Jun. 1910, *E. E. Maire 7457* (Holotype, E).

Paris violacea Lévl. in Fedde, Repert. Spec. Nov. Regni Veg. 11: 302. 1912.; *Daiswa violacea* (Lév.) Takht., Brittonia 35: 266. 1983. Type: China, Yunnan,

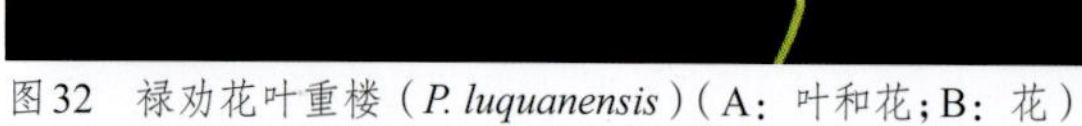
图32　禄劝花叶重楼（*P. luquanensis*）（A：叶和花；B：花）

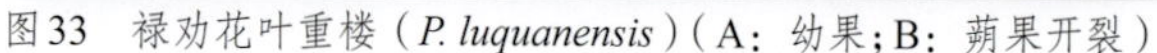
图33　禄劝花叶重楼（*P. luquanensis*）（A：幼果；B：蒴果开裂）

3 200m, Jun. 1910, *E. E. Maire 7458* (Holotype, E)

Paris polyphylla Smith var. *pubescens* Hand.-Mazz., Anz. Akad. Wiss. Wien, Math. -Naturwiss. Kl. 62: 145. 1925; Symb. Sin. 7: 1215. 1936; Hara., Journ. Fac. Sci. Univ.Tokyo, Sect. 3, 10 (10): 176. 1969.; *Paris pubescens* (Hand.-Mazz.) Wang et Tang, Fl. Reip. Pop. Sin. 15: 96. 1978.; *Daiswa pubescens* (Hand.-Mazz.) Takht., Brittonia35: 268. 1983; B. Mitchell, Plantsman 10 (3): 179. 1988. Type: China, Sichuan, 22 Feb. 1914, *M. Handel 2489* (Isotype, E).

Paris stigmatosa S.-D. Zhang, Novon 18: 551. 2008. Type: China, Yunnan, Qiaojia, 2 600~2 900m, 07 Jul. 2004, *Wang H. et al. 03-1372* (Holotype, KUN; Isotype, MO, PE, YUKU).

识别特征：多年生草本植物，根状茎粗壮，长5～17.5cm、直径1～3.5cm。地上茎直立，高11～65cm，紫色或绿色，粗糙或密被短毛（图34）。叶5～12枚，倒披针形或倒卵形至倒卵状披针形，绿色，背面淡绿色，正面叶脉有时淡绿色，侧脉3～4对，第二对侧脉由中肋中部伸出，弯拱延至叶顶，背面、脉上及叶缘有糠秕状短毛；叶柄长0.5～4.5cm，具短柔毛，紫色（图35、图36）。花基数4～8；花梗紫色（稀绿色），4.5～18.5cm，短柔毛（有时无毛）；萼片绿色，披针形或卵状披针形，具短柔毛；花瓣黄绿色，丝状或线形，长于萼片（图37）；雄蕊2轮；花丝

图34　毛重楼（*P. mairei*）（茎、叶和花）

图35　毛重楼（*P. mairei*）（A：叶柄具短毛；B：茎具短毛）

图36　毛重楼（*P. mairei*）（A：叶片正面；B、C：叶片背面，具短毛）

紫色或黄色，短于花药，长2～6mm；花药黄色；子房绿色或紫色（图38），具棱，无毛或有毛；侧膜胎座；花柱基增厚，紫色，角盘状；花柱紫色；柱头紫色，幼时直立，果时外卷。蒴果近球形（图39），成熟时紫色，有棱，开裂。种子多数，近球形，外种皮红色多汁。花期4～5月，果期6～10月。

地理分布：中国贵州、四川、西藏、云南。生长于海拔1 800～3 500m的落叶阔叶林、针叶林、竹林和灌丛中。

国家重点保护野生植物级别：二级。

海外传播与开发利用：英国爱丁堡皇家植物园有引种。

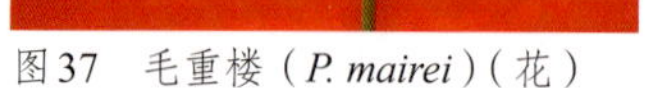

图37　毛重楼（*P. mairei*）（花）

图38　毛重楼（*P. mairei*）（A：雌蕊；B：子房纵切面；C：子房横切面）

图39　毛重楼（*P. mairei*）（幼果具短毛）

3.2.9　花叶重楼

Paris marmorata Stearn, Bull. Brit. Mus. Bot. 2: 79. 1956; Hara, Fl. East. Himal. 410. 1966; H. Li, Act. Bot. Yunnan. 6 (4): 357. 1984; H. Li, Bull. Bot. Res. Harbin 6 (1): 130. 1986; H. Li, The Genus *Paris* (Trilliaceae) 44.1998; S. Y. Liang et V. G. Soukup, Fl. Chin. 24: 92. 2000. *Paris polyphylla* Smith subsp. *marmorata* (Stearn) Hara, Journ. Fac. Sci. Univ. Tokyo, Sect. 3, 10 (10): 151, 174, 176. 1969. Type: Bhutan, Drugyel Dzong, 27° 30′ N, 89° 19′ E, 2 850m, May 1949, *Ludlow, Sheriff & Hicks 16213* (Holotype, BM).

识别特征：多年生草本植物，根状茎粗壮，长2.5～8.5cm、直径0.5～2cm。地上茎直立，高5～35cm，茎绿色或紫色（图40）。叶4～8枚，无柄或近无柄，叶长圆形或披针形，正面绿色，叶脉及沿脉带淡白色，背面淡绿色或紫色，无毛，先端渐尖，基部楔形、宽楔形或近圆形，叶缘不规则或呈波状齿（图41）。花基数4～7；花梗绿色或紫色，长3～10cm；萼片绿色，披针形或狭卵状披针形（图42）；花瓣线形或丝状，绿黄色，短或稍长于萼片；雄蕊2轮；花丝绿色或紫色，长2～5mm；花药黄色（稀紫色），药隔完全不突出于花药之上；子房绿色，近球形，具4～7棱；侧膜胎座（图43）；花柱圆锥形，紫色，长1mm；柱头4～7，紫色。蒴果球形，果成熟时仍为绿色，开裂。种子少数，近球形，被红色多汁外种皮。花期4～5月，果期6～10月。

地理分布：中国四川、西藏、云南；尼泊尔。生长于海拔1 500～3 100m的阔叶林、针叶林、竹林和灌木丛中。

图40　花叶重楼（*P. marmorata*）（全株）

图41　花叶重楼（*P. marmorata*）（叶片变化）

图42　花叶重楼（*P. marmorata*）（叶和花）

图43　花叶重楼（*P. marmorata*）（A：雌蕊；B：子房横切面）

国家重点保护野生植物级别：二级。

海外传播与开发利用：英国爱丁堡皇家植物园有引种。

3.2.10 多叶重楼

Paris polyphylla Smith, Cycl. 26: 2. 1813; Wallich, Icon. Pl. As. Rar. 2: 24, 126. 1831; Kunth, Enu. Pl. 5: 18. 1850; Hook. f., Ill. Himal. 24. 1855; Franch., Mem. Soc. Philom, Cent. (*Paris*) 24: 287. 1888; Hook. f., Fl. Brit. Ind. 6: 362; 1892; Hand.-Mazz., Symb. Sin. 7: 1215. 1936; Hara, Fl. East. Himal. 410. 1966; Hara, Journ. Fac. Sci. Univ. Tokyo, sect. 3, 10 (10): 175. 1969; Hara, Icon Cormoph. Sin. 5: 515. 1976; Wang et Tang, Fl. Reip. Pop. Sin. 15: 92, pl. 31, 1 - 3. 1978; T. S. Liu et S. S. Ying, Fl. Taiwan, 5: 68, pl. 1283. 1978; H. Li, Bull. Bot. Res. Harbin 6 (1): 116. 1986; H. Li, The Genus *Paris* (Trilliaceae) 33. 1998; Y. Liang et V. G. Soukup, Fl. Chin. 24: 90. 2000. *Daiswa polyphylla* (Smith) Raf., Fl. Tellur. 4: 48. 1838; Takht., Brittonia 35 (3): 254. 1983; B. Mitchell, Plantsman 10 (3): 177. 1988.; *Euthyra polyphylla* (Smith) Salisb. Gen. Fl.: 16. 1866. Type: Nepal, Naraianhetty, Mar. 1803, *F. Buchanan s. n.* (Holotype, LINN; Isotype, BM, GH).

Paris debeauxii Lévl., Mem. Pont. Acad. Rom. Nuov. Lincei 24: 21. 1906. Type: China, Guizhou, Guiding, 24 Sep. 1902, *J. Cavalerie 533* (Holotype, E).

Paris marchandii Levl. in Fedde., Repert. Spec. Nov. Regni Veg. 12: 533. 1913.

Paris biondii Pamp, Nuovo Giorn. Bot. Ital. n. s. 17: 241. 1919. Type: China, Hubei, 1907, *C. silvestri 211* (Holotype, FI).

Paris polyphylla Smith var. *alba* H. Li & R. J. Mitchell, Bull. Bot. Res. Harbin 6 (1): 123. 1986. Type: China, Yunnan, Dali, 2 000m, 14 May 1984, *Sino-Germany Expedition 403* (KUN).

识别特征：多年生草本植物，根状茎粗壮，长5~11cm、直径1~3cm。地上茎直立，高25~80cm，茎绿色或紫色，无毛（图44）。叶5~11枚，膜质或纸质，长圆形、倒卵状长圆形或倒披针形，先端锐尖至渐尖，基部圆形或狭楔形，基出叶脉1对；叶柄长0.2~2cm（图45）。花单生，花基数4~7；花梗通常为紫色，长5~25cm；萼片绿色，披针形，长2.5~6cm；花瓣线形或丝状，长于萼片；雄蕊2轮；花丝绿色；花药黄色，药隔突出部分不明显（图46）；子房紫色，光滑或有瘤，具4~7棱（图47）；花柱紫色或黄白色，基部增厚；花柱紫色（偶黄白色），花期直立，果期外卷。蒴果近球形，黄绿色，不规则开裂。种子多数，卵球形，被红色多汁外种皮（图48）。花期4~6月，果期7~10月。

地理分布：中国：甘肃、贵州、青海、陕西、四川、西藏、云南；印度；尼泊尔。生长于海拔1 100~2 800m的落叶阔叶林、针叶林、竹林和灌

图44　多叶重楼（*P. polyphylla*）（茎、叶和花）

图45　多叶重楼（*P. polyphylla*）（叶和花）

图46 多叶重楼（*P. polyphylla*）（花）

图47 多叶重楼（*P. polyphylla*）（A：雌蕊；B：子房纵切面；C：子房横切面）

图48 多叶重楼（*P. polyphylla*）（A：幼果；B：蒴果开裂；C：种子）

丛中。

国家重点保护野生植物级别：二级。

海外传播与开发利用：英国爱丁堡皇家植物园有引种。

3.2.11 启良重楼

Paris qiliangiana H. Li, J. Yang & Y. H. Wang, Phytotaxa 329 (2): 193. 2017. Type: China, Hubei, Zhuxi, 31° 55′ N, 109° 40′ E, 1 004m, 6 May 2017, *Li & Yang 053-03* (Holotype, KUN; Isotype, KUN).

识别特征：多年生草本植物，根状茎粗壮，圆柱形，长3~20cm、直径0.8~4cm。地上茎直立，高15~50cm，茎绿色或紫红色（图49）。叶4~8枚，长圆形、卵形、倒卵形或倒披针形，长5~13cm，宽2~6cm，先端渐尖，基部近圆形或楔形，基出侧脉1对；叶柄绿色或深紫色，长0.5~7cm。花基数4~7；花梗绿色或红紫色，长6~30cm；萼片绿色，卵形或披针形；花瓣线形，黄绿色，长于萼片（图50）；雄蕊2轮；花丝黄绿色；花药黄色或棕色，药隔突出部分近无；子房绿色，具4~7棱（图51）；侧膜胎座；花柱白色或紫红色，长2~10mm，基部增厚；柱头4~7，浅黄色至紫色，花期反卷。果为蒴果，成熟时黄绿色，球状，开裂。种子近球形，被红色多汁的外种皮（图52、图53）。花期3~5月，果期6~10月。

地理分布：中国重庆、湖北、陕西、四川。生长于海拔720~1 140m的落叶阔叶林和针叶林下。

国家重点保护野生植物级别：二级。

海外传播与开发利用：国外无引种。

图49 启良重楼（*P. qiliangiana*）（完整植株）

图50 启良重楼（*P. qiliangiana*）（花）

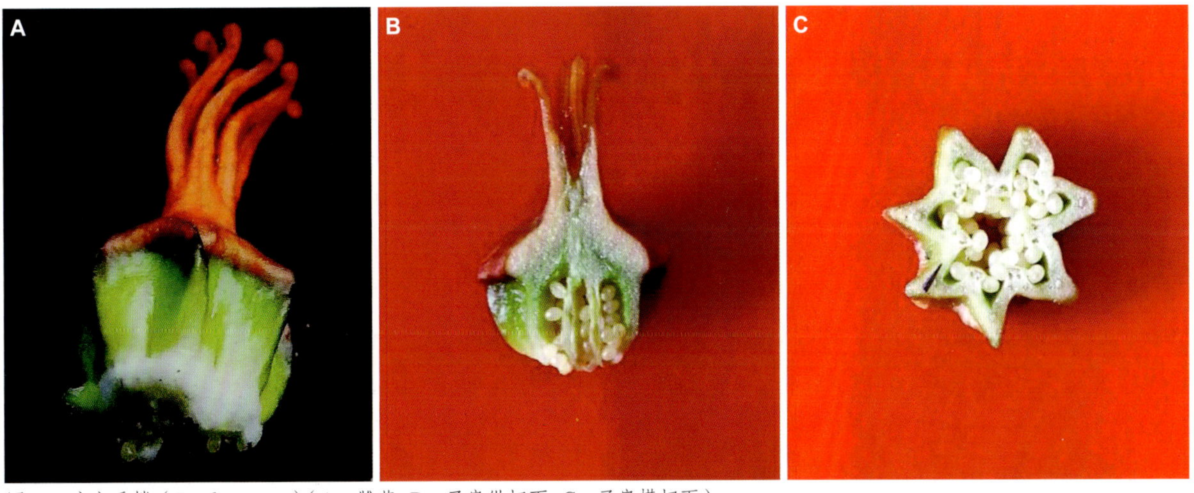

图51　启良重楼（*P. qiliangiana*）（A：雌蕊；B：子房纵切面；C：子房横切面）

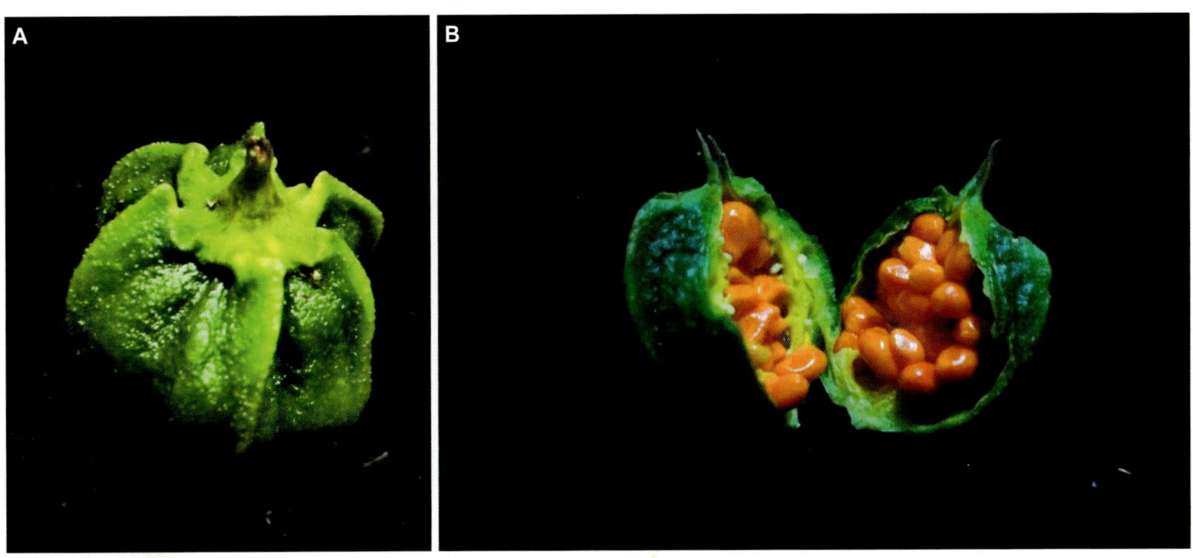

图52　启良重楼（*P. qiliangiana*）（A：幼果；B：蒴果开裂）

图53　启良重楼（*P. qiliangiana*）（A：蒴果开裂；B：种子）

3.2.12 黑籽重楼

Paris thibetica Franch., Nouv. Arch. Mus. Hist. Nat. II, 10: 184. 1888; Franch., Mem. Soc. Philom. Cent. (*Paris*) 24: 285. 1888; Hand.-Mazz., Symb. Sin. 1: 1215. 1936; Icon Cormorph. Sin. 5. 516. fig. 7862. 1976; H. Li, Bull. Bot. Res. Harbin 6 (1). 132. 1986; H. Li, The Genus *Paris* (Trilliaceae) 50. 1998; S. Y. Liang et V. G. Soukup, Fl. Chin. 24: 93. 2000. *Daiswa thibetica* (Franch.) Takht., Brittonia 35 (3): 265. 1983; B. Mitchell, Plantsman 10 (3): 181. 1988.; *Paris polyphylla* Smith var. *thibetica* (Franch.) Hara, Journ. Fac. Sci. Univ. Tokyo, sect. 3, Bot. 10: 159, 176. 1969; Wang et Tang, Fl. Reip. Pop. Sin. 15:95. 1978. Type: China, Sichuan, Baoxing, Apr–May 1869, *A. David s. n.* (Holotype, P; Isotype, K, LE).

Paris thibetica Franch. var. *apetala* Hand.-Mazz., Anz. Akad. Wiss. Wien, Math. -Naturwiss. Kl. 62: 149. 1925, Symb. Sin.7: 1215. 1936; H. Li, Bull. Bot. Res. Harbin 6 (1): 133. 1986; Wang et Tang, Fl. Reip. Pop. Sin. 15: 95. 1978; H. Li, The Genus *Paris* (Trilliaceae) 52. 1998; S. Y. Liang et V. G. Soukup, Fl. Chin. 24: 93. 2000. Type: Yunnan, Zwischen Salwin und Irrawadi, 3500 m, 5 July 1916, *Handel-Mazzetti 9383* (Holotype, E).

Paris polyphylla Smith var. *appendiculata* Hara, Fl. East.Himal. 410. 1966. Type: Bakkim-Jongri, 2 500~4 000m, May1960, *Hara 366* (Holotype, TI).

Paris wenxianensis Z. X. Peng & R. N. Zhao, Acta Bot. Boreal. -Occid. Sin. 6 (2): 133. 1986. Type: China, Gansu, Wenxian, 1 900m, 06 May 1980, *Zhao R. N. 550291* (LZU).

识别特征：多年生草本植物，根状茎粗壮，黄褐色，长7~15cm、直径0.5~1.5cm。地上茎直立，高20~50cm，茎绿色或紫色（图54）。叶7~12枚，倒披针形至长圆形，绿色，先端渐尖，基部楔形；通常无柄，或具长2~3mm的短柄。花单生，花基数4~7；花梗绿色或紫色，长4.5~15cm，结果时稍长；萼片绿色，狭披针形至披针形；花瓣（偶无瓣）丝状，长3~7cm，黄绿色，比萼片短；雄蕊2轮；花丝绿色，长5~12mm；花药金黄色，长6~20mm，药隔突出部分伸长明显（图55、图56），长8~35mm；子房圆锥形，具7~12；侧膜胎座（图57）；花柱紫色或深红色，基部增厚，柱头长2~10mm。蒴果近球形，成熟时绿色，开裂。种子多数，卵形，亮黑色，光滑，坚硬，被红色

图54 黑籽重楼（*P. thibetica*）（叶和花）

图55 黑籽重楼（*P. thibetica*）（花）

图56　黑籽重楼（*P. thibetica*）（雄蕊）

图57　黑籽重楼（*P. thibetica*）（A：雌蕊；B：子房横切面）

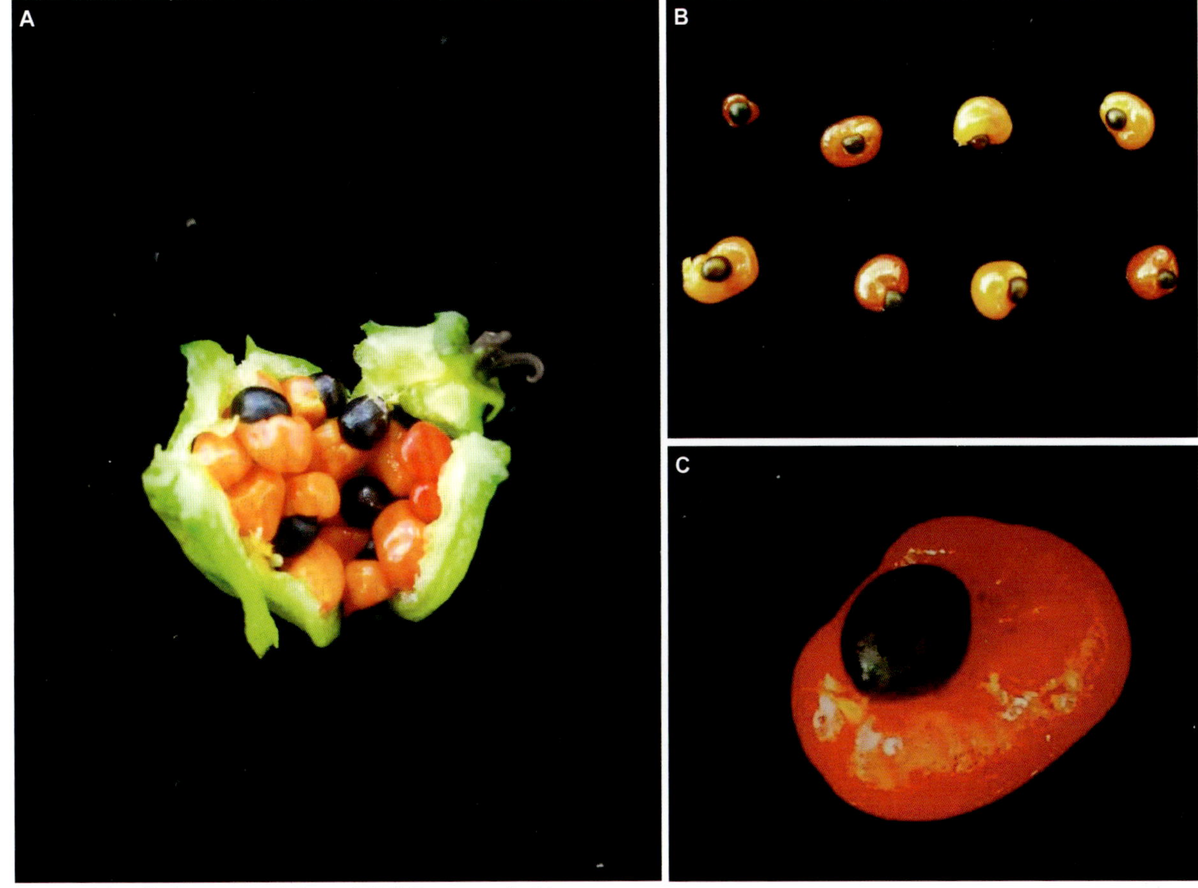

图58　黑籽重楼（*P. thibetica*）（A：成熟蒴果；B、C：种子）

多汁的假种皮（图58）。花期3～4月，果5～9月。

地理分布：中国青海、四川、云南；尼泊尔。生长于海拔1 600～3 600m的落叶阔叶林、针叶林、竹林、灌丛和高山杜鹃灌丛内。

国家重点保护野生植物级别：二级。

海外传播与开发利用：英国爱丁堡皇家植物园有引种。

3.2.13　平伐重楼

Paris vaniotii Lévl., Mem. Pontif. Accad. Romana Nuovi Lincei 24: 355. 1906; H. Li, Act. Bot. Yunnan. 6 (4): 359. 1984; H. Li, Bull. Bot. Res. Harbin 6 (1): 135. 1986; H. Li, The Genus *Paris* (Trilliaceae) 55. 1998; S. Y. Liang et V. G. Soukup, Fl. Chin. 24: 93. 2000. Type: China, Guizhou, Guiding, 25 May 1902, *J.*

Cavalerie & *P. Julien 1309* (Holotype, E).

Paris axialis H. Li, Act. Bot. Yunnan 6 (3): 273, fig. 1. 1984; l. c. 6 (4): 359. 1984; H. Li, Bull. Bot. Res. Harbin 6 (1): 134. 1986; H. Li, The Genus *Paris* (Trilliaceae) 53. 1998; S. Y. Liang et V. G. Soukup, Fl. Chin. 24: 93. 2000. Type: China, Yunnan, Yiliang: 1 900m, 17 Jun. 1982, China, Yunnan, Yiliang: 1 900m, 17 Jun. 1982, *Li H.*, Chen Y, & *Yu H. Y. 1322* (Holotype; Isotype, KUN); loc. eodem, 14 Sep. 1972, *NE Yunnan Expedition 630* (Paratype, KUN).

Paris guizhouensis S. Z. He, Guizhou Sci. 3 (3): 16. 1990. Type: China, Guizhou, Zhenning, 1 400m, 10 Mar. 1987, *He S. Z. 293* (HGCM).

Paris axialis H. Li var. *rubra* H. H. Zhou, K. Y. Wu, & R. Tao, Act. Bot. Yunnan. 13 (4): 424. 1991; H. Li, The Genus *Paris* (Trilliaceae) 55. 1998; S. Y. Liang et V. G. Soukup, Fl. Chin. 24: 93. 2000. Type: China, Guizhou, Shuicheng, 2 000m, 01 Oct. 1990, *Zhou H. H. 9031* (Holotype, KUN).

Paris undulata H. Li et V. G. Soukup, Acta Bot. Yunnan, Suppl. 5: 16 1992; H. Li, The Genus *Paris* (Trilliaceae) 41. 1998; S. Y. Liang et V. G. Soukup, Fl. Chin. 24: 91. 2000. Type: China, Sichuan, Mountain Emei, 18. May 1988, *Li H. 88168* (Holotype, KUN).

Paris lihengiana G.W. Hu & Q. F. Wang, Phytotaxa 392 (1): 045-053. 2019. Type: China, Yunnan, Weixin, 27°53′N, 104°46′E, 1 440m, 24 Apr. 2011, *Hu, Wang* & *Zhao HGW-00655* (Holotype; Isotype, HIB).

Paris variabilis Z. Y. Yang, C. J. Yang & Y. H. Ji., Phytotaxa 401 (3): 190-198. 2019. Type: China, Yunnan, Shuifu, 28.359°N, 104.404°E, 1 580m, 19 May 2017, *Ji* & *Yang 039* (Holotype; Isotypes: KUN).

识别特征： 多年生草本植物，根状茎圆柱形，偶尔分枝，斜向或水平，长5～15cm、直径1～3cm。地上茎直立，高30～70cm，茎紫红色或绿色，无毛（偶有短柔毛）（图59）。叶5～7枚，深绿色，叶片椭圆形或倒披针形，先端长渐尖，基部近楔形，基出侧脉1～2对；叶柄长0.5～6cm（图60）。花基数4～7；花梗绿色或紫色，长5～37cm；萼片卵状披针形，绿色，纸质或膜状；花瓣丝状，黄绿色，远长于萼片；雄蕊3轮（少2或4轮）（图61、图62）；花丝绿黄色，长3～8mm；花药金黄色，药隔突出部分不明显，长0.5～1mm；子房花柱具扩大的基部，紫红色、青紫色或橙黄色；子房绿色或蓝紫色，具4～7棱；花柱基部增厚，紫红色、青紫色或橙黄色；柱头4～7（图63）。浆果近球形，成熟时深红色，不开裂。种子多数，黄褐色，卵圆形，部分被近白色海绵质假种皮所包裹（图64）。花期4月，果7～10月。

地理分布： 中国重庆、贵州、湖北、湖南、四川、云南。生长于海拔700～3 000m的常绿（落叶）阔叶林、针叶林和竹林下。

国家重点保护野生植物级别： 二级。

海外传播与开发利用： 英国爱丁堡皇家植物园有引种。

图59　平伐重楼（*P. vaniotii*）（茎、叶和花）

图60　平伐重楼（*P. vaniotii*）（叶形的种内变异）

图61　平伐重楼（*P. vaniotii*）（雄蕊）

图62　平伐重楼（*P. vaniotii*）（花）

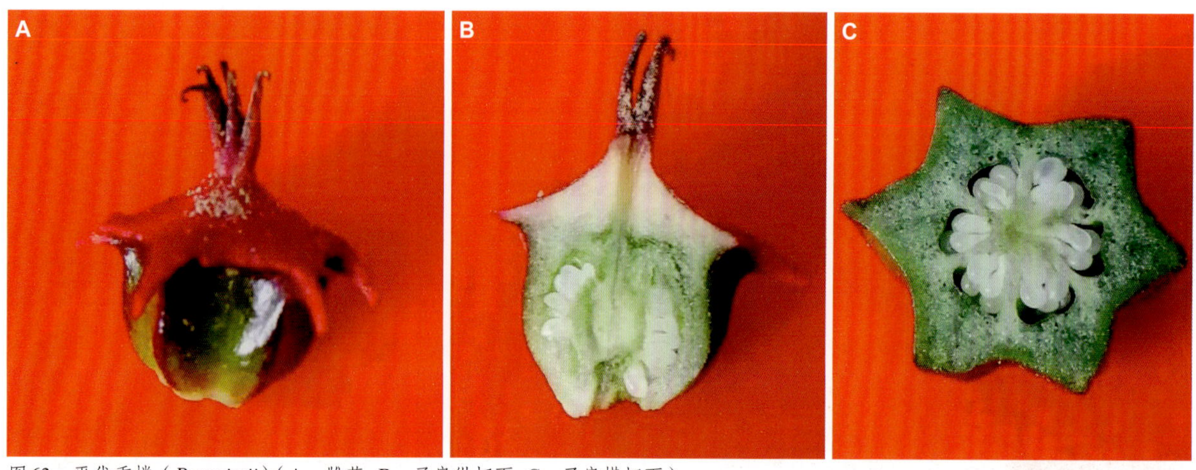

图63　平伐重楼（*P. vaniotii*）（A：雌蕊；B：子房纵切面；C：子房横切面）

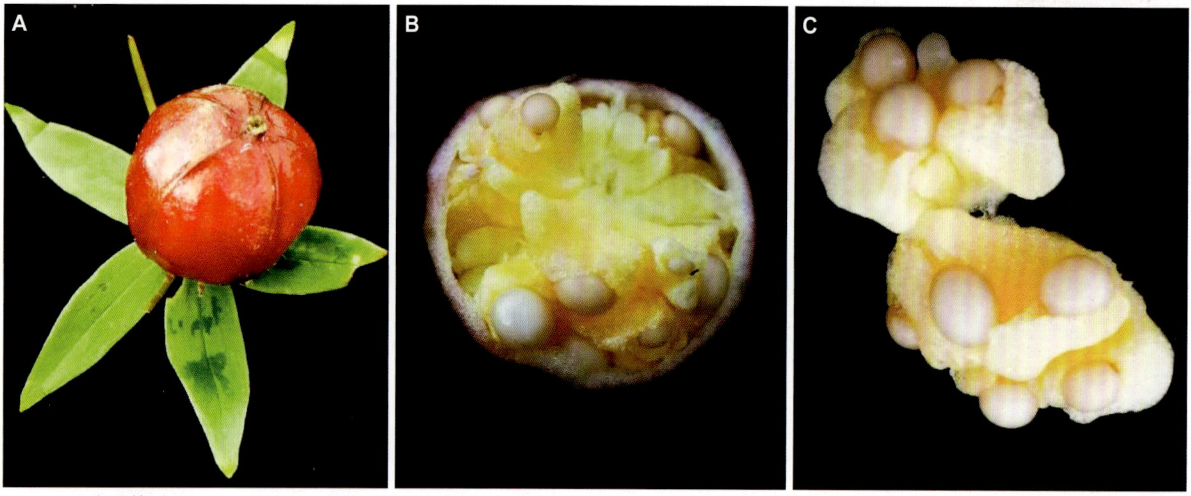

图64　平伐重楼（*P. vaniotii*）（A：成熟浆果；B：浆果横切面；C：种子）

3.2.14　南重楼

Paris vietnamensis (Takha.) H. Li, Act. Bot. Yunnan 6 (4): 357. 1984; H. Li, Bull. Bot. Res. Harbin 6 (1): 113. 1986; H. Li, The Genus *Paris* (Trilliaceae) 27. 1998; S. Y.

Liang et V. G. Soukup, Fl. Chin. 24: 89. 2000. *Daiswa hainanensis* (Merr.) Takht. subsp. *vietnamensis* Takht., Brittonia. 35 (3): 259. 1983; B. Mitchell, Plantsman 10 (3): 176. 1988. Type: Vietnam, Tam Dao, 14 Jun. 1981, *G. Yakovlev et al. 860a* (Holotype, LE; Isotype, HNV).

识别特征：多年生草本植物，根状茎粗壮，长20～40cm、直径5～10cm。地上茎直立，高30~150cm，绿色（图65、图66）。叶4~7枚，膜质，绿色，倒卵形或倒卵状长圆形，先端短，渐尖，基部圆形至宽楔形，侧脉2～3对，近基出；叶柄紫色，长3.5～10cm（图67）。花单生，花基数4～7；萼片绿色，披针形或长圆状披针形，长3～10cm，宽1～4cm；花瓣呈黄绿色，丝状或线状，长于或等长于萼片（图68）；雄蕊2或3轮；花丝紫色；花药棕色，药隔突出，通常为紫色，长1～4mm；子房淡紫色，有时绿色，具4～7棱；侧膜胎座；花柱青紫色，基部增厚，星状；柱头4～7，向外卷曲（图69）。蒴果成熟淡绿色，开裂（图70）。种子多数，近球形，具橙黄色假种皮。花期1～3月，果期4～12月。

地理分布：中国广西、云南；老挝；越南。生长于海拔600～2 000m的常绿阔叶林内。

国家重点保护野生植物级别：二级。

海外传播与开发利用：英国爱丁堡皇家植物园有引种。

图 65　南重楼（*P. vietnamensis*）（完整植株）

图 66　南重楼（*P. vietnamensis*）（茎、叶和花）

图 67　南重楼（*P. vietnamensis*）（叶和花）

图 68　南重楼（*P. vietnamensis*）（花）

图 69　南重楼（*P. vietnamensis*）（雌蕊）

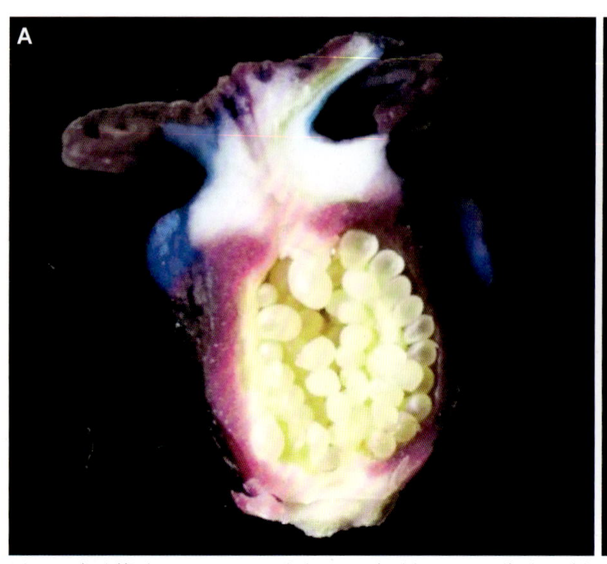

图70　南重楼（*P. vietnamensis*）（A：子房纵切面；B：蒴果开裂）

3.2.15　云龙重楼

Paris yanchii H. Li, L. G. Lei, & Y. M. Yang, J. West China For. Sci. 46 (1): 1-5. 2017. Type: China, Yunnan, Yunlong, 2 500m, 23 Apr. 2016, *Wang Y. H. et al. 009* (Holotype, KUN).

Paris caojianensis B. Z. Duan & Y. Y. Liu, Phytotaxa 326 (4): 297-300. 2017. Type: China, Yunnan, Yunlong, 25° 40′ 18″ N, 99° 8′ 19″ E, 2 160m, 11 Aug. 2016, *Duan B. Z. & Liu Y. Y. 055* (Holotype, DLU).

识别特征：多年生草本植物，根状茎粗壮，深棕色，长2.5～8.5cm、直径0.2～4.5cm。地上茎直立，高12.5～40cm，茎紫红色或绿色（图71）。叶5～9枚，叶片卵形至长圆形，先端锐尖，基部圆形或楔形，基出2～3对侧脉；叶柄暗紫色，长2～8mm，宽1～2mm。花梗绿色或紫色；萼片4～6枚，正面绿色，背面浅绿色，卵形至披针形；花瓣线形，紫色，果期变绿色，长于萼片，直立或平展（图72）；雄蕊2轮；花丝黄绿色，长2～3mm；花药黄色，药隔突出部分线形，紫色，长4～15mm；子房卵圆形，绿

图71　云龙重楼（*P. yanchii*）（茎、叶和花）

色，具4～7条紫色棱（图73）；侧膜胎座；花柱紫色，基部增厚；柱头4～7，紫色，直立。蒴果球形，成熟时为黄绿色，具5～6棱。种子近球形，被红色多汁的外种皮（图74）。花期4～6月，果期7～10月。

图72　云龙重楼（*P. yanchii*）（花）

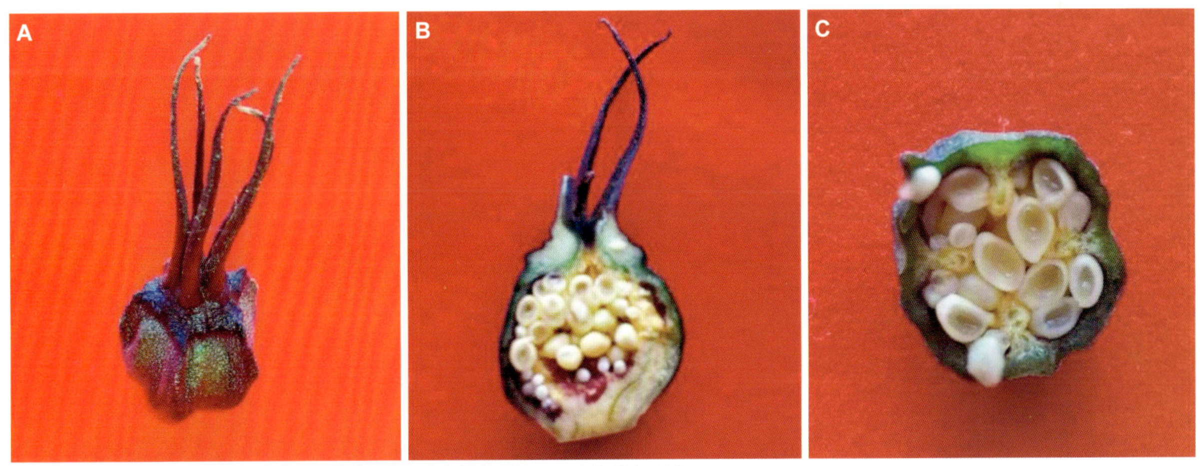

图73　云龙重楼（*P. yanchii*）（A：雌蕊；B：子房纵切面；C：子房横切面）

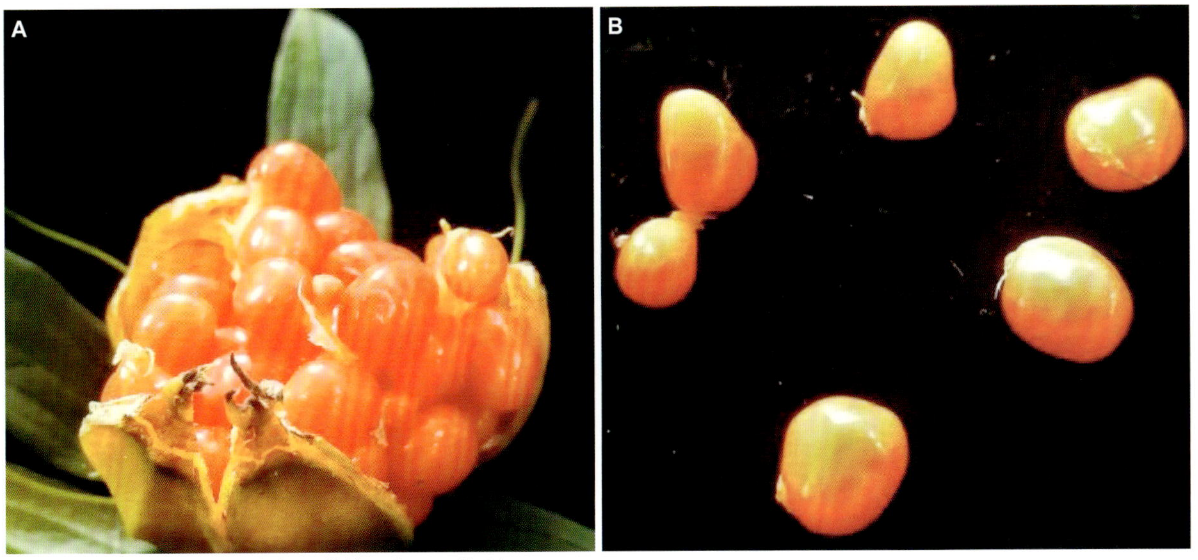

图74　云龙重楼（*P. yanchii*）（A：蒴果开裂；B：种子）

地理分布：中国云南。生长于海拔2 300～2 800m的落叶阔叶林和针叶林内。

国家重点保护野生植物级别：二级。

海外传播与开发利用：国外无引种。

3.2.16 李氏重楼

Paris liiana Y. H. Ji, Front Plant Sci 11:411. 2020. Type: China, Yunnan, Yuanyang, Xiaoxinjie, 24°43′53.76″ N, 104°21′06.01″ E, 1 599m, 7 Aug. 2016, *Ji Y. H. 2016457* (Holotype, KUN); Qiubei, 24°03′55.45″ N, 104°10′57.57″ E, 1 530m, 12 Jul. 2016, *Huang Y. L. 006* (Paratype, KUN).

识别特征：多年生草本植物，根状茎粗壮，圆柱状，水平或斜生，长5～20cm、直径3～7cm。地上茎直立，高50～150cm，茎紫红色或绿色（图75）。叶5～12枚，叶片椭圆形或长圆状倒卵形，先端锐尖，基出侧脉2～3对（图76、图77）；叶柄浅绿色，长8～3cm。花梗绿色或浅紫色，长25～50cm；花基数5～10；萼片5～10枚，长圆形或倒卵状长圆形，绿色；花瓣5～10枚，丝状，下部绿色，上部黄绿色，顶部稍宽至2～3mm，比萼片短或稍长（图78）；雄蕊2轮；花丝绿黄色，长3～6mm；花药金黄色；子房基部浅绿色，顶部紫红色，具5～10棱；侧膜胎座；花柱长4～5mm，基部增厚，紫红色；柱头5～10，深棕色；蒴果近球形，绿色、暗红色或棕色，在顶部开裂（图79、图80）。种子多数，被红色多汁外种皮（图81）。花期4～5月，果期6～12月。

图75　李氏重楼（*P. liana*）（叶和花）

图76　李氏重楼（*P. liana*）（叶）

图77　李氏重楼（*P. liiana*）（生长中的叶和花）

图78　李氏重楼（*P. liiana*）（花）

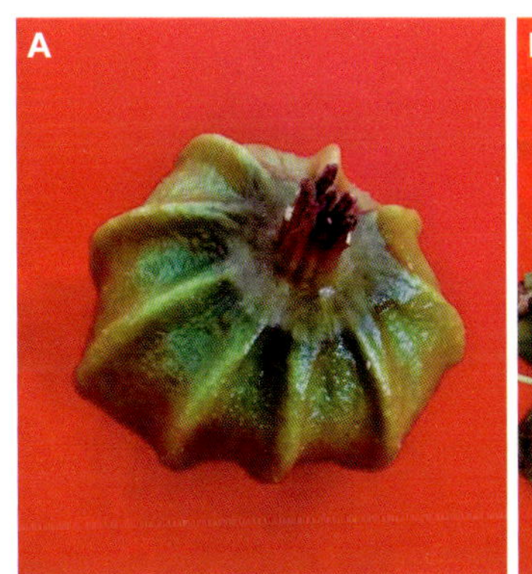

图79　李氏重楼（*P. liiana*）（A：幼果；B：蒴果开裂）

图80　李氏重楼（*P. liiana*）（蒴果开裂）

图81　李氏重楼（*P. liiana*）（种子）

地理分布：中国广西、贵州、云南；缅甸。生于海拔1 200～2 200m的常绿阔叶林下。

物种界定：该种曾被错误鉴定为滇重楼（*Paris yunnanensis* Franch.），在云南被称为高杆滇重楼，并被当作滇重楼广泛种植。该种形态特征、开花物候及地理分布与典型滇重楼存在较大差异，分子证据表明二者存在较高程度的遗传分化，在系统发育关系上为两个独立分化的类群；据此，将所谓的“高杆滇重楼”处理为一个独立的物种（Ji et al., 2020）。

国家重点保护野生植物级别：二级。

海外传播与开发利用：国外无引种。

3.2.17　狭叶重楼

Paris lancifolia Hayata, Bot. Mag. (Tokyo) 20: 52. 1906; Hayata, Fl. Mont. Formos. t. 39. 1908; Y. Kimura in Nakai, Icon. Pl. As. Or. 236. 1940; S. S. Ying, Fl. Taiwan 5: 68. 1978. *Daiswa lancifolia* (Hayata) Takht., Brittonia 35 (3): 266. 1983; Huang TC et Yang KC, Taiwania 33: 123. 1988. Type: China, Taiwan, Oct. 1905, *S. Nagasawa 693* (not seen).

Paris polyphylla Smith var. *stenophylla* Franch., Nouv. Arch. Mus. Hist. Nat. ser. 2, 10: 97. 1888; Hand.-Mazz., Symb. Sin. 7: 1216; 1936; Hara, Journ. Fac. Sci. Unit. Tokyo, Sect. 3, 10 (10): 176. 1969; Wang et Tang, Fl. Reip. Pop. Sin. 15: 94. 1978; H. Li, Bull. Bot. Res. Harbin 6 (1): 124. 1986; H. Li, The Genus *Paris* (Trilliaceae) 39. 1998. Type: China, Sichuan, Baoxing, Jun. 1869, *A. David s. n.* (Holotype, P).

Paris polyphylla Smith var. *brachystemon* Franch., Journ. Bot. (Morot) 12: 191. 1898; Hara, Fl. East Himal 410. 1966; Hara, Journ. Fac. Soc. Univ. Tokyo, sect. 3, 10 (10): 1969. Type: China, Chongqing, Chengkou, *Farges s. n.* (Holotype, P).

Paris hamifer Lévl. in Fedde, Repert. Spec. Nov. Regni Veg. 12: 288. 1913. Type: China, Yunnan, Ninglang, 3 000m, May 1912, *E. E. Maire s. n.* (Holotype, E).

Paris arisanensis Hayata, Icon. Pl. Formosan. 9: 141. 1920; Y. Kimura in Nakai, Icon. Pl. As. Or. 3 (3): 235, t. 86. 1940. Type: China, Taiwan, Apr. 1916, *B. Hayata s. n.* (not seen).

Paris taitungensis S. S. Ying, Quart. Journ. Chin. For. 8 (4): 139. 1975. Type: China, Taiwan, Taidong, *Ying S. Y. 1037* (NTUF).

Paris polyphylla Smith var. *latifolia* Wang & Tang, Fl. Reip. Pop. Sin. 15: 94, 250. 1978.; *Paris polyphylla* Smith var. *stenophylla* Franch. f. *latifolia* (Wang & Tang) H. Li, Bull. Bot. Res. Harbin 6 (1): 125. 1986. Type: China, Shaanxi, Huayin, *Xia W. Y. 4426* (PE).

Paris polyphylla Smith var. *panxiensis* J. L. Liu, Acta Bot. Boreal. -Occident. Sin. 29 (8): 1697-1700. 2009. Type: China, Sichuan, Puge, 2 600~2 700m, 01 Jul. 2005, *Liu J. L. & Yang J. M. 4 935* (Holotype, XIAS).

识别特征：多年生草本植物，根状茎粗壮，长9～18cm、直径1～3cm。地上茎直立，高25～75cm，茎紫红色或绿色（图82）。叶10～15枚，无柄或近无柄，绿色，线形、窄披针形、披针形、倒披针形或长圆状披针形，膜质至纸质，基部楔形，长7～17cm、宽0.4～2cm（图83）。花基数4～7；花梗绿色或紫色，长5～25cm；萼片绿色，披针形，长2～7cm，黄绿色；花瓣丝状，通常长于萼片（图84）；雄蕊2轮；花丝绿色，长3～10mm；花药黄色，长5～15mm，药隔突出不明显；子房紫色，光滑或结瘤，具4～7棱；侧膜胎座；花柱紫色，长0～2mm，基部增厚；柱头紫色，长4～10mm，花期直立，果期反卷（图85）。蒴果近球形，成熟时绿色，不规则开裂。种子多数，具红色多汁假种皮。花期4～6月，果期7～10月。

地理分布：中国安徽、重庆、福建、甘肃、广西、贵州、河南、湖北、湖南、江苏、江西、陕西、山西、四川、台湾、云南、浙江。生长于海拔2 300～2 800m的常绿（或落叶）阔叶林和针叶林、竹丛和灌丛中。

图82　狭叶重楼（*P. lancifolia*）（全株）

图83　狭叶重楼（*P. lancifolia*）（叶和花）

图84　狭叶重楼（*P. lancifolia*）（花）

图85　狭叶重楼（*P. lancifolia*）（蒴果开裂）

国家重点保护野生植物级别：二级。

海外传播与开发利用：英国爱丁堡皇家植物园有引种。

3.2.18　滇重楼

Paris yunnanensis Franch., Mem. Philom. Cent. (*Paris*) 24: 290. 1888; C. H. Wright, Journ. Linn. Bot. 36: 145. 1903. *Paris polyphylla* Smith var. *yunnanensis* (Franch.) Hand.-Mazz., Symb. Sin. 7: 1216. 1936; Hara, Journ. Fac. Sci. Univ. Tokyo. Sect. 3, 10 (10): 154. 1069; Wang et Tang, Fl. Reip. Pop. Sin. 15: 95. 1978; H. Li, Bull. Bot. Res. Harbin 6 (1): 119. 1986; H. Li, The Genus *Paris* (Trilliaceae) 35. 1998; S. Y. Liang et V. G. Soukup, Fl. Chin. 24: 90. 2000. *Daiswa yunnanensis* (Franch.) Takht., Brittonia 35 (3): 257. 1983; B. Mitchell, Plantsman 10 (3): 185.

1988. Type: China, Yunnan, Eryuan, 2 000m, *J. M. Delavay 2227* (Holotype, P).

Paris christii Lévl., Bull. Acad. Inter. Geogr. Bot. 12: 255. 1903. Type: China, Guizhou, *E. Bodinier s. n.* (Holotype, E).

Paris mercieri Lévl., Bull. Acad. Int. Géogr. Bot. 12: 255. 1903. Type: China, Guizhou, Guiyang, 17 Jul. 1898, *E. Bodinier 1635* (Holotype, E).

Paris franchetiana Lévl., Bull. Acad. Int. Géogr. Bot. 12: 255. 1903. Type: China, Guizhou, *E. Bodinier 712* (Holotype, E).

Paris cavaleriei Lévl. et Vaniot, Nouv. Contrib. Liliac. Chine 24: 354. 1906. Type: China, Guizhou, Longli, 13 Jun. 1902, *J. Cavalerie 1310* (Holotype, E).

Paris gigas Lévl. et Vaniot, Nouv. Contrib. Liliac. Chine 24: 354. 1906. Type: China, Guizhou, Guiding, 23 Nov. 1902, *J. Cavalerie 729* (Holotype, E).

Paris pinfaensis Lévl., Repert. Spec. Nov. Regni Veg. 6: 265. 1909. Type: China, Guizhou, Guiding, Jun. 1907, *J. Cavalerie 2023* (Holotype, E; Isotype, GH, K).

Paris aprica Lévl., Repert. Spec. Nov. Regni Veg. 6: 265. 1909. Type: China, Guizhou, Guiding, 25 Jun. 1907, *J. Cavalerie 3023* (Holotype, Isotype, E).

Paris atrata Lévl., Repert. Spec. Nov. Regni Veg. 12: 536. 1913. Type: China, Yunnan, Ninglang, *E. E. Maire s. n.* (Holotype, E).

Paris polyphylla Smith var. *nana* H. Li, Bull. Bot. Res. Harbin 6 (1): 123. 1986. Type: China, Sichuan, Yibin, 07 Jul. 1977, *Yibin Drug Inspection Institute Yi428* (KUN).

Paris daliensis H. Li et V. G. Soukup, Act. Bot. Yunnanica, Supp. v: 15-16, fig. 3. 1992; H. Li, The Genus *Paris* (Trilliaceae) 32. 1998; S. Y. Liang et V. G. Soukup, Fl. Chin. 24: 89-90. 2000. Type: China, Yunnan, Dali, 2 600m, 06 Nov. 1986, *Li H. & V. G. Soukup 1098* (Holotype, KUN; Isotype, CINC).

Paris birmanica (Takht.) H. Li et H. Noltie., Edinb. J. Bot. 54 (3): 351-352. 1997; H. Li, The Genus *Paris* (Trilliaceae). 28. 1998.; *Daiswa birmanica* Takht., Brittonia 35 (3): 259, fig. 2. 1983; B. Mitchell, Plantsman 10 (3): 169. 1988; Type: Myanmar, Maymyo, 22 Jun. 1913, *L. J. Henry 6233* (Holotype, E; Isotype, E).

Paris polyphylla Smith var. *emeiensis* X. H. Yin, H. Zhang & D. Xue, Acta Phytotaxon. Sin. 45 (6): 822-827. 2007. Type: China, Sichuan, Mt. Emei, 1 900m, 27 Apr. 2006, *Yin X. H. et al. 06121* (Holotype, SZ; Isotype, CDBI).

识别特征：多年生草本植物，根状茎粗壮，长7～15cm、直径1.5～6cm。地上茎直立，高25～100cm，光滑无毛，下部为紫色，上部为黄绿色。叶5～11枚，绿色，卵形、倒卵形、长圆形或倒卵状长圆形，先端锐尖至渐尖，基部楔形至圆形，质地较厚，不为膜质；叶柄紫色或绿色，长0.5～7cm（图86、图87）。花基数4～7；花梗绿色或紫色，长0～45cm；萼片绿色，披针形，长2.5～7cm，黄绿色；花瓣黄色（稀紫色），宽3～5mm，长于或等长于萼片；雄蕊2轮；花丝呈黄绿色；花药黄色，药隔突出不明显（图88）；子房绿色，光滑或具瘤，具4～7棱（图89）；侧膜胎座；花柱紫色，长0～2mm，基部增厚；柱头紫色，长4～10mm，花期直立，果期反卷。蒴果近球形，绿色，不规则开裂。种子多数，卵形，被红色多汁外种皮（图90）。花期4～6月，果期7～10月。

地理分布：中国重庆、广西、贵州、四川、西藏、云南；缅甸。生长于海拔1 000～3 200m的常绿（或落叶）阔叶林、针叶林、竹丛和灌丛中。

国家重点保护野生植物级别：二级。

海外传播与开发利用：英国爱丁堡皇家植物园有引种。

3.2.19 高平重楼

Paris caobangensis Y. H. Ji, H. Li & Z. K. Zhou, Act. Phytotax. Sin. 44 (6): 700. 2006. Type: Vietnam, Cao Bang, Yan Lac, 105°50′29″ E, 22°44′16″ N, 1 100m, 19 Apr. 2003, *Ji Y. H. 0127* (Holotype, KUN).

Paris nitida G. W. Hu, Z. Wang & Q. F. Wang, Phytotaxa 314 (1): 145. 2017. Type: China, Hubei, Tongshan, 29°23′N, 114°35′E, 1 070 m, 07 Apr. 2016, *Hu G. W. & Xu Z. HGW-01060* (Holotype, HIB;

图86　滇重楼（*P. yunnanensis*）（叶形的种内变异）

图87　滇重楼（*P. yunnanensis*）（生长中的叶和花）

图88　滇重楼（*P. yunnanensis*）（花）

Isotypes, HIB, HNNU).

识别特征：多年生草本植物，根状茎圆柱状，水平或斜生，长5～7cm、直径2～3cm。地上茎直立，高30～35cm，圆柱形，下部红紫色，上部呈

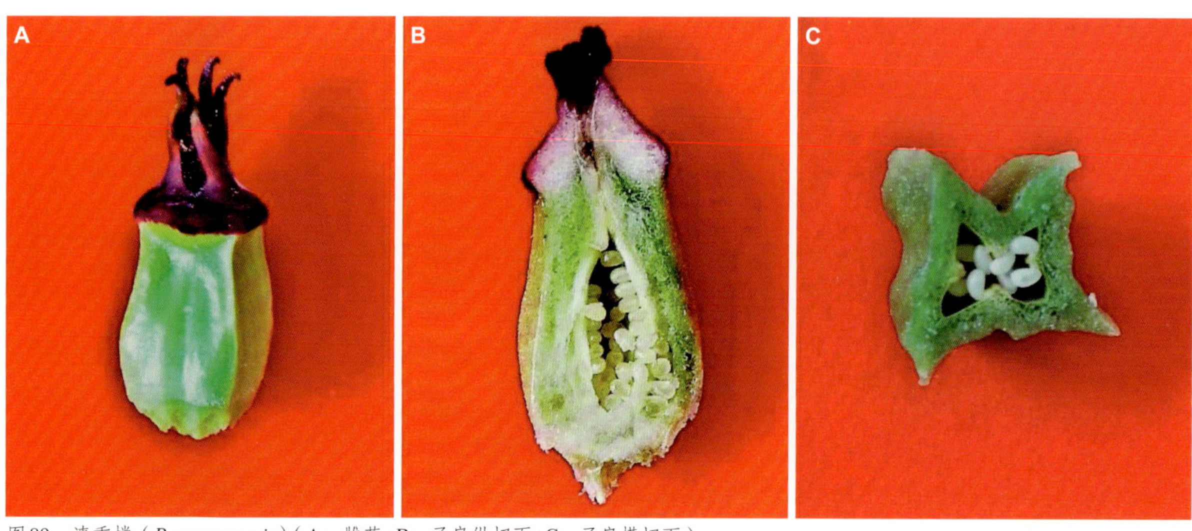

图89 滇重楼（*P. yunnanensis*）（A：雌蕊；B：子房纵切面；C：子房横切面）

图90 滇重楼（*P. yunnanensis*）（蒴果开裂）

白绿色（图91）。叶4~16枚，绿色，革质，有光泽，卵形、卵状披针形或长圆状披针形，先端渐尖，基部近圆，中脉明显，基部发出1对侧脉；叶柄绿色，长2.5~3cm。花单生，花基数4~6（图92）；花梗黄绿色，长10~25cm；萼片4~6枚，披针形至卵状披针形，绿色；花瓣下端窄线形，上部逐渐增宽至2~3mm，黄绿色，长（偶短）于萼片，有时反折；雄蕊2轮，花丝黄绿色；花药黄色，药隔突出近无；子房圆锥形，绿色，具4~6棱（图93）；侧膜胎座；花柱紫色，基部增厚；柱头4~5，浅裂，紫色。蒴果近球形（图94），成熟时呈黄绿色，开裂。种子多数，被红色多汁外种皮包裹。花期3~5月，果期6~11月。

地理分布：中国广西、贵州、湖北、湖南；

图91 高平重楼（*P. caobangensis*）（茎、叶和花）

图92 高平重楼（*P. caobangensis*）（花）

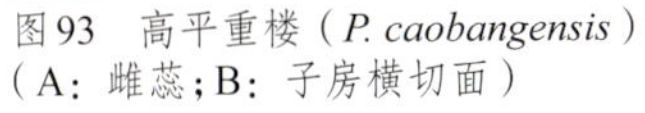

图93　高平重楼（*P. caobangensis*）（A：雌蕊；B：子房横切面）

图94　高平重楼（*P. caobangensis*）（幼果）

越南；泰国。生于海拔300～2 900m的常绿（或落叶）阔叶林中。

国家重点保护野生植物级别：二级。

海外传播与开发利用：国外无引种。

3.2.20　七叶一枝花

Paris chinensis Franch., Nouv. Arch. Mus. Hist. Nat. II, 10: 97. 1888; Hand.-Mazz., Symb. Sin. 7: 1215. 1936; T. C. Huang et K. C. Yang, Taiwania 33: 122. 1988; B. Mitchell, Plantsman 10 (3): 170, 171. 1988. *Paris polyphylla* Smith var. *chinensis* (Franch.) Hara, Journ. Fac. Sci. Univ. Tokyo sect. 3, 10 (10): 176. 1969; H. Li, Bull. Bot. Res. Harbin 6 (l): 122. 1986; Wang et Tang, Fl. Reip. Pop. Sin. 15: 92, pl. 32: 1-3. 1978; H. Li, The Genus *Paris* (Trilliaceae) 37. 1998; S. Y. Liang et V. G. Soukup, Fl. Chin. 24: 90. 2000.; *Daiswa chinensis* (Franch.) Takht., Brittonia 35: 259. 1983. Type: China, Sichuan, Baoxing, 1870, *A. David s. n.* (Holotype, P).

Paris polyphylla Smith var. *platipetala* Franch., Journ. Bot. (Morot) 12: 191. 1898; P' ei et Chou, Icon. Chin. Medic. Pl. 7: fig. 303. 1964. Type: China, Chongqing, Chengkou, 2 000m, *P. G. Farges 573* (Holotype, P).

Paris formosana Hayata, Journ. Coll. Sci. Imp. Univ. Tokyo 30 (1): 367. 1911. Type: China, Taiwan, 1908, *T. Kawakami* & *U. Mori 3573* (Holotype, GH).

Paris kwantungensis Miao, Acta Sci. Nat. Univ. Sunyatseni 3: 74. 1982.; *Paris polyphylla* Smith var. *kwantungensis* (R. H. Miao) S. C. Chen & S. Y. Liang, Acta Phytotax. Sin. 33: 490. 1995. Type: China, Guangdong, Xinyi, 21 Mar. 1932, *Wang C. 32199* (Holotype, SYS).

Paris brachysepala Pamp., Nuovo Giorn. Bot. Ital. n. s., 22: 266. 1915.; *Daiswa chinensis* Franch. subsp. *brachysepala* (Pamp.) Takht., Brittonia 35: 262. 1983. Type: China, Hubei, Jun. 1912, *C. Silvestri 3384* (Holotype, FI).

识别特征：多年生草本植物，根状茎粗壮，长8～25cm、直径1.5～10cm。地上茎直立，高25～84cm，茎绿色或红紫色，无毛，偶有黄绿色，上部为紫色。叶5～12枚，叶形多变，长圆形、卵形、披针形或倒披针形，基部楔形，稀圆形；叶柄绿色或紫色，长0.1～3.5cm（图95）。花单生，花基数4～8；萼片绿色，披针形（图96）；花瓣黄绿色，狭线形，短于萼片，常反折；雄蕊2轮；花丝淡绿色，长3～7mm；花药黄色，药隔突出部分不明显或长0.5～2mm，锐尖；子房绿色，光滑或结瘤，具4～8棱（图97）；侧膜胎座；花柱紫色或暗红色，长0～2mm，基部增厚；柱头紫色或暗红色，长4～10mm，花期直立，果期反卷。蒴果近球形，绿色，不规则开裂（图98）。种子多数，卵形，具红色多汁外种皮。花期3～5月，果期6～10月。

图95　七叶一枝花（*P. chinensis*）（叶形的种内变异）　图96　七叶一枝花（*P. chinensis*）（花）

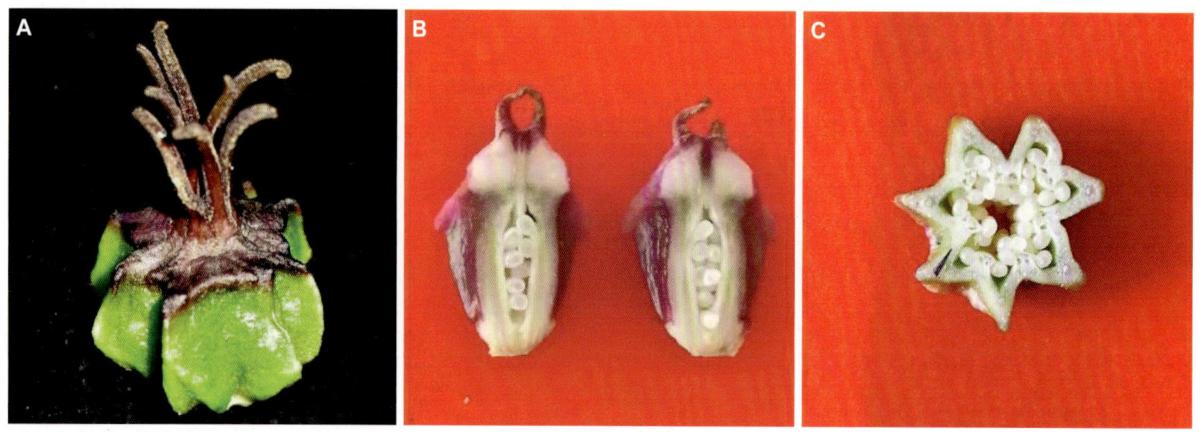

图97　七叶一枝花（*P. chinensis*）（A：雌蕊；B：子房纵切面；C：子房横切面）

图98　七叶一枝花（*P. chinensis*）（A：幼果；B：蒴果开裂）

地理分布：中国安徽、重庆、福建、广东、广西、贵州、河南、湖北、湖南、江苏、江西、山西、四川、台湾、云南；泰国；越南。生长于海拔150～2 800m的常绿（或落叶）阔叶林、针叶林、竹林和灌丛中。

国家重点保护野生植物级别：二级。

海外传播与开发利用：英国爱丁堡皇家植物园有引种。

3.2.21　西畴重楼

Paris xichouensis (H. Li) Y. H. Ji, H. Li & Z. K. Zhou, Acta Phytotaxon. Sin. 44 (5): 612-613. 2006. *Paris cronquistii* Takht. var. *xichouensis* H. Li, Bull. Bot. Res. Harbin 6 (1):113. 1986; H. Li, The Genus *Paris* (Trilliaceae) 26. 1998; S. Y. Liang et V. G. Soukup, Fl. Chin. 24: 89. 2000. Type: China, Yunnan, Xichou, *Wang S. Z. 483* (Holotype, KUN).

识别特征：多年生草本植物，根状茎粗壮，长2～8.5cm、直径2～5cm。地上茎直立，高20～100cm，茎绿色，通常带红紫色。叶4～7枚，绿色，长圆形或卵形，基部心形，稀圆形，先端骤尖，基出侧脉2～3对；叶柄长3～8.5cm，带紫色（图99）。花单生，花基数4～7；花梗绿色或紫色，花梗长15～80cm（图100）；萼片绿色，披针形或卵状披针形；花瓣黄绿色，丝状，短于萼片；雄蕊3轮；花丝淡绿色；花药金黄色，药隔突出部分绿色，长1～6mm；子房绿色（图101），具4～7棱；侧膜胎座；花柱基增厚，紫红色，稍下凹；花柱青紫色或黄红色，长2～3mm；柱头4～6，黄红色或紫色，常外卷。蒴果绿色到红色，开裂（图102）。种子多数，近球形，被橙色多汁外种皮。花期2～4月，果期5～11月。

地理分布：中国云南；越南。生长于海拔1 200～1 500m的常绿阔叶林内。

图99　西畴重楼（*P. xichouensis*）（茎、叶和花）

图100　西畴重楼（*P. xichouensis*）（花）

图101　西畴重楼（*P. xichouensis*）（A：雌蕊；B：子房横切面）

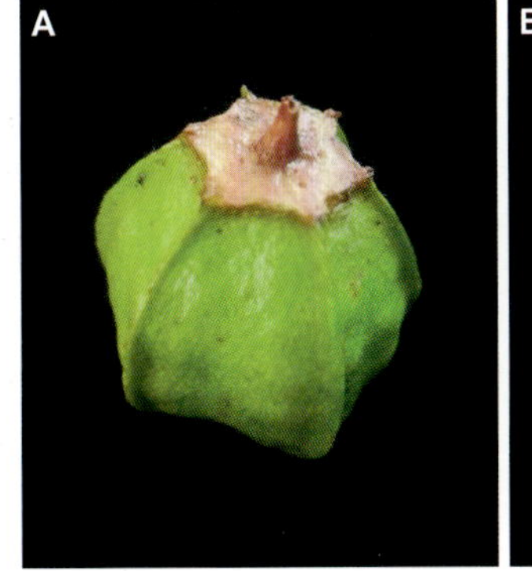

图102　西畴重楼（*P. xichouensis*）（A：幼果；B：蒴果开裂）

国家重点保护野生植物级别：二级

海外传播与开发利用：国外无引种。

3.2.22 北重楼

Paris verticillata M. Bieb., Fl. Taur. -Caucas. 3: 287. 1819; Hand.-Mazz., Symb. Sin. 7 (5): 1214. 1936; Hara, Bot. Mag. Tokyo 52: 513. 1938; Hara, Journ. Fac. Sci. Univ. Tokyo, sect. 3, Bot. 10 (10): 165. 1969; Inst. Bot. Bor. Occid. Fl. Tsining. 1: 353. 1976; Icon. Corm. Sin. 5: 515. 1976; Wang et Tang, Fl. Reip. Pop. Sin. 15: 88. 1978; H. Li, Bull. Bot. Res. Harbin 6 (l): 137. 1986; B. Mitchell, Plantsman 9 (2): 85. 1987; H. Li, The Genus *Paris* (Trilliaceae) 61. 1998; S. Y. Liang et V. G. Soukup, Fl. Chin. 24: 93. 2000.

Paris obovata Ledeb., Icon. Pl. 1: t. 16. 1828.; *Paris quadrifolia* L. var. *obovata* (Ledeb.) Regel et Tiling, Mem. Soc. Philom. Cent. (*Paris*) 24: 282. 1888.; *Paris verticillate* M. Bieb. var. *obovata* (Ledeb.) Hara, Journ. Fac. Sci. Univ. Tokyo, sect. 3, Bot. 10: 165. 1969. Type: Russia, Irkutsk, *s. n.* (HAL).

Paris hexaphylla Cham., Linnaea 6: 586. 1831.; *Paris quadrifolia* L. var. *hexaphylla* (Cham.) Fedtsch, Trudy Imp. S. -Peterburgsk. Bot. Sada 31: 121. 1912.

Paris dahurica Fisch. ex Turcz., Bull. Soc. Nat. Mosc. 27 (2): 105. 1854.; *Paris quadrifolia* L. var. *dahurica* (Fisch.) Franch., Nouv. Arch. Mus. *Paris*. Ser. 2, 10: 96. 1888.

Paris manshurica Kom., Key Pl. Far. East. Reg. URSS 1: 385. 1931.; *Paris hexaphylla* Cham. var. *manshurica* (Kom.) Vorosch., Byull. Glavn. Bot. Sada 84: 31. 1972.

识别特征：多年生草本植物，根状茎纤细，在节上具纤维根，长15~40cm、直径2.5~4mm（图103）。地上茎直立，高4~30cm，圆柱形，茎绿色或紫色。叶6~9枚，椭圆形、倒披针形、倒卵状披针形，绿色，无毛，先端骤狭渐尖，基部狭楔形，基出脉3条；叶柄非常短，近无柄。花单生，花基数4~6；花梗长5.5~15cm，绿色；萼片绿色，卵状披针形，长2.5~5cm，宽0.7~2cm；花瓣丝状或线状，绿色，长1.5~4cm，短于萼片（图104）；雄蕊2轮；花丝黄绿色或暗红色，长4~8mm；花药黄色，长5.5~12mm，药隔突出部分黄绿色；子房中轴胎座，具4~5棱，紫色；花柱短，紫色，柱头4~6，细长，直立，长4~12mm，果期外卷。浆果球形，黑紫色，不开裂（图105）。种子卵圆形，无假种皮（图106）。花期5~6月，果期7~9月。

地理分布：中国北京、重庆、甘肃、河北、黑龙江、河南、吉林、辽宁、内蒙古、宁夏、陕西、山西；日本；哈萨克斯坦；朝鲜；蒙古；俄罗斯。生长于海拔600~3 600m的落叶阔叶林和针叶林。

海外传播与开发利用：英国爱丁堡皇家植物园有引种。

图103　北重楼（*P. verticillata*）（根状茎）

图104　北重楼（*P. verticillata*）（花）

图 105　北重楼（*P. verticillata*）（成熟浆果）

图 106　北重楼（*P. verticillata*）（种子）

4 濒危机制与物种保护

近年来，由于栖息地的退化、气候环境的变化、生物入侵和人类活动的影响，许多动植物都面临着灭绝的威胁。重楼属植物除北重楼所有种均为国家二级重点保护野生植物。根据世界自然保护联盟濒危物种红色名录濒危等级划分标注，巴山重楼（*P. bashanensis*）、黑籽重楼（*P. thibetica*）、平伐重楼（*P. vaniotii*）、长柱重楼（*P. forrestii*）、南重楼（*P. vietnamensis*）、七叶一枝花（*P. chinensis*）、高平重楼（*P. caobangensis*）、启良重楼（*P. qiliangiana*）、球药隔重楼（*P. fargesii*）、凌云重楼（*P. cronquistii*）、金线重楼（*P. delavayi*）、李氏重楼（*P. liiana*）、滇重楼（*P. yunnanensis*）、狭叶重楼（*P. lancifolia*）、花叶重楼（*P. marmorata*）、多叶重楼（*P. polyphylla*）和毛重楼（*P. mairei*）为易危种（VU）；西畴重楼（*P. xichouensis*）、禄劝重楼（*P. luquanensis*）、云龙重楼（*P. yanchii*）为极危种（CR）；其余种类为无危（LC）。

由于重楼属植物是传统中医药中的重要药材，具有较高的经济价值。在高效益的驱使下，重楼属植物遭受大量的商业化采集，导致其野生资源逐年减少，加之其缓慢的生长周期，不受管控的商业化采集对野生重楼属植物的生存和保护构成了严重的威胁（Ji, 2021）。

目前，重楼属植物面临的最大威胁是对野生资源的过度利用，它们迫切需要保护措施来减少过度利用的压力。首先通过人工栽培减少对野生资源的依赖，实现对野生资源的替代（图 107 至图 109）。其次对野生资源进行有效保护，在重楼属植物的自然分布区，实施就地保护，禁止乱采滥挖，防止过度采集导致资源枯竭。可以设立自然保护区，对重楼的生长地进行保护和管理。然后对重楼属植物的种质资源进行保存，建立重楼的

图 107　药用重楼人工种植

图 108　药用重楼人工种植繁殖种子和种苗

图109　药用重楼林下种植

种子库、基因库等，保存重楼的遗传资源，以备不时之需。加强对重楼属植物的生物学特性、生态习性、繁殖技术等方面的研究，为保护工作提供科学依据。加强法律法规的建设，对非法采挖和销售重楼的行为进行打击，保护重楼资源不受破坏。最后通过媒体、教育等途径，提高公众对重楼属植物保护重要性的认识，增强公众的保护意识。重楼属植物的保护是一个系统工程，需要政府、企业和公众共同努力，才能实现重楼资源的可持续利用和保护。

重楼属植物是中华民族传统医药的瑰宝，也是中国生物医药产业发展不可或缺的重要战略生物资源。因过度利用，国产重楼属植物具有较高的灭绝风险。因此，迫切需要对重楼属植物进行抢救性收集和保护，为相关的基础研究和应用提供材料，为以重楼属植物为原料的创新药物开发奠定种质资源基础。科学研究和珍稀濒危植物的迁地保护是现代植物园的主要任务之一，植物专类园是收集保存特定植物类群，开展科学研究、资源发掘利用、公众知识传播和环境教育的重要场所，是植物园的核心单元。遗憾的是，迄今全世界还没有一个专门收集保存、研究利用和综合服务于社会需求的重楼属植物专类园。

通过种质资源全面、系统的收集，建立重楼属植物专类园，可向公众传播保护和利用重楼的相关知识，传播重楼属植物研究的最新成果，唤起人们对重楼属植物野生资源的保护意识，为协调大自然的赐予和人类索取的矛盾提供示范案例，通过传播科学知识促进生态文明的建设。此外，重楼专类园的建立，还可通过挂牌、多媒体展示与人工讲解相结合的手段，应药用植物种植企业和农户所需，向他们普及重楼属植物分类鉴定、植物化学、栽培管理、病虫害防治等方面的知识，对促进重楼药材种植实现规范化、标准化，从传统种植向现代集约种植经营转变产生重大的作用；此外，对提高中药产品质量，增强中药产品的国际市场竞争力也具有重要的意义。因此，依托各地植物园，建设体现国际视野，地方特色鲜明，文化内涵深厚，集重楼属植物资源保护、研究、发掘利用、知识传播和生态文明教育等为一体、国际领先水平的重楼专类园，必要而迫切，意义重大。

5 重楼属植物的经济价值

5.1 传统利用

（1）七叶一枝花（*P. chinensis*）

药用部位为根状茎，用途为治疗哮喘、咳嗽、腹泻、头痛、创伤性出血、妇科病、乳腺炎、风湿痛综合征、肺炎、瘙痒症、蛇咬伤、咽喉肿痛、扁桃体炎、溃疡、肿瘤、创伤（图110）（黄燮才, 1980; 方茂琴, 1990; 郭大昌 等, 1990; 李荣兴, 1990; 李恒, 1998; 奇玲, 2000; 杨世林, 2001; 潘炉台, 2003; 张艺 等, 2005; 龙运光 等, 2009; 戴斌, 2009; 朱兆云 等, 2012; Yu, 1997; Huang et al., 2006; Zhu, 2007）。

（2）滇重楼（*P. yunnanensis*）

药用部位为根状茎，用途为治疗咳嗽、腹泻、头痛、创伤性出血、妇科病、乳腺炎、风湿痛综合征、肺炎、皮肤病、蛇咬伤、咽喉肿痛、扁桃体炎、肿瘤、溃疡、创伤（图111）（兰茂, 1975; 黄燮才, 1980; 苏成业 等, 1983; 李耕冬, 1990; 朱兆云, 2009, 1991; 何建疆 等, 1999; 贾敏如 等, 2005; 和丽生, 2006）。

图110 七叶一枝花（*P. chinensis*）

图111 滇重楼（*P. yunnanensis*）

（3）球药隔重楼（*P. fargesii*）

药用部位为根状茎，用途为治疗创伤性出血、风湿痛综合征、蛇咬伤、咽喉肿痛、溃疡、创伤（朱兆云，2009; 林春蕊，2012）。

（4）凌云重楼（*P. cronquistii*）

药用部位为根状茎，用途为治疗创伤性出血、风湿痛综合征、蛇咬伤、咽喉肿痛、溃疡、创伤（Ji, 2021）。

（5）金线重楼（*P. delavayi*）

药用部位为根状茎，用途为治疗哮喘、咳嗽、腹泻、创伤性出血、溃疡、创伤（Ji, 2021）。

（6）启良重楼（*P. qiliangiana*）

药用部位为根状茎，用途为治疗创伤性出血、蛇咬伤、溃疡、创伤（Ji, 2021）。

（7）禄劝花叶重楼（*P. luquanensis*）

药用部位为根状茎，用途为治疗创伤性出血、腮腺炎、风湿痛综合征、胃痛、溃疡、创伤（Ji, 2021）。

（8）狭叶重楼（*P. lancifolia*）

药用部位为根状茎，用途为治疗创伤性出血、妇科病、乳腺炎、风湿痛综合征、蛇咬伤、咽喉肿痛、溃疡、创伤（李耕冬 等，1990; 邱德文，2005; 尹鸿翔和张浩，2010, 2011; 尹鸿翔 等，2014）。

（9）花叶重楼（*P. marmorata*）

药用部位为根状茎，用途为治疗哮喘、咳嗽、外伤出血、胃痛、溃疡、创伤（朱兆云，2003）。

（10）多叶重楼（*P. polyphylla*）

药用部位为根状茎、地上部分，用途为治疗哮喘、咳嗽、腹泻、创伤性出血、乳腺炎、腮腺炎、皮肤病、风湿痛综合征、蛇咬伤、咽喉肿痛、扁桃体炎、胃痛、胃炎、溃疡、创伤（Ji, 2021）。

（11）毛重楼（*P. mairei*）

药用部位为根状茎，用途为治疗创伤性出血、胃痛、溃疡、创伤（Ji, 2021）。

（12）巴山重楼（*P. bashanensis*）

药用部位为根状茎，用途为治疗腹泻、发烧、创伤性出血、风湿痛综合征、咽喉肿痛（方志先，2007）。

（13）平伐重楼（*P. vaniotii*）

药用部位为根状茎，用途为治疗腹泻、创伤性出血、风湿痛综合征、蛇咬伤、咽喉肿痛、溃疡、创伤、发烧、胃疼、皮肤病、肠道寄生虫（Ji, 2021）。

（14）长柱重楼（*P. forrestii*）

药用部位为根状茎、地上部分，用途为治疗创伤性出血、蛇咬伤、溃疡、创伤（云南省怒江傈僳族自治州卫生局，1991; 朱兆云，2010; Dao et al., 2003）。

（15）黑籽重楼（*P. thibetica*）

药用部位为根状茎，用途为治疗哮喘、咳嗽、腹泻、创伤性出血、风湿痛综合征、肺炎、蛇咬伤、咽喉肿痛、扁桃体炎、溃疡、创伤（朱兆云，2010; Dao et al., 2003）。

（16）海南重楼（*P. dunniana*）

药用部位为根状茎，用途为治疗蛇咬伤、感冒、创伤性出血、创伤、发烧（Ji, 2021）。

（17）南重楼（*P. vietnamensis*）

药用部位为根状茎，用途为治疗外伤性出血、风湿性疼痛综合征、蛇咬伤、胃痛、咽喉肿痛、溃疡、创伤（Long et al., 2004; Zhu, 2007; Li, 2008）

（18）西畴重楼（*P. xichouensis*）

药用部位为根状茎，用途为治疗外伤性出血、风湿性疼痛综合征、蛇咬伤、胃痛、咽喉肿痛、溃疡、伤口（Ji, 2021）。

（19）北重楼（*P. verticillata*）

药用部位为根状茎或全株，用途为治疗外伤性出血、风湿性疼痛综合征、蛇咬伤、咽喉肿痛、溃疡、伤口（朱亚民，1989; 李秀珍 等，1995; 国家中医药管理局《中华本草》编委会，1999; Lu, 1989）。

（20）四叶重楼（*P. quadrifolia*）

药用部位为全株，用途为治疗头痛、皮肤病、创伤（Allen and Hatfield, 2004; Jacquemyn et al., 2005, 2006; Guarino et al., 2008; Stefanowicz-Hajduk, 2011; Sõukand and Kalle, 2011）。

5.2 以药用重楼为原料的代表性医药产品

重楼是中华民族传统医药的瑰宝，现有90多种国药准字号药品以重楼为原料，除“云南白药”

系列产品外，最具代表性的医药产品为宫血宁胶囊。宫血宁胶囊为中国科学院昆明植物研究所与云南白药集团联合研发的以重楼甾体皂苷提取物为原料的化学药，具凉血止血、清热除湿、化瘀止痛之功效。主要用于治疗崩漏下血、月经过多、产后或流产后宫缩不良出血及子宫性出血、慢性盆腔炎等病症。

5.3 观赏价值

目前针对重楼属观赏植物的商业育种尚未启动，但重楼属植物具备较为出色的园艺特性，赋予了它们在未来开发和利用方面的巨大潜力。重楼属的属名*Paris*来自中世纪拉丁语植物名*herba paris*（意为“伴侣之草”）。

（1）禄劝花叶重楼（*P. luquanensis*）

禄劝花叶重楼是中国特有植物，分布于云南北部和四川西南部（会东、禄劝）。禄劝花叶重楼是一种形态独特的物种，其主要特点在于植株矮小，叶片颜色丰富多样，呈现出杂色斑和嵌合体的独特形态（图112），满足了观赏植物所追求的关键性状。到目前为止，禄劝花叶重楼开发‘银梭’（图113）、‘银龟’（图114）两种园艺观赏植物。其独特的叶片颜色和矮小的植株既能满足观

图112　禄劝花叶重楼（*P. luquanensis*）

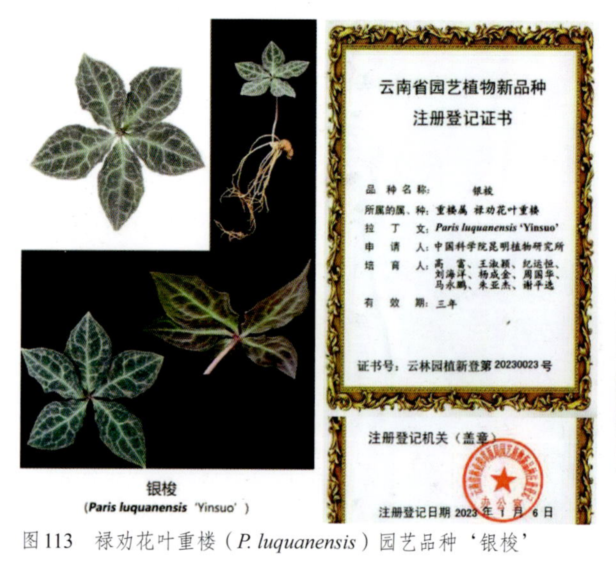

图113　禄劝花叶重楼（*P. luquanensis*）园艺品种‘银梭’

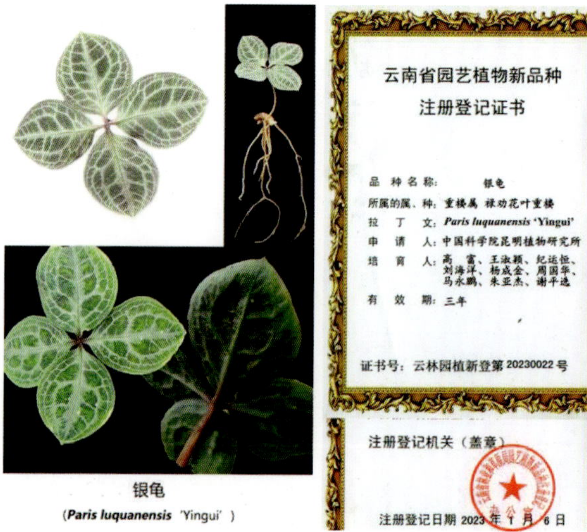

图114　禄劝花叶重楼（*P. luquanensis*）园艺品种‘银龟’

赏需求又方便运输，具有非常理想的园艺特性和较高的开发利用价值。

（2）金线重楼（*P. delavayi*）

该种分布在中国重庆、广西、贵州、湖北、湖南、江西、四川、云南和越南北部。金线重楼通过其紫色的反折萼片和深紫色的花瓣，与同属的其他物种进行区分（图115）。近年来，中国中部地区和西南地区引种栽培了野生的金线重楼，用于药用。但是金线重楼干燥根状茎中重楼皂苷Ⅰ、Ⅱ、Ⅵ、Ⅶ的含量远低于《中华人民共和国药典》（中国药典委员会，2020）的质量标准成分，从而限制了金线重楼在药用领域的应用前景。尽管金线重楼在药用方面受到一定限制，但其美丽的花朵和独特的形态使其具有成为观赏植物的潜力。未来金线重楼有望在观赏园艺领域发挥重要作用，给我们带来美丽的景观体验。

（3）狭叶重楼（*P. lancifolia*）

该种主要分布在中国安徽、重庆、福建、甘肃、广西、贵州、河南、湖北、湖南、江苏、江西、陕西、山西、四川、台湾、云南、浙江。重楼属中，狭叶重楼的特点是有许多窄而细长的无柄（或亚无柄）叶（图116）。在中国的中部和西南部，当地引进和栽培狭叶重楼的野生种群，作为药用植物。由于其美丽的外观和独特的叶片形态，狭叶重楼也有望作为花卉育种候选植物。

（4）凌云重楼（*P. cronquistii*）

该种分布在中国重庆、广西、四川、云南和越南北部。凌云重楼萼片叶状，花瓣线形或丝状，凌云重楼的独特之处在于叶片背面具紫色或绿色带紫色斑纹（图117）。近年来，中国西南地区引种栽培凌云重楼，其幼苗可以通过种子和无性繁殖产生。凌云重楼具有较强的耐阴性和独特的形态，作为室内盆栽花卉具有很大的应用潜力。

（5）花叶重楼（*P. marmorata*）

该种分布在中国四川、西藏、云南和尼泊尔。其形态特征和禄劝花叶重楼较为相似，叶片都呈杂色斑和嵌合体（图118）。但花叶重楼植株高度相对较高，叶片呈椭圆形或披针形，与禄劝花叶重楼较容易区分。其独特的叶片颜色也具有相对较高的园艺开发价值。

（6）滇重楼（*P. yunnanensis*）

该种分布在中国重庆、广西、贵州、四川、

图115　金线重楼（*P. delavayi*）

图116　狭叶重楼（*P. lancifolia*）

西藏、云南和缅甸。滇重楼的干燥根状茎是中国传统中药材，近年发现滇重楼可以从同一个根状茎产生多个气生茎，其花的独特之处在于花瓣远端增宽（图119）。由于其美丽的外观、独特的形态和药用价值，从植物资源综合利用的角度来看，该种既可栽培药用，又可栽培观赏，药用价值和观赏价值都极高。

但重楼属植物的园艺开发受到一定程度的限制。首先，多数重楼属植物的生长适应性相对较窄，它们在湿润、半阴的环境中生长最佳，过高或过低的气温均会对它们的生长和繁殖产生影响。其次，重楼的生长周期较长，园艺种植者需要有耐心和长期的投资预期。因此，重楼属植物园艺栽培具有一定的局限性。

图117　凌云重楼（*P. cronquistii*）

图118　花叶重楼（*P. marmorata*）

图119　滇重楼（*P. yunnanensis*）

6 栽培起源与海外传播

6.1 引种驯化历史

我国地跨温带、亚热带、部分热带，是全球重楼属植物的分布中心。重楼属植物在我国有近2 000年的药用历史，但栽培历史却相对较短，直到2000年前后才开始药用重楼的人工种植（Cunningham, 2018）。当前，随着现代科技的发展和农业技术的进步，人工种植重楼的技术已经得到了显著提高，这不仅可为医药企业的发展提供原料保障，也有助于野生重楼资源的保护。

在药用重楼的引种驯化过程中，中国科学院昆明植物研究所将基础研究成果应用于生产实践，研发了独创性的人工授粉技术，显著提高了栽培药用重楼的种子产量。此外，还研发了重楼属植物无性繁殖（根状茎切块）技术，并与云南大学等单位合作，研发了打破重楼种子休眠的技术，将药用重楼种子萌发时间由16～18个月缩短到60天左右。这些成果突破了限制药用重楼野生变家种的技术瓶颈。

为应对药用重楼野生资源枯竭导致的原料危机，云南白药集团未雨绸缪，于2001年在云南省楚雄彝族自治州武定县白路乡成立云南白药集团中药材优质种源繁育有限责任公司（即武定基地），与中国科学院昆明植物研究所等科研院所合作，开展药用重楼引种驯化工作。2005年完成滇重楼的野生驯化，并通过人工授粉技术提高种子产量；2009年突破种子育苗关键技术瓶颈，开展规模化育苗及种植推广；2013年推广无性繁殖（根状茎切块）育苗，建设云全基地。2017年建设云南白药集团太安生物科技产业有限公司，建设重楼标准化规范化种苗工厂，在地重楼种苗1亿株，年供应种苗3 000万株，并广泛收集重楼属植物，建立了种类极为丰富的重楼属植物种质资源圃。2019年组织实施滇重楼同心计划，按照六统一规范（统一种植规划、统一种苗标准、统一种植技术标准、统一投入品管理、统一采收加工、统一验收标准）引领推广种植滇重楼，逐步形成行业规范。在此期间，大力向民众推广种植技术，使药用重楼种植产业得到快速发展，规模日益扩大。产学研的结合，不仅实现了药用重楼的野生变家种，解决了国内医药企业的原料危机，还遵循生态保护和可持续发展的原则，将基础研究成果应用于生产实践，确保人工种植的重楼质量上乘、药效显著。药用重楼种植产业的发展，也有效促进了云南贫困地区的脱贫致富和乡村振兴。

6.2 海外传播

在英国爱丁堡皇家植物园（Royal Botanic Garden Edinburgh），已成功引种了多种重楼属植物，包括巴山重楼（*P. bashanensis*）、凌云重楼（*P. cronquistii*）、金线重楼（*P. delavayi*）、球药隔重楼（*P. fargesii*）、长柱重楼（*P. forrestii*）、毛重楼（*P. mairei*）、花叶重楼（*P. marmorata*）、多叶重楼（*P. polyphylla*）、黑籽重楼（*P. thibetica*）、平伐重楼（*P. vaniotii*）、南重楼（*P. vietnamensis*）、狭叶重楼（*P. lancifolia*）、滇重楼（*P. yunnanensis*）、七叶一枝花（*P. chinensis*）以及北重楼（*P. verticillata*）。这些中国重楼属植物的成功引种，不仅丰富了英国爱丁堡皇家植物园的植物多样性，也为相关植物学研究和教育提供了宝贵的资源。重楼作为一种重要的中药材，其海外传播途径还包括中国传统医药学的对外交流以及全球中医药市场的需求。随着中医药的国际化进程，重楼的功效和用途逐渐被更多的国家和地区所认识和接受，市场需求将不断扩大。

参考文献

戴斌, 2009. 中国现代瑶药[M]. 南宁: 广西科学技术出版社.

方茂琴, 1990. 德昂族药集[M]. 芒市: 德宏民族出版社.

方志先, 2007. 土家族药物志[M]. 北京: 中国医药科技出版社.

郭大昌, 郭绍荣, 段桦, 1990. 中国佤族医药(佤文、汉文对照)[M]. 昆明: 云南民族出版社.

国家中医药管理局《中华本草》编委会, 1999. 中华本草[M]. 上海: 上海科学技术出版社.

国家药典委员会, 2020. 中华人民共和国药典一部2020年版[M]. 北京: 中国医药科技出版社.

何建疆, 黄晴岚, 1999. 中国哈尼族医药[M]. 昆明: 云南民族出版社.

和丽生, 马伟光, 2006. 中国纳西东巴医药学[M]. 昆明: 云南民族出版社.

贾敏如, 李星炜, 2005. 中国民族药志要[M]. 北京: 中国医药科技出版社.

兰茂, 1975. 滇南本草: 第一卷[M]. 2版. 昆明: 云南人民出版社.

李运昌, 1982. 重楼属的引种栽培的研究 [J]. 云南植物研究, (4): 429-431.

李荣兴, 1990. 德宏民族药名录[M]. 芒市: 德宏民族出版社.

李耕冬, 贺延超, 1990. 彝族医药史[M]. 成都: 四川民族出版社.

李秀珍, 于昌贵, 柏岩, 1995. 清热解毒药北重楼中微量元素的分析[J]. 黑龙江医药 (6): 328-329.

李恒, 1998. 重楼属植物[M]. 北京: 科学出版社.

林春蕊, 许为斌, 刘演, 等, 2012. 广西靖西县端午药市常见药用植物[M]. 南宁: 广西科学技术出版社.

龙运光, 袁涛忠, 2009. 侗族常用药物图鉴[M]. 贵阳: 贵州科技出版社.

潘炉台, 2003. 布依族医药[M]. 贵阳: 贵州民族出版社.

奇玲, 罗达尚, 2000. 中国少数民族传统医药大系[M]. 赤峰: 内蒙古科学技术出版社.

邱德文, 2005. 中华本草苗药卷[M]. 贵阳: 贵州科技出版社.

苏成业, 魏淑香, 1983. 滇重楼总皂甙及其多糖抗肿瘤作用的研究[J]. 大连医学院学报 (2): 1-4.

汪发缵, 唐进, 1978. 重楼属[M]// 中国植物志第十五卷(百合科). 北京: 科学出版社: 88-96.

杨世林, 2001 基诺族医药[M]. 昆明: 云南科技出版社.

尹鸿翔, 张浩, 2010. 彝药“麻补”的资源调查及生药学研究[J]. 中国民族民间医药, 19(7): 17-18.

尹鸿翔, 张浩, 2011. 彝药“麻补”抗SKOV-3细胞物质基础及机理研究[J]. 时珍国医国药, 22(2): 343-345.

尹鸿翔, 文飞燕, 张浩, 2014. 彝药“麻补”止血活性物质基础及机理研究[J]. 世界科学技术-中医药现代化, 16(1): 177-180.

云南省怒江傈僳族自治州卫生局, 1991. 怒江中草药[M]. 昆明: 云南科技出版社.

张艺, 钟国跃, 2005. 羌族医药[M]. 北京: 中国文史出版社.

朱亚民, 1989. 内蒙古植物药志[M]. 呼和浩特: 内蒙古人民出版社.

朱兆云, 2009. 云南天然药物图鉴: 第五卷[M]. 昆明: 云南科技出版社.

朱兆云, 1991. 大理中药资源志[M]. 昆明: 云南民族出版社.

朱兆云, 2003. 云南天然药物图鉴: 第一卷[M]. 昆明: 云南科技出版社.

朱兆云, 2010. 云南天然药物图鉴: 第六卷[M]. 昆明: 云南科技出版社.

朱兆云, 2012. 云南民族药志[M]. 昆明: 云南民族出版社.

ALLEN D E, HATFIELD G, 2004. Folk traditional medicinal plants: An Ethnobotany of Britain & Ireland[M]. Timber Press, Portland.

ANGIOSPERM PHYLOGENY GROUP, 1998. An ordinal classification for the families of flowering plants[J]. Ann Mo Bot Gard, 85:531-553.

ANGIOSPERM PHYLOGENY GROUP, 2003. An update of the Angiosperm Phylogeny Group classification for the orders and families of flowering plants: APG II[J]. Bot J Linn Soc, 141:399-436.

ANGIOSPERM PHYLOGENY GROUP, 2009. An update of the Angiosperm Phylogeny Group classification for the orders and families of flowering plants: APG Ⅲ[J]. Bot J Linn Soc, 161:105-121.

ANGIOSPERM PHYLOGENY GROUP, 2016. An update of the Angiosperm Phylogeny Group classification for the orders and families offlowering plants: APG IV[J]. Bot J Linn Soc, 181:1-20.

CUNNINGHAM A B, BRINCKMANN J A, Bi Y F, et al., 2018. Paris in the spring: A review of the trade, conservation and opportunities in the shift from wild harvest to cultivation of *Paris polyphylla* (Trilliaceae)[J]. Journal of Ethnopharmacology, 222: 208-216.

DAO Z L, LONG C L, LIU Y T, 2003. On traditional uses of plants by the Nu people community of the Gaoligong Mountains, Yunnan Province[J]. Biodivers Sci, 11:231.

DE-JUSSEAU A L, 1789. Genera plantarum secundum ordines naturales disposita[M]. Paris: Viduam Herissan.

DU-MORTIER B C, 1829. Analyse des families des plantes avecl' indication desprincipaus cenres que s' y battachent[M]. Touray: J. Casterman.

ENDLICHER S, 1836—1840. Genera plantarum[M]. Apud Fr. Beck Universitatis Bibliopol, Vindobonae.

ENGLER A, 1897. Die Natürlichen Pflanzenfamilien[M]. Verlag von Wilhelm Engelmann, Leipzig.

GUARINO C, DE SIMONE L, SANTORO S, 2008. Ethnobotanical study of the Sannio area, Campania, southern Italy[J]. Ethnobot Res Appl, 6:255.

HARA H, 1969. Variation in Paris polyphylla Smith, with reference to other Asiatic species[J]. J Fac Sci Univ Tokyo, 10(10): 141-180.

HUANG J, YANG L M, ZHANG X M, et al., 2006.

Comparative study of ethnodrug among Miao nationality, Shui nationality, Buyi nationality and Gelao nationality in Guizhou province Ⅲ[J]. Chin J Ethnomed Ethnopharm 15: 280-282.

HUTCHINSON J, 1926. The families of flowering plants, vol 2. Monocotyledons[M]. London: Clarendon P.

JI Y H, FRITSCH P W, LI H, et al., 2006. Phylogeny and classification of *Paris* (Melanthiaceae) inferred from DNA sequence data[J]. Ann Bot, 98: 245-256.

JI Y H, YANG L F, CHASE M W, et al., 2019. Plastome phylogenomics, biogeography, and clade diversification of *Paris* (Melanthiaceae) [J]. BMC Plant Biol, 19:543. doi: 10.1186/s12870-019-2147-6 10.1111/1755-0998.13050.

JI Y H, LIU C K, YANG J, et al., 2020. Ultra-barcoding discovers a cryptic species in *Paris yunnanensis* (Melanthiaceae), a medicinally important plant[J]. Front Plant Sci, 11: 411. https://doi.10.3389/fpls.2020.00411.

JI Y H, 2021. A monograph of *Paris* (Melanthaceae)[M]. Beijing: Science Press; Singapore: Springer.

JACQUEMYN H, BRYS R, HONNAY O, et al., 2005. Local forest environment largely affects below-ground growth, clonal diversity and fine-scale spatial genetic structure in the temperate deciduous forest herb Paris quadrifolia[J]. Mol Ecol, 14: 4479-4488.

JACQUEMYN H, BRYS R, HONNAY O, et al., 2006. Sexual reproduction, clonal diversity and genetic differentiation in patchily distributed populations of the temperate forest herb *Paris quadrifolia* (Trilliaceae)[J]. Oecologia, 147: 434-444.

LIANG S Y, SOUKUP V G, 2000. *Paris* L.[M]// Wu, Z. Y., Raven, P. H. (Eds). Flora of China, vol 24. Science Press, Beijing; Missouri Botanical Garden Press, St Louis: 88-95.

LINNEAUS C, 1753. Species plantarum[M]. Salvius, Stockholm.

LINDLEY J, 1846. The vegetable kingdom [M]. 3rd edn London: Bradley and Evan.

LONG C L, LI R, 2004. Ethnobotanical studies on medicinal plants used by the red-headed Yao people in Jinping, Yunnan province, China[J]. J Ethnopharmacol, 90: 389.

LI H, 2008. The genus *Paris* (Trilliaceae)[M]. Beijing: Science Press: 1-28.

LU C Z, 1989. Coloured medicinal plants of Korea[J]. Seoul: Korea Press.

STEFANOWICZ-HAJDUK J, KAWIAK A, GAJDUS J, et al., 2011. Cytotoxic activity of *Paris quadrifolia* extract and isolated saponin fractions against human tumor cell lines[J]. Acta Biol Cracov Ser Bot, 53: 127.

SÕUKAND R, KALLE R, 2011. Change in medical plant use in Estonian ethnomedicine: a historical comparison between 1888 and 1994[J]. J Ethnopharmacol, 135: 251.

TAKHTAJAN A, 1980. Outline of the classification of flowering plants[J]. Bot Rev, 46: 225-359.

TAKHTAJAN A, 1983. A revision of *Daiswa* (Trilliaceae) [J]. Brittonia, 35:255-270.

TAKHTAJAN A, 1987. Systema magnoliophytorum[M]. Leningrad: Soviet Sciences Press.

TAKHTAJAN A, 1997. Diversity and classification of flowering plants[M]. New York: Columbia University Press.

THORNE R F, 1992. Classification and geography of the flowering plants[J]. Bot Rev, 58: 225-234.

YU X T, 1997. Integrated prescription of rural medicine[M]. Beijing: China Traditional Chinese Medicine Press.

ZHOU N, TANG L L, XIE P X, et al., 2023. Genome skimming as an efficient tool for authenticating commercial products of the pharmaceutically important *Paris yunnanensis* (Melanthiaceae)[J]. BMC Plant Biol, 23: 344.

ZHU C L, 2007. Pharmacy of Dai [M]. Beijing: China Press of Traditional Chinese Medicine.

作者简介

王廷璐（女，贵州都匀人，2000年生），2022年毕业于贵州中医药大学药学院，现于广东药科大学攻读硕士学位（中国科学院昆明植物研究所客座研究生），主要研究方向为药用植物资源开发与品质评价。

侯禄晓（女，云南腾冲人，1999年生），2022年本科毕业于云南师范大学生命科学学院，现在中国科学院昆明植物研究所攻读硕士学位，主要研究方向为植物多样性演化与分子进化。

杨成金（男，云南弥勒人，1968年生），1991年本科毕业于兰州大学化学系物理化学专业，获理学学士学位，1994年研究生毕业于中国科学院昆明植物研究所，获理学硕士学位（植物化学专业）。现任云南白药集团中药资源有限公司总监，云南白药集团太安生物科技产业有限公司总经理，正高级工程师，云南大学兼职博士生导师。2010年开始从事药用植物资源保障工作，解决了长期困扰医药企业原料保障问题，实现了重楼、金铁锁等药用植物的人工种植以替代野生资源，为云南白药等医药企业可持续发展提供资源保障。基于研究成果，发表科研论文20余篇，授权发明专利5项。2022年“中药饮片质量评价关键技术研究及应用”获得中国民族医药学会科学技术奖一等奖。

纪运恒（男，四川会理人，1972年生），1995年毕业于西南师范大学生物系生物学专业，获理学学士学位，2006年于中国科学院昆明植物研究所获理学博士学位（植物学专业）。现任中国科学院昆明植物研究所研究员、博士生导师，主要从事具有重要经济价值（Economically Important）、濒危（Endangered）、特有（Endemic）的“3E”植物类群的进化、保育与可持续利用研究。以第一作者和通讯作者发表SCI论文60余篇，重楼属世界性专著*A Monograph of **Paris** (Melanthiaceae)*于2021年由国际知名出版机构Springer出版。

园林之母
China

02

-TWO-

中国石蒜科石蒜属植物

***Lycoris* of Amaryllidaceae in China**

张鹏翀[1*] 郑玉红[2] 张思宇[3] 潘春屏[4] 田丽媛[1]

（[1]杭州植物园；[2]江苏省中国科学院植物研究所；[3]安徽师范大学；[4]江苏盐城市大丰区盛栽花卉研究所）

ZHANG Pengchong[1*] ZHENG Yuhong[2] ZHANG Siyu[3] PAN Chunping[4] TIAN Liyuan[1]

([1]Hangzhou Botanical Garden; [2]Institute of Botany, Jiangsu Province and Chinese Academy of Sciences; [3]Anhui Normal University; [4]Shengzai Flower Research Institute, Dafeng District, Yancheng City, Jiangsu)

[*] 邮箱：zhang-pengchong@163.com

摘　要：石蒜属（*Lycoris*）是东亚特有属，目前有30余种，主要分布在东亚的温带和亚热带地区，从中国的西南部至日本和韩国，印度和尼泊尔的北部也有分布。我国是石蒜属种质资源的分布中心，其中特有种类近80%，主要分布在长江流域。全属植物的鳞茎皆含有生物碱，具有重要的药用价值。石蒜属植物在我国有着悠久的栽培历史，既可用于园林配置，也可用于切花生产，以其独特的景观和药用价值，已成为一种极具开发价值的球根花卉。此外，我国还建立了国家级石蒜属花卉种质资源库和各级资源圃，对石蒜属的种质资源进行保存和保护。许多植物园还建立了石蒜专类园或进行了景观应用，向公众集中展示这一独具中国特色的球根花卉。

关键词：石蒜属　东亚特有属　景观　药用

Abstract: *Lycoris* is an endemic genus to East Asia, with more than 30 species currently mainly distributed in temperate and subtropical regions of East Asia, from south-western China to Japan and Korea. There is also some distribution in the north of India and Nepal. China is the center of germplasm distribution for the *Lycoris*, with nearly 80% of the endemic species, mainly in the Yangtze River basin region. The bulbs of all the species in the genus contain alkaloids, which are of great medicinal value. *Lycoris* has a long history of cultivation in China, and can be used for both garden configurations and cut flower production. In addition, China has established national germplasm repositories and resource beds at all levels to preserve and protect the germplasm resources of the *Lycoris*. Many botanical gardens have also established specialized gardens or landscape applications for *Lycoris* to showcase this unique Chinese bulbous flower to the public.

Keywords: *Lycoris*, Endemic genera to East Asia, Landscape, Medicinal preparation

张鹏翀，郑玉红，张思宇，潘春屏，田丽媛，2024，第2章，中国石蒜科石蒜属植物；中国——二十一世纪的园林之母，第七卷：059-097页.

1 石蒜属植物种类介绍

1.1　石蒜属

Lycoris Herbert, Botanical Magazine 47: 5, sub pl. 2113. 1819. Type: *Lycoris aurea* (L'Hér.) Herb. & App. 20, 182. = *Amaryllis aurea* L'Herit., Sert. Angl. 14, pl. 15. 1788, with descriptions in Hort. Kew 1: 419. 1789; and Miller's Dict. ed. Mart.

石蒜属植物主要分布在东亚的中国、日本、韩国以及周边部分国家或地区（徐垠 等，1985），最初于1819年依据模式种忽地笑（*L. aurea*），从孤挺花属（*Amaryllis* L.）中独立而来。由于建立时未解释词源，属的学名*Lycoris*在词源考证上目前存在两种观点：一是取自古希腊神话中一位海中仙女Lycorias；二是取自公元前1世纪活跃于罗马的希腊女性Volumnia Cytheris（Lycoris Galli）。在系统发育的位置上，石蒜属位于石蒜亚科（Subfam. Amaryllidoideae）、水仙族（Tr. Narcisseae）的石蒜亚族（Subtr. Lycoridinae），与2021年发表的新属——守标蒜属（*Shoubiaonia* W. H. Qin, W. Q. Meng & Kun Liu）（Qin et al., 2021）的亲缘关系接近。

自1819年至今的200余年间，世界分类学家与园艺学家正式发表了石蒜属种及种下分类名称50余个，其中一些学者对石蒜属植物的分类进行了较为系统的研究。20世纪40～60年代，研究石蒜科的美国园艺学家汉密尔顿·特劳布（Hamilton P. Traub, 1890—1983）整理了当时已发表并被接受的石蒜属植物的名称、发表信息以及形态特征，并依据其从中国、日本等地直接或间接收集栽培的石蒜属植物，描述了大量新分类群（Traub, 1957, 1958）；20世纪80～90年代，日本学者栗田子郎（Siro Kurita, 1936—2019）对石蒜属的染色体进行了较为系统深入的研究（Kurita, 1986, 1987）；20世纪70～90年代，上海药物研究所学者徐垠、范广进在研究石蒜属植物化学成分与收集种质资源的同时，发表了我国石蒜属植物新分类群4种1变种（徐垠 等, 1974, 1982）；1994年，上海复旦大学的徐炳声、日本千叶大学的栗田子郎与杭州植物园林巾箴、俞志洲合作，对世界石蒜属植物进行了系统整理，归并了大量分类名称（Hsu et al., 1994）。此后，对于石蒜属的分类学工作主要是一些新分类群的发表，且集中在2010年之后（张定成 等, 1999; 周守标 等, 2004, 2007; 杨成华 等, 2012; Quan, et al., 2013; Meng et al., 2019; Lu et al., 2020; Zhang et al., 2021; Li et al., 2022; Lou et al., 2022; Zhang et al., 2022; Zhang et al., 2022）。截至2023年年底，作为正式名接受的有36个，包含31个种级分类单元和5个种下分类单元。

中国为石蒜属植物分布与分化的中心，但对国产石蒜属植物的整理相对滞后。1985年出版的《中国植物志》第16卷是我国第一次对石蒜属相对系统的分类学整理工作（徐垠 等, 1985）。同时，对国外分类学家发表的一些新分类名称进行考证，与国内存在的植物实物进行了较为准确的对应，最终，共收录国产石蒜属植物15种及1变种。2000年出版的*Flora of China*第24卷沿用了1985版的处理结果（Ji & Meerow, 2000），但没有参考1994年徐炳声等人对世界石蒜属植物的分类学修订结果，再次导致了国内分类学对石蒜属植物认知的滞后。

通过整理国内外各类研究对石蒜属植物分类群做出的处理，截至2023年年底，中国原产石蒜属植物共22种2变种，主要分布在我国秦岭–淮河及以南地区。然而，由于属内广泛发生的杂交与多倍化事件，石蒜属的物种并不全是由自然演化产生的、拥有稳定数量且单纯的野外种群，除可以通过种子进行有性繁殖的原生种外，还包括了大量异源二倍体和异源三倍体的杂交种。按照以上三类对国产石蒜属的种类进行区分如下：

原生种

忽地笑（*L. aurea*）、石蒜（*L. radiata* var. *radiata*）、矮小石蒜（*L. radiata* var. *pumila*）、换锦花（*L. sprengeri*）、中国石蒜（*L. chinensis*）、长筒石蒜（*L. longituba*）、黄长筒石蒜（*L. longituba* var. *flava*）、秦岭石蒜（*L. tsinlingensis*）、武陵石蒜（*L. wulingensis*）、海滨石蒜（*L. insularis*）和长叶石蒜（*L. longifolia*）。

异源二倍体杂交种

稻草石蒜（*L.* × *straminea*）、玫瑰石蒜（*L.* × *rosea*）、湖南石蒜（*L.* × *hunanensis*）和巾箴石蒜（*L.* × *jinzheniae*）。

异源三倍体杂交种

鹿葱（*L.* × *squamigera*）、香石蒜（*L.* × *incarnata*）、江苏石蒜（*L.* × *houdyshelii*）、短蕊石蒜（*L.* × *caldwellii*）、陕西石蒜（*L.* × *shaanxiensis*）、湖北石蒜（*L.* × *hubeiensis*）和春晓石蒜（*L.* × *chunxiaoensis*）。

此外，因缺乏准确的材料和相应的细胞学或分子生物学研究，广西石蒜（*L. guangxiensis*）仍然有待讨论。

同时，由于频繁的种间杂交，一些杂交种在形态上难以区分。原生种本身就有一定的形态区间，杂交后代的形态多样性区间会被进一步放大，有时甚至出现两个完全不同杂交组合的后代在形态上难以区分的情况，建议在对石蒜属进行鉴定时，不能仅依赖个体形态，而需要结合种群形态、结构与地理分布，必要时辅以分子生物学或细胞学证据，才能准确地鉴定。下面是我国原产石蒜属植物的分种检索表，并依次对其形态特征、常见核型与主要分布进行逐一介绍。

中国石蒜属（*Lycoris*）植物检索表

1 叶出于秋季（9～11月），花左右对称 ………………………………………………………… 2
1 叶出于冬季或春季（12月至翌年3月），花左右对称或中心对称 ………………………11
2 花被片红色或玫瑰色，有时先端蓝色 …………………………………………………… 3
2 花被片乳白色、稻草色或黄色 …………………………………………………………… 7
3 花被片红色 ………………………………………………………………………………… 4
3 花被片玫瑰红色 …………………………………………………………………………… 6
4 叶宽0.5～1.2cm，中间具明显淡色带，花被片宽0.4～0.7cm …… 1. 石蒜 *L. radiata*
4a 花不可结实…………………………………… 1a. 石蒜（原变种）*L. radiata* var. *radiata*
4b 花可结实 ………………………………………… 1b. 矮小石蒜 *L. radiata* var. *pumila*
4 叶宽1～1.5cm，中间无淡色带，花被片宽0.8～1cm ……………………………………… 5
5 雄蕊白色，花被片强烈反卷与皱缩 …………………… 2. 湖北石蒜 *L.* × *hubeiensis*
5 雄蕊红色，花被片仅先端反卷，轻微皱缩 ……… 3. 春晓石蒜 *L.* × *chunxiaoensis*
6 花被片长2.2～2.6cm，雄蕊长2.2～2.8cm，叶宽0.3～0.5cm………………………
………………………………………………………………4. 武陵石蒜 *L. wulingensis*
6 花被片长4～6cm，雄蕊长4～8cm，叶宽0.8～1.2cm ………………………………
……………………………………………………………………… 5. 玫瑰石蒜 *L.* × *rosea*
7 叶带状，宽0.6～1.5cm，先端钝圆，花被片乳白色至稻草色 ……………… 8
7 叶剑形，宽1.5～3cm，先端锐尖，花被片黄色 …………………………………10
8 花被片初开时粉黄色，后变为乳白色，花筒长1～1.2cm ……………………
………………………………………………………… 6. 湖南石蒜 *L. hunanensis*
8 花被片白色或稻草色，花被筒长不达1cm ……………………………………… 9
9 花被片通常稻草色，极少纯白色，花被片背部中肋黄褐色 ………………
…………………………………………………… 7. 稻草石蒜 *L.* × *straminea*
9 花被片纯白色，花被片背部中肋绿色 …… 8. 江苏石蒜 *L.* × *houdyshelii*
10 叶长80～120cm……………………………………… 9. 长叶石蒜 *L. longifolia*
10 叶通常长20～60cm，最长可达76cm …………… 10. 忽地笑 *L. aurea*
11 花通常左右对称 ………………………………………………………………12
11 花通常中心对称或近中心对称 ………………………………………………15
12 花被片橙黄色 ……………………………………………………………13
12 花被片乳白色至乳黄色 …………………………………………………14
13 叶宽约1.5cm，花被片橙黄色，先端红色 ………………………
……………………………………… 11. 秦岭石蒜 *L. tsinlingensis*
13 叶宽约2cm，花被片橙黄色………… 12. 中国石蒜 *L. chinensis*
14 花形花色多变，花被片乳白色、乳黄色，极少淡粉紫色
………………………………… 13. 巾箴石蒜 *L.* × *jinzheniae*
14 花形态稳定，初开时乳黄色，后变为乳白色 ………………
……………………………………14. 短蕊石蒜 *L.* × *caldwellii*
15 花被片黄色或白色，背部或有明显粉紫色中肋 ………16

15 花被片淡粉红色、粉红色至浅紫色，先端通常蓝色 …20
16 花被片黄色 ……………………………………………17
16 花被片白色 ……………………………………………18
17 叶宽1.5～2.5cm，花被筒长1.5～2cm………………… …………………………15. 广西石蒜 *L. guangxiensis*
17 叶宽2.5～3cm，花被筒长2.5～3.5cm………………… ………………………… 16. 安徽石蒜 *L. anhuiensis*
18 叶宽2～4cm，花被筒长3～6cm，花被片背部无中肋 …………………… 17. 长筒石蒜 *L. longituba*
18a 花被片白色至淡粉色 ……………………………… 17a. 长筒石蒜（原变种）*L. longituba* var. *longituba*
18b 花被片黄色 ………………………………………… ………… 17b. 黄长筒石蒜 *L. longituba* var. *flava*
18 叶宽0.8～1.5cm，花被筒长1～2cm，花被片背部具明显的粉紫色中肋 ………………………………19
19 花冠开展，花被片相互分离 …………………… ……………… 18. 陕西石蒜 *L.* × *shaanxiensis*
19 花喇叭状，花被片自基部1/3～1/2相互覆盖 … ……………………19. 香石蒜 *L.* × *incarnata*
20 叶幼时不旋转，先端边缘黄绿色，花近中心对称 ………………… 20. 鹿葱 *L. squamigera*
20 叶幼时旋转，先端边缘紫红色，花中心对称…21
21 花被片通常粉色，花被筒通常长1.5～2.3cm ………………… 21. 海滨石蒜 *L. insularis*
21 花被片淡粉色至蓝紫色，花被筒通常长0.5～1.3cm ………… 22. 换锦花 *L. sprengeri*

1.2 种类介绍

1.2.1 石蒜

Lycoris radiata (L'Hér.) Herb., Bot. Mag. 47: ad t. 2113, p. 5 (1819). = *Amaryllis radiata* L'Hér., Sert. Angl. 15 (1788). [Type: not indicated.].

1.2.1a. 石蒜（原变种）

Lycoris radiata var. ***radiata***

形态特征：秋季出叶，叶带状，长25～50cm，宽0.5～0.8cm，先端钝圆，深绿色，中间淡色带明显。花莛高30～40cm，绿色或淡红褐色；伞形花序有花5～7朵，花左右对称，红色，花被筒淡绿色，长约0.5cm，花被片长约4cm，宽0.5～0.7cm，强烈反卷与皱缩，背面通常具明显的绿色中肋；花蕊显著伸出花被片，长8～10cm（图1）。

染色体核型：2n = 33 = 33I。

地理分布：中国安徽、重庆、福建、贵州、广东、广西、湖北、湖南、江苏、江西、山东、陕西、上海、四川、云南、浙江；日本、韩国、尼泊尔也有分布。

物候习性：叶出于9月底至10月初，翌年4～5月枯萎；花期9～10月，不可育。主要生长于潮湿、常有人为活动的地方，如寺庙、农田或住宅周边，海拔可达2 500m。

讨论：本种为我国最常见的石蒜属植物，也最常见栽培。本种为同源三倍体，可能来源于自然加倍的四倍体石蒜与二倍体石蒜的杂交，不育，仅通过分球的方式进行个体的扩增。研究表明日本与韩国产的石蒜大概率是人为带入后，通过无性方式增殖的（Hayashi et al., 2005）。虽然仅通过无性分球的方式进行繁殖，但国产的石蒜依然存在明显的形态差异，如安徽、江苏及周边的石蒜花莛绿色、花被片强烈反卷和皱缩，福建等地的花莛则为红棕色，花被片轻微反卷与皱缩，因此推测石蒜的三倍体化是在不同地区多次独立起源的。

1.2.1b. 矮小石蒜

Lycoris radiata var. ***pumila*** Grey, Hardy Bulbs 2: 58 (1938). [Type: not indicated.].

形态特征：秋季出叶，叶带状，长25～40cm，宽0.5～0.8cm，先端钝圆，深绿色，中间淡色带明显。花莛高30～50cm，绿色或淡红褐色；伞形花序有花4～7（～10）朵，花左右对称，淡红色至鲜红色，花被筒白色至淡绿色，长约0.5cm，花被片长3～5cm，宽0.3～0.6cm，强烈反卷与皱缩，背面通常具明显的绿色中肋；花蕊显著伸出花被片，长6～10cm（图2）。

染色体核型：2n = 22 = 22I。

地理分布：中国安徽、重庆、福建、河南、湖北、湖南、江苏、陕西、上海、四川、浙江。

物候习性：叶出于9月底至10月初，翌年4～5月枯萎；花期7～9月，果期10月。主要生长于开阔而潮湿的山坡、阔叶林下与竹林下的溪边，海拔通常在1 000m以下。

讨论：本种为可育的二倍体，虽名为矮小石蒜，但在形态上存在较大的变异区间，花莛高可达50cm，花偶尔也比原变种更大。本种分布范围较广，可育，也是多个杂交种的亲本之一。

图1　石蒜（*Lycoris radiata* var. *radiata*）（A：花；B：叶）（张鹏翀 摄）

图2　矮小石蒜（*Lycoris radiata* var. *pumila*）（A：花；B：叶）（张鹏翀 摄）

1.2.2 湖北石蒜

Lycoris* × *hubeiensis Kun Liu, Nordic J. Bot. 36(6)-e01780: 4 (2018). [Type: China, Hubei, 2016, *Kun Liu 2016024* (Holotype: ANUB; Isotypes: ANUB, IBK)].

形态特征：秋季出叶，叶带状，长35～50cm，宽1～1.3cm，先端锐尖，深绿色，中间淡色带不明显。花莛高55～65cm，绿色或淡褐色；伞形花序有花4～7朵，花左右对称，红色，花被筒淡绿色，长约1cm，花被片长5～6cm，宽约1cm，强烈反卷与皱缩，背面通常具白色中肋；花蕊显著伸出花被片，白色，长7～8cm（图3）。

染色体核型：2n = 29 = 4V+25I。

地理分布：中国湖北宜昌。

物候习性：叶出于10月中下旬，翌年4～5月枯萎；花期8月底至9月初，不可育。仅生长于模式产地潮湿的山坡路边与林下水边，海拔700～850m。

讨论：本种为矮小石蒜与忽地笑自然杂交的异源三倍体，目前仅发现模式产地一个居群（Meng et al., 2019）。不育，仅通过无性繁殖的方式进行个体的扩增，且形态稳定，应为一个无性系。

1.2.3 春晓石蒜

Lycoris* × *chunxiaoensis Q.Z.Li, Z.G.Li & You M.Cai, Ann. Bot. Fenn. 59(1): 53 (2022). [Type: China, Zhejiang, 2021, *Q.Z. Li, Z.G. Li & Y.M. Cai 000736327* (Holotype: NAS)].

形态特征：秋季出叶，叶带状，长25～30cm，宽0.7～1.1cm，先端钝圆，深绿色，中间淡色带明显。花莛高60～75cm，红褐色；伞形花序有花4～6朵，花左右对称，深红色，花被筒深红色，长0.8～1cm，花被片长5～6cm，宽约1cm，中度反卷与皱缩，先端淡蓝色，背面通常具红褐色中肋；花蕊显著伸出花被片，长6～8cm（图4）。

图3 湖北石蒜（*Lycoris* × *hubeiensis*）（A：花；B：叶）（张鹏翀 摄）

图4 春晓石蒜（*Lycoris* × *chunxiaoensis*）（A：花；B：叶）（张鹏翀 摄）

染色体核型： 2n = 33 = 33I。

地理分布： 中国浙江宁波。

物候习性： 叶出于10月中旬，翌年4～5月枯萎；花期8月底至9月初，不育。仅生长于模式产地路边、水沟边与田边，海拔约20m。

讨论： 本种为海滨石蒜与矮小石蒜自然杂交的异源三倍体，形态稳定，应为一个无性系。本种末花期时，花被片边缘变白，极具观赏价值。

1.2.4 武陵石蒜

Lycoris wulingensis S.Y.Zhang, PhytoKeys 177: 3, figs. 1-2 (2021). [Type: China, Hunan, 2020, *S.Y.Zhang, ZSY202008001* (Holotype: ANUB; Isotypes: PE, KUN)].

形态特征： 秋季出叶，叶带状，长15～27cm，宽0.3～0.5cm，先端钝圆，深绿色，中间淡色带明显。花莛高25～30cm，淡红褐色；伞形花序有花3～7朵，花左右对称，粉红色至玫瑰红色，花被筒淡绿色，长约0.3cm，花被片长2.5～2.8cm，宽约0.5cm，轻微反卷与皱缩，先端有时淡蓝色；花蕊稍伸出花被片，长3～4.5cm（图5）。

染色体核型： 2n = 22 = 22I。

地理分布： 中国湖北荆州，湖南张家界、怀化、常德。

物候习性： 叶出于9月下旬，翌年4～5月枯萎；花期7月底至9月初，果期8～10月。生长于山溪水沟边与湖边湿地林下，海拔50～300m。

讨论： 本种为石蒜属花最小的种类，与石蒜近源，但在花色、花形上与石蒜差异显著，尤其是雄蕊与花被片的长度比例（石蒜约为1.5∶1、武陵石蒜约为1.2∶1）。此外，本种分布狭窄，仅分布于武陵山区及其余脉。

1.2.5 玫瑰石蒜

Lycoris* × *rosea Traub & Moldenke, Gartenwelt x. 490 (1906); cf. Traub & Moldenke, Amaryllidac. Tribe Amaryll. 178 (1949). [Type: not indicated.].

形态特征： 秋季出叶，叶带状，长25～45cm，宽0.7～1.1cm，先端钝圆，深绿色，中间淡色带不明显。花莛高35～60cm，绿色至淡红褐色；伞形花序有花4～7（～10）朵，花左右对称，通常玫瑰红色，极少淡粉紫色，花被筒淡绿色，长0.5～1.2cm，花被片长4～7cm，宽0.6～0.8cm，轻微至强烈反卷与皱缩，先端通常明显蓝色；花蕊稍伸出花被片或显著长于花被片，长6～10cm（图6）。

染色体核型： 2n = 22 = 22I。

地理分布： 中国江苏、上海、浙江。

物候习性： 叶出于10月中旬，翌年4～5月枯萎；花期7月底至9月初，果期9～10月。生长于湿润的山坡林下、沟渠边与田边，海拔50～250m。

讨论： 本种为海滨石蒜与矮小石蒜杂交的异源二倍体，通常仅伴随其亲本共同出现。在育性上，玫瑰石蒜高度可育，可自交或与亲本回交，在野外种群中能够观察到其自交后代的性状分离现象。

图5　武陵石蒜（*Lycoris wulingensis*）（A：花；B：叶）（张鹏翀 摄）

图6 玫瑰石蒜（*Lycoris* × *rosea*）（A：花；B：叶）（张鹏翀 摄）

1.2.6 湖南石蒜

Lycoris hunanensis M.H.Quan, L.J.Ou & C.W.She, Novon 22(3): 307 (2013). [Type: China, Hunan, 2009, *M.H.Quan, 09007* (Holotype: Huaihua University)].

形态特征：秋季出叶，叶带状，长35～40cm，宽1.3～1.5cm，先端锐尖，深绿色，中间淡色带不明显。花莛高50～60cm；伞形花序有花6～7朵，花左右对称，初开时粉黄色，后逐渐变为白色，花被筒长1～1.2cm，花被片长5～6cm，宽0.6～0.8cm，强烈反卷与皱缩；花蕊白色，先端淡紫红色，显著长于花被片，长8～9cm。

染色体核型：2n = 18 = 4V+14I。

地理分布：中国重庆、湖北、湖南、四川。

物候习性：叶期习性不详，推测出于10月中下旬，翌年4～5月枯萎；花期8月底至9月初，果期10～11月。生长于溪流岸边，海拔200～350m。

讨论：本种发表时描述其可育，并提供了种子的照片。2024年，本种的发表者团队基于形态学、分子系统发育和细胞学证据证明湖南石蒜来源于矮小石蒜与忽地笑的种间杂交，并提供了核型公式（Quan et al., 2024）。然而，通过栽培发现来自各地的石蒜与忽地笑的杂交个体均不能正常结实，并且核型公式也意味着本种在进行减数分裂时也会联会紊乱。关于本种的育性，有待进一步观察和研究。

1.2.7 稻草石蒜

Lycoris* × *straminea Lindl., J. Hort. Soc. London iii. (1848) 76. [Type: China, Chinchew, *Robert Fortune 148* (MO)].

形态特征：秋季出叶，叶带状，长25～50cm，宽1.3～2cm，先端钝圆，深绿色，中间淡色带不明显。花莛高35～50cm；伞形花序有花5～7朵，花左右对称，通常稻草黄色，偶有白色，极少鲑鱼粉色或橙红色，花被筒长0.5～1.2cm，花被片长4～7cm，宽0.5～0.8cm，强烈反卷与皱缩；花蕊淡黄色，先端淡紫红色，稍长于花被片，长6～10cm（图7）。

染色体核型：2n = 19 = 3V+16I。

地理分布：中国安徽、河南、湖北、江苏、浙江。

物候习性：叶出于10月中下旬，翌年4～5月枯萎；花期7月底至9月初，不育。生长于湿润的山坡疏林下或溪边，海拔100～800m。

讨论：虽模式标本记录的采集地是福建泉州，但经考证，本种模式标本较大可能采自浙江舟山附近[1]。本种推测为矮小石蒜与中国石蒜杂交得到的异源二倍体，几乎不可育。本杂交种形态区间大，花形规整，颜色丰富，观赏价值极高。此外，经汉密尔顿·特劳布研究，本种的模式标本分为2部分，图8中左侧的个体为该种真正的模式（Traub,

1 NatureLib, 植物小志 017 之稻草石蒜 , https://mp.weixin.qq.com/s/BFN1rJYG8K_YAcQCcSlGYQ.

图7　稻草石蒜（*Lycoris* × *straminea*）（A：花；B：叶）（张鹏翀 摄）

1956）。

1.2.8　江苏石蒜

Lycoris* × *houdyshelii Traub, Pl. Life (Stanford) xiii. 45 (1957). [Type: United States, Tennessee, *S.Caldwell 549* (TRA)].

形态特征：秋季出叶，叶带状，长30～42cm，宽1～1.3cm，先端钝圆，深绿色，中间淡色带较明显。花莛高约30cm；伞形花序有花4～7朵，花左右对称，初开时乳白色，后逐渐变为纯白色，花被筒长0.8～1.2cm，花被片长5cm，宽0.8～1cm，中度反卷，稍皱缩，偶具红色纵纹；花蕊白色，先端略带粉紫色，长于花被片1/3，长8～10cm（图9）。

染色体核型：2n = 30 = 3V+27I。

地理分布：中国安徽、江苏、上海、浙江。

物候习性：叶出于10月中下旬，翌年4～5月枯萎；花期7～8月，不育。生长于湿润的山坡疏林下或溪边，通常见于人工栽培。海拔50～200m。

讨论：本种模式标本采于上海市“曹家花园”人工栽培的植株。经细胞学研究，该种可能为中国石蒜与石蒜杂交的异源三倍体，因此，形态上与稻草石蒜相似且难以区分，但稻草石蒜相对常见，而江苏石蒜仅基于细胞学证据报道了安徽繁昌有野生分布，极少见。目前，许多学者常把江苏省疑似稻草石蒜的个体鉴定为江苏石蒜，笔者认为若想准确鉴定江苏石蒜，仍需进行核型验证。

图8　稻草石蒜（*Lycoris* × *straminea*）模式标本（现存于法国国家自然历史博物馆P00712842）

图9　江苏石蒜（*Lycoris* × *houdyshelii*）（A：花；B：叶）（张鹏翀 摄）

1.2.9　长叶石蒜

Lycoris longifolia L.H.Lou, PhytoKeys 210: 82, figs. 1-3 (2022). [Type: China, Sichuan, 2021, *L.H.Lou & Y.L.Lou 8765* (Holotype: PE; Isotypes: KUN, PE)].

形态特征：秋季出叶，叶狭带状或剑形，长80～120cm，宽1.5～2cm，先端锐尖，深绿色，中间淡色带明显，叶背面基部中肋淡紫色。花葶绿色，高60～75cm；伞形花序有花4～8朵，花左右对称，黄色，花被筒长1.2～1.5cm，花被片长5～7cm，宽0.7～1.2cm，强烈反卷与皱缩，背部有时具白色或绿色中肋；花蕊淡黄色，雌蕊先端略带粉紫色，稍长于花被片，长9～11cm（图10）。

地理分布：中国四川雅安。

物候习性：叶出于9月中下旬，翌年5月枯萎；

图10　长叶石蒜（*Lycoris longifolia*）[A：花（刘彬彬 摄）；B：叶（张思宇 摄）]

花期7～8月，不育。生长于湿润的山坡疏林下。海拔近1 000m。

讨论：本种与忽地笑极为近似，但分子系统发育位置与忽地笑有所不同。形态上主要差异在于叶长显著长于忽地笑，此外，其发表者认为长叶石蒜叶片背面中肋紫红色而有别于忽地笑，但据作者等人观察，叶片背面中肋紫红色这一特征在云南、贵州多地的忽地笑居群中十分常见。

1.2.10 忽地笑

Lycoris aurea (L'Hér.) Herb., Bot. Mag. 47: ad t. 2113, p. 5 (1819). = *Amaryllis aurea* L'Hyll, Sert. Angl.: 14 (1788) [Type: China, *J. Lee s.n.* (G)].

形态特征：秋季出叶，叶剑形，通常长20～60cm，宽1.7～2.5（～4）cm，先端锐尖，深绿色，中间淡色带明显，叶背面有时被白粉。花莛绿色，高70～75cm；伞形花序有花5～7朵，花左右对称，黄色，花被筒长1.5cm，花被片长约7cm，宽0.8～1cm，强烈反卷与皱缩，背部具白色中肋；花蕊显著长于花被片，白色或淡黄色，雌蕊先端略带粉紫色（图11）。

染色体核型：2n = 12 = 10V+2I，2n = 14 = 8V+6I，2n = 15 = 7V+8I，2n = 16 = 6V+10I。

地理分布：中国重庆、福建、甘肃、广东、广西、贵州、海南、湖北、湖南、四川、陕西、西藏、云南；东南亚各国与印度也有分布。

物候习性：叶出于10月中下旬，翌年4～5月枯萎；花期8～10月，果期10～11月。生长于湿润的山坡疏林下、河边或林缘。海拔通常500～2 000m。

讨论：本种分布广，形态与核型多样性丰富，或为一个较为复杂的复合群，也与矮小石蒜常产生自然杂交。有学者认为台湾产的金花石蒜是忽地笑，但也有学者认为是特劳布石蒜（*L. traubii*），还存在争议。此外，部分学者认为产于日本等地的特劳布石蒜也应并入此种，但仍有待进一步的研究。

1.2.11 秦岭石蒜

Lycoris tsinlingensis P.C.Zhang, Yi Jun Lu & Ting Wang, Ann. Bot. Fenn. 57(4-6): 193 (2020). [Type: China, Shaanxi, 2014, *P. C. Zhang 028* (HHBG)].

形态特征：早春出叶，叶带状，长35～45cm，宽约1.5cm，先端钝圆，深绿色，中间淡色带明显。花莛绿色，高50～60cm；伞形花序有花4～6朵，花左右对称，橙黄色或橙红色，花被筒长1.5～2cm，花被片长6.5～7.5cm，宽1.1～1.3cm，强烈反卷与皱缩，裂片先端1/3～1/2处通常鲜红色；花蕊黄色，雌蕊先端粉紫色，与花被片近等长，长8.5～9.5cm（图12）。

染色体核型：2n = 16 = 6V+10I。

地理分布：秦岭北坡的甘肃、陕西。

物候习性：叶出于2月初，5月中下旬枯萎；花期8～9月，果期9～11月。生长于湿润背阴的山坡疏林下或沟谷边。海拔通常900～1 200m。

图11 忽地笑（*Lycoris aurea*）（A：花；B：叶）（张鹏翀 摄）

图12　秦岭石蒜（*Lycoris tsinlingensis*）（A：花；B：叶）（张鹏翀 摄）

讨论： 本种与中国石蒜较为相似，主要区别：本种开花鳞茎直径2～4cm，叶较窄（约1.5cm），花被片先端时常鲜红色；中国石蒜开花鳞茎直径3～5cm，叶较宽（约2cm），花被片先端无异色。在分布上，本种仅沿秦岭北坡的甘肃、陕西两省有分布，而中国石蒜主要分布于秦岭东段的河南、湖北及华东各地，能够对二者进行区分。

1.2.12　中国石蒜

Lycoris chinensis Traub, Pl. Life (Stanford) xiv. 44 (1958). [Type: United States, California, *H. P. Traub 585* (TRA)].

形态特征： 早春出叶，叶带状，长约35cm，宽约2cm，先端钝圆，深绿色，中间淡色带明显。花莛绿色，高约60cm；伞形花序有花5～6朵，花左右对称，橙黄色，花被筒长1.5～2.5cm，花被片长5.5～7.5cm，宽0.7～1.3cm，强烈反卷与皱缩；雌蕊黄色，先端粉紫色，长9～12cm；雄蕊黄色，长7～10cm（图13）。

染色体核型： 2n = 16 = 6V+10I。

地理分布： 中国安徽、贵州、河南、湖北、湖南、江苏、江西、山西、四川、浙江；韩国也有分布。

物候习性： 叶出于2月初，5月中下旬枯萎；花期8～9月，果期9～11月。生长于湿润的山坡疏林下或沟谷边。海拔通常200～1 200m。

讨论： 本种模式标本的采集地为美国，但据发表者记录，模式标本依据的鳞茎来源于中国南京中山植物园。本种分布较广，形态与忽地笑较为相似而常被混淆，但本种春季出叶、叶先端钝圆、花丝与花被片近等长（忽地笑秋季出叶、叶先端锐尖，花丝显著长于花被片），能够进行区分。此外，本种作为分布较广的原生种之一，也是多种杂交种类的亲本。

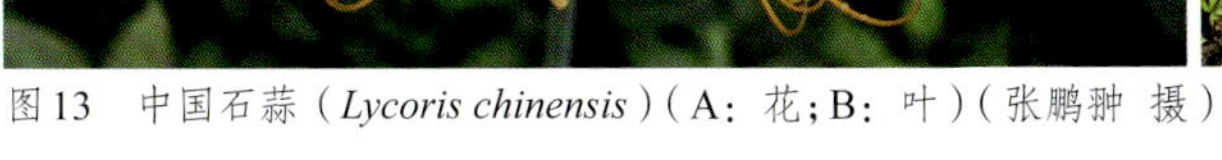

图13　中国石蒜（*Lycoris chinensis*）（A：花；B：叶）（张鹏翀 摄）

1.2.13 巾箴石蒜

Lycoris* × *jinzheniae S.Y.Zhang, P.C.Zhang & J.W.Shao, Plants [Basel] 11: 1730 (2022). [Type: China, Zhejiang, 2021, *S. Y. Zhang, P.C. Zhang & K. J. Xu ZSY210901* (Holotype: ANUB; Isotypes: ANUB, CSH)].

形态特征：早春出叶，叶带状，长40～55cm，宽1.2～2cm，绿色，中间淡色带不明显，先端钝圆，幼叶旋转，先端紫红色。花莛高40～60cm；伞形花序有花5～8朵，花左右对称，通常乳白色，有时乳黄色或淡粉紫色，花被筒长1～2cm，花被片长5～7.5cm，宽0.8～1.2cm，轻微至显著反卷与皱缩；花蕊白色，雄蕊短于花被片，雌蕊先端紫红色，伸出花被片（图14）。

染色体核型：2n＝19＝3V+16I。

地理分布：中国江苏、浙江。

物候习性：叶出于2月初，5月中下旬枯萎；花期8～9月，不可育。

讨论：本种为异源二倍体杂交种，发表时认为亲本为换锦花与中国石蒜。后有研究证实江苏南部与浙江无换锦花分布，常见的为海滨石蒜，本种的模式标本采于浙江慈溪，用于研究的分子材料也采于江苏南部与浙江，因此，本杂交种的亲本实际为海滨石蒜与中国石蒜。

1.2.14 短蕊石蒜

Lycoris caldwellii Traub, Pl. Life (Stanford) xiii. 46 (1957). [Type: United States, Tennessee, *S.Caldwell 552* (TRA)].

形态特征：早春出叶，叶带状，长30～50cm，宽约1.2cm，绿色，先端钝圆。花莛高50～60cm；伞形花序有花4～7朵，花左右对称，初开时乳黄色，后逐渐变为乳白色，花被筒长2～2.2cm，花被片长7～7.5cm，宽1.2～1.4cm，中度反卷，基部轻微皱缩；花蕊白色，雌蕊先端紫红色，不伸出花被片（图15）。

染色体核型：2n＝27＝6V+21I。

地理分布：中国江苏、浙江。

物候习性：叶出于2月，5月中下旬枯萎；花期8～9月，不可育。

图14 巾箴石蒜（*Lycoris* × *jinzheniae*）（A：花；B：叶）（张鹏翀 摄）

图15 短蕊石蒜（*Lycoris caldwellii*）（A：花；B：叶）（张鹏翀 摄）

讨论：本种模式标本采集自美国，但据记录标本依据的鳞茎购自上海的一位园丁。本种为异源三倍体杂交种，依据形态与分布，疑为中国石蒜与海滨石蒜的杂交后代。在形态上，本种与相同杂交组合后代石蒜品种‘秀丽’相似，但本种为三倍体，形态稳定，通常仅见花被筒长度与花被片宽度存在较小差异，幼叶不旋转且先端淡黄色，而石蒜‘秀丽’为二倍体，存在显著的个体差异，幼叶旋转且先端明显紫红色。

1.2.15 广西石蒜

Lycoris guangxiensis Y.Hsu & G.J.Fan, Acta Phytotax. Sin. 20(2): 196 (1982). [Type: China, Guangxi, 1974, *Y. Xu & G.J. Fan s.n.* (SHMI)].

形态特征：早春出叶，叶狭带状，长25~30cm，宽1.5~2.5cm，先端钝尖，深绿色，中间淡色带明显。花莛高约50cm；伞形花序有花3~6朵，花近中心对称，黄色，花被筒长1.5~2cm，花被片长约7cm，宽约1.5cm，腹面具红色画笔状条纹，中度反卷，轻微皱缩；雌蕊略伸出花被片，雄蕊与花被片近等长（图16）。

地理分布：中国广西河池。

物候习性：叶出于2月初，5月中下旬枯萎；花期7~8月，不可育。生长于湿润阴湿的山坡疏林中。

讨论：本种自发表以来再未被发现，也未留下照片资料，模式标本已不可考证。

1.2.16 安徽石蒜

Lycoris anhuiensis Y.Hsu & G.J.Fan, Acta Phytotax. Sin. 20(2): 197 (1982). [Type: China, Anhui, 1964, *Y. Xu & G.J. Fan 2234* (SHMI)].

形态特征：早春出叶，叶带状，长约35cm，宽2.5~3cm，先端钝圆，深绿色，中间淡色带明显。花莛绿色，高60~70cm；伞形花序有花5~7朵，花近中心对称，淡黄色、柠檬黄色至橙黄色，花被筒长2.5~3.5cm，花被片长5.5~8cm，宽1~2cm，中度反卷，轻微皱缩；雌蕊略伸出花被片，雄蕊与花被片近等长（图17）。

图16 广西石蒜（*Lycoris guangxiensis*）（A：花；B：叶）（张鹏翀 摄）

图17 安徽石蒜（*Lycoris anhuiensis*）（A：花；B：叶）（张鹏翀 摄）

染色体核型：2n = 16 = 6V+10I。

地理分布：中国安徽滁州、铜陵，江苏南京、镇江。

物候习性：叶出于2月初，5月中下旬枯萎；花期8~9月，果期9~10月。生长于湿润的山坡疏林下或沟谷边。海拔100~300m。

讨论：经查阅模式标本与对模式产地进行的实地考察，本种疑为中国石蒜与长筒石蒜的杂交后代。

1.2.17 长筒石蒜

Lycoris longituba Y.Hsu & G.J.Fan, Acta Phytotax. Sin. 12(3): 299 (1974). [Type: China, Jiangsu, 1951, *F. X. Liu 1319* (Holotype: NAS; Isotype: SHMI)].

1.2.17a. 长筒石蒜（原变种）

Lycoris longituba var. ***longituba***

形态特征：早春出叶，叶带状，长35~45cm，宽2~4cm，先端钝圆，深绿色，中间淡色带较明显。花莛绿色，高60~80cm；伞形花序有花5~7朵，花中心对称，通常白色，少有粉紫色，花被筒长3~6cm，花被片长5.5~8cm，宽1.3~2.5cm，通常轻微反卷，不皱缩，但有时也反卷与皱缩；雌蕊与花被片同色，先端粉紫色，长10~14cm；雄蕊与花被片同色，长5~7cm（图18）。

染色体核型：2n = 16 = 6V+10I。

地理分布：中国安徽、江苏。

物候习性：叶出于2月初，5月中下旬枯萎；花期8~9月，果期9~10月。生长于湿润的山坡疏林下或沟谷边。海拔100~300m。

讨论：本种分布较为狭窄，居群数量有限。目前发现江苏盱眙、安徽铜陵等边缘居群的长筒石蒜花通常白色，很少有黄色或淡粉色花，而安徽滁州、江苏南京附近的居群则常见黄绿色或粉紫色花，花被片有时也反卷与皱缩，形态变异较为丰富，因此，常有人误将异色长筒石蒜鉴定为其他种类，不过长筒石蒜的花被筒长3cm以上，可以进行区分。

1.2.17b. 黄长筒石蒜

Lycoris longituba var. ***flava*** Y.Hsu & X.L.Huang, Acta Phytotax. Sin. 20(2): 198 (1982). [Type: China, Jiangsu, 1964, *Z. M. Zhou 64246* (SHMI)].

形态特征：本变种花被片黄色（图19）。

染色体核型：同原变种。

地理分布：同原变种。

物候习性：同原变种。

讨论：本变种除颜色外，其他与原变种均相同。然而以野外观察的情况来看，花黄色这一特

图18 长筒石蒜（*Lycoris longituba* var. *longituba*）（A：花；B：叶）（张鹏翀 摄）

图19 黄长筒石蒜（*Lycoris longituba* var. *flava*）（A：花；B：叶）（张鹏翀 摄）

图20 陕西石蒜（*Lycoris* × *shaanxiensis*）（A：花；B：叶）（张鹏翀 摄）

征在多个长筒石蒜居群里均有发现，或无区分变种的意义，有待进一步研究。

1.2.18 陕西石蒜

Lycoris* × *shaanxiensis Y. Hsu et Z. B. Hu [Type: China, Shaanxi, 1978, *Z. B. Hu & S.C. Feng 3566* (SHMI)].

形态特征：早春出叶，叶带状，长约50cm，宽1.3～1.8cm，淡绿色，先端钝圆，幼叶旋转，先端淡紫红色。花莛淡绿色或淡红褐色，高约50cm；伞形花序有花4～7朵，中心对称，较为开展，白色，花被筒长1～1.5cm，花被片长5～7cm，宽约1.2cm，腹面内侧基部淡粉红色，背面具明显的粉紫色中肋，轻微反卷，中度皱缩；花蕊淡紫红色，雌蕊略伸出花被片，雄蕊与花被片近等长（图20）。

染色体核型：2n = 30 = 3V+27I。

地理分布：模式标本记录采于陕西省南五台山，但自发表后未见有明确的野生居群。陕西、河南、山东部分市县常见栽培。

物候习性：叶出于2月初，5月中下旬枯萎；花期6～8月，不可育。

讨论：本种为异源三倍体，依据形态与分布，疑为中国石蒜与换锦花的杂交后代。

1.2.19 香石蒜

Lycoris* × *incarnata Comes ex Sprenger, Gartenwelt x. 490 (1906). [Type: China, Hupeh, 1903, *Charles Sprenger s.n.* (K)].

形态特征：早春出叶，叶带状，长约50cm，宽1.6～2.4cm，绿色，先端钝圆，幼叶旋转，先端淡紫红色。花莛淡绿色或淡红褐色，高50～60cm；伞形花序有花5～7朵，中心对称，花喇叭状，白色，花被筒长1.8～2cm，花被片基部1/3～1/2相互覆合，长5～5.6cm，宽1.2～1.4cm，腹面内侧粉紫色，背面具明显的粉紫色中肋，轻微反卷，基部轻微皱缩；花蕊紫红色，与花被片近等长（图21）。

染色体核型： 2n = 30 = 3V+27I。

地理分布： 中国湖北随州、黄冈，安徽合肥、安庆、六安。

物候习性： 叶出于2月初，5月中下旬枯萎；花期8~9月，不可育。

讨论： 本种为异源三倍体，依据形态与分布，疑为中国石蒜与换锦花的杂交后代。在形态上，本种与陕西石蒜较为相似，且染色体核型一致，但陕西石蒜花期较早，通常在6月底至7月初，花较为开展，花被片基部相互分离；而香石蒜花期较晚，通常在8月中下旬，花呈喇叭状，外轮花被片基部覆盖内轮花被片。

1.2.20 鹿葱

Lycoris* × *squamigera Maxim., Bot. Jahrb. Syst. 6(1): 79 (1884). [Type: Japan, 1862, *C. J. Maximowicz, s.n.* (K)].

形态特征： 早春出叶，叶带状，长35~45cm，宽1.8~2.5cm，先端钝圆，深绿色，中间淡色带不明显。花莛绿色，高约60cm；伞形花序有花5~7朵，花近中心对称，粉红色，喉部黄色，花被筒长约2.5cm，花被片长6.5~7.5cm，宽1.2~2cm，轻微反卷与皱缩；雌蕊、雄蕊与花被片近等长（图22）。

染色体核型： 2n = 27 = 6V+21I。

地理分布： 中国山东青岛、江苏连云港有野生分布。在安徽、江苏、山东、陕西等地常见栽培。日本、韩国也常见栽培，在美国已逸生。

物候习性： 叶出于2月初，5月中下旬枯萎；花期7~8月，不可育。

讨论： 本种为异源三倍体，目前，通过形态学与细胞学证据推断，认为是换锦花与长筒石蒜的杂交后代，但缺乏可靠的分子证据支持。

1.2.21 海滨石蒜

Lycoris insularis S. Y. Zhang & J. W. Shao, PhytoKeys 206: 158, figs. 1-7 (2022). [Type: China, Zhejiang, 2019, *S. Y. Zhang ZSY201908001* (Holotype:

图21　香石蒜（*Lycoris* × *incarnata*）（A：花；B：叶）（张鹏翀 摄）

图22　鹿葱（*Lycoris* × *squamigera*）（A：花；B：叶）（张鹏翀 摄）

ANUB; Isotypes: ANUB, CSH, NPH)].

形态特征：早春出叶，叶带状，长40～60cm，宽0.6～1.2（～1.5）cm，先端钝圆，浅绿色，幼叶旋转，先端紫红色。花莛绿色或淡红褐色，高40～60cm；伞形花序有花5～7朵，花中心对称，通常粉色，极少白色或蓝色，先端多少蓝色，花被筒长1.5～2.5cm，花被片长4.5～7cm，宽0.9～1.5cm，轻微或中度反卷，不皱缩；花蕊与花被片同色，雌蕊先端粉紫色，通常不伸出花被片（图23）。

染色体核型：2n = 22 = 22I。

地理分布：中国江苏、上海、浙江。

物候习性：叶出于2月初，5月中下旬枯萎；花期8～9月，果期9～10月。

讨论：本种之前被认作为换锦花，但经过文献研究，换锦花模式产地为湖北襄阳，花被筒极短，而海滨石蒜近海分布，花被筒非常明显，分子系统发育也支持二者为不同的分类群。

1.2.22 换锦花

Lycoris sprengeri Comes ex Baker, Gard. Chron. ser. 3, 32: 469 (1902). [Type: China, Hupeh, 1902, *Charles Sprenger s.n.* (K)].

形态特征：早春出叶，叶带状，长约30cm，宽约1cm，先端钝圆，绿色，幼叶旋转，先端紫红色。花莛绿色或淡红褐色，高35～55cm；伞形花序有花5～7（～10）朵，花中心对称，通常浅粉色，有时白色或紫红色，先端多少蓝色，花被筒长0.5～1.3cm，花被片长4.5～6.5cm，宽1～1.5cm，轻微或中度反卷，极少轻微皱缩；花蕊与花被片同色，雌蕊先端粉紫色，通常不伸出花被片（图24）。

染色体核型：2n = 22 = 22I。

地理分布：中国安徽、湖北、江苏。

物候习性：叶出于2月初，5月中下旬枯萎；花期7～9月，果期9～10月。

讨论：本种之前与海滨石蒜混为一种，但本种较为少见，主要分布在大别山及其余脉外围的低矮丘陵山地。除花被筒长度外，本种颜色通常为淡粉红色，而海滨石蒜花为较深的粉红色。

图23　海滨石蒜（*Lycoris insularis*）（A：花；B：叶）（张鹏翀 摄）

B

图24　换锦花（*Lycoris sprengeri*）（A：花；B：叶）（张鹏翀 摄）

2 种类的海外传播和研究

赫伯特（William Herbert, 1778—1847）以忽地笑为模式种建立了石蒜属。当时记载的忽地笑的外部性状：花色为淡橙黄色，花被片狭窄、边缘一定程度的皱缩，背面具绿色中肋，花柱很长，柱头鲜红色（Caldwell, 1965）。美国的汉密尔顿·特劳布博士查阅了其原始文献后发现，花被片狭窄，长椭圆状披针形，佛焰状总苞披针形、很长。因此，认为确定为忽地笑的种类是正确的（Traub, 1966）。

1934年，美国佛罗里达州的伊丽莎白·麦克阿瑟（Elizabeth W. MacArthur）夫人记录到，忽地笑原产东方，在美国栽培了很多年而且越来越受欢迎（MacArthur, 1934）。圣·奥古斯丁市似乎是佛罗里达州引种忽地笑最早的地方，但忽地笑如何传播到圣·奥古斯丁依然是个谜。据记载，弗拉格勒酒店业务有限公司（Flagler Hotel Properties, Inc.）雇用了来自俄亥俄州克利夫兰市的理查德·德尔（Richard Dale）来绿化旁斯·得·利昂酒店（Ponce de Leon Hotel）这一世界著名建筑的庭院，德尔非常喜欢球根花卉，把忽地笑带到了圣·奥古斯丁，这是目前较为合理的解释。沿着圣·弗朗西斯街道的花园，种植着很多历史悠久的忽地笑。很多圣·奥古斯丁的居民称忽地笑为“飓风百合”（hurricane lilies），正如塞米诺族印第安人（Seminole Indian）认为克拉莎草开花预示着暴风雨的来临一样，他们相信这种神秘的、貌似百合的花儿，一旦盛开就会有暴风雨，如果不开花就没有暴风雨，“飓风百合”因此得名。拿索人也对忽地笑有这样的称呼。

1935年，俄亥俄州的卡尔·克里彭多夫（Carl H. Krippendorf）发现鹿葱是最有希望在冬季0℃以下气温的区域种植的耐寒石蒜种类（Krippendorf, 1935）。鹿葱十分容易养护，病虫害很少，唯一的不足就是叶期只有从3月中旬到5月中旬，如果在庭院大量应用枯叶期会显得比较难看。然而，如果应用在林下利用自然植被就会克服这个缺点，在大面积的槭树和山毛榉林下种植鹿葱，无论山地还是平地、全阳还是遮阴，都长得很好，唯一需要的就是及时去除杂草。

1937年，佛罗里达州的约翰·赫斯特（Johnn R. Heist）描述到忽地笑在其适生范围内（虽然具体的范围还不太确定），是一种值得和易养护的园林植物（Heist, 1937）。叶片成熟后有3周左右的时间十分靓丽，与其他植物搭配十分理想。花朵像尼润花一样的金黄色，搭配上其他植物（阔叶或灌木）的绿叶，将会吸引路人的注意。

加利福尼亚州的奥尔普（E. O. Orpe）报道（Orpe, 1937），在新英格兰，人们对一种叫*Amaryllis hallii*的植物很感兴趣，是由霍尔（Hall）随着一批从日本引来的新奇植物被带到罗得岛（Rhode Island）的。多年后这种植物被确认为鹿葱，是一种罕见的优良花园植物，有时也被称为“蓝色孤挺花”（blue amaryllis）。还有一个窄叶、窄花被的类型，直到现在也仍然认为是同一个来源。一般在美国东部和中西部出售的鹿葱类型是最好的。忽地笑在这里栽培完全失败了，600个引种来的种球无一幸存。部分原因是长时间的运输，但主要原因还是冬季生长期的温度太低。忽地笑在佛罗里达州则生长得很好。在东部的花园，发现忽地笑冬季休眠，秋季开花，春季长叶，整个夏季休眠。

佛罗里达州的温德姆·海沃德（Wyndham Hayward）通过与布鲁克林植物园标本馆馆长亨利·斯文森（Henry K. Svenson）博士合作，通过美国孤挺花学会（American Amaryllis Society）已经成功确认，多年以来在南部和西南部广泛栽培的根希百合（*Nerine sarniensis*, guernsey lily）为石蒜属植物——石蒜（*Lycoris radiata*）（Hayward,

1937）。第一个指出这个分类学错误的是发表在1936年《园丁编年史》（*Gardeners Chronicle*）的杰尔姆·库姆斯（Jerome W. Coombs）和发表在1936年*Herbertia*的詹姆斯（W. M. James）等。1936年6月，在布鲁克林植物园的呼吁下，征集了来自美国南部和加利福尼亚州的很多种球用于测定，斯文森博士还提供了《柯蒂斯植物杂志》（*Curtis's Botanical Magazine*）中有关根希百合的描述用于比较。验证结果毫无疑问地说明了这些种球就是石蒜。

1943年，堪萨斯州的达雷尔·克劳福德（Darrell S. Crawford）种植的鹿葱，在炎热的8月中旬骤然绽放，让人为之振奋，一旦目睹就会翘首期盼（Crawford, 1943）。他发现鹿葱的分球速度比较快，但由于养分需求大，小球开花比较慢。每隔4～5年需要人工分球一次，否则由于拥挤而造成种球扁平而不易开花。鹿葱的变种*L. squamigera* var. *purpurea*形态上与鹿葱十分相似，在堪萨斯也耐寒，但十分罕见也不易购买。鹿葱能耐受堪萨斯和北至艾奥瓦州北部-20℃的低温，而且耐潮湿，潮湿导致该地的大丽花和唐菖蒲腐烂，但鹿葱和其变种不受影响。

1948年，马里兰州的巴拉德（W. R. Ballaed）记录到，几年前收到了一些在南方地区被称为“珊瑚百合”（coral lilies）的种球，看上去十分像水仙，所以就按照水仙的要求来种植了。后来发现叶子在秋季长出、经冬不落、6月底枯萎，夏末意外地发现光秃秃的花莛从土里迅速地抽出来，等花开出来后他十分想知道到底是什么植物，后来确认为石蒜属的石蒜（Ballaed, 1948）。

1952年，马里兰州的汉密尔顿·特劳布（Hamilton P. Traub）总结了石蒜属的研究进展，田纳西州纳什维尔的萨姆·考德威尔（Sam Caldwell）和佛罗里达州温特帕克（Winter Park）的温德姆·海沃德都十分热衷于石蒜，并帮助解决石蒜种类鉴别的问题。1950年8月12日，考德威尔记录到了两批来自荷兰范蒂贝亨（Van Tubergen）的香石蒜开花了，花与上周由温德姆·海沃德空邮过来的、标注为*Lycoris squamigera purpurea*的一样。现在明确了海沃德所说的*Lycoris squamigera purpurea*是香石蒜，而塞西尔·霍迪舍尔（Cecil Houdyshe）的*Lycoris purpurea*是换锦花（Traub, 1952）。

100年前，林德利（John Lindley, 1799—1865）发表了稻草石蒜，但至今没有查阅到稻草石蒜的图片，特劳布试图确定这个种类也失败了（Traub, 1956）。然而，考德威尔在1950年8月28日记录到一株淡稻草黄的种类开花，最初是从洛杉矶的鲍勃·安德森（Bob Anderson）那里获得的。这很可能是长期寻找的稻草石蒜。种球是USDA作为乳白石蒜引进的，现在由塞西尔·霍迪舍尔提供的或许也是这个种类。海沃德私下交流的时候提及，花色接近白色。

1953年，佛罗里达州的温德姆·海沃德做了详细的记录（Hayward, 1953）。海湾（墨西哥湾）沿岸地区的气候条件可能与中国中南部和南部沿海地区（包括日本南部和中国台湾）的气候条件相似，已证明是各种石蒜的种植地，尤其是那些喜欢温暖地区的石蒜种类。从得克萨斯州南部到佛罗里达州埃西奥湾一带，再延伸数百英里（1英里≈1.61km）到内陆地区，绝大部分引种到美国的石蒜种类都能在这里生长，除了像鹿葱和香石蒜这类害怕寒冷的种类。鹿葱和香石蒜可以在新英格兰州越冬，从内布拉斯加州到俄亥俄州和纽约州也可以存活。鹿葱似乎不太适合南方种植，虽然偶尔有报告在路易斯安那州、田纳西州和卡罗来纳州的北部取得了良好的结果。忽地笑完全可以在海湾地区生长，但仅限于温暖地区。在田纳西州、路易斯安那州和卡罗来纳州的有保护条件下会成功地生长。石蒜在南方花园多年来一直被误认为是根希百合，直到十几年前被美国植物生命学会（American Plant Life Society）成员为其正名。石蒜在南部地区也非常适应，尤其是在较重类型（黏土）的土壤中。在佛罗里达半岛的砂质土壤中似乎只有部分令人满意，尽管它在土质较重的北佛罗里达州和佐治亚州生长旺盛。忽地笑被称为佛罗里达州圣·奥古斯丁附近的飓风百合，截至目前的了解此处种植数量最多。路易斯安那州、密西西比州南部和佛罗里达州西部的老种植园也有种植。它在佛罗里达州中部繁衍生息，但有些无法正常开花。在南部地区的一些老花园里，石蒜的生长几乎到了成为杂草的程度。在亚拉巴马州南部、密西西比州和路易斯安那州，它以大殖民地的形式存在，无疑有数百万种球。石蒜属的稀有物种也偶尔出现在爱好者的聚集地、南部地区、得克萨斯州中部和南部以及加利福尼亚州南部。这些物种包括换锦花、香石蒜、乳白石蒜和稻草石蒜，关于其身份存在一些混淆。查尔斯·斯普伦格（Charles Sprenger, 1846—1917）在1906年定种了换锦花，是于1900年左右由他的收藏家采集自中国湖北。该物种已在加利福尼亚州加克伦斯报道，因此，至少在这里有限地栽培。香石蒜，一种来自中国中部湖北省的、可爱的浅玫瑰或肉色种类。它在美国贸易中供应有限，海沃德于1948年从中国进口。据报道，它在路易斯安那州球根花卉爱好者的花园中盛开，因此应该可以在南方的其他地区试种。它在佛罗里达生长得很好。马克西莫维奇于1885年首次描述，原产日本或者中国。马萨诸塞州园艺学会图书管理员多萝西·汉克斯（Dorothy Hanks）查阅文献证明，是两位叫霍尔的先生将其首次引入美国。其中一位是来自马萨诸塞州新贝德福德（New Bedford）的霍尔先生，据说他是从远东的一位船长那里获得的种球，另一位是来自布里斯托尔（Bristol）的霍尔博士，据说他在1860年之前就在中国上海的花园里种植过，当时他在美国外交部（驻上海）工作。1948年，海沃德从中国收到了一些标有“*L. alba*”的鳞茎。稻草石蒜被认为是一种麦秆色的忽地笑，分布在中国。在美国并不知道哪里有种植，除非它是以*L. albiflora*的名字流通的，尽管它是1845年由福琼（Robert Fortune）从中国送到邱园的。根据文献记载，早在1777年，福瑟吉尔博士（Dr. Fothergill）就首次将忽地笑介绍给英国等西方国家。忽地笑和石蒜什么时候到达的美国海岸仍然是个未解之谜，但肯定是在100多年前，甚至更早，因为现在美国南部大面积分布和栽植着这两个种类。

1953年汉密尔顿·特劳布注释到，第二次世界大战期间，约瑟芬·亨利小姐（Miss Josephine Henry）在中国四川灌县（Kwanhsien，现都江堰市）收集了一种石蒜属植物，并于1949年由玛丽·亨利（Mrs. Mary G. Henry）寄给了考德威尔，结果证明是石蒜。1951年和1952年在温室中栽培开花。花比通常的不育类型小，但不结实（Caldwell, 1953）。

1956年，汉密尔顿·特劳布对稻草石蒜进行了后选模式的认定（Traub, 1956）。1845年，福琼从中国向英国的邱园发送了一种植物，林德利在《伦敦园艺学会学报》1848年第3期上将其命名为稻草石蒜。由于当时的描述不全面，导致这个名字成为裸名。随后多年一直在找稻草石蒜的模式标本，但直到1954年才被发现。最后，通过剑桥大学植物学院植物标本馆（CGE）馆长沃尔特斯博士的帮助，找到了该模式标本，并对后选模式进行了认定。

1957年，汉密尔顿·特劳布正式命名了红蓝石蒜、江苏石蒜和短蕊石蒜3个新种（Traub, 1957）。1948年，海沃德从上海的一位苗圃工人那里购买了4种石蒜，其中一批被标记为“白石蒜”（*Lycoris alba*）。很明显海沃德“中了大奖”，所有的原始标签都被证实是错误的。这些物种被命名为*L. houdyshelii*、*L. haywardii*和*L. calwellii*。江苏石蒜是以加利福尼亚州拉凡尔纳的塞西尔·霍迪舍尔命名的，他专门种植包括石蒜在内的美丽稀有植物。

1958年，汉密尔顿·特劳布命名了中国石蒜（Traub, 1958）。在1957年*Plant Life*中，海沃德在特劳布石蒜（*L. traubii* ）群体中包含了一种美国植物引种园于1948年引种自中国南京中山植物园的石蒜属植物。在马里兰州格伦戴尔的奥雷奇（J. L. Oreech）博士的帮助下，1957年初夏获得了这种植物的鳞茎，并在7月下旬开花。该种类与特劳布石蒜和忽地笑是截然不同的，并以其生境地中国作为种加词命名为*Lycoris chinensis*。中国石蒜是已知的第一种开黄花、耐寒性较好、可以在马里兰州北部生长的石蒜属植物。

1960年，田纳西州的萨姆·考德威尔记录到，*L. sperryi*是1925年，一位纳什维尔已故的亨利·斯佩里夫人（Mrs. Henry Sperry），在中国湖州附近的山上收集了她称之为“橙色蜘蛛”的球茎。斯佩里夫人把它们带回美国，30多年来一直在栽培。她的女儿告诉考德威尔，浙江省湖州和杭州的丘陵和山区这种植物相当丰富（Caldwell, 1962）。

1965年，汉密尔顿·特劳布命名了*Lycoris josephinae*。1945年，约瑟芬·亨利小姐在中国获得了一个小叶型的石蒜种类。1964年，在加利福尼亚州的拉霍亚（La Jolla, California）开花的时候，发现与矮小石蒜和石蒜形态学上不同，所以命名为单独的种，用约瑟芬·亨利小姐的名字作为其种加词，以纪念她将此种带到美国。模式标本采集地为成都新津（Caldwell, 1965）。

3 石蒜属的繁育与栽培

石蒜属植物在我国有着悠久的栽培历史，近年来，随着其不断地开发和利用，很多植物园、科研院所和公园都结合专类园建设和景观应用，进行了引种栽培与繁育，对其生理、生态习性有了更多、更深入的了解和研究（秦卫华 等, 2003; 李玉萍 等, 2007; 令狐昱慰 等, 2007; 赵天荣 等, 2008; 项忠平 等, 2010; 张鹏翀 等, 2015）。

3.1 繁育技术

石蒜属植物的繁殖方式包括有性繁殖和无性繁殖。有性繁殖即种子繁殖，是石蒜属植物的主要繁殖方式，成熟饱满的种子在适宜的条件下有较高的发芽率。若无法采集到种子，可采用无性繁殖的方法，目前，常用的无性繁殖方法有切割扦插和组织培养。

3.1.1 有性繁殖

种子采收：石蒜属植物的种子一般在9月中下旬至10月中下旬成熟。当果皮由绿色转为棕褐色，水分变少即将开裂时，可从花莛基部剪取花序采收或直接采收种子。

种子处理：采集的果实经蔽荫晾干后，自然开裂或剥开果实，选择大粒饱满、无病虫害的健康种子进行播种。也可以不去除果皮直接播种，但对于果实种子数量多的种类，会导致种子发芽率低、发芽不整齐等问题。

种子贮藏：石蒜属植物的种子即采即播，不需要贮藏。对于采集的未完全成熟的果实，也可低温贮藏至少几周后再进行播种。

播种：播种苗床或穴盘的深度应大于30cm，以满足种子向下萌发，并膨大成小鳞茎。播种基质最好在播种前几天用热水进行消毒，以免杂草丛生与种子萌发产生竞争。基质下层铺5～10cm泥炭土或营养土，上层铺砂土或砂壤土20～25cm。播种量为200kg / 亩，株行距2～4cm。播种后上面再覆盖5～10mm的基质。

播后管理：定期浇水保持土壤湿润，使土壤相对含水量在60%左右，苗期不遮阴，对于耐寒性较差的种类冬季需在温室管理。浇水时需使用较小的水压，避免种子从基质中泛起，泛起的种子应及时填埋至基质中。

3.1.2 无性繁殖

切割扦插：有鳞茎切割和双鳞片法。鳞茎切割法宜以无叶期为切割繁殖季节（鲍淳松 等,

2013），气温宜在20～35℃，其中以5、6月为最适季节，7、8月次之，9月再次，10月至翌年4月不宜切割繁殖；宜用细河沙作为繁殖基质，沙床基质厚度40cm以上，上搭50cm拱棚，雨天前覆盖塑料膜挡水，晴天揭开塑料薄膜，暴晒沙土，使基质相对含水量降至40%左右；用基底切割法繁殖，通常“十”字形切割2刀，可根据种球的大小，以2、4、6、8均分，分别切以1、2、3、4刀；种球随挖、随切、随种，切割（至鳞茎2/3处）后的整个母球的各部分不分开，整个种入苗床中，深度以不见鳞茎为宜，株行距（3～6）cm×15cm；定植后不浇水，仍然用塑料膜覆盖控水，上方可以适当遮阴，保持苗床通风，3～4周后，揭开遮阴材料和塑料薄膜，使苗床露天；宜从基质底部补水使水分往上渗透，但忌积水。基质含水量保持在60%左右。双鳞片法与上述方法类似，只是切割后扦插的材料为带有鳞茎盘的双鳞片，虽然繁殖系数高于切割法，但在短期内无法获得优质、较大的籽球，且腐烂率较高，一般不予采用。

组织培养：石蒜属植物的鳞茎是由叶鞘膨大形成贮藏养分的器官，所以在组织培养上具有与其他宿根、球茎、块茎植物不同的特点。近年来，针对乳白石蒜、石蒜、香石蒜、红蓝石蒜、长筒石蒜和玫瑰石蒜等的组织培养开展了大量研究，初步掌握其基本培养基、诱导培养基、增殖培养基、壮苗培养基和生根培养基的配方。虽然在实验室里都能组培分化出小鳞茎，但组培条件如人工生长调节剂的种类和浓度、组培生产周期皆不尽一致，不同的种类也有差异，而且生产周期过长，特别是针对组培苗的驯化研究较少，一般多采取短时间观察的方法，组培苗驯化没能完成一个生长周期，而短时间内的栽培驯化结论可靠性也不高。目前市场上仍未见有组培苗应用和销售。

3.2 栽培技术要点

根据石蒜属植物的生理、生态特性，构建与之相适应的生境条件（光照、土壤、温度、水分等），同时做好水肥管理、病虫害防治和定期整理等工作，才能确保其栽培的成功，也是景观营造不可或缺的前提和保障。

3.2.1 栽培环境的选择

石蒜属植物的野外生境绝大部分是温暖、湿润（至少在生长季），多生长于河床、沙地、荒草地、山坡、路边灌丛、石缝间、溪沟边以及滨海地区或岛屿，耐干旱、稍耐寒。露地栽植时需根据种类的特性，选择适宜的光照条件和立地环境，旱季时需保证及时浇水，休眠期也要及时浇水（张鹏翀 等, 2013, 2015）。

3.2.2 土壤的要求

石蒜属植物宜栽种于土层深厚、腐殖质含量较高的砂壤土或砂土中，酸碱度一般在偏酸性至中性（鲍淳松 等, 2012）。若使用基肥，基肥须经充分腐熟，均匀翻入土内。容器育苗的培养土也可以使用泥炭土、珍珠岩和细沙按体积比1∶1∶1混合。

3.2.3 移栽和定植

石蒜属植物宜在枯叶期进行移栽。石蒜属种植季节以5～6月为宜，随起随种，并带根种植，种植深度为以不见鳞茎为宜，株行距10cm×（20～30）cm。

3.2.4 养护管理

灌溉浇水：石蒜属植物在生长季应保证充足的水分，盆栽植物需每天或隔天浇水，枯叶期也要及时浇水。石蒜属植物的土壤相对含水量宜保持在50%～75%，一般夏季7天浇水一次，春秋季20天浇水一次，冬季40天浇水一次。

除草：石蒜属植物夏季用浅耕除草，结合浇水或施肥进行，宜浅耕，以防止伤及鳞茎。叶期需采用拔草的方式除草，以防止伤及叶片。

施肥：石蒜属植物一般的土壤不需要施肥。若土壤有机质含量＜15g/kg，则需施肥，并遵循薄施原则，四季均可施用。补充氮肥，可施硫酸铵液肥，浓度约1g/kg，不宜施尿素；磷钾肥可选磷酸二氢钾、氯化钾或硫酸钾，浓度约1g/kg；腐熟的豆饼水溶液以稀释10倍以上液施；微量元素硼以浓度约1g/kg硼砂水溶液为宜（鲍淳松 等, 2011, 2012, 2013）。

病虫害防治：始花期及出叶期，用甲氨基阿维菌素乳油2 000~3 000倍液喷雾防治斜纹夜蛾和毛健夜蛾，或用25%灭幼脲悬浮剂2 000~2 500倍液、或10%烟碱1 000~1 500倍液喷雾防治炭疽病和细菌软腐病，主要预防措施是防止土壤积水。

4 古代典籍中石蒜属植物的考证

在日本，石蒜被称为“彼岸花”，作者认为较为可信的解释是，日本人把春分和秋分前后的日子称为“彼岸”，石蒜属植物营养生长的旺盛期恰逢春分和秋分前后，因此分为春彼岸和秋彼岸两大类。很多人将梵语manjusaka（音译：曼珠沙华）视为石蒜的别名，本意为天界之花、大红花，来源于《妙法莲华经决疑》《法华经・卷一》中“尔时世尊，四众围绕，供养、恭敬、尊重、赞叹。为诸菩萨说大乘经，名无量义、教菩萨法、佛所护念。佛说此经已，结跏趺坐，入于无量义处三昧，身心不动，是时天雨曼陀罗华、摩诃曼陀罗华、曼珠沙华、摩诃曼珠沙华。”《妙法莲华经决疑》认为：“云何曼珠沙华？赤团华。”“赤”与石蒜的花色吻合，再加上其独特的花叶不相见的生物学特性和物候期，因此将二者联系起来。

我国关于石蒜属的记载最早见于南北朝，江淹的诗作《杂三言・构象台》中有“金灯兮江蓠，环轩兮匝池”的句子。而江淹的另一篇作品《金灯草赋》则很具体地描述了石蒜的美：“山华绮错，陆叶锦名。金灯丽草，铸气含英。若其碧茎凌露，玉根升霜，翠叶暮媚，紫荣晨光，非锦罽之可学，讵琼瑾之能方。乃御秋风之独秀，值秋露之馀芬。出万枝而更明，冠众葩而不群。既艳溢于时暮，方昭丽于霜分。是以移馥兰畹，徙色曲池。轶长洲兮杜若，跨幽渚兮芳离。映霞光而烁烨，怀风气而参差。故植君玉台，生君椒室。炎萼耀天，朱英乱日。永绪恨于君前，不遗风霜之萧瑟。藉绮帐与罗袿，信草木之愿毕。”这大概是石蒜“金灯”一名的起源了（赵帝, 2014）。

石蒜属植物因其鳞茎中含有多种生物碱，具有催吐等功效，多部本草类著作中收录了“金灯”或“金灯花”，以及石蒜属其他种类的名字。由于石蒜属花色艳丽、花形优美，许多文学家也对其极尽赞美。

4.1 石蒜

《中华本草》认为石蒜始载于宋朝苏颂所著的《本草图经》（1061年，安徽科学技术出版社，1994年版），曰：“水麻生鼎州。味辛，温，有小毒。其根名石蒜。主敷贴肿。九月采。又，金灯花，其根亦名石蒜。或此类也。”并附有黔州石蒜、鼎州水麻的手绘图。后经详细考证，黔州石蒜为石蒜，鼎州水麻为锦葵科植物。其实，在唐朝段成式所著《酉阳杂俎》（约公元854年，清《钦定四库全书》本）第十九卷中也记载：“金灯，一曰九形，花叶不相见，俗恶人家种之，一名无义草。合离，根如芋魁，有游子十二环之，相须而生，而实不连，以气相属，一名独摇，一名离母，言若士人所食者，合呼为赤箭。”从花形如“金灯”，“花叶不相见”及“根如芋魁，有游子十二环之”等推断，这里描述的植物应该是石蒜，“赤箭”也应是石蒜别名的出处了；但对于“无义草”这个名字，多半是因为其寓意不好，因此很少出现在各种典籍中。《酉阳杂俎》是一本笔记体小说集，也是第一部描述石蒜外部性状和植物学特性的典籍。

由于石蒜片植时，开花极其壮美，因此在文人墨客笔下出现的频率也很高。唐朝著名的女诗人薛涛的一首《金灯花》：“阑边不见蘘蘘叶，砌下惟翻艳艳丛。细视欲将何物比，晓霞初叠赤城宫。”“艳艳丛”准确地描述了石蒜花的秀丽，将其视为“晓霞初叠赤城宫”则是描述了大片石蒜花开时的壮美。到了北宋，晏殊笔下的《金灯花》有“煌煌五枝灯，下有玉蟠螭。”南宋词人葛立方的《金灯花》中这样形容石蒜：“小圃金灯满意芳，苞舒绛彩照煌煌。”

《本草纲目》(1578年，清《钦定四库全书》本）中记载了石蒜的诸多药效，可治疗“便毒诸疮”“产肠脱下”“小儿惊风”等。关于植物学性状，《本草集解》(清《钦定四库全书》本）则引述了《本草图经》和《政类本草》(1108年，清《钦定四库全书》本）关于水麻的描述，还补充了：“石蒜，处处下湿地有之，古谓之乌蒜，俗谓之老鸦蒜、一枝箭是也。春初生叶，如蒜秧及山慈菇叶，背有剑脊，四散布地。七月苗枯，乃于平地抽出一茎如箭杆，长尺许。茎端开花四、五朵，六出红色，如山丹花状而瓣长，黄蕊长须。其根状如蒜，皮色紫赤，肉白色，此有小毒。”《救荒本草》(1406年，清《钦定四库全书》本）记载石蒜可炸熟水浸过食，盖为救荒尔。《本草纲目拾遗》(1765年，清《钦定四库全书》本）中称石蒜为老鸦蒜、银锁匙、石蒜、一枝箭。并引述《百草镜》云：“石蒜春初发苗，叶似蒜，又与山叶茨菰相似，背有剑脊，四散布地，七月苗枯，中心抽茎如箭干，高尺许，茎端开花，四五成簇，六出，红如山丹，根如蒜，色紫赤，肉白，有小毒，理喉科。”金士彩云：“此吐药也，且令人泻。”在高濂著《遵生八笺》中则认为：“金灯，花开一簇五朵，金灯色红。”这里的金灯无疑就是石蒜，但“春初生叶”及“春初发苗”的描述与石蒜的出叶期不符。宋诩《竹屿山房杂部》(树畜部二）(明中期，清《钦定四库全书》本）记载：“金灯花，苞生，根名石蒜，花红，数朵为一丛，横开如张盖，野生秋深蕊挺出土中，叶至花尽乃发，移植宜春雨后。”这里应该是关于石蒜栽培方法最早的记录了。

《汝南圃史》(卷十）(1620年，清《钦定四库全书》本）也记载了“金灯，独茎直上，末分数枝，枝一花，色正红，光焰如灯，故名。叶如韭而硬，八九月忽抽茎开花，花后乃发叶。《本草纲目》谓之山茨菰，主痈瘇瘰疬，结核等，醋磨傅之亦除肝黵。闽人呼为天蒜，又名石蒜。”

《花镜》[伊钦恒校注，农业出版社，1979年（第二版）] 中则这样描述金灯花，“金灯一名山慈菰。冬月生叶，似车前草，三月中枯，根即菰。深秋独茎直上，末分数枝，一簇五朵，正红色，光焰如金灯。”《广群芳谱·御定佩文斋广羣芳谱》(1708年，清《钦定四库全书》本）总结了石蒜的别名：金灯花一名鬼灯檠，一名朱菇，一名鹿蹄草，一名无义草。对石蒜的性状的描述主要引述了《酉阳杂俎》和《本草集解》，同时补充了“冬月生叶，如水仙花之叶而狭，二月中抽一茎如箭秆，高尺许，茎端开花，白色，亦有红色、黄色者，上有黑点，《草花谱》云，金灯色红，银灯色白。众花簇成一朵，如丝纽成，三月结子，有三棱，四月初苗枯，即掘取其根，迟则苗腐难寻。根苗与老鸦蒜极相类，但有毛壳包裹为异耳”的描述。石蒜属花期在夏秋季节，所有种类花都没有黑点。很明显，作者将别的种类误认为是石蒜，并将二者合并描述了。

《质问本草》(1789年，中医古籍出版社，2012年版）对石蒜的记录和描述是所有古籍中最详细的。书中记载：“生田野，二月中叶枯，夏生一茎，如箭杆，高尺许，茎端着花，花罢生叶。石蒜叶背有剑脊，七月苗枯，乃于平地抽出一茎，如箭杆，长尺许，茎端开花四、五朵，六出，红色如山丹花，而辨长，黄蕊，长须，其根如蒜皮，色紫赤，肉白色。究研草品，生田野，二月中叶枯，夏生一茎，如箭秆，高尺许，茎端着花，花谢，生叶，则与《纲目》相符。至于制法，依《纲目》用之。”

《遵义府志》(1840年，巴蜀书社，2013年版）

中称石蒜为龙爪花，是引述了《游宦纪闻》[2]（1233年，清《钦定四库全书》本）中永福古谶的说法："龙爪花红，状元西东"；同时还引述了清朝早期王士祯《香祖笔记》（1704年，清《钦定四库全书》本）中对于龙爪花的描述："蜀有龙爪花，色殷红，秋日开林薄间，甚艳。"《游宦纪闻》是唐宋史料笔记丛刊，这里应该是石蒜别名龙爪花的最早的出处了。

4.2 忽地笑

《本草纲目》在记载石蒜的同时，还描述另一种石蒜属植物："一种叶如大韭，四、五月抽茎开花，如小萱花，黄白色者，谓之铁色箭，功与此同。此有小毒。二物并抽茎开花，后乃生叶，叶花不相见，与金灯同。"《质问本草》也引述了《本草纲目》这一描述。《中华本草》在物种考证时认为此种为忽地笑。石蒜属植物中花黄色、秋出叶的种类有忽地笑和稻草石蒜；春出叶的种类有中国石蒜、黄长筒和安徽石蒜。究竟作者描述的是哪种或哪几种，仍需考证。但这里也许就是忽地笑的别称"铁色箭"出处。《花镜》中，除金灯外，还提到了"黄金灯"，与金灯一样，"花后发叶，似水仙"。《花镜》作者陈淏子，号西湖花隐翁，世居于钱塘（今浙江杭州）。石蒜属4种黄花种类除忽地笑外，其余3种在长江三角洲地区分布均较为广泛。作者提到的究竟是哪一种或哪几种，这里无法确定。《汝南圃史》在记载金灯的同时，也收录了忽地笑，云："别有一种忽地笑，叶如萱，深青色，与金灯别，其花浅黄似金萱而不香，亦花叶不相见。"杨君谦《吴邑志》按云："金灯，不甚大，色如黄金。窃谓花以金名，必是黄色。"看来古人也经常望文生义。《汝南圃史》作者周文华，苏州人，该书是根据文献资料及作者自己的实践经验编写而成。因此，此忽地笑也很可能不是现在的忽地笑。而《太仓志》云："金灯，俗呼忽地笑，乃知二种相类，今总谓之金灯矣。"这里则将石蒜和忽地笑统称为金灯了。《浣花杂志》曰："其开花后其根即烂，俟其苗枯，十月中移栽肥土。性喜阴，即或树下墙边无露亦活。"则表明忽地笑的耐旱性，这也是关于石蒜属生理、生态特性最早的记录了。

4.3 鹿葱

鹿葱曾是萱草的别称。在宋朝罗愿《尔雅翼》（卷三）中这样描述萱：此草又名鹿葱，鹿所食九草之数，而沈约《鹿葱》诗云：野马不任骑，菟丝不任织，既非中野华，无堪麋麚食。约意以为野中所无鹿，不得而食之，今人亦取其华为茹。晏元献公谓鹿葱花中有斑文，与萱小同大异，开花亦不并时。傅玄《宜男花赋》曰：猗猗令草，生於中方。华曰宜男，号膺祯祥。嵇含《宜男花赋序》曰：宜男花者，世有之久矣。多殖幽皋曲隰之侧，或华林玄圃，非衡门蓬宇所宜序也。荆楚之士号曰鹿葱，根苗可以荐於俎。世人多女欲求男者，取此草服之，尤良也。可见鹿葱的确是萱草的别称。但不知何时起，鹿葱又被命名为新的物种，典籍中又将二者互为对照来描述。明朝王象晋《群芳谱》[附录]（明天启元年刻本，上海书店，1985年版）中则记载：鹿葱，色颇类萱，但无香耳，鹿喜食之，故以命名。然叶与花、茎皆各自一种。萱叶绿而尖长，鹿葱叶团而翠绿。萱叶与花同茂，鹿葱叶枯死而后开花。萱一茎实心，而花五六朵；鹿葱一茎虚心，而花五六朵，并开于顶。萱六瓣而光，鹿葱七八瓣。在《花镜》引述了《群芳谱》对鹿葱的描述，并指出"多以肥浇，则其花逐苗皆盛"。从性状描述上看，"叶枯死而后开花""花五六朵，并开于顶"与鹿葱的性状一致，但"茎虚心""花中有斑文"，都不是鹿葱的植物学特性。

2 廖桂艳．张世南《游宦纪闻》研究[D]．武汉：中南民族大学，2021.

4.4 换锦花

明朝屈大均所著《广东新语》(中华书局，1997年版)这样描述换锦花："换锦者，脱红换锦，脱绿换锦也。叶似水仙，冬生至夏而落，独抽一茎二尺许，作十余花。花比鹿葱而大，或红或绿，叶落而花，故曰'脱红脱绿'，花落而叶，故曰'换锦'，花与叶两不相见，花以换其叶，叶以脱其花，故又曰脱衣换锦。"书中又记载："红者叶小花短，绿者叶大花长。"花多七瓣与蕊各在一边，瓣有卷纹，蕊特长。这里似乎暗示换锦花不止一种。清朝李调元编写的《南越笔记》(1881年复刻本，广陵书社，2003年影印版)引述《广东新语》的部分描述，强调了其花叶不相见的特性。在《植物名实图考》(1848年刻本)的按中，也将换锦花归为石蒜一类，且认为其"惟花肥、多，茎粗稍异"。"叶似水仙，冬生至夏而落(换锦花早春出叶)""叶落而花"确实是换锦花的特性；但需要注意的是《广东新语》和《南越笔记》记载的是分布于两广地区的植物，换锦花在这两地没有自然分布，是否为引种栽培，还需更多的资料佐证。《花镜》中作者同样提到了"粉红、紫碧、五色者"。石蒜属中复色花仅换锦花一种，春季出叶，花淡紫红色，花被片顶端常带蓝色。因此，此物种很可能是换锦花。

4.5 长筒石蒜

在《花镜》紧接着金灯的描述，还提到了"银灯色白，秃茎透出，即花，俗呼忽地笑"。石蒜属中白花的种类有长筒石蒜、江苏石蒜、陕西石蒜和香石蒜；长筒石蒜春季出叶，江苏石蒜秋季出叶，二者花均为白色。陕西石蒜花白色，花被片腹面散生少数淡红色条纹，背面具红色中肋；香石蒜初开时白色，渐变肉红色。从分布上看，江苏石蒜和长筒石蒜主要分布在江苏和浙江两省；陕西石蒜分布于陕西和四川；香石蒜分布于湖北、云南。无论这里提到的"银灯"是哪个种，其俗称"忽地笑"与现在的忽地笑都不是同一物种。在高濂著《遵生八笺》中也提到："金灯二种，花开一簇五朵，金灯色红，银灯色白，皆蒲生，分种。"《花镜》作者陈淏子和《遵生八笺》作者高濂也都是钱塘人，推测这里的"银灯"很可能是长筒石蒜。

5 石蒜属植物的应用

石蒜属为多年生草本植物，具鳞茎。其株型紧凑、色彩艳丽、花期整齐一致，这些特性使其在园林设计中极具装饰价值，常用于提升视觉效果和增添色彩构图。此外，石蒜属植物在烘托环境氛围和作为自然屏障方面展现出独特的景观效果。在应用方面，石蒜属植物可用于地被、花坛、花境、花甸、花海、专类园、花带、花池(花箱)、盆栽及鲜切花等形式。

5.1 地被景观

5.1.1 石蒜地被景观应用建议

石蒜属植物株丛密集，而且具有一定的耐阴性，在林下或林缘，可以作为地被植物，模拟其自然生境形成独特的景观。与花境不同，石蒜属地被景观不需要复杂的植物配置，亦不追求四季优美的景观。此外，其景观应用也不像石蒜花海追求人工的震撼之美。上层植被建议选择落叶树种或者位于常绿树种的林缘，这样的配置可以确保足够的散射光的射入，满足其光合作用的需求，来保证养分积累和开花率。在石蒜周围选择的伴生地被植物应在石蒜花期时株高不超过石蒜花莛的1/3，而在石蒜叶期不应超过石蒜株高。最佳选择为叶片细小、分枝稀疏的宿根草本；也可以通过花后修剪来实现与高秆花卉的配置。

5.1.2 石蒜地被景观应用实例

杭州植物园多选择单种或2～3种混植，形成鲜明的景观效果。以颜色对比强烈、花期相近的长筒石蒜和中国石蒜，或忽地笑和石蒜，种植在杂交马褂木等阔叶落叶林下，或常绿阔叶林的林缘，甚至全光照条件下，与之搭配的地被植物有沿阶草、玉簪、酢浆草和野草等（图25至图31）。

图25 杭州植物园落叶阔叶林下石蒜花期景观（张鹏翀 摄）

图26 杭州植物园常绿阔叶林下海滨石蒜花期景观（张鹏翀 摄）

图27 道路林缘中国石蒜与玉簪配置花期景观（张鹏翀 摄）

图28 道路林缘中国石蒜与沿阶草配置花期景观（张鹏翀 摄）

图29　杭州植物园常绿阔叶林下忽地笑花期景观（张鹏翀 摄）

图30　杭州植物园全光照条件下红蓝石蒜花期景观（张鹏翀 摄）

图31　杭州植物园阔叶落叶林下长筒石蒜叶期景观（张鹏翀 摄）

5.2　花坛

花坛是按照设计意图，在一定范围内栽培观赏植物，以表现群体美的设施。花坛由于具有丰富的色彩，作为园林中的重要景观，往往布置于最显眼的地方，如布置在广场、主要交叉路口、公园出入口、主要建筑物前以及风景视线集中的地方。

石蒜花坛配置建议

石蒜属花色艳丽、花期整齐，非常适合用于多种类型的花坛布置，并可以美化和动态分割出入口、建筑周围、广场及路边等区域。利用其丰富的花色和花形，在花期集中的7～9月营造不同风格的花坛。建议花坛中的上层植被以冠形浑圆的落叶灌木或低分枝点落叶乔木为宜，既可以提供石蒜属植物适宜的生境，又可避免因植物层次差异过大导致的视觉断层。考虑到单一石蒜种类的花期相对较短，建议通过混栽不同花期的种类来延长整体观赏期。虽然所有石蒜种类都适用于花坛使用，但为了增强视觉冲击力和美观，建议优先选用深色种类作为主要材料。

由于石蒜属植物的盛花期较短，仅持续4～7天，且当年栽植的植物开花效果不理想，因此一般不推荐将其用于需要季节性更换的花坛。对于那些花期在9～10月的晚花种类，如红色的石蒜和黄色的忽地笑，十分适合用于国庆期间花坛布置。

5.3　花境

5.3.1　石蒜花境应用建议

石蒜属植物在7～9月华东地区的盛夏季节怒放，这段时间的开花草本植物种类很少。因其特征鲜明的花型、丰富的花色、部分种类的高色彩饱和度，可作为花境的核心植物。

5.3.2 石蒜花境应用实例

石蒜属植物耐阴湿环境，与园林中的水岸环境相似。石蒜属植物颀长密集的花枝、艳丽的花朵，与清澈的湖水、斑驳的湖岸相映成趣，花在水中的倒影，亦真亦幻，令人怜惜、沉醉，也具有较好的固岸护坡作用，可实现造景与生态保护的结合。在规则式水岸边，单一种类成片、成列栽植，也可用不同种类、花色分片栽植，与岸线统一，效果壮观。在不规则的自然式河岸边，岸边的老树、石块、木桩、土坡等，与不规则的成片、成丛种植的石蒜形成立体的景观层次，与远处的湖面相映成趣，色彩对比强烈，增加画面的感染力（图32）。

石蒜属植物有很强的耐旱、耐贫瘠能力，可应用于岩石园。岩石园的植物通常以多浆多肉、苔藓、低矮灌木等植株为主，利用石蒜属植物可营造“石中有绿、石中有花”的奇妙景观。宜选用红、黄等深色的种类，与灰白色的岩石形成对比。种植的位置，以岩石堆的中下部为宜（图33）。

5.4 花甸

在“自然主义种植设计”思潮的影响下，花甸——一种在非常城市化人工设计环境和有干扰的场地中创造最大化的“草地”，这种植物应用形式在市政绿化中越来越常见。

5.4.1 石蒜花甸应用建议

石蒜主题花甸可有两种不同的配置模式，一种是传统斑块化的种植，强调不同种类间的颜色和形态差异，交接区域穿插种植进行过渡。另一种是把植物作为艺术媒介，利用抽象构图，强调色彩关系，把不同花期、颜色的石蒜种类按照色

图32 杭州三公园滨水花境石蒜花期景观（张鹏翀 摄）

图33 上海辰山植物园岩石园石蒜花期景观（张鹏翀 摄）

彩学的配色原理混种在一起，形成视觉冲击力更强、更有趣味的植物景观。

5.4.2 石蒜花甸应用实例

杭州植物园的石蒜主题花甸，杂有多年生草本植物蒲公英、毛茛、紫花地丁等，从素雅的白色、杂色、黄色、粉色开始，中间为对比强烈的红色和黄色，再过渡到热烈的黄色、红色、蓝紫色（图34至图36）。随着观赏角度的转变，石蒜花甸的色彩斑块随之改变，不同种类种植区域的穿插千变万化，产生有趣的植物景观。

5.5 专类园

石蒜专类园是以石蒜属植物为主要材料，具有园林特征和文化内涵。建设石蒜园、营造石蒜景观，必须具有种类与生态的多样性，景观的特异性、丰富性、精致性与文化性，利用石蒜属植物的形态、美学特征，给人以优美的视觉享受，舒适的环境体验和独特的文化熏陶，达到美化环境、保护资源、自然教育、科学研究、观光旅游、展览展示和对外交流等目的。

5.6 花海

石蒜花海营造建议

石蒜花海的面积大小一般为1 000 ~ 3 000m^2，最小不少于600m^2，最大也不必超过6 000m^2。在种类选择方面，除了株高极矮（如武陵石蒜）或易倒伏的种类，大多数种类都可以。石蒜属的花期集中在7~9月，花期8月的矮小石蒜、海滨石蒜、换锦花、稻草石蒜、玫瑰石蒜、红蓝石蒜、春晓石蒜、湖北石蒜以及9月的石蒜和忽地笑，可用于建造观赏期相近的花海。

图34　白色、杂色、黄色、粉色混植实景图（张鹏翀 摄）

图35　红色、黄色混植实景图（张鹏翀 摄）

图36　黄色、红色、蓝紫色混植实景图（施晓梦 摄）

露地的石蒜花海可利用地势变化，营造山脚仰望、山坡远眺、山顶俯视等不同的视觉效果。同时也可使用不同的植物配置形式，营造不同的景观效果。按花海营造的生态环境、花色数量与搭配方式，石蒜花海可分为露天花海、林下花海、单色花海、多色花海、混色花海等。目前，营造较多的是单色花海，随着石蒜种球生产的发展，多色花海、混色花海可营造出独特风格的景观，应用也会逐步增多。

5.7　室内盆栽

石蒜属植物盆栽，其花期适逢夏秋淡花时节，可用于点缀中秋、国庆等大型节日，为节日用花增添新的品类，缓解人们的审美疲劳。此外，石蒜盆花用于庭院布置花台亦是不可多得的佳品。在江苏、浙江等地，已作为庭院观赏花卉，深受市民的喜爱，成为一类极具市场潜力的盆栽花卉（张波 等，2006）。

近年来，随着石蒜属植物的科普宣传和应用推广，各类展会盆花评比和展出中也出现了石蒜属植物的身影。2019年中国·北京世界园艺博览会石蒜盆栽更是大放异彩，荣获特等奖、金奖、银奖等10个奖项。2021年6月第十届中国花卉博览会中，应用花期调控技术实现了提前开花的效果。杭州植物园、南京中山植物园、上海植物园等种质资源较多的单位，每年也利用盆栽的形式，结合石蒜主题花展进行展示和科普（图37）。

5.8　鲜切花

石蒜属植物花莛粗壮，直立修长且吸水性佳，非常适合用作鲜切花。日本、美国和欧洲已大量进口种球用于切花商品生产。但国内石蒜属切花生产尚处于起步阶段，除台湾的金花石蒜（忽地笑）生产已形成一定的规模，上海、浙江、江苏、四川、贵州等地近两年有少量供应外，其他地区几乎还是空白（图38至图41）。

图37 杭州植物园石蒜精品展（张鹏翀 摄）

图38 南京中山植物园石蒜展（王忠 摄）

图39 杭州植物园公益亭红蓝石蒜切花（张鹏翀 摄）

图40 2019年中国·北京世界园艺博览会石蒜切花（来源：《中国花卉园艺》）

图41 石蒜切花花艺（安陈 摄）

金花石蒜曾经是台湾北部重要的外销鲜花卉之一，自1981年起即主要外销日本，切花数量每年30万~40万枝；主要产区淡水枫树湖自1988年生产切花44万枝，至1996年83.8万枝达到最高峰后，产量有逐年下降的趋势。产量虽然与大小年有关，但近两年来更是跌破了10万枝，对其产业贡献日益减小。根据台湾关税总局出口统计资料显示，2007年切花量仅剩3 346kg（约7.86万枝），价值为58万元（林定勇和李哞，1993；许宏德，2009）。

外销级切花在花序总苞片裂开、小花略形成夹角、小花花蕾颜色由绿转为淡绿色时采收，依切花高度分为S、M、L三级，切花长度分别为45～52.0cm、52.1～58.0cm、58.1cm以上。分级好的切花经1 000倍百灭灵浸泡数分钟消毒，防止运输中虫卵及幼虫生长。消毒好的切花待药剂阴干后，进行包装，包装方式每10枝一把，每10把一箱。装箱时每把切花需用瓦楞纸固定，以免运输中晃动受损。内销级切花的采收成熟度较外销级晚半天至一天，以总苞片开裂、小花夹角成30°~50°，小花苞转为黄色时采收，切花长度45~60cm，分级标准与外销级相似，包装也类似，但不用特别固定。金花石蒜切花最好的贮运温度为4~6℃，贮藏温度若低于2℃易发生寒害，造成小花开花畸形、花朵转色不良而降低切花品质（吕美丽, 2001）。

参考文献

鲍淳松, 时剑, 张鹏翀, 等, 2012. 尿素和磷酸二氢钾对红蓝石蒜生长的影响[J]. 浙江农林大学学报, 29(1): 41-45.

鲍淳松, 张海珍, 江燕, 等, 2011. 中国石蒜生长特性及高量施肥研究[J]. 北方园艺 (11): 66-69.

鲍淳松, 张鹏翀, 张海珍, 等, 2013. 施肥对长筒石蒜生长与净光合速率的影响[J]. 江西农业大学学报, 35(4): 715-721.

鲍淳松, 张鹏翀, 周虹, 等, 2013. 切根种植对长筒石蒜生长的影响[J]. 北方园艺 (22): 92-95.

鲍淳松, 张鹏翀, 张海珍, 等, 2012. 沙床栽培中施肥对忽地笑生长量及净光合速率的影响[J]. 园林科技 (2):61-65.

李玉萍, 杨军, 贡明军, 等, 2007. 石蒜属植物研究进展[J]. 金陵科技学院学报 (2): 84-88.

林定勇, 李晔, 1993. 石蒜属球根花卉之分类、形态、生长与开花[J]. 中国台湾园艺, 39(2): 67-72.

令狐昱慰, 李多伟, 2007. 石蒜属植物的研究进展[J]. 亚热带植物科学 (2): 73-76.

吕美丽, 2001. 金花石蒜之产销[J]. 桃园区农技报道, 12.

秦卫华, 周守标, 汪恒英, 等, 2003. 石蒜属植物的研究进展[J]. 安徽师范大学学报: 自然科学版, 26(4): 385-390.

王磊, 汤庚国, 赵九州, 2008. 3种石蒜属植物开花特性的研究[J]. 江苏农业科学, 36(1): 112-115.

项忠平, 魏绪英, 蔡军火, 2010. 石蒜属植物研究进展[J]. 安徽农业科学, 38(3): 1460-1462.

徐垠, 范广进, 1974. 石蒜属的一新种[J]. 植物分类学报, 12(3): 299-301.

徐垠, 胡之璧, 黄秀兰, 等, 1982. 国产石蒜属的新分类群[J]. 植物分类学报, 20(2): 196-198.

徐垠, 胡之璧, 黄秀兰, 等, 1985. 中国植物志: 第16卷 第1分册 [M]. 北京: 科学出版社: 16-27.

许宏德, 2009. 金花石蒜种球更新管理[J]. 桃园区农业专讯 (67): 7-9.

杨成华, 韦堂灵, 戴晓勇, 等, 2012. 贵州石蒜属一新种[J]. 贵州科学, 30(4): 93-94.

张波, 袁娥, 2006. 石蒜属植物的观赏价值及在环境美化中的应用[J]. 金陵科技学院学报, 22(1): 86-90.

张定成, 孙叶根, 郑艳, 等, 1999. 三倍体换锦花在安徽发现[J]. 植物分类学报, 37(1): 36-40.

张鹏翀, 鲍淳松, 江燕, 等, 2013. 不同土壤和光照条件对红蓝石蒜生长及光合特性的影响[J]. 安徽农业科学, 41(3): 81-84.

张鹏翀, 鲍淳松, 江燕, 2015. 石蒜属植物生物学特性及栽培技术研究进展[J]. 亚热带植物科学, 44(2): 168-174.

赵帝, 2014. 古代诗歌中“金灯花”冶意象考[J]. 大庆师范学院学报, 34(2): 90-93.

赵天荣, 施永泰, 蔡建岗, 等, 2008. 石蒜属植物的研究进展[J]. 北方园艺 (4): 65-69.

周守标, 秦卫华, 余本祺, 等, 2004. 安徽产石蒜两个居群的核型研究[J]. 植物分类与资源学报, 26(4): 421-426.

周守标, 余本祺, 罗琦, 等, 2007. 六个石蒜居群的核型及四倍体石蒜的发现[J]. 植物分类学报, 45(4): 513-522.

BALLAED W R, 1948. Blooming habit of *Lycoris radiata*[G]. Plant Life, 15: 22.

CALDWELL S Y, 1962. *Lycoris* notes 1960 [G]. Plant Life, 29: 76-84.

CALDWELL S Y, 1965. 1964 *Lycoris* report[G]. Plant Life, 32:105-110.

CALDWELL S Y, 1953.Seed-bearing *Lycoris radiata*[G]. Plant Life, 20: 90-91.

CRAWFORD D S, 1943. *Lycoris squamigera* in Kansas[G]. Plant Life, 10: 163.

HAYASHI A, SAITO T, MUKAI Y, et al., 2005. Genetic variations in *Lycoris radiata* var. *radiata* in Japan[J]. Genes Genet Syst, 80(3): 199-212.

HAYWARD W, 1937. *Lycoris*-Nerine error disclosed[G]. Plant Life, 4: 127-128.

HAYWARD W, 1953. *Lycoris* for enjoyment[G]. Plant Life, 20: 116-120.

HEIST J R, 1937. The use of *Lycoris aurea* in the landscape[G]. Plant Life, 4: 236.

HSU P S, KURITA S, YU Z Z, et al, 1994. Synopsis of the genus *Lycoris* [J]. Sida, 16(2): 301-331.

JI Z H, MEEROW A W, 2000. *Lycoris* Herb.[M]//Wu Z, Raven PH (eds.), Flora of China.Vol.24. Beijing: Science Press & St. Louis: Missouri Botanical Garden Press: 264-273.

KRIPPENDORF C H, 1935. *Lycoris squamigera* in woodland [G]. Year Book American Amaryllis Society, 36.

KURITA S, 1986. Variation and Evolution in the Karyotype of *Lycoris*, Amaryllidaceae Ⅰ. General Karyomorphological Characteristics of the Genus[J]. Cytologia, 51: 803-815.

KURITA S, 1987. Variation and evolution on the karyotype of *Lycoris*, Amaryllidaceae Ⅱ. Karyotype analysis of ten taxa among which seven are native to China[J]. Cytologia, 52: 19-40.

LI Q Z, LI Z G, CAI Y M, et al., 2022. *Lycoris chunxiaoensis* (Amaryllidaceae), a new species from Zhejiang, China[J].

Annales Botanici Fennici, 59: 53-56.

LOU Y L, MA D K, JIN Z T, et al., 2022. Phylogenomic and morphological evidence reveal a new species of spider lily, *Lycoris longifolia* (Amaryllidaceae) from China[J]. PhytoKeys, 210: 79-92.

LU J Y, WANG T, WANG Y C, et al., 2020. *Lycoris tsinlingensis* (Amaryllidaceae), a new species from Shaanxi, China[J]. Annales Botanici Fennici, 57(4-6): 193-196.

MACARTHUR E W, 1934. *Lycoris aurea*[G]. Year book American Amaryllis Society: 81-82.

MENG W Q, ZHENG L, SHAO J W, et al., 2018. A new natural allotriploid, *Lycoris* × *hubeiensis* hybr. nov. (Amaryllidaceae), identified by morphological, karyological and molecular data[J]. Nordic Journal of Botany, 36(6): e01780. DOI:10.1111/njb.01780.

ORPET E O, 1937. *Lycoris squmigera* and *Lycoris aurea*[G]. Plant Life, 4: 236.

QIN W H, Meng W Q, Zhang D, et al., 2021. A new Amaryllidaceae genus, *Shoubiaonia*, from Yunnan Province, China[J]. Nordic Journal of Botany, 39(6): e02703. DOI: 10.1111/njb.02703.

QUAN M H, OU L J, SHE C W, 2013. A New Species of *Lycoris* (Amaryllidaceae) from Hunan, China[J]. Novon: A Journal for Botanical Nomenclature, 22(3): 307-310.

QUAN M H, JIANG X H, XIAO L Q, et al., 2024. Reciprocal natural hybridization between *Lycoris aurea* and *Lycoris radiata* (Amaryllidaceae) identifed by morphological, karyotypic and chloroplast genomic data[J]. BMC Plant Biology, 24:14.

TRAUB H P, 1952. *Lycoris* notes[G]. Plant Life, 19: 79-82.

TRAUB H P, 1956. The lectrotype of *Lycoris straminea*[G]. Plant Life, 23: 42-43.

TRAUB H P, 1957. *Lycoris haywardii*, *L. houdyshelii* and *L. caldwellii*[G]. Plant Life, 24: 42-48.

TRAUB H P, 1958. Two new *Lycoris* species *elsiae* and *chinensis*[G]. Plant Life, 25: 42-47.

TRAUB H P, 1966. The Type of *Lycoris aurea* Herb.[G]. Plant Life, 33: 49.

TRAUB H P, MOLDENKE H N, 1949. Amaryllidaceae: tribe Amarylleae[M]. Standard Calif.: American Plant Life Society.

ZHANG S Y, HUANG Y, ZHANG P, et al., 2021. *Lycoris wulingensis*, a dwarf new species of Amaryllidaceae from Hunan, China[J]. PhytoKeys, 177: 1-9.

ZHANG S Y, HU Y F, WANG H T, et al., 2022. Over 30 Years of Misidentification: A new nothospecies *Lycoris* × *jinzheniae* (Amaryllidaceae) in Eastern China, based on molecular, morphological, and karyotypic evidence[J]. Plants, 11(13): 1730. doi: 10.3390/plants11131730.

ZHANG S Y, WANG H T, HU Y F, et al., 2022. *Lycoris insularis* (Amaryllidaceae), a new species from eastern China revealed by morphological and molecular evidence[J]. PhytoKeys, 206: 153-165.

致谢

感谢马金双老师对本章的撰写提供的建议和帮助，感谢江苏省中国科学院植物研究所刘兴剑、海军军医大学贾敏、中国科学院植物研究所李泽鑫、中国科学院华南植物园彭彩霞、四川农业大学孙凌霞、浙江大学刘军、杭州植物园黄页，以及董文珂等各位老师，在文章结构和内容上提出的宝贵意见和建议，因时间、历史资料和专业知识所限，错误和遗漏在所难免，不当之处恳请读者加以指正。

作者简介

张鹏翀（男，河南安阳人，1982年生），高级工程师。2005年毕业于北京林业大学，获学士学位，2008年毕业于北京林业大学，获理学硕士学位。2008年至今在杭州植物园主要从事石蒜属种质资源保育、栽培和应用的研究工作。

郑玉红（女，河南潢川人，1976年生），副研究员。1995年毕业于周口师范高等专科学校，2001年毕业于江苏省中国科学院植物研究所，获理学硕士学位，2006年毕业于南京农业大学，获理学博士学位。2006年至今在江苏省中国科学院植物研究所主要从事石蒜属种质资源改良与应用工作。

张思宇（男，安徽明光人，1998年生）。2019年毕业于安徽科技学院，获学士学位，同年考取安徽师范大学生物学硕士，并于2022年硕转博开始攻读生物学博士学位。主要从事石蒜属植物的种质资源收集与系统学研究、安徽省野生植物多样性研究工作。

潘春屏（男，江苏盐城人，1965年生），中专学历。1985年毕业于江苏南通农业学校，于大丰粮棉良种场负责农作物良种繁育。1998年至今在江苏盐城市大丰区盛栽花卉研究所从事花卉育种与花海旅游研究工作。

田丽媛（女，黑龙江人，1986年生），工程师。2009年毕业于东北农业大学，获学士学位，2012年毕业于北京林业大学，获硕士学位。2016年至今在杭州植物园主要从事植物景观应用的研究工作。

园林之母
China

03

-THREE-

中国姜花属植物

The Genus *Hedychium* in China

牟凤娟[1] 玉云祎[3] 胡 秀[2*] 范燕萍[3**] 刘 念[2]

（[1]西南林业大学；[2]仲恺农业工程学院；[3]华南农业大学）

MOU Fengjuan[1] YU Yunyi[3] HU Xiu[2*] (Corresponding author) FAN Yanping[3**] (Co-corresponding author) LIU Nian[2*]

([1]Southwest Forestry University; [2]Zhongkai University of Agriculture and Engineering; [3]South China Agricultural University)

[*] 邮箱：通讯作者。xiuhu0938@qq.com

[**] 邮箱：共同通讯作者。fanyanping@scau.edu.cn

摘　要：姜花属*Hedychium* J. König（Zingiberaceae）全世界约50种，主产亚洲热带和亚热带地区；我国约33种，其中18种为特有种，主要分布于西南部至南部。姜花属植物主要用作观赏，亦可供食用、药用、提取香精、造纸等。姜花是欧美地区极具热带风情的花卉植物，为我国岭南地区的特色切花，也是极具潜力的功能性盆栽和园林花卉。本章从姜花属植物的种类、分布、文化和园林应用、引种栽培、品种选育以及多用途利用等几个方面对其进行了详尽阐述。

关键词：姜花属　花卉　热带风情

Abstract: The genus *Hedychium* J. König (Zingiberaceae) has about 50 species worldwide, mainly distributed in tropical and subtropical regions of Asia. There are about 33 species in China, of which 18 species are endemic and mainly distributed from the southwest to the south. *Hedychium* plants are mainly used for ornamental purposes，and can also be used for food, medicine, essence extraction, paper making, etc. *Hedychium* is a highly tropical floral plant in Europe and America，and a characteristic cut flower in the Lingnan region, China, also a potential functinal pot ornamental plants and landscape plants . This article provides a detailed explanation of the species and distribution, culture and garden applications, introduction and cultivation, cultivated variety breeding, and various utilization values of the *Hedychium* plant, providing references for its further application in landscape architecture.

Keywords: *Hedychium*, Flower, Tropic affair

牟凤娟，玉云祎，胡秀，范燕萍，刘念，2024，第3章，中国姜花属植物；中国——二十一世纪的园林之母，第七卷：099-151页.

引言

姜花属（*Hedychium* J. König）植物是姜科（Zingiberaceae）中唯一一个从热带低海拔地区到高海拔地区均有分布的类群，并以喜马拉雅地区为现代分布中心。全世界约50种，主产亚洲热带和亚热带地区；我国约33种，其中18种为特有种［（如望谟姜花（*H. wangmoense* F. J. Mou & X. Hu）、西盟姜花（*H. ximengense* Y. Y. Qian）等］，主要分布于西南部至南部。姜花属植物主要用作观赏，也可供食用、药用、提取香精、造纸等。在中国、印度、马来西亚、泰国等原产地国家，供观赏利用的种类主要包括作为切花使用的白姜花（*H. coronarium* J. König）、红姜花（*H. coccineum* Buch.-Ham. ex Sm.）（彭声高 等, 2005），作为佩花使用的有峨眉姜花（*H. flavescents* Carey ex Rosc.）和红丝姜花（*H. gardenarium* Rosc.）（Schilling, 1982; 高江云 等, 2002）。而在欧美等发达国家，由于姜花属植物的花色彩丰富、形态奇特、香气变化多端，早在18世纪便开始了本属植物的引种及育种工作，在这些地区是广受欢迎的富有热带风情的异域花卉，常用作家庭园艺植物栽培。

从姜花品种选育来看，国外开展较早，品种数量也较多，但多集中在家庭园艺领域。虽然国内起步较晚，但近10年发展较快，在基础研究领域也逐渐深入，适于不同场景的品种不断涌现。第一个姜花品种*Hedychium* × *moorei* W. Watson（*H. coccineum* × *gardnerianum*）（Watson, 1900）是由爱尔兰国家植物园的Frederick William Moore育成，并获“英国皇家园艺展”一等奖。英国的Charles Percival Raffill于1941年育成的姜花品种*Hedychium* 'Raffillii'获英国皇家园艺学会颁发的“功勋奖”。世界现有品种约190个，90%以上为国外相关单位培育，其中约60个为我国近10年培育。

1 姜花属种系统分类概论

1.1 姜花属分类学简史

姜花属（*Hedychium* J. Koenig）是丹麦籍植物学家Johann Gerhard König（1783）年以采自印度尼西亚的白姜花（*H. coronarium* J. König）为模式种建立的。姜花属植物主要分布于泛喜马拉雅地区、中南半岛及印度尼西亚和马来西亚。该属植物的花形奇异且具有宜人的香气，观赏价值较高，因而被引种到远超出其自然分布区域之外的欧洲、美洲和大洋洲地区。姜花属的分类学研究与其引种、栽培和观赏利用密不可分。英国园艺学家William Roscoe（1828）在*Monandrian Plants of the Order Scitaminea*一文中以绘制精美的彩图和英文说明，描述了部分姜花属种类，但由于他是从园艺学家的视角来描述这些种，存在一些错误，导致种之间的界限较为混乱。其后，丹麦的Nathaniel Wallich（1853）发现了这些失误，并将整个属划分为4个组：Sect. *Coronariae* Wall.（花序短，苞片覆瓦状排列）、Sect. *Spicatea* Wall.（花序伸长，苞片管状）、Sect. *Siphonium* Wall.（仅有1个种，已归并到*Kaempferia*）和Sect. *Brachychilum* (R. Br. ex Wall.) Horan.（仅1个种，*H. horsfieldii* R. Br.）。

俄罗斯的Paul Fedorowitsch Horaninow（1862）根据雄蕊和唇瓣的相对长度将姜花属划分为Subgen. *Gandasulium* 和 Subgen. *Macrostemium* 两个亚属。John Gilbert Baker（1892）也采用了这种划分观点，依据雄蕊与唇瓣之间的长度差异以及叶背的被毛与否将姜花属划分为Subgen. *Gandasulium* 和Subgen. *Macrostemium* 两个亚属，共记载24个种。

最近对姜花属植物较为全面研究的是德国Karl Schumann（1904）的姜科专科论述，共记载了姜花属38个种。同样，他将花序短、苞片排列紧密、覆瓦状的种类划分为亚属Ⅰ *Gandasulium*，将花序长、苞片卷筒状划分为亚属Ⅱ *Euosmianthus*。但是，即使是在他划分的亚属Ⅰ *Gandasulium* 中也包括长花序的*H. hasseltii* Blume，在*Euosmianthus*亚属中也包括短花序的*H. thyrsiforme* Ham. ex Sm.。V. N. Naik和G. Panigrahi（1961）通过馆藏标本研究，结合栽培后的活体研究和野外生活习性的调查，将印度东部分布的23个种中的19个种合并为17个种，除沿用花丝长短作为分亚属的性状之外，还依据唇瓣分为明显二裂和顶端完整或微裂的两大类，每一大类之下又划分为不同的类型。他们也认识到依靠单一的唇瓣的形状并不能作为种划分的依据，必须与其他的特征相结合，比如花的颜色、苞片的形状以及苞片在花序上的排列状态（疏松或紧密）等，并认为作为分类学性状，唇瓣的形状和花序的紧凑与疏松比雄蕊和唇瓣的相对长度更重要（Naik & Panigrahi, 1961）。

很多学者注意到了姜花属不同种在雄蕊和唇瓣相对长度、花瓣的形状、叶背是否有毛以及被毛情况、每个苞片内小花的数量以及苞片在花序轴上排列的紧密或者疏松程度等方面存在差异。但是，无论是活植株还是标本馆的标本均显示被毛的情况是不确定的。有些种类描述为叶背无毛，实际上在叶背的中脉散生了很多毛，且叶背完全无毛的种类在这个属是几乎找不到的。通常情况下，很难对标本馆里年代久远的标本给出正确的描述，因为有时候毛被脱落了，甚至在轻微的摩擦之下毛也会掉。

姜花属种的界定一直存在较大争议，特别是白姜花（*H. coronarium* J. König）及其近似种类。J. G. Baker（1892）将*H. maximum* Rosc.、*H. flavum* Roxb.、*H. flavescens* Carey、*H. chrysoleucum* Hook. 和*H. urophyllum* Lodd. 均作为*H. coronarium* 的变种来处理。而K. Schumann（1904）除了保留*H.*

maximum Rosc.为变种以外，将其余所有变种提升到种的位置。William Bertram Turrill（1914）与K. Schumann（1904）看法相同，也认为*H. maximum* Rosc.是*H. coronarium* J. König的一个变种。Cecil Ernest Claude Fischer（1928）将*H. coronarium* J. König和*H. flavescens* Carey处理为两个种，并且认为*H. chrysoleucum* Hook.是*H. flavescens* Carey的一个变种。V. N. Naik和G. Panigrahi（1961）认为唇瓣中心颜色从白色到微黄色、淡黄色、金黄色、橙黄色之间存在一系列过渡类型，因此认为应当将*H. chrysoleucum* Hook.、*H. flavescens* Carey、*H. flavum* Roxb.、*H. maximum* Rosc.、*H. subditum* Turrill以及*H. urophyllum* Lodd.都处理为*H. coronarium* J. König的变种。A. S. Rao和D. M. Verma（1969）也认为*H. maximum* Rosc.是*H. coronarium* J. König的一个变种，并对印度西隆地区Khasi山的*H. coronarium* J. König野生居群的形态特征作了详细描述，并用以下特征界定此种与其近似类型的界限：①植株高1～2m；②每苞片小花多至9朵；③苞片长4～9cm、宽2.5～6cm；④花冠管伸出苞片以外3～6cm；⑤花冠裂片3.5～6cm；⑥侧生退化雄蕊4～5.5cm×1.8～3.4cm，顶端全缘或微缺；⑦唇瓣长5～6.5cm，长与宽相等，总是白色或者基部有淡淡的黄色斑块；⑧雄蕊比唇瓣短3～5mm。此外，A. S. Rao和D. M. Verma（1969）还在Jowai地区调查时发现一丛形态近似*H. coronarium* J. König但长势较旺的姜花属植物，通过野外考察和进一步仔细研究发现该植物可能是*H. coronarium* J. König与*H. wardii* Fisch.杂交后与*H. wardii* Fisch.回交的产物，证据是其雄蕊与唇瓣相比非常短，这是在长雄蕊的*H. coronarium* J. König与短雄蕊的*H. wardii* Fisch.之间的一种过渡性状。另外，这种植物分布在这两个种交界的地区，这更加证明了上述推测。

另外，在红姜花（*H. coccineum* Ham. ex Sm.）及其近似种间的划分也存在争议。V. N. Naik和G. Panigrahi（1961）认为*H. angustifolium* Roxb.和*H. coccineum* Ham. ex Sm.是不同的种，区别在于*H. angustifolium* Roxb.的叶片短而宽（vs.长而窄），花序仅长12cm（vs. 15～25cm），花长7cm（vs. 5cm），苞片深红色（vs.绿色），侧生退化雄蕊宽披针形（vs.窄线形），唇瓣近圆形，边缘向下弯曲4cm×3cm（vs.近圆形，边缘直立2cm×2cm）。V. N. Naik和G. Panigrahi（1961）还认为*H. longigolium* Rosc.、*H. squarrosum* Ham.和*H. roscoei* Wall.是*H. coccineum* Ham. ex Sm.的变种。

吴德邻（1981）、Wu和Larsen（2000）采用K. Schumann（1904）对姜花属下亚属的划分方法，以苞片覆瓦状和卷筒状将中国姜花属划分为两个亚属，即毛姜花亚属（Subgen. *Euosmianths* K. Schum）和姜花亚属（Subgen. *Hedychium*），在毛姜花亚属中根据每苞片小花的数量又划分为单朵花和多朵花的种类，并将苞片的排列紧密程度、花冠管长度、唇瓣大小和顶端开裂程度、花药大小、花颜色、叶背被毛情况作为重要的分类性状。而高丽霞等（2008）也认为小苞片内小花数的多少是属内划分的重要特征，并根据每苞片有花多少的特征，将姜花属分为两个类群：A类群（每苞片仅有1朵小花）、B类群（每苞片有2朵以上的小花）。

Sanoj E.（2011）将*H. gardnerianum* Rosc.处理为*H. speciosum* Wall.的变种，即*H. speciosum* var. *gardnerianum* (Ker Gawl.) Sanoj & M. Sabu。于飞（2012）认为毛姜花（*H. villosum* Wallich）的形态特征大小除了花冠管长度和花药长度，其余特征都显著大于小毛姜花（*H. villosum* var. *tenuiflorum* Wallich ex Baker）；小毛姜花（$2n=2x=34$）是毛姜花（$2n=4x=68$）的同源二倍体祖先，且两者具有严格的生殖隔离机制，已分化为两个独立的物种。

自V. N. Naik和G. Panigrahi分类（1961）以来的50年内，国内外又陆续发表了很多姜花属新种。除《中国植物志》（吴德邻, 1981）及*Flora of China*（Wu & Larsen, 2000）中对中国姜花属的记载，迄今为止还未有对姜花属的系统分类研究。从姜花属的分类学历史可以看出，对属下组的划分存在诸多争议，在种的划分上也存在混淆的现象，有待更为细致深入的研究。

1.2 姜花属系统发育关系

姜花属为单系起源（Wood et al., 2000; Ngamriabsakul, 2001；于飞，2012），与象牙参属（*Roscoea* Smith）和距药姜属（*Cautleya* Royle）的关系密切，并与其共同构成一个*Hedychium*分支（Ngamriabsakul, 2001）。姜花属的分化与喜马拉雅山的隆起有着重要联系，特别是8Mya和5Mya两次全球性大干旱，可能是导致姜花属内分化的主要原因，而东南亚地区可能是现代姜花属早期分化起源中心。姜花属植物是由附生生长向地生生长过渡的，而小苞片内小花数目是随着海拔的升高或降低而减少或增加（于飞，2012）。

Wood等（2000）根据形态学和ITS分子系统学的研究结果，并结合生态习性将姜花属29个种和1个杂交后代共计30份材料划分为4个分支（图1）：Clade Ⅰ，仅分布在越南南部、马来西亚半岛和大洋洲，包括*Hedychium horsfieldii* Wall、*H. cylindricum* Ridl.、*H. borneense* Sm.、*H. hasseltii* Blum.、*H. longicornutum* Bak.、*H. muluense* R. M. Sm.和*H. bousigonianum* Gagnep.。这些种类通常较为矮小，附生或生长在石灰质土壤，要求短日照或者日中性的光照长度，花序柔弱，每苞片1～2朵小花，且小花突出苞片很长；Clade Ⅱ，由*H. densiflorum* Wall、*H.* 'Stephen'、*H. ellipticum* Ker Gawl、*H. gracillimum* A. S. Rao & Verma、*H. gracile* Roxb.、*H. glabrum* S. Q. Tong和*H. yunnanense* Gagnep.组成；Clade Ⅲ，仅*H. acuminatum* Ker Gawl一种；Clade Ⅳ，包括*H. coccineum* Ker Gawl、*H. urophyllum* Lodd.、*H. elwesii* Bak.、*H. greenii* Sm.、*H. spicatum* Ker Gawl、*H. stenopetanum* Lodd.、*H. thyrsiforme* Ker Gawl、*H. tenuiflorum* K. Schuman、*H. carneum*sensu Y. Y. Qian、*H. coronarium* J. König、*H. puerense* Y. Y. Qian、*H. maximum* Rosc.、*H. flavesecens* Rosc.和*H. gardnerianum* Rosc.，这些种类多分布在海拔较低的喜马拉雅地区，冬季没有严格的休眠习性，每个苞片有3朵以上的小花，根据46份标本的采集记录，平均海拔为1 260m。Ⅱ和Ⅲ类分布在喜马拉雅高海拔地区，根据各标本馆的23份采集记录，平均海拔1 783m，每苞片1朵花，有严格的休眠习性；Ⅱ、Ⅲ和Ⅳ类在分布海拔上的差异经t测验达到极显著水平。

高丽霞等（2008）基于SRAP分子标记将中国姜花属植物分为3个类群：第Ⅰ群中各种类的植株较矮小，主要分布在石灰岩地区；第Ⅰ群与第Ⅱ群种类的每苞片均具2朵以上小花，但植株较高大，且基本不会分布在石灰岩地区；第Ⅲ群的每苞片仅具1朵小花。此结果与Wood等（2000）用ITS分析得出的结果基本一致。

根据Wood等（2000）的观察，姜花属植物种间的人工杂交非常容易，这也使得种间的自然杂交成为分类上种间容易混淆的原因之一。如ITS序列结果表明，*Hedychium gardnerianum* × *H. asseltii*的杂交种是两个亲本的中间类型，聚类时根据复制序列长短的不同而跟某一亲本聚在一起。反之，*H. densiflorum* Wall.与其名为'Stephen'的变异类型几乎具有相同的序列，这个结果并不支持'Stephen'是一个最近起源的杂交种，而显示它只是*H. densiflorum* Wall.的一个变异类型。这些研究结果表明ITS序列可以用于区分最近起源的可能会导致系统分析混乱的种间杂交（Wood et al., 2000），但由于ITS区域被认为会进行迅速的协同进化（Baldwin, 1992），所以起源较早的杂交种可能无法检测。研究结果还显示，姜花属种的形成原因主要是地理隔离和生态隔离。

1.3 姜花属种类及分布

姜花属植物全球大约有50个种，中国有33种，主要分布于亚洲中部和东南部，集中在中国南部和喜马拉雅地区（Branney, 2005）。本章基于Mou等（2023）关于国产姜花属的分种检索表，以每苞片小花数量、假种皮的颜色和质地、侧根的肉质程度等为主要性状，编制了属下分种检索表。姜花属的野生种株型、花型、香气各异，均具有很高的观赏价值。我们通过野外考察、引种栽培活体观察等方法，对我国分布的姜花属种类的识别特点、观赏特性及分布进行了图文对照的描述。

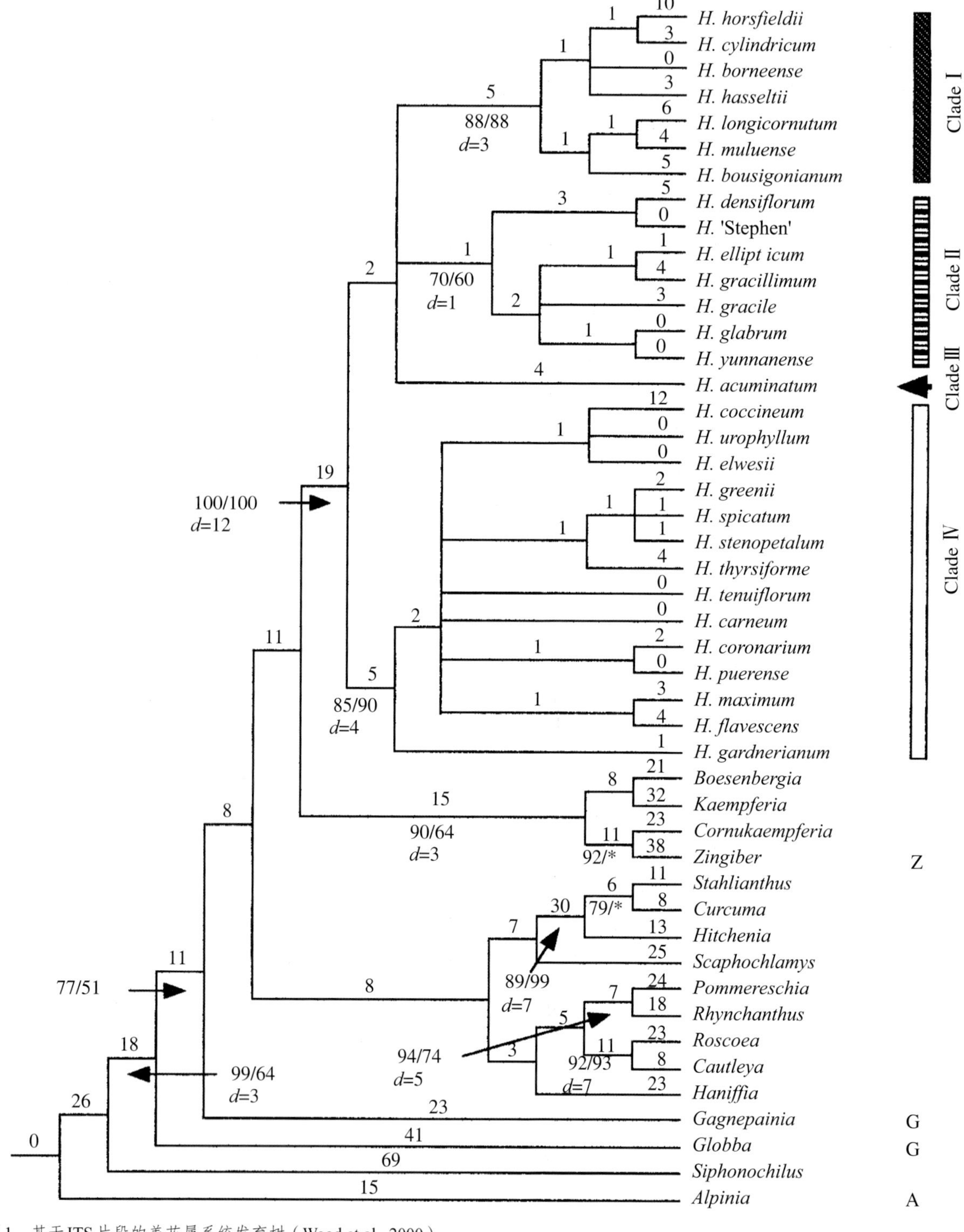

图1 基于ITS片段的姜花属系统发育树（Wood et al., 2000）

中国姜花属分种检索表

1\. 每苞片小花1朵，极少2朵；假种皮多汁、包裹种子，不呈撕裂状；叶茎冬季枯萎 …… 2
1\. 每苞片小花2朵以上；假种皮不包裹整个种子，撕裂状；叶茎冬季常绿 …………………… 12
2\. 假种皮紫黑色；侧生退化雄蕊与唇瓣近等宽 …………………… 13. 虎克姜花*H. hookerii*
2\. 假种皮红色；侧生退化雄蕊宽不足唇瓣的1/2 …………………………………………………… 3
3\. 花冠筒几与苞片等长；侧生退化雄蕊较宽，匙状 ………………………………………………… 4
3\. 花冠筒比苞片长1cm以上；侧生退化雄蕊线形或条形 …………………………………………… 6
4\. 苞片长约0.5cm；唇瓣先端钝；花药长3mm ……… 19. 小苞姜花*H. parvibracteatum*
4\. 苞片长0.7～2cm；唇瓣2裂；花药长超过5mm …………………………………………………… 5
5\. 花橙色；花冠管长2.5～3cm；唇瓣长1.6cm ………… 6. 密花姜花*H. densiflorum*
5\. 花黄色；花冠管长1.2～1.5cm；唇瓣长0.7～1cm …… 23. 小花姜花*H. sino-aurem*
6\. 苞片少，排列稀疏；花药长7mm ………………… 18. 少花姜花*H. pauciflorum*
6\. 苞片多，排列较密；花药长10～12mm ……………………………………………………… 7
7\. 花黄色 …………………………………………………………………………………………… 8
7\. 花早期白色，后期变黄色 ……………………………………………………………………… 9
8\. 叶柄长1.5cm；叶舌长1.5cm；唇瓣顶端2裂至1/2，裂片窄线形 …………
…………………………………………………… 26. 腾冲姜花*H. tengchongense*
8\. 叶柄长3～7cm；叶舌长6cm；唇瓣顶端2裂至2/3，裂片窄披针形 ………
……………………………………………………… 12 . 无毛姜花*H. glabrum*
9\. 花冠裂片长约5cm，较唇瓣长；唇瓣顶端全缘和突出，不裂 ……………
……………………………………………………… 4. 唇凸姜花*H. convexum*
9\. 花冠裂片长2.5～3cm，较唇瓣短；唇瓣顶端2裂 ……………………… 10
10\. 花冠管长3.5～5cm；花丝较唇瓣长 ……… 33. 滇姜花*H. yunnanense*
10\. 花冠管长约8cm；花丝较唇瓣短 ……………………………………… 11
11\. 穗状花序花多，排列紧密；唇瓣4.3cm×1.8cm，侧生退化雄蕊线形，宽约3mm …………………25. 草果药*H. spicatum* var. *spicatum*
11\. 穗状花序花少，排列疏松；唇瓣4.3cm×2.8cm；侧生退化雄蕊条状，宽约5mm ……… 24. 疏花草果药*H. spicatum* var. *acuminatum*
12\. 叶革质；须根肉质，皮层厚；花期9月至翌年4月 …………… 13
12\. 叶纸质；须根肉质化程度较低，皮层薄；花期6～10月 …… 17
13\. 花药长2～3mm …………………………………………… 14
13\. 花药长5mm以上 ………………………………………… 16
14\. 植株高0.8～1m；唇瓣长1.5cm ……………………………
……………………………………… 27. 小毛姜花*H. tenuiflorum*
14\. 植株高1.5～1.8m；唇瓣长2.5cm ……………………… 15
15\. 叶舌长2.9～3.4cm；花丝红色；花期3～4月 …………
……………………………………… 28. 毛姜花*H. villosum*
15\. 叶舌长1.8～2.3cm；花丝白色；花期9～12月 …………
……………………………… 29. 绿苞姜花*H. viridibracteatum*

16. 植株高0.5～0.8m，花丝较唇瓣短或等长，花药长10～12mm ……………………………………………………………………………… 2. 矮姜花 *H. brevicaule*

16. 植株高1～1.2m，花丝较唇瓣长，花药长5mm … 14. 广西姜花 *H. kwangsiense*

17. 唇瓣宽度超过2.5cm；侧生退化雄蕊花瓣状，宽超过1cm ……………… 18

17. 唇瓣宽度小于2.5cm；侧生退化雄蕊条形 ……………………………… 25

18. 叶背面无毛；苞片卷筒状；子房无毛 ……………………………… 19

18. 叶背面具短柔毛；苞片覆瓦状或下部苞片覆瓦状，上部卷筒状；子房具柔毛 ……………………………………………………………… 20

19. 苞片长4～5cm；花纯白，唇瓣圆形，宽约3cm；香气浓郁 ……………………………………………………………… 10. 圆瓣姜花 *H. forrestii*

19. 苞片长5～6cm；花橙粉色，唇瓣长圆形，4cm×3.5cm；香味清淡 ……………………………………………………… 30. 望谟姜花 *H. wangmoense*

20. 花黄色 …………………………………………………………… 21

20. 花白色或白色带橙色斑块 ………………………………………… 23

21. 花丝长1～2mm ……………………… 7. 无丝姜花 *H. efilamentosum*

21. 花丝长超过30mm，与唇瓣等长或更长 ………………………… 22

22. 唇瓣宽大于长；侧生退化雄蕊狭窄，宽约1cm；2n=68 ……………………………………………………… 9. 黄姜花 *H. flavum*

22. 唇瓣长大于宽；侧生退化雄蕊较宽，宽约1.5cm；2n=51 ……………………………………………… 8. 峨眉姜花 *H. flavescens*

23. 苞片覆瓦状排列；唇瓣长约5cm；极芳香 ……………………………………………………… 5. 白姜花 *H. coronarium*

23. 苞片下部覆瓦状排列，上部卷筒状；唇瓣长小于4cm；香味淡 ……………………………………………………………… 24

24. 唇瓣（2.5～3）cm×（2～2.2）cm，纯白色；花药白色 ……………………………………… 31. 西盟姜花 *H. ximengense*

24. 唇瓣（3～3.5）cm×（2～2.5）cm，中部具有黄色斑块；花药黄色 ………………… 21. 青城姜花 *H. qingchengense*

25. 苞片覆瓦状排列；花药长6mm ……………………………………………… 33. 盈江姜花 *H. yungjiangense*

25. 苞片卷筒状排列；花药长超过10mm ……………… 26

26. 花冠管较苞片长1cm以上；子房无毛 ……………… 27

26. 花冠管几与苞片等长；子房具毛 ………………… 30

27. 每苞片具2朵花；花黄色，唇瓣先端圆形，微缺，顶端2裂或微小3齿 ………………………………… 28

27. 每苞片具2朵花以上；花白色，唇瓣顶端2裂 … 29

28. 叶无柄；唇瓣先端圆形，微缺，或微小3齿 ……………………………… 1. 碧江姜花 *H. bijiangense*

28. 叶近无柄；唇瓣近圆形，基部有瓣柄，顶端2裂 ……………………… 11. 红丝姜花 *H. gardnerianum*

29. 株高1~1.4m，苞片长2~2.5cm；花白色，长约9.7cm；花丝和花药橙色，2n=4x=68 ………………15. 长瓣裂姜花*H. longipetalum*

29. 株高1.5~1.8m，苞片长4.5~5cm；花白色，中部橙黄色，长约11.7cm；花丝和花药深红色；2n=2x=34 ……………………………………16. 勐海姜花*H. menghaiense*

30. 叶片窄线形 ……………………………………………… 31

30. 叶片披针形或长圆状披针形 ………………………………… 32

31. 叶背面无毛；唇瓣红色 ……………… 3. 红姜花*H. coccineum*

31. 叶背面具短柔毛；唇瓣中部略带淡紫色 ……………………………………………22. 思茅姜花*H. simaoense*

32. 苞片排列疏松；唇瓣中部肉红色 … 17. 肉红姜花*H. neocarneum*

32. 苞片排列紧密；唇瓣中部淡绿色 … 20. 普洱姜花*H. puerense*

1.3.1 碧江姜花

Hedychium bijiangense T.L. Wu & S.J. Chen Acta Phytotax. Sin. 16(3): 26, 1978. Type: China. Yunnan, Bijiang (Fugong), Che-tse-lo (Zhiziluo), 11 Sep. 1934, *H.T. Tsai 58471* (Holotype: IBSC; Isotype: A, KUN, NAS, PE).

识别特征：植株高达1.8m，强壮。叶舌椭圆形，长2~3cm、宽1~1.5cm；叶片长圆状披针形，长25~35cm、宽6~8cm，顶端具短尖头，基部渐狭，叶背灰绿；无柄。穗状花序长30cm；苞片卷筒状，披针形，长3~3.5cm、径约5mm，每苞片2~3朵花；小苞片线形，长2.5cm；花黄色；花萼管长2.5~3cm、宽2~3mm；花冠管较苞片长，长约4.5cm，裂片线形，长约3.5cm、宽2~3mm；侧生退化雄蕊披针形，长约3cm、宽5~7mm；唇瓣倒卵状楔形，长3cm、宽1.5~2cm，先端圆形，微凹或具3浅齿，基部渐狭成瓣柄，柄长6~8mm；花丝长于唇瓣，长约5cm，红色，花药长1.2cm；花柱丝状，柱头头状，顶端具缘毛；子房长圆形，长2mm（图2）。

地理分布：中国云南（福贡、贡山）；印度东北部；尼泊尔。常生海拔2 000~3 200m潮湿阔叶林下。

利用：花期7~8月。本种植株强壮，花序大而显，花色鲜黄，极美丽，可引种为观赏植物。

1.3.2 矮姜花

Hedychium brevicaule D. Fang, Acta Phytotax. Sin. 18(2): 225, 1980. Type: China, Guangxi, Napo, Pingmeng, 18 Jan. 1976, *D.Y. Liu & D. Fang 21953* (Holotype: GXMI; isotype: GXMI).

识别特征：植株高0.4~0.6m；根状茎密被贴伏的长柔毛，须根发达。叶舌长2~5cm，向上渐狭，浅褐色，疏被贴伏的长柔毛；叶片短宽，窄倒卵圆形，长15~27cm、宽8~10cm，顶端急尖，基部楔形，叶背仅中脉上偶有贴伏的黄色长柔毛；除顶部2片叶渐狭而成长达3cm的柄外，其余无柄。花序轴、苞片、小苞片、花萼和子房密被贴伏的黄色长柔毛。穗状花序长8~14cm；苞片内卷成蓬松的管状，卵状披针形，长3~4.6cm、宽1.2~2cm，膜质，棕褐色，内有花3~4朵小苞片管状，长2.7~3cm，一侧浅裂；花白色，微香；花萼长3.3~3.5cm，浅褐色，一侧浅裂；花冠管长4cm，裂片线形，长2.5~3cm、宽3~4mm；唇瓣阔卵形，长约2.2cm、宽约1.9cm，2浅裂，裂至中部；侧生退化雄蕊倒披针形，长约2.3cm、宽约6mm；花丝较唇瓣略长，白色，花药长8~9mm；柱头具短缘毛；子房长5mm（图3）。

地理分布：中国广西（那坡）。生海拔500~

图2　碧江姜花（*Hedychium bijiangense*）花序和小花[1]

图3　矮姜花（*Hedychium brevicaule*）植株、花序和小花解剖特征

1 本章照片除了标注说明的，其他均为本章作者拍摄。

700m石灰岩林下阴处。

利用：花期2月。为姜花属中少见的冬春季节开花种类。花白色，具兰花香味；植株较矮，适宜盆栽。根状茎可入药。

1.3.3 红姜花

Hedychium coccineum Buch.-Ham. ex Sm., A. Rees, Cycl. (London ed.) 17: *Hedychium* no. 5, 1811. Type: Nepal. Suembu, *F. Buchanan-Hamilton s.n.* (Holotype: LINN, Cat. No. 8.22).

Hedychium angustifolium Roxb. ex Ker Gawl., Bot. Reg. 2: t. 157 (1816), nom. illeg.

H. angustifolium Roxb., Pl. Coromandel 3: 251. t. 251. 1820 (excl. des.), non Roxb. ex Ker Gawl., 1816.

H. roscoei Wall. ex Roscoe, Monandr. Pl. Scitam. n. 2. 1828; A. Dietr., Sp. Pl. 1: 37, 1831.

Gandasulum coccineum (Sm.) Kuntze, Revis. Gen. Pl. 2: 690, 1891.

识别特征：植株高1.6～2cm。叶舌长约3cm；叶片窄长圆形，长25～50cm、宽3～5cm，顶端尾尖，基部渐狭或近圆形；无柄。穗状花序稠密，稀较疏，圆柱形，花序轴长达30cm，粗壮；苞片卷筒状，革质，内卷或在稠密的花序上较扁平，长圆形，急尖或钝，长3～3.5cm，顶端被疏柔毛，稀无毛，每苞片多至7朵花；花红色；花萼长2.5cm，具3齿，顶部被疏柔毛；花冠管稍长于花萼，裂片线形，反折，长3cm；侧生退化雄蕊披针形，长2.3cm、宽约6mm；唇瓣圆形，径约2cm或较小，深2裂，基部具瓣柄；雄蕊长于唇瓣，花丝长5cm，花药干时弯曲，长约10mm；子房被绢毛，长2.5～3mm。蒴果球形，直径约2cm；种子红色（图4）。

地理分布：中国云南、西藏南部（墨脱）、广西；印度；斯里兰卡；老挝。生林下或林缘，喜阴。

利用：花期6～9月。花序大而显，花红色艳，但香气弱。可栽培供观赏，亦可作切花。

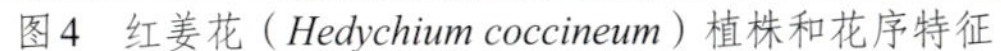

图4 红姜花（*Hedychium coccineum*）植株和花序特征

1.3.4 唇凸姜花

Hedychium convexum S.Q. Tong, Acta Bot. Yunnan, 8(1): 41, 1986. Type: China, Yunnan, Jinghong, 12 Aug. 1984, *S.Q. Tong & Y.T. Liu 24942* (Holotype: HITBC; isotype: HITBC, KUN).

识别特征：植株矮，高0.5～0.8m。叶舌长约5mm，顶端近截形，薄革质。叶片狭椭圆形，长16～29cm、宽3.5～8cm，顶端尾尖，基部楔形；叶柄长5～10mm。穗状花序头状，长7～8cm；苞片覆瓦状，狭披针形，长1.7～2cm，顶端全缘，绿色，每苞片1朵花；小苞片管状，长约1cm，微黄绿色；花萼管状，长约2.5cm，侧裂达基部，微黄色；花冠管长约5cm、直径2mm，花冠裂片线形，长4～5cm，微黄色；侧生退化雄蕊极狭披针形，长约3cm、宽约3mm，纯白色；唇瓣狭倒卵形，长约3cm、宽约0.7cm，顶端不裂，凸起，基部收缩成长约1.2cm的柄；雄蕊长于唇瓣，花丝长约5cm，除顶部橙黄色外，其余微黄色，花药长约12mm，棕红色；子房绿色（图5）。

地理分布：中国云南（普洱、西双版纳）。生海拔约1 000m山地林下或附生于岩石上。

利用：花色淡黄，苞片短、花冠管长，花量感强。

1.3.5 白姜花

Hedychium coronarium J. König, A.J. Retz., Obs. Bot. 3: 73, 1783. Type: *Gandasulium* Rumph., Herb. Amboin. 5: 175. t. 69. fig. 3, 1747.

Gandasulium coronarium Rumph. ex Kuntze, Rev. Gen. Pl. 2: 690, 1891.

G. coronarium (J. Koenig) Kuntze.

识别特征：植株高1.2～1.8m。叶舌薄膜质，长2～3cm；叶片长圆状披针形或披针形，长20～40cm、宽4.5～8cm，顶端长渐尖，基部急尖，叶面光滑，叶背被短柔毛；无柄。穗状花序椭圆形或卵形，长10～20cm；苞片覆瓦状，卵圆形，长4.5～5cm、宽2.5～4cm，每苞片3～5朵花。花大，白色，芳香；花萼管长约4cm，顶端一侧开裂；花冠管纤细，长8cm，裂片披针形，长约5cm，后方的1枚呈兜状，顶端具小尖头；侧生退化雄蕊长圆状披针形，长约5cm、宽约1.5cm；唇瓣倒心形，长和宽约6cm，白色，基部稍黄，顶端2裂；雄蕊与唇瓣近等长，花丝长约3cm，花药长约15mm；子房被绢毛（图6）。

地理分布：中国南方地区常栽培；印度、老挝和马来西亚有分布和栽培。

利用：花期6～11月。花较大，形如蝴蝶，洁白且芳香，配置在园林中常引人循香而至。

1.3.6 密花姜花

Hedychium densiflorum Wall., [Numer. List. 6552, nom. nud.] W. J. Hooker, Hooker's J. Bot. Kew Gard. Misc. 5: 368, 1853. Type: Nepal. Mount Shivapura, 1821, *N. Wallich 6552* (Holotype: K001124175; isotype: E00318387).

图5 唇凸姜花（*Hedychium convexum*）植株和花序特征（中国科学院昆明植物研究所 刘成 摄影）

03

图6　白姜花（*Hedychium coronarium*）花序和果实特征

识别特征：植株高0.85m。叶舌钝，长约1.5cm。叶片狭长圆形，长12～35cm、宽3～10cm，顶端尾尖，基部渐狭；无柄至有长约1cm的柄。穗状花序密生多花，花序轴长约12cm；苞片卷筒状，长圆形，长约2cm，每苞片1朵花；花小，淡黄色；花萼较苞片略长，长约2.5cm；花冠管长2.5～3cm，裂片线形，长1.5cm，反折；侧生退化雄蕊披针形，长约2cm、宽约4mm；唇瓣楔形，长约16mm、宽约6mm，深2裂；雄蕊长于唇瓣，花药长约6mm（图7）。

地理分布：中国云南和西藏东南部（波密）；尼泊尔；不丹；印度东北部。生海拔2 100～2 300m林下。

利用：花期7月。花橘红色，艳丽，开花整齐度高，花量感强烈。

1.3.7　无丝姜花

Hedychium efilamentosum Hand.-Mazz., Symb. Sin. Pt. VII. 1319, 1936. Type: China, Yunnan, Lu-djiang (Nujiang), 14 Aug. 1916, *Collectores indigeni Handel-Mazzetti, Iter sinense (1914—1918) 9854* (Holotype: WU0061563; Isotype: WU0061564, W1940-0014386, W1940-0014388).

识别特征：植株高1.2～2m，茎基部稍增粗。叶鞘被小疏柔毛或变无毛；叶舌长0.5～1.5cm，顶端略截平，膜质，被小柔毛；叶片长圆状披针形，长10～60cm、宽3～10cm，顶端稍尾状渐尖，基部楔形或近圆形，叶背特别是中脉被长而密的柔毛，边缘狭，软骨质，顶端常密被缘毛；无叶柄。穗状圆柱形，花序长15～20cm；苞片排列紧密，覆瓦状，宽卵形，长4～6cm，每苞片2～4朵花；小苞片被小疏柔毛；花黄色；花萼圆柱形，长约3.5cm，被小疏柔毛，顶端2裂；花冠黄色，遍布腺点，花冠管狭圆柱形，长7cm，裂片披针形，长1.5～2cm；侧生退化雄蕊远较花冠裂片为宽，长约3cm、宽约10mm；唇瓣倒心形，远长于雄蕊，与侧生退化雄蕊近等长，顶端内凹几达中部，基部截平；花丝长1～2mm，花药长7～8mm；柱头

图7 密花姜花（*Hedychium densiflorum*）花序和果实特征

具纤毛（图8）。

地理分布：中国云南西北部（怒江）、西藏；尼泊尔；印度东北部。生海拔1 800m林下。

利用：花期7～8月。植株高大；苞片覆瓦状排列；花大，鲜黄色，唇瓣远长于雄蕊；略香。适宜在塘边、湖畔就近栽种。

1.3.8 峨眉姜花

Hedychium flavescens Carey ex Rosc., Monandr. Pl. Scitam. 1-2: t. 50, 1825. Type: Monandr. Pl. Scitam. 3-4: t. 50, 1825.

H. coronarium var. *flavescens* (Carey ex Roscoe) Baker, J.D. Hooker, Fl. Brit. India, 6: 226, 1890.

H. emeiense Z.Y. Zhu, Acta Bot. Yunnan 6(1): 65, 1984.

H. flavum var. *flavescens* (Lodd.) Sanoj & M. Sabu, 2011.

识别特征：植株高1.4～2.2m；根状茎鳞片被贴伏的长柔毛。叶鞘被长柔毛；叶舌长3～5cm，被疏长柔毛；叶片披针形或长圆状披针形，长20～50cm、宽4～10cm，先端尾状渐尖，基部渐狭，边缘白膜质状，上面光滑，下而密被贴伏长柔毛；无柄。穗状花序矩圆状卵形，长10～15cm，花序轴稍弯曲，被长柔毛；苞片上部卷筒状、中下部覆瓦状，倒卵形或椭圆状卵形，长3～4.5cm、宽2～4cm，被贴伏疏长柔毛，上部密，边缘白膜质状，每苞片3～5朵花；小苞片筒状，膜质，长2～2.5cm，被长柔毛；花黄色或黄白色，淡香；花萼管状，膜质，长3.5～4cm，密被贴伏的长柔毛，先端一边开裂；花冠管长7～8.5cm，黄白色，裂片条状披针形，黄色，长3～3.5cm、宽5mm；侧生退化雄蕊长圆状披针形，长3.5～5cm、宽11～13mm，边缘常具波状齿或不规则的浅裂，黄色或黄白色；唇瓣卵圆形，长3.5～4.7cm、宽2.5～4cm，黄色或黄白色，中间具橙黄色斑块，先端2裂，基部渐狭成爪状，长约1cm，边缘常具波状齿或为不规则浅裂；雄蕊长于唇瓣，花丝橙黄色，长3.5～4.7cm，花药长约13mm，橙黄色；

图8　无丝姜花（*Hedychium efilamentosum*）根茎、花序和小花解剖特征

子房具长柔毛，先端的腺体长约3mm，花柱线形，柱头具柔毛（图9）。

地理分布：中国四川和云南；印度；尼泊尔。生海拔500～800m林下。

利用：花期7～12月。植株高大，花序显，花量感强烈；花具怡人甜香。可供药用，且易于繁殖。

1.3.9　黄姜花

Hedychium flavum Roxb., [Hort. Beng. 1, 1814, nom. nud.] Fl. Ind. (Carey & Wallich ed.) 1: 81 (-82), 1820. Type: India. Orientalis, *W. Roxburgh s.n.* (Type: BM 000958140).

H. coronarium var. *flavum* (Roxb.) Baker, J. D.

图9 峨眉姜花（*Hedychium flavescens*）植株和花序特征

Hooker, Fl. Brit. India 6: 226, 1892.

H. panzhuum Z. Y. Zhu, Acta Bot. Yunnan 6(1): 63, 1984.

识别特征：植株高大、粗壮，高1.5～2m。叶舌披针形，长2～4cm。叶片长圆状披针形或披针形，长25～45cm、宽5～8.5cm，顶端渐尖，并具尾尖，基部渐狭，叶背被疏被柔毛；无柄。穗状花序长圆形，长约20cm；苞片覆瓦状排列，长圆状卵形，长4～6cm、宽1.5～3cm，顶端边缘具髯毛，每苞片有3～5朵花；小苞片长约2cm，内卷呈筒状；花黄色，花萼管长4cm，外被粗长毛，顶端一侧开裂；花冠管较萼管略长，裂片线形，长约3cm；侧生退化雄蕊倒披针形，长约3cm、宽约9mm；唇瓣倒心形，长约4cm、宽约2.5cm，黄色，当中有一个橙色的斑，顶端微凹，基部有短瓣柄；雄蕊长于唇瓣，长约3cm，花药长12～15mm，弯曲；子房被长粗毛，柱头漏斗状（图10）。

地理分布：中国云南、四川、贵州、西藏和广西；印度东北部；缅甸；泰国。生海拔900～1 200m林下。

利用：花期9～10月。植株高大、粗壮，花序大而显，花色明黄，具栀子花香味。

1.3.10 圆瓣姜花

Hedychium forrestii Diels, Notes Roy. Bot. Gard. Edinburgh 5: 304, 1912. Type: China. Yunnan, Tali (Dali), July 1906, *G. Forrest 4812* (Holotype: E; isotype: BM, P).

H. coronarium var. *flavum* (Roxb.) Bake, J.D. Hooker, Fl. Brit. India 6: 226, 1892.

H. subditum Turrill, Bull. Misc. Inform. Kew 1914(10): 370, 1914.

H. coronarium var. *subditum* (Turrill) Naik, V. N. Naik & G. Panigrahi, Bull. Bot. Surv. India 3(1): 71, 1961.

识别特征：植株高1.4～2m。叶舌长2.5～3.5cm；叶片狭长圆形、披针形或长圆状披针形，长35～50cm、宽5～10cm，顶端具尾尖，基部渐狭；无柄或具短柄。穗状花序圆柱形，长20～30cm，花序轴被短柔毛；苞片卷筒状，长圆

图10 黄姜花（*Hedychium flavum*）植株和花序特征

形，长4.5～6cm、宽约1.5cm，边内卷，被疏柔毛，每苞片有2～3朵花；花白色，有香味；花萼管较苞片短，花冠管长4～5.5cm，裂片线形，长3.5～4cm；侧生退化雄蕊长圆形，长约3.5cm、宽1～1.5mm；唇瓣圆形，径约3cm，顶端2裂，基部收缩呈瓣柄；雄蕊长于唇瓣，花丝长3.5～4cm，花药长11～12mm。蒴果卵状长圆形，长约2cm（图11）。

地理分布：中国云南（大理、腾冲）。生山谷密林或疏林、灌丛中。

利用：花期8～9月。叶茎直立性强；花色洁白，小花蝴蝶状明显，香气中等。

1.3.11 红丝姜花

Hedychium gardnerianum Rosc., Sheph. ex Ker Gawl., Bot. Reg. 9: t. 774, 1824. Type: Ker Gawler, Bot. Reg. 9: t. 774. 1824.

H. speciosum var. *gardnerianum* (Ker Gawl.) Sanoj & M. Sabu, 2011.

识别特征：多年生草本，植株高1.6～2.2m。根茎粗3～3.8cm，具淡香味，被棕色鳞片。叶舌长约4.5cm，全缘或顶端2浅裂；叶鞘紫红色；叶片矩圆状披针形至披针形，长25～50cm、宽10～15cm，顶端长尾尖，扭曲，基部钝，叶面深绿色，背面灰绿色，沿着中脉被毛；近无柄或长1～2cm。花序圆柱形，长20～40cm、径13～18cm，花序轴粗壮，直径6～8mm；苞片绿色，卵圆形；苞片卷筒状，卵状椭圆形，在花序轴上呈6列整齐排列，长3～5cm，灰绿色，基部略带红色，每苞片有1～3朵花；花淡黄色，淡香味；小苞片长4.5～5cm、宽2.3～2.4cm；花萼；顶端3齿裂，与苞片近等长，灰绿色，基部略带红色；花冠管长5.5～5.6cm，黄绿色，基部白色，裂片狭倒披针形，灰绿色，长约4.5cm；侧生退化雄蕊狭倒披针形，长约3cm、宽约8mm，黄色；唇瓣长2.5～3cm，近端2裂，金黄色，中部具黄色斑；雄蕊长于唇瓣，花丝红色，细长，长5～6cm，常远伸出花冠管外，花药橙红色，长8.5～9mm；子房

图11　圆瓣姜花（*Hedychium forrestii*）植株和花序特征

长3～3.5mm，花柱丝状，白色，柱头绿色，具毛。蒴果椭圆状，具3棱，长1.5～1.7cm、宽1.2～1.4cm，成熟后橙红色；种子具深红色假种皮，包被种子基部，上半部撕裂（图12）。

地理分布：中国云南（怒江）、西藏（墨脱）；尼泊尔；越南；老挝；缅甸；印度。生海拔约2 200m林下。

利用：花期8～9月。花序大型；花形、花色均美丽，唇瓣鲜黄，尤以伸出花冠外的鲜红色花丝更为突出；微香。适宜群植或与其他花卉配植、盆栽，还可作切花。

1.3.12　无毛姜花

Hedychium glabrum S.Q. Tong, Acta Phytotax. Sin. 27(4): 288, 1989. Type: China. Yunnan, Ximeng, 19 Jun. 1986, *S. Q. Tong & Y. M. Xia 24984* (Holotype: KUN; Isotype: HITBC).

识别特征：植株高1～1.6m，须根发达，附生或地生。叶鞘除顶部边缘红色外，其余绿色；叶舌全缘，长3～6cm，淡红色；上部的叶柄长3～7cm；叶片披针形或狭椭圆形，长60～70cm、宽12～15cm，顶端渐尖或短渐尖，基部楔形。穗状花序密集多花，长20～30cm，花序轴具纵棱，淡绿色；苞片卷筒状，短，长约2cm，淡绿色，每苞片1朵花；小苞片长约1cm，顶端全缘，且具红色斑点；花白色，后变黄色；花萼管状，长约2cm，淡黄色，顶端全缘，且具红色斑点；花冠管长约4cm，淡黄色，裂片线形，长约3.5cm；侧生退化雄蕊狭披针形，长约3cm、宽约4mm；唇瓣长约3cm，裂成2瓣，基部收缩为柄状，裂片狭披针形，与侧生退化雄蕊等长；雄蕊长于唇瓣花丝长约4.4cm，红色，花药长约7mm（图13）。

地理分布：中国云南南部（景洪、勐腊、西盟）。生海拔700～2 100m的亚热带、季节性潮湿的山地常绿阔叶林以及亚高山、高山针叶林和混交林的林缘。

图12　红丝姜花（*Hedychium gardnerianum*）花序和果实特征

图13　无毛姜花（*Hedychium glabrum*）植株、花序和果实特征

利用：花期6～7月。花量感强、花序显；苞片短、小花长，花明黄色。

1.3.13 虎克姜花

Hedychium hookeri C. B. Clarke ex Baker, J. D. Hooker, Fl. Brit. India 6(18): 230, 1892. Type: India. Kala Pauce, 27 Jun. 1850. *J. D. Hooker & T. Thomson 1350* (Lectotype: K000640478; isolectotype: K000640479).

识别特征：植株高0.6～1m；根茎粗1.2～2cm，须根径4～6mm；茎稍弯曲或拱状，通常有白霜。叶鞘绿色，或略带浅酒红色；叶舌近全缘，顶端微缺，长1.4～2.2cm，通常半透明质，浅酒红色或浅粉红色，极少透明；叶片厚，长圆状椭圆形或卵形，长13～29cm、宽5～13cm，先端渐尖到尾状，基部近心形、圆形到钝，背面常紫红色；叶柄长5～25mm。穗状花序长4～10cm，花序轴绿色或棕绿色；苞片卷筒状，狭卵形至卵形，长8～15mm、宽7～10mm，绿色带微红，边缘强烈弯曲，先端锐尖至圆形，每苞片1朵花；小苞片长3～6mm，半透明，粉色；花淡黄色与粉色相间，长2～3.3cm；花萼长7～9mm，淡粉色；花冠管长1.1～1.3cm，淡粉色，裂片线形，长10～12mm，裂片狭长圆形至线形，边缘强烈弯曲；侧生退化雄蕊与唇瓣近等宽，狭倒卵形至匙形，长9～12mm、宽3～5mm，奶黄色；唇瓣倒心形至匙形，长6～9mm、宽5～6mm，下部折叠并包裹花丝，爪长4～5mm，先端微缺或2裂；雄蕊长1.4～2cm，花丝长4～7mm，经常强烈拱起并向下弯向唇瓣，白色至淡粉红色，花药长4～7mm，亮黄色；子房倒卵球形，径约2mm，花柱亮黄色，略带红色，柱头漏斗状，具缘毛。蒴果长1～1.2cm，径约1cm，明显3棱；种子长2.5～4mm、宽1.2～2mm，黑色，有光泽；假种皮黑色，几乎完全包被种子，多汁（图14）。

地理分布：中国云南（绿春、泸水、盈江）；印度东北部；缅甸北部。生海拔1 600～2 100m林下石上或树上。

图14 虎克姜花（*Hedychium hookeri*）花序、果实和种子特征

利用：花期5～6月。叶片背面紫红色；为姜花属中唯一假种皮黑色的种类，果实成熟开裂后，黑色种子与金黄色果皮色彩反差强烈。植株较矮，适宜盆栽供观赏。

1.3.14 广西姜花

Hedychium kwangsiense T. L. Wu & S. J. Chen, Acta Phytotax. Sin. 16(3). 26, 1978. Type: China. Guangxi, Dongnan, 20 Jan. 1958, *Nanzhidi 5517* (Holotype: IBSC; Isotype: IBK).

识别特征：植株较矮，高1～1.2m，须根发达。叶舌长圆形，长2.5～4.5cm、宽7～14mm，外被长柔毛，后变无毛；叶片披针形，长20～40cm、宽5.5～8cm，顶端尾状渐尖，基部渐狭，近革质；叶柄长1～4.5cm。穗状花序密生多花，长10～20cm，花序轴被棕色粗长毛；苞片卷筒状，长圆形，长2.5～3cm、宽约1cm，红褐色，被短柔毛，每苞片约3朵花；小苞片筒状，长2～2.5cm，顶端具小尖头，外被长硬毛，一侧开裂至3/5处；花白色；花萼管长约2.5cm，顶端斜截形，外被长硬毛；花冠管长3.3～3.5cm，被长柔毛，裂片线形，长2cm；侧生退化雄蕊长圆形，长约1.8cm、宽4～5mm；唇瓣2深裂至近基部处，裂片长圆形，长1.5～1.8cm、宽4～7mm；雄蕊长于唇瓣，花丝长2.5～2.8cm，花药长5～6mm；子房长圆形，长5mm，密被棕色绢毛；花柱线形，柱头头状（图15）。

地理分布：中国广西和贵州。生海拔约400m林下。

利用：花期2月。为姜花属春节期间开花的少数种类之一。植株较矮，叶片近革质；花序显，花量感强，苞片花洁白，具浓郁兰花香。

1.3.15 长瓣裂姜花

Hedychium longipetalum X. Hu & N. Liu, Ann. Bot. Fenn. 47(3): 238 (237-239; fig. 1), 2010. Type: China. Yunnan, Puer, 27 Sep. 2006, *X. Hu 010* (Holotype: IBSC; Isotype: MO).

图15 广西姜花（*Hedychium kwangsiense*）植株、花序和果实特征

识别特征：植株高1～1.6m。叶舌长1.5～2.5cm，粉红色；叶片窄卵圆状长圆形，长20～35cm、宽8～10cm，基部渐狭成短叶柄，先端尾状。穗状花序轴长10～20cm，具毛；苞片卷筒状，披针形，长2～2.5cm，每苞片2～4朵花；花白色，芳香；花萼长2.5～3cm，顶端钝，3裂，淡绿色；花冠管纤细，长4～4.5cm，淡黄色，顶部淡黄色，裂片线形，长4.5～5cm，淡黄色，较唇瓣2倍长；侧生退化雄蕊长方状线形，长2.5～3cm、宽约3mm，白色；唇瓣倒卵形，长2～2.5cm、宽约1cm，全缘或先端微缺，白色；花丝长3.5～4cm，橙色，花药长10～12mm，橙色至黄色；子房淡绿色，具毛，先端有2个黄色蜜腺，渐缩，长2～3mm，花柱丝状，柱头头状，淡黄色。蒴果直径1～1.5cm，具3棱；种子较多，具撕裂状红色假种皮（图16）。

地理分布：中国云南（思茅）。生海拔1 200～1 600m路边林下。

利用：花期8～10月。植株较矮；花序显，花量感强，小花花形似小鸟，黄色与白色相间，唇瓣圆润可爱，香气中等。

1.3.16 勐海姜花

Hedychium menghaiense X. Hu & N. Liu, J. Syst. Evol. 48(2): 148 (146-151; figs. 2-3), 2010. Type: China. Yunnan, Menghai, Nannuoshan Mountain, 27 Aug. 2007, *X. Hu 124* (Holotype: IBSC).

识别特征：植株高1.5～1.8m。叶舌长2～3cm，淡绿色至棕色；叶片椭圆状披针形至长圆状披针形，长30～50cm、宽10～14cm，基部近心形至圆形或宽楔形，先端渐尖或尾状，淡绿色；无柄。穗状花序轴长20～30cm；苞片排列紧密，卷筒状，长方形，长4.5～5cm，每苞片4～7朵花；小苞片长圆形或披针形，长2.5～3cm，淡绿色；花白色，具芳香；花萼筒长3.5～4cm，顶端3裂；花冠管纤细，长5.5～6cm，淡绿色，顶部淡黄色，裂片线形，长4.5～5cm；侧生退化雄蕊长3cm、宽2～3mm，白色，基部橙黄色；唇瓣菱形，向内折叠，长1.5～2cm、宽1～1.5cm，先端微缺，白色，基部楔形至爪形，里面黄色；雄蕊长于唇瓣，花丝长4.5cm，花药长10～12mm，猩红色；子房淡绿色，具柔毛，先端有2个黄色蜜腺，渐缩，长

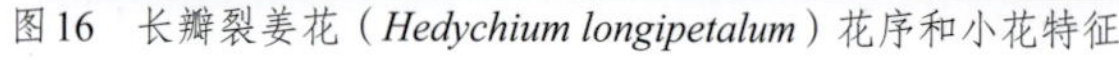

图16 长瓣裂姜花（*Hedychium longipetalum*）花序和小花特征

图17 勐海姜花（*Hedychium menghaiense*）植株和花序特征

2～3mm，花柱丝状，黄色，柱头头状，淡黄色（图17）。

地理分布：我国云南南部（勐海）。生海拔1 400～1 700m阔叶林下。

利用：花期7～8月。花序大、饱满而显，花量感强，苞片排列密集，花具有蜜兰香。

1.3.17 肉红姜花

Hedychium neocarneum T. L. Wu, K. Larsen & Turland, Novon 10(1): 91, nom. nov., 2000.

H. carneum Y. Y. Qian, Acta Bot. Austro Sin. 9: 48, 1994, no G. Lodd. 1823 nec Roscoe 1827. Type: China. Yunnan, Simao, 18 Sep. 1988, *Y. Y. Qian 1832-3* (Type: HITBC093248).

识别特征：植株高1.6～2.2m。叶鞘绿紫色或紫色，被长柔毛，边缘膜质，紫色；叶舌矩圆形，紫红色，干膜质，长1.5～6cm、宽2～2.5cm，外被长柔毛；叶片长椭圆形，长10～50cm、宽6～16cm，顶端渐尖或尾尖，基部阔楔形，近圆形或近心形，叶背被长柔毛；无柄。穗状花序长30～40cm；花序轴粗壮，三棱形，被长柔毛；苞片卷筒状，矩圆形或披针形，长4.5～5.5cm、宽1.4～2.2cm，每苞片3～8朵花；小苞片卵形或长圆形，长1.8～3.5cm、宽5～20mm，外被短柔毛；花洁白、喉部淡红色；花萼管淡绿色，长4.1～4.5cm，顶端具3齿，外面被向上较密的长柔毛；花冠管淡黄色，长5.3～6cm，裂片淡绿色或淡黄色，线形，长4～4.5cm、宽3.5～4mm，内卷，下垂；侧生退化雄蕊白色，基部肉红色，长3～3.3cm、宽约2mm；唇瓣近圆形，白色，基部肉红色，长1.8～2.2cm、宽1.6～2cm，顶端2裂，基部具瓣柄，瓣柄长6～8mm，肉红色；雄蕊较唇瓣长，条状倒披针形，宽3～4mm，花丝肉红色，长5.2～5.7cm，花药长约12mm；子房绿色，长圆形，长4～5.5mm，稀被长柔毛，柱头绿色，具缘毛。蒴果长卵形，具钝3棱，长2～3.5cm、宽1～1.5cm，黄色；种子红色，包以红色假种皮（图18）。

图18 肉红姜花（*Hedychium neocarneum*）植株和花序特征

地理分布：中国云南南部（思茅）；越南；缅甸；老挝。生海拔1 600～1 900m林下。

利用：花期9～10月。植株高大；花序大而显著，单花序花期长；花洁白、喉部淡红色，配色柔美；微香。

1.3.18 少花姜花

Hedychium pauciflorum S. Q. Tong, Acta Bot. Yunnan, 8(1): 43, 1986. Type: China. Yunnan, Longchuan, 29 Jul. 1983, *S. Q. Tong & C. J. Liao 24845* (Holotype: HITBC).

识别特征：植株高0.7～0.9m。叶舌2裂，长约4mm；叶片狭椭圆形，长18～32cm、宽5.3～6.5cm，顶端渐尖，基部楔形；叶柄长5～10mm。穗状花序稀疏少花，长9～13cm；苞片卷筒状，长圆形，长2～2.3cm，顶端全缘，淡绿色，具1朵花；小苞片管状，长约1cm，侧裂达中部，远短于苞片；花白色；花萼管状，长约2.2cm，顶端不具齿；花冠管长约0.8cm，裂片线形，长约1.8cm；侧生退化雄蕊极狭披针形，长约1.1cm、宽约2mm；唇瓣狭长圆形，长约13mm、宽8mm，深裂达基部裂片极狭长圆形，宽约3mm；花丝长约1.5cm，为唇瓣的1/2，花药长约5mm，棕红色，花柱线形，白色；柱头橙黄色，子房淡褐色，具短柔毛（图19）。

地理分布：中国云南西南部（陇川）。生海拔约1 200m潮湿沟谷林下。

利用：花期7～8月。植株姿态飘逸；叶片薄；花序苞片少，花冠管长，花小而纤细，唇瓣狭长圆形，深裂达基部；花微香。

1.3.19 小苞姜花

Hedychium parvibracteatum T. L. Wu & S. J. Chen, Acta Phytotax. Sin. 16(3): 27, 1978. Type: China. Xizang, Bomi, Tongmai, 19 Jul. 1965, *Y. T. Zhang & K. Y. Lang 691* (Holotype: PE; isotype: PE).

识别特征：株高0.5m。叶舌膜质，长约4mm，顶端钝；叶片长圆形，长15～17cm、宽约4cm，

图19　少花姜花（*Hedychium pauciflorum*）植株、花序和小花特征

顶端渐尖，基部渐狭，深绿色，叶面具光泽；叶柄长约5mm。穗状花序密生多花，长约10cm、宽约2cm；苞片小，卵状长圆形，长5～6mm；花金黄色；花萼稍露出苞片之上，长约6mm，顶端斜裂；花冠管长约8mm；花冠裂片线形，长约7mm、宽约1mm；侧生退化雄蕊较花冠裂片略宽；唇瓣倒卵形，长约5mm、宽3mm，顶端具小凸头，不裂；雄蕊橘红色，花丝长约7mm，花药长3mm；子房近矩圆形，宽约1mm，柱头具缘毛。

地理分布：中国西藏东部（波密）。生海拔约2 000m山坡林下阴处。

利用：花期7月。植株较矮小，适合盆栽。

1.3.20　普洱姜花

Hedychium puerense Y. Y. Qian, Acta Phytotax. Sin. 34(4): 444, 1996. Type: China. Yunnan, Puer, 2 Sep. 1988. *Y. Y. Qian 1812* (Holotype: KUN; Isotype: HITBC, PE).

识别特征：植株高1.4～2m。叶舌长1.8～3.8cm，密被长柔毛；叶片椭圆状披针形或长圆状披针形，长6～63cm、宽3～18cm，顶端尾尖，基部楔形或近圆形，叶背被长柔毛；无柄。穗状花序长25～50cm，花序轴密被长柔毛；苞片卷筒状，狭卵形，长4.5～5.5cm、宽1.5～2cm，每苞片约6朵花；小苞片长1.5～3.5cm；花萼长4.4～4.8cm；花冠管白色，长5.2～6cm，裂片淡绿色，线形，长3.5～4.2cm；侧生退化雄蕊白色，长2.5～3cm、宽约2mm；唇瓣近圆形，白色，中央和基部淡黄色，长2～2.2cm、宽1.8～2cm，深2裂，基部具瓣柄；雄蕊长于唇瓣，花丝白色，长5.8～6.8cm，花药白色，长1～1.5cm；子房密被长柔毛，长4～5mm。蒴果长卵形，具钝3棱，长2.5～4cm，被长柔毛；种子红色（图20）。

地理分布：中国云南南部和广西。生海拔1 300～1 600m林下。

利用：花期9月。植株高大、健壮；花序大而

图20 普洱姜花（*Hedychium puerense*）植株、花序和果实特征

显，花量感小；苞片大且排列整齐；花小，花冠裂片长，常卷曲；花丝长而挺拔。

1.3.21 青城姜花

Hedychium qingchengense Z. Y. Zhu, Bull. Sichuan School Chin. Met. Med. 30(2): 28, 1992. Type: China. Sichuan, Guanxian (Dujiangyan), Qingchengshan. *Z. Y. Zhu 2339* (Holotype: EMA).

识别特征：植株高0.8～1.2m，根状茎具淡红色鳞片。叶舌长2～4cm，被贴伏长柔毛；叶椭圆状披针形或披针形，长20～40cm、宽4～8cm，先端尾状渐尖，基部渐狭，下面密被贴伏长柔毛；叶鞘被贴伏长柔毛。穗状花序长6～15cm，花序轴被长柔毛；苞片长圆形，长3.5～5cm、宽1～1.5cm，通常内卷呈管状，外面上部被长柔毛，每苞片内有1～3朵花；小苞片披针形，长1.5～2.4cm、宽约6mm，先端被长柔毛。花白色，具闷气味；花萼管状，长3.5～4.5cm，上部具长柔毛，尤以先端为密；花冠管长7～8cm，白色，裂片条形，长3～3.8cm；侧生退化雄蕊长圆状倒披针形，白色，长3～2.5cm、宽8～10cm，边缘全缘或波状，有时不规则的浅裂；唇瓣倒卵圆形，白色，长3～3.5cm、宽2～2.5cm，中间具橙黄色的斑块，先端2裂，基部渐狭成爪，边缘全缘或不规则波状；花丝长3～3.5cm，白色，花药长约1.5cm，黄色；花柱线形，柱头稍膨大，具柔毛；子房长圆形，被白色绢质长柔毛，腺体长约3mm。蒴果长圆形或卵圆形，被疏长柔毛，长1～2cm，直径约1cm；种子呈不规则形状，红色，外被白色撕裂状假种皮。

地理分布：中国四川中部（都江堰青城山）。生海拔约500m林下。

利用：花期1～9月。当地民间将出土长约20cm的幼茎采收，燎熟，作蔬菜、食用。

1.3.22 思茅姜花

Hedychium simaoense Y. Y. Qian, Acta Phytotax. Sin. 34(4): 443, 1996. Type: China. Yunnan,

Simao, *26 Aug.* 1988, *Y. Y. Qian 1804* (Holotype: SMAO; Isotype: KUN, PE).

识别特征：植株高1.6～2.2m，被稀疏长柔毛。叶舌长1～2.5cm；叶片披针形，长10～50cm、宽1.5～7cm，顶端尾尖，基部渐狭或近圆形，叶背被长柔毛；无柄。穗状花序圆筒形，长30～40cm，花序轴密被长柔毛；苞片卷筒状，长卵形，顶端钝，长4～5cm，每苞片2～4朵花，白色或黄色；花萼长3～3.5cm，顶端具3齿，外面被长柔毛；花冠管淡紫红色，长3.5～4.2cm，裂片黄色，线形，长4.3～4.7cm，内卷，下垂；侧生退化雄蕊白色或黄色，基部淡紫红色，倒披针形，长2.9～3.3cm、宽约2mm；唇瓣白色或黄色，基部淡紫红色，近圆形，径2.2～2.5cm，深2裂，基部具瓣柄；雄蕊长于唇瓣，花丝紫红色，长5～5.5cm，花药紫红色或橙黄色，花药长约10mm；子房密被绢毛，长2.5～3mm。蒴果卵圆形或卵形，长1.3～3cm，直径1～1.7cm；种子红色（图21）。

地理分布：中国云南南部（思茅）。生海拔约1 400m林下。

利用：花期8～10月。花序大而显，花枝率高，花白色、喉部红色。对光照的适应性较强，又具有较强的耐阴性，可用于园林植物景观配置。

1.3.23 小花姜花

Hedychium sino-aureum Stapf., Bull. Misc. Inform. Kew, 1925(10): 432, 1925. Type: China. Yunnan, Tali-fu (Dali), 1911, *G. Forrest 6914* (Holotype: K).

H. densifforum auct. non Wall.: Bak., Hook. f., Fl. Brit. Ind. 6: 227. 1892. p. p.

识别特征：植株高0.6～0.9m。叶舌长5～10mm，膜质；叶片披针形，长15～35cm、宽3～6cm，顶端具尾状细尖头，基部渐狭；无柄至具长1.5cm的柄。穗状花序密生多花，长10～20cm；苞片长圆形，卷筒状，长1.3～1.5cm，每苞片1朵花；花小，黄色；萼管较苞片略长，顶端具钝3齿；花冠管长1.3～1.5cm，花冠裂片线形，

图21　思茅姜花（*Hedychium simaoense*）植株、花序和小花解剖特征

长8～11mm；侧生退化雄蕊斜披针形，长约8mm；唇瓣近圆形，长约1cm，2裂，基部具瓣柄；雄蕊长于唇瓣，花丝长约1cm，花药长5～6mm（图22）。

地理分布：中国云南和西藏；印度（锡金邦）；尼泊尔。生海拔1 900～2 800m空旷石头山上。

利用：花期7～8月。植株矮小；花小，但花量感强，花色明黄，较艳丽；味略香。根状茎可药用。

1.3.24 草果药

Hedychium spicatum Sm. var. ***spicatum***, A. Rees Cycl. (London ed.), 17: n.° 8, 1811. Type: Nepal. Narainhetty, borders of fields, *F. Buchanan-Hamilton s.n.* (Holotype: LINN, Cat. No. 8.27).

H. dichotomatum Picheans. & Wongsuwan, J. Jap. Bot. 88(1): 16, 2013.

识别特征：植株高1～1.4m。叶舌长1.5～2.5cm；叶片宽披针形，顶端渐狭渐尖，基部急尖，长10～40cm、宽3～10cm，叶背被长柔毛。穗状花序多花，长20～30cm；苞片卷筒状，长圆形，长2.5～3cm，每苞片1朵花；花芳香，白色，花萼长2.5～3.5cm，具3齿，顶端一侧开裂；花冠淡黄色，花冠管长达8cm，裂片线形，长2.5cm；侧生退化雄蕊匙形，白色，较花冠裂片稍长，宽约2mm；唇瓣较窄，约2cm，裂片急尖，具瓣柄，白色或变黄，花丝淡红色，较唇瓣短；雄蕊较唇瓣略短，花药长约11mm。蒴果扁球形，直径1.5～2.5cm；每室约有6粒种子（图23）。

地理分布：中国云南、西藏和四川；印度东北部；尼泊尔；缅甸；越南；老挝。生海拔1 200～2 900m山地密林中。

利用：花期8～9月。本种是一种美丽的野生观赏花卉及药用植物，根、茎、果实和种子供药用。植株、叶片的直立性强；花序长而显，苞片多；花白色、喉部黄红色，唇瓣长而大，花丝短、侧生退化雄蕊窄而不明显；微香。

图22 小花姜花（*Hedychium sino-aureum*）植株和花序特征

图23　草果药（*Hedychium spicatum* var. *spicatum*）植株、花序和果序特征

1.3.25　疏花草果药

Hedychium spicatum var. ***acuminatum*** (Roscoe) Wall., Hooker's J. Bot. Kew Gard. Misc. 5: 328, 1853.

H. acuminatum Roscoe, Monandr. Pl. Scitam. 1-2: t. 47, 1825. Type: Roscoe, Monandr. Pl. Scitam. 1-2: t. 47, 1825.

识别特征：植株高1～1.4m。叶舌长约3cm；叶片狭长圆形，中脉下面疏生长柔毛。花序轴长10～15cm，花较少，排列稀疏；苞片卷筒状，每苞片1朵花；花冠管的顶部、花冠裂片、侧生退化雄蕊及唇瓣的基部紫红色；侧生退化雄蕊宽约4mm；唇瓣较宽，宽约3cm；雄蕊明显短于唇瓣，花药长约1.3cm（图24）。

地理分布：中国云南、四川和西藏；印度东北部；尼泊尔；缅甸；越南；老挝。生海拔2 000～3 200m林中。

利用：花期6～7月。株型圆整；叶片宽大，翠绿色；花序显，花白色，喉部黄红色；花芳香。美丽可供观赏，亦可作切花，是广受欢迎的香花植物。

1.3.26　腾冲姜花

Hedychium tengchongense Y. B. Luo, Acta Phytotax. Sin. 32(6): 574, 1994. Type: China. Yunnan, Tengchong, 10 Jul. 1992, *X. Q. Chen & S. Y Liang 119* (Holotype: PE).

识别特征：植株高1～1.4m。叶舌椭圆形，顶端平截，长约1.5cm；叶片长圆形或狭椭圆形，长38cm、宽9.5cm，顶端狭渐尖，基部渐狭具短柄，长约1.5cm。穗状花序密集多花，长达24cm；苞片卷筒状，狭矩圆形，长1.5～1.7cm，每苞片1朵花；小苞片卵形，长约1cm，顶端圆钝；花萼筒状，长约2cm，顶端不明显钝3齿；花淡黄色，花冠筒纤细，长3.5cm，裂片线形，长约3.7cm；侧生退化雄蕊线形，基部渐变窄，具短尖头；唇瓣

图24 疏花草果药（*Hedychium spicatum* var. *acuminatum*）植株、花序和果实特征

长近3.5cm，2裂至中部，裂片线形，长约3.5cm；雄蕊长于唇瓣；雄蕊橙黄色，花丝长4.5cm，花药长约8mm；子房长约2mm，花柱丝状，柱头头状，顶端具缘毛（图25）。

地理分布：中国云南西部（腾冲）。生海拔1 600～1 700m路旁林下。

利用：花期6～7月。植株中等高，叶片大；花序大而显，花量感强，开花整齐度高，单花序花期短；小花纤细，雄蕊长而突出；花呈亮黄色。味微香。

1.3.27 小毛姜花

Hedychium tenuiflorum Wall. ex Voigt, Hort. Suburb. Calcutt. 570, 1845. Type: India. Botanic Garden of Calcutta, originally from Sylhet, 1 Sep. 1825, *N. Wallich 6545A* (Lectotype: BM000574714).

H. villosum var. *tenuiflorum* (Wall. ex Voigt) Wall. ex Baker, J.D. Hooker, Fl. Brit. India 6(18): 229, 1892.

H. tenuiflorum (Bak.) K. Schum., Engl. Pflanzenr. 20 (IV. 46): 51, 1904.

识别特征：植株高0.8～1m。叶舌长2.5～4.5cm；叶片披针形，两面无毛。花序长约10cm；苞片卷筒状，长约1.5cm，每苞片3朵花；花冠裂片、侧生退化雄蕊及唇瓣的长度均不超过1.5cm；侧生退化雄蕊宽4～5mm；雄蕊长于唇瓣，花药长2～3mm（图26）。

地理分布：中国云南南部和广西；印度北部。生海拔800～900m石山上。

利用：花期12月。植株较矮，纤细；花序红色与白色相间。花期为冬春季节，具与国兰近似的香气，有广阔的应用前景。

1.3.28 毛姜花

Hedychium villosum Wall., Fl. Ind. (Carey & Wallich ed.) 1: 12, 1820. Type: India, "E. Sylhet", 1815, *M. R. Smith s.n.* pro parte (middle specimen) (Lectotype: BM000574717, middle stem only).

识别特征：植株高1～1.5m。叶舌披针形，长3.5～5cm；叶片长圆形或长圆状披针形，长15～35cm、宽3.5～6（9）cm；叶柄长1～2cm。穗

图25 腾冲姜花（*Hedychium tengchongense*）植株、花序和果实特征

图26 小毛姜花（*Hedychium tenuiflorum*）根茎、植株和花序特征

状花序密生多花，长15～25cm；苞片卷筒状，长圆形，长1.8～2.5cm，被棕色绢毛，每苞片2～3朵花；花萼管长2.5～3cm，被金黄色绢毛；花冠白色，管长约3.5cm，裂片线形，长2.5cm，反卷；侧生退化雄蕊较花冠裂片略宽，宽约2mm；唇瓣长圆状倒卵形，长2.5cm，深2裂，基部渐狭成瓣柄；雄蕊长于唇瓣，花丝长4.5cm，紫红色，花药长2～3mm。蒴果卵形，3裂，长约1cm，外被棕色绢毛（图27）。

地理分布：中国西藏、云南、广西、海南；印度；缅甸；越南。生海拔100～3 400m林下阴湿处。

利用：花期3～4月。本种含有大量的二萜化合物，且具有较好的生物活性，可供药用。植株中等高度，叶片革质，花序显且丰满，花量感强，苞片被棕色绢毛，红色与白色相间。

1.3.29 绿苞姜花

Hedychium viridibracteatum X. Hu, PhytoKeys, 110: 71, 2018. Type: China. Guangxi, Napo. *X. Hu 267* (Holotype: IBSC; Isotype: MO).

识别特征：植株高0.6～1m。叶舌长1.8～2.3cm；叶片椭圆形，长15～25cm、宽5～8cm，叶柄长0.5cm，叶背面紫色。花序长10～15cm，排列稀疏；苞片卷筒状，长13～15mm、宽4～5mm，外面被毛，每苞片2～4朵花；小苞片革质，长10～11mm、宽3～4mm，外面被毛；花紫白色，长10～11cm，具淡香；花萼管状，绿色，长25～28mm、宽1.2～1.5mm，顶部具3齿，被毛；花冠管纯白色，长4～5cm，花冠裂片线形，反卷；侧生退化雄蕊长3～3.3cm、宽1.2～1.4cm，顶部2裂至中部，白色；唇瓣卵形，长2.8～3cm、宽1.2～1.4cm，基部渐狭成爪状，长8～10mm、宽2mm，顶端2裂至中部，纯白色；雄蕊远长于唇瓣，花丝长6～6.8cm，白色，花药长3.5～4mm；子房长4～5mm，密被白绢毛，具黄色腺体2枚，柱头绿色，具纤毛（图28）。

地理分布：中国广西（那坡、靖西、龙州）。生海拔600～800m林下石灰岩上。

利用：花期9～12月。植株较矮，中下部叶片

图27 毛姜花（*Hedychium villosum*）根茎、植株和花序特征

图28　绿苞姜花（*Hedychium viridibracteatum*）植株、叶和花序特征

叶背紫色；花序显，花量感强；苞片绿而花纯白；微香。

1.3.30　望谟姜花

Hedychium wangmoense F. J. Mou & X. Hu, Ann. Bot. Fenn. 60(1): 146, 2023. Type: China. Guizhou, Wangmo, *X. Hu 300* (Holotype: SWFC; isotype: KUN).

识别特征：植株高1.6～1.8m。叶舌长2.5～4cm；叶片披针状椭圆形，长50～60cm、宽6～6.5cm，顶端尾尖，基部渐尖，叶背面灰绿色。花序长20～30cm；苞片卷筒状排列，长圆状卵形，革质，长4～5cm、宽1.5～2.2cm，每苞片具3朵花。小苞片管状，顶端绿色，长3～4cm、宽5～8mm；花橙粉色，长9～10.5cm，淡香；花萼较苞片短，花萼管长2.5～3cm，淡黄绿色；花冠管纤细，长5～5.5cm；花冠裂片线形，长4～4.5cm，橙粉色；侧生退化雄蕊狭长圆形，长3.5～4cm、宽1.5～1.8cm，橙粉色；唇瓣长于雄蕊，长约4cm、宽约3.5cm，橙粉色，顶端2裂至1/2；花丝长3.5～4cm，花药长1.4cm，黄色；子房长3～4mm、宽2～3mm，具3棱；花柱为橙粉色，柱头绿黄色。蒴果卵球形，长约2cm，成熟后黄色，被长柔毛；种子卵形或不规则多角形，红色，具红色假种皮（图29）。

地理分布：中国贵州（望谟）。生海拔1 100～1 400m林缘。

利用：花期7～9月。花大，橙粉色，唇瓣大，花药紫红色；味淡香。

1.3.31　西盟姜花

Hedychium ximengense Y. Y. Qian, Acta Bot. Austro Sin. 9: 47, 1994. Type: China. Yunnan, Ximeng, *Y. Y. Qian 2276* (Type: HITBC; Isotype: IBSC).

识别特征：植株高1.4～1.8m。叶舌长2～3cm，

图29 望谟姜花（*Hedychium wangmoense*）植株、花序和果序特征

被毛；叶片椭圆状披针形或披针形，最下面的椭圆形，长6～46cm、宽3～13cm，顶端长渐尖或尾尖，基部楔形，叶背被毛。花序长12～30cm；苞片覆瓦状或卷筒状排列，椭圆形，长4～5.5cm、宽2.6～3.3cm，外面有短柔毛，每苞片具3～5朵花。花白色，具芬芳；花萼管长3～3.5cm，顶端一侧开裂至1/2处，另一侧2裂，外面被短柔毛；花冠管纤细，长3.5～4cm；花冠裂片倒披针形，长1.7～2cm，白色；侧生退化雄蕊狭长圆形，长1.6～1.8cm、宽约5mm，白色；唇瓣长于雄蕊，全部白色，顶端2裂，花药长9～10mm，白色；子房被白绢毛。蒴果卵球形，具钝3棱，长1.7～2.5cm、宽1.3～1.8cm，黄色，被长柔毛；种子卵形或不规则多角形，红色，干时红棕色，具红色假种皮（图30）。

地理分布：中国云南南部（西盟）。生海拔约2 000m林中。

利用：花期7～9月。植株较为高大；花序显；苞片卷筒状或覆瓦状；花洁白且芳香。

1.3.32 盈江姜花

Hedychium yungjiangense S. Q. Tong, Acta Bot. Yunnan, 8(1): 40, 1986. Type: China, Yunnan, Yingjiang, *S. Q. Tong & C. J. Liao 24872* (Holotype: KUN; Isotype: HITBC).

识别特征：植株高0.6～1m。叶舌长1.8～2.2cm；叶片披针形，长20～30cm、宽3.5～6cm，顶端尾尖，基部楔形，叶背主脉被淡褐色短柔毛，无叶柄；叶舌长1.8～2.2cm，顶端全缘，淡褐色，密被淡褐色短柔毛。穗状花序密集多花，长7～10cm；苞片呈疏松的覆瓦状，狭倒卵形，长约2.5cm、宽0.8cm，顶端锐尖，基部渐狭，边缘白色或淡绿色，具淡褐色疏柔毛，每苞片2～4朵花；小苞片管状，长约1.2cm，淡绿色，花白色；花萼管状，长约1.7cm，微黄绿色，被淡褐色短柔毛，顶端具3齿；花冠管长约2.5cm，花冠裂片长约1.3cm、宽3mm；侧生退化雄蕊宽约1.5cm，约4mm；唇瓣近

图30 西盟姜花（*Hedychium ximengense*）植株和花序特征

圆形，长约1.3cm、宽约1cm，顶端凹缺，基部收缩为柄状；花丝与唇瓣近等长，花药长6～7mm；柱头微黄绿色，顶端密被白色缘毛，子房白色，被密集的白色短柔毛（图31）。

地理分布：中国云南西部（盈江）。生海拔约1 200m潮湿林中。

利用：花期7月。植株较矮；苞片鱼鳞状，呈疏松覆瓦状排列，十分特别；花小密集，花序短。

1.3.33 滇姜花

Hedychium yunnanense Gagnep., Bull. Soc. Bot. France 54: 164, 1907. Type: China. Yunnan. *J. Beauvais 1284* (Syntype: P).

H. gomezianum auct. non Wall.: K. Schum., Engl. Pflanzenr. 20 (IV. 46): 55, 1904.

识别特征：植株高1～1.2m；茎粗壮。叶舌长1.5～2.5cm；叶片椭圆形或狭椭圆状披针形，长20～40cm、宽约10cm，两面无毛。穗状花序长约20cm；苞片披针形，长1.5～2.5cm，卷筒状，每苞片1朵花。花萼管状，长1.7～2.8cm，顶端具不明显的钝三齿，有缘毛；花冠管纤细，长3.5～5cm，裂片线形，长2.5～3cm；侧生退化雄蕊长圆状线形，基部收窄，较花冠裂片稍短，宽约2mm；唇瓣倒卵形，长约2cm，2裂至中部，基部具瓣柄；雄蕊长于唇瓣，花丝长3.5～4cm，花药长10～15mm；柱头具缘毛；子房被疏柔毛。蒴果具钝三棱，直径12～14cm；种子多数，具红色、撕裂状假种皮（图32）。

地理分布：中国云南、西藏。生海拔1 800～2 500m山地密林下。

利用：花期7～9月。植株中等高；花序显，花量感强，每苞片1朵花。根茎富含姜花酮和二萜成分，可供入药。

1.4 存疑种类

1.4.1 椭穗姜花

Hedychium ellipticum Buch.-Ham. ex Sm, Cyclop. 16. n. 2, 1811. Type: Nepal. Narainhetty, 28 Jul. 1802, *F. Buchanan-Hamilton s.n.* (Holotype: LINN-HS8-31).

图31　盈江姜花（*Hedychium yungjiangense*）花序特征

图32　滇姜花（*Hedychium yunnanense*）植株、花序和小花特征

有研究报道（丁洪波 等, 2022），椭穗姜花在西藏吉隆有分布，该种类与唇凸姜花在形态上相似度极高，后者的唇瓣顶端不裂且具凸起，实地考察发现存在有两者的中间过渡类型。基于目前的研究结果，本章作为存疑处理。

1.4.2 孟连姜花

Hedychium menglianense Y. Y. Qian, J. Trop. Subtrop. Bot. 8(1): 17, 2000. Type: China. Yunnan, Menglian, 22 Sep. 1993, *Y. Y. Qian 2988* (Holotype: HITBC).

孟连姜花发表时的形态描述与小花姜花极为相近，本团队连续多次对该物种的模式标本产地进行调查考察，并未在野外发现该种植物。仅依据两者的原始文献描述及模式标本，难以支持该物种的成立，还需更多的野外考察资料和深入研究。

1.4.3 *Hedychium mechukanum* M. Sabu & Hareesh

Hedychium mechukanum M. Sabu & Hareesh, Gard. Bull. Singapore 72(2): 292, 2020. Type: India. Arunachal Pradesh (South of Xizang), Shi-Yomi District, Quing, 1 450m, 19 Sep. *2019, M. Sabu & V. S. Hareesh 158761* (Holotype: MBGH; Isotype: CAL).

本种原产地为中国西藏南部，但是关于*Hedychium mechukanum*的文献、标本和图片等资料均极为有限（Sabu & Hareesh, 2020），本团队目前未掌握任何关于该物种的第一手资料。基于目前的研究结果，难以判断该物种的成立与否，有待后续研究。

2 姜花的文化及园林应用

2.1 姜花的花语

姜花（白姜花，*Hedychium coronarium*）的属名*Hedychium*中*Hedy-*在拉丁语中的含义是甜蜜，*chion*为雪，明示了花的颜色如雪以及气味香甜，而种加词*coro-*的含义是花冠。姜花洁白、高雅，且生命力顽强，常被认为是巨蟹座的守护花。花语是“summer’s memory”，即“夏天的回忆”。姜花花冠宛如翩翩白蝶，聚集于翡翠簪头，从暮到朝，散放清香，又名“蝴蝶百合”，是酷暑季节在南亚热带地区盛开的种类不多的香花植物之一。

2.2 插花和佩花

姜花属植物作插花用主要包括个别花大、香气显著的种类，其中最常见的是白姜花。在广州，花开季节，人们通常可以方便地从菜市场捎一束姜花回家，以祛除家中夏季南亚热带潮湿的霉味。曾有人撰文写到“没有姜花相伴的广州夏天，真是不够完美”（《深圳特区报》），认为姜花的香气属于“冷香”，在炎热的夏季有降暑、静心的作用。姜花还是广州人生活的一部分，“广州的夏天一来，姜花就开了，满屋香气也就来了。无论是菜市场还是路边，在广州夏天里买姜花大概是最便利的事”。而在云南的西双版纳地区，傣族少女常将峨眉姜花作为簪花佩戴（图33）。

2.3 绘画作品

姜花形态优美、花姿独特，一直是艺术家们

用于表达其对大自然向往的素材。国内多名艺术家先后对其进行艺术化，如台湾艺术家刘墉的白姜花绘画作品《珊瑚碧玉簪（姜花蜻蜓）》和《姜花溪畔》，以及陈永锵和方楚雄等艺术家的作品。

2.4　文学和音乐作品

在台湾，野生的姜花较多，其应用很好地融入了当地的生活，出现了较多以姜花为主题的文学和音乐作品。文学作品有刘墉的《生命中野姜花》、林清玄的《野姜花》，音乐作品有刘文正演唱的《野姜花的回忆》、孙自佑演唱的《野姜花》。这些文艺作品多以表达姜花的纯天然、无污染、生命力顽强等特点为主。

2.5　温室花境展示

姜花属最初被引种至欧洲的时候，主要作为具有异域风情的花卉在温室栽培展示。后面逐渐将一些原产热带亚热带高海拔地区的种类进行露地栽培获得成功（图34）。爱尔兰的F. W. Moore于1900年育成的姜花品种*Hedychium* × *moorei*获英国皇家园艺展一等奖，可见欧美地区人们对姜花的喜爱。与我国相比，家庭园艺在欧美地区十分普及，姜花属花卉逐渐以温室和露地栽培的形式进入寻常人家，其商业化程度远超我国。

图33　姜花的装饰应用（A、B：姜花插花；C：傣族少女的姜花佩花）

图34　姜花属植物温室栽培展示（英国爱丁堡皇家植物园）[A. 红姜花*Hedychium coccineum*（右）和*H. speciosum*（左）；B. 红丝姜花*H. gardnerianum*；C. 红姜花；D. *H. greenii*；E. *H. bousigonianum*；F. *H. thyrsiforme*）]

2.6 露地园林应用

姜花属植物的植株高度可达1～2m，但在泰国仍常被用作盆栽。该属植物还是优良的园林配置用植物，常用于营造水景，种植在池塘的一边、水沟边、浅水里，或布置在跌落水景处。一些种类有鲜艳的色彩，常被用来作观叶植物景观的焦点和起伏停顿的转折点，或者在设计观赏种植床时，与其他颜色的观花植物一起构成色彩主题。属内不同种之间变化多端的香气，使姜花属植物成为营造香花园林的优秀素材。

3 引种栽培

3.1 环境条件

从原产地气候条件来讲，姜花属植物大致可以分为3个类型，原产热带和亚热带高海拔（1 600m以上）、中海拔（1 200～1 600m）和低海拔（低于1 200m）的种类。在野外，姜花属植物多生长在热带和亚热带森林的边缘，常在沼泽边和草坡上形成各种斑块，一些附生的种类长在潮湿的岩石上和树干上（Naik & Panigrahi, 1961）。附生的种类须根肉质化程度高，需要较好的土壤透气性，而地生的种类须根肉质程度较低，对土壤质地具有较广泛的适应性。

3.2 繁殖方法

姜花属是异花授粉植物，为保持遗传一致性，繁殖时常采用根茎切割的方法。姜花属植物的根茎肉质、粗大，表面有很多不定芽，每年都会伸长但不一定都形成独立的植株（图35）。将根茎整块挖出，选择狭窄的部位用锋利的小刀切断，分开的每一块根茎都带2～3个生长点用于繁殖，种植前用杀菌剂消毒以减少根茎腐烂。进行分株的季节在不同气候条件下有所不同。在欧洲地区尽量不要在冬季或植株休眠的时候分株，因为这些地区冬季温度低，腐烂的可能性会比较大，在植

图35 姜花属植物发达的根茎（A. 红姜花 *Hedychium coccineum*）和须根（B. 矮姜花 *H. brecicaule*）

株进入旺盛生长之后分株，有利于切口的愈合，新的植株也更容易生长（Branney, 2005）。在我国南亚热带地区，因冬季温度较前者高，姜花有一定的生长量，在冬季分株定植更适宜。姜花还可采用叶茎扦插繁殖和离体培养快速繁殖（Hu et al, 2020）。

Ashokan & Gowda（2018）研究发现分布于印度的红丝姜花*Hedychium gardnerianum* Sheppard ex Ker Gawl.、*H. marginatum* C.B. Clarke、*H. thyrsiforme* Buch.-Ham. ex Sm 和 *H. urophyllum* G. Lodd.等4个姜花属种类具有胎生现象，但这实际上只是种子在果序上可直接萌发了。

Hu等（2021）首次以实证的方式提出了姜花属植物的叶茎是真正茎的理论，颠覆了传统理论认为姜花属植物的叶茎是假茎的认知。基于对姜花属植物叶茎是真正茎的新理论，以叶茎隐芽为外植体创立了保护性灭菌技术，将姜花属植物外植体处理的无菌率由35%提高到100%，大大降低了姜花属外植体无菌处理的难度，提高了无菌处理的效率；并以叶茎隐芽为繁殖部位，研发了促进隐芽萌发、操作简便、萌发率高的离体快速繁殖技术（专利授权号：ZL201911365403.5）。

3.3 栽培技术

姜花的叶片大，根茎和须根肉质，在生长期对水分需求量大，要求其基质既具有一定的保水性又具有一定的透气性（图36）。如金姜花（*Hedychium* 'Jinjianghua'）喜温暖多湿环境，但栽培土壤又不宜太湿，因为其地下根茎含水量相对较高，容易造成球根的腐烂（熊友华和寇亚平，2011）。姜花属植物大多较适合在有一定遮光度的条件下生长，50.9%～68.8%的遮光度对其生长较为有利（陈雨姗，2018），但光照时长不足容易造成花枝率低、花期短等问题。

3.4 引种栽培概述

3.4.1 欧美地区引种

欧洲国家从200年前开始引种姜花属植物（Branney, 2005），主要包括温室（加温温室）和露地两种形式。英国爱丁堡皇家植物园分别在温室和露地引种栽培了姜花属植物，其中温室包括加温温室和不加温温室（图37）。英国的姜花属国家收藏中心以玻璃温室但不加温的方式主要对品种进行收集和保存，所有的品种在寒冷季节到来时全部进入休眠，对根茎进行简单覆盖后可以安

图36　姜花属植物栽培方式（A. 温室盆栽；B. 栽培基质；C. 仿附生栽培）

全越冬，翌年又恢复生长（图38）。

在对姜花属植物耐寒性的认识上，西方人走了很长时间的弯路。姜花属植物在19世纪初时就被引入英国，在维多利亚时代是最为流行的植

图37 英国爱丁堡皇家植物园姜花属植物的引种栽培形式（玻璃温室地栽）（A. Palm House引种栽培的*Hedychium gardneranium*；B. Lower land House引种栽培的*H. coccineum*）

图38 英国姜花属国家收藏中心（National collection center of *Hedychium*）的引种栽培形式（玻璃不加温温室，大型盆栽辅以滴灌）

物之一，但是基本上一直种植在玻璃温室里。同样，1938年，Frank Kingdon-Ward在印度采集的*Hedychium densiflorum* Wall.一直被种植在温室里，直到1970年从其种子繁殖后代中筛选出的*H. densiflorum* ‘Asaam Orange’在种植于室外阳光充足、朝南的地方仍可以安全越冬时，才发现姜花属植物可能相当耐寒（图39）。这一事件是一个关键的转折，人们认识到姜花属植物和其他的通常被认为只能在热带生长的姜科植物，实际上有一定的耐寒性。另外，在原产地姜花属多数种类都在雨季期间旺盛生长，而在干燥的季节进入休眠；而在欧洲，这些植物旺盛生长的时期是在干燥的夏季，休眠是在湿润的冬季，也就是与原产地的湿度条件正好相反（Branney, 2005），这使得在英国种植姜花属植物的时候要特别注意增加空气湿度。也由此开始，英国和美国在接下来的几十年里开始大量引进包括姜花属在内的姜科植物，使得世界上姜科花卉的种类和品种持续增加。

3.4.2 国内引种

目前，姜花属植物在国内主要有露地引种（广州、厦门、昆明、南宁）、加温温室引种（西安植物园、北京植物园）和荫棚引种栽培方式（图40）。如在广州，中国科学院华南植物园从20世

图39 英国爱丁堡皇家植物园露地引种栽培的姜花属植物（A. 草果药*Hedychium spicatum*；B. 密花姜花*H. densiflorum*）

图40 峨眉姜花在广州的荫棚引种保存方式

纪70年代后期开始，先后通过野外采集和植物园之间种质交换等方式引进姜科植物，其中包括姜花属植物14种，成活率57.1%，开花率42.9%，结实率21.4%，但成活率相对较低，有将近1/2的种类开花但不结实，如金姜花、黄姜花（*Hedychium flavum* Roxb.）、毛姜花（*H. villosum* Wall.）等（谢建光 等, 2000）。彭声高等（2005）通过对从美国夏威夷及国内各地引进的姜科植物在广州的环境适应性、生物学特性的研究，筛选出一些适应性强的姜科花卉种类，其中包括姜花属的红姜花、黄姜花、美国姜花*H.* 'Tropibird' 和金姜花等。

高江云等（2002）在对包括姜花属在内的国产姜科13属84种4变种进行引种的基础上，对不同种类的观赏特性和用途进行了分析和评价，并筛选出了16种（类）具有较高观赏价值和应用前景的国产姜科植物，如红姜花和黄姜花。

4 品种选育

4.1 育种目标

由于社会经济和文化背景、气候特点、应用场景的影响，姜花属花卉育种的目标各有不同，差异具体表现在：欧美国家的西方文化中更喜欢饱和度较高的颜色，日本则杂交后代以清淡柔和的色彩为特征。对欧美地区来讲，姜花属植物多种植在温室里，而家庭的温室都较小，因而比较喜欢矮小适宜盆栽的类型。但在我国岭南地区，姜花目前主要用作切花，因而需要有长而直立的叶茎，以便于后期根据需要对茎秆进行剪切。美国的Tom Wood认为匍匐的类型在规则式的欧美园林中不太适用并且需要额外的维护，但事实上在中式园林中，叶茎略为弯曲的种类可以营造动感的线条。对单花大小而言，作为切花使用时，大花的类型常常受到喜爱，但作为园林应用时，由于视距较远，姜花的观赏性主要通过花序的大小和显著度来呈现，一些单花较小但拥有大而丰满的花序的类型，观赏效果也很好，如红姜花、碧江姜花、思茅姜花等。在品种选育时应根据不同的应用方式，有针对性地选育。但有一些共同特点：①花期尽可能长，且尽可能早开花。对一些生长季节较短的地区而言，早开花的种类更受欢迎；②花序尽可能大，并且花序上中下部不同苞片的开花较为同步，以获得尽可能显著的观赏效果。如果上下不同步，在同一部位能够整齐地开放也是不错的，比如*Hedychium ellipticum* Sm.和*H. thyrsiforme* Sm.；③选育单花序花期尽可能长的类型。单花序的花期决定于每苞片里小花的数量，因此通常保留那些每苞片多于3朵花的类型；④选育不同香型和浓郁程度的品种。

从应用场景来讲，切花类型要求足够长且抗倒伏的叶茎、覆瓦状且紧密排列的苞片、宜人的香型，且瓶插期和群体花期（切花供应期）较长。而盆花品种却要求低矮的植株、强的花枝持续抽生能力，花序大、花量感强且明显超出叶面。园林应用型品种要求显著的花序（花序大且颜色鲜艳）、香气淡雅不过分浓烈，单花序花期和群体花期较长等。

4.2 育种方法

4.2.1 选择育种

姜花属植物为异花授粉（高江云 等, 2002; 熊

友华 等, 2006), 大部分姜花属种类在自然状态下可结实, 为种子繁殖兼根茎繁殖。有性繁殖促使了遗传物质的交换, 而营养繁殖的特性又使得这些遗传的变异和重组迅速固定下来, 种内和种间的遗传多样性极为丰富。这使得可以通过系统选择的方法直接从野生群体中筛选符合目标性状的类型, 如1974年获奖的*Hedychium densiflorum* 'Asaam Orange', 是由Francis (Frank) Kingdon-Ward从1938年于印度采集的*H. densiflorum* Wall. 的实生后代中选育出来的优良品种。

4.2.2 杂交育种

姜花属植物的杂交育种在国外开始得较早, 其中绝大部分是通过种间杂交育成。我国台湾的白姜花(*Hedychium coronarium*)于20世纪初引进, 常作为家庭用切花或庭院植物; 此外, 因香气高雅, 被用作敬神礼佛的花卉, 在台湾是重要的香花植物。多年来姜花属切花的栽培品种都一直维持传统的白色品种, 为了增加花色的多样性且保持香气, 台湾高雄农业改良场对姜花进行了杂交育种, 于2004年育成了'高雄6号'和'高雄7号'。在大陆, 熊友华等(2006)采用观赏性强的金姜花(*Hedychium* 'Jinjianghua')和芳香性、耐寒性好的白姜花进行正反交均获得成功, 育成的杂种F_1在生长势和成熟期方面均表现出明显的杂种优势, 其花瓣淡黄色、花朵芳香美丽, 适于园林布置或生产切花。高丽霞(2008)通过种间杂交育种筛选出具有浓郁桂花香味的后代。范燕萍等(2021)在白姜花 × 金姜花杂交F_1代中选育出12个姜花品种。胡秀等以多个野生种为亲本采用杂交的方法选育出30个姜花品种。

4.2.3 多倍体诱变育种

Sakhanokho等(2012)利用不同浓度的秋水仙碱或安磺灵处理*Hedychium muluense* R. M. Sm. 和*H. bousigonianum* Pierre ex Gagnep. 的胚性愈伤组织, 获得了三倍体、四倍体、六倍体以及混合多倍体的再生植株。张爱玲等(2023a, 2023b)以二倍体白姜花为材料通过秋水仙碱处理获得四倍体白姜花。靳飞璇等(2015)用秋水仙素对四倍体红姜花进行加倍, 经染色体计数和流式细胞术检测, 均表明获得了同源八倍体红姜花。

4.3 亲本选择

4.3.1 亲本选配原则

高丽霞等(2010)认为在姜花属花卉杂交亲本的选配上, 亲本材料的相似系数在0.4 ~ 0.6时结实率最高; 并结合实际育种工作, 提出了姜花属亲本搭配首先从性状上进行搭配, 包括苞片排列方式、香气和花颜色等; 另外考虑到其生殖特性, 在亲本过于远缘或过于近缘时, 必须考虑引入桥梁亲本, 以集合更多的优良性状。通常选用香气好的种类与颜色鲜艳的种类组合, 杂交后代多呈亲本的中间色系或者中央出现斑点, 香气基本上可以遗传(Branney, 2005; 高丽霞, 2008)。

姜花属内亲缘关系较近的种类间进行杂交较易成功, 如白姜花与普洱姜花(*Hedychium puerense* Y. Y. Qian), 但密花姜花在姜花属中与其他种类的关系较远, 与其他多数种类进行杂交, 极少有杂交后代(未发表数据)。

4.3.2 亲本来源

国外的姜花品种基本上由以下几个有限的亲本种类经杂交培育而成, 如红姜花(*Hedychium coccineum* Sm.)、峨眉姜花(*H. flavescens* Carey ex Rosc.)、黄姜花(*H. flavum* Roxb.)、白姜花(*H. coronarium* König)和密花姜花(*H. densiflorum* Wall.)等(Branney, 2005)。较多具有特异性性状的种类尚未或较少参与杂交育种, 如可周年开花的*H. cylindricum* Ridl.(图41)和黄白姜花(*H. chrysoleucum* Hook.)(图42)。国内近年开展的杂交育种主要涉及的种有白姜花、金姜花、红姜花、勐海姜花、思茅姜花、普洱姜花等, 仍有大量野生种类未参与杂交。

从世界现有的姜花品种的观赏特性来看, 还存在着一些亟待改良的性状: 植株过于高大, 缺少盆栽品种; 花色纯度低, 花色不够鲜艳; 缺乏优良的香型品种; 花序藏于叶面以下, 不够明显。

图41 周年开花的特异性种质资源——*Hedychium cylindricum*

图42 周年开花的特异性姜花属种质资源——*Hedychium chrysoleucum*［A. 冬季花序（保山）；B. 夏季花序（昆明）］

4.4 国内外育种状况

4.4.1 国外育种

在1700—1950年的250年间，随着英国及欧洲各国的崛起、强盛和扩张，全世界的植物资源不断向欧洲汇集。观赏植物的园艺化也在这一时期达到鼎盛，园艺学家通过在全世界范围内的引种、育种，创造了繁荣的观赏园艺。姜花属最早的人工杂交种由爱尔兰国家植物园的F. W. Moore于1900年育成，且获得了英国皇家园艺展的一等奖，令人遗憾的是这个杂交后代已经遗失了。后来，C. P. Raffill于1941年育成的一个杂交后代获得了英国皇家园艺学会颁发的“功勋奖 ”（Royal Horticulture Society Award of Merit）（Schilling, 1982），这个品种英国在爱丁堡皇家植物园（RBGE）有活体保存。在20世纪50年代初，锡金（1642—1975年独立建国期间）的Keshab C. Pradhan育成了4个杂交后代，这些杂交后代和其他姜花属的野生种一起由美国农业部引种至美国（Fennel, 1954），进而在欧洲各国流传开来。

20世纪60年代末或70年代初，日本育成了超过37个姜花属杂交后代。这些杂交后代由Clarke J. Craig引种至美国的夏威夷、加利福尼亚、得克萨斯和路易斯安那。从1981年开始，美国的T. Wood选育了大约30个杂交后代。这些杂交品种由一些园艺公司进行了公开销售，比如Wayside Gardens、Stokes Tropicals、Plant Delights和Brent and Becky’s Bulbs。20世纪90年代开始，佐治亚大学（University of Georgia）从事洋葱育种的退休教授Doyle A. Smittle，育成了超过15个以‘Tai’为前缀的姜花属杂交后代。除此之外，Ying Doon Moy（the San Antonio Botanical Garden，圣安东尼奥植物园）、Dave Case、Larry Shatzer和Robert Hirano也各自育成了几个杂交后代，这些杂交后代都被广泛繁殖应用。

4.4.2 国内育种

国内对姜花属种质资源的收集始于20世纪90年代。仲恺农业工程学院和广州市农业推广中心从2002年左右开始系统收集种和品种资源并开展杂交育种。2004年我国台湾高雄区农业改良场育成了‘高雄6号’和‘高雄7号’。熊友华等（2006）采用观赏性强的金姜花和芳香性及耐寒性好的白姜花进行正反交均获得成功，育成的杂种F_1代植株已经开花，在生长势和成熟期方面表现出明显的杂种优势。高丽霞（2008）通过种间杂交育种筛选出具有浓郁桂花香味的后代。尽管如此，直到2016年才由广东省农作物品种审定委员会首次官方登记了第一个品种‘渐变’姜花（仲恺农业工程学院育成，表2，图45A），随后审定或评定了‘黄金1号’姜花、‘橙心’姜花（仲恺农业工程学院和普邦园林股份有限公司育成），‘彩霞’姜花、‘粉黛’姜花、‘晨光’姜花、‘明月’姜花、‘朝霞’姜花、‘彩云’姜花、‘雅韵’姜花、‘蜜甜’姜花、‘碧寒’姜花（华南农业大学育成），‘金晖’姜花（华南农业大学和广州归然生态科技有限公司育成），‘寒月’姜花（仲恺农业工程学院育成）（表1，图46），但这些多为切花品种。随后，选育适合园林应用和盆栽的姜花品种逐渐受到重视，逐渐育成了‘荣耀’姜花（园林应用）、‘华瑶’姜花（园林应用）以及‘玲珑’姜花、‘香雪’姜花、‘巧巧’姜花（盆栽）等品种（表2至表4，图43至图45）。姜花属的国际新品种登录机构为中国科学院华南植物园，登录专家为夏念和、蔡邦平，包括厦门市园林植物园、仲恺农业工程学院等数家单位在内的20余个品种获国际姜花属品种登录（https://icrh.xiamenbg.com/jianghua/index.htm）。

表1 国内选育的姜花属新品种（一）

品种名称	育成人及年份	特征	应用方式	图版
‘渐变’姜花 *H.* ‘Gradient’	胡秀 等，2016	植株高至170cm。花序长椭圆形；每苞片有小花3～5朵；小花随着开放进程由白色渐变为淡黄色；具栀子花香，中等浓度。花期6月下旬至10月上旬	切花，园林应用	图43A
‘光辉’姜花 *H.* ‘Guanghui’	赖灿 等，2023	平均株高159.2cm。花序长椭圆形，平均长21.8cm；每苞片约有小花5朵；花白色、基部黄色；具栀子花香味，香气怡人。花期6～12月	园林应用	图43B
‘寒月’姜花 *H.* ‘Hanyue’	胡秀 等，2021	植株较矮，平均高134cm。平均每苞片约有小花6朵；花略小，花黄白色；具栀子花香。花期全年，群体花期较白姜花长6个月	切花，园林应用	图43C
‘红天鹅’姜花 *H.* ‘Hongtiane’	钟玉成 等，2023	平均株高142.9cm；花序显，平均长20.7cm；花量感大，每苞片平均有小花4.2朵，花粉白色、基部橙红色，花序；具淡栀子花香味。花期6～12月	切花，园林应用	图43D
‘华瑶’姜花 *H.* ‘Huayao’	江良为 等，2021	植株高大，平均株高190cm。花序大而饱满，长椭圆形；平均每苞片有小花4朵，花量感强；花白色，具淡香。群体盛花期6月中旬至11月中旬	园林应用	图43E
‘荣耀’姜花 *H.* ‘Rongyao’	谭嘉川 等，2021	植株高大，平均株高190cm；直立性强。叶片宽；平均每苞片有小花6朵；花大，白色，喉部红色；香气怡人。群体盛花期6～11月	园林应用	图43F

图43 国内选育的姜花属新品种（一）

表2 国内选育的姜花属新品种（二）

品种名称	育成年份	特征	应用方式	图版
八爪鱼姜花 *Hedychium* 'Bazhuayu'	2023	苞片卷筒状，长而遒劲有力，小花纤长，与章鱼（八爪鱼）类似	园林应用	图44A
橙粉渐变姜花 *Hedychium* 'Chengfenjianbian'	2023	小花喉部中心斑块，初开时为橙色，随开放进程变为粉色	园林应用	图44B
橙黄密苞姜花 *Hedychium* 'Chenghuangmibao'	2023	苞片多而密集且小花为橙黄色	园林应用	图44C
粉粉姜花 *Hedychium* 'Fenfen'	2023	小花喉部具较大的粉色斑块，整体花色为淡粉色	切花，园林应用	图44D
红袖姜花 *Hedychium* 'Hongxiu'	2023	小花在蕾期由花冠裂片包裹似衣袖，随着小花的开放，小花唇瓣、侧生退化雄蕊、雄蕊似人的手臂逐渐伸出。该品种花冠裂片为美丽的橘红色，花大而鲜艳	切花，园林应用	图44E
宽唇姜花 *Hedychium* 'Kuanchun'	2023	唇瓣较为宽大，侧生退化雄蕊相对较窄	切花，园林应用	图44F
蜡瓣姜花 *Hedychium* 'Laban'	2023	小花质地厚，单朵花寿命较普通品种长	切花，园林应用	图44G
玛奇朵姜花 *Hedychium* 'Maqiduo'	2023	花具有咖啡饮料玛奇朵的香气	切花，园林应用	图44H
魅影姜花 *Hedychium* 'Meiying'	2023	花冠管长于苞片较多，花型舒展	园林应用	图44I
蜜兰姜花 *Hedychium* 'Milan'	2023	具有蜜兰一般的香气	园林应用	图44J
摩卡姜花 *Hedychium* 'Moka'	2023	小花为橙红配色偏深，类似摩卡咖啡的颜色	园林应用	图44K
水蜜桃姜花 *Hedychium* 'Shuimitao'	2023	花具有水蜜桃一般的甜香	园林应用	图44L
夏红姜花 *Hedychium* 'Xiahong'	2023	花色鲜红且在夏季高温强光条件下仍能正常开放	切花，园林应用	图44M
影粉姜花 *Hedychium* 'Yingfen'	2023	花白色、喉部略带淡红色，花丝为粉色	园林应用	图44N

图44　国内选育的姜花属新品种（二）——国际登录品种

表3 国内选育的姜花属新品种（三）

品种名称	育成人及年份	特征	应用方式	图版
‘彩霞’姜花 *H.* ‘Caixia’	范燕萍 等，2018	平均株高173.7cm；穗状花序长30.6cm、直径22.3cm，苞片卷筒状，花橙红色，有香气，盛花期为5月底至7月初、9月上旬至10月中旬。花期较红姜花更早，花序更大	切花，园林应用	图45A
‘玲珑’姜花 *H.* ‘Linglong’	范燕萍 等，2018	平均株高73.0cm；苞片卷筒状，单花序平均苞片数19.0个，平均每苞片内具2.1朵小花，花橙红色，盛花期为6月底至7月中旬。植株较红姜花矮化，株型更紧凑	盆栽，园林应用	图45B
‘粉黛’姜花 *H.* ‘Fendai’	范燕萍 等，2019	平均株高90.9cm；穗状花序顶生，长14.2cm；花橙红色，具栀子花香，花冠管淡黄色，唇瓣主色浅橙色，心部橙红色。花朵横径较金姜花大，花色更红艳	切花，园林应用	图45C
‘晨光’姜花 *H.* ‘Chenguang’	玉云祎 等，2019	株高130.6cm；穗状花序顶生，长23.6cm，花橙黄色，具栀子花香，花冠管浅黄色，唇瓣主色浅橙色，心部橙色，花丝橙色。花朵横径较金姜花大，叶茎更粗	切花，园林应用	图45D
‘明月’姜花 *H.* ‘Mingyue’	范燕萍 等，2020	平均株高125.2cm；花序长18.5cm，苞片数17.4个，苞片长4.5cm；花黄白色，唇瓣白色，心部黄色；花丝橙红色，花药橙色；开花整齐度较白姜花高	切花，园林应用	图45E
‘朝霞’姜花 *H.* ‘Zhaoxia’	周熠玮 等，2020	平均株高136.5cm；花序长20.1cm、直径13.4cm，苞片数34.4个，每苞片内具3～5朵小花，橙红色；唇瓣浅橙色，心部橙红色；花香浓郁	切花，园林应用	图45F
‘彩云’姜花 *H.* ‘Caiyun’	范燕萍 等，2022	平均株高98.4cm；花序长18.7cm，苞片卷筒状；唇瓣长度3.8cm，唇瓣主色白色，心部橘黄色；花具香气；花期全年	切花，园林应用	图45G
‘雅韵’姜花 *H.* ‘Yayun’	范燕萍 等，2023	平均株高107.3cm；穗状花序顶生，长18.6cm、宽13.4cm；苞片卷筒状，排列半分离；每苞片内3～5朵小花，花橙黄色；具香气	切花，盆栽，园林应用	图45H
‘蜜甜’姜花 *H.* ‘Mitian’	玉云祎 等，2023	平均株高113.1cm；花序长19.9cm，苞片卷筒状，每苞片内具3～4朵小花，花朵唇瓣主色为黄白色，心部橙色；花具甜香气；花期全年	切花，园林应用	图45I
‘碧寒’姜花 *H.* ‘Bihan’	玉云祎 等，2023	平均株高97.7cm；花序长22.3cm，苞片卷筒状，每苞片有小花1～2朵，花白色，唇瓣心部黄橙色。花有栀子花香；花期全年	切花，盆栽，园林应用	图45J
‘香雪’姜花 *H.* ‘Xiangxue’	范燕萍 等，2023	平均株高68.3cm；花序长18.0cm，苞片卷筒状，每苞片内有小花3～4朵，白色；唇瓣倒卵圆形，先端开裂，深2.1cm；花有香味	盆栽，园林应用	图45K
‘金晖’姜花 *H.* ‘Jinhui’	玉云祎 等，2023	平均株高142.6cm；花序长18.5cm，苞片卷筒状，每苞片内具花3朵，花黄橙色，唇瓣黄橙色，心部橙红色；花有香味	切花，园林应用	图45L

表4 国内选育的姜花属新品种（四）

品种名称	育成人及年份	特征	应用方式
‘白黄玉’姜花 *H.* ‘Baihuang Yu’	刘念 等，2019	平均株高99.7cm；苞片下半部覆瓦状上半部卷筒状；小花白色，唇瓣主色白色，心部主色鲜黄色；香味中等甜香	切花，园林应用
‘和煦’姜花 *H.* ‘Hexu’	苏赤连 等，2023	株高108.4cm；花序上部苞片卷筒状；小花黄色，唇瓣和心部主色均变为黄色；香味淡香	切花，园林应用
‘晨曦’姜花 *H.* ‘Chenxi’	汤聪 等，2023	苞片卷筒状，苞片内小花达4～5朵；小花变小，侧生退化雄蕊和唇瓣的颜色黄至浅橙色，唇瓣心部、侧生退化雄蕊基部、花丝及花药橙色，香味淡雅	切花，园林应用
‘百媚’姜花 *H.* ‘Baimei’	蔡长福 等，2023	株高48.3～117.2cm；花色多样，花冠裂片和花冠管黄色，唇瓣黄白色至橘黄色，花丝橘红色，花药红色；花香略淡	园林应用
‘香绯’姜花 *H.* ‘Xiangfei’	王梦园 等，2022	平均株高92.7cm；花色为渐变色；花香略淡	园林应用
‘霓裳’姜花 *H.* ‘Nichang’	包苹 等，2022	平均株高73.0cm；花色杂色；花香略淡	园林应用
‘黄金Ⅰ’姜花 *H. coronarium* × *H. gardnerianum*	李秋静 等，2017	平均株高139.9cm；叶披针形；穗状花序金黄色、紧凑，小花较小、花冠管较短、苞片中上部为卷筒状；香味淡雅	切花，园林应用
‘橙心’姜花 *H.* ‘Chengxin’	曾凤 等，2017	平均株高142.2cm；叶披针形；唇瓣含橙色斑块；香气较淡雅	切花，园林应用
‘丹心’姜花 *H.* ‘Danxin’	黄竹君 等，2022	平均株高161.3cm；苞片卷筒状；小花红色，唇瓣主色橙红，心部主色鲜大红色；香味淡香	切花，园林应用

'彩霞'姜花 '玲珑'姜花 '粉黛'姜花 '晨光'姜花
'明月'姜花 '朝霞'姜花 '彩云'姜花 '雅韵'姜花
'蜜甜'姜花 '碧寒'姜花 '香雪'姜花 '金晖'姜花

图45 国内选育的姜花属新品种(三)

4.5 遗传性状研究

4.5.1 杂交后代的性状表现

姜花属植物杂交后代表现一般介于父母本间，'霓裳'姜花(*Hedychium* 'Nichang')花色杂色，'香绯'姜花(*H.* 'Xiangfei')为渐变色，不同于母本和父本的单一花色。'晨曦'姜花(*H.* 'Chenxi')与母本白姜花(*H. coronarium* Koen.)比较，小花变小，呈黄色，唇瓣及其心部主色均变为黄色；与父本(*H. coccineum* × *gardnerianum*)相比，侧生退化雄蕊变为椭圆形(vs.镰状披针形)，香味变为淡香(vs.药香)(汤聪 等, 2023)。'和煦'姜花(*H.* 'Hexu')与母本白姜花相比，其苞片卷筒状，小花变小，侧生退化雄蕊和唇瓣的颜色变为黄至浅橙色，唇瓣心部、侧生退化雄蕊基部、花丝及花药的颜色均变为橙色，香味淡雅；与父本黄姜花(*H. flavum* Roxb.)比较，苞片内小花多达4~5朵，侧生退化雄蕊和唇瓣变为黄至浅橙色(苏赤连 等, 2023)。杂交后代也有株高弱于亲本的，如'霓裳'姜花植株矮化，平均株高为73.0cm，明显低于其母本(258.3cm)和父本(170.1cm)，花香也较母本略淡(包苹 等, 2022)；'香绯'姜花的成熟植株平均株高为92.7cm，也明显低于其父母本(王梦园 等, 2022)；'百媚'姜花(*H.* 'Baimei')株高48.3~117.2cm，明显低于其父母本（蔡长福 等, 2022）。上述3个姜花品种的花香均较其母本变得略淡。

4.5.2 多倍体性状表现

四倍体白姜花（*H. coronarium*）的切花寿命显著长于二倍体白姜花（张爱玲 等, 2023b）。与对应的二倍体对照相比，其四倍体白姜花和四倍体金姜花的叶片表现出变大变厚、地上茎直径变大、气孔均有变大且气孔分布密度变小等显著特点（魏雪, 2020）。

5 其他利用价值

姜花属植物除了观赏，还可供食用和药用，这些民族植物学应用主要集中在自然分布区域的国家和地区，如中国、印度、尼泊尔、缅甸、越南和泰国等。

5.1 食用价值

目前，食用较为广泛的姜花种类是白姜花。白姜花的花瓣营养丰富，含有较高的人体必需氨基酸、蛋白质、铁、锌、钙，高浓度姜花原液还具有提高小白鼠的耐力、减慢大白鼠心率以及增强大白鼠离体心脏收缩力的作用（何尔扬, 2000），可作为天然绿色保健食品和药用植物进行开发。白姜花属于鲜爽型清香及柔和花香型，适窨性较广，可窨制绿茶和乌龙茶（戴素贤, 1996）。以白姜花花瓣和牛奶为主要原料，经发酵制成的新型固体酸奶，风味佳（张倍宁 等, 2011）。姜花花瓣的精油在食品加工业中极富潜力，多数植物的精油或者香气好，或者杀菌效果好，但二者兼备的植物并不多，姜花是这少数植物之一（邹双全, 1994）。相对白姜花而言，金姜花颜色鲜艳、香气较淡，更适宜蔬食（吴云鹍 等, 2005）。在云南西双版纳和思茅地区（普洱），当地人采集思茅姜花（*H. simaoense* Y. Y. Qian）和普洱姜花的幼嫩花序，以酸辣风味凉拌生食（金志辉 等, 2011）。除了鲜食外，姜花还可窨制茶叶、作为添加物制作酸奶、提取精油等。

在贵州南部各地区，被称为夜寒苏（*Hedychium* sp.）植物的根茎微甜，具淡淡的清香，常被用作香料食物原料。夜寒苏的香味十分通透、辛辣感不强，且香味侵略性不强，料性比较平和，比较百搭，可作为君料、臣料、佐料使用，可将夜寒苏用于佐料，但用量靠向臣料。在贵州山区，当地百姓用夜寒苏的根茎直接用于熬煮猪脚或排骨等，也可将熬出的汤汁用来做火锅或者粉面汤的底料，鲜美甘醇。

5.2 药用价值

多种姜花属植物在民间用作治病良药，如草果药（*Hedychium spicatum* Sm.）全株含挥发油，根茎、果实均可入药，根茎又名“土良姜”，其挥发油中含ρ-甲氧基桂皮酸酯，性辛、苦、温，具有温中散寒、理气止痛等功效，可用于治疗胃寒痛、呕吐、消化不良、寒疝气痛，外用可治膝关节痛；果实有宽中理气、开胃消食的功能。白姜花的根茎又名“土羌活”，富含挥发油，主要成分为桉油精，性辛、温，具祛风除湿、温中散寒功效，可治疗感冒、头痛身痛、风湿筋骨疼痛、跌打损伤、寒湿白带等。夜寒苏的根茎性温，补中祛风，主治虚弱自汗、胃气虚弱、消化不良等症（李叙申和秦民坚, 1998）。而毛姜花（*H. villosum* Wall.）的根茎具祛风止咳功效。

参考文献

包苹，蔡邦平，高小坤，等，2022. 姜花新品种'霓裳'[J]. 园艺学报，49(S1): 141-142.

蔡长福，王梦园，蔡邦平，等，2022. 姜花新品种'百媚'[J]. 园艺学报，49(S1): 145-146.

陈雨姗，2018. '杏黄心'姜花离体培养和盆栽基质筛选研究[D]. 广州：仲恺农业工程学院.

戴素贤，1996. 姜花茶窨制技术[J]. 广东茶业 (1): 30-32, 28.

丁洪波，周仕顺，李剑武，等，2022. 中国西藏种子植物区系新资料[J]. 生物多样性，30 (8): 1-9.

高丽霞，2008. 姜花属杂交育种分子标记连锁图谱亲缘关系种质创新分子遗传学[D]. 广州：中国科学院华南植物园.

高丽霞，胡秀，刘念，等，2008. 中国姜花属基于SRAP分子标记的聚类分析[J]. 植物分类学报，46(6): 899-905.

高丽霞，刘念，黄邦海，2010. 基于SRAP标记分析的姜花属杂交育种的亲本选择[J]. 云南植物研究，32(3): 250-254.

高江云，陈进，夏永梅，2002. 国产姜科植物观赏特性评价及优良种类筛选[J]. 园艺学报，29(2): 158-162, 198.

何尔扬，2000. 白姜花食用及药理实验研究[J]. 时珍国医国药，11(12): 1077-1078.

胡秀，2021. 姜花属：种和品种图鉴[M]. 广州：广东科技出版社.

金志辉，段晓梅，樊国盛，2011. 常见野生蔬菜及其在城市绿地中的应用——以普洱市为例[J]. 林业建设，160(4): 42-46.

靳飞璇，2015. 秋水仙素诱导的红姜花同源多倍体的鉴定及矮化机制的初步研究[D]. 广州：华南农业大学.

李叙申，秦民坚，1998. 中国姜科药用植物资源[J]. 中国野生植物资源，17(2): 20-23.

陆瑞瑞，2018. 黄金Ⅰ姜花的栽培基质与栽培适应性研究[D]. 广州：仲恺农业工程学院.

彭声高，熊友华，吴名全，2005. 新型切花品种——红姜花[J]. 农业科技通讯 (1): 23.

苏赤连，汤聪，林玲，等，2023 姜花新品种'和煦'[J]. 园艺学报，50(S1): 123-124.

汤聪，张斌，李斌，等，2023. 姜花属花卉新品种'晨曦'[J]. 园艺学报，50(S1): 125-126.

王梦园，王勇，包苹，等，2022. 姜花新品种'香绯'[J]. 园艺学报，49(S1): 143-144.

魏雪，2020. 姜花无性和有性多倍体的创制和鉴定[D]. 广州：华南农业大学.

吴德邻，1981. 姜科[M]//: 中国植物志，第16卷，第二分册. 北京：科学出版社.

吴云鹊，欧壮喆，孙怀志，等，2005. 金姜花的食用价值及开发利用[J]. 上海蔬菜 (4): 94-95.

谢建光，方坚平，刘念，2000. 姜科植物的引种[J]. 热带亚热带植物学报，8(4): 282-290.

熊友华，刘念，黄邦海，2006. 姜花属种间杂交育种研究初报[J]. 广东农业科学 (12): 42-43.

熊友华，寇亚平，2011. 姜花属杂交种栽培技术[J]. 北方园艺 (10): 80-81.

张爱玲，涂红艳，肖望，等，2023a. 白姜花二倍体与四倍体切花形态与显微结构变化观察[J]. 园艺学报，50(2): 345-358.

张爱玲，涂红艳，肖望，等，2023b. 不同倍性白姜花切花挥发性成分差异分析[J]. 热带亚热带植物学报，31(4): 585-594.

张倍宁，周文凯，赖健，2011. 姜花酸奶加工工艺的研究[J]. 食品科技，36(4): 54-57.

周熠玮，许国宇，王琴，等，2021. '白姜花'×'金姜花'杂交F_1代花色遗传分析及其相关SSR分子标记开发[J]. 园艺学报，48(10): 1921-1933.

邹双全，1994. 白姜花栽培与开发研究[J]. 福建林学院学报 (2): 179.

ASHOKAN A, GOWDA V, 2018. Describing terminologies and discussing records: More discoveries of facultative vivipary in the genus *Hedychium* J. Koenig (Zingiberaceae) from Northeast India[J]. PhytoKeys, 96: 21-34.

BAKER J G, 1892. *Hedychium* Koenig[M]// Hooker J D (Ed.) Flora of British India 6. London: Reeve & Co., : 225-233.

BALDWIN B G, 1992. Phylogenetic utility of the internal transcribed spacers of nuclear ribosomal DNA in plants: An example from the compositae[J]. Molecular Phylogenetics and Evolution, 1(1): 3-16.

BRANNEY T M E, 2005. Hardy gingers: including *Hedychium*, *Roscoea*, and *Zingiber*[M]. Portland: Timber Press.

FENNEL T A, 1954. For Southern Gardens—*Hedychiums*[J]. The National Horticultural Magazine, 10: 238-243.

FISCHER C E C, 1928. Zingiberaceae[M]// Gamble J S, Flora of the Presidency of Madras. London: West, Newman and Adlard: 1478-1493.

HORANINOW P F, 1862. Prodromus Monographiae Scitaminarum[M]. St. Petersburg: Typis Academiae Caesareae Scientiarum.

HU X, TAN J Y, CHEN J J, LI Y Q, HUANG J Q, 2020. Efficient regeneration of *Hedychium coronarium* through protocorm-like bodies[J]. Agronomy, 10: 1068.

KÖNIG J G, 1783. Observationes Botanicae, vol.3[M]. Lipsiae [Leipzig]: Siegfried Lebrecht Crusium: 73.

MOU F J, ZHONG Y C, HU X, et al., 2023. *Hedychium wangmoense* (Zingiberaceae), a new species from southwest Guizhou, China[J]. Annales Botanici Fennici, 60: 145-150.

NAIK V N, PANIGRAHI G, 1961. Genus *Hedychium* in Eastern India[J]. Bulletin of the Botanical Survey of India, 3(1): 67-73.

NGAMRIABSAKUL C, 2001. The Systematics of the Hedychieae (Zingiberaceae), with emphasis on *Roscoea* Sm.[D]. Edinburgh: The University of Edinburgh.

RAO A S, VERMA D M, 1969. Notes on *Hedychium* Koenig, including four new species from Khasi &Jaintia Hills, Assam[J]. Bulletin of the Botanical Survey of India, 11(1-2): 120-128.

ROSCOE W, 1828. Monandrian plants of the order Scitamineae[M]. Liverpool: George Smith.

SABU M, HAREESH V S, 2020. *Hedychium mechukanum* (Zingiberaceae), a new species from the eastern Himalayas, India[J]. Gardens' Bulletin Singapore, 72(2): 291-297.

SAKHANOKHO H F, RAJASEKARAN K, TABANCA N, et al., 2012. Induced polyploidy and mutagenesis of embryogenic cultures of ornamental ginger (*Hedychium* J. Koenig)[J]. Acta Horticulturae (935): 121-128.

SANOJ E, 2011. Taxonomic revision of the genus *Hedychium* J. Koen (Zingiberaceae) in India[D]. Kerala: University of Calicut.

SCHUMANN K, 1904. Zingiberaceae[M]// Engler A (Ed.) Das Pflanzenreich. IV. 46 (Heft 20). Engelmann, Leipzig: 1-458.

SCHILLING A D, 1982. A survcy of cultivated Himalayan and Sino-Himalayan *Hedychium* species[J]. Plantsman 4(3): 129-149.

TURRILL W B, 1914. *Hedychium coronarium* and allied species[J]. Bulletin of Miscellaneous Information (Royal Botanic Gardens, Kew) (10): 368-372.

WALLICH N, 1853. Initiatory attempt to define the species of *Hedychium*, and settle their synonymy[J]. Hooker's Journal of Botany and Kew Garden Miscellany, 5: 321-329, 367-377.

WATSON W, 1900. Kew Nots[J]. The Gardeners' Chronicle, ser. 3(28): 142

WOOD T H, WHITTEN W M, WILLIAMS N H, 2000. Phylogeny of *Hedychium* and related genera (Zingiberaceae) based on ITS sequence data[J]. Edinburgh Journal of Botany, 57(2): 261-270.

WU T L, LARSEN K, 2000. Zingiberaceae[M]// Wu Z Y, Raven P H (Eds). Flora of China, vol. 24. Beijing: Science Press; St. Louis: Missouri Botanical Garden Press: 322-377.

作者简介

牟凤娟（四川合江人，1977年生），博士，教授。1999年于云南农业大学获农学学士学位，2002年于云南农业大学获农学硕士学位，2009年于中国科学院研究生院（华南植物园）获理学博士学位。2002—2006年于玉溪农业职业技术学院任教，2009年至今于西南林业大学林学院任教，2015—2016年在美国康涅狄格大学访学。目前主要从事姜科（姜花属、象牙参属等）种质资源收集和创新开发研究工作，以及芸香科相关类群的系统分类学研究。主持完成国家自然科学基金项目2项，参与2项，发表科技论文50余篇，主编专著1部，参编教材4部、专著8部，获授权发明专利1项，培育姜花新品种10个。电子邮箱：moufengjuan@126.com。

玉云祎（广西环江人，1978年生），博士，讲师，硕士生导师。1999年于华中农业大学获农学学士学位，2003年于北京林业大学获农学硕士学位，2017年于华南农业大学获农学博士学位。2003年至今于华南农业大学任教。主要研究方向为园林植物遗传育种、园林植物种质资源创新与利用、园林植物应用与城市绿化、观赏植物生理与分子生物学。审定（评定）特色花卉新品种28个，获授权国家发明专利7件，参加制定国家农业行业标准1项，广东省地方标准3项，发表科技论文20余篇，副主编教材2部，参编教材2部。电子邮箱：hyphen950@163.com。

胡秀（四川西昌人，1976年生），博士，教授。1998年于四川农业大学获农学学士学位，2004年于云南农业大学获农学硕士学位，2009年于中国科学院研究生院（华南植物园）获理学博士学位。2004年7月—2006年9月于西南林业大学园林学院任教，2009年7月起于仲恺农业工程学院任教，2018年5月—2019年5月在英国爱丁堡皇家植物园访学。主要研究方向为姜花属分类及花卉新品种选育。主持完成国家自然科学基金项目1项，参与1项，发表论文60余篇，授权专利12项，主编姜花属专著1部，获广东省科学技术进步奖二等奖、中国风景园林学会科学技术进步奖二等奖、广东省农业技术推广奖三等奖各1项。育成姜花属花卉品种32个（14个排名第1，12个排名第2），其中'渐变'姜花为我国第一个姜花属花卉新品种，'寒月'姜花为我国第一个周年开花的姜花品种。电子邮箱：xiuhu0938@zhku.edu.com。

范燕萍（云南建水人，1962年生），博士，教授，博士生导师。1984年和1988年分别于四川农业大学获农学学士学位和农学硕士学位，2003年于华南农业大学获理学博士学位。1988年7月—1993年3月于云南农业大学任教，1993年4月至今于华南农业大学任教，2007年和2014年分别获国家留学基金委公派美国密歇根大学访问学者和旧金山州立大学高级访问学者。获广东省科学技术进步奖二等奖1项，获华南农业大学教学名师荣誉称号，担任华南农业大学花卉研究中心主任，广东省园艺学会常务理事、广东省现代花卉产业技术体系岗位专家，广州从化区花卉产业首席专家等职务。主要研究方向为岭南特色观赏植物遗传育种、特色花卉种质资源的创新与利用、植物花香等观赏性状的代谢调控生物学。主持国家自然科学基金、广东省重点领域研发计划、国家重点研发计划子课题等项目30余项，发表论文140多篇，审定（评定）特色花卉新品种36个，获授权国家发明专利10件，主持制定国家农业行业标准和广东省地方标准各1项，主编、副主编和参编全国高等学校统编教材10余部。电子邮箱：fanyanping@scau.edu.cn。

刘念（广东清远人，1957年生），教授。1981年于华南师范学院获理学学士学位，1985年于中国科学院华南植物研究所获理学硕士学位。1985—1993年在中国科学院华南植物园工作，作为高级访问学者于1999年和2001年先后在美国和澳大利亚从事植物分类学研究，2003—2017年在仲恺农业工程学院工作，现任佛山连艺生物科技有限公司技术总监，广东省园艺学会常务理事。主要从事苏铁科植物和姜科植物的研究以及植物资源的引种驯化；发表科技论文90多篇，主编著作2部、参编著作9部；获国家发明专利7项、国际登录新品种4个、省级审定新品种5个。主持项目获广东省科学技术进步奖二等奖、中国风景园林学会科学技术进步奖二等奖、广东省农业技术推广奖三等奖各1项。电子邮箱：liunian678@163.com。

园林之母
China

04

-FOUR-

中国杜鹃花科马醉木属植物

***Pieris* of Ericaceae in China**

孟 静*

（云南农业大学）

MENG Jing*

(Yunnan Agricultural University)

* 邮箱：mengjing2514@163.com

摘　要：马醉木属隶属于杜鹃花科，世界约7种，中国有3种。本章主要就马醉木属的特征、系统与分类、资源利用现状、引种栽培及园林应用等方面进行介绍，评估其潜在的园林开发利用前景。

关键词：马醉木属　分类　栽培　繁殖　园林应用

Abstract: *Pieris* D. Don belongs to Ericaceae with seven species in the world. There are three *Pieris* species in China. The characteristics, phylogeny and classification, current situation of resource utilization, introduction and cultivation, landscape use of *Pieris* were introduced. We also reveal its potential prospects for garden development and utilization of *Pieris.*

Keywords: *Pieris*; Classification; Cultivation; Propagation; Landscape use

孟静，2024，第4章，中国杜鹃花科马醉木属植物；中国——二十一世纪的园林之母，第七卷：153-163页.

1 马醉木属概述

1.1　马醉木属的特征

Pieris D. Don, Edinburgh New Philos. J. 17: 159. 1834; Judd in Journ. Arn. Arb. 63: 103. 1982.

马醉木属（*Pieris* D. Don）为杜鹃花科（Ericaceae）常绿灌木或乔木（或产在北美东部的种类为木质藤本）。单叶，互生或假轮生（或产在亚洲东北部的种类为3叶轮生），具叶柄；叶片革质，边缘为全缘到细锯齿。圆锥花序或总状花序，顶生或腋生；花梗有或无短柔毛，具腺毛。花5瓣，花萼镊合状，背面具腺，正面具短柔毛。花冠白色，坛状或筒状坛形，顶端5浅裂。雄蕊不伸出花冠外，花丝劲直或膝曲，基部明显扩大；花药背部有1对下弯的芒位于与花丝相接处，顶端以内向、椭圆形孔开裂。子房上位，每室胚珠多数。柱头截形，蒴果室背，具5个不加厚的缝线。种子小。

世界约7种，产于亚洲东部、加勒比海地区、北美东部；我国现有3种（1种特有），产长江以南地区。本属模式种：美丽马醉木 *Pieris formosa* (Wall.) D. Don（Fang & Peter, 2005; 李德铢, 2020）。

1.2　马醉木属的系统与分类

1.2.1　系统与分类位置

根据《中国植物志》记载，马醉木属隶属于杜鹃花科缐木亚科（Andromededoideae）。分子系统学研究结果表明，马醉木属隶属越橘亚科（Vaccinioideae）珍珠花族（Lyonieae），是一个单系类群，与 *Agarista* 互为姐妹群（Kron et al., 2002）；基于叶绿体基因分析表明，*P. floribunda* (Pursh) Bentham & J. D. Hooker是马醉木属其他种的姐妹群（李德铢, 2020）。

中国马醉木属植物检索表

1a. 蒴果被密或中度短柔毛，中轴胎座到近基生胎座；花柱陷入子房顶端
…………………………………………………………………………… 3. 长萼马醉木 *P. swinhoei*

1b. 蒴果无毛，胎座近尖端或否；花柱仅稍陷入子房顶端

2a. 叶缘从基部到顶端明显具齿；次生细脉清晰可见，正面凹陷 … 1. 美丽马醉木 *P. formosa*

2b. 叶缘仅顶端具少量齿到除近基部外均具明显齿；次生细脉不明显或否，正面不凹陷
…………………………………………………………………………… 2. 马醉木 *P. japonica*

1.2.2 原产中国的马醉木属野生种类介绍

（1）美丽马醉木

Pieris formosa (Wallich) D. Don, Edinburgh New Philos. J. 17: 159. 1834; ——*Andromeda formosa* Wallich, Asiat. Res. 13: 395. 1820.

TYPUS: NEPAL, *Nathaniel Wallich #761*, 1829 (K)（图1A）.

识别特征：常绿灌木或小乔木，高（2～）3～5（～10）m；小枝无毛至密被短柔毛。叶散生或假轮生，幼叶常呈红色；叶柄长1～1.5cm；叶披针形、椭圆形或长圆形，稀倒披针形，长3～14cm，宽约1.4cm，背面无毛，正面被微柔毛至近无毛，两面具明显次脉和细脉，基部楔形至钝圆形，边缘从基部到先端具明显锯齿，先端渐尖或锐尖。圆锥花序或总状花序，长4～10（～20）cm；花梗长1～3mm；萼片披针形，长约4mm；花冠筒状坛形或坛形，长5~8mm，裂片阔三角形；花丝劲直，长约4mm，具短柔毛。子房扁球形；花柱略陷入子房顶端。蒴果卵圆形，直径约4mm，无毛。种子纺锤形，长2～3mm（图2）。花期5～6月，果期7～9月。2n=24。

地理分布：中国福建、甘肃、广东、广西、贵州、湖北、湖南、江西、陕西、四川、西藏、云南和浙江等地；不丹、印度东北部（阿萨姆邦）、缅甸、尼泊尔、越南也有分布。生于海拔（500～）900～2 300（～3 800）m的灌丛和开阔斜坡上。

（2）马醉木

Pieris japonica (Thunberg) D. Don ex G. Don, Gen. Hist. 3: 832. 1834; ——*Andromeda japonica* Thunberg in Murray, Syst. Veg., ed. 14, 407. 1784.

模式采自日本（图1B）。

图1　中国马醉木属植物模式标本（A：美丽马醉木，Royal Botanic Gardens, Kew: K000780206；B：马醉木，Royal Botanic Gardens, Kew: K000780210；C：长萼马醉木，Royal Botanic Gardens, Kew: K000780209）

图2 美丽马醉木（A、B、D：朱鑫鑫 摄；C：华国军 摄）

图3 马醉木（A：叶片、花序形态；B：植株形态；C：果实形态）（刘军 摄）

别名： 授木、红蜡烛、泡泡花、珍珠花、闹狗花或美丽南烛等。

识别特征： 灌木或小乔木，高（1～）4（～10）m；小枝无毛或被微柔毛。叶散生，或向茎尖簇生，叶柄长3～8mm。叶革质，无毛，倒披针形、倒卵形至披针状长圆形，长3～10cm，宽1～2.5cm。主脉强烈突起或两面不明显，次脉和细脉不明显。叶基楔形至渐狭，先端渐尖；叶边缘近全缘，在1/2以上具细圆齿，或除近基部外均具细齿。圆锥花序或总状花序，花序轴长6～15cm，被微柔毛。花梗长1.5～6mm，萼片三角状卵形，长3～4mm。花冠坛状，长约8mm，裂片近圆形。花丝劲直，长2.5～4.5mm，具长柔毛。子房近球形，无毛；花柱略陷入子房顶端。蒴果卵球形至扁球形，直径3～5mm，无毛。种子纺锤形，长2～3mm（图3）。花期2～5月，果期7～10月。

地理分布： 中国安徽、福建、湖北、江西、台湾、浙江等地；日本也有分布。生于海拔800～1 200（～1 900）m的灌丛中。

（3）长萼马醉木

Pieris swinhoei Hemsley, J. Linn. Soc., Bot. 26: 17. 1889.

TYPUS: CHINA, Fokien, Amoy interior, ca. 700m, *R. Swinhoe, #08404*, 1870 (K)（图1C）.

识别特征： 灌木，高2～3m；小枝疏生短柔毛。叶假轮生；叶柄长2～7mm；叶狭披针形至椭圆形，长4～12cm，宽约1.2cm，两面具稀疏腺毛。叶片主脉两面均显著突起；次脉和细脉呈网状，背面突起，正面不明显、稍突起或平坦。叶基部狭楔形，先端锐尖，边缘有齿或在上半部不明显。总状花序直立，花序轴长15～20cm，有时具基部分枝；花梗长约5mm；萼片狭三角形长，长5～7（～13）mm；花冠筒状坛形，长8～10mm，裂片阔三角形。花丝膝曲，长约6mm，被微柔毛。子房圆锥形，密被黄褐色毛；花柱强烈陷入子房顶端。蒴果近球形，直径约5mm，被微柔毛。种子为有角的卵球形，长1～1.5mm（图4）。花期4～6月，果期7～9月。

图4 长萼马醉木（A：花朵形态；B：叶片形态；C：植株形态）（徐晔春 摄）

地理分布：中国福建、广东。生于森林、灌丛、低山的溪边，海拔约700m。

1.3 马醉木属资源利用现状

1.3.1 化学成分

该属植物其枝叶具马醉木毒素，牛马误食即晕然如醉，因此名马醉木。

马醉木属植物中化学成分结构多样，富含二萜、三萜、降倍半萜、黄酮、酚性化合物等，尤其是含有一类特征性的木藜芦烷型二萜类化合物（grayanane diterpenoids），具有显著的拒食、杀虫活性和毒性，具有降血压、减慢心律、镇痛、兴奋平滑肌、极化激活细胞膜、抗肿瘤等作用（姚广民 等, 2006; Li et al., 2017; 肖书猛 等, 2018）。迄今为止，研究人员已从马醉木属植物中分离出二萜类化合物近200个（李艳平, 2013; Li et al., 2017; Niu et al., 2018, 2019; Zheng et al., 2019; Zheng et al., 2020ab）。

从马醉木叶片中提取的植物化学成分——马醉木苷元（asebogenin）是二氢查尔酮的成员（Yao et al., 2005），其生物活性与传染病相关，包括抗菌（Joshi et al., 2001）、抗病毒（Mohammed et al., 2014）、抗疟原虫（Jenett-Siems et al., 1999），抗真菌（Funari et al., 2012）和抗原生动物（Hermoso et al., 2003）等活性；还能抑制B淋巴细胞的增殖（Yao et al., 2005），可通过靶向Syk介导的信号通路抑制血栓形成，是开发高效安全抗血栓药物的潜在先导化合物（Li et al., 2022）。

1.3.2 经济价值

材用：该属植物树种生长缓慢，材质致密，可作为工艺用材（何素琳 等, 2018a）。

药用：该属植物具有消炎止痛止痒的功效。外用于恶性溃疡、乳腺炎、皮肤瘙痒、跌打损伤、荨麻疹、疮疖；鲜叶汁用作洗剂可治毒疮和癣疥（中国药材公司, 1994）。

生物杀虫：该属植物为有名生物杀虫植物，对多种害虫有良好的杀灭作用，在农业领域具有较高的开发利用潜力（姚广民 等, 2006）。

1.3.3 观赏价值

马醉木属植物为常绿灌木，树姿优美，总状花序上有红色、白色等壶状小花多朵，排列别致。叶色多变，叶色随着叶的新老程度不同而变化，所以同一时期会出现红色、嫩黄、绿色、花叶等叶片。观赏期长，观花观叶时间较长，一年四季均可观赏，是优良的城市园林景观彩叶绿化树种，也是欧美国家及日本流行的一种庭院彩叶树种，是园林彩叶绿化发展中的理想更新树种之一，具有较大的开发利用前景。

2 马醉木属栽培与繁殖技术

2.1 栽培技术

生态习性：大多数马醉木属植物对环境要求不高，耐修剪，喜肥沃、酸性、富含腐殖质、排水良好的土壤；喜湿润、半阴环境，耐寒（何素琳 等, 2018a）。美丽马醉木在-10℃低温下能露天越冬，在年平均气温15℃以上，年均降水量1 200～1 400mm，相对湿度70%以上的地区生长良好（李田 等, 2021）。

促成栽培：马醉木盆花品种‘妙龄少女’（*P. japonica* ‘Debutante’）在荷兰露地多4月开花，设施栽培约在2月底。通过促成栽培，可使其在圣诞节上市。研究表明，花蕾形成的最适温度约为17℃；当枝条生长充分后进行短日照处理，促进花蕾形成。春季未换盆的2年生扦插苗较春季换盆的1年生植株更易形成花蕾，且生长抑制剂比久能促进花蕾形成。花蕾形成后，植株休眠，但可在10~11月通过冷处理和施用赤霉素的方法来打破其休眠。在22℃左右的温室中栽培，12小时日照并进行高强度补光，可促使植株开花（Sytsema & Ruesink, 1996）。该品种的插穗在生根过程中也可形成花蕾，最重要的控制因素是日照长度，温度和光通量也会影响花蕾发育；营养生长的最佳条件是长日照（16小时）和温度约21℃。花蕾形成的最佳条件是短日照，温度约为17℃，高光通量（Ruesink, 1998）。

栽培技术：美丽马醉木夏季高温酷热时需要适当遮阴；生长期要保持土壤湿润，但避免积水；每月施一次酸性肥料，冬季在树冠外围开沟施肥，然后埋上薄土，再覆盖上干草或者树皮屑保湿（陈海云 等, 2020）。研究表明，硝态氮不是马醉木的有效氮源（Koyama & Tokuchi, 2003）。常见病害为叶斑病和梢枯病（Bienapfl et al., 2013; Nozawa et al., 2019; Redekar et al., 2020）、蜜环菌病、疫霉根腐病等，虫害为马醉木网蝽（*Stephanitis takeyai*）等。

2.2 繁殖技术

播种繁殖：该属植物种子较小，建议采用漂浮育苗，可大大提高种子的发芽率和成活率（陈海云 等, 2020）。美丽马醉木的最佳播种温度为20~25℃，高于30℃、低于15℃时发芽率均明显下降。实生苗生长较为缓慢，从播种到开花少则3~4年，多则8年以上（陈海云 等, 2015）。

扦插繁殖：受温度、湿度及插穗采集、基质配比等影响较大。于春季和秋季取当年生半木质化枝条，保留2~3个节位，用生根粉处理后插入消毒过的基质中，保持棚内湿度85%~90%，温度20~25℃。约30天插穗可生根，6个月成苗（叶香娟 等, 2011; 陈莲莲 等, 2014; 陈海云 等, 2019）。扦插繁殖的美丽马醉木第二年就可开花，3~4月为开花旺盛期（李田 等, 2021）。

3 马醉木属园林应用

3.1 马醉木属园艺品种介绍

2021年，马醉木属纳入《中华人民共和国植物新品种保护名录（林草部分）（第七批）》。

3.1.1 以马醉木为亲本选育的代表品种

（1）‘妙龄少女’马醉木（*P. japonica* ‘Debutante’）

常绿矮灌木，株型紧凑，叶小，深绿色；花乳白色，圆锥花序直立。该品种是1971年从日本屋久岛（Yakushima）采集的马醉木实生种子中选育出的直立花序品种，花序直立、花序形状及花白色；其盆花在荷兰露地多4月开放，设施栽培约在2月底开放（Sytsema & Ruesink, 1996）（图5）。

（2）‘小灌丛’马醉木（*P. japonica* ‘Little Heath’）

常绿小灌木，株型紧凑，高达60cm，小叶边缘为白色；花白色，花蕾粉红色，较稀疏（何素琳 等, 2018b）（图6A、6C）。

（3）‘小绿灌丛’马醉木（*P. japonica* ‘Little Heath Green’）

常绿圆形灌木，株型紧凑；叶小、深绿色，

图5 ‘妙龄少女’马醉木（A：丛群 摄；B：汪远 摄）

图6 马醉木品种（A、C：‘小灌丛’；B：‘小绿灌丛’）（丛群 摄）

幼时呈铜红色；花少或没有（图6B）。

（4）‘林火’马醉木（*P. japonica*‘Forest Flame’）

大型常绿灌木，幼叶鲜红色，渐变成粉红色和奶油色，最后变成绿色。春季花朵开放，花序大，簇生，有分枝；小花钟形，奶油色（图7）。

（5）‘热情’马醉木（*P. japonica*‘Passion’）

中型常绿灌木，茂密，叶深绿色，春季呈红色。花多春季开放，花序密集成串，直立至展开；小花坛状，白色和深粉色（图8）。

3.1.2 以美丽马醉木为亲本选育的代表品种

（1）‘万紫红’美丽马醉木（*P. formosa*‘Wanzihong’）

为云南省林业和草原科学院陈海云等人通过实生选育得到的新品种。该品种新叶红色或紫红色，成熟叶橙红色、橙黄色或暗紫色。总状花序簇生于枝顶的叶腋。花期3～5月，果期11月至翌年1月。植株生长繁茂，耐寒，较耐阴，适宜温凉湿润地区栽培（陈海云 等，2019）（图9）。

图7 ‘林火’马醉木（A：开花形态；B：植株形态）（汪远 摄）

图8 ‘热情’马醉木（A：叶片形态；B：开花形态）（徐晔春 摄）

图9 ‘万紫红’美丽马醉木（A、C：叶片形态；B：开花形态）（张学星 摄）

(2)'无眠'福氏马醉木*P. formosa* var. *forrestii* 'Wakehurst'

中型常绿灌木，健壮，茂密，嫩叶亮红色，后渐变为粉红色和奶油色，最后变为深绿色。春季开坛状的奶油色小花，花序大而下垂（江珊, 2019）。

3.2 马醉木属引种与园林应用

马醉木属植物可适应不同的气候条件，生长良好。在美国，马醉木属植物最早于19世纪末被引入，如马醉木（*P. japonica*）在美国东部地区广泛栽培；在欧洲如英国、法国和德国等地也被广泛种植。我国引进的马醉木属植物大部分是马醉木的品种，大体上可分为观叶和观花两大系列，观叶系列按叶色可分为红叶、花叶及绿叶三大系列；观花系列可分为红花、白花两大系列。

马醉木属植物终年常绿，观花、观叶时间较长，一年四季均可观赏，且具有耐寒、抗风、抗污染、萌发力强、耐修剪、对环境要求不高等特点，在园林中可片植、列植、丛植，应用于地被、绿篱、色块配置、基础种植、带状块状种植和边缘灌木等；适合作为一个独立的特色植物，或混合种植于花园边界中使用，或作为低树篱种植，是林地花园或阴凉边界的理想灌木。或作盆栽推广，布置庭院、公园、河旁。全年叶色深绿，冠形紧凑，自然成形，花形美观，是优良的观花、绿化和堤岸斜坡防护树种；亦可作切花，瓶插期可达1个月以上。

参考文献

陈海云, 张学星, 白平, 等, 2015. 不同温度对美丽马醉木种子发芽的影响[J]. 福建林业科技, 42(3): 119-120, 146.

陈海云, 张学星, 周筑, 等, 2019. 美丽马醉木新品种'万紫红'[J]. 园艺学报, 46(S2): 2926-2927.

陈海云, 张学星, 周筑, 等, 2020. 地被植物新品种"万紫红"的选育及繁殖[J]. 安徽农业科学, 48(13): 111-112, 115.

陈莲莲, 郑九长, 金赵琼, 等, 2014. 几种植物生长调节剂对马醉木生根率的影响[J]. 现代农业科技 (2): 165-166, 171.

何素琳, 刘文山, 楼浙辉, 等, 2018a. 马醉木资源现状及其开发前景[J]. 南方林业科学, 46(6): 36-38.

何素琳, 王华, 何梅, 等, 2018b. 南昌地区马醉木引种驯化初探[J]. 南方林业科学, 46(3): 47-49.

江珊, 2019. 杜鹃花科的那些小铃铛——马醉木[J]. 花卉 (7): 12-14.

李德铢, 2020. 中国维管植物科属志: 下卷[M]. 北京: 科学出版社.

李田, 宋晓琛, 楼浙辉, 等, 2021. 美丽马醉木扦插苗生长特性研究[J]. 南方林业科学, 49(6): 25-27, 35.

李艳平, 2013. 三种药用植物的化学成分和生物活性研究[D]. 昆明: 昆明理工大学.

肖书猛, 牛长山, 李勇, 等, 2018. 美丽马醉木化学成分及镇痛活性研究[J]. 中国中药杂志, 43(5): 964-969.

姚广民, 翟慧, 汪礼权, 等, 2006. 杜鹃花科马醉木属植物化学成分和生物活性的研究进展[J]. 中国科技论文在线, 1(1): 13-19.

叶香娟, 项美淑, 周雪飞, 等, 2011. '波利乐'马醉木繁殖与管理[J]. 中国花卉园艺 (22): 36-38.

中国药材公司, 1994. 中国中药资源志要[M]. 北京: 科学出版社.

BIENAPFL C J, BALCI Y, 2013. Phomopsis blight: a new disease of *Pieris japonica* caused by *Phomopsis amygdali* in the United States[J]. Plant Disease, 97(11): 1403-1407.

FANG R Z, PETER F R, 2005. Flora of China[M]. Beijing: Science Press and St. Louis: Missouri Botanical Garden Press.

FUNARI C S, GULLO F P, NAPOLITANO A, et al., 2012. Chemical and antifungal investigations of six *Lippia* species (Verbenaceae) from Brazil[J]. Food Chemistry, 135(3): 2086-2094.

HERMOSO A, JIMÉNEZ I A, MAMANI Z A, et al., 2003. Antileishmanial activities of dihydrochalcones from *Piper elongatum* and synthetic related compounds. Structural requirements for activity[J]. Bioorganic & Medicinal Chemistry, 11(18): 3975-3980.

JENETT-SIEMS K, MOCKENHAUPT F P, BIENZLE U, et al., 1999. In vitro antiplasmodial activity of Central American medicinal plants[J]. Tropical Medicine & International Health, 4(9): 611-615.

JOSHI A S, LI X C, NIMROD A C, et al., 2001. Dihydrochalcones from *Piper longicaudatum*[J]. Planta Medica, 67(2): 186-188.

KOYAMA L, TOKUCHI N, 2003. Effects of NO_3^- availability on NO_3^- use in seedlings of three woody shrub species[J]. Tree Physiology, 23(4): 281-288.

KRON K A, JUDD W S, STEVENS P F, et al., 2002. Phylogenetic classification of Ericaceae: Molecular and morphological evidence[J]. The Botanical Review, 68(3): 335-423.

LI C H, YAN X T, ZHANG A L, et al., 2017. Structural diversity and biological activity of the genus *Pieris* terpenoids[J]. Journal of Agricultural and Food Chemistry, 65(46): 9934-9949.

LI L, XULIN X, KEYU L, et al., 2022. Asebogenin suppresses

thrombus formation via inhibition of Syk phosphorylation[J]. British Journal of Pharmacology, 180(3): 287-307.

MOHAMMED M M, HAMDY A H, EL-FIKY N M, et al., 2014. Anti-influenza A virus activity of a new dihydrochalcone diglycoside isolated from the Egyptian seagrass *Thalassodendron ciliatum* (Forsk.) den Hartog[J]. Natural Product Research, 28(6): 377-382.

NIU C S, LI Y, LIU Y B, et al., 2018. Grayanane diterpenoids with diverse bioactivities from the roots of *Pieris formosa*[J]. Tetrahedron, 74(3): 375-382.

NIU C S, LI Y, LIU Y B, et al., 2019. Diverse epoxy grayanane diterpenoids with analgesic activity from the roots of *Pieris formosa*[J]. Fitoterapia, 133: 29-34.

NOZAWA S, SETO Y, WATANABE K, 2019. First report of leaf blight caused by *Pestalotiopsis chamaeropis* and *Neopestalotiopsis* sp. in Japanese andromeda[J]. Journal of General Plant Pathology, 85(6): 449-452.

REDEKAR N R, EBERHART J L, ROONEY-LATHAM S, et al., 2020. First report of *Phytophthora tropicalis* causing foliar blight and shoot dieback of *Pieris japonica* in Oregon[J]. Plant Disease, 104(5): 1564.

RUESINK J B, 1998. Long day treatment prevents flower bud formation in *Pieris* cuttings[J]. Gartenbauwissenschaft, 63(5): 221-227.

SYTSEMA W, RUESINK J B, 1996. Forcing *Pieris japonica* 'Debutante' [J]. Scientia Horticulturae, 65(2): 171-180.

YAO G M, DING Y, ZUO J P, et al., 2005. Dihydrochalcones from the leaves of *Pieris japonica*[J]. Journal of Natural Products, 68(3): 392-396.

ZHENG G, JIN P, HUANG L, et al., 2020a. Grayanane diterpenoid glucosides as potent analgesics from *Pieris japonica*[J]. Phytochemistry, 171: 112234.

ZHENG G, JIN P, HUANG L, et al., 2020b. Structurally diverse diterpenoids from *Pieris japonica* as potent analgesics[J]. Bioorganic Chemistry, 99: 103794.

ZHENG G, ZHOU J F, HUANG L, et al., 2019. Antinociceptive grayanane diterpenoids from the leaves of *Pieris japonica*[J]. Journal of Natural Products, 82(12): 3330-3339.

致谢

本章在撰写过程中，得到了国家植物园（北园）马金双老师、杭州睿胜软件有限公司汪远、威海七彩生物科技有限公司丛群、云南省林业和草原科学院张学星正高级工程师、云南农业大学关文灵教授等人以及未能一一列明的各位之大力支持，在此由衷表示感谢！

作者简介

孟静（女，吉林白山人，1981年生），副教授，于沈阳农业大学园艺学院获得农学学士学位（2003）、中国科学院昆明植物研究所获得植物学理学博士学位（硕博连读，2005—2010），2010—2012年于上海辰山植物园/中国科学院上海辰山植物科学研究中心担任科研助理职务。2012年12月至今在云南农业大学园林园艺学院工作，研究方向为园林植物种质资源收集、开发与创新利用。邮箱：mengjing2514@163.com。

园林之母
China

05

-FIVE-

中国龙胆科植物

Gentianaceae in China

付鹏程[1*]　陈世龙[2**]

（[1]洛阳师范学院；[2]中国科学院西北高原生物研究所）

FU Pengcheng[1*]　CHEN Shilong[2**]

([1] Luoyang Normal University; [2] Northwest Institute of Plateau Biology, Chinese Academy of Sciences)

* 邮箱：fupengc@sina.com

** 邮箱：chensl@nwipb.cas.cn

摘　要：龙胆科是一个世界性的大科，包含87属1 600多种，主要分布在北半球温带和寒温带。我国龙胆科植物资源丰富，共20属约428种，是两个大属即龙胆属和獐牙菜属的分布中心和分化中心。许多龙胆科物种均具有很高的园艺观赏价值，部分类群已在日本和欧洲用于园林观赏；多种龙胆科植物具有很高的药用价值，常用于中药和藏药。本章综述了龙胆科分类系统的最新变化，从进化生物学和分子生物学两个方面回顾了近年来龙胆科相关的科学研究进展，并初步介绍了龙胆科植物园林应用的历史与现状。本章共收录18属110种，简要介绍了其应用价值及现状。总体而言，我国的龙胆科植物资源丰富，园林和药用价值高，但已实际应用的类群极少，应用前景广阔。

关键词：龙胆科　分类系统　观赏价值　中国

Abstract: Gentianaceae is a worldwide family including 87 genera and more 1 600 species, and mainly distributes in temperate and cold temperate regions of Northern Hemisphere. China has rich Gentianaceae species, namely 20 genera and about 428 species, and is the distribution and diversification center of two speciose genera *Gentiana* and *Swertia*. A lot of Gentianaceae species have high ornamental value, and partial species have been domesticated in Japan and Europe. Many Gentianaceae species have high medicinal value and have been used in traditional Chinese medicine and Tibetan medicine. This chapter summarizes the update of Gentianaceae classification system, reviews the scientific research progress in evolutionary biology and molecular biology, and introduces the history and current situation of landscape application of Gentianaceae plants. This chapter contains 110 Gentianaceae species from 18 genera, and briefly introduces their ornamental value and situation. In general, China has rich Gentianaceae plants with high ornamental and medicinal value, but in which very limited species have been domesticated, thus has bright future in ornamental application.

Keywords: Gentianaceae, Classification system, Ornamental value, China

付鹏程　陈世龙，2024，第5章，中国龙胆科植物；中国——二十一世纪的园林之母，第七卷：165-289页.

1 龙胆科分类系统概述

1.1　分类系统与类群范围

1.1.1　龙胆科分类系统简介

龙胆科是一个世界性的大科，包含87属1 615～1 688种（Struwe et al., 2002），主要分布在北半球温带和寒温带。龙胆与报春花、杜鹃通称为高原“三大名花”，具有很高的园艺观赏价值。此外，龙胆科中的多种植物具有除湿散风、止痛利便、清肝明目的功效，常用于中药和藏药，用于治疗慢性肝炎和多种黄疸，如秦艽、藏茵陈等。

本章对龙胆科的界定采用APG Ⅳ系统。龙胆科分为7个族，分别是勺叶木族（Saccifolieae）、藻百年族（Exaceae）、鬼晶花族（Voyrieae）、绮龙花族（Chironieae）、灰莉族（Potalieae）、泽瑶草族（Helieae）和龙胆族（Gentianeae），其中藻百年族和龙胆族在中国有分布。在龙胆科中，龙胆族是最大的一个族，种类最多，达到939～968种，占龙胆科总物种数的57%左右。睡莲亚科（如睡莲属和荇菜属）在《中国植物志》中曾被归于龙胆科之下，但其生活习性、识别特征和系统发育位置等方面与龙胆科存在明显差别，在随后出版的*Flora of China*中已被排除在龙胆科之外，在APG Ⅳ系统中则收录在毛茛目睡莲科下，不再隶属于龙胆科。然而近年来仍有研究论文和报道将其处理在龙胆科之下，由此反映出专业志书普及不力、部分研究人员和科普工作者对分类学问题认识不足等问题。

APG Ⅳ系统与其他分类系统的比较，可以基本反映龙胆科分类系统的变化历史。早期分类系统主要是基于形态学、细胞学、孢粉学等证据提出，基本反映了龙胆科各类群的系统关系；随着分子证据逐渐覆盖了龙胆科主要类群，它们之间的系统发育关系日渐清晰。例如，在属水平，*Flora of China*相较于《中国植物志》，排除了睡莲属和荇菜属，保留了20个属；APG Ⅳ系统在*Flora of China*基础上，新增了近20年发表的4个新属，即狭蕊龙胆属（*Metagentiana*）、华龙胆属（*Sinogentiana*）、耳褶龙胆属（*Kuepferia*）和异型花属（*Sinoswertia*）。需要明确的是，这4个新增属均是从已有属中独立出来的，并非基于新种发表，因此属数量的增加并未导致龙胆科物种数量的增加。属下等级中，龙胆属是系统发育研究最多的类群，其系统发育关系也最为清晰，但其属内的分类处理变化较大，详见下文论述。

APG Ⅳ系统中龙胆科各个族的关系基本清晰，但龙胆族作为物种数最多的一个族，虽然已有大量研究，部分类群的系统发育位置和处理并不统一。龙胆族分为两个亚族，即龙胆亚族（Subtribe Gentianinae）和獐牙菜亚族（Subtribe Swertiinae），两个亚族在形态学、孢粉学、胚胎学等方面存在明显差异，在分子系统发育树中也得到了完全支持。以下对两个亚族的分类处理及其变化分别描述。

1.1.2 龙胆亚族的分类处理及其变化

龙胆亚族曾分为3个属，即龙胆属（*Gentiana*）、蔓龙胆属（*Crawfurdia*）和双蝴蝶属（*Tripterospermum*）。何廷农先生等人根据形态等识别特征，于2002年发表了新属——狭蕊龙胆属（*Metagentiana*），随后也得到了分子证据的支撑（Ho et al., 2002; Chen et al., 2005; 陈生云 等, 2005）。随着分子系统学研究的深入，Favre等人于2014年发表了华龙胆属（*Sinogentiana*）和耳褶龙胆属（*Kuepferia*）（Favre et al., 2014）。因此，龙胆亚族目前包括6个属，即龙胆属、耳褶龙胆属、狭蕊龙胆属、蔓龙胆属、华龙胆属和双蝴蝶属，其中龙胆属与其他5属互为姊妹群。

龙胆亚族中以龙胆属的物种最多，在分类学上是一个复杂且较为困难的属，也是龙胆科中研究最多的一个属，不同学者提出了不同的分类系统（Ho & Liu, 2001）。目前已从该属陆续独立出来3个属，即狭蕊龙胆属、耳褶龙胆属和华龙胆属，由此可见该属的分类学难度。龙胆属最核心的分类系统由何廷农先生和刘尚武先生在1990年提出，随后在他们的龙胆属世界性专著（*A Worldwide Monograph of* ***Gentiana***）中得到进一步完善，确定为属下共15组（Section）及22个系（Series）（Ho & Liu, 2001）。2020年Favre等人基于254个单拷贝核基因和叶绿体基因组数据对龙胆属分类系统进行了进一步的完善（Favre et al., 2020），在何廷农先生和刘尚武先生2001年分类系统的基础上（Ho & Liu, 2001），结合形态特征，对部分组进行了修订。修订后的龙胆属共包括13个组，分别是秦艽组（Sect. *Cruciata*）、头花组（Sect. *Monopodiae*）、多枝组（Sect. *Kudoa*）、高山组（Sect. *Frigida*）、叶萼组（Sect. *Phyllocalyx*）、匐茎组（Sect. *Isomeria*）、微籽组（Sect. *Microsperma*）、四数组（Sect. *Tetramerae*）、龙胆组（Sect. *Gentiana*）、盘柱组（Sect. *Calathianae*）、大花组（Sect. *Ciminalis*）、龙胆草组（Sect. *Pneumonanthe*）、广义小龙胆组（Sect. *Chondrophyllae sensu lato*）。何廷农和刘尚武2001年分类系统中的耳褶龙胆组已独立为耳褶龙胆属，不再归于龙胆属范畴内。此外，该分类系统与何廷农和刘尚武2001年分类系统相比，还有如下主要变化：①将原多枝组中的密叶系归到现在的匐茎组；②将原匐茎组中的锡金系归到头花组；③将原微籽组的四数系独立为四数组；④将小龙胆组、柱果组和髯毛组合并为广义小龙胆组。因此，根据新修订的分类系统，龙胆属目前有13个组19个系。除仅在欧洲分布的龙胆组、盘柱组和大花组，其余10个组我国均产。

1.1.3 獐牙菜亚族的分类处理及其变化

相较于龙胆亚族，獐牙菜亚族的系统发育关系更为复杂。根据Struwe等（2002）的分类系统，獐牙菜亚族包含14个属共579～608种，中国产11个属，分别为獐牙菜属（*Swertia*）、喉毛花属（*Comastoma*）、假龙胆属（*Gentianella*）、扁蕾属（*Gentianopsis*）、花锚属（*Halenia*）、口药花属（*Jaeschkea*）、匙叶草属（*Latouchea*）、肋柱花属（*Lomatogonium*）、大钟花属（*Megacodon*）、翼萼蔓属（*Pterygocalyx*）、黄秦艽属（*Veratrilla*），其中匙叶草属为中国特有属（Ho & Pringle, 1995）。何廷农先生和刘尚武先生在2015年出版的*A Worldwide Morograph of* ***Severtia*** *and Its Allies*（《獐牙菜属和近缘属的世界性分类》）专著中沿用了该分类系统，并增加了獐牙菜亚族新发表的两个属，即辐花属（*Lomatogoniopsis*）（何廷农，刘尚武，1980）和异型花属（*Sinoswertia*）（He et al., 2013），这两个属均为中国所特有。本书采用何廷农2015年分类系统，因此，獐牙菜亚族共16个属，我国产13属，其中包含3个中国特有属。

獐牙菜亚族虽在形态上变化多样，但以花瓣裂片间无褶、花萼裂片间没有萼内膜等特征，与龙胆亚族易于区分。獐牙菜亚族内分为两个类群，即辐花类（Rotate group）和管花类（Tubular group）（Smith, 1965）。辐花类的花冠和花萼辐射对称，蜜腺裸露或藏于流苏状或管状附属物中；管花类的花冠和花萼管状，蜜腺裸露或缺失（Ho & Liu, 2015）。辐花类包括獐牙菜属、肋柱花属、辐花属和异型花属，剩下的均属于管花类。虽然形态上可将獐牙菜亚族分为两个大类群，但分子系统学研究表明獐牙菜亚族分子系统树与形态性状差异并不对应，獐牙菜亚族的系统发育关系争议很多（Chassot et al., 2001; Liu et al., 2001; 薛春迎, 2003; Favre et al., 2010; 郗厚诚 等, 2014; Ho & Liu, 2015; 王久利, 2018），多个属均不是单系群。近期研究表明，獐牙菜亚族复杂的系统发育关系可能与古杂交有关（Chen et al., 2023），但关键类群的分类处理远未解决，其分类学研究仍有待进一步深入。

1.1.4 我国龙胆科新发表类群

在*Flora of China*中，龙胆科收录20属共419种；其中以龙胆族种类最多，共有15属410种。随着分类系统修订，龙胆科的分类系统有一定的变化，例如，新增了耳褶龙胆属、华龙胆属和异型花属，并对第一大属——龙胆属进行了组水平的分类调整。此外，*Flora of China*出版后，我国境内发现的龙胆科新种共13种，包括龙胆属的何氏秦艽（*Gentiana hoae* P. C. Fu & S. L. Chen; Fu et al., 2021）、巴塘龙胆（*Gentiana susanneae* Adr. Favre; Favre et al., 2022）、兴安龙胆（*Gentiana hsinganica* J. H. Yu）（于景华 等, 2012）、中甸匙萼龙胆（*Gentiana spathulisepala* T. N. Ho & S. W. Liu; Ho and Liu, 2010）、纤茎龙胆（*Gentiana gracilis* S. S. Yang, F. Du & J. Wang; 杨少永 等, 2008）、睫毛龙胆（*Gentiana ciliolata* S. Yang, H. Cao & F. Du; Yang et al., 2020）、磨盘山龙胆（*Gentiana mopanshanensis* Huan C. Wang & Tao Chen; Chen et al., 2024），蔓龙胆属的林芝蔓龙胆（*Crawfurdia nyingchiensis* K. Yao & W. L. Cheng）和裂膜蔓龙胆（*Crawfurdia lobatilimba* W. L. Cheng）（郑维列，姚淦，1998），双蝴蝶属的紫斑双蝴蝶（*Tripterospermum maculatum* Adr. Favre, Matuszak & Muellner; Favre et al., 2013），獐牙菜属的李恒獐牙菜（*Swertia lihengiana* T. N. Ho & S. W. Liu; Ho and Liu, 2010）和单花獐牙菜（*Swertia subuniflora* B. Hua Chen & Shi L. Chen; Chen et al., 2016），肋柱花属的四川肋柱花（*Lomatogonium sichuanense* Z. Y. Zhu; 祝正银, 2000）。部分上述新种在本书中亦有收录。值得一提的是，*Flora of China*和《世界龙胆属专著》均记载台湾轮叶龙胆（*Gentiana yakushimensis* Makino）在我国台湾有分布，然而根据文献记载（Chen & Wang, 1999），台湾仅存有该种的标本，且标本采自日本。因此，台湾轮叶龙胆在我国并没有分布，目前仅分布在日本屋久岛。由于台湾轮叶龙胆的名字容易产生误会，建议将中文名更改为屋久岛龙胆。

1.2 国内外知名学者（按出生年份排序）

1.2.1 马毓泉

马毓泉（Ma, Yu-Chuan; 1916.2—2008.8），男，江苏苏州人，中国植物学家。1945年毕业于北京大学生物系，在北京大学任教13年，1958年起支边到内蒙古大学任教40年，培养了大批人才。经过20年努力，采得标本10余万份，创建内蒙古大学植物标本室。他出版专著7部，主编《内蒙古植物志》第一版第1～8卷（1978—1985）和第二版第1～5卷（1990—1998）、《内蒙古经济植物手册》《内蒙古植物药志》等。1986年获国家教委科学技术进步二等奖，1988年获内蒙古自治区科学技术进步奖一等奖，1992年获批享受国务院政府特殊津贴。

在植物分类研究中，发表过两个新属——扁蕾属（*Gentianopsis* Ma）和阴山荠属（*Yinshania* Ma et Y. Z. Zhao）。马毓泉是我国龙胆科首位研究者，其中，扁蕾属是世界性分布的属，共约24种，分布于亚洲、欧洲和北美洲，我国有5种。扁蕾属是极少数由我国学者基于国内类群发表的世界性的属，在国内分类学中具有特殊意义[1]。

1.2.2 何廷农

何廷农（Ho, Ting Nung; 1938.5—2011.9），女，四川荣县人，植物学家，世界龙胆科植物研究专家。本科毕业于四川大学，生前一直工作于中国科学院西北高原生物研究所。何廷农先生长期坚持在青藏高原恶劣的环境中进行野外工作，先后参加野外考察23次，主持4项国际合作大型植物科学考察，采集植物标本近万号。毕生专注于龙胆科研究，发现新属2个（辐花属和狭蕊龙胆属），新种85个，新亚种或者变种34个，发表120个新组合和8个新名称。在青藏高原高山植物的染色体进化与有性生殖适应等研究方面有新发现，在藏药资源的调查和整理方面做出了优异成绩。主编或参与编著了*A Worldwide Monograph of* ***Gentiana***（《世界龙胆属专著》）、*A Worldwide Monograph of* ***Swertia*** *and Its Allies*（《獐牙菜属和近缘属的世界性分类》）、《中国植物志》（第六十二卷）、《四川植物志》（第十五卷）、*Flora of China*（第十六卷）、《中国高等植物》（第九卷）、《西藏植物志》（第三卷）、《青海植物志》（第三卷）、《藏药志》《青海经济植物志》及《青藏高原药物图鉴》等12部专著。先后获国家自然科学二等奖（2004年）、国家科技进步三等奖（1995年）、中国科学院自然科学奖三等奖（1990年、1993年）、中国科学院科学技术进步奖特等奖（1986年）、青海省科学技术进步奖二等奖（1995年）。

尤其值得一提的是，何廷农对龙胆科最大、最混乱的龙胆属进行了专著性研究，全面修订了该属的所有种类，把原来的2 048个种名，确立为362种，并利用多学科的证据重建了分类系统、论证了该属的系统发育与演化序列、推测了该属可能的起源地及向其他地区扩散的途径，并被国内外同行广泛引用。于2001年出版了英文版《世界龙胆属专著》，全书700页，100万英文字符，是我国第一部世界性龙胆科植物系统学英文专著，得到了国内外专家极高的评价。何廷农鉴定的世界范围的大量龙胆科标本为相关地区植物区系研究奠定了基础，如《不丹植物志》的龙胆科主要以此为基础进行编著。

1.2.3 Lena Struwe

Lena Struwe（1967—），女，瑞典人。克莱斯勒（Chrysler）植物标本馆馆长，新泽西州立罗格斯大学（Rutgers, State University of New Jersey）环境与生物科学学院教授。主要关注领域包括龙胆科和城市杂草的植物进化生物学和系统学。主编了*Gentianaceae —— Systematics and Natural History*一书，从系统发育、生物地理学、形态分类、孢粉学、种子、化学分类学等方面介绍了龙胆科的系统发生和进化历史，在族（Tribe）水平对世界龙胆科进行了分类系统修订。另外，参与撰写了16本专著的部分章节。

05

1 http://www.huangpu.org.cn/hpzz/hpzz201906/202001/t20200109_12231378.html（2024年3月进入）。

2 我国龙胆科资源分布概况

我国是世界上龙胆科物种最丰富的国家，其中以青藏高原及其周边地区分布最为集中，是龙胆科的分布中心和分化中心（Ho & Pringle, 1995; Ho & Liu, 2001, 2015; Favre et al., 2016; Matuszak et al., 2015）。

龙胆科植物在我国各省（自治区、直辖市）均有分布，但数量差异极大。根据*Flora of China*记载，我国龙胆科植物主要分布在西南地区，其中龙胆科物种最丰富的省份为云南省，共224个种及变种，其余3个分布物种数超过100的省份依次为四川、西藏和青海（图1）。河南、安徽和海南的龙胆科植物种类很少，均不超过10种。

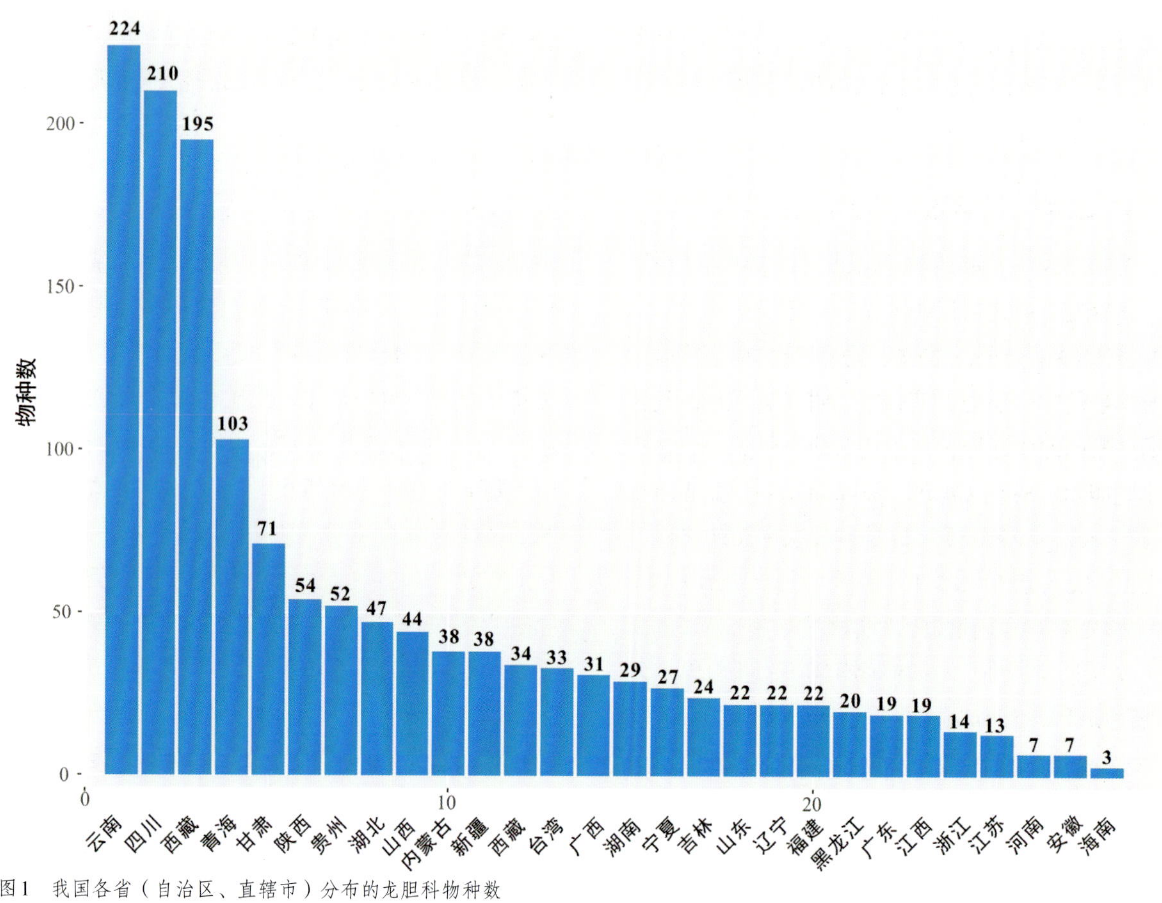

图1　我国各省（自治区、直辖市）分布的龙胆科物种数

3 龙胆科科学研究概述

以龙胆科为对象的科学研究工作涉及多个学科，除了上文中提及的分类与系统发育研究，下文仅对进化生物学、分子生物学、药物化学等领域进行概述和总结。

3.1 进化生物学研究

随着测序技术的快速发展，龙胆科在进化生物学方向上取得了一系列研究成果。就研究对象而言，龙胆科的进化生物学研究主要集中在龙胆亚族，獐牙菜亚族涉及相对较少。

3.1.1 近年来龙胆亚族的进化生物学研究

龙胆属的生物地理学研究表明，龙胆属的分化中心是青藏高原及其周边地区，从该地区扩散到全世界各地（Favre et al., 2016）。该研究重建了龙胆属主要类群的扩散历史，清晰表明青藏高原地区是龙胆属扩散的源头区域，其中比较典型的类群包括广义小龙胆组（Sect. *Chondrophyllae* s.l.）、龙胆草组（Sect. *Pneumonanthe*）、秦艽组（Sect. *Cruciata*）、高山组（Sect. *Frigida*）和多枝组（Sect. *Kudoa*）等，这些类群多数具有很高的观赏价值。

在龙胆亚族中，耳褶龙胆属（*Kuepferia*）和华龙胆属（*Sinogentiana*）偏爱寒冷和干旱的环境，生态位狭窄；蔓龙胆属（*Crawfurdia*）和狭蕊龙胆属（*Metagentiana*）尽管有生态位进化趋势，但由于其传播能力弱而导致分布区狭窄（Matuszak et al., 2016a）。相反，双蝴蝶属（*Tripterospermum*）的生态位最宽，分布于最温暖和最潮湿的条件中，更高程度的生态位进化和更有效的扩散机制使得该属物种更加多样化，并占据更广泛的分布范围。双蝴蝶属浆果类果实的进化与该属物种形成率的增加相关联，因此被视为一项关键性状创新（Matuszak et al., 2016a）。龙胆亚族的生物地理学研究进一步表明，亚热带的龙胆族类群（双蝴蝶属、狭蕊龙胆属、华龙胆属、蔓龙胆属）起源于青藏高原东南边缘，双蝴蝶属由此扩散到中国东部、巽他古陆、日本等地（Matuszak et al., 2016b）。

随着叶绿体基因组数据的快速增加，基于叶绿体基因组的系统发育基因组学和分子进化研究揭示了龙胆亚族物种的进化特征。例如，系统发育基因组学得到的系统发育树框架与APG Ⅳ系统一致，并明确了属内或组内部分物种的系统发育关系（Sun et al., 2018; Zhou et al., 2018; Fu et al., 2021a, 2022a）。基于叶绿体基因组的结构和分子进化速率研究表明，在龙胆亚族的部分支系中发现较多的叶绿体基因缺失（主要是*ndh*基因；图2），如广义小龙胆组、多枝组、叶萼龙胆组等（Sun et al., 2018; Fu et al., 2021a, 2022a）。此外，在东俄洛龙胆的叶绿体基因组中发现存在大量杂合位点，包括点突变和缺失，部分位点的杂合率甚至大于10%，暗示其叶绿体存在双亲遗传模式（Sun et al., 2019）。

小龙胆组是龙胆属中物种最丰富的类群，占龙胆属物种总数的一半以上（52%）。小龙胆组也是龙胆属中分布最广的类群，广泛分布于除南北极之外的各地。由于小龙胆组物种分布广，多数物种分布范围非常狭窄，完整取样的难度大；加之该类群是典型的快速演化类群，系统发育关系复杂，因此，该类群的系统发育研究尚不充分。现有研究表明，小龙胆组存在严重的核质树冲突，物种间存在广泛的自然杂交（Chen et al., 2021; Fu et al., 2022a）。叶绿体基因组结构分析表明，*ndh*等基因缺失伴随着小龙胆组的分化而发生，在组内所有物种中均存在。小龙胆组的叶绿体基因组大小是目前整个龙胆科中最小的，原因在于大量的基因缺失和普遍的结构变异（Fu et al., 2022a）。

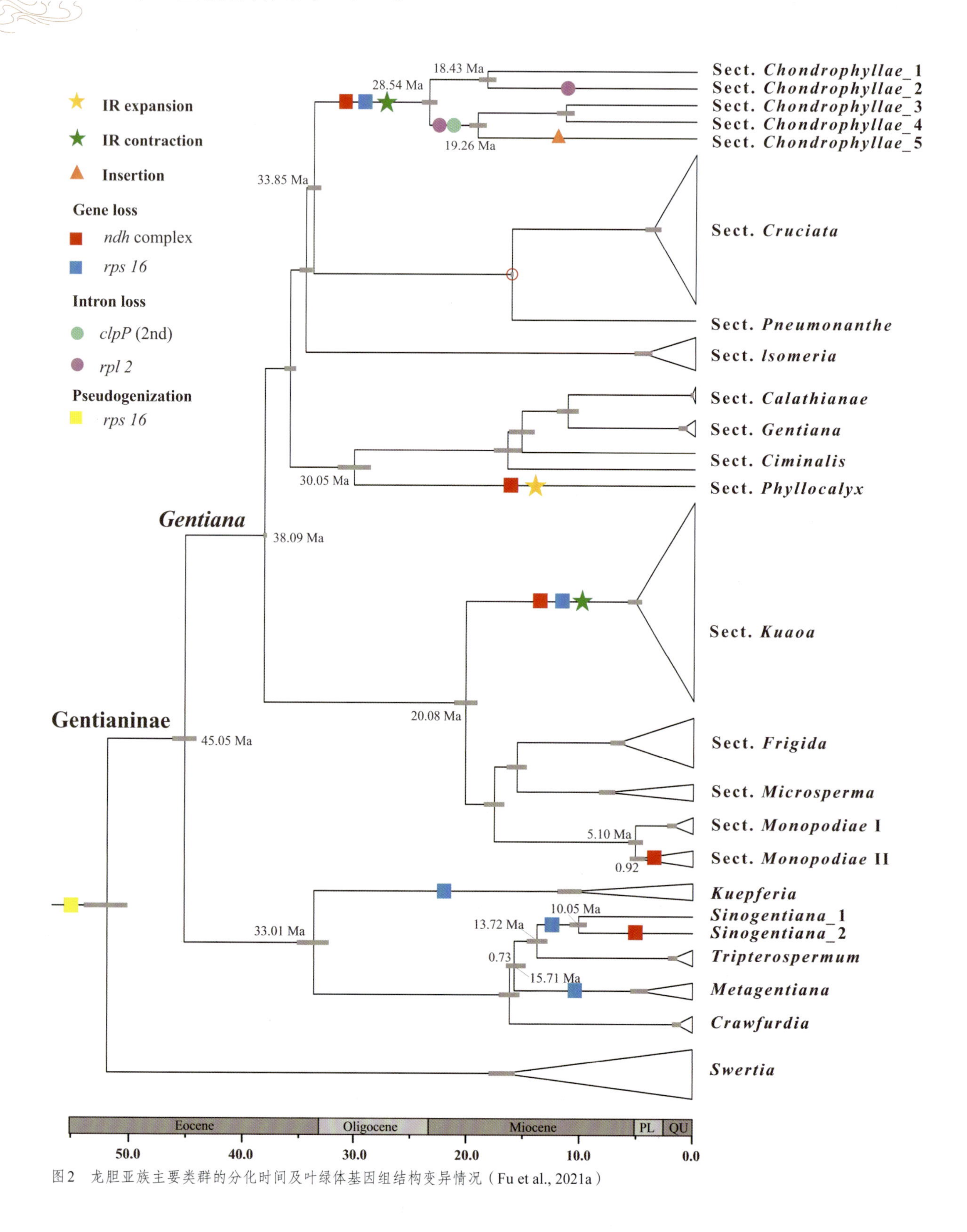

图2　龙胆亚族主要类群的分化时间及叶绿体基因组结构变异情况（Fu et al., 2021a）

由于龙胆属物种具有独特的进化背景、很高的药用和观赏价值，部分物种受到了植物学家们的格外关注，对其遗传多样性、物种分化、进化历史等开展了深入研究。现有证据表明，在青藏高原分布较为广泛的龙胆属物种，普遍具有南北分布的遗传分化格局，即青藏高原台面和横断山脉北部与横断山脉中南部分布的种群存在明显的种内遗传分化，且这种南北分布的遗传分化格局主要受冰川运动的影响，如线叶龙胆（Fu et al., 2018）、蓝玉簪龙胆（Fu et al., 2020）、六叶龙胆（Fu et al., 2022b）、短柄龙胆、大花龙胆（Sun et al., 2022）等。屋久岛龙胆是一个仅分布于日本屋久岛的濒危物种，对其历来缺乏研究，近期的种群遗传学研究表明该物种具有极低的遗传多样性（Ishii et al., 2022）。

龙胆亚族中存在较为普遍的种间杂交。基于67个龙胆亚族物种的转录组数据构建了可靠的系统发育树，吻合APG Ⅳ分类系统，同时发现龙胆亚族中存在明显的核质树冲突（Chen et al., 2021）（图3）。该研究还发现龙胆亚族物种中存在大量的

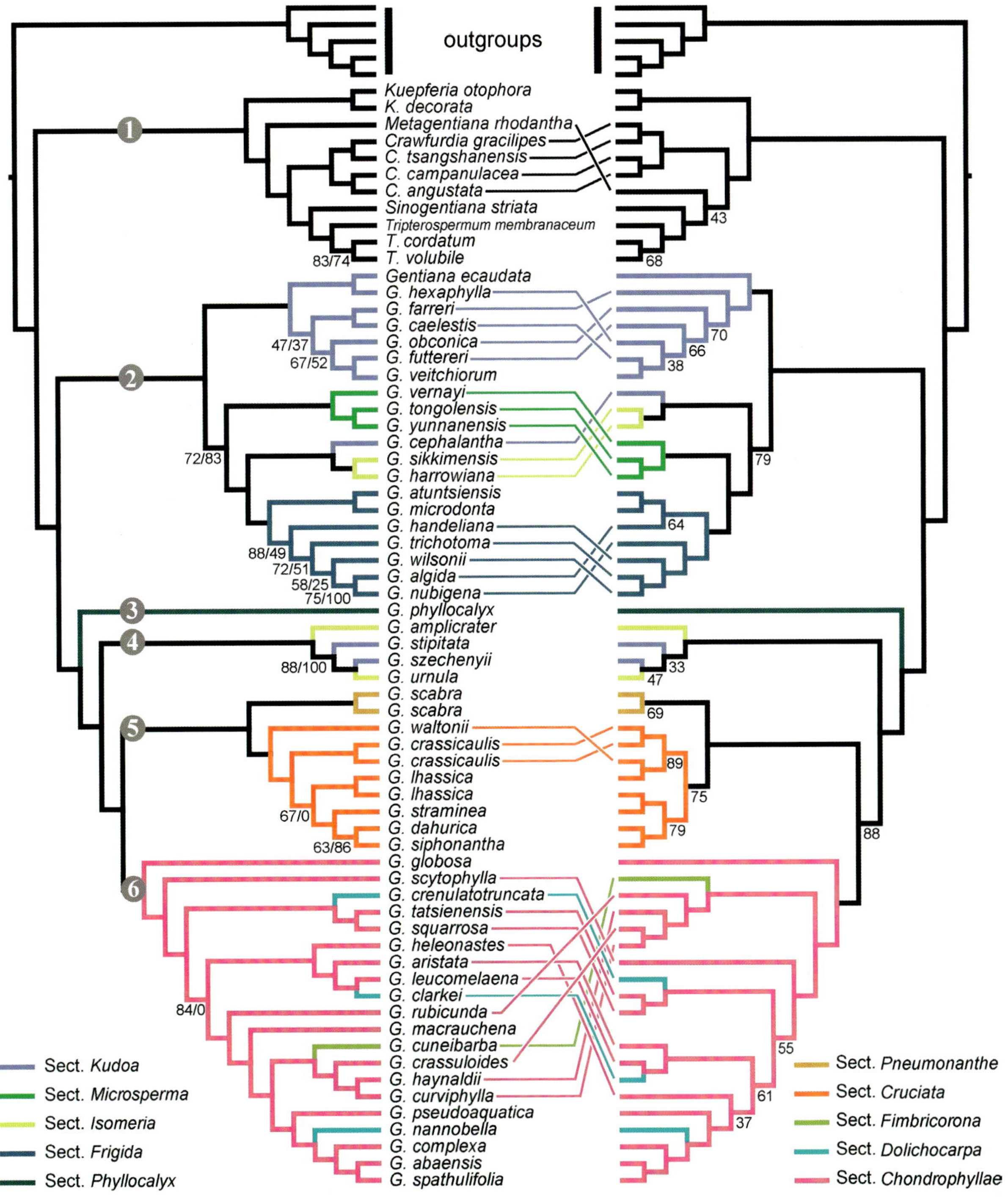

图3　基于993个单拷贝核基因（左边）和2307个叶绿体基因组单核苷酸多态性位点（右边）构建的龙胆亚族（Subtrib. Gentianinae）系统发育关系（Chen et al., 2021）

基因重复，这些基因重复很可能来自杂交多倍化，这也解释了龙胆亚族中普遍存在的核质树冲突。基于系统发育树的核质冲突在龙胆属秦艽组（Fu et al., 2021b）以及欧洲类群（Favre et al., 2022）中均有报告。种群遗传学研究也表明，种间杂交存在于线叶龙胆、蓝玉簪龙胆和六叶龙胆这3个物种之间（Fu et al., 2020, 2022c）（图4）。遗传学数据也证实了多个龙胆属物种之间存在天然F_1代，如短柄龙胆与大花龙胆（Sun et al., 2022）、何氏秦艽与麻花艽（Fu et al., 2021b）、管花秦艽与麻花艽（Hu et al., 2016）等。

龙胆属是典型的高山植物，其对高山环境的适应性进化也是研究热点之一。有研究发现，六叶龙胆花冠直径随海拔增加而增加，4 000m处花的长度显著大于其他海拔；而生物量积累的变化，包括地上光合器官、花和地下生物量，对海拔变化表现出非线性反应（He et al., 2017）。阳坡上生长的六叶龙胆倾向于有性繁殖，而生长在阴坡上的则倾向于无性繁殖（Xue et al., 2018）。

据不完全统计，*Flora of China*出版后，我国境内发表龙胆亚族新种共有10个，分别是龙胆属的何氏秦艽（*Gentiana hoae*）（Fu et al., 2021）、巴塘龙胆（*Gentiana susanneae*）（Favre et al., 2022）、兴安龙胆（*Gentiana hsinganica*）（于景华 等, 2012）、中甸匙萼龙胆（*Gentiana spathulisepala*）（Ho & Liu, 2010）、睫毛龙胆（*Gentiana ciliolata*）（Yang et al., 2020）、纤茎龙胆（*Gentiana gracilis*）（杨少永 等, 2008）、磨盘山龙胆（*Gentiana mopanshanensis*）（Chen et al., 2024），蔓龙胆属的林芝蔓龙胆（*Crawfurdia nyingchiensis*）和裂膜蔓龙胆（*Crawfurdia lobatilimba*）（郑维列, 姚淦, 1998），双蝴蝶属的紫斑双蝴蝶（*Tripterospermum maculatum*）（Favre et al., 2013）。部分新种在发表时整合了形态学和分子系统学证据，例如，何氏秦艽（*Gentiana hoae*）在发表时，统计了该种和近缘物种4个种群187个个体的3个形态特征，并用叶绿体全基因组和核基因构建系统发育树，确定了其系统位置；并进一步对其开展了谱系地理学研究，表明第四纪冰川运动塑造了其进化历史，并发现何氏秦艽与麻花艽的杂交F_1代（Fu et al., 2021b）。此外，对部分物种名做了归并处理，如通过查阅文献、标本鉴定、野外调查和栽培实验，将湖北龙胆（*Gentiana hupehensis* Q. H. Liu）和铺地龙胆（*Gentiana wanyuensis* T. N. Ho）分别作为深红龙胆（*Gentiana rubicunda* Franch.）和大颈龙胆（*Gentiana macrauchena* C. Marquand）的异名处理（郑斌 等, 2017）。

3.1.2 近年来獐牙菜亚族的进化生物学研究

近年来，围绕獐牙菜亚族开展了大量进化生物学研究工作。獐牙菜亚族的系统发育关系一直存在争议，随着叶绿体全基因组测序逐步普及，对喉毛花属（Zhang et al., 2021）、獐牙菜属（Cao et al., 2022）进行了叶绿体基因组结构分析和系统发育关系重建，检测到了叶绿体基因组结构变异，发现獐牙菜属是多系群，与前人研究一致（von Hagen et al., 2002; Xi et al., 2014; Xu et al., 2021）。叶绿体分子进化研究发现，獐牙菜亚族的核苷酸替换速率在基因间变异大，并发现不同叶绿体基因构建的系统发育树存在不一致（Zhang et al., 2020）。

虽然獐牙菜亚族的系统发育关系尚未澄清，但近期研究取得重要进展，为该类群提供了一个基本的系统发育框架。2023年，刘建全教授团队对獐牙菜亚族全部15个属进行取样，采用大量单拷贝核基因和叶绿体全基因组数据，进行系统发育分析（Chen et al., 2023）。结果显示，15个属中，獐牙菜属、假龙胆属、肋柱花属等3个属在核基因树和叶绿体树中均是多系群（图5）。关键花形态特征，如花冠形态、副花冠有无、花柱类型、腺体类型以及腺体位置等在系统发育树上呈镶嵌分布，与系统发育关系没有相关性。獐牙菜亚族中一个包含10个属（獐牙菜属、假龙胆属、肋柱花属、喉毛花属、*Bartonia*、黄秦艽属、花锚属、异型株属、口药花属、辐花属）的支系可能是由具有辐射状花冠的大钟花属和具有筒状花冠的扁蕾属-翼萼蔓属分支最近共同祖先通过古老杂交产生的，这一古老杂交事件促进了形态特征和物种多样化过程，同时两个祖先类群的花形态性状在这10个属中随机固定，进而导致花性状缺乏系统发

图4　基于基因组数据对龙胆属多枝组3个物种［六叶龙胆（*G. hexphylla*）、线叶龙胆（*G. lawreicei*）和蓝玉簪龙胆（*G. veitchiorum*）］的遗传聚类结果，表明三者间存在明显的种间杂交（Fu et al., 2022c）

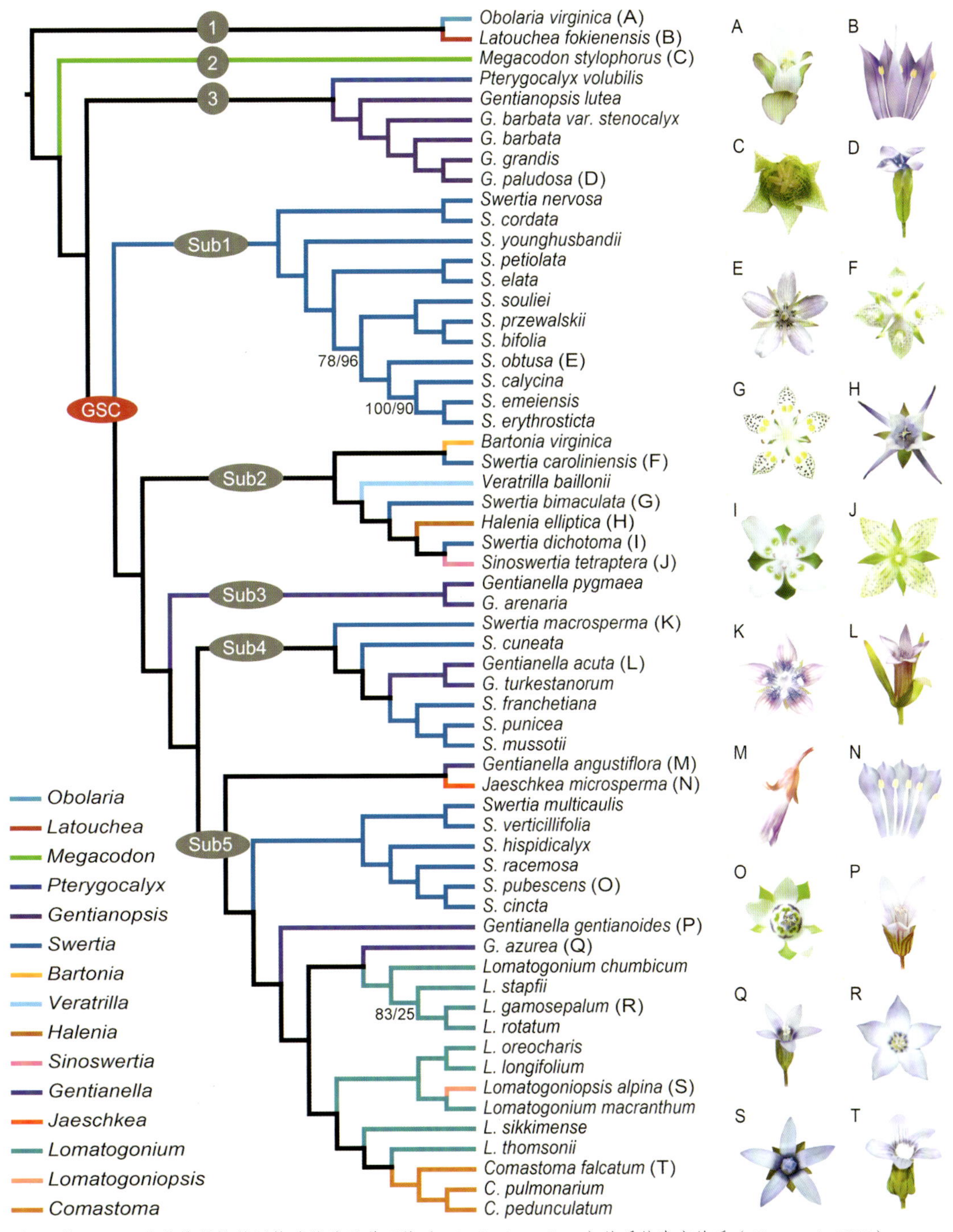

图5　基于1 280个单拷贝核基因构建的獐牙菜亚族（Subtribe Swertiinae）的系统发育关系（Chen et al., 2023）

05

育相关性（Chen et al., 2023）。

四数异型株隶属于獐牙菜亚族异型花属（*Sinoswertia*），同一植株上存在大花和小花两种异型花（图6），具有重要的进化意义。2023年，刘建全教授团队组装得到了四数异型株高质量的全基因组，并结合转录组和代谢组数据，发现大花和小花在花瓣颜色以及龙胆科特殊次生代谢产物方面存在较大差异。可异花传粉的大花，颜色鲜艳，含有较多的类胡萝卜素等着色代谢物；而自花传粉的小花则含有较高的龙胆科特有环烯醚萜类物质，这类物质可防止小花被寄生昆虫啃食。大花和小花在植物激素含量方面也存在较大的差异。通过检查大小花的基因表达，发现多方面的基因表达差异导致了二型花的分化和差异维持；该物种进化历史上的两次基因组加倍产生的基因，都参与了这一重要的生态性状创新（Zhu et al., 2023）。

Flora of China 出版后，我国境内发现獐牙菜亚族新种3个，分别是獐牙菜属的李恒獐牙菜（*Swertia lihengiana*）（Ho & Liu, 2010）、单花獐牙菜（*Swertia subuniflora*）（Chen et al., 2016）以及肋柱花属的四川肋柱花（*Lomatogonium sichuanense*）（祝正银, 2000），其中单花獐牙菜发表时整合了形态学和分子系统学证据。

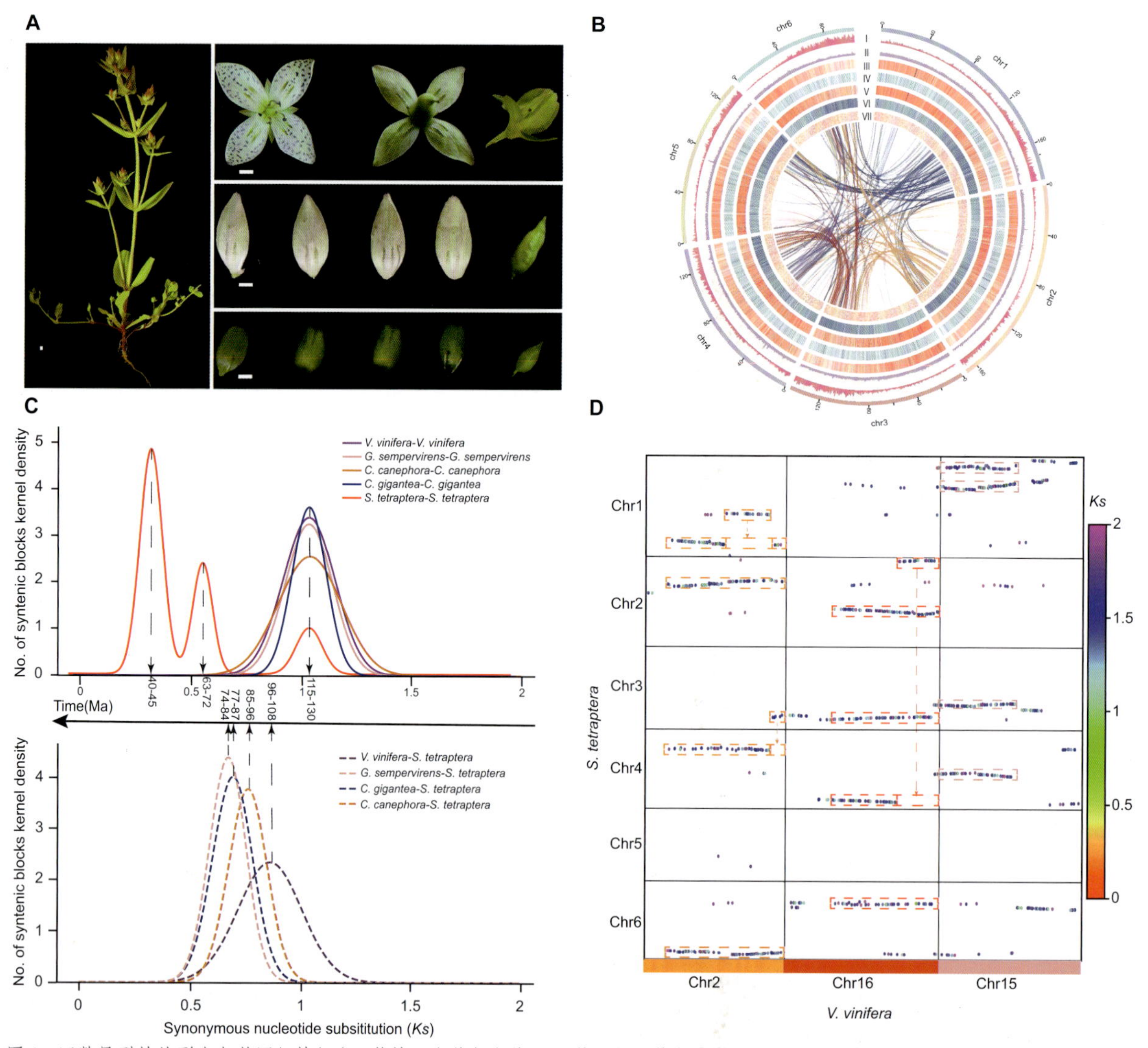

图6　四数异型株的形态与基因组特征（A：整株、大花与小花；B：基因组组装与注释；C：平均同义替换在共线性区块中的分布情况；D：与葡萄间的共线性区块）（Zhu et al., 2023）

3.1.3 龙胆科基因组学研究

截至2024年4月，龙胆科中共有4个物种的高质量全基因序列得到组装、注释和公布。第一个公开的是达乌里秦艽（*Gentiana dahurica*），也是龙胆科第一个公开的全基因组（Li et al., 2022）。达乌里秦艽的全基因组共1.4Gb，挂载到了13条染色体上。达乌里秦艽基因组序列中70.25%（995.11Mb）是重复序列，其中57.37%是转座子。比较基因组学分析表明，在与核心双子叶植物一起经历古全基因组三倍化后，达乌里秦艽经历了一次和钩吻科常绿钩吻藤共享的全基因组加倍事件，以及一次特有的全基因组加倍事件。转录组分析鉴定了大量的酶蛋白编码基因和转录因子与龙胆苦苷生物合成相关，并筛选到参与獐牙菜苦苷转化为龙胆苦苷的候选基因。基因表达和高效液相色谱测定表明，龙胆苦苷主要在含量最高的根茎中合成（Li et al., 2022）。

秦艽（*Gentiana macrophylla*）是紧随达乌里秦艽之后第二个公布全基因组数据的龙胆属物种（Zhou et al., 2022）。秦艽的基因组约1.79Gb，挂载到了13条染色体上，其中74.37%是重复序列。比较基因组学分析表明，在与核心双子叶植物一起经历古全基因组三倍化后，秦艽经历了两次全基因组加倍事件。根系特异性基因在参与防御反应通路中的富集大大提高了秦艽的生物适应性（Zhou et al., 2022）。

四数异型株（*Sinoswertia tetraptera*）是獐芽菜亚族中第一个公开全基因组的物种（Zhu et al., 2023）。四数异型株的基因组共943Mb，其中903Mb锚定到了6条染色体上，其中70.88%是重复序列。四数异型株共经历了3次全基因组加倍事件，其中一次是与核心双子叶植物一起经历的古全基因组三倍化，另两次是四数异型株特有的，分别发生在40～45Mya和63～72Mya（Zhu et al., 2023）。

麻花艽（*Gentiana straminea*）的基因组在2024年2月在NCBI（National Center for Biotechnology Information）公布，相关论文于同年9月正式发表（Kelsang et al., 2024）。麻花艽的基因组共1.35Gb，挂载到13条染色体上。

3.2 分子生物学研究

龙胆科相关的分子生物学研究主要集中在龙胆属多枝组和龙胆草组，目前关注较多的是与育种相关的关键性状，如开花时长、花色等的分子机理。龙胆草组的三花龙胆（*Gentiana triflora*）及其栽培品种是相关分子生物学研究的主要对象。研究表明，龙胆在开花和休眠等不同阶段的转换中，*GtFT1*参与花芽分化和开花诱导，*GtFT2*参与休眠调节，表明开花基因*FT*不同的直系同源基因调控不同的转换过程（Takahashi et al., 2022a）。通过CRISPR/Cas9介导的基因编辑产生的龙胆ft2突变体，其越冬芽表现出较低的萌发率和萌发延迟（Takahashi et al., 2022a）。开花和光周期调控是个复杂的过程，基于转录组测序分析表达谱，分析了*BBX*和*MADS*-box家族（Takase et al., 2022）；通过敲除*EPH1*等方法，证实了*EPH1*基因能延缓龙胆花的衰老（Takahashi et al., 2022b）。此外，在花色形成方面也有一些最近的研究进展。不同龙胆品种的花色深浅不一，基于转录组测序和分析鉴定到了决定龙胆花色深浅的基因如*GtMIF1*，在烟草中过表达该基因会使烟草花色变淡（Tasaki et al., 2022）。查尔酮合酶基因*CHS*转录后基因沉默会特异性抑制花冠裂片中花青素的生物合成，负责调控龙胆中条纹型双色花的形成（Ohta et al., 2022）。

此外，由于龙胆科植物具有很高的药用价值，针对龙胆属和獐牙菜属植物开展了大量药用成分及相关研究。如优化实验方法从宽丝獐牙菜（*Swertia paniculata*）嫩枝培养物中提取苦杏仁苷（amarogentin）、獐牙菜苦苷（swertiamarin）和杧果苷（mangiferin）（Kaur et al., 2020），这些化合物是獐牙菜植物中的主要治疗代谢产物，在制药工业中具有重要作用和广泛需求。川西獐牙菜（*Swertia mussotii*）是传统藏药藏茵陈的来源植物之一，用于治疗慢性肝炎和多种黄疸；基于小鼠中川西獐牙菜提取物对非酒精性脂肪性肝病的治疗试验，发现其可作为一种潜在的抗炎药，作用机理是其抑制了TLR4/MyD88/NF-κB途径（Si et al., 2022）。

4 各论

根据APG Ⅳ系统，我国有龙胆科24属，共432种，包括*Flora of China*收录的419种，近年来发表的新种13种。本章共记载18属110种。

中国龙胆科分属检索表

1a. 花单性，雌雄异株；花冠裂开几近基部 …………………………… 11. 黄秦艽属 *Veratrilla*

1b. 花两性；花冠通常明显呈管状

2a. 花冠常浅裂，裂片间具褶

3a. 茎直立或斜生，绝不缠绕

4a. 褶极小，短于1mm，耳状或齿状；花冠常浅裂到中部或下部 …………………………………………………………………………………… 7. 耳褶龙胆属 *Kuepferia*

4b. 褶长于1mm；花冠常浅裂到上部

5a. 雄蕊等长或不等长，通常直立；花无苞叶（龙胆草组除外）；花柱线形到圆柱形，短于子房；种子无翅 ……………………………………………… 8. 龙胆属 *Gentiana*

5b. 雄蕊不等长，顶部下弯；花有苞片；花柱丝状，等长到长于子房；种子具翅

6a. 花黄色至浅黄色；茎生叶1～3cm；褶从不具流苏 ………………………………………………………………………… 6. 华龙胆属 *Sinogentiana*

6b. 花蓝色、紫色或粉红色；茎生叶0.3～1.5cm；褶具流苏 ………………………………………………………………………… 5. 狭蕊龙胆属 *Metagentiana*

3b. 茎缠绕

7a. 花萼筒具5条维管束；腺体在子房柄基部形成杯状花盘；雄蕊不等长，下弯 ………………………………………………………………………… 3. 双蝴蝶属 *Tripterospermum*

7b. 花萼筒具10条维管束；腺体小，不形成杯状花盘；雄蕊整齐，不下弯 ………………………………………………………………………… 4. 蔓龙胆属 *Crawfurdia*

2b. 花冠深裂，裂片间不具褶

8a. 花冠具4个离生的距 ………………………………………………… 10. 花锚属 *Halenia*

8b. 花冠不具距

9a. 花药通过顶孔开放 ………………………………………………… 1. 藻百年属 *Exacum*

9b. 花药纵向裂开

10a. 花药螺旋盘绕 ………………………………………………… 2. 百金花属 *Centaurium*

10b. 花药不盘绕

11a. 花冠长于5cm，花5数；蜜腺着生于子房柄 ………… 9. 大钟花属 *Megacodon*

11b. 花冠短于5cm，如果长于5cm则花4数；蜜腺着生于花冠

12a. 花冠筒形，先端浅裂，冠筒长于裂片

13a. 花蕾稍压扁，具4棱；花冠裂片1对宽而短，1对长而狭 ………………………………………………………………………… 16. 扁蕾属 *Gentianopsis*

13b. 花蕾非压扁；花冠裂片整齐

14a. 花冠喉部具极多数流苏状副冠 ……………… 17. 喉毛花属 *Comastoma*

14b. 花冠喉部无流苏状副冠 …………………… 18. 假龙胆属 *Gentianella*

12b. 花冠辐状，分裂至基部，冠筒远短于裂片

15a. 无花柱，柱头沿着子房的缝合线下延；花冠裂片呈二色，即一侧色深，一侧色浅

16a. 花冠裂片基部有腺窝，腺窝边缘有裂片状流苏 ……………………………………………………… 14. 肋柱花属 *Lomatogonium*

16b. 花冠裂片基部无腺窝，具片状附属物 …… 15. 辐花属 *Lomatogoniopsis*

15b. 有花柱，柱头不沿着子房的缝合线下延；花冠裂片不呈二色，基部或中部有明显的腺窝或腺斑，腺窝边缘通常具流苏或鳞片；腺斑则与花冠异色

17a. 花二型，主茎上部的花比主茎基部和基部分枝上的花大2~3倍 ……………………………………………………… 13. 异型花属 *Sinoswertia*

17b. 花同型 ……………………………………………… 12. 獐牙菜属 *Swertia*

4.1 藻百年属

Exacum L., Sp. Pl. 1: 112. 1753.

一年生草本。叶对生。聚伞花序顶生及腋生，组成圆锥状复聚伞花序；花近辐状，4~5数；花萼分裂至近基部，萼筒甚短；花冠深裂，冠筒短，圆柱形；雄蕊着生于花冠裂片弯缺处，与裂片互生，花丝短而细，花药长而粗；花柱极长。有40种，分布于亚洲热带和亚热带地区，马达加斯加和非洲热带。中国有2种。

属模式：无梗藻百年 *Exacum sessile* L.

藻百年别名紫芳草，花色艳丽，可作为小型盆栽花卉，观花、观叶效果俱佳，适宜家庭室内摆放，也具备开发为鲜切花的潜力。现培育的品种株型饱满，花朵密集，花具甜香，花多为紫色，也有白花和红花品种。国产2种，尚未见园艺应用[2]。

云南藻百年

Exacum teres Wallich in Roxburgh, Fl. Ind. 1: 414. 1820. Type: *N. Wallich 4354A* (LT); India, Sylhet (CAL, G, K).

识别特征：植株高20~100cm，全株光滑无毛。茎直立，四棱形。叶无柄，卵状披针形至卵形，（1~5）cm×（0.8~2.5）cm，基部楔形。花4数，花萼长7~10mm；裂片卵形，先端渐尖。花冠亮蓝色，直径2.5~3cm；冠筒长7mm，裂片边缘全缘（图7）。花果期9~11月。

地理分布：中国云南；孟加拉国、尼泊尔、印度、不丹也有分布。生长于海拔1 500m以下的河床、山坡的路旁。

2 https://baijiahao.baidu.com/s?id=1676460735451749954&wfr=spider&for=pc（访问时间 2022.4.3）。

图7 云南藻百年（*Exacum teres*）（李攀 摄于云南）

4.2 百金花属

Centaurium Hill, Brit. Herb. 62. 1756.

一年生至多年生草本。茎直立，通常分枝。叶对生，无柄或抱茎，全缘。花紫色、鲜红色、黄色或白色，组成稠密的聚伞花序或稀疏的穗状花序生于叶腋；萼4~5裂；花冠高脚碟状，4~5裂；花药成熟时旋扭状；花柱丝状。蒴果。种子微小，具网纹。百金花属共40~50种，广布全世界。中国有2种。

该属部分物种具有很高的潜在园林应用价值，国内产的2个物种目前尚未有引种驯化信息。

属模式：*Centaurea centaurium* L.

美丽百金花

Centaurium pulchellum (Swartz) Druce, Fl. Berkshire 342. 1897. ——*Gentiana pulchella* Swartz, Kongl. Vetensk. Acad. Nya Handl. 3: 85. 1783. Type: no designated.

识别特征：一年生草本，高4~10cm。茎直立，多分枝。叶无柄，中下部叶椭圆形或卵状椭圆形，长6~17mm；上部叶椭圆状披针形，长6~13mm，先端急尖，有小尖头。花排列成疏散的二歧式或总状复聚伞花序；花萼5深裂，裂片线状披针形，有小尖头；花冠桃红色，漏斗形，长13~15mm，喉部突然膨大；花药初时直立，后卷作螺旋形（图8）。花果期5~7月。

地理分布：中国新疆；欧洲、印度、亚洲西部至埃及也有分布。生长于荒地或滩地、水边。

图8　美丽百金花（*Centaurium pulchellum*）（徐隽彦　摄于新疆博尔塔拉）

4.3　双蝴蝶属

Tripterospermum Blume, Bijdr. 849. 1826.

多年生缠绕草本。叶对生。聚伞花序或花腋生和顶生，花5数；花萼筒钟形，脉5条高高突起呈翅，稀无翅，花冠钟形或筒状钟形，裂片间有褶；雄蕊着生于冠筒上，不整齐，顶端向一侧弯曲，花丝线形，通常向下不增宽；子房柄的基部具环状花盘。浆果或蒴果。种子多数，无翅，或扁平具盘状宽翅。共25种，分布于亚洲东部和南部；中国有19种。

双蝴蝶属中多数物种均具有较高的潜在园林应用价值，目前尚未见引种驯化信息。

属模式：三脉双蝴蝶 *Tripterospermum trinerve* Blume

4.3.1　双蝴蝶

Tripterospermum chinense (Migo) Harry Smith in S. Nilsson, Grana Palynol. 7(1): 144. 1967. ——*Crawfurdia chinensis* Migo, J. Shanghai Sci. Inst. 3: 154. 1939; *Tripterospermum carlesii* Harry Smith. Type: China, Zhejiang, Ningkongjao, 12 Nov. 1801, *W. Carles 134* (E).

识别特征：茎近圆形，具细条棱，上部螺旋扭转。基生叶通常2对，紧贴地面，密集呈双蝴蝶状，卵形、倒卵形或椭圆形，上面绿色，下面淡绿色或紫红色；茎生叶通常卵状披针形，向上部变小呈披针形。具多花，2~4朵呈聚伞花序；花萼裂片线状披针形；花冠蓝紫色或淡紫色，钟形；褶半圆形，先端浅波状（图9）。花果期10~12月。

地理分布：中国江苏、浙江、安徽、江西、福建、广西。生长于海拔300~1 100m山坡林下、林缘、灌木丛或草丛中。

4.3.2　尼泊尔双蝴蝶

Tripterospermum volubile (D. Don) H. Hara, J. Jap. Bot. 40: 21. 1965. ——*Gentiana volubilis* D. Don, Prodr. Fl. Nepal. 126. 1825. Type: Nepal, *N. Wallich* (K).

识别特征：茎圆形，具细条棱。茎生叶卵状披针形，先端渐尖呈尾状，基部近圆形或心形。花腋生和顶生、单生或成对着生；花萼钟形，具宽翅，裂片披针形；花冠淡黄绿色，长2.5~3cm，裂片卵状三角形，褶先端偏斜呈波状；雄蕊不整齐；花柱线形，长6~9mm，柱头线形，2裂，反卷，具长约5mm的柄，柄基部具长约1mm，5裂的花盘。浆果紫红色或红色（图10）。花果期8~9月。

地理分布：中国西藏；印度、尼泊尔、不丹也有分布。生长于海拔2 300~3 100m的山坡林下。

图9　双蝴蝶（*Tripterospermum chinense*）（A、B：刘军　摄于浙江丽水；C：刘军　摄于浙江杭州）

图10　尼泊尔双蝴蝶（*Tripterospermum volubile*）（陈世龙　摄于西藏聂拉木）

4.4　蔓龙胆属

Crawfurdia Wallich, Tent. Fl. Napal. 63. 1826.

多年生缠绕（极少数例外）草本。叶对生。花通常为聚伞花序，少单花，腋生或顶生，5数；花萼钟形；花冠漏斗形、钟形或长筒形，裂片间具褶；雄蕊整齐、直立，两侧向下逐渐加宽成翅；子房柄的基部有5个小的腺体。蒴果。种子多数、扁平、盘状具宽翅。共16种，主要分布在中国、印度、缅甸、不丹等地。我国有14种，大多数种主要分布在云南西北部。

蔓龙胆属多数物种具有较高的潜在园林应用价值，目前尚未见引种驯化信息。

属模式：穗序蔓龙胆 *Crawfurdia speciosa* Wall.

4.4.1 半侧蔓龙胆

Crawfurdia dimidiata (C. Marquand) Harry Smith, Notes Roy. Bot. Gard. Edinburgh 26: 244. 1965. —— *Gentiana dimidiata* C. Marquand. Type: China, Yunnan, on cane scrub in side valleys on the Shweli-Salwin divide, 20°45′ N, 98°58′ E, 3 000m, Sep 1924, *G. Forrest 25225* (K).

识别特征：茎具细条棱。叶披针形或卵状披针形，长4～6cm，宽2～3cm，基部圆形，叶柄长1～2cm。花成对，腋生或顶生；花梗长0.5～3.5cm；花萼一侧开裂，长1.2～1.4cm，裂片披针形；花冠淡紫色或蓝色，长约4cm，裂片宽三角形，褶半圆形或截形，偏斜；花丝两边具不等宽的翅，呈披针形（图11）。花果期9月。

地理分布：中国西藏东南部、云南西北部；缅甸也有分布。生长于海拔3 000～3 400m的山坡草地、灌丛或竹林中。

4.4.2 福建蔓龙胆

Crawfurdia pricei (C. Marquand) Harry Smith, Notes Roy. Bot. Gard. Edinburgh 26: 244. 1965. —— *Gentiana pricei* C. Marquand, Bull. Misc. Inform. Kew 1931: 75. 1931. Type: China, Fujian, open mountainous country between Lung-yen & Eng Hok, 900m, 22 Sep 1912, *W. R. Price 1169* (K).

识别特征：茎生叶卵形、卵状披针形或披针形，稀宽卵形，先端渐尖，基部圆形，边缘膜质、微反卷、细波状。聚伞花序，有2至多花，腋生或顶生；总花梗长达15cm，小花梗长1～9cm，具小苞片或否；花萼筒不开裂，先端具膜质的萼内膜，裂片三角形或披针形，向外反折，弯缺截形；花冠粉红色、白色或淡紫色，钟形，裂片宽卵状三角形，褶截形或半圆形，先端微波状；花丝两边具不等宽的翅，呈狭披针形；子房柄基部有5颗长卵形腺体。蒴果淡褐色（图12）。花果期10～12月。

地理分布：中国湖南南部、福建西部、广西北部、广东北部。生长于海拔430～2 000m的山坡草地、山谷灌丛或密林中。

4.5 狭蕊龙胆属

Metagentiana T. N. Ho & S. W. Liu, Bot. Bull. Acad. Sin. 43(1): 87. 2002.

一年生、稀多年生草本。茎生叶愈向上部愈大。花大型或中型；褶极偏斜；雄蕊顶端向一侧

图11 半侧蔓龙胆（*Crawfurdia dimidiata*）（张发起 摄于西藏察隅）

图12　福建蔓龙胆（*Crawfurdia pricei*）（A：陈又生 摄于广西兴安；B：曾佑派 摄于广西阳山）

下弯；花柱极长，长于子房。蒴果内藏，狭矩圆形。种子周缘有翅。

原龙胆属狭蕊组，2002年独立为一个属。该属发表时，共14种；其中2个种独立为华龙胆属。因此，狭蕊龙胆属共12种，分布于中国、缅甸和泰国。中国有9种。

属模式：报春花狭蕊龙胆 *Metagentiana primuliflora* (Franchet) T. N. Ho & S. W. Liu.

红花狭蕊龙胆

Metagentiana rhodantha (Franch.) T. N. Ho & S. W. Liu, Bot. Bull. Acad. Sin. 43: 83-91. 2002. ——*Gentiana rhodantha* Franchet in F. B. Forbes & Hemsley, J. Linn. Soc., Bot. 26: 133. 1890. Syntypes: China, Hubei, Yichang, *Maries s.n.* (K), *A. Henry 964* (BM, E, GH, IBSC, K, P, PE) & 2990 (K, P), *3986* (K); NW Yunnan, [Heqing], Tapintze, 1 800m, 15 Jun 1885, *P. J. M. Delavay 1869* (BM, GH, K, P, UPS); Yunnan, without locality, May 1886, *Bourne s.n.* (K). Lectotype: *P. J. M. Delavay 1869* (Lectotype: P; Isolectotypes: BM, K, UPS).

在2002年狭蕊龙胆属发表之前，红花狭蕊龙胆曾隶属龙胆属，名为红花龙胆（*Gentiana rhodantha* Franch.）。虽然分类地位已经变更20年，学名已改，但在查阅该物种资料时，绝大多数仍然采用红花龙胆及其对应的学名。

识别特征：多年生草本，高20～50cm，具短缩根茎。基生叶呈莲座状，椭圆形、倒卵形或卵形，长2～4cm，宽0.7～2cm；茎生叶宽卵形，长1～3cm，宽0.5～2cm。花单生茎顶，无花梗；花冠淡红色，上部有紫色纵纹，筒状。蒴果内藏或仅先端外露，长椭圆形，两端渐狭。种子近圆形，具翅（图13）。花果期10月至翌年2月。

地理分布：红花狭蕊龙胆为中国特有种，在

图13　红花狭蕊龙胆（*Metagentiana rhodantha*）（贾留坤 摄于云南昆明）

图14　红花狭蕊龙胆外植体增殖情况（钟世浚 等，2021）

国内分布范围较广，《中国植物志》记载的分布区包括云南、四川、贵州、甘肃、陕西、河南、湖北、广西等地。生长于海拔570～1 750m高山灌丛、草地及林下。

主要用途与引种信息：红花狭蕊龙胆具有很高的药用价值，是特色苗族药材，在治疗湿热黄疸、小便不利、肺热咳嗽等方面具有显著疗效。其花结构奇特，基生叶莲座状，且适应性强，具有较高的园艺价值。目前尚未见人工引种记录，但已有成功的组培繁殖技术（图14）（钟世浚 等，2021）。

4.6　华龙胆属

Sinogentiana Adr. Favre & Y. M. Yuan, Taxon 63(2): 351. 2014.

我国特有属，原隶属于狭蕊龙胆属，后独立成属。一年生草本，叶对生。花单生，无花梗，基部具一对叶状苞叶。花冠淡黄色至黄色，管状漏斗形；裂片卵形，边缘全缘，先端渐尖；褶偏斜，边缘具细齿或糜烂；雄蕊不等长。种子具三翅棱，少无翅。共2种，均为中国特有种。

具有很高的潜在园林应用价值，但目前尚未见引种驯化信息。

属模式：毛脉华龙胆 *Sinogentiana souliei* (Franch.) Adr. Favre & Y. M. Yuan

分种检索表

1a. 花冠外面沿脉不密生短柔毛，有明显条纹；花裂片先端具1～2mm长的尾尖；雄蕊着生于冠筒中部 …………………………………………………………… 1. 条纹华龙胆 *S. striata*

1b. 花冠外面沿脉密生短柔毛，无明显条纹；花裂片先端无尾尖；雄蕊着生于冠筒下部 …… …………………………………………………………………… 2. 毛脉华龙胆 *S. souliei*

4.6.1 条纹华龙胆

Sinogentiana striata (Maxim.) Adr. Favre & Y. M. Yuan, Taxon, 63(2): 342-354. 2014. ——*Gentiana striata* Maximowicz, Bull. Acad. Imp. Sci. Saint-Pétersbourg 27: 501. 1881. Type: China, W Gansu, in alpine meadows, in 1872, *N. M. Przewalski s.n.* (LE).

识别特征： 高10～30cm。茎淡紫色，具细条棱。茎生叶无柄，稀疏，长三角状披针形或卵状披针形。花萼钟形，具狭翅，裂片披针形，边缘及翅粗糙，被短硬毛，弯缺圆形；花冠淡黄色，有黑色纵条纹，裂片卵形，先端具1～2mm长的尾尖；褶边缘具不整齐齿裂；雄蕊着生于冠筒中部（图15）。花果期8～10月。

地理分布： 中国四川、青海、甘肃、宁夏。生长于海拔2 200～3 900m的山坡草地及灌丛中。

4.6.2 毛脉华龙胆

Sinogentiana souliei (Franch.) Adr. Favre & Y. M. Yuan, Taxon, 63(2): 342-354. 2014. ——*Gentiana souliei* Franchet, Bull. Soc. Bot. France 43:491. 1896. Type: China, W Sichuan, Kangding, Tongolo and Tizou (Dzeura), Sep 1891, *J. A. Soulie 194* (P).

识别特征： 高10～40cm。茎直立，光滑无毛，具细条棱。茎生叶无柄，卵状披针形，被长柔毛，边缘膜质，粗糙，叶脉3条，中脉在下面突起，沿脉被稀疏长柔毛。花萼钟形，萼筒外面上部具宽翅，裂片披针形；花冠黄色或淡绿色，钟形，冠筒长2.5～3.5cm，外面沿脉密生短柔毛；花冠裂片卵形，褶截形，先端啮蚀状；雄蕊着生于冠筒下部（图16）。花果期9～12月。

地理分布： 中国云南西北部、四川西南部。生长于海拔3 200～3 900m的高山草地或冷杉林下。

图15 条纹华龙胆（*Sinogentiana striata*）（A：付鹏程 摄于四川红原；B、C：付鹏程 摄于四川若尔盖）

图16 毛脉华龙胆（*Sinogentiana souliei*）（付鹏程 摄于云南丽江）

4.7 耳褶龙胆属

Kuepferia Adr. Favre, Taxon 63(2): 349. 2014.

耳褶龙胆属原为龙胆属耳褶龙胆组（Sect. *Otophora* Kusnez.），后独立成属。多年生草本，根略肉质。植株为单轴分枝。花小型，花冠常深裂，冠筒短于裂片，冠筒长于裂片；褶甚小，耳形，附生于一侧的裂片上。蒴果内藏。种子表面具细网纹，稀为蜂窝状网隙。共12种，分布于中国、不丹、尼泊尔和印度。中国有9种。

成丛生长，花在开放和闭合状态下均具有观赏价值，具有很高的潜在园林应用价值，但目前尚未见引种驯化信息。

属模式：耳褶龙胆 *Kuepferia otophora* (Franch.) Adr. Favre

分种检索表

1a. 基生莲座叶丛在花期发达；花萼裂片披针形或狭矩圆形；花冠淡绿色，有少数紫色或暗绿色斑点 ……………………………………………………… 1. 深裂耳褶龙胆 *K. damyonensis*

1b. 基生莲座叶丛在花期不发达；花萼裂片椭圆形；花冠深蓝色或紫色，无斑点 …………… ……………………………………………………………………2. 美耳褶龙胆 *K. decorata*

4.7.1 深裂耳褶龙胆

Kuepferia damyonensis (C.Marquand) Adr. Favre, Taxon, 63(2): 342–354. 2014. —— *Gentiana damyonensis* C. Marquand, Bull. Misc. Inform. Kew 1928: 51. 1928. Type: China, SW Sichuan (Sze-chuan), Muli, Damyon, in alpine meadows, 4 800~5 200m, 5 September 1922, *F. Kingdon-Ward 5377* (E, K).

识别特征：高5～10cm。主茎发达，匍匐状。花枝常丛生，斜升，具细条棱。莲座丛叶线状披针形或倒披针形；茎生叶狭披针形或狭卵状披针形。花单生枝顶，无花梗或具梗短；花萼杯状，裂片披针形或狭矩圆形；花冠淡绿色，有少数紫色或暗绿色斑点，深裂，冠筒比裂片短，裂片椭圆形，褶小，三角形（图17）。花期8～10月。

地理分布：中国西藏东南部、云南西北部、四川西南部；缅甸东北部亦有分布。生长于海拔3 700～5 200m的高山石质山坡、草地及矮杜鹃丛中。

图17 深裂耳褶龙胆（*Kuepferia damyonensis*）（付鹏程 摄于西藏察隅）

4.7.2 美耳褶龙胆

Kuepferia decorata (Diels) Adr. Favre, Taxon, 63(2): 342-354. 2014. —— *Gentiana decorata* Diels, Notes Roy. Bot. Gard. Edinburgh 5: 220. 1912. Syntypes: China, NW Yunnan, Dali (Tali), 25°40′N, 10 000～11 000ft., September 1916, *G. Forrest 3827* (BM, E); Lijiang (Lichiang), 27°20′N, 13 000～14 000ft., September 1916, *G. Forrest 3021* (BM, E). Lectotype: *G. Forrest 3021* (E, BM).

识别特征：多年生矮小草本，高2～5cm。枝丛生，平卧或斜升。茎生叶多数，比节间长，基部渐狭。花单生枝顶；花梗极短；花冠深蓝色或紫色，中裂或深裂，冠筒与裂片等长或稍短，长6～10mm，褶小；雄蕊整齐，花丝线形，长6～8mm，花药矩圆形。蒴果内藏，无柄（图18）。

图18　美耳褶龙胆（*Kuepferia decorata*）（付鹏程　摄于西藏察隅）

花果期8～11月。

地理分布：中国西藏东南部、云南西北部。生长于海拔3 200～4 550m的山坡草地、水边草地。

4.8　龙胆属

Gentiana L., Sp. Pl. 1: 227. 1753.

一年生或多年生的草本植物。叶对生，稀轮生，在多年生的种类中，不育茎或营养枝的叶常呈莲座状。复聚伞花序、聚伞花序或花单生；花4～5数，稀6～8数；花萼筒形或钟形，浅裂，萼筒内面具萼内膜，萼内膜高度发育呈筒形或退化，仅保留在裂片间呈三角袋状；花冠常浅裂，稀分裂较深，使冠筒与裂片等长或较短，裂片间具褶；雄蕊着生于冠筒上，与裂片互生，花丝基部略增宽并向冠筒下延成翅，花药背着；子房一室，花柱明显。

龙胆属有350余种，是龙胆科最大的属，广泛分布在全世界温带地区的高山地带。中国有230种以上，主要分布在西南地区。

属模式：黄龙胆 *Gentiana lutea* L.

龙胆属植物可供观赏用，部分物种在世界主要植物园内有栽培，并培育了不少品种。有些种的根含有龙胆苦苷，可以用作苦味健胃剂，可以作为中药入药，功能泻肝火、退虚热。

分组检索表

1a. 花萼完全被最上面的一对宽倒卵形叶包围；柱头裂片圆形，扩展形成盘状或漏斗状结构 ………………………………………………………… 6. 叶萼组 Sect. *Phyllocalyx*

1b. 花萼未完全被最上面的一对叶包围；柱头裂片形态多样

  2a. 绝大多数为一年生，少数为多年生；植株小，株高多<20cm；花单生，少数有花序；无萼内膜；褶常长于花冠裂片之一半………………… 10. 小龙胆组 Sect. *Chondrophyllae*

  2b. 多数为多年生植物；植高通常>20cm；花序多样；褶形态多样，长短于花冠裂片之一半

    3a. 单轴分枝，具一个始终进行营养繁殖的不育茎，不育茎的叶密集呈莲座状，生长点不更新

      4a. 须根扭结成一个粗大、圆锥形的直根；植株基部被枯存的纤维状叶鞘包围；茎生叶明显比茎生叶大，长度多数>3cm ………………………1. 秦艽组 Sect. *Cruciata*

      4b. 根不扭结，既不肉质也不被纤维状叶鞘包围；茎生叶和基生叶的相对大小多样，但叶子长度一般<3cm，少部分物种达到4cm

        5a. 花顶生和单生；莲座叶和茎生叶相似；茎生叶多长于节间，线形至狭披针形；褶对称……………………………………………… 3. 多枝组 Sect. *Kudoa*

        5b. 花2朵或更多簇生，有时腋生；莲座叶明显大于茎生叶；茎生叶椭圆形至倒卵形；褶不对称 ……………………………………………… 2. 头花组 Sect. *Monopodiae*

    3b. 合轴分枝，植株的顶芽死亡，侧芽发育，生长点不断更新

      6a. 匍匐茎；叶边缘白色软骨质；花通常单生，偶尔2～4朵成簇 ……………………………………………………………………7. 匐茎组 Sect. *Isomeria*

      6b. 非匍匐茎；叶边缘无白色软骨质；花单生或簇生

        7a. 花4数；花柱丝状，等于或长于子房…………………9. 四数组 Sect. *Tetramerae*

        7b. 花5数；花柱短而粗壮，常与子房无明显区别

          8a. 多年生植物；根状茎肉质；茎基部鞘有老叶形成的棕色至黑色残余物 ……………………………………………………… 4. 高山组 Sect. *Frigida*

          8b. 一年生或多年生植物；根状茎不肉质；茎基部无老叶残余

            9a. 一年生；茎<30cm ……………………………… 8. 微籽组 Sect. *Microsperma*

            9b. 多年生；茎>30cm ………………………… 5. 龙胆草组 Sect. *Pneumonanthe*

组1　秦艽组

Sect. ***Cruciata*** Gaudin Fl. Helv. 2: 269. 1828.

多年生草本，根略肉质，须状，扭结或黏合成1个粗大、圆锥状或圆柱状的主根；植株基部被枯存的纤维状叶鞘包围。共22种，分布于亚洲和欧洲。我国有20种，多数分布于西南地区，其他地区也有分布。

秦艽组物种是重要的药用植物，广泛用于中药和藏药。同时，该组物种的植株健壮，花枝多数，花序紧密，花色丰富，可观叶和观花，具备较高的观赏价值，但仅部分物种有栽培和引种记录。

组模式：黄秦艽 *Gentiana cruciata* L.

分种检索表

1a. 单花；花萼筒不开裂
  2a. 茎生叶和花萼裂片披针形；花冠淡蓝色 ………………………… 1. 全萼秦艽 *G. lhassica*
  2b. 茎生叶和花萼裂片狭椭圆形；花冠蓝色 …………………………… 2. 何氏秦艽 *G. hoae*
1b. 形成聚伞花序，或簇生枝顶呈头状或腋生呈轮状；花萼筒一侧开裂
  3a. 聚伞花序顶生及腋生，排列成疏松的花序
    4a. 花冠蓝紫色或深蓝色
      5a. 花萼筒紫红色，裂片外翻 ………………………………………… 4. 长梗秦艽 *G. waltonii*
      5b. 花萼筒黄绿色，裂片直立 …………………………………… 5. 达乌里秦艽 *G. dahurica*
    4b. 花冠黄绿色 …………………………………………………………… 3. 麻花艽 *G. straminea*
  3b. 花簇生枝顶呈头状或腋生呈轮状
    6a. 茎生叶并不比莲座状叶小，最上部叶大，卵状披针形，呈苞叶状包被头状花序
      7a. 花冠壶形，檐部深蓝色或蓝紫色，内有斑点 ………… 6. 粗茎秦艽 *G. crassicaulis*
      7b. 花冠宽筒形，内面黄绿色 ……………………………………… 7. 西藏秦艽 *G. tibetica*
    6b. 茎生叶明显比莲座状叶小，最上部叶小，不呈苞叶状，不包被头状花序
      8a. 花冠黄绿色或淡黄色
        9a. 花萼筒不开裂，裂片线状披针形 ………………………… 10. 新疆秦艽 *G. walujewii*
        9b. 花萼筒一侧开裂呈佛焰苞状，裂片小，齿形或丝状
          10a. 花萼长为花冠的1/2，萼筒具明显的丝状裂片 ………12. 粗壮秦艽 *G. robusta*
          10b. 花萼长为花冠的1/4，萼筒具极不明显的齿 ………11. 黄管秦艽 *G. officinalis*
      8b. 花冠蓝色或冠檐蓝色、蓝紫色
        11a. 叶宽，卵状椭圆形或狭椭圆形；花冠壶形 ………………… 8. 秦艽 *G. macrophylla*
        11b. 叶窄，线形至宽线形；花冠筒状钟形 ……………… 9. 管花秦艽 *G. siphonantha*

4.8.1 全萼秦艽

Gentiana lhassica Burkill, J. Proc. Asiat. Soc. Bengal 2: 311. 1906. Type: China, Xizang (Tibet), Lhasa, Kyi-chu valley, September 1904, *H. J. Walton 1642* (K).

识别特征：高7～9cm。枝少数丛生，斜升，紫红色或黄绿色。莲座丛叶狭椭圆形或线状披针形，先端钝或渐尖，基部渐狭，边缘平滑或微粗糙；茎生叶椭圆形或椭圆状披针形。单花顶生，稀2～3朵呈聚伞花序；无花梗或花梗紫红色；花萼筒膜质，紫红色或黄绿色，倒锥状筒形，不开裂，裂片5个，近整齐，绿色，狭椭圆形；花冠蓝色或内面淡蓝色，外面紫褐色，宽筒形或漏斗形，裂片卵圆形，褶整齐，狭三角形，边缘具不整齐锯齿（图19）。花果期8～9月。

地理分布：中国西藏东部及南部。生长于海拔4 200～4 900m的高山草甸。

4.8.2 何氏秦艽

Gentiana hoae P. C. Fu & S. L. Chen, AoB Pl. 13(1): plaa068. 2021. Type：China, Qinghai Province, ca. 40km SW of Yushu, 12 August 2017, 97° 12′ 04″ E, 32 ° 46 ′ 40 ″ N. *Fu2017046* (Holotype: Herbarium of Luoyang Normal University). Paratypes: Qinghai Province, Nangqian, August 1972 HNWP28499 (HNWP); Qinghai Province, Nangqian, Xuebayaela Mountain, August 2017, *Fu2017072* (HNWP);

图19　全萼秦艽（*Gentiana lhassica*）（A、B：付鹏程 摄于西藏拉萨；C、D：付鹏程 摄于西藏墨竹工卡）

Tibet, Chuangdu, Tuoba, August 2017, *Fu2017135* (Herbarium of Luoyang Normal University).

识别特征：何氏秦艽在形态上与全萼秦艽很相似，仅在叶、花萼裂片、花冠裂片形态和花色等方面不同。何氏秦艽的基生叶与茎生叶、花萼裂片、花冠裂片均比全萼秦艽细长，前者为线形，后者为狭椭圆形。何氏秦艽花冠淡蓝色，全萼秦艽花冠蓝色。何氏秦艽与全萼秦艽的花果期基本相同，但分布区域不重叠。何氏秦艽与全萼秦艽均为单花顶生，且花萼筒不开裂，易与秦艽组其他物种区分开（图20）。

基于基因组学的证据表明，何氏秦艽和全萼秦艽是姊妹种；两个物种分别与不同的近缘种杂交，导致存在明显的核质系统树冲突。除了杂交，地理隔离和自然选择也参与了该姊妹种的物种形成（Fu et al., 2023）。

地理分布：中国青海玉树、西藏昌都和四川西北部。

4.8.3　麻花艽

Gentiana straminea Maximowicz, Bull. Acad. Imp. Sci. Saint-Pétersbourg, 27: 502. 1881. Type: China, Qinghai (as W Kansu, Tangut), in alpine meadows, in 1872, *N. M. Przewalski s.n.* (LE, K, P).

识别特征：枝多数丛生，黄绿色，稀带紫红色。莲座丛叶宽披针形或卵状椭圆形，两端渐狭；茎生叶小，线状披针形至线形。聚伞花序顶生及腋生，排列成疏松的花序；花梗斜伸，不等长；花萼筒膜质，黄绿色，一侧开裂呈佛焰苞状，萼齿2～5个，甚小，钻形，稀线形，不等长；花冠黄绿色，喉部具多数绿色斑点，漏斗形，裂片卵形或卵状三角形，褶偏斜，三角形，全缘或边缘啮蚀形（图21）。花果期7～10月。

地理分布：中国西藏、四川、青海、甘肃、宁夏及湖北西部。生长于海拔2 000～5 000m的高山草甸、灌丛、林下、林间空地、山沟、多石干

图20 何氏秦艽（*Gentiana hoae*）（A、B：付鹏程 摄于青海称多；C、D：付鹏程 摄于青海玉树）

图21 麻花艽（*Gentiana straminea*）（A：付鹏程 摄于四川阿坝；B：付鹏程 摄于青海久治；C：付鹏程 摄于青海玛沁）

山坡及河滩等地。

主要用途与引种信息：秦艽组中分布最广的物种，与多个物种存在自然种间杂交。适应性强，可作药用，植株具有较高观赏价值。

4.8.4 长梗秦艽

Gentiana waltonii Burkill, J. Proc. Asiat. Soc. Bengal 2: 310. 1906. Syntypes: China, Xizang (Tibet), without exact locality, *King's collectors 277, 295 & 1659*; Lhasa, Kyi-chu valley, August 1904, *H. J. Walton & Younghusband 1643* (K, typographic error 1645); same locality, 12 000ft., L. A. Wad-dell (K); Gyangze (Gyangtse), July-September 1904, *H. J. Walton 1648* (BM, E, K).

识别特征：枝少数丛生，斜升或直立，紫红色。莲座丛叶厚草质，狭椭圆形或线状披针形，有时边缘紫色。花梗斜伸，紫红色；花萼筒草质，紫红色，一侧开裂呈佛焰苞状，裂片不整齐，披针形或狭椭圆形；花冠蓝紫色或深蓝色，漏斗形，裂片卵形或卵圆形，先端钝圆，全缘或边缘有不明显细齿，褶偏斜，三角形，边缘有不规则细齿（图22）。花果期8～10月。

地理分布：中国西藏东南部及南部。生长于海拔3 000～4 800m的山坡草地、山坡砾石地及林下。

图22 长梗秦艽（*Gentiana waltonii*）（付鹏程 摄于西藏羊卓雍错）

主要用途与引种信息：植株健壮，花枝多数，花序紧密，花深蓝色，具备较高的观赏价值。

4.8.5 达乌里秦艽

Gentiana dahurica Fischer, Mem. Soc. Imp. Naturalistes Moscou 3: 63. 1812. Type: Russia, Dahuria, no collection data noted (LE).

识别特征：高10～25cm。枝多数丛生，斜升，光滑。莲座丛叶披针形或线状椭圆形；茎生叶线状披针形至线形，先端渐尖，基部渐狭。聚伞花序顶生及腋生，排列成疏松的花序；花梗斜伸，黄绿色或紫红色，极不等长；花萼筒筒形，不裂，稀一侧浅裂，裂片5个，不整齐，线形；花冠深蓝色，有时喉部具多数黄色斑点，筒形或漏斗形，裂片卵形或卵状椭圆形，全缘，褶整齐，三角形或卵形，全缘或边缘啮蚀形（图23）。花果期7～9月。

地理分布：中国四川北部及西北部、西北、华北、东北等地；俄罗斯和蒙古也有分布。生长于海拔870～4 500m的田边、路旁、河滩、湖边沙地、水沟边、向阳山坡及干草原等地。

主要用途与引种信息：具有较高的药用和观赏价值。在内蒙古武川县、四子王旗有零散种植。

4.8.6 粗茎秦艽

Gentiana crassicaulis Duthie ex Burkill, J. Proc. Asiat. Soc. Bengal 2: 311. 1906. Syntypes: China, W Sichuan (Szechuan), Kangding (Tachienlu),

图23 达乌里秦艽（*Gentiana dahurica*）（A、B：付鹏程 摄于青海同德；C、D：付鹏程 摄于青海同仁）

2 740~4 115m, *A. E. Pratt 463* (K); Tongolo, *J. A. Souliei 675* (K, P); NW Yunnan, Heqing (Hokin), *P. J. M. Delavay 1241* (BM, K, P). Lectotype: *A. E. Pratt 463* (K).

识别特征：高30～40cm，全株光滑无毛，基部被枯存的纤维状叶鞘包裹。须根多条。枝少数丛生。莲座丛叶卵状椭圆形或狭椭圆形，长12～20cm，宽4～6.5cm。花多数，无花梗，在茎顶簇生呈头状，稀腋生作轮状；花萼筒膜质，一侧开裂呈佛焰苞状，萼齿1～5个，甚小，锥形，长0.5～1mm；花冠筒部黄白色，冠檐蓝紫色或深蓝色，内面有斑点，壶形，长2～2.2cm，裂片卵状三角形，全缘，褶偏斜，三角形，边缘有不整齐细齿；雄蕊着生于冠筒中部（图24）。花果期6～10月。

地理分布：中国西藏东南部、云南、四川、贵州西北部、青海东南部、甘肃南部。生长于海拔2 100～4 500m的山坡草地、山坡路旁、高山草甸、撂荒地、灌丛中、林下及林缘。

主要用途与引种信息：植株健壮，花枝多数，花序紧密，具备较高的观赏价值；根可入药，有祛风除湿、和血舒筋、清热、利尿的功效。我国云南丽江有栽培，英国爱丁堡皇家植物园内有引种。

4.8.7 西藏秦艽

Gentiana tibetica King ex J. D. Hooker, Hooker's Icon. Pl. 15: 33. 1883. Type: China, S Xizang (Tibet), Yadong, Chumbi, 11 000ft., in 1877, *King's collectors 4504* (CAL, K).

识别特征：高40～50cm，全株光滑无毛。枝少数丛生，直立，黄绿色。莲座丛叶卵状椭圆形，先端急尖或渐尖。花多数，无花梗，簇生枝顶呈头状，或腋生作轮状；花萼筒膜质，萼齿5～6个，甚小，锥形，长0.5mm；花冠内面淡黄色或黄绿色，冠檐外面带紫褐色，宽筒形，长2.6～2.8cm，裂片卵形，全缘，褶偏斜，三角形，边缘有少数不整齐齿或截形；雄蕊着生于冠筒中部（图25）。花果期6～8月。

地理分布：中国西藏南部；不丹、尼泊尔和

图24 粗茎秦艽（*Gentiana crassicaulis*）（A、B：付鹏程 摄于青海同仁；C、D：付鹏程 摄于英国爱丁堡皇家植物园）

图25　西藏秦艽（*Gentiana tibetica*）（付鹏程 摄于西藏错那）

印度也有分布。生长于海拔2 100～4 200m的地边、路旁、灌丛及林缘。

主要用途与引种信息：植株健壮，花枝多数，可观叶和观花，具备较高的观赏价值。其干燥根可以入药，具有祛风湿、清湿热、止痹痛之功效，主治风湿痹痛、筋脉拘挛、骨节烦痛、小儿疳积和发热等。

4.8.8　秦艽

Gentiana macrophylla Pallas, Fl. Ross. 1(2): 108. 1789. Type: Russia, Siberia (mainly in E Siberia), "Goretschaska vel Sokol-nitza listovaja", herb. Pallas (BM, MO).

识别特征：高30～60cm，全株光滑无毛。枝少数丛生，直立或斜升。莲座丛叶卵状椭圆形或狭椭圆形，先端钝或急尖，基部渐狭。花多数，无花梗，簇生枝顶呈头状或腋生作轮状；花萼筒膜质，黄绿色或有时带紫色，长7～9mm，一侧开裂呈佛焰苞状；萼齿4～5个，甚小，锥形，长0.5～1mm；花冠筒部黄绿色，冠檐蓝色或蓝紫色，壶形，长1.8～2cm，裂片卵形或卵圆形，全缘，褶三角形；雄蕊着生于冠筒中下部（图26）。花果期7～9月。

地理分布：中国、俄罗斯及蒙古；在中国分布于新疆、宁夏、陕西、山西、河北、内蒙古及东北地区。生长于海拔400～2 400m的河滩、路旁、水沟边、山坡草地、草甸、林下及林缘。

主要用途：以根入药，具有祛风除湿、活血舒筋、清热利尿的功效，用于治疗风湿痹痛、筋

图26　秦艽（*Gentiana macrophylla*）（A：花；B：根；C：植株）（Zhou et al., 2022）

脉拘挛、骨蒸潮热、湿热黄疸等病症。植株健壮，可观叶和观花，具有较高的观赏价值。

4.8.9　管花秦艽

Gentiana siphonantha Maximowicz ex Kusnezow, Bull. Acad. Imp. Sci. Saint-Pétersbourg 34: 506. 1891. Syntypes: China (as "Mongo-lia occidentalis"), Qinghai, Nanshan, 11 000~12 000ft., 4 July 1879, *N. M. Przewalski s.n.*; Qinghai (as N Tibet), "fl.Assak-now-gol", 30 July 1884, *N. M. Przewalski* *s.n.*; Qinghai (as Kansu, Tangut), "Jugum inter Nanshan et Donkym ad fl. Raco", 10 000~11 000ft., in alpine meadows and shrubs, 9 July 1880, *N. M. Przewalski s.n.*; Qinghai (as Kansu), Datong river (fl. Tetung), 17 July 1872, *N. M. Przewalski* (K, P); same locality, 8 August 1890, *Grum-Greshi-malio s.n.*

识别特征：高10～25cm，全株光滑无毛。枝少数丛生，直立，下部黄绿色，上部紫红色。花莲座丛叶线形，长4～14cm，宽0.7～2.5cm；茎生叶与莲座丛叶相似而略小。花多数，无花梗，簇生枝顶及上部叶腋中呈头状；花萼小，长为花冠的1/5～1/4，萼筒常带紫红色，一侧开裂或不裂，先端截形，萼齿不整齐，丝状或钻形；花冠深蓝色，长2.3～2.6cm，裂片矩圆形，全缘，褶狭三角形；雄蕊着生于冠筒下部，整齐（图27）。花果期7～9月。

地理分布：中国四川西北部、青海、甘肃、宁夏西南部。生长于海拔1 800～4 500m的干草原、草甸、灌丛及河滩等地。

4.8.10 新疆秦艽

Gentiana walujewii Regel & Schmalhausen, Trudy Imp. S.-Peterburgsk. Bot. Sada 6: 334. 1879. Syntypes: China, Xinjiang (OstaTurkestan), Mt. Kaxgar (Kaschgar), Fetissow, in jugis Kokkamyr 1 830~2 740m & inter Turkestan, Dschirgalan, 1 830m, 26 August 1878, *A. Regel s.n.* (K).

识别特征：高10～15cm，全株光滑无毛。枝少数丛生，斜升，下部黄绿色，上部紫红色，近圆形。莲座丛叶狭椭圆形，先端钝或急尖，基部渐狭，边缘平滑或微粗糙；茎生叶狭椭圆形或卵状椭圆形。花多数，无花梗，簇生枝顶呈头状；花萼筒状，不开裂，裂片5个，线状披针形或三角状披针形；花冠黄白色，宽筒形或筒状钟形，裂片卵状三角形，全缘，褶整齐，三角形；雄蕊着生于冠筒中部，整齐（图28）。花果期8～9月。

地理分布：中国新疆北部；哈萨克斯坦东南

图27　管花秦艽（*Gentiana siphonantha*）（A、B：付鹏程　摄于青海泽库；C：邢睿　摄于青海祁连；D：付鹏程　摄于青海同仁）

图28 新疆秦艽（*Gentiana walujewii*）（付鹏程 摄于爱丁堡皇家植物园）

部也有分布。生长于海拔2 200～2 750m的干山坡和河边。

主要用途与引种信息：具有较高的药用和观赏价值，但国内尚无引种信息。英国爱丁堡皇家植物园有引种，长势较好，株高明显高于野生植株。

4.8.11 黄管秦艽

Gentiana officinalis Harry Smith in Handel-Mazzetti, Symb. Sin. 7: 979. 1936. Type: China, N Sichuan, [? Songpan], Tschuntsche, 3 100~3 900m, 1-18 August 1922, *H. Smith 4135* (Isotype: BM). Paratypes: N Sichuan, Songpan (Sungpan), June-August 1914, Welgold; same locality, *H. Smith 4010 & 4100*; W Gansu (Kansu), [Xiahe Xian], Labrang, *R. C. Ching 753 & 807* (E, GH, K).

识别特征：高15～35cm，全株光滑无毛。枝少数丛生，斜升，黄绿色或上部带淡紫红色，近圆形。莲座丛叶披针形或椭圆状披针形，先端渐尖，基部渐狭，边缘微粗糙；茎生叶披针形，稀卵状披针形。花多数，无花梗，簇生枝顶呈头状或腋生作轮状；萼筒一侧开裂呈佛焰苞状，先端截形或圆形，裂片不明显或线形；花冠黄绿色，具蓝色细条纹或斑点，筒形，裂片卵形或卵圆形，全缘，褶偏斜，三角形，全缘；雄蕊着生于冠筒下部（图29）。花果期8～9月。

地理分布：中国四川北部、青海东南部、甘肃南部。生长于海拔2 300～4 200m的高山草甸、灌丛中、山坡草地、河滩及地边。

4.8.12 粗壮秦艽

Gentiana robusta King ex J. D. Hooker, Hooker's Icon. Pl. 15: 31. 1883. Type: China, S Xizang (Tibet), Yadong, Chumbi, 11 000ft, August 1877, *King's collectors 4534* (CA, K).

识别特征：高10～30cm，全株光滑无毛。枝少数丛生，粗壮，斜上升，黄绿色或上部紫红色。莲座丛叶卵状椭圆形或狭椭圆形；茎生叶披针形，先端急尖，基部钝。花多数，无花梗，簇生枝顶呈头状或腋生作轮状；花萼一侧开裂呈佛焰苞状，先端钝，萼齿极不整齐，丝状；花冠黄白色或黄绿色，筒状钟形，裂片卵形，全缘，褶偏斜，截形或三角形，边缘具几个不整齐锯齿；雄蕊着生于冠筒下部，整齐（图30）。花果期7～10月。

地理分布：中国西藏南部；尼泊尔、印度、不丹也有分布。生长于海拔3 500～4 800m的山坡、地边、路旁及草甸。

组2 头花组

Sect. ***Monopodiae*** (Harry Sm.) T. N. Ho.

多年生植物。根肉质。主茎及其分枝顶端均各具1个莲座叶丛，常较发达。花枝最上部2～3对叶

图29　黄管秦艽（*Gentiana officinalis*）（付鹏程　摄于青海玛沁）

图30　粗壮秦艽（*Gentiana robusta*）（付鹏程　摄于西藏浪卡子）

或全部叶密集，呈苞叶状包围花序。花多数，稀1～3朵，簇生枝顶呈头状。花萼裂片不等长。褶偏斜。

在Favre 2020年分类系统中，头花组包含头花系［Ser. *Apteroideae* (Harry Sm.) T. N. Ho］和锡金系［Ser. *Sikkimenses* (Marq.) T. N. Ho］。较何廷农2001年分类系统，新增了由匍茎组调整过来的锡金系。头花组共16种，分布于亚洲和北美洲。我国有11种。

该组物种均具有药用和观赏价值，但尚未见引种与栽培记录。

组模式：头花龙胆 *Gentiana cephalantha* Franchet

分种检索表

1a. 不具发达的匍匐状茎
  2a. 花1～3朵顶生
    3a. 莲座叶丛叶至卵形至椭圆形，突然变窄为叶柄；花冠蓝色 ……………………………… 13. 女娄菜叶龙胆 *G. melandriifolia*
    3b. 莲座叶丛叶狭匙形至长圆状倒披针形，逐渐变窄为叶柄；花冠玫瑰色 ……………………………… 14. 昆明龙胆 *G. duclouxii*
  2b. 花多数，簇生枝顶呈头状；花萼裂片大，不整齐
    4a. 基生莲座叶丛不明显；茎生叶二型 ……………………………… 16. 滇龙胆草 *G. rigescens*
    4b. 基生莲座叶丛发达；茎生叶二型
      5a. 最上部叶短于或等于花序；花冠无深色斑点 ……………………………… 15. 台湾龙胆 *G. davidii* var. *formosana*
      5b. 最上部叶显著长于花序；花冠檐部具多数深蓝色斑点 ……………………………… 17. 头花龙胆 *G. cephalantha*
1b. 具发达的匍匐状茎
  6a. 叶柄向茎上部明显加宽；花序全部包被于茎生叶中；雄蕊低于冠筒 ……………………………… 18. 锡金龙胆 *G. sikkimensis*
  6b. 叶柄向茎上部无明显加宽；花序仅基部包被于茎生叶中；雄蕊与冠筒等高 ……………………………… 19. 中国龙胆 *G. chinensis*

4.8.13 女娄菜叶龙胆

Gentiana melandriifolia Franchet in F. B. Forbes & Hemsley, J. Linn. Soc., Bot. 26: 129. 1890. Type: China, NW Yunnan, Dali (Tali), Cangshan, 2 500m, *P. J. M. Delavay 1239* (E, GH, K, NAS, NY, P, UPS).

识别特征：高5～7cm。主茎粗壮平卧呈匍匐状，花枝数个丛生。叶基部突然狭缩成柄，边缘微外卷；莲座丛叶矩圆状卵形或倒卵形，茎生叶矩圆形、卵形或近圆形。花1～3朵，簇生枝端，被包围于最上部叶丛中；花萼裂片整齐，小；花冠蓝色，冠檐具多数深蓝色斑点，裂片上部边缘全缘，下部边缘有不整齐细齿，褶偏斜（图31）。花果期5～10月。

地理分布：中国云南中部和西北部；生长于海拔2 200～3 000m的岩石山坡。

4.8.14 昆明龙胆

Gentiana duclouxii Franchet, Bull. Soc. Bot. France 46: 305 (1899). Type: China, Yunnan, Kunming (Yunnan-sen), Kiong-tchou-se, *E. M. Bodinier & F. Ducloux 80* (P, E, GH, K, UPS).

识别特征：高3～5cm。主茎直立或平卧，枝多数丛生。叶基生呈莲座状，匙形或长圆状披针

图31　女娄菜叶龙胆（*Gentiana melandriifolia*）（陈世龙 摄于云南丽江）

图32　昆明龙胆（*Gentiana duclouxii*）（贾留坤 摄于云南昆明）

形，基部渐狭缩成柄；茎生叶少，与基生叶同型。花1～3朵生枝顶；花萼裂片整齐，小；花冠玫瑰红色，冠檐具多数深蓝色斑点，裂片全缘，褶偏斜（图32）。花果期4～10月。

地理分布：中国云南中部地区。生长于海拔1 800～1 900m的山坡。

4.8.15 台湾龙胆

Gentiana davidii var. ***formosana*** (Hayata) T.N.Ho, Fl. Reipubl. Popularis Sin. 62: 103. 1988. ——*Gentiana formosana* Hayata, J. Coll. Sci. Imp. Univ. Tokyo 22: 242. 1906; *G. fasciculata* Hayata. Syntypes: China, Taiwan, Shichiseitonzan, in 1900, *B. Hayata s.n.* (TI), in 1905, *G. Nakenara 5*. Lectotype: *B. Hayata s.n.* (TI).

识别特征：高5～15cm。花枝多数，丛生，斜升。叶线状披针形或椭圆状披针形；茎生叶多对，长1.3～5.5cm，宽0.3～0.8cm。花多数，无花梗；花萼狭倒锥形，萼筒膜质，全缘不开裂，裂片线状披针形或披针形，长3～7mm，先端渐尖，裂片间弯缺宽，截形；花冠蓝色，无斑点和条纹，狭漏斗形，裂片卵状三角形，全缘，褶偏斜，截形或三角形，全缘或边缘有不明显波状齿（图33）。花果期8～11月。

台湾龙胆花冠小，长度为20～25mm，原变种五岭龙胆（*Gentiana davidii* var. *davidii*）花冠长为30～40mm。

地理分布：中国台湾。生长于海拔500～3 000m的草地和林下。原变种产湖南、江西、安徽、江苏、浙江、福建、广东、广西。生长于海拔350～2 500m的山坡草丛、山坡路旁、林缘、林下。

4.8.16 滇龙胆草

Gentiana rigescens Franchet in F. B. Forbes & Hemsley, J. Linn. Soc., Bot. 26: 134. 1890. Type: China, NW Yunnan, Dali (Tali), 25 September 1884, *P. J. M. Delavay Gent.n. 142* (E, GH, IBSC, K, NAS, P, UPS).

识别特征：高30～50cm。主茎粗壮，有分枝。花枝多数，丛生，直立，坚硬，紫色或黄绿色，中空。花多数，簇生枝端呈头状，稀腋生或簇生小枝顶端；无花梗；花萼倒锥形，裂片绿色；花冠蓝紫色或蓝色，冠檐具多数深蓝色斑点，漏斗形或钟形（图34）。花果期8～12月。

地理分布：中国云南、四川、贵州、湖南、广西；缅甸也有分布。生长于海拔1 100～3 500m的山坡草地、灌丛中、林下及山谷中。

图33　台湾龙胆（*Gentiana davidii* var. *formosana*）（林秀富　摄于台湾宜兰）

图34 滇龙胆草（*Gentiana rigescens*）（李攀 摄于云南）

4.8.17 头花龙胆

Gentiana cephalantha Franchet in F. B. Forbes & Hemsley, J. Linn. Soc., Bot. 26: 125. 1890. Type: China, NW Yunnan, Eryuan (Lan-kong), Hee-chan-men, 2 800m, *P. J. M. Delavay s.n.* (E, IBSC, K, P, S).

识别特征： 高可达30cm。主茎粗壮，发达，平卧呈匍匐状，丛生，叶片狭椭圆形、椭圆状披针形至最上部叶为倒披针形。花多数，无花梗；花萼倒锥形，萼筒全缘，不开裂，裂片绿色，不整齐，椭圆状匙形、线状披针形，裂片间弯缺截形；花冠蓝色或蓝紫色，冠檐具多数深蓝色斑点，漏斗形或筒状钟形，裂片卵形，先端具尾尖，三角形（图35）。花果期8～11月。

地理分布： 中国云南、四川、贵州、广西；缅甸和越南也有。生长于海拔1 800～4 450m的山坡草地、路边、灌丛中、林缘、林下。

4.8.18 锡金龙胆

Gentiana sikkimensis C. B. Clarke in J. D. Hooker, Fl. Brit. India 4: 114. 1883. Type: Sikkim, 10 000~14 000ft., *J. D. Hooker s.n.* (BM, E, GH, K, P).

识别特征： 高3～10cm。枝直立，黄绿色或带紫红色，具细条棱，基部具黑褐色枯存残叶。叶先端钝圆或圆形，基部渐狭。花3～8朵，簇生枝端呈头状，包被于上部叶丛中；无花梗；花萼筒膜质，黄绿色，裂片不整齐，披针形或线形；花冠蓝色或蓝紫色，具深蓝色条纹，筒形，裂片卵形，全缘；褶偏斜，截形或宽三角形，全缘或有不整齐细齿（图36）。花果期8～11月。

地理分布： 中国西藏东南部、云南西北部；在缅甸、印度、尼泊尔东部、不丹也有分布。生长于海拔2 700～5 000m的山坡草地、灌丛中、林下及林缘。

图35 头花龙胆（*Gentiana cephalantha*）（李攀 摄于云南）

图36 锡金龙胆（*Gentiana sikkimensis*）（付鹏程 摄于西藏林芝）

4.8.19 中国龙胆

Gentiana chinensis Kusnezow, Bull. Acad. Imp. Sci. Saint-Pétersbourg 35: 350. 1894. Type: China, Sichuan (Szetchuan), July 1888, *A. Henry 8867* (GH, K, LE, P, UPS).

识别特征： 高5～15cm。枝直立或斜升，黄绿色，具细条棱。叶疏离，椭圆形或卵状椭圆形；先端钝圆，基部钝。花1～3朵顶生；无花梗；花萼筒膜质，黄绿色，筒形，裂片小，不整齐，三角形、线形或卵形；花冠蓝色，筒形，长3～3.5cm，裂片卵形或卵状椭圆形，全缘；褶偏斜，先端急尖，全缘或边缘具不整齐细齿（图37）。花果期7～10月。

地理分布： 主要分布于中国云南西北部、四川西南部。生长于海拔2 400～4 500m的山坡草地、林下、岩石上及路边。

组3 多枝组

Sect. ***Kudoa*** (Masamune) Satake & Toyokuni ex Toyokuni, J. Jap. Bot. 35: 202. 1960.

多年生草本。根状茎非常短，不明显。花单生枝顶，多大型，少中型；花萼裂片等长，与茎上部叶同型；花冠浅裂，褶不偏斜。

在Favre 2020年分类系统中，多枝组包含华丽系（Ser. *Ornata* Marquand）、轮叶系（Ser. *Verticillatae* Marquand）和匙萼系（Ser. *Stragulatae*

图37 中国龙胆（*Gentiana chinensis*）（李策宏 摄于四川峨眉山）

T. N. Ho）。较何廷农2001年分类系统，移除了密叶系［Ser. *Monanthae* (Harry Sm.) T. N. Ho］，新增了原匍茎组的匙萼系。多枝组共24种，分布于青藏高原地区及日本。我国有19种。

组模式：屋久岛龙胆 *Gentiana yakushimensis* Makino

多枝组物种植株优美，多数物种花大，花色素雅，是优良的观赏植物，也是龙胆科中园林应用最多的类群之一。部分多枝组物种在20世纪初被引种到国外，有较长的栽培历史，并培育出了多个观赏品种，但大多数物种并无引种和栽培记录。多枝组部分物种也作药用，如线叶龙胆等，但尚无基于药用价值的引种与栽培记录。

分种检索表

1a. 茎生叶对生
- 2a. 花冠直径1.5～2cm；花萼裂片开展 ………………………… 20. 椭叶龙胆 *G. altigena*
- 2b. 花冠直径2.5～7.5cm；花萼裂片直立或斜伸
  - 3a. 莲座叶丛大，在花期明显 ………………………… 23. 蓝玉簪龙胆 *G. veitchiorum*
  - 3b. 莲座叶丛不发达，在花期不明显或缺失
    - 4a. 茎上部叶圆形、卵形或椭圆形
      - 5a. 花冠深蓝色，倒锥形 ………………………… 21. 倒锥花龙胆 *G. obconica*
      - 5b. 花冠淡蓝色，筒状钟形 ………………………… 22. 天蓝龙胆 *G. caelestis*
    - 4b. 茎上部叶线形或线状披针形
      - 6a. 花枝短，长3～5cm；花冠直径3～3.8cm ………………… 26. 山景龙胆 *G. oreodoxa*
      - 6b. 花枝长，长5～15cm；花冠直径5～7.5cm
        - 7a. 花冠深蓝色，具多数斑点 ………………………… 27. 青藏龙胆 *G. futtereri*
        - 7b. 花冠天蓝色，无斑点
          - 8a. 花萼长为花冠的3/5～2/3，裂片长于萼筒；中上部叶宽线形，长达4cm ………………………… 24. 长萼龙胆 *G. dolichocalyx*
          - 8b. 花萼长不及花冠的1/2，裂片不长于萼筒；中上部叶线形 ………………………… 25. 线叶龙胆 *G. lawrencei* var. *farreri*

1b. 茎生叶3～7枚轮生
- 9a. 花冠裂片先端无尾尖；茎生叶3枚轮生 ………………………… 29. 三叶龙胆 *G. ternifolia*
- 9b. 花冠裂片先端有尾尖；茎生叶4～7枚轮生
  - 10a. 茎生叶4枚轮生 ………………………… 30. 四叶龙胆 *G. tetraphylla*
  - 10b. 茎生叶6～7枚轮生 ………………………… 28. 六叶龙胆 *G. hexaphylla*

4.8.20 椭叶龙胆

Gentiana altigena Harry Smith, Anz. Akad. Wiss. Wien, Math. -Naturwiss. Kl. 63: 99. 1926. Type: China, NW Yunnan, Nujiang (Salwin)-Irrawaddy divide, Gongshan (Tschamutong), Tsukue-Gombala, ca. 4 200m, 15-17 August 1916, *H. R. E. Handel-Mazzetti 9878* (E, K, UPS, US).

识别特征： 高3～7cm。花枝多数丛生，铺散。莲座叶丛不发达；茎生叶多对；中、下部叶

小，密集，卵圆形或椭圆形，上部叶大，稀疏，狭椭圆形。花单生枝顶，无花梗；花萼裂片开展，近整齐，狭椭圆形或披针形，仅基部边缘具短睫毛；花冠蓝色，具深蓝色细条纹，筒形，长1.5～1.8cm，短于多枝组其他物种；褶卵形，全缘（图38）。花果期8～10月。

地理分布：中国云南西北部和西藏东南部。生长于海拔3 700～4 200m的草甸。

主要用途：花枝多数，花蓝色，花冠明显比同组其他物种短，具有较高的观赏价值。

图38　椭叶龙胆（*Gentiana altigena*）（付鹏程　摄于云南贡山）

4.8.21 倒锥花龙胆

Gentiana obconica T. N. Ho, Acta Phytotax. Sin. 23: 45. 1985. Type: China, Xizang (Tibet), Nyingchi, 4 000m, 30 August 1977, *P. C. Kuo & W. Y. Wang 23264* (HNWP).

识别特征：高4～6cm。花枝多数丛生，铺散，仅少数枝开花。叶先端急尖，边缘平滑或微粗糙，叶脉在两面均不明显，叶柄背面具乳突；莲座丛叶极不发达，三角形或披针形。花单生枝顶；无花梗；萼筒黄绿色或紫红色，筒形，裂片与上部叶同形（图39）。花期8～9月。

地理分布：中国西藏；尼泊尔和不丹也有分布。生长于海拔4 000~5 500m的高山草甸或灌丛中。

图39　倒锥花龙胆（*Gentiana obconica*）（A：付鹏程　摄于西藏墨竹工卡；B、C：付鹏程　摄于西藏拉萨）

4.8.22 天蓝龙胆

Gentiana caelestis (C. Marquand) Harry Smith in Handel-Mazzetti, Symb. Sin. 7: 972. 1936. —— *Gentiana veitchiorum* Hemsley var. *caelestis* C. Marquand, Bull. Misc. Inform. Kew 1931: 84. 1931. Syntypes: China, NW Yunnan, Lijiang (Lichiang), among limestone rocks on the east-ern slopes, May-October 1922, *J. F. C. Rock 7785* (E, GH, K, UPS); same locality, in Yantze water-shed, 4 500m, September 1923, *J. F. C. Rock 10858* (BM, IBSC, K, MO, US). Lectotype: *J. F. C. Rock 7785* (E, GH, K, UPS).

识别特征：高5～8cm。花枝多数丛生，铺散。叶先端急尖；莲座丛叶不发达，披针形；茎生叶多对，密集。花单生枝顶；无花梗；花萼萼筒倒锥状筒形，裂片弯缺圆形或截形；花冠上部淡蓝色，下部黄绿色，具蓝色条纹和斑点，筒状钟形，花萼以上突然膨大，裂片三角形或卵状三角形，褶整齐，宽三角形，全缘；花冠上部淡蓝色，下部黄绿色，具蓝色条纹和斑点（图40、图41）。花期8～9月。

地理分布：中国西藏东南部、云南北部及四川西南部；缅甸东南部也有。生长于海拔2 600～4 500m的山坡草地、高山草甸、灌丛中及山沟

图40　天蓝龙胆（*Gentiana caelestis*）（付鹏程　摄于四川康定）

图41　天蓝龙胆（*Gentiana caelestis*）生境（付鹏程 摄于四川康定）

路旁。

4.8.23　蓝玉簪龙胆

Gentiana veitchiorum Hemsley, Gard. Chron., ser. 3, 46: 178. 1909. Type: China, W Sichuan (Szechuan), Kangding (Tachienlu), in alpine meadows, 8 August 1906, 12 000ft., *E.H. Wilson (Veitch Exped.) s.n.* (K).

识别特征：高5～10cm。花枝多数丛生，铺散。莲座丛叶发达。花单生枝顶，下部包围于上部叶丛中；无花梗；花萼萼筒常带紫红色；花冠上部深蓝色，下部黄绿色，具深蓝色条纹和斑点，狭漏斗形或漏斗形；裂片卵状三角形，全缘，宽卵形，全缘或截形，边缘啮蚀形（图42）。花果期6～10月。

地理分布：中国西藏、青海、四川、云南和甘肃；不丹也有分布。生长于海拔2 500m～4 800m的河滩、高山草甸、灌丛、山坡草地及林下。

主要用途与引种信息：花枝多数，花大，深蓝色，具有较高的观赏价值，日本引种蓝玉簪龙胆后，通过与线叶龙胆和类华丽龙胆的杂交，培育有园艺品种（Mishiba et al., 2009）。

4.8.24　长萼龙胆

Gentiana dolichocalyx T. N. Ho, Acta Phytotax. Sin. 23: 43. 1985. Type: China, N Sichuan, Hongyuan, in alpine meadows, 3 550m, 22 August 1957, *X. Li 72147* (IBSC, NAS, PE, SZ).

长萼龙胆的分类地位曾存在争议。*Flora of China*中何廷农认为长萼龙胆为独立的种，但James Pringle认为其是线叶龙胆的异名。付鹏程等人通过种群遗传学分析表明，长萼龙胆在遗传上与线叶龙胆不是同一个种（Fu et al., 2020）。

识别特征：高10～15cm。花枝多数丛生，铺散。莲座丛叶极不发达，披针形；茎生叶多对，愈向茎上部叶愈密、愈长，下部叶矩圆形，中、上部叶宽线形。花单生枝顶，花梗黄绿色或紫红色，光滑；花萼裂片与上部叶同形；花冠上部淡蓝色，下部黄绿色，具深蓝色条纹，倒锥状筒形，褶宽卵形，边缘齿蚀形或全缘（图43）。花

图42 蓝玉簪龙胆（*Gentiana veitchiorum*）（A、B、C：付鹏程 摄于四川理塘；D：高庆波 摄于西藏类乌齐）

图43 长萼龙胆（*Gentiana dolichocalyx*）（A：付鹏程 摄于青海久治；B、C：付鹏程 摄于四川阿坝）

果期8～9月。

地理分布：中国四川西北部、青海。生长于海拔2 950～3 800m的高山草甸、灌丛中及山坡路旁。

4.8.25 线叶龙胆

Gentiana lawrencei var. ***farreri*** (I. B. Balfour) T. N. Ho, Novon 4: 371. 1994. ——*Gentiana farreri* I. B. Balfour, Trans. & Proc. Bot. Soc. Edinburgh 27: 248. 1918. Type: China, Gansu (Kansu), Jone (Jo-ni), in alpine meadow, in 1914, *R. J. Farrer & W. Purdom s.n.* (E).

识别特征：高5～10cm。花枝多数丛生，铺散。莲座丛叶极不发达，披针形；茎生叶多对，愈向茎上部叶愈密、愈长，下部叶狭矩圆形，中、上部叶线形，稀线状披针形。花单生于枝顶；花梗常极短；花萼筒形，裂片弯缺截形；花冠上部亮蓝色，下部黄绿色，具蓝色条纹，无斑点，倒锥状筒形，褶整齐，边缘啮蚀形（图44）。花果期8～10月。

地理分布：中国西藏、四川、青海、甘肃。生长于海拔2 400～4 600m的高山草甸。

主要用途与引种信息：线叶龙胆的植株较大，体态优美，花枝多数，花大，花冠颜色明亮，是很好的庭园观赏植物。早在20世纪初，就被引种到欧洲及美国的植物园，并已有较长的栽培历史。英国爱丁堡皇家植物园引种线叶龙胆后，与类华丽龙胆进行了人工杂交育种，培育出了数个园艺品种（图45）。在日本，线叶龙胆分别与蓝玉簪龙胆和六叶龙胆杂交，也培育出了新品种（Mishiba et al., 2009）。

4.8.26 山景龙胆

Gentiana oreodoxa Harry Smith, Anz. Akad. Wiss. Wien, Math.-Naturwiss. Kl. 63: 99. 1926. Type: China, NW Yunnan, Lancangjiang-Nujiang (Mekong-Salwin) divide, Si-la, 28° N, 4 200~4 400m, 29 September 1915, *H. R. E. Handel-Mazzetti 8431* (E, K, UPS).

识别特征：高3～5cm。花枝多数丛生，铺散。莲座丛叶缺或极不发达，披针形或宽线形；茎生叶多对，密集，弓曲，线状披针形。花单生枝顶；无花梗；花萼裂片弯缺截形或圆形；花冠上部淡蓝色，下部黄绿色，有蓝色条纹和不明显的斑点，宽倒锥形，褶整齐，截形或卵形，边缘有不整齐细齿（图46）。花果期8～10月。

图44　线叶龙胆（*Gentiana lawrencei* var. *farreri*）（高庆波　摄于西藏类乌齐）

图45　爱丁堡皇家植物园内栽培的线叶龙胆园艺品种［*Gentiana*× *macaulayi* Kidbrooke (*farreri*×*sino-ornata*)］（付鹏程　摄）

图46　山景龙胆（*Gentiana oreodoxa*）（付鹏程　摄于西藏浪卡子）

地理分布：中国云南西北部、西藏东南部和四川西南部；缅甸东北部和不丹也有分布。生长于海拔3 000～4 900m的山坡草地和高山草甸。

主要用途与引种信息：花大，天蓝色，具较高的观赏价值，但尚未见引种与栽培信息。

4.8.27　青藏龙胆

Gentiana futtereri Diels & Gilg in Futterer, Durch Asien, Bot. Repr. 3: 14. 1903. Syntypes: China, Qinghai (as NE Ti-bet), near Huang He (Hoang-ho), Mt. Zubar (Dschupar-Gebirges), zwischen Lager XXV und XXVI, *K. Futterer n. 195-Bluhend*, 29 September 1903; same locality, Bagou (Baa-Flusse), *K. Futterer n. 200-Bluhend*, 4 October.

识别特征：高5～10cm。花枝多数丛生，铺散。莲座丛叶常不发达，线状披针形；茎生叶多对，愈向枝上部叶愈密、愈长，下部叶狭矩圆形，中、上部叶线形或线状披针形。花单生枝顶，基部包围于上部叶丛中；无花梗；花萼裂片与上部叶同形；花冠上部深蓝色，下部黄绿色，具深蓝色条纹和斑点，倒锥状筒形，褶整齐，宽卵形（图47）。花果期8～11月。

地理分布：中国甘肃西南部和青海东南部。生长于海拔2 800～3 400m的高山草甸和森林。

图47 青藏龙胆（*Gentiana futtereri*）（付鹏程 摄于青海同德）

4.8.28 六叶龙胆

Gentiana hexaphylla Maximowicz ex Kusnezow, Bull. Acad. Imp. Sci. Saint-Pétersbourg 35: 349. 1894. Type: China, N Sichuan (Szets-chuan), 10 August 1885, *G. N. Potanin s.n.* (K, LE, P).

识别特征：高5～20cm。莲座丛叶极不发达；茎生叶6～7枚轮生，稀5枚轮生，先端钝圆，具短小尖头，边缘粗糙。花单生枝顶，无花梗；花萼裂片弯缺狭，截形；花冠蓝色，具深蓝色条纹或有时筒部黄白色，裂片边缘具明显或不明显的啮蚀形，褶整齐，截形或宽三角形，边缘啮蚀形（图48）。花果期7～9月。

地理分布：中国四川西北部、青海东南部、甘肃南部。生长于海拔2 700～4 400m的山坡草地、山坡路旁、高山草甸及灌丛中。

主要用途与引种信息：六叶龙胆的植株较大，叶密集，花枝多数，花大而色明亮，是很好的庭园观赏植物。在日本，六叶龙胆与线叶龙胆杂交培育出了园艺品种（Mishiba et al., 2009）

4.8.29 三叶龙胆

Gentiana ternifolia Franchet, Bull. Soc. Bot. France 31: 377. 1884. Type: China, N W Yunnan, Eryuan (Lan-kong), Hee-chan-men, 3 000m, 5 November 1882, *P. J. M. Delavay Gent. n.18* (E, IBSC, P).

识别特征：高5～10cm。花枝多数丛生，铺散。莲座丛叶缺或极不发达；茎生叶3枚轮生，先端具短小尖头，基部狭缩。花单生枝顶，无花梗；花萼裂片弯缺狭，截形；花冠蓝色或蓝紫色，具深蓝色条纹，漏斗形或筒状钟形，裂片卵状三角形；褶整齐，卵形，边缘有细齿（图49）。花期7～9月。

地理分布：中国云南东北和西北部、四川西南部。生长于海拔3 000～4 100m的草地。

主要用途：与六叶龙胆相似，但叶不密集，花蓝色，也是很好的庭园观赏植物。

4.8.30 四叶龙胆

Gentiana tetraphylla Maximowicz ex Kusnezow, Bull. Acad. Imp. Sci.Saint-Pétersbourg 35: 349. 1894. Type: China, N Sichuan (Szets-chuan), 10 August 1885, *G. N. Potanin s.n.*; Isotypos: China, Sichuan (Szets-chuan), 31 August 1922, *H. Smith 4249* (E, K).

识别特征：高8～13cm。花枝多数丛生，铺散。基生莲座丛叶缺或极不发达；茎生叶4枚轮生，先端钝或钝圆，基部钝。花单生枝顶，无花梗；花萼裂片叶状，弯缺狭，截形；花冠上部淡蓝色，下部黄白色，具深蓝色条纹，狭漏斗形，褶整齐，边缘具不整齐细齿（图50）。花期8月。

地理分布：中国四川西北部和甘肃南部。生长于海拔3 300～4 500m的山坡草地。

图48　六叶龙胆（*Gentiana hexaphylla*）（A：陈世龙　摄于西藏；B、C：付鹏程摄于西藏察隅；D、E：付鹏程　摄于青海久治）

图49　三叶龙胆（*Gentiana ternifolia*）（A、B：付鹏程　摄于四川红原；C、D：付鹏程　摄于四川炉霍）

图50　四叶龙胆（*Gentiana tetraphylla*）（付鹏程　摄于四川炉霍）

主要用途：与六叶龙胆相似，但叶不密集，花蓝色，也是很好的庭园观赏植物。

组4　高山组

Sect. ***Frigida*** Kusnezow, Trudy Imp. S.-Peterburgsk. Bot. Sada 13: 61. 1893.

多年生草本，根茎状合轴分枝，常仅具短缩的根茎和细瘦的须根。侧芽包被于发达的莲座叶丛中。茎生叶同形，叶质。花枝开花后当年死亡。花大型或中型；花冠浅裂，褶大，偏斜。蒴果内藏，稀外露。

共19种，分布于亚洲、欧洲和北美洲。我国有17种。

组模式：*Gentiana frigida* Haenke

高山组植物的株高普遍较大，花多数，颜色丰富而靓丽，具有很高的观赏价值，目前尚无引种记录。

分种检索表

1a. 花萼裂片反折或开张，不整齐
　2a. 花冠蓝色，无蓝色斑点 ······························ 31. 阿墩子龙胆 *G. atuntsiensis*
　2b. 花冠黄色，有多数蓝色斑点
　　3a. 基生叶窄，线状披针形；花枝光滑 ······························ 33. 太白龙胆 *G. apiata*
　　3b. 基生叶宽，狭椭圆形或倒披针形；花枝具乳突 ··········· 32. 斑点龙胆 *G. handeliana*
1b. 花萼裂片直立，通常整齐
　4a. 花冠黄色、黄白色或白色
　　5a. 基生叶宽，椭圆形或倒披针形；花小，2.5～2.8cm·········35. 直萼龙胆 *G. erectosepala*
　　5b. 基生叶窄，线状椭圆形至披针形；花大，长于3cm
　　　6a. 花冠黄色；具明显的花梗 ······························ 36. 岷县龙胆 *G. purdomii*
　　　6b. 花冠黄白色或白色；无花梗或具花梗
　　　　7a. 植株高8～20cm；花冠4～5cm ······························ 34. 高山龙胆 *G. algida*
　　　　7b. 植株高30～50cm；花冠4.5～6.5cm ······························ 37. 巴塘龙胆 *G. purdomii*
　4b. 花冠蓝色
　　8a. 花1～2（3）朵；花柱长于3mm ······························ 39. 云雾龙胆 *G. nubigena*
　　8b. 花（3）5～9朵；花柱短于2.5mm······························ 38. 三歧龙胆 *G. trichotoma*

4.8.31 阿墩子龙胆

Gentiana atuntsiensis W. W. Smith, Notes Roy. Bot. Gard. Edinburgh 8: 121. 1913. Type: China, NW Yunnan, Yunnan/Xizang (Tibet) border, Deqen (Atuntze), 14 000~16 000ft., September 1911, *F. Kingdon-ward108* (E, UPS).

识别特征：高5~20cm。茎2~5丛生，密被乳突。叶多基生，窄椭圆形或倒披针形；茎生叶3~4对，匙形或倒披针形。花多数，顶生和腋生，聚成头状或在花枝上部作三歧分枝，从叶腋内抽出总花梗；总花梗长至7cm，无小花梗；萼筒不开裂或开裂，裂片反折，不整齐，花萼裂片不整齐，披针形或线形；花冠深蓝色，有时具蓝色斑点，漏斗形，裂片卵形，具不明显细齿；褶偏斜，平截或三角形，具不整齐细齿（图51）。花期6~8

图51 阿墩子龙胆（*Gentiana atuntsiensis*）（A：付鹏程 摄于云南香格里拉；B、C：付鹏程 摄于云南丽江）

月，果期9～11月。

地理分布：中国西藏东南部、云南西北部、四川西南部。生长于海拔4 200～4 500m的高山灌丛及草地。

4.8.32 斑点龙胆

Gentiana handeliana Harry Smith, Anz. Akad. Wiss. Wien, Math.-Naturwiss. Kl. 63: 98. 1926. Type: China, NW Yunnan, Nujiang (Salwin)-Irrawaddy divide, Gongshan (Tscha-mutong), Tsukue-Gombala, 4 050m, 15-17 August 1916, *H. R. E. Handel-Mazzetti 9895* (E, K, UPS). Paratype: China, NW Yunnan, Deqen, Doker-la, 4 050~4 600m, 17 September 1915, *H. R. E. Handel-Mazzetti 8153* (UPS).

识别特征：高10～15cm。茎3～7丛生，花枝直立，紫红色，中空，具乳突，尤以上部为密。叶大部分基生，狭椭圆形或倒披针形，叶柄长至1cm，愈向茎上部叶愈小，柄愈短，最上部叶无柄。花多数，顶生和生上部叶腋中，聚成头状或呈轮伞状，无花梗；萼筒不开裂或一侧开裂，裂片反折或开展，不整齐，狭披针形或线形；花冠黄色，具多数蓝色斑点及细条纹，狭漏斗形，长2.5～3cm，裂片卵形；褶偏斜，截形或三角形，全缘（图52）。花果期7～11月。

地理分布：中国西藏东南部、云南西北部。生长于海拔3 500～4 600m的高山草甸。

图52 斑点龙胆（*Gentiana handeliana*）（付鹏程 摄于西藏察隅）

4.8.33 太白龙胆

Gentiana apiata N. E. Brown, Bull. Misc. Inform. Kew 1914: 187. 1914. Type: China, Shaanxi (Shensi), Taibai Shan (Tai-pei-shan), 1910, *W. Purdom 406* (K).

识别特征：高10～15cm。茎2～4丛生，其中有1～3个营养枝和1个花枝；花枝直立，常紫红色，中空，光滑。茎生叶2～4对，狭椭圆形或线状披针形；叶柄愈向茎上部叶愈小，柄愈短，最上部叶密集，苞叶状，无柄；叶大部分基生，线状披针形。花多数，顶生或腋生，聚成头状，无花梗。萼筒不开裂或一侧开裂，裂片反折或开展，不整齐，披针形或线形；花冠黄色，具多数蓝色斑点，漏斗形（图53）。花果期6～8月。

图53　太白龙胆（*Gentiana apiata*）（付鹏程 摄于陕西太白山）

地理分布：中国陕西。生长于海拔1 900～3 400m的山坡上、山顶。

4.8.34 高山龙胆

Gentiana algida Pallas, Fl. Ross. 1(2): 107. 1789. Type: Russia, circ. Lake Baikalin Dauria, herb. Pallas (BM, LE).

识别特征：高8～25cm。茎2～4丛生，其中只有1~3个营养枝及1个花枝，花枝直立，黄绿色，光滑。叶大部分基生，常对折，叶片线状椭圆形；茎生叶1～2对；叶片狭长圆形。花1～8朵，顶生和腋生；无花梗至具长达4cm的花梗；花萼筒不开裂，萼裂片稍不整齐；花冠淡黄色，具蓝灰色宽条纹和细短条纹，筒状钟形或漏斗形，裂片宽卵形，边缘具不整齐细齿；褶偏斜（图54）。花果期7～10月。

地理分布：中国西藏和新疆；印度、不丹、吉尔吉斯斯坦、哈萨克斯坦、蒙古、俄罗斯、朝鲜、日本、加拿大、美国也有分布。生长于海拔1 200～4 900m的山坡草地、河滩草地、灌丛、林下、高山冻原。

高山龙胆分布很广，包括青藏高原地区、俄罗斯贝加尔湖地区和北美洲。高山龙胆形态变异很大，笔者和Favre等人根据野外考察和标本查阅，尤其是和产自俄罗斯、北美洲的高山龙胆标本比对，结合遗传数据和高山组的扩散历史，怀疑中国分布的高山龙胆可能与其他地区的高山龙胆并非同一个物种。详细讨论见研究论文（Favre et al., 2022）。

图54　高山龙胆（*Gentiana algida*）（付鹏程 摄于西藏江达）

4.8.35 直萼龙胆

Gentiana erectosepala T. N. Ho, Acta Phytotax. Sin. 23: 47. 1985. Type: China, SE Xizang (Tibet), Medog-Mail-ing, Doxiongshan, on meadow slope, 4 200m, 7 August 1973, *Qinghai Biol. Inst. Xizang (Tibet) Exped. 1851* (HNWP).

识别特征：高8~20cm。花枝直立，光滑。叶大部分基生，狭椭圆形至倒披针形；茎生叶2~4对，线状椭圆形或倒披针形，叶柄长至1cm。花顶生和腋生，作三歧分枝，排列成圆锥状聚伞花序；花梗不等长；花萼倒锥形，萼筒不开裂，裂片直立，不整齐，线形或线状披针形；花冠淡黄色，具蓝色宽条纹和斑点，倒锥形；裂片卵圆形，边缘啮蚀状；褶偏斜，边缘啮蚀状（图55）。花果期8~9月。

地理分布：中国西藏东南部。生长于海拔3 600~4 600m的地区，常生于高山草甸。

4.8.36 岷县龙胆

Gentiana purdomii C. Marquand, Bull. Misc. Inform. Kew 1928: 55. 1928. Type: China, W Gansu (Kansu), Min Xian (Minchow), 2 700~3 000m, in 1914, *W. Purdom s.n.* (K).

岷县龙胆在*Flora of China*中是一个独立的物种，但在2001年出版的《世界龙胆属专著》中处理为高山龙胆的变种*G. algida* var. *purdomii*。岷县龙胆形态变异很大，根据Favre和笔者的野外考察和标本查阅，尤其是和产自俄罗斯、北美洲的高山龙胆标本比对，根据遗传数据，认为岷县龙胆应该是一个独立的种。详细讨论见研究论文（Favre et al., 2022）。

识别特征：高4~25cm。茎2~4丛生，其中只有1~3个营养枝及1个花枝，花枝直立，黄绿色，光滑。叶大部分基生，常对折，线状椭圆形；茎生叶1~2对，狭矩圆形，叶柄短。花1~8朵，顶生和腋生，无花梗至具长达4cm的花梗；花萼筒不开裂，裂片直立，稍不整齐，狭矩圆形或披针形；花冠淡黄色，具蓝灰色宽条纹和细短条纹，筒状钟形或漏斗形，裂片宽卵形，边缘有不整齐细齿；褶偏斜，截形，边缘有不明显波状齿（图56）。花果期7~10月。

地理分布：中国四川西部、青海南部、甘肃。生长于海拔2 700~5 300m的高山草甸、山顶流石滩。

图55 直萼龙胆（*Gentiana erectosepala*）（付鹏程 摄于西藏林芝）

图56　岷县龙胆（*Gentiana purdomii*）（A、B：付鹏程　摄于青海久治；C、D：付鹏程　摄于青海达日）

4.8.37 巴塘龙胆

Gentiana susanneae Adr.Favre, Syst. Bot. 47(2): 506-513. 2022. Type: China, Sichuan Province, Batang County, surroundings of Cuopu Lakes (Cuoniba), near the road between Batang and Litang, 4 490m a.s.l. [30 ° 18 ′ 27.03 ″ N, 99 ° 33 ′ 16.11 ″ E], flowering, 21 September 2018 (Holotype: *Adrien Favre AFCN18_201d*, FR; Isotypes: *Adrien Favre AFCN18_201a,b,c,e*: KUN, M, W; Paratype: Peng-Cheng Fu, *Fu2016171*, Haizi pass, road between Batang and Litang, 21 August 2016 [30° 16′47″ N, 99° 33′ 01″ E]: Herbarium of Luoyang Normal University, HNWP).

识别特征：高30～60cm。茎1～2个，直立，光滑。叶大部分基生，线状椭圆形至披针形；茎生叶1～4对，叶片狭线状椭圆形至披针形。花顶生和腋生，圆锥状聚伞花序，花无梗，极少下部花具花梗；花萼倒圆锥形至钟状，通常红色；萼筒不开裂，极少一侧开裂；裂片直立；花冠白色至黄白色，具深蓝紫色宽条纹，长4.5～6.5cm；裂片卵圆形至三角形，有深蓝紫色斑点；褶全缘至浅啮蚀状（图57）。花果期8～9月。

地理分布：中国四川巴塘和理塘之间的措普湖地区。生长于海拔4 400～4 600m的高山灌丛。

4.8.38 三歧龙胆

Gentiana trichotoma Kusnezow, Trudy Imp. S.-Peterburgsk. Bot. Sada 13: 61. 1893. Type: China, W Sichuan (Sze-tschuan), Kangding (Tachienlou), 9 000～13 500ped., *A. E. Pratt 469* (BM, E, GH, K, LE, P).

识别特征：高15～35cm。茎2～7丛生，其中有1～5个营养枝茎和1～2个花枝，花枝直立，黄绿色或紫红色，光滑。叶大部分基生，狭椭圆形、线状披针形至倒披针形；茎生叶3～5对，椭圆形、狭椭圆形至披针形，叶柄长至2.5cm，愈向茎上部叶愈小，柄愈短。花3～8朵，顶生和腋生，作三歧分枝，组成圆锥状聚伞花序，花梗不等长；花萼筒不开裂，裂片直立或稍开展，不整齐；花冠蓝色，或有时下部黄白色，具深蓝色细的、或长或短的条纹，狭漏斗形或漏斗形，裂片卵形；褶偏斜，边缘有不明显波状齿（图58）。花果期7～9月。

地理分布：中国四川西北部、青海和甘肃。生长于海拔3 000～4 600m的高山灌丛草甸、高山草甸和林下。

图57　巴塘龙胆（*Gentiana susanneae*）（付鹏程 摄于四川巴塘）

图58　三歧龙胆（*Gentiana trichotoma*）（付鹏程 摄于四川道孚）

图59　云雾龙胆（*Gentiana nubigena*）（付鹏程 摄于青海甘德）

4.8.39　云雾龙胆

Gentiana nubigena Edgeworth, Trans. Linn. Soc. London 20: 85. 1846. Type: Himalaya, NW India, Mana, 16 000 ~ 17 000ft., *M. P. Edgeworth s.n.* (K).

识别特征：高8 ~ 17cm。茎2 ~ 5丛生，其中有1 ~ 4个营养枝和1个花枝；花枝直立，常带紫红色。叶大部分基生，常对折，线状披针形、狭椭圆形至匙形；茎生叶1 ~ 3对，狭椭圆形或椭圆状披针形。花1 ~ 2朵，顶生，无花梗或具短的花梗；萼筒具绿色或蓝色斑点，不开裂，裂片直立，不整齐，狭矩圆形；花冠上部蓝色，下部黄白色，具深蓝色、细长的或短的条纹，漏斗形或狭倒锥形；裂片卵形，下部边缘有不整齐细齿；褶偏斜，边缘具不整齐波状齿或啮蚀状（图59）。花果期7 ~ 9月。

地理分布：中国西藏、四川西部、青海、甘肃；印度、尼泊尔、不丹和克什米尔地区也有。生长于海拔3 000 ~ 5 600m的沼泽草甸、高山灌丛草原、高山草甸、高山流石滩。

组5 龙胆草组

Sect. ***Pneumonanthe*** Gaudin, Fl. Helv. 2: 269. 1828.

多年生草本。根茎状合轴分枝，粗壮。无莲座叶丛，侧芽包被于多数鳞片中；茎丛生分枝，具1到少数直立的花茎。茎生叶二型，下部膜质，鳞片状，其余为叶质。花大型，每朵具2片苞片；花冠浅裂，褶大，偏斜。蒴果内藏；种子表面有增粗的网纹，两端具翅。

共38种，分布于北美洲、亚洲和欧洲。我国有4种。

组模式：*Gentiana pneumonanthe* L.

龙胆草组的物种植株高，多数健壮，花色艳丽，是很好的观赏植物。加之该组物种分布在低海拔地区，引种驯化相对容易，是龙胆属中引种和园林应用最多的类群。

此外，龙胆草组植物具有很高的药用价值，是重要的中药材，在我国东北地区有较多种植。国内分布的龙胆草组植物常被统称为龙胆，其根及根茎主要含有龙胆苦苷、獐牙菜苷、獐牙菜苦苷、马钱苷酸等环烯醚萜苷类活性成分（冯波 等，2013），其味苦性寒、归肝胆经，具有清热解毒、泻肝胆火的作用，是保肝利胆的良药（张堇訸 等，2019）。近年来研究发现，龙胆及其提取物具有保肝、利胆、利尿、抗肿瘤、抗炎镇痛等药理作用（冯波 等，2013），龙胆常与其他中药原料在外科用药及化妆品中用作抗特异性皮炎、祛湿疹、去屑止痒等功能成分（韩萍 等，2021）。

4.8.40 龙胆

Gentiana scabra Bunge, Mém. Acad. Imp. Sci. SaintPétersbourg, Sér. 6, Sci. Math., Second Pt. Sci. Nat. 2: 543. 1835. Type: Japan, Kyushu, moist places, no date, *J. Pierot s.n.* (LE).

识别特征：高30～60cm。茎粗壮，常带紫褐色。枝下部叶淡紫红色，先端分离，中部以下连合成筒状抱茎；中、上部叶无柄，卵形或卵状披针形至线状披针形，边缘微外卷，上面密生极细乳突。花簇生枝顶及叶腋，无梗；花苞片披针

图60 龙胆（*Gentiana scabra*）（李攀 摄）

形或线状披针形，与花萼近等长；萼筒倒锥状筒形或宽筒形，裂片常外翻或开展，不整齐，线形或线状披针形；花冠蓝紫色，有时喉部具黄绿色斑点，筒状钟形，裂片卵形或卵圆形，先端尾尖；褶偏斜，狭三角形，先端急尖或2浅裂（图60）。花果期5～11月。

地理分布：中国内蒙古、黑龙江、吉林、辽宁、贵州、陕西、湖北、湖南、安徽、江苏、浙江、福建、广东、广西；俄罗斯、朝鲜、日本也有分布。生长于海拔400～1 700m的山坡草地、路边、河滩、灌丛中、林缘及林下、草甸。

主要用途与引种信息：花多，株形优美，具有很高的观赏价值。药用价值同该组。东北地区有龙胆的药用种植，并进行了品系筛选（王春兰，2007），但尚无园艺栽培记录。龙胆的园艺价值在日本受到重视，利用较充分，参与培育了多个园艺品种。

组6 叶萼组

Sect. ***Phyllocalyx*** T. N. Ho, Bull. Bot. Res., Harbin 5(4): 14. 1985.

多年生草本，匍匐茎状合轴分枝。花枝开花后不死亡，而是多年继续生长。花中型，单生，稀2～3朵簇生枝顶；花冠蓝色，有深蓝色条纹；花萼小，完全藏于最上部1对茎生叶中；褶整齐；花柱长，线形，短于子房，柱头扩大，在花期黏合成盘状，以后分离。蒴果外露。种子表面具浅蜂窝状网隙，周缘具宽翅（图61）。花果期6～10月。

仅1种，分布于中国、不丹、尼泊尔、缅甸和印度。植株低矮，花大，蓝色，具有很高的观赏价值，目前尚无引种信息。

4.8.41 叶萼龙胆

Gentiana phyllocalyx C. B. Clarke in J. D. Hooker, Fl. Brit. India 4: 116. 1883. Type: Sikkim, Kankola and Lachen, 13,000-15,000 ft., *J.D. Hooker s.n.* (BM, K, P).

识别特征：同组特征。

地理分布：中国西藏东南部、云南西北部；尼泊尔、印度、不丹、缅甸北部也有分布。生长于海拔3 000～5 200m的山坡草地、石砾山坡、灌丛中、岩石上。

图61 叶萼龙胆（*Gentiana phyllocalyx*）（付鹏程 摄于西藏察隅）

组7 匍茎组

Sect. ***Isomeria*** Kusnezow, Trudy Imp. S.-Petersburgsk. Obshch. Estetvoisp., Otd. Bot. 24(2): 198. 1894.

多年生植物，匍匐茎状合轴分枝，具匍匐茎及须根；基部常被黑褐色枯老残叶。花枝开花后不死亡，而是多年继续生长。叶常密集呈莲座状。花序顶生，花通常无梗，多中型；花冠浅裂，褶大，整齐或偏斜。蒴果内藏，稀外露；种子表面具蜂窝状网隙，稀为海绵状网隙，无翅。

该组于2020年进行了修订（Favre et al., 2020），修订后的匍茎组分为两个系，分别是密叶系（Ser. *Monanthae*）和平卧系（Ser. *Depressae*）；而原匍茎组中的锡金系归入头花组，原匙叶系归入多枝组。单花系（Ser. *Uniflorae*）系统位置未定，暂时仍放在匍茎组。修订后的匍茎组共14种，分布于喜马拉雅地区和中国西南与西北部。我国有13种。

该组物种花而艳丽，植株健壮，具有很高的观赏价值；而且多数可作药用，但均尚无引种驯化信息。

组模式：平龙胆 *Gentiana depressa* D. Don

分种检索表

1a. 主根粗大，圆锥状或圆柱形；植株基部被枯存的膜质叶鞘包围

2a. 基生叶和莲座叶明显收缩成叶柄；萼裂片倒卵形至匙形，基部明显变窄 ………………………………………………………………………………………… 42. 短柄龙胆 *G. stipitata*

2b. 基生叶和莲座叶没有明显收缩成叶柄；萼裂片披针形、椭圆形或椭圆状三角形，基部不变窄

3a. 花冠白色；花冠裂片5～6mm ………………………………… 43. 大花龙胆 *G. szechenyii*

3b. 花冠红紫色；花冠裂片7～10mm ………………………………… 44. 滇西龙胆 *G. georgei*

1b. 主根不粗大；植株基部无枯存的膜质叶鞘包围

4a. 叶和花萼裂片具有明显的软骨质或膜质边缘

5a. 叶卵形或卵状椭圆形；花萼裂片先端急尖 ……………… 45. 硕花龙胆 *G. amplicrater*

5b. 叶扇状截形；花萼裂片先端截形，中央凹陷 ……………… 46. 乌奴龙胆 *G. urnula*

4b. 叶和花萼裂片无软骨质或膜质边缘

6a. 花柱长于子房，丝状；花冠漏斗形 ………………………………… 47. 丝柱龙胆 *G. filistyla*

6b. 花柱短于子房；花冠钟形，在花萼以上突然膨大 ………………… 48. 矮龙胆 *G. wardii*

4.8.42 短柄龙胆

Gentiana stipitata Edgeworth var. ***stipitata***, Trans. Linn. Soc. London 20: 84. 1846. Type: W Himalayas, [India], Mana, 9 000~11 000ft., in 1844, *M. P. Edgeworth s.n.* (K, UPS).

识别特征：高4～10cm。基部被多数枯存残茎包围；主根粗大，具多数略肉质的须根。叶常对折，边缘和中脉均白色软骨质。莲座丛叶发达，卵状披针形或卵形；茎生叶在下部疏离，上部密集，椭圆形、椭圆状披针形或倒卵状匙形。花单生枝顶，基部包于上部叶丛中，无花梗；萼筒裂片叶状，略不整齐，边缘白色软骨质；花冠浅蓝灰色，稀白色，具深蓝灰色宽条纹，有时具斑点，宽筒形；裂片卵形，具短小尖头，全缘；褶整齐，全缘（图62）。花果期6～11月。

提宗龙胆（*Gentiana stipitata* Franchet）是常出现的一个种名。H. Smith认为提宗龙胆花四数

图62 短柄龙胆（*Gentiana stipitata* var. *stipitata*）（A：付鹏程 摄于青海称多；B：付鹏程 摄于青海久治；C：付鹏程 摄于四川若尔盖；D：付鹏程 摄于西藏八宿）

与短柄龙胆不同；*Flora of China*根据花冠裂片具尾尖，将提宗龙胆定为亚种［*Gentiana stipitata* subsp. *tizuensis* (Franchet) T. N. Ho］。但有学者认为尾尖作为关键的分类依据并不妥当，而花数的变异在龙胆属中并不稳定，建议将提宗龙胆和短柄龙胆合并，不再区分亚种（郑斌, 2017）。

地理分布：中国西藏东南部、四川、青海；印度、尼泊尔也有分布。生长于海拔3 200 ~ 4 600m的河滩、沼泽草甸、高山灌丛草甸、高山草甸、阳坡石隙内。

主要用途：具有较高的园艺观赏价值和一定的药用价值。

4.8.43 大花龙胆

Gentiana szechenyii Kanitz, Pl. Exped. Szechenyi in As. Centr. Coll. 40. 1891. Type: China, Sichuan (Sze-tschuan), *L. Löczy 255* (BP).

识别特征：高5 ~ 7cm。主根粗大，具多数略肉质的须根。叶常对折，边缘和中脉均白色软骨质；莲座丛叶发达，剑状披针形，排成“十”字形；茎生叶少，椭圆状披针形或卵状披针形。花单生枝顶，无花梗；萼筒膜质，裂片披针形，不等长，具白色软骨质边缘及乳突；花冠筒状钟形，白色，具绿色斑点和蓝色条纹，裂片宽卵形，全缘，褶卵圆形，全缘（图63）。花果期6 ~ 11月。

图63　大花龙胆（*Gentiana szechenyii*）（A、B：付鹏程 摄于西藏类乌齐；C：付鹏程 摄于青海同德；D：付鹏程 摄于西藏昌都）

地理分布：中国西藏东南部、云南西北部、四川西部、青海和甘肃南部。生长于海拔3 000～4 800m的高山草甸、山坡草地。

主要用途：花大，莲座叶丛“十”字形，具有较高的园艺观赏价值；根入药，是重要的中药和藏药材，具有很高的药用价值。

4.8.44 滇西龙胆

Gentiana georgei Diels, Notes Roy. Bot. Gard. Edinburgh 5: 221. 1912. Type: China, NW Yunnan, Lijiang (Lichiang), 27° 25′ N, in openmountain meadows, 11 000~12 000ft., October 1906, *G. Forrest 3110* (BM, E, UPS).

识别特征：高4～10cm。主根粗大。叶常对折，边缘和中脉均白色软骨质；莲座丛叶发达，剑状披针形或卵状三角形，排成“十”字形；茎生叶少，披针形或卵状披针形。花单生枝顶，无花梗；萼筒膜质，裂片披针形，不等长，具白色软骨质边缘及乳突；花冠筒状钟形，红紫色，通常没有斑点和条纹，裂片宽卵形，全缘，褶卵圆形，全缘（图64）。花果期8～9月。

滇西龙胆与大花龙胆非常相似，仅在花色及

图64 滇西龙胆（*Gentiana georgei*）（A、B：付鹏程 摄于甘肃碌曲；C、D、E：白增福 摄于甘肃）

花冠斑点和条纹上存在明显差异，且滇西龙胆个体较小。然而，自然界中存在较多的过渡花色，个体大小因生境差异也存在变异。

地理分布：中国青海南部、云南西北部、四川北部和甘肃南部。生长于海拔3 000 ~ 4 200m的高山草甸、山坡草地。

主要用途：花大，颜色艳丽，莲座叶丛“十”字形，具有较高的园艺观赏价值；根入药，是重要的中药和藏药材，具有很高的药用价值。

4.8.45 硕花龙胆

Gentiana amplicrater Burkill, J. Proc. Asiat. Soc. Bengal 2: 312. 1906. Type: China, Xizang (Tibet), Lhasa to Pembu-la, September 1904, *H. J. Walton 1657* (CAL, K).

识别特征：高7 ~ 15cm。根茎短缩；茎单生或2 ~ 3丛生。叶密集，覆瓦状排列，卵形或卵状椭圆形，边缘软骨质。花1 ~ 4朵，顶生，基部包围于上部叶丛中；无花梗；花萼筒倒锥形，裂片略不整齐，椭圆形，具短小尖头，边缘软骨质；花冠上部蓝紫色，下部黄绿色，具深蓝色条纹，筒状钟形，裂片卵圆形，全缘；褶整齐，卵形，边缘具不整齐细齿，稀全缘（图65）。花果期8 ~ 10月。

地理分布：中国西藏东南部及南部；尼泊尔、印度也有分布。生长于海拔3 900 ~ 4 800m的沼泽化草甸、山坡流水线处。

主要用途：花大，颜色艳丽，具有较高的园艺观赏价值。

4.8.46 乌奴龙胆

Gentiana urnula Harry Smith, Kew Bull. 15: 51. 1961. Type: Bhutan, Nelli la near LingshiDzong, 4 500m, 13 October 1949, *F. Ludlow, G. Sherriff & J. H. Hicks 17458* (BM, E, UPS).

识别特征：高4 ~ 6cm。具发达的匍匐茎，须根略肉质。叶密集，覆瓦状排列，基部为黑褐色残叶，中部为黄褐色枯叶，上部为绿色或带淡紫色的新鲜叶，扇状截形，先端截形，中央凹陷，边缘厚软骨质。花单生，基部包围于上部叶丛中，无花梗；花萼筒裂片与叶同形；花冠淡紫红色或淡蓝紫色，具深蓝灰色条纹，壶形或钟形，裂片短，宽卵圆形，全缘；褶整齐，宽卵圆形，边缘具不整齐细齿（图66）。花果期8 ~ 10月。

地理分布：中国西藏东部和青海西南部；尼泊尔、印度、不丹也有分布。生长于海拔3 900 ~ 5 700m的高山砾石带、高山草甸、沙石山坡。

主要用途：叶覆瓦状排列，花大且颜色艳丽，具有较高的园艺观赏价值；根入药，是重要的中药和藏药材，具有很高的药用价值。

图65 硕花龙胆（*Gentiana amplicrater*）（付鹏程 摄于西藏扎囊）

图66　乌奴龙胆（*Gentiana urnula*）（付鹏程　摄于西藏羊八井）

4.8.47　丝柱龙胆

Gentiana filistyla I. B. Balfour & Forrest in C. Marquand, Bull. Misc. Inform. Kew 1928: 60. 1928. Type: China, NW Yunnan, Lan-cangjiang-Nujiang (Mekong-Salween) divide, July 1917, *G. Forrest 14205* (BM, E, K). Paratypes: China, NW Yunnan, Lancangjiang-Jinshajiang (Mekong-Yantze) divide, Lu-kong Shan, September 1917, *G. Forrest 14838* (E, typographic error14338); [Deqen] (as SE Tibet, Tsarong), Ka-gwr-pw, August 1917, *G. Forrest 14561* (BM), August 1918, *G. Forrest 16882* (E, K, PE).

识别特征： 高2～5cm。具短的匍匐茎，须根少而细长。叶密集，莲座状，匙形或倒卵状匙形，先端圆形，基部渐狭。花单生枝顶，基部包围于上部叶丛中，无花梗或花梗短；花萼筒倒锥状筒形，裂片披针形或狭矩圆形，先端钝；花冠蓝色，漏斗形，裂片卵圆形，全缘；褶偏斜，截形，边缘啮蚀形（图67）。花果期7～9月。

地理分布： 中国西藏东南部和云南西北部；缅甸东北部也有分布。生长于海拔2 900～4 500m的高山草甸、山坡草地或山坡岩石地。

主要用途： 花颜色艳丽，具有较高观赏价值。

图67 丝柱龙胆（*Gentiana filistyla*）（付鹏程 摄于西藏察隅）

4.8.48 矮龙胆

Gentiana wardii W. W. Smith, Notes Roy. Bot. Gard. Edinburgh 8: 122. 1913. Type: China, NW Yunnan, Yunnan/Xizang (Tibet) border, Deqen (Atuntze), 14 000~16 000ft., September 1911, *F. Kingdon-Ward 103* (BM, E, K).

识别特征：高2～3cm。匍匐茎发达。枝多数，直立，极低矮，基部被黑褐色枯存残叶。叶密集，莲座状，倒卵状匙形或匙形。花单生枝顶，基部被包围于叶丛中，无花梗；花萼筒裂片稍不整齐，三角形、披针形或匙形；花冠蓝色，钟形；花萼以上突然膨大，裂片半圆形或宽卵圆形，全缘；褶偏斜，全缘或具细齿（图68）。花果期8～11月。

地理分布：中国西藏东南部和云南西北部。生长于海拔3 500～4 600m的高山草甸、碎砾石山坡上。

主要用途：花颜色艳丽，常丛生，具有很高的观赏价值；全草可入药，是重要的中药和藏药药材。

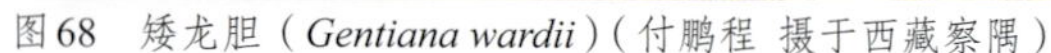

图68 矮龙胆（*Gentiana wardii*）（付鹏程 摄于西藏察隅）

组8　微籽组

Sect. ***Microsperma*** T. N. Ho, Bull. Bot. Res., Harbin 5(4): 14. 1985.

一年生草本。基生叶不发达，茎生叶愈向上部愈大。花萼裂片的中脉在背部常不突起呈龙骨状，也不向萼筒下延成翅；褶小，整齐或偏斜；花柱等长于或短于子房。蒴果内藏或外露，先端及两侧边缘无翅；种子甚小，表面具蜂窝状网隙。

该组于2020年进行了修订（Favre et al., 2020），修订后的微籽组分为两个系，分别是圆萼系（Ser. *Suborbisopalae*）和微籽系（Ser. *Annuae*）；而原微籽组中的四数系独立为四数组。修订后的微籽组共8种，分布于中国、不丹和尼泊尔。我国有7种。

该组物种多植株健壮，分枝极多，花色艳丽，有的花药别致，具有很高的观赏价值，尚无引种信息。

组模式：微籽龙胆 *Gentiana delavayi* Franch.

分种检索表

1a. 聚伞花序顶生及腋生；雄蕊不整齐 ……………………………… 51. 云南龙胆 *G. yunnanensis*
1b. 花单生枝顶；雄蕊整齐
　2a. 花冠亮蓝色，无斑点；花萼筒具紫红色或绿色纵脉 ……………… 50. 露蕊龙胆 *G. vernayi*
　2b. 花冠黄色，上部具蓝色斑点；花萼筒无异色纵脉………… 49. 东俄洛龙胆 *G. tongolensis*

4.8.49　东俄洛龙胆

Gentiana tongolensis Franchet, Bull. Soc. Bot. France 43: 490. 1896. Syntypes: China, W Sichuan (Se-tchuen), Kangding, Tongolo, *J. A. Soulie 388* (GH, K, P); same locality, Tizou, *J. A. Soulie 203* (K, P).

识别特征：高3～8cm。茎紫红色，具乳突。叶片椭圆形、倒卵状椭圆形或匙形，先端圆钝或稍锐尖，基部渐狭窄，边缘具锐尖或钝牙齿，下面通常密被黄粉；叶柄通常甚短，具狭翅。花多数，单生于小枝顶端，无花梗；花萼筒裂片略肉质，外翻或开展，与叶同形，边缘具狭的软骨质；花冠淡黄色，基部具蓝色斑点，高脚杯状；裂片卵状椭圆形，全缘；褶小，极偏斜；花药伸出，玫红色（图69）。花果期8～9月。

地理分布：中国西藏东部和四川西部。生长

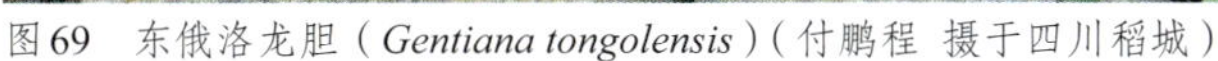

图69　东俄洛龙胆（*Gentiana tongolensis*）（付鹏程　摄于四川稻城）

于海拔3 500 ~ 4 800m的草甸和山坡路旁。

4.8.50 露蕊龙胆

Gentiana vernayi C. Marquand, Hooker's Icon. Pl. 34: t. 3330. 1937. Type: China, S Xizang (Tibet), Kuma, 4 200m.,10 September 1935, *C. S. Cutting & A. S. Vernay 115D* (K).

识别特征：高3 ~ 5cm。茎紫红色，具乳突或光滑，从基部多分枝。基生叶小，在花期枯萎；茎生叶略肉质，叶片近圆形，愈向茎上部叶愈大，基部突然收缩成柄；叶柄扁平，在中部扩大并连合成杯状。花单生小枝顶端，近无花梗；花萼筒具明显的紫红色或绿色纵脉纹，裂片略肉质，外反或开展，与叶同形，基部突然收缩成短爪，边缘软骨质；花冠下部黄白色，上部亮蓝色，高脚杯状，裂片卵状椭圆形，全缘；褶极偏斜（图70）。花果期7 ~ 9月。

地理分布：中国西藏东南部及南部；不丹和尼泊尔也有分布。生长于海拔4 200 ~ 5 200m的高山草甸、山坡。

图70　露蕊龙胆（*Gentiana vernayi*）（付鹏程 摄于西藏曲松）

4.8.51 云南龙胆

Gentiana yunnanensis Franchet, Bull. Soc. Bot. France 31: 376. 1884. Type: China, NW Yunnan, Eryuan (Lan-kong), Hee-chan-men, 8 November 1883, *P. J. M. Delavay Gent.n.7* (GH, IBSC, K, P).

识别特征：高5～30cm。茎紫红色，密被乳突，常从基部或下部起多分枝。叶片匙形或倒卵形，先端钝圆，叶柄细，与叶片等长或稍长。花极多数，以1～3朵着生小枝顶端或叶腋，无花梗；花萼筒裂片不整齐，其中，3个大的匙形，2个小的狭椭圆形；花冠黄绿色或淡蓝色，具蓝灰色斑点，筒形；裂片卵形，全缘；褶整齐，先端2浅裂或具细齿（图71）。花果期8～10月。

地理分布：中国西藏东南部、云南、四川、贵州。生长于海拔2 300～4 400m的山坡草地、路旁、高山草甸、灌丛及林下。

组9 四数组

Sect. ***Tetramerae*** (C.Marquand) Halda, Acta Mus. Richnov., Sect. Nat. 3(1): 29. 1995.

一年生草本。花4数。共2种，分布于中国西南部。植株健壮，具有较高的观赏价值，尚无引种信息。

组模式：四数龙胆 *Gentiana lineolata* Franch.

图71 云南龙胆（*Gentiana yunnanensis*）（付鹏程 摄于云南丽江）

4.8.52 四数龙胆

Gentiana lineolata Franchet, Bull. Soc. Bot. France 31: 375. 1884. Type: China, NW Yunnan, Heqing (as Tali), Tapintze, Mount Che-tcho-tze, 30 October 1882, *P. J. M. Delavay Gent.n.14* (GH, P, S, UPS).

识别特征：高5～10cm。茎密被乳突，从基部多分枝；基生叶在花期枯萎，宿存或凋落，与茎生叶相似；茎生叶疏离，短于节间，卵形至披针形，愈向茎上部叶愈大；最上部2对茎生叶密集，似苞叶状。花多数，单生于小枝顶端，近无花梗；花萼长为花冠之半，裂片卵状三角形，先端具尾尖；花冠紫红色或紫色，具深紫色细条纹；裂片卵状椭圆形，全缘；褶整齐（图72），卵形。花果期8～12月。

地理分布：中国云南中部和北部、四川西部；生长于海拔600～4 000m的林下、林缘及草坝。

组10 小龙胆组

Sect. ***Chondrophyllae*** Bunge, Nouv. Mém. Soc. Imp. Naturalistes Moscou 1(7): 207, 231. 1829.

一年生草本，极少数多年生草本。花小，顶生，单生；褶常对称。蒴果狭长圆形、狭倒卵球形至倒卵球形，明显具翅或无翅；翅在顶端宽，向基部逐渐变窄。种子表面具微小网状。

共有约182种，广布全球，分布在南北极以外的所有大陆，以青藏高原地区为分布中心。我国有约131种。

该组物种多数为一年生植物，生长周期短，花多，花色丰富，具有很高的观赏价值。同时，组内很多物种均有一种有趣的现象——触敏反应，

图72 四数龙胆（*Gentiana lineolata*）（马小磊 摄于云南）

花冠被触碰后会闭合，已知最快的仅7秒就能完全闭合，变回花苞，是少见的花瓣能自主快速运动的类群（Dai et al., 2022）。然而，小龙胆组内物种开花受天气影响较大，多仅在晴天时开花，一定程度上影响了其观赏性。该组物种尚无引种信息。

组模式：水生龙胆 *Gentiana aquatica* L.

分种检索表

1a. 多年生草本；下部茎匍匐状 ………………………………… 58. 阿里山龙胆 *G. arisanensis*

1b. 一年生草本；茎直立

2a. 基生叶丛生；花单生于小枝顶端，小枝密集呈伞房状 ………… 57. 笔龙胆 *G. zollingeri*

2b. 基生叶不丛生；花单生顶端，不密集呈伞房状

3a. 花萼裂片卵状披针形或匙形；花冠黄色至淡黄色 ………… 59. 玉山龙胆 *G. scabrida*

3b. 花萼裂片披针形或三角形；花冠白色或蓝色

4a. 花冠筒状或管状

5a. 叶草质，矩圆状匙形至狭椭圆形，无小尖头 ………… 53. 伸梗龙胆 *G. producta*

5b. 叶革质，线状钻形，具小尖头 ………………………… 54. 钻叶龙胆 *G. haynaldii*

4b. 花冠倒锥形或钟形

6a. 茎生叶对折，线状披针形；花冠上部蓝色、深蓝色或紫红色 ……………………
……………………………………………………………… 55. 刺芒龙胆 *G. aristata*

6b. 茎生叶不对折，椭圆形至椭圆状披针形；花冠白色 ……………………………
…………………………………………………………… 56. 蓝白龙胆 *G. leucomelaena*

4.8.53 伸梗龙胆

Gentiana producta T. N. Ho, Bull. Bot. Res., Harbin 4(1): 80. 1984. Type: China, W Sichuan, Garze, on grassy slopes, 15 September 1951, *W. G. Hu 13166* (PE, SZ).

识别特征：高6～12cm。叶矩圆状匙形至狭椭圆形，愈向茎上部叶愈大；基生叶小，在花期枯萎，宿存；茎生叶疏离，短于节间。花多数，单生于小枝顶端，具花梗；花萼筒裂片三角形；花冠蓝色或蓝紫色，喉部具深蓝色细而短的条纹，细筒形，裂片卵状椭圆形；褶宽矩圆形，有不整齐条裂状齿（图73）。花果期9月。

地理分布：中国四川西部。生长于山坡草地。

图73　伸梗龙胆（*Gentiana producta*）（A：付鹏程　摄于青海贵德；B：付鹏程　摄于青海达日）

4.8.54 钻叶龙胆

Gentiana haynaldii Kanitz, Pl. Exped. Szechenyi in As. Centr. Coll. 39. 1891. Type: China, Sichuan (Se-tchuen), *L. Löczy 243b* (BP).

识别特征：高3～10cm。茎在基部多分枝。叶革质，坚硬，发亮，先端急尖，具小尖头；基生叶小，在花期枯萎，宿存，卵形或宽披针形；茎生叶大，对折，密集，长于节间，线状钻形。花单生于小枝顶端，下部藏于上部叶中，近无花梗；花萼筒裂片革质，线状钻形，具短小尖头；花冠淡蓝色，喉部具蓝灰色斑纹，筒形，裂片卵形，具短小尖头，全缘或有不明显圆齿；褶卵形，先端啮蚀形或全缘（图74）。花果期7～11月。

地理分布：中国云南西北部、四川西部、西藏东南部、青海西南部。生长于海拔2 100m～4 200m的山坡草地、高山草甸和阴坡林下。

4.8.55 刺芒龙胆

Gentiana aristata Maximowicz, Bull. Acad. Imp. Sci. Saint-Pétersbourg 26: 497. 1880. Type: China, Qinghai (as Kansu, Tangut), Datong river (Tetung fl.), in 1 July 1872, *N. M. Przewalski s.n.* (E, K, LE, UPS).

识别特征：高3～10cm。茎在基部多分枝。基生叶大，在花期枯萎，宿存，卵形或卵状椭圆形，具小尖头，边缘软骨质；茎生叶对折，疏离，短于或等于节间，线状披针形，愈向茎上部叶愈长，具小尖头。花多数，单生于小枝顶端，花梗黄绿色；花萼裂片线状披针形，具小尖头；花冠下部黄绿色，上部蓝色、深蓝色或紫红色，喉部具蓝灰色宽条纹，裂片卵形或卵状椭圆形；褶宽矩圆形，不整齐短条裂状（图75）。花果期6～9月。

基于基因组数据的群体遗传学研究表明，刺芒龙胆种内存在隐存多态性，青海玉树和西藏类乌齐的种群与其他地区的种群存在很高的遗传分化（F_{ST} = 0.436～0.529），且花冠为蓝色，有别于其他地区的紫红色（Fu et al., 2024）。

地理分布：中国青海、西藏、四川和甘肃。生长于海拔1 800～4 600m的草甸草原、高山草甸、林间草丛、林间草原、河滩灌丛、山谷、沼泽草

图74　钻叶龙胆（*Gentiana haynaldii*）（A：付鹏程　摄于青海玉树；B、C：付鹏程　摄于西藏类乌齐）

图75 刺芒龙胆（*Gentiana aristata*）（A：付鹏程 摄于四川马尔康；B：付鹏程 摄于青海称多）

地、灌丛草甸及河滩草地。

4.8.56 蓝白龙胆

Gentiana leucomelaena Maximowicz ex Kusnezow, Bull. Acad. Imp. Sci. Saint-Pétersbourg 34: 505. 1892. Syntypes: Qinghai (as *Mongolia occidentalis*), Nan-shan, 8 000~8 500ft., 28 June 1879, *N. M. Przewalski s.n.* (K, UPS), Keria, 11 000~12 500ft., 24 July 1885, *N. M. Przewalski s.n.*; Qinghai (as Tibet borealis), to "Diao-Tschii", 29 June 1884, *N. M. Przewalski s.n.* (K, UPS); Qinghai (as Kansu, Tangut), 115 000ft., 15 June 1880, *N. M. Przewalski s.n.*; W

Gansu (Kansu), in 1885, *G. N. Potanin s.n.*; Kash-mir, Ladak, in 1856, *R. von Schlagintweit* (BM).

识别特征： 高1.5～5cm。茎在基部多分枝。基生叶稍大，卵圆形或卵状椭圆形；茎生叶小，疏离，短于或长于节间，椭圆形至椭圆状披针形。花数朵，单生于小枝顶端；花梗黄绿色，藏于最上部一对叶中或裸露；花萼裂片三角形；花冠白色或淡蓝色，稀蓝色，外面具蓝灰色宽条纹，喉部具蓝色斑点；裂片卵形；褶矩圆形，具不整齐条裂（图76）。花果期5～10月。

地理分布： 中国西藏、四川、青海、甘肃、新疆；哈萨克斯坦、吉尔吉斯斯坦、塔吉克斯坦、巴基斯坦、印度、尼泊尔、俄罗斯、蒙古也有分布。生长于海拔1 900～5 000m的沼泽化草甸、沼泽地、湿草地、河滩草地、山坡草地、山坡灌丛及高山草甸。

4.8.57 笔龙胆

Gentiana zollingeri Fawcett, J. Bot. 21: 183. 1883. Type: Japan, *H. Zollinger 331* (BM, GH).

图76 蓝白龙胆（*Gentiana leucomelaena*）（A：付鹏程 摄于四川若尔盖；B：付鹏程 摄于青海玉树；C：付鹏程 摄于西藏江达）

识别特征：高8～15cm。茎直立，不分枝或中上部少数分枝。基生叶丛生，茎生叶对生，叶片卵状椭圆形或长圆形。花多数，单生于小枝顶端，小枝密集呈伞房状；花萼裂片狭三角形或卵状椭圆形，具短小尖头；花冠淡蓝色，裂片卵形，褶卵形或宽矩圆形，浅2裂或有不整齐细齿（图77）。花果期4～6月。

地理分布：中国湖北、河南、甘肃、陕西、新疆、山西、河北、山东、安徽、江苏、浙江、辽宁、吉林和黑龙江；俄罗斯、朝鲜、日本也有分布。生长于海拔500～1 600m的草地、灌丛和森林。

4.8.58 阿里山龙胆

Gentiana arisanensis Hayata, Icon. Pl. Formos. 6: Suppl. 48. 1917. Type: China, Taiwan, Morrisan, 12 500ped., *T. Kawakami & U. Mori 2242* (TI).

识别特征：多年生草本，高4～10cm。茎丛生，坚硬，直立。叶革质，密集，覆瓦状排列，卵形至卵状椭圆形，先端外弯，边缘软骨质。花单生或数朵，单生于小枝顶端；近无花梗或具长不及3mm的花梗；花萼裂片革质，卵状披针形或三角形，边缘无软骨质也无膜质；花冠紫红色，裂片卵形；褶三角形，全缘（图78）。花果期8～10月。

图77　笔龙胆（*Gentiana zollingeri*）（李攀 摄于河北宽城）

图78　阿里山龙胆（*Gentiana arisanensis*）（林秀富 摄于台湾合欢尖山）

地理分布：中国台湾。生长于海拔2 700～3 700m的高山草地。

主要用途与引种信息：小龙胆组中少有的多年生植物，植株健壮，花色艳丽，具有较高的观赏价值。目前尚无引种信息。

4.8.59 玉山龙胆

Gentiana scabrida Hayata, J. Coll. Sci. Imp. Univ. Tokyo (Fl. Mont. Formos.) 25: Art. 19, 168 (1908). Syntypes: China, Taiwan, Morrisan, 9141 ped., October 1905, *S. Naga-sawa 701 &702* (both TI), October 1906, *T. Kawakami & U. Mori 2275* (IBSC).

识别特征：高3～20cm。茎暗紫红色，密被白色乳突，从基部起分枝。基生叶与茎生叶相似，矩圆状披针形，具短小尖头，基部钝，边缘有不明显的软骨质。花数朵，单生于小枝顶端；花梗暗紫红色，密被白色乳突；花萼裂片卵状披针形或匙形，具短小尖头；花冠黄色至淡黄色，喉部具斑点，筒形或筒状钟形，长10～20mm，裂片宽卵形，具短小尖头，全缘；褶宽卵形，边缘具不明显的波状齿或近全缘（图79）。花果期7～10月。

地理分布：中国台湾。生长于海拔2 300～3 800m的山坡草地。

图79 玉山龙胆（*Gentiana scabrida*）（林秀富 摄于台湾合欢尖山）

4.9 大钟花属

Megacodon (Hemsl.) Harry Smith in Handel-Mazzetti, Symb. Sin. 7: 950. 1936.

多年生高大草本。叶对生，基部2～4对叶小，膜质，上部叶草质，较大。花顶生及腋生，组成假总状聚伞花序；花梗长，具2个苞片；花大型，5数；花冠钟形，冠筒短，裂片间无褶，裂片有明显网脉；子房一室，柱头2裂，腺体轮状着生于子房基部。蒴果2瓣裂；种子多数，表面具纵的脊状突起或密网隙与瘤状突起。

仅有2种，产中国-喜马拉雅地区。我国2种均有，产西南地区。植株高大，花大，黄绿色并具有网纹，具有很高的观赏价值，尚无引种驯化信息。

属模式：川东大钟花 *Megacodon venosus* (Hemsl.) Harry Smith

大钟花

Megacodon stylophorus (C. B. Clarke) Harry Smith in Handel-Mazzetti, Symb. Sin. 7: 950. 1936. ——*Gentiana stylophora* C. B. Clarke in J. D. Hooker, Fl. Brit. India 4: 118. 1883. Type: Sikkim, Chola & Kankola, 11 000~14 000ft, *J. D. Hooker* (K).

识别特征：高30～60cm。茎粗壮，基部直径1～1.5cm，中空，近圆形。基部叶卵形；中、上部叶大，绿色，基部钝或圆形，半抱茎；中部叶卵状椭圆形至椭圆形，上部叶卵状披针形。花2～8朵，花梗长3～6cm；花萼钟形，萼筒短，宽漏斗形，裂片整齐；花冠黄绿色，有绿色和褐色网脉，钟形，长5～7cm (图80)。花果期6～9月。

地理分布：中国云南西北部。生长于海拔3 100～4 400m的冷杉林、杜鹃灌丛及山坡草地。

4.10 花锚属

Halenia Borkh., Arch. Bot. [Leipzig] 1(1): 25. 1796.

一年生或多年生草本。叶对生或轮生。聚伞花序顶生和腋生，或形成疏散的圆锥花序。花4数，花萼浅裂近到基部，裂片披针形；花冠钟状，裂片基部有窝孔，延伸成一长距；雄蕊4，着生于花冠

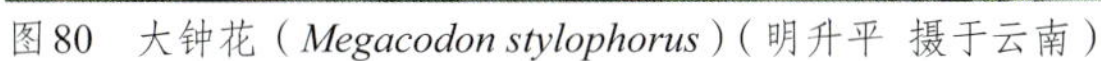
图80 大钟花 (*Megacodon stylophorus*) (明升平 摄于云南)

的近基部，花药“丁”字着生。约100种，分布于北半球和南美洲；中国有2种，产西南部至东北部。

该属物种花形奇特，常成片生长，具有较高的观赏价值；全草入药，可治急性黄疸型肝炎等症，尚无引种驯化信息。

属模式：花锚*Halenia corniculata* (L.) Cornaz

分种检索表

1a. 花冠黄色；花萼裂片狭三角状披针形 ································· 1. 花锚 *H. corniculata*

1b. 花冠蓝色；花萼裂片椭圆形或卵形 ····································· 2. 卵萼花锚 *H. elliptica*

4.10.1 花锚

Halenia corniculata (Linnaeus) Cornaz, Bull. Soc. Neuchâteloise Sci. Nat. 25: 171. 1897. —— *Swertia corniculata* Linnaeus, Sp. Pl. 1: 227. 1753. Type: *LINN 327.4* (LINN).

识别特征：高20～70cm。茎近四棱形，具细条棱，从基部起分枝。基生叶倒卵形或椭圆形；茎生叶椭圆状披针形或卵形，先端渐尖，基部宽楔形或近圆形。聚伞花序顶生和腋生；花4数，花萼裂片狭三角状披针形；花冠黄色，钟形，裂片卵形或椭圆形，先端具小尖头（图81）。花果期7～9月。

地理分布：分布于陕西、山西、河北、内蒙古、辽宁、吉林、黑龙江；俄罗斯、蒙古、朝鲜、日本以及加拿大也有分布。生长于海拔

图81 花锚（*Halenia corniculata*）（周繇 摄于吉林长白山）

200～1 750m的山坡草地、林下及林缘。

4.10.2 卵萼花锚

Halenia elliptica D. Don, London Edinburgh Philos. Mag. & J. Sci. 8: 77. 1836. Type: China, Guizhou, Laborde, *J. & E. M. Bodinier, E. 2685*, 10 Sept. 1899 (E).

识别特征：一年生草本，高15～60cm。茎四棱形，上部具分枝。基生叶椭圆形，茎生叶卵形、椭圆形、长椭圆形或卵状披针形，无柄或抱茎。聚伞花序腋生和顶生，花梗不等长；花萼裂片椭圆形或卵形，常具小尖头；花冠蓝色或紫色，裂片卵圆形或椭圆形，先端具小尖头，距向外水平开展（图82）。花果期7～9月。

地理分布：中国西藏、青海、云南、四川、贵州、新疆、陕西、甘肃、山西、内蒙古、辽宁、湖南、湖北；尼泊尔、不丹、印度、俄罗斯也有分布。生长于海拔700～4 100m的高山林下及林缘、山坡草地、灌丛中、山谷水沟边。

图82　卵萼花锚（*Halenia elliptica*）（高庆波 摄于青海祁连）

4.11 黄秦艽属

Veratrilla Franch., Bull. Soc. Bot. France 46: 310. 1900.

多年生草本。叶对生，不育茎的叶呈莲座状。圆锥状复聚伞花序；花单性，雌雄异株，辐状，4数；花萼分裂至近基部，萼筒甚短；花冠深裂，冠筒短，裂片基部具2个异色腺斑；雄蕊着生于花冠裂片间弯缺处，与裂片互生，花丝极短；子房一室，花柱短。蒴果2瓣裂。

属模式：黄秦艽 *Veratrilla baillonii* Franch.

共2种，分布于中国西南部、印度东北部、不丹。我国均产。

黄秦艽

Veratrilla baillonii Franchet, Bull. Soc. Bot. France 46: 311. 1899. Type: China, Xizang (Tibet), Lancangjiang-Nujiang (Mekong-Salwin) divide, behind Tzekou, in 1904, *G. Forrest 230* (E, K).

识别特征：高30~85cm。茎粗壮，中空。基部叶呈莲座状，具长柄，叶片矩圆状匙形；茎生叶多对，无柄，卵状椭圆形，半抱茎。圆锥状复聚伞花序，异形，雌株花较少，花序狭窄，疏松；雄株花甚多，花序宽大，密集；花萼分裂至近基部，萼筒甚短，雌花的萼片卵状披针形，雄花的萼片线状披针形；花冠黄绿色，有紫色脉纹，雌花的先端常凹形，基部具2个紫色腺斑（图83）。花果期5~8月。

地理分布：中国西藏东南部、云南西北部、四川西部；印度也有分布。生长于海拔3 200~4 600m的山坡草地、灌丛中、高山灌丛草甸。

主要用途与引种信息：植株高大，具有较高的观赏价值；可作药用，以根入药。尚无引种信息。

4.12 獐牙菜属

Swertia L., Sp. Pl. 1: 226. 1753.

一年生或多年生草本。根纤维状或木质；次生根少，或根状茎短且具很少肉质的不定根。叶对生，很少互生或轮生，全缘。花序聚伞状，稀单生；花4数或5数。花萼和花冠裂片深裂至基部；每一花冠裂片有窝孔或腺体1~2个，边缘流苏状或裸露；雄蕊着生于花冠的基部。蒴果成熟时分裂为2果瓣。

图83 黄秦艽（*Veratrilla baillonii*）（A：付鹏程 摄于云南香格里拉；B、C：付鹏程 摄于西藏林芝）

虽然已有研究对獐牙菜属的系统发育关系进行了较多研究，但目前的证据均表明獐牙菜属是一个多系群。本书在APG Ⅳ框架内，对獐牙菜属及其近缘属的类群范围的处理依据何廷农和刘尚武先生2015年提出的分类系统。在该分类系统中，獐牙菜属共167种，分布于亚洲、非洲、欧洲和北美洲。我国有75种。

獐牙菜属植物多可作药用，具有很高的药用价值；花色丰富，花上斑纹丰富多样，部分植物花序几乎占据整个植株，具有很高的观赏价值，但目前尚未见引种栽培记录。

属模式：宿根獐牙菜 *Swertia perennis* L.

分种检索表

1a. 多年生草本

2a. 每个花冠裂片有1个腺窝……………………………………11. 轮叶獐牙菜 *S. verticillifolia*

2b. 每个花冠裂片有2个腺窝

3a. 花序叉状分枝；腺窝裸露 ………………………………… 1. 叉序獐牙菜 *S. divaricata*

3b. 花序非叉状分枝；腺窝边缘明显流苏状

4a. 茎生叶通常向茎基部互生，很少全部对生

5a. 花4（或5）数；花冠裂片先端有长尾尖 …………… 2. 峨眉獐牙菜 *S. emeiensis*

5b. 花5数；花冠裂片先端无尾尖

6a. 花萼裂片长于花冠或稍短；花4～7朵

6b. 花萼裂片短于花冠；花多数 ………………………… 3. 叶萼獐牙菜 *S. calycina*

7a. 茎生叶全部互生 ……………………………………4. 互叶獐牙菜 *S. obtusa*

7b. 基部茎生叶互生，中上部茎生叶对生 ………… 5. 藜芦獐牙菜 *S. veratroides*

4b. 茎生叶无，如果存在则总是对生

8a. 茎生叶很少或无

9a. 花冠蓝色 ………………………………………………6. 二叶獐牙菜 *S. bifolia*

9b. 花冠黄绿色，背部中央蓝色 …………………… 7. 华北獐牙菜 *S. wolfgangiana*

8b. 茎生叶2对以上

10a. 茎上部叶苞片状；花萼裂片6～8mm ………………… 9. 高獐牙菜 *S. elata*

10b. 茎上部叶不具苞片状；萼裂片9～20mm

11a. 基部叶17～31cm…………………………………… 8. 黄花獐牙菜 *S. kingii*

11b. 基部叶3～10cm ………………………………… 10. 康定獐牙菜 *S. souliei*

1b. 一年生草本

12a. 花丝横向膨大 ……………………………………………… 23. 毛萼獐牙菜 *S. hispidicalyx*

12b. 花丝不膨大

13a. 腺窝裸露 …………………………………………………… 12. 獐牙菜 *S. bimaculata*

13b. 腺窝不裸露，边缘具流苏状

14a. 腺窝袋状，基部有圆形膜片盖于其上

15a. 花萼裂片短于或等于花冠；花冠白色或淡黄绿色 ……………………………………………………………………… 13. 狭叶獐牙菜 *S. angustifolia*

15b. 花萼裂片比花冠长得多；花冠黄绿色，具紫红色网脉……………………

……………………………………………………………… 14. 显脉獐牙菜 *S. nervosa*

14b. 腺窝三角形或杯状，具数根柔毛状流苏

16a. 花直径4～8mm …………………………………………… 15. 大籽獐牙菜 *S. macrosperma*

16b. 花直径10～20mm

17a. 花4数 …………………………………………………… 16. 川西獐牙菜 *S. mussotii*

17b. 花5数

18a. 花萼裂片苞片状，不等长，外面有突出的网状脉 ………………………………

…………………………………………………………… 17. 丽江獐牙菜 *S. delavayi*

18b. 花萼裂片不苞片状，近等长，没有外面突出的网状脉

19a. 花序通常退化为单花顶生，有时有花腋生 …… 18. 观赏獐牙菜 *S. decora*

19b. 圆锥花序，通常全部腋生

20a. 花冠裂片不具尾尖

21a. 花萼长为花冠2/3

22a. 花冠直径1～1.5cm；腺窝周缘流苏无瘤状突起 ……………………

…………………………………………………… 19. 北方獐牙菜 *S. diluta*

22b. 花冠直径1～1.5cm；腺窝周缘流苏表面有瘤状突起 ………………

…………………………………… 20. 瘤毛獐牙菜 *S. pseudochinensis*

21b. 花萼长为花冠的1/2～2/3 ……………… 21. 云南獐牙菜 *S. yunnanensis*

20b. 花冠裂片具尾尖 …………………………… 22. 抱茎獐牙菜 *S. franchetiana*

4.12.1 叉序獐牙菜

Swertia divaricata Harry Smith, Notes Roy. Bot. Gard. Edinburgh 26: 256. 1965. Type: China, NW Yunnan, Tengchong, N'Maikha-Salwin divide, 25° 30′ N, 2 400m, heavy pastures on the margins of forest in side valleys, Sept. 1919, *G. Forrest 18528* (E).

识别特征：多年生草本，高50～70cm。茎粗壮，有条棱，仅花序有分枝。茎生叶对生，愈向茎上部叶愈大，柄愈短，下部叶椭圆形，中部叶椭圆状披针形或三角状披针形。花5数，圆锥状复聚伞花序，叉状分枝；花萼长为花冠之半，裂片披针形，先端渐尖；花冠黑紫色，具细的绿色斑点，裂片卵状披针形或椭圆形，中部具2个邻近的腺窝，腺窝完全裸露，矩圆形（图84）。花果期9月。

地理分布：中国云南西北部。生长于海拔2 400m左右的山谷灌木丛边缘。

图84　叉序獐牙菜（*Swertia divaricata*）（付鹏程 摄于云南贡山）

4.12.2 峨眉獐牙菜

Swertia emeiensis Ma ex T. N. Ho & S. W. Liu, Acta Phytotax. Sin. 18: 75. 1980. Type: China, Sichuan, Emei shan, in forests, 2 650m, 31 Aug. 1956, *Z.Y. Zhu et al.1037* (IMM). Paratypes: China, Sichuan, Emei shan, *Z.W. Yao 5123* (IMM, NAS); Sichuan, without exact locality, *X. Y. He 6417* (IMM, NAS).

识别特征：多年生草本，高20～30cm。茎不分枝。基生叶在花期凋落；茎生叶互生，下部叶具长柄，叶片宽椭圆形；茎中上部叶无柄，卵状披针形，半抱茎。聚伞花序常有3～7花；花4数，稀5数；花萼长为花冠的2/3，裂片线状披针形；花冠黄绿色，具褐色纵脉纹，裂片矩圆形，先端有长尾尖，基部有2个腺窝，腺窝圆形，盘状，周缘具少数长3～3.5mm的粗毛状流苏（图85）。花果期8～9月。

地理分布：中国四川峨眉山。生长于海拔2 600m的林下。

4.12.3 叶萼獐牙菜

Swertia calycina Franchet, Bull. Soc. Bot. France 46: 311. 1899. Type: China, NW Yunnan, Lijiang (Likiang), Sueechan, 4 000m, 13 Aug. 1886, *P. J. M. Delavay 2208* (P).

识别特征：多年生草本，高8～30cm。茎直立，中空，具条棱，基部被多数黑褐色枯老叶柄。基生叶具长柄，叶片常对折，线状矩圆形；茎生叶互生，无柄，半抱茎。简单或复聚伞花序，花梗粗；花5数；花萼叶质，与花冠近等长或过之，裂片苞叶状，卵形或卵状披针形；花冠淡黄色，裂片卵状矩圆形，全缘或有微齿，基部具2个腺窝，腺窝囊状，边缘具长2～2.5mm的柔毛状流苏；花药蓝色（图86）。花果期7～9月。

地理分布：中国云南西北部、四川西南部。生长于海拔2 600～4 000m的山坡上。

图85 峨眉獐牙菜（*Swertia emeiensis*）（A：陈又生 摄于四川大邑；B、C：孟德昌 摄于四川大邑）

05

图86　叶萼獐牙菜（*Swertia calycina*）（付鹏程　摄于云南丽江）

4.12.4　互叶獐牙菜

Swertia obtusa Ledebour, Mém. Acad. Imp. Sci. St. Pétersbourg Hist. Acad. 5: 526. 1812. Type: C Asia, Altai, *C. F. von Ledebour s.n.* (LE, K).

识别特征：多年生草本，高15～40cm。茎中空，具细条棱，不分枝。叶全部互生；基生叶和茎下部叶具长柄，基部渐狭成柄；茎中上部叶无柄，半抱茎。聚伞花序或圆锥状复聚伞花序；花5数，直径1.2～1.6cm；花萼长为花冠的2/3，裂片线状披针形，背面具细而明显的3脉；花冠蓝色，基部具2个腺窝，腺窝狭椭圆形，基部囊状，边缘具长2~3mm的柔毛状流苏（图87）。花果期8~9月。

地理分布：中国新疆阿尔泰地区；哈萨克斯坦、蒙古和俄罗斯也有分布。生长于海拔2 100～2 500m的溪边和林下。

图87 互叶獐牙菜（*Swertia obtusa*）（A：曾佑派 摄于新疆塔城；B：刘冰 摄于新疆吉木乃；C：刘军 摄于新疆喀纳斯）

4.12.5 藜芦獐牙菜

Swertia veratroides Maximowicz ex Komarov, Fl. Manshur. 3: 276. 1907. Type: China, Heilongjiang, Amur, 18 Aug. 1895, *V. Komarov 1274* (K, LE).

识别特征：多年生草本，高45～100cm。茎中空，具细条棱，不分枝。基生叶及茎下部叶互生，具长柄，叶柄扁平，具狭翅；茎中上部叶对生，具短柄，基部连合成短筒抱茎。圆锥状复聚伞花序；花5数，直径1.5～1.8cm；花萼长为花冠的2/3，背面具细而明显的3脉；花冠淡黄色，具蓝色斑点，基部有2个腺窝，腺窝基部囊状，边缘有长1.5～2mm的柔毛状流苏（图88）。花果期7～9月。

地理分布：中国东北；韩国、俄罗斯也有分布。生长于海拔1 600～1 700m的溪边和林下。

4.12.6 二叶獐牙菜

Swertia bifolia Batalin, Trudy Imp. S.-Peterburgsk. Bot. Sada 13: 378. 1894. Syntypes: China, N Sichuan, Sunpan, Gruma-kika, 6 Aug. 1885, *G. N. Potanin s.n.*; same locality, Honton river, 9 Aug. 1885, *G. N. Potanin s.n.* (K).

识别特征：多年生草本，高10～30cm。茎近圆形，具条棱，不分枝，基部被黑褐色枯老叶柄。基生叶1～2对，具柄，叶片矩圆形或卵状矩圆形；茎中部无叶，最上部叶常2～3对，无柄，苞叶状，卵形或卵状三角形。花5数，简单或复聚伞花序；花萼裂片略不整齐，披针形或卵形；花冠蓝色或深蓝色，裂片椭圆状披针形或狭椭圆形，基部有2个腺窝，腺窝基部囊状，顶端具柔毛状流苏（图89）。花果期7～9月。

地理分布：中国西藏东南部、四川西北部、青海、甘肃南部和陕西。生长于海拔2 850～4 300m的高山草甸、灌丛草甸、沼泽草甸、林下。

图88 藜芦獐牙菜（*Swertia veratroides*）（郎永生 摄于吉林蛟河）

图89　二叶獐牙菜（*Swertia bifolia*）（A：付鹏程 摄于陕西太白山；B：付鹏程 摄于西藏江达）

4.12.7　华北獐牙菜

Swertia wolfgangiana Grüning, Repert. Spec. Nov. Regni Veg. 12: 309. 1913. Type: China, Shanxi (Schansi), Wutaishan, Dung-tai & Pe-tai, 3 200~3 650m, 24 Aug. 1912, *H. W. Limpricht 644* (WU).

识别特征：多年生草本，高8～55cm。茎近圆形，有细条棱，不分枝，被黑褐色枯老叶柄。基生叶1～2对，具长柄，叶片矩圆形或椭圆形；茎中部裸露无叶，上部具1～2对极小的、苞叶状的叶，卵状矩圆形，无柄，半抱茎。聚伞花序具2～7花或单花顶生；花萼裂片卵状披针形，具明显的白色膜质边缘；花冠黄绿色，背面中央蓝色，裂片矩圆形或椭圆形，稍呈啮蚀状，基部具2个腺窝，腺窝下部囊状，边缘具柔毛状流苏（图90）。花果期7～9月。

地理分布：中国西藏东部、四川、青海、甘肃南部、山西。生长于海拔1 500～5 260m的高山草甸、沼泽草甸、灌丛中及潮湿地。

4.12.8　黄花獐牙菜

Swertia kingii J. D. Hooker, Hooker's Icon. Pl. 15: 34. 1883. Syntypes: Sikkim, Nathung, 24 Aug.1878, *S. King s.n.* (K); same locality, in 1879, *Dungboo s.n.* (K).

识别特征：多年生草本，高70～100cm。茎粗壮，具细条棱，不分枝。基生叶及茎下部叶具长柄；茎中上部叶卵状披针形或卵形，无叶柄，离生，连合成筒状抱茎。圆锥状复聚伞花序密生；花5数；花萼长为花冠的2/3，卵状披针形；花冠黄绿色，具蓝色细条纹，先端啮蚀状，基部具2个腺窝，腺窝基部囊状，边缘有流苏状柔毛（图91）。花果期8～9月。

地理分布：中国西藏南部；尼泊尔也有分布。生长于海拔3 400～3 800m的高山草甸。

4.12.9　高獐牙菜

Swertia elata Harry Smith, Anz. Akad. Wiss. Wien, Math.-Naturwiss. Kl. 63: 106. 1926. Type:

图90　华北獐牙菜（*Swertia wolfgangiana*）（付鹏程 摄于青海玉树）

图91　黄花獐牙菜（*Swertia kingii*）（王孜 摄于西藏亚东）

China, SW Sichuan (Setschwan), Muli, 4 100m, 4 Aug. 1915, *H. R. E. Handel-Mazzetti 7396* (E, WU). Paratype: China, NW Yunnan, Zhongdian (Dschungdien), 16 Aug. 1915, *H. R. E. Handel-Mazzetti 7667*.

识别特征：多年生草本，高40～100cm。叶大部分基生，具长柄，叶柄下部连合成筒状抱茎；最上部茎生叶无柄，苞叶状，披针形至线形。圆锥状复聚伞花序；花5数；花萼长为花冠的2/3，裂片披针形或卵状披针形；花冠黄绿色，具多数蓝紫色细而短的条纹，裂片边缘啮蚀状，基部有2个腺窝，腺窝基部囊状，顶端具长1.5～2mm的柔毛状流苏（图92）。花果期6～9月。

地理分布：中国四川西南部和云南西北部。生长于海拔3 200～4 600m的草坡、灌丛和高山草甸。

4.12.10 康定獐牙菜

Swertia souliei Burkill, J. Proc. Asiat. Soc. Bengal 2: 326. 1906. —— *Swertia pauciflora* Harry Smith; *S. subspeciosa* Burkill. Type: China, Sichuan (Szechuan), Kangding (Tachienlu), Kiala, in 1891, *J. A. Soulie 614* (K, P).

识别特征：多年生草本，高8～35cm。茎数个丛生，中空，不分枝，基部被多数黑褐色纤维状枯老叶柄。叶大部分基生，具长柄，叶片常对折；茎生叶2～3对，无柄，卵状披针形，半抱茎。聚伞花序具5～11花；花5数，直径2～2.6cm；花萼长为花冠的1/2～2/3；花冠黄色，基部有2个腺窝，边缘具长3～4mm的柔毛状流苏（图93）。花果期8月。

地理分布：中国四川西部。生长于海拔3 700～4 400m的高山草甸。

4.12.11 轮叶獐牙菜

Swertia verticillifolia T. N. Ho & S. W. Liu, Acta Phytotax. Sin. 18: 81. 1980. Type: China, Xizang, Cona, in shrubs, 3 800~4 200m, 18 July 1975, *C. Y. Wu, Chen S. K. & Du Q et al. 75-926* (HNWP, KUN).

图92　高獐牙菜（*Swertia elata*）（付鹏程　摄于四川理塘）

图93 康定獐牙菜（*Swertia souliei*）（夏尚华 摄于四川汶川）

Paratypes: China, Xizang, Cona, *Qinghai-Xizang Exped. Supply Sect. 75-1872* (HNWP, KUN, PE), *P. C. Kuo & W. Y Wang 22650* (HNWP, KUN); Metog, *Qinghai Biol. Inst. Xizang Exped. 1785* (HNWP).

识别特征：多年生草本，高80～100cm。茎粗壮，直径1.2～2.5cm。叶多数基生，莲座状，叶片匙形；茎生叶4～6个轮生，叶片椭圆形或椭圆状卵形。塔形复聚伞花序似轮伞状，花序分枝长达23cm；花4数，下垂，直径3～3.5cm；花萼裂片宽椭圆形或宽卵形，互相覆盖，背面具9～11条弧形细脉；花冠黄绿色，有深紫色脉纹，钟状，裂片倒卵形，长2～2.5cm，宽达2cm，基部有1个腺窝，腺窝卵状三角形，裸露（图94）。花果期7～9月。

地理分布：中国西藏东南部。生长于海拔3 800～4 200m的灌丛。

4.12.12 獐牙菜

Swertia bimaculata (Siebold & Zuccarini) J. D. Hooker & Thomson ex C. B. Clarke, J. Linn. Soc., Bot. 14: 449. 1875. —— *Ophelia bimaculata* Siebold & Zuccarini, Abh. Math. Phys. Cl. Königl. Bayer. Akad. Wiss. 4(3): 159. 1846. Type: Japan, Sitzigama, *P. F. Siebold s.n.* (L).

识别特征：一年生草本，高30～140cm。茎中空，中部以上分枝。茎生叶无柄或具短柄，叶片椭圆形至卵状披针形，最上部叶苞叶状。大型圆锥状复聚伞花序疏松，长达50cm；花5数，直径达2.5cm；花萼长为花冠的1/4～1/2，裂片基部狭缩，边缘具窄的白色膜质，常外卷；花冠黄色，上部具多数紫色小斑点，裂片椭圆形或长圆形，中部具2个黄绿色、半圆形的大腺斑（图95）。花果期6～11月。

地理分布：中国安徽、福建、广东、广西、海南、贵州、河北、河南、湖北、湖南、江西、江苏、浙江、陕西、山西、四川、甘肃、西藏、云南；不丹、印度、尼泊尔、缅甸、越南、马来西亚、日本也有分布。生长于海拔200～3 000m的溪边、沼泽地、草地、灌丛、林下。

图94 轮叶獐牙菜（*Swertia verticillifolia*）（林秦文 摄于西藏错那）

图95 獐牙菜（*Swertia bimaculata*）（A、B：朱仁斌 摄于陕西商南和延安；C：李策宏 摄于四川峨眉山）

4.12.13 狭叶獐牙菜

Swertia angustifolia Buchanan-Hamilton ex D. Don, Prodr. Fl. Nepal. 127. 1825. Type: Nepal, Narainhetty, 13 Sept. 1802, *F. Buchanan-Hamilton s.n.* (BM, K, LINN).

识别特征：一年生草本，高20～50cm。茎四棱形，棱上有狭翅，上部有分枝。叶无柄，叶片披针形或披针状椭圆形。圆锥状复聚伞花序开展，多花，花4数；花萼长于花冠，裂片线状披针形，背面具突起的3脉；花冠白色或淡黄绿色，中上部具紫色斑点，基部具1个腺窝，腺窝圆形，上半部边缘具短流苏，基部具1个圆形的膜片，盖在腺窝上，上半部边缘有微齿（图96）。花果期8～11月。

地理分布：中国福建、广东、广西、贵州、湖北、湖南、江西、云南；不丹、印度、尼泊尔也有分布。生长于海拔100～3 300m的田边、草坡、荒地。

4.12.14 显脉獐牙菜

Swertia nervosa (Wallich ex G. Don) C. B. Clarke in J. D. Hooker, Fl. Brit. India 4: 125. 1883. —— *Agathotes nervosa* Wallich ex G. Don, Gen. Hist. 4: 177. 1837; *Swertia cavaleriei* H. Léveillé. Type: Nepal and Kumaon of India, *N. Wallich 4383* (K).

识别特征：一年生草本，高可达100cm。茎四棱形，棱上有宽翅。叶具极短的柄，叶片椭圆形、狭椭圆形至披针形。圆锥状复聚伞花序多花，花4数，直径达1.8cm；花萼叶状，长于花冠，裂片线状披针形；花冠黄绿色，中部以上具紫红色网脉，裂片椭圆形，具小尖头，下部具1个腺窝，腺窝深陷，半圆形，上半部边缘具短流苏，基部有1个半圆形膜片盖于其上，膜片可以自由启合（图97）。花果期9～12月。

地理分布：中国甘肃东南、广西、贵州、陕

图96 狭叶獐牙菜（*Swertia angustifolia*）（陈又生 摄于云南文山）

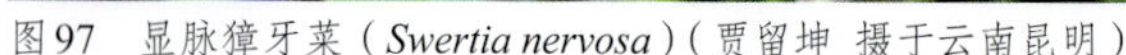

图97 显脉獐牙菜（*Swertia nervosa*）（贾留坤 摄于云南昆明）

西西南、四川、西藏和云南；不丹、印度、尼泊尔也有分布。生长于海拔400～2 600m的溪边、山坡、灌丛和疏林下。

4.12.15 大籽獐牙菜

Swertia macrosperma (C. B. Clarke) C. B. Clarke in J. D. Hooker, Fl. Brit. India 4: 123. 1883.——*Ophelia macrosperma* C. B. Clarke, J. Linn. Soc., Bot. 14: 448. 1875; *Swertia randaiensis* Hayata; *S. scandens* H. Léveillé. Type: E India, Mts. Khasia, 5 000~7 000ft., *J. D. Hooker & T. Thomson 15* (GH, K).

识别特征：一年生草本，高30～80cm。茎四棱形，中部以上分枝。基生叶不发达，与茎下部的叶在花期枯萎，匙形；茎中部叶片椭圆形或披针形。聚伞花序有花1～3朵；花5数，稀4数；花萼长为花冠的1/2，裂片卵状椭圆形；花冠白色或淡蓝色，裂片椭圆形，基部具2个腺窝，腺窝囊状，矩圆形，边缘具数根柔毛状流苏（图98）。花果期7～11月。

地理分布：中国广西、贵州、湖北、四川、台湾、云南；不丹、印度、缅甸、尼泊尔也有分布。生长于海拔1 400～4 000m的溪边、山坡草地、灌丛和竹林。

4.12.16 川西獐牙菜

Swertia mussotii Franchet, Bull. Soc. Bot. France 46: 316. 1899. Syntypes: China, Sichuan (Sutchuen), Kanding (Ta-tsien-lou), *R. P. Mussot 288* (P), *J. A. Soulie 843* (K). Lectotype: *R. P. Mussot 288* (P).

识别特征：一年生草本，高15～60cm。茎四棱形，棱上有窄翅，从基部起作塔形或帚状分枝。叶无柄，卵状披针形至狭披针形，基部略呈心形，半抱茎。花4数，圆锥状复聚伞花序，占据了整个植株；花萼裂片线状披针形或披针形，先端急尖；花冠暗紫红色，裂片披针形，具尖头，基部具2个腺窝，腺窝沟状，狭矩圆形，深陷，边缘具柔毛状流苏（图99）。花果期7～10月。

地理分布：中国西藏东部、云南西北部、四川西北部、青海西南部。生长于海拔1 900～3 800m的山坡、河谷、林下、灌丛。

图98 大籽獐牙菜（*Swertia macrosperma*）（贾留坤 摄于云南大理）

图99　川西獐牙菜（*Swertia mussotii*）（付鹏程 摄于西藏昌都）

主要用途：植株健壮，花众多，具有较高的观赏价值；全草入药，是重要的中药和藏药材，具有很高的药用价值。

4.12.17　丽江獐牙菜

Swertia delavayi Franchet, Bull. Soc. Bot. France 46: 323. 1899. Type: China, Yunnan, from Lokochan and Chetong of Eryuan to Ta-pin-tze of Heqing, 2 Oct. 1889, *P. J. M. Delavay s.n.* (P).

识别特征：一年生草本，高10～40cm。茎具狭翅，从基部起作帚状分枝。基生叶花期枯萎，具短柄；茎生叶狭椭圆形至线形。花5数，直径达3cm，单生枝顶；花萼包被花冠，裂片不等大，外面3枚大，卵形，内面2枚小，卵状披针形；花冠蓝紫色，基部具2个腺窝，腺窝矩圆形，沟状，基部有浅囊，边缘有密的茸毛状流苏（图100）。花果期8～10月。

地理分布：中国四川南部和云南西北部。生长于海拔1 900～4 000m的多石山坡、林下。

图100　丽江獐牙菜（*Swertia delavayi*）（明升平 摄于云南丽江）

4.12.18 观赏獐牙菜

Swertia decora Franchet, Bull. Soc. Bot. France 46: 317. 1899. Syntypes: China, Yunnan, Heqing, Ta-pin-tze, 9 Nov., 1883, *P. J. M. Delavay s.n.*; Eryuan, Yang-in-chan, *P. J. M. Delavay s.n.*; Eryuan, Che-tcho-tze, *P. J. M. Delavay s.n.* (all P). Lectotype: Heqing, Ta-pin-tze, 9 Nov. 1883, *P. J. M. Delavay s.n.* (P).

识别特征：一年生草本，高2～15cm。茎四棱形，下部带紫色，从基部或下部起分枝。基生叶和茎下部叶具短柄，椭圆形或匙形；茎上部叶无柄，线状披针形至线形。花5数，直径达3cm，单生枝顶；花萼与花冠等长，具小尖头；花冠紫蓝色、玫瑰色，裂片具短尖，基部具2个腺窝，腺窝矩圆形，沟状，基部有浅囊，边缘具密的茸毛状短流苏（图101）。花果期8～11月。

地理分布：中国四川南部和云南。生长于海拔1 800～2 900m的草坡。

4.12.19 北方獐牙菜

Swertia diluta (Turczaninow) Bentham & J. D. Hooker, Gen. Pl. 2: 817. 1876. —— *Sczukinia diluta* Turczaninow, Bull. Soc. Imp. Naturalistes Moscou 13: 166. 1840. Type: N China, *A. A. von Bunge* (LE).

识别特征：一年生草本，高20～70cm。茎直立，四棱形，棱上具窄翅。叶无柄，线状披针形至线形。圆锥状复聚伞花序具多数花；花5数；花萼长于或等于花冠，裂片线形；花冠浅蓝色，裂片椭圆状披针形，基部有2个腺窝，腺窝窄矩圆形，沟状，周缘具长柔毛状流苏（图102）。花果

图101　观赏獐牙菜（*Swertia decora*））（明升平　摄于云南丽江）

图102　北方獐牙菜（*Swertia diluta*）（A、B、C：付鹏程　摄于辽宁桓仁；D、E：付鹏程　摄于山西平顺）

期8～10月。

地理分布： 中国四川北部、青海东北部、甘肃、陕西、宁夏、内蒙古、山西、河北、河南、山东、黑龙江、辽宁、吉林；俄罗斯、蒙古、朝鲜、日本也有分布。生长于海拔100～2 600m的田边、山坡和山谷。

4.12.20 瘤毛獐牙菜

Swertia pseudochinensis H. Hara, J. Jap. Bot. 25: 89. 1950. Type: Japan, Honshu, Shinano, Karuizawa, 15 Oct. 1949, *H. Hara s.n.* (TI).

识别特征： 一年生草本，高10～15cm。茎四棱形，棱上有窄翅，从下部起多分枝。叶无柄，线状披针形至线形。圆锥状复聚伞花序多花，花5数，直径达2cm；花萼与花冠近等长；花冠蓝紫色，具深色脉纹，裂片披针形，基部具2个腺窝，腺窝矩圆形，沟状，边缘具长柔毛状流苏，流苏表面有瘤状突起（图103）。花果期8～9月。

地理分布： 中国河北、内蒙古、宁夏、陕西、山西、山东；韩国和日本也有分布。生长于海拔500～1 600m的溪边、山坡、灌丛和林下。

4.12.21 云南獐牙菜

Swertia yunnanensis Burkill, J. Proc. Asiat. Soc. Bengal 2: 320. 1906. Syntypes: China, Yunnan, Mengzi-hsien (Mengtze), typographic error locality “Mile”, in mountain, 6 000ft., *A. Henry 9293A* (K, MO, US).

识别特征： 一年生草本，高5～40cm。茎从基部起分枝，具4棱。基生叶和茎下部叶无柄，披针形；茎中上部叶线状披针形或线形，基部渐狭成短柄。圆锥状复聚伞花序多花，花梗丝状；花5数，直径约2cm；花萼长达花冠的2/3，裂片线形；花冠淡蓝色，裂片椭圆形，有小尖头，基部有2个腺窝，腺窝不明显，沟状，边缘有少数裂片状流苏（图104）。花果期9～11月。

地理分布： 中国贵州西部、四川和云南。生长于海拔1 100～3 800m的草坡、林下、灌丛。

4.12.22 抱茎獐牙菜

Swertia franchetiana Harry Smith, Bull. Brit. Mus. (Nat. Hist.), Bot. 4: 251. 1970. Type: China, Sichuan (Se-tchuan), Kanding (Ta-tsien-lou), Aug. 1891, *J. A. Soulie 198* (P).

识别特征： 一年生或二年生草本，高15～40cm。茎四棱形，棱上具窄翅，从基部起分枝。基生叶在花期枯存，具长柄，叶片匙形；茎生叶无柄，披针形或卵状披针形，茎上部及枝上的叶较小，基部耳形，半抱茎，并向茎下延成窄翅。花5数，圆锥状复聚伞花序几乎占据了整个植株；花萼稍

图103　瘤毛獐牙菜（*Swertia pseudochinensis*）（薛凯　摄于北京延庆）

图104　云南獐牙菜（*Swertia yunnanensis*）（贾留坤 摄于云南昆明）

图105　抱茎獐牙菜（*Swertia franchetiana*）（A、B：付鹏程 摄于青海同仁；C：付鹏程 摄于西藏工布江达）

短于花冠，裂片线状披针形，具小尖头；花冠淡蓝色，裂片披针形至卵状披针形，具芒尖，基部有2个腺窝，腺窝囊状，矩圆形，边缘具长柔毛状流苏（图105）。花果期8～11月。

地理分布：中国西藏、四川、青海、甘肃南部。生长于海拔2 200～3 600m的沟边、山坡、林缘、灌丛。

主要用途：植株健壮，花众多，具有较高的观赏价值；全草入药，是重要的中药和藏药材，具有很高的药用价值。

4.12.23 毛萼獐牙菜

Swertia hispidicalyx Burkill, J. Proc. Asiat. Soc. Bengal 2: 321. 1906. Syntypes: China, Xizang (Thibet), Lhasa to Rib La (Rhembu-la) of Nanghsien, [ca.28° 41′ N, 93° 09′ E], *H. J. Walton 1608* (K); Lhasa, Lhasa River (Kyi-chu), Aug. 1904, *H. J. Walton 1159* (K); without precise locality, *King 311,369,1633* (CAL).

识别特征：一年生草本，高5～25cm。茎从基部多分枝，四棱形。基生叶在花期枯存；茎生叶无柄，披针形至窄椭圆形，边缘有时外卷，具短硬毛，基部半抱茎。花5数，圆锥状复聚伞花序开展，几乎占据了整个植株；花萼略短于花冠，裂片卵形至卵状披针形，边缘具短硬毛；花冠淡紫色或白色，裂片卵形，基部具2个腺窝，腺窝倒向囊状，即囊的口部向着裂片基部，边缘具柔毛状流苏（图106）。花果期8～10月。

地理分布：中国西藏；尼泊尔也有分布。生长于海拔3 400～5 200m的山坡、河边和森林。

4.13 异型花属

Sinoswertia T. N. Ho, S. W. Liu & J. Q. Liu, Pl. Diversity Resources 35(3): 398. 2013.

一年生草本，高5～30cm。茎直立，四棱形，棱上有宽约1mm的翅。基生叶（在花期枯萎）与茎下部叶具长柄，叶片矩圆形或椭圆形；茎中上部叶无柄，卵状披针形，半抱茎。圆锥状复聚伞花序，花4数，主茎上部的花比主茎基部和基部分枝上的花大2～3倍，呈明显的大小两种类型。大花的花萼裂片披针形或卵状披针形，花时平展；花冠黄绿色，开展，异花授粉，裂片卵形，下部具2个腺窝，腺窝长圆形，沟状，仅内侧边缘具短裂片状流苏。小花的花萼裂片宽卵形，具小尖头；花冠黄绿色，常闭合，闭花授粉，裂片卵形，腺窝常不明显（图107）。花果期7～9月。

单型属，分布于中国西南部。花二型，成片生长，具有较高的观赏价值，也可作药用，目前尚无引种信息。

属模式：四数异型株 *Sinoswertia tetraptera* (Maximowicz) T. N. Ho, S. W. Liu & J. Q. Liu.

图106 毛萼獐牙菜（*Swertia hispidicalyx*）（A：付鹏程 摄于西藏浪卡子；B：付鹏程 摄于西藏拉萨）

图107　四数异型株（*Sinoswertia tetraptera*）（A、B：张发起、马小磊 摄；C、D、E：马小磊 摄；F：付鹏程 摄于青海玉树）

四数异型株

Sinoswertia tetraptera (Maximowicz) T. N. Ho, S. W. Liu & J. Q. Liu, Pl. Div. Res. 35(3): 398. 2013. —— *Swertia tetraptera* Maximowicz, Bull. Acad. Imp. Sci. Saint-Pétersbourg 27: 503. 1881. Type: China, Gansu (Kansu), in shrubs, in 1872—1880, *N. M. Przewalski s.n.* (LE, PE).

识别特征：同属特征。

地理分布：中国西藏东南部、四川西北部、青海、甘肃西部。

4.14　肋柱花属

Lomatogonium A. Braun , Flora 13(1): 221. 1830.

一年生或多年生草本。茎基部单一，上部有分枝或从基部起有分枝，分枝直立或铺散。叶对生。花5数，单生或为聚伞花序；花萼深裂，萼筒短；花冠辐状，深裂近基部，冠筒极短，裂片在蕾中右向旋转排列，重叠覆盖，开放时呈明显的二色，一侧色深，一侧色浅，基部有2个腺窝，腺窝管形或片状，基部合生或否，边缘有裂片状流苏；雄蕊着生于冠筒基部与裂片互生，花药蓝色或黄色。蒴果2裂。

24种，分布于亚洲、欧洲和北美洲。中国有20种。该属具有较高的观赏价值，但尚无引种信息。

属模式：肋柱花 *Lomatogonium carinthiacum* (Wulfen) Rchb.

分种检索表

1a. 一年生草本；茎生叶卵状椭圆形至椭圆形 ………………………… 1. 肋柱花 *L. carinthiacum*

1b. 多年生草本；茎生叶矩圆形或矩圆状匙形 ………………………… 2. 宿根肋柱花 *L. perenne*

4.14.1 肋柱花

Lomatogonium carinthiacum (Wulfen) Reichenbach, Flora 13: 221. 1830. —— *Swertia carinthiaca* Wulfen in Jacquin, Misc. Austriac. 2: 53. 1781. Type: Austria, Carinthia, on tops of the Alps, ? *F. A. Facchini s.n.* (FI).

识别特征： 一年生草本，高3～20cm。茎自下部起分枝短，基生叶匙形，具短柄；茎生叶无柄，卵状椭圆形至椭圆形。聚伞花序生分枝顶端；花5数；花萼裂片稍不整齐，卵状披针形或线状椭圆形；花冠蓝色，冠筒甚短，椭圆形或卵状椭圆形，基部具2个有裂片状流苏的腺窝（图108）。花期8～10月。

地理分布： 中国西藏、云南西北部、四川、青海、甘肃、新疆、山西、河北；欧洲、亚洲、北美洲的温带以及大洋洲也有分布。生长于海拔400～5 400m的山坡草地、灌丛草甸、河滩草地、高山草甸。

图108 肋柱花（*Lomatogonium carinthiacum*）（付鹏程 摄于西藏类乌齐）

4.14.2 宿根肋柱花

Lomatogonium perenne T. N. Ho & S. W. Liu in J. X. Yang, Fl. Tsinling. 1(4): 396. 1983. Type: China, Qinghai, Jiuzhi, 4 300m, 15 Aug. 1971, *Qinghai Biol. Inst. Golog Exped. 518* (HNWP).

识别特征：多年生草本，高8～25cm。不育枝的莲座状叶与花茎的基部叶匙形或矩圆状匙形；花茎中上部叶无柄或具短柄，叶片矩圆形或矩圆状匙形。花5数，单生或呈聚伞花序；花萼裂片狭椭圆形、线状矩圆形至线状匙形；花冠深蓝色或蓝紫色，裂片狭矩圆形或椭圆形，基部两侧各具1个腺窝，腺窝大而管形，上部具宽的裂片状流苏；花丝浅蓝色，花药蓝色（图109）。花果期8～10月。

地理分布：中国西藏东部、云南西北部、四川西部、青海南部和陕西（太白山）；印度东部和不丹也有分布。生长于海拔3 900～4 400m的山坡草地、灌丛、高山草甸。

图109　宿根肋柱花（*Lomatogonium perenne*）（A：付鹏程　摄于青海久治；B：付鹏程　摄于四川德格；C：付鹏程　摄于陕西太白山）

4.15 辐花属

Lomatogoniopsis T. N. Ho & S. W. Liu, Acta Phytotax. Sin. 18(4): 466.1980.

一年生草本，叶对生。花单生小枝顶端或呈聚伞花序，辐状，5数；花萼深裂，萼筒甚短；花冠深裂，冠筒甚短，裂片在蕾中向右旋转排列，互相重叠着生，开放时呈二色，一侧色深，一侧色浅，无腺窝，具5个与裂片对生的附属物，附属物膜质，片状或盔形，无脉纹；雄蕊着生于冠筒上与裂片互生；花柱不明显，柱头2裂。蒴果2裂。共3种，特产我国。该属物种具有较高的观赏价值，但尚未见引种和栽培记录。

属模式：辐花 *Lomatogoniopsis alpina* T. N. Ho & S. W. Liu.

辐花

Lomatogoniopsis alpina T. N. Ho & S. W. Liu, Acta Phytotax. Sin. 18(4): 467. 1980. Type: China, Qinghai, Zadoi, in meadows, 4 200m, 23 Aug. 1965, *S.W. Liu 511* (HNWP). Paratypes: China, Qinghai, Jizhi, under shrubs, 4 300m,19 Aug. 1971, *Qinghai Biol. Inst. Golog Exped. 588* (HNWP), same locality, 3 950m, *Qinghai Biol. Inst. Golog Exped. 633* (HNWP); Xizang, Jomda, in meadows, 4 000m, 28 Aug. 1973, *Qinghai Biol. Inst. Xizang Exped. 2302* (HNWP); Riwoqe, in margins offorests, 4 000m, 1 Sept. 1976, *Qinghai-Xizang Exped. 76-2973* (HNWP, PE).

识别特征：高3～10cm；茎常自基部多分枝，铺散，具条棱，棱上密生乳突；基生叶匙形，茎生叶卵形，边缘具乳伞。聚伞花序顶生和腋生，稀为单花；花萼长为花冠之半，萼筒基短，裂片卵形或卵状椭圆形，边缘密生乳突；花冠蓝色，裂片二色，椭圆形或椭圆状披针形，两面密被乳突，附属物狭椭圆形，浅蓝色，具深蓝色斑点（图110）。花果期8～9月。

地理分布：中国西藏东北部、青海南部。生长于海拔3 950～4 300m的云杉林缘、阴坡草甸及灌丛草甸中。

4.16 扁蕾属

Gentianopsis Ma, Acta Phytotax. Sin. 1(1): 7, 17. 1951.

图110 辐花（*Lomatogoniopsis alpina*）（马小磊 摄于青海）

一年生或二年生草本。叶对生；花单生茎端，4数；花蕾椭圆形或卵状椭圆形，稍扁压，具明显的4棱；花萼裂片2对，等长或极不等长，萼内膜位于裂片间稍下方，上部边缘具毛；花冠筒状钟形或漏斗形，上部4裂，裂片间无褶，裂片下部两侧边缘有细条裂齿或全缘，腺体4个；柱头2裂。蒴果自顶端2裂。共24种，分布于亚洲、欧洲和北美洲。中国有5种。该属物种常成片生长，具有很高的观赏价值，也可作药用，目前尚未见引种和栽培记录。

属模式：扁蕾 *Gentianopsis barbata* (Froel.) Ma

分种检索表

1a. 花萼裂片等长或近等长；茎叶片披针形、椭圆状披针形、卵状披针形、三角状披针形、椭圆形或长圆形
  2a. 花萼长为花冠约1/2；花冠裂片基部具细条裂齿 ……………… 1. 湿生扁蕾 *G. paludosa*
  2b. 花萼长为花冠约2/3；花冠裂片基部不具细条裂齿
    3a. 花冠蓝色；茎叶片椭圆形至卵状椭圆形，基部楔形……………… 2. 回旋扁蕾 *G. contorta*
    3b. 花冠黄色；茎叶片长圆形，基部近抱茎 ………………………… 3. 黄花扁蕾 *G. lutea*
1b. 花萼裂片不等长，内裂片短于外裂片；茎叶片线形至狭披针形
  4a. 花冠大，5～10cm；茎叶边缘稍外卷……………………………… 4. 大花扁蕾 *G. grandis*
  4b. 花冠2.5～5cm；茎叶边缘不外卷 ………………………………… 5. 扁蕾 *G. barbata*

4.16.1 湿生扁蕾

Gentianopsis paludosa (Munro ex J. D. Hooker) Ma var. ***paludosa***, Acta Phytotax. Sin. 1(1): 11. 1951. —— *Gentiana detonsa* Rottbøll var. *paludosa* Munro ex J. D. Hooker, Hooker's Icon. Pl. 9: t. 857. 1852. Type: Marshes at Kisung, Tibet, *Captain Munro 2852*.

识别特征：一年生草本，高3.5～40cm。茎单生，基生叶3～5对，匙形，先端圆形；茎生叶1～4对，无柄，矩圆形或椭圆状披针形。花单生茎及分枝顶端；花萼长为花冠1/2，裂片近等长；花冠蓝色，宽筒形，裂片宽矩圆形，先端有微齿，下部两侧边缘有细条裂齿（图111）。花果期7～10月。

地理分布：中国西藏、云南、四川、青海、甘肃、陕西、宁夏、内蒙古、山西、河北；尼泊尔、印度、不丹也有分布。生长于海拔1 180～4 900m的河滩、山坡草地、林下。

4.16.2 回旋扁蕾

Gentianopsis contorta (Royle) Ma, Acta Phytotax. Sin. 1(1): 14. 1951. —— *Gentiana contorta* Royle, Ill. Bot. Himal. Mts. 1: 278. 1835. Type: Tab. 68.f.3.

识别特征：一年生草本，高8～35cm。茎单生，上部有分枝，四棱形。基生叶早落，茎生叶椭圆形或卵状椭圆形。花单生茎或分枝顶端；花萼长为花冠的2/3；花冠蓝色或深蓝色，筒状漏斗形，裂片先端圆形，微有小齿，下部两侧边缘无细条裂齿（图112）。花果期8～10月。

地理分布：中国贵州、辽宁、青海、四川、西藏和云南；日本和尼泊尔也有分布。生长于海拔1 900～3 600m的山坡、林下。

4.16.3 黄花扁蕾

Gentianopsis lutea (Royle) (Burkill) Ma, Acta Phytotax. Sin. 1(1): 13. 1951.——*Gentiana detonsa* Rottbøll var. *lutea* Burkill, J. Proc. Asiat. Soc. Bengal 2: 319. 1906. Type: China, Yunnan, Kunming, Sept. 1962, *F. Ducloux 928* (K).

识别特征：一年生草本，高10～30cm。茎单生，上部有分枝，四棱形。基生叶早落，茎生叶

图111 湿生扁蕾（*Gentianopsis paludosa*）（A、C：付鹏程 摄于青海祁连；B：付鹏程 摄于四川红原；D、E：付鹏程 摄于山西平顺）

图112 回旋扁蕾（*Gentianopsis contorta*）（赵顺邦 摄于青海西宁）

矩圆形，基部半抱茎。花单生茎或分枝顶端，花梗具条棱；花萼长为花冠的2/3，裂片背部脊上有较高的龙骨状突起；花冠淡黄色，筒状钟形，裂片先端圆形，微有小齿，下部两侧边缘无细条裂齿（图113）。花果期9～10月。

地理分布：中国云南昆明。生长于海拔2 300m的多石山坡。

4.16.4 大花扁蕾

Gentianopsis grandis (Harry Smith) Ma, Acta Phytotax. Sin. 1(1): 9. 1951.——*Gentiana* *grandis* Harry Smith, Anz. Akad. Wiss. Wien, Math.-Naturwiss. Kl. 63: 100. 1926. Type: China, 3 700m, 10 Sept. 1934, *H. Smith 12018* (isotype: E).

识别特征：一年生或二年生草本，高25～50cm。茎单生，粗壮，多分枝，具明显的条棱。基生叶密集，具短柄；茎生叶无柄。花单生茎或分枝顶端，花长5～10cm，口部宽10～17mm；花萼稍短于花冠；花冠蓝色，裂片长2～3cm，宽1～1.5cm，边缘有不整齐的波状齿，下部两侧具长的细条裂齿（图114）。花果期7～10月。

地理分布：中国四川西南部和云南西北部；日本和尼泊尔也有分布。生长于海拔2 000～4 100m的山谷溪流边、山坡。

4.16.5 扁蕾

Gentianopsis barbata (Froelich) Ma var. ***barbata***, Acta Phytotax. Sin. 1(1): 8. 1951. —— *Gentiana barbata* Froelich, Gentiana 114. 1796; *Gentianopsis barbata* var. *sinensis* Ma.

识别特征：一年生或二年生草本，高8～40cm。茎单生，基生叶多对，匙形或线状倒披针形；茎生叶3～10对，无柄，狭披针形至线形。花单生茎或分枝顶端；花萼稍扁，裂片2对，不等长；花冠筒部黄白色，檐部蓝色或淡蓝色，裂片椭圆形，边缘有小齿，下部两侧有短的细条裂齿（图115）。花果期7～9月。

图113 黄花扁蕾（*Gentianopsis lutea*）（张步云 摄于云南昆明）

图114 大花扁蕾（*Gentianopsis grandis*）（明升平 摄于云南丽江）

图115 扁蕾（*Gentianopsis barbata*）（A：付鹏程 摄于西藏昌都；B：付鹏程 摄于青海共和）

地理分布：中国甘肃、贵州、河北、黑龙江、吉林、辽宁、内蒙古、宁夏、青海、陕西、山东、山西、四川、新疆、云南；日本、哈萨克斯坦、吉尔吉斯斯坦、蒙古和俄罗斯也有分布。生长于海拔700～4 400m的水沟边、山坡草地、林下、灌丛中、沙丘边缘。

4.17 喉毛花属

Comastoma Toyokuni, Bot. Mag. (Tokyo) 74: 198. 1961.

一年生或多年生草本。茎不分枝或有分枝，直立或斜升。叶对生，茎生叶无柄。花4～5数，单生茎或枝端或为聚伞花序；花萼深裂，萼筒极短，无萼内膜，大都短于花冠；花冠钟形、筒形或高脚杯状，4～5裂，裂片间无褶，裂片基部有白色流苏状副冠，流苏内无维管束，常呈1～2束，当开花时，全部向心弯曲，封盖冠筒口部，冠筒基部有小腺体；雄蕊着生冠筒上，花丝有时有毛；花柱短，柱头2裂。蒴果2裂。

共约15种，分布于亚洲、欧洲及北美洲。中国有11种。大部分类群具有较高的观赏价值。

属模式：柔弱喉毛花 *Comastoma tenellum* (Rottb.) Toyokuni.

分种检索表

1a. 花冠高脚杯状，喉部膨大；花萼裂片常弯曲成镰状 ……………3. 镰萼喉毛花 *C. falcatum*

1b. 花冠筒状，喉部不膨大；花萼裂片不弯曲成镰状

  2a. 茎生叶基部半抱茎；花萼裂片边缘不皱波状 ……………………1. 喉毛花 *C. pulmonarium*

  2b. 茎生叶基部不抱茎；花萼裂片边缘皱波状 ………………… 2. 皱边喉毛花 *C. polycladum*

4.17.1 喉毛花

Comastoma pulmonarium (Turcz.) Toyok., Bot. Mag. (Tokyo) 74: 198. 1961. Type: China, Yunnan, LanKong, 20 Oct. 1885, *P. J. M. Delavay 144* (P).

识别特征：一年生草本，高5～30cm。茎直立，单生。基生叶少数，无柄；茎生叶无柄，卵状披针形，半抱茎。聚伞花序或单花顶生；花5数；花萼开张，一般长为花冠的1/4，深裂近基部，裂片卵状三角形、披针形或狭椭圆形；花冠淡蓝色，具深蓝色纵脉纹，筒形或宽筒形，浅裂，裂片直立，喉部具副冠5束，上部流苏状条裂，冠筒基部具10个小腺体（图116）。花果期7～11月。

地理分布：中国甘肃、青海、四川、西藏、云南、陕西；日本和俄罗斯西伯利亚也有分布。生长于海拔3 000～4 800m的河滩、山坡草地、林下、灌丛及高山草甸。

4.17.2 皱边喉毛花

Comastoma polycladum (Diels & Gilg) T. N. Ho, Acta Biol. Plateau Sin. 1: 39. 1982.——*Gentiana polyclada* Diels & Gilg in Futterer, Durch Asien, Bot. Repr. 3: 16. 1903; *G. limprichtii* Grüning. Type: China, Qinghai Lake.

识别特征：一年生草本，高8～20cm。茎自基部起多次分枝。基生叶具短柄，匙形；茎生叶无柄，椭圆形或椭圆状披针形，边缘常外卷，具紫色皱波状边。聚伞花序顶生和腋生；花萼深裂，裂片披针形或卵状披针形，边缘黑紫色，外卷，皱波状；花冠蓝色，筒状，裂片狭矩圆形，喉部具一圈白色副冠，流苏状条裂，冠筒基部具10个小腺体（图117）。花果期8～9月。

地理分布：中国青海、甘肃、内蒙古、山西。生长于海拔100～4 500m的山坡草地、河滩、山顶潮湿地。

图116　喉毛花（*Comastoma pulmonarium*）（A、B：付鹏程　摄于四川炉霍；C：付鹏程　摄于西藏昌都）

图117 皱边喉毛花（*Comastoma polycladum*）（刘冰 摄于宁夏同心）

4.17.3 镰萼喉毛花

Comastoma falcatum (Turczaninow ex Karelin & Kirilov) Toyokuni, Bot. Mag. (Tokyo) 74: 198. 1961.——*Gentiana falcata* Turczaninow ex Karelin & Kirilov, Bull. Soc. Imp. Naturalistes Moscou 15: 404. 1842. Type: Baikal, *N. S. Turczaninow* (LE).

识别特征：高4～25cm。茎从基部分枝，分枝斜升。叶大部分基生，叶片矩圆状匙形或矩圆形，叶柄长达20mm；茎生叶无柄，矩圆形。花单生分枝顶端；花萼长为花冠的1/2，深裂近基部，裂片不整齐，形状多变，常为卵状披针形，弯曲成镰状；花冠蓝色，深蓝色或蓝紫色，高脚杯状，喉部突然膨大，喉部副冠白色，10束，长达4mm，流苏状裂片的先端圆形或钝，冠筒基部具10个小腺体（图118）。花果期7～9月。

图118 镰萼喉毛花（*Comastoma falcatum*）（高庆波 摄于西藏类乌齐）

地理分布：中国西藏、四川西北部、青海、新疆、甘肃、内蒙古、山西、河北；克什米尔地区、印度、尼泊尔、蒙古、俄罗斯西伯利亚也有分布。生长于海拔2 100～5 300m河滩、山坡草地、林下、灌丛、高山草甸。

4.18 假龙胆属

Gentianella Moench, Methodus 482. 1794.

一年生草本。茎单一或有分枝。叶对生；茎生叶无柄或有柄。花4～5数，单生，或排列成聚伞花序；花萼叶质或膜质，深裂，萼筒短或极短，裂片同形或异形，裂片间无萼内膜；花冠冠筒上着生有小腺体，裂片间无褶，裂片基部常光裸；雄蕊着生于冠筒上；柱头2裂。蒴果，种子表面光滑或有疣状突起。

约125种，分布于南北温带（除非洲外）。中国有9种，大部分省（自治区、直辖市）都有。部分类群花序稠密，或花色素雅，具有较高的观赏价值，但目前尚未见引种栽培记录。

属模式：田野假龙胆 *Gentianella campestris*（L.）Börner.

分种检索表

1a. 花冠裂片先端具芒尖；花萼裂片边缘及背面中脉非黑色……1. 新疆假龙胆 *G. turkestanorum*

1b. 花冠裂片先端不具芒尖；花萼裂片边缘及背面中脉明显黑色 … 2. 黑边假龙胆 *G. azurea*

4.18.1 新疆假龙胆

Gentianella turkestanorum (Gandoger) Holub, Folia Geobot. Phytotax. 2: 118. 1967.——*Gentiana turkestanorum* Gandoger, Bull. Soc. Bot. France 65: 60. 1918. Type: Turkestan, in valle Dshanku infer, *A. Regel s.n.*

识别特征：高10～35cm。茎单生，常从基部起分枝。叶卵形或卵状披针形，半抱茎。聚伞花序顶生和腋生，多花，密集，其下有叶状苞片；花5数，大小不等，顶花为基部小枝花的2～3倍大；花萼钟状，长为花冠之半至稍短于花冠，分裂至中部，裂片不整齐，具长尖头；花冠淡蓝色，具深色细纵条纹，筒状或狭钟状筒形，浅裂，先端具长约1mm的芒尖，冠筒基部具10个绿色、矩圆形腺体（图119）。花果期6～7月。

地理分布：中国新疆北部；俄罗斯、哈萨克斯坦、塔吉克斯坦、蒙古也有分布。生长于海拔1 500～3 100m的河边、湖边台地、阴坡草地、林下。

4.18.2 黑边假龙胆

Gentianella azurea (Bunge) Holub, Folia Geobot. Phytotax. 2: 116. 1967. ——*Gentiana azurea* Bunge, Mém. Soc. Imp. Naturalistes Moscou 7: 230. 1829. ——*Aloitis azurea* (Bunge) Omer, Fl. Pakistan 197: 109 (1995). Type: Russia, Siberia, Baikal, 1821, *A. A. von Bunge s.n.* (G-DC, LE).

识别特征：高2～25cm。茎直立，从基部或下部起分枝。茎生叶无柄，矩圆形、椭圆形或矩圆状披针形，长3～22mm，宽1.5～7mm。聚伞花序顶生和腋生，稀单花顶生；花5数；花萼长为花冠之半，深裂，裂片卵状矩圆形、椭圆形或线状披针形，边缘及背面中脉明显黑色；花冠蓝色或淡蓝色，漏斗形，近中裂，裂片矩圆形，冠筒基部具10小腺体（图120）。花果期7～9月。

地理分布：中国西藏、云南西北部、四川西北部、青海、甘肃、新疆；不丹、哈萨克斯坦、吉尔吉斯斯坦、蒙古、俄罗斯西伯利亚也有分布。生长于海拔2 200～49 00m的山坡草地、林下、灌丛中、高山草甸。

图119　新疆假龙胆（*Gentianella turkestanorum*）（陈又生　摄于新疆和静）

图120　黑边假龙胆（*Gentianella azurea*）（A：付鹏程　摄于青海久治；B：付鹏程　摄于西藏类乌齐）

5 龙胆科植物园林应用的历史与现状

5.1 龙胆科植物的园林价值及其应用

龙胆科植物为晚花植物，多秋季开花，此时百花凋零，是难得的秋季花材。然而，目前用于园林的龙胆科植物类群并不多，尚处在待开发阶段。部分龙胆属植物植株比较高大，可达80～100cm，多用作鲜切花，如龙胆草组的三花龙胆；高山组的花色颜色，与龙胆草组相似，也有很大的开发潜力等。部分龙胆属植物比较低矮，如多枝组和广义小龙胆组，适合作盆栽和地被植物。

多枝组植物花大且颜色素雅，已在欧洲引种驯化，在爱丁堡皇家植物园中用作地被观赏植物。当深秋之际，植物已开始落叶，草地已开始泛黄，而多枝组的龙胆品种则花开正盛，实为一道靓丽的风景。已园林应用的种类包括'Kidbrooke' 'Well's Variety' 'Dali' 'Cangshan' 'Strathmore' 'Berrybank Sky' 'Oban' 'Braemar' 'The Caley'等（图121至图133）。其中'Kidbrooke'和'Well's Variety'是由线叶龙胆（*Gentiana lawrencei* var. *farreri*）与华丽

图121　爱丁堡皇家植物园中的*Gentiana*×*macaulayi* 'Kidbrooke'（*farreri*×*sino-ornata*）（付鹏程 摄）

图122　爱丁堡皇家植物园中的*Gentiana*×*macaulayi* 'Kidbrooke'（*farreri*×*sino-ornata*）（付鹏程 摄）

图123　爱丁堡皇家植物园中的*Gentiana*×*macaulayi* 'Well's Variety'（*farreri*×*sino-ornata*)（付鹏程 摄）

图124　爱丁堡皇家植物园中的 *Gentiana* 'Cangshan' (*Gentiana ternifolia*)（付鹏程 摄）

龙胆（*Gentiana sino-ornata*）杂交而来，'Dali' 和 'Cangshan' 源于三叶龙胆（*Gentiana ternifolia*），'Strathmore' 源于线叶龙胆；而 'Berrybank Sky' 'Oban' 'Braemar' 'The Caley' 的亲本未知，其中 'Oban' 花为白色。

图 125　爱丁堡皇家植物园中的 *Gentiana* 'Cangshan' (*Gentiana ternifolia*)（付鹏程 摄）

图 126　爱丁堡皇家植物园中的 *Gentiana* 'Dali' (*Gentiana ternifolia*)（付鹏程 摄）

图 127　爱丁堡皇家植物园中的 *Gentiana* 'Strathmore'（付鹏程 摄）

图 128　爱丁堡皇家植物园中的 *Gentiana* 'Berrybank Sky'（付鹏程 摄）

图 129　爱丁堡皇家植物园中的 *Gentiana* 'Berrybank Sky'（付鹏程 摄）

图 130　爱丁堡皇家植物园中的 *Gentiana* 'Oban'（付鹏程 摄）

图 131　爱丁堡皇家植物园中的 *Gentiana* 'Braemar'（付鹏程 摄）

图 132　爱丁堡皇家植物园中的 *Gentiana* 'The Caley'（付鹏程 摄）

图 133　爱丁堡皇家植物园中的 *Gentiana* 'The Caley'（付鹏程 摄）

5.2 龙胆科植物的药用价值

龙胆科植物除了具有巨大的园艺观赏价值，也具有很高的药用价值。我国龙胆科植物中，供药用的有12属70多种，大多数种类集中分布于西南山地，其中以龙胆属（*Gentiana*）和獐牙菜属（*Swertia*）的种类最多。它们大多具有泻肝胆实火、清湿热、镇咳健胃及祛风湿、退虚热、舒筋止痛等功效，用于对肝炎、胆囊炎、关节炎及消化系统疾病的治疗。龙胆科药用植物含有许多类型的化学成分，如呫酮类、环烯醚萜类、黄酮类、生物碱类等，其中呫酮类和环烯醚萜类化合物为龙胆科植物的特征性成分（杨维霞 等, 2003; 徐攀 等, 2008）。呫酮类化合物常以游离形式或与糖苷结合分布于獐牙菜属植物中，而环烯醚萜类化合物常以裂环烯醚萜形式存在于獐牙菜属植物中。苦味素类化合物是龙胆属植物主要的化学特征，其中裂环烯醚萜苷占有较大的比例。而龙胆呫酮和异龙胆呫酮也是龙胆属植物又一个化学特征。此外，龙胆属植物还含有黄酮类化合物和单萜生物碱（杨维霞 等, 2003; 徐攀 等, 2008）。

5.3 龙胆科植物的文化寓意与应用

分布在我国东北地区的几种龙胆在我国以药用为主，但在邻国日本则以园艺观赏为主，日本是亚洲地区龙胆园艺运用最多的国家。龙胆植物为晚花植物，秋季开花，因而在日本被称为长寿之花，既是敬年长者的专属花卉，也是日本秋花的代表，培育出了著名品种如*G. triflora* var. *japonica*‘Ashiro Rindo’等。2020年东京奥运会所用的颁奖花束中包含的龙胆品种，产自岩手县，由三花龙胆（*Gentiana triflora* Pall.）等培育而来。

龙胆科植物在世界多国被设计为邮票图案，如我国台湾特有种阿里山龙胆（*Gentiana arisanensis* Hayata）、黄花龙胆（*Gentiana flavomaculata* Hayata）和玉山龙胆（*Gentiana producta* Hayata）（图134）。

5.4 引种栽培与繁殖技术

龙胆科植物具有很高的观赏和药用价值，其中药用资源多以直接采集野生植物为主，但部分具有药用和观赏价值的物种在我国及世界多地有

图134 我国台湾地区三种特有龙胆科植物及其在邮票上的应用（A：阿里山龙胆；B：黄花龙胆；C：玉山龙胆）

着比较悠久的引种栽培历史。

5.4.1 国内龙胆科植物引种栽培现状

我国东北地区是国内主要的龙胆科植物人工种植区域。我国东北地区分布有三花龙胆、朝鲜龙胆（*Gentiana uchiyamai* Nakai）和条叶龙胆（*Gentiana manshurica* Kitag.）等。龙胆的药用价值高，但由于大量采挖，野生资源已经很少，目前存在零星的人工种植。上述龙胆在我国东北地区主要用于药用，仅收获根部，而对地上部分园艺观赏价值的挖掘和利用并不充分。

国内多个植物园尝试引种驯化国内丰富的龙胆科植物资源，但由于生境差异太大、配套设施不完备等诸多因素，成功者较少，严重制约了龙胆的资源开发与利用。相较于驯化高山地区的龙胆，低海拔分布的龙胆科植物的引种驯化难度要小很多，例如红花狭蕊龙胆、五岭龙胆等。此外，直接引种已有园艺品种的成功率更高，如上海辰山植物园岩石园中栽培有引种的龙胆品种。

5.4.2 国外龙胆科植物引种栽培现状

英国的爱丁堡皇家植物园（Royal Botanic Garden Edinburgh, RBGE）是国外收集龙胆科活体植物较丰富的植物园之一。该植物园位于苏格兰首府爱丁堡，地处高纬度地区，比较适合高山植物生长（池森 等, 2023）。爱丁堡皇家植物园收集的龙胆科活体材料中以龙胆属为最多，共23种和11个品种，其中8种收集自我国（付鹏程, 孙姗姗, 2019），如华丽龙胆（*Gentiana sino-ornata*）、三叶龙胆（*Gentiana ternifolia*）、粗茎秦艽（*Gentiana crassicaulis*）等。爱丁堡皇家植物园官网记载的活体植物材料中，部分生长状态不佳，还有部分笔者未能见到。爱丁堡皇家植物园也种植了数个龙胆属植物的杂交园艺品种，如*Gentiana farreri* × *sino-ornata*。此外，爱丁堡皇家植物园收集有獐牙菜属等龙胆科其他属的活体材料，但原产地并非中国。

龙胆科植物中园林运用最成功的类群是龙胆属的多枝组（Sect. *Kudoa*）。多枝组的花大，颜色素雅，晚秋开花，已在欧洲和日本进行了引种驯化，并通过杂交等方法，培育了多个园艺品种，涉及的祖先物种包括线叶龙胆（*Gentiana lawrencei* var. *farreri*）、蓝玉簪龙胆（*Gentiana veitchiorum*）、六叶龙胆（*Gentiana hexaphylla*）以及如上文中提到的华丽龙胆、三叶龙胆等。

5.4.3 龙胆科植物繁殖技术

龙胆科植物的栽培与繁殖主要通过直接从野外引种活体和种子繁殖，部分物种已经开发组培技术。对东北地区分布的条叶龙胆、龙胆草等的研究最多，并筛选了部分品系（王春兰, 2007; 李黎, 2016; 陶玲, 2018）。

组培快繁技术在龙胆科多个类群中均有研究，如红花狭蕊龙胆（钟世浚 等, 2021）、川东龙胆（吴红芝 等, 2019）、蓝玉簪龙胆（邢震 等, 2000）、滇龙胆草（杨绍兵 等, 2020）、头花龙胆（郭美 等, 2017）、瘤毛獐牙菜（邹玉霞, 2018）等。虽然组培技术在龙胆科部分物种中取得了重要进展，但多数未用于实际生产。

在Rybczyński、Davey和Mikuła等主编的《龙胆科（第二卷）：生物技术与应用》（*The Gentianaceae - Volume 2: Biotechnology and Applications*）一书中，对龙胆科植物相关的开发利用、生物技术及其引用做了全面总结，全书共460多页，包括来自欧洲、亚洲和南美洲等地区龙胆科植物的相关进展。但该书除了在第三章讲述我国台湾地区本土龙胆科物种的体外培养与生物技术外，未包括我国在龙胆科植物药用及园艺方面的研究与技术进展。

参考文献

陈生云, 陈世龙, 夏涛, 等, 2005. 用nrDNA ITS序列探讨狭蕊龙胆属及其近缘属(龙胆科)的系统发育[J]. 植物分类学报, 43(6): 491-502.

池森, 彭明森, 王涛, 2023. 爱丁堡皇家植物园与中国植物学的历史渊源[M]// 马金双. 中国——二十一世纪的园林之母: 第四卷. 北京: 中国林业出版社.

冯波, 朱鹤云, 关皎, 等, 2013. HPLC同时测定龙胆中4种活性成分含量[J]. 中国实验方剂学杂志, 19(13): 82-85.

付鹏程, 孙姗姗, 2019. 龙胆属植物引种驯化概述——以爱丁堡皇家植物园为例[J]. 科技视界 (35): 11-13.

郭美, 刘欣颖, 卢虹, 等, 2017. 头花龙胆组织培养繁殖技术[J]. 安徽农学通报, 23(13): 34-35.

韩萍, 李洪海, 马诗经, 等, 2021. 一种龙胆提取物的抗皮肤干燥症瘙痒作用及其机制[J]. 香料香精化妆品 (6): 27-31.
何廷农, 刘尚武, 1980. 辐花属——龙胆科一新属[J]. 中国科学院大学学报, 18(4): 466-468.
李黎, 2016. 东北龙胆组织培养繁殖技术研究[J]. 国土与自然资源研究 (4): 88-89.
孙姗姗, 付鹏程, 2019. 龙胆族（龙胆科）分类与进化研究进展[J]. 西北植物学报, 39(2): 363-370.
陶玲, 2018. 辽宁省栽培龙胆质量及种子幼苗逆境胁迫适应性研究[D]. 沈阳: 辽宁中医药大学.
王春兰, 2007. 早熟高产抗病龙胆品系K-1,K-2选育及繁育技术研究[D]. 北京: 中国农业科学院.
王久利, 2018. 异型花及其近缘类群的分子系统学研究[D]. 西宁: 中国科学院西北高原生物研究所.
吴红芝, 贺水莲, 周雯, 等, 2019. 一种川东龙胆的组培快繁方法[P]. CN109479720A.
郗厚诚, 孙瑶, 薛春迎, 2014. 基于ITS和matK序列的獐牙菜亚族（龙胆科龙胆族）分子系统学[J]. 植物分类与资源学报, 36(2): 145-156.
邢震, 郑维列, 潘锦旭, 扎桑, 2000. 蓝玉簪龙胆茎段的组织培养技术[J]. 东北林业大学学报, 28(6): 93-94.
徐攀, 潘亚琴, 姚振生, 2008. 浙江省龙胆科药用植物资源[J]. 亚热带植物科学, 37(4): 42-45.
薛春迎, 2003. 龙胆科獐牙菜亚族一些关键系统学问题的研究[D]. 昆明: 中国科学院昆明植物研究所.
杨绍兵, 张金渝, 左应梅, 等, 2020. 一种滇龙胆航天育种组培育苗新方法[P]. CN111165352A.
杨少永, 杜凡, 王娟, 2008. 龙胆属1新种——纤茎龙胆[J]. 西南林业大学学报(自然科学), 28(5): 1-2.
杨维霞, 周乐, 耿会玲, 秦宝福, 2003. 龙胆科药用植物化学成分的研究现状[J]. 西北植物学报, 23(12): 6.
于景华, 何浩, 张宝友, 等, 2012. 中国内蒙古龙胆属一新种——兴安龙胆(*Gentiana hsinganica*) [J]. 植物研究, 32(1): 1-3.
张董訸, 尹海波, 张建逵, 等, 2019. 中药龙胆的本草考证[J]. 中国实验方剂学杂志, 25(13): 163-169.
郑斌, 闫娟, 熊兴军, 等, 2017. 湖北龙胆和铺地龙胆的分类学处理[J]. 植物科学学报, 35(4): 488-493.
郑维列, 姚淦, 1998. 西藏蔓龙胆属(龙胆科)二新种[J]. 植物分类学报, 36(5): 452-462.
钟世浚, 张碧东, 赖世婷, 等, 2021. 红花龙胆组培快繁体系研究[J]. 植物研究, 41 (5): 753-759.
祝正银, 2000. 四川肋柱花属(龙胆科)一新种[J]. 广西植物, 20(4): 323-324.
邹玉霞, 2018. 瘤毛獐牙菜组培快繁及愈伤组织生理生化特性的研究[D]. 成都: 成都中医药大学.
CAO Q, GAO Q, MA X, et al., 2022. Plastome structure, phylogenomics and evolution of plastid genes in *Swertia* (Gentianaceae) in the Qing-Tibetan Plateau[J]. BMC Plant Biology, 22(1): 1-19.
CHASSOT P, NEMOMISSA S, YUAN Y M, et al., 2001. High paraphyly of *Swertia* L. (Gentianaceae) in the Gentianella-lineage as revealed by nuclear and chloroplast DNA sequence variation[J]. Plant Systematics and Evolution, 229(1): 1-21.
CHEN C, RUHFEL B R, LI J, et al., 2023. Phylotranscriptomics of *Swertiinae* (Gentianaceae) reveals that key floral traits are not phylogenetically correlated[J]. Journal of Integrative Plant Biology, 65(6): 1490-1504.
CHEN S Y, XIA T, WANG Y J, et al., 2005. Molecular systematics and biogeography of *Crawfurdia*, *Metagentiana* and *Tripterospermum* (Gentianaceae) based on nuclear ribosomal and plastid DNA sequences[J]. Annals of Botany, 96: 413-424.
CHEN C H, WANG J C, 1999. Revision of the genus *Gentiana* L. (Gentianaceae) in Taiwan[J]. Botanical Bulletin of Academia Sinica. 40: 9-38.
CHEN B H, WANG J L, CHEN S L, 2016. *Swertia subuniflora* (Gentianaceae), a new species from Fujian, China[J]. Phytotaxa, 280(1): 36-44.
CHEN T, WANG T T, LIU S Y, et al., 2024. *Gentiana mopanshanensis* (Gentianaceae), a new species from Yunnan, southwest China[J]. PhytoKeys, 239: 215.
CHEN C L, ZHANG L, LI J L, et al., 2021. Phylotranscriptomics reveals extensive gene duplication in the subtribe Gentianinae (Gentianaceae)[J]. Journal of Systematics and Evolution, 59(6): 1198-1208.
DAI C, GONG YB, LIU F, et al., 2022. Touch induces rapid floral closure in gentians[J]. Science Bulletin, 67(6):577-580.
FAVRE A, MATUSZAK S, MUELLNER-RIEHL A N, 2013. Two new species of the Asian genus *Tripterospermum* (Gentianaceae) [J]. Systematic botany, 38: 224-234.
FAVRE A, MATUSZAK S, SUN H, et al., 2014. Two new genera of Gentianinae (Gentianaceae): *Sinogentiana* and *Kuepferia* supported by molecular phylogenetic evidence[J]. Taxon, 63(2): 342-354.
FAVRE A, PAULE J, EBERSBACH J, 2022. Incongruences between nuclear and plastid phylogenies challenge the identification of correlates of diversification in *Gentiana* in the European Alpine System[J]. Alpine Botany, 132(1): 29-50.
FAVRE A, PRINGLE J S, FU P C, 2022. Phylogenetics Support the Description of a New Sichuanese Species, Susanne's Gentian, *Gentiana* susanneae (Gentianaceae)[J]. Systematic Botany, 47(2): 506-513.
FAVRE A, PRINGLE J S, HECKENHAUER J, et al., 2020. Phylogenetic relationships and sectional delineation within *Gentiana* (Gentianaceae) [J]. Taxon, 69(6): 1221-1238.
FAVRE A, YUAN YM, KÜPFER P, et al., 2010. Phylogeny of subtribe Gentianinae (Gentianaceae): Biogeographic inferences despite limitations in temporal calibration points[J]. Taxon, 59(6): 1701-1711.
FU P C, CHEN S L, SUN S S, et al., 2022a. Strong plastid degradation is consistent within section *Chondrophyllae*, the most speciose lineage of *Gentiana*[J]. Ecology and Evolution, 12(8): e9205.
FU P C, GUO Q Q, CHANG D, et al., 2024. Cryptic diversity and rampant hybridization in annual gentians on the Qinghai-

Tibet Plateau revealed by population genomic analysis[J]. Plant Diversity, 46(2): 194-205.

FU P, FAVRE A, WANG R, et al., 2022c. Between allopatry and secondary contact: differentiation and hybridization among three sympatric *Gentiana* species in the Qinghai-Tibet Plateau[J]. BMC Plant Biology, 22(1): 1-15.

FU P C, SUN S S, HOLLINGSWORTH P M, et al., 2022b. Population genomics reveal deep divergence and strong geographical structure in gentians in the Hengduan Mountains[J]. Frontiers in Plant Science, 13: 936761.

FU P C, SUN S S, KHAN G, et al., 2020. Population subdivision and hybridization in a species complex of *Gentiana* in the Qinghai-Tibetan Plateau[J]. Annals of Botany, 125(4): 677-690.

FU P C, SUN S S, TWYFORD A D, et al., 2021a. Lineage - specific plastid degradation in subtribe Gentianinae (Gentianaceae)[J]. Ecology and Evolution, 2021, 11(7): 3286-3299.

FU P C, TWYFORD A D, SUN S S, et al., 2021b. Recurrent hybridization underlies the evolution of novelty in *Gentiana* (Gentianaceae) in the Qinghai-Tibetan Plateau[J]. AoB Plants, 13(1): plaa068.

FU P C, TWYFORD A D, HAO Y T, et al., 2023. Hybridization and divergent climatic preferences drive divergence of two allopatric *Gentiana* species on the Qinghai–Tibet Plateau[J]. Annals of Botany, 132(7): 1271-1288.

FU P C, YA H Y, LIU Q W, et al., 2018. Out of refugia: population genetic structure and evolutionary history of the alpine medicinal plant *Gentiana lawrencei* var. *farreri* (Gentianaceae)[J]. Frontiers in Genetics, 9: 564.

HE T N, LIU S W, LIU J Q, 2013. A new Qinghai-Tibet Plateau endemic genus *Sinoswertia* and its pollination mode[J]. Plant diversity and resource, 35: 393-400.

HE J, XUE J, GAO J, et al., 2017. Adaptations of the floral characteristics and biomass allocation patterns of *Gentiana hexaphylla* to the altitudinal gradient of the eastern Qinghai-Tibet Plateau[J]. Journal of Mountain Science, 14(8): 1563-1576.

HO T N, CHEN S L, LIU S W, 2002. *Metagentiana*, a new genus of Gentianaceae[J]. Botanical Bulletin of Academia Sinica, 43: 83-91.

HO T N, LIU S W, 1990. The infrageneric classification of *Gentiana* (Gentianaceae) [J]. Bull. Brit. Mus. (Nat. Hist.), Bot., 20: 169-192.

HO T N, LIU S W, 2001. A worldwide monograph of *Gentiana*[M]. Beijing: Science Press.

HO T N, LIU S W, 2015. A worldwide monograph of *Swertia* and its allies[M]. Beijing: Science Press.

HO T N, PRINGLE J S, 1995. Gentianaceae[M]// WU Z Y, RAVEN P H (eds.), Flora of China. Beijing: Science Press; St. Louis: Missouri Botanical Garden: 16.

HU Q, PENG H, BI H, et al., 2016. Genetic homogenization of the nuclear ITS loci across two morphologically distinct gentians in their overlapping distributions in the Qinghai-Tibet Plateau[J]. Scientific Reports, 6(1): 1-11.

ISHII N I, HIROTA S K, TSUNAMOTO Y, et al., 2022. Extremely low level of genetic diversity in *Gentiana yakushimensis*, an endangered species in Yakushima Island, Japan[J]. Plant Species Biology, 37(5): 315-326.

KAUR P, GUPTA R C, DEY A, et al., 2020. Optimization of salicylic acid and chitosan treatment for bitter secoiridoid and xanthone glycosides production in shoot cultures of *Swertia paniculata* using response surface methodology and artificial neural network[J]. BMC Plant Biology, 20(1): 1-13.

KELSANG G A, NI L H, ZHAO Z L, 2024. Insights from the first chromosome-level genome assembly of the alpine gentian *Gentiana straminea* Maxim. [J]. DNA Research, dsae022.

LI T, YU X, REN Y, et al., 2022. The chromosome-level genome assembly of *Gentiana dahurica* (Gentianaceae) provides insights into gentiopicroside biosynthesis[J]. DNA Research, 29(2): dsac008.

LIU J Q, CHEN Z D, LU A M, 2001. A preliminary analysis of the phylogeny of the *Swertiinae* (Gentianaceae) based on ITS data[J]. Israel journal of plant sciences, 49(4): 301-308.

MATUSZAK S, FAVRE A, SCHNITZLER J, et al., 2016a. Key innovations and climatic niche divergence as drivers of diversification in subtropical Gentianinae in southeastern and eastern Asia[J]. American Journal of Botany, 103(5): 899-911.

MATUSZAK S, MUELLNER-RIEHL A N, SUN H, et al., 2016b. Dispersal routes between biodiversity hotspots in Asia: the case of the mountain genus *Tripterospermum* (Gentianinae, Gentianaceae) and its close relatives[J]. Journal of Biogeography, 43(3): 580-590.

MISHIBA K, YAMANE K, NAKATSUKA T, et al., 2009. Genetic relationships in the genus *Gentiana* based on chloroplast DNA sequence data and nuclear DNA content[J]. Breeding Science, 59(2): 119-127.

OHTA Y, ATSUMI G, YOSHIDA C, et al., 2022. Post-transcriptional gene silencing of the chalcone synthase gene *CHS* causes corolla lobe-specific whiting of Japanese gentian[J]. Planta, 255(1): 1-12.

RYBCZYŃSKI J J, DAVEY M R, MIKUŁA A, 2015. The Gentianaceae-volume 2: biotechnology and applications[M]. Berlin: Springer.

SI M D, WU M, CHENG X Z, et al., 2022. *Swertia mussotii* prevents high-fat diet-induced non-alcoholic fatty liver disease in rats by inhibiting expression the TLR4/MyD88 and the phosphorylation of NF- κ B[J]. Pharmaceutical Biology, 60(1): 1960-1968.

SMITH H, 1965. Notes on Gentianaceae[J]. Notes of Royal Botanical Garden Edinburgh, 26(2): 237-258.

SUN S S, FU P C, ZHOU X J, et al., 2018. The complete plastome sequences of seven species in *Gentiana* sect. *Kudoa* (Gentianaceae): insights into plastid gene loss and molecular evolution[J]. Frontiers in Plant Science, 9: 493.

SUN S S, GUO Y L, FAVRE A, et al., 2022. Genetic differentiation and evolutionary history of two medicinal gentians (*Gentiana stipitata* Edgew. and *Gentiana szechenyii* Kanitz) in the Qinghai-Tibet Plateau[J]. Journal of Applied Research on Medicinal and Aromatic Plants, 30: 100375.

SUN S S, ZHOU X J, LI Z Z, et al., 2019. Intra-individual heteroplasmy in the *Gentiana tongolensis* plastid genome (Gentianaceae) [J]. PeerJ, 7: e8025.

STRUWE L, KADEREIT J W, KLACKENBERG J, et al., 2002. Systematics, character evolution, and biogeography of Gentianaceae, including a new tribal and subtribal classification. In: STRUWE L, ALBERT VA (Eds.), Gentianaceae—Systematics and Natural History[M]. Cambridge: Cambridge University Press.

TAKASE T, SHIMIZU M, TAKAHASHI S, et al., 2022. De novo transcriptome analysis reveals flowering-related genes that potentially contribute to flowering-time control in the Japanese cultivated gentian *Gentiana triflora*[J]. International Journal of Molecular Sciences, 23(19): 11754.

TAKAHASHI H, NISHIHARA M, YOSHIDA C, et al., 2022a. Gentian *FLOWERING LOCUS* T orthologs regulate phase transitions: floral induction and endodormancy release[J]. Plant Physiology, 188(4): 1887-1899.

TAKAHASHI S, YOSHIDA C, TAKAHASHI H, et al., 2022b. Isolation and functional analysis of *EPHEMERAL1-LIKE* (EPH1L) genes involved in flower senescence in cultivated Japanese gentians[J]. International Journal of Molecular Sciences, 23(10): 5608.

TASAKI K, WATANABE A, NEMOTO K, et al., 2022. Identification of candidate genes responsible for flower colour intensity in *Gentiana triflora*[J]. Frontiers in Plant Science, 13: 906879.

VON HAGEN K B, KADEREIT J W, 2002. Phylogeny and flower evolution of the *Swertiinae* (Gentianaceae-Gentianeae): Homoplasy and the principle of variable proportions[J]. Systematic Botany, 27(3): 548-572.

XI H C, SUN Y, XUE C Y, 2014. Molecular phylogeny of *Swertiinae* (Gentianaceae: Gentianeae) based on sequence data of ITS and matK[J]. Plant Diversity, 36(2): 145.

XU X, LI J, CHU R, et al., 2021. Comparative and phylogenetic analyses of *Swertia* L. (Gentianaceae) medicinal plants (from Qinghai, China) based on complete chloroplast genomes[J]. Genetics and Molecular Biology, 45.

XUE J, HE J, WANG L, et al., 2018. Plant traits and biomass allocation of *Gentiana hexaphylla* on different slope aspects at the eastern margin of Qinghai-Tibet plateau[J]. Applied Ecology and Environmental Research, 16(2): 1835-1853.

ZHANG X, SUN Y, LANDIS J B, et al., 2020. Plastome phylogenomic study of Gentianeae (Gentianaceae): widespread gene tree discordance and its association with evolutionary rate heterogeneity of plastid genes[J]. BMC Plant Biology, 20(1): 1-15.

ZHANG Y, YU J, XIA M, et al., 2021. Plastome sequencing reveals phylogenetic relationships among *Comastoma* and related taxa (Gentianaceae) from the Qinghai–Tibetan Plateau[J]. Ecology and evolution, 11(22): 16034-16046.

ZHOU T, BAI G, HU Y, et al., 2022. De novo genome assembly of the medicinal plant *Gentiana macrophylla* provides insights into the genomic evolution and biosynthesis of iridoids[J]. DNA Research, 29(6): dsac034.

ZHOU T, WANG J, JIA Y, et al., 2018. Comparative chloroplast genome analyses of species in *Gentiana* section *Cruciata* (Gentianaceae) and the development of authentication markers[J]. International Journal of Molecular Sciences, 19(7): 1962.

ZHU M, WANG Z, YANG Y, et al., 2023. Multi - omics reveal differentiation and maintenance of dimorphic flowers in an alpine plant on the Qinghai-Tibet Plateau[J]. Molecular Ecology, 32(6): 1411-1424.

05

致谢

感谢下列同仁提供图片：中国科学院西北高原生物研究所高庆波博士、邢睿博士，浙江大学李攀博士，中国科学院昆明植物研究所明升平博士、贯留坤博士和马小磊博士，洛阳师范学院植物爱好者林秀富博士，西北师范大学白增幅博士，青海民族大学王久利博士。感谢洛阳师范学院生命科学学院付明媚和于妙荣同学在前期文字整理中的帮助。最后，特别感谢国家植物园（北园）马金双研究员补充部分模式信息，以及文稿修改中的宝贵意见！

作者简介

付鹏程，博士，副教授，现任洛阳师范学院生命科学学院副院长。青海大学学士（2010）；中国科学院西北高原生物研究所博士（2014）。2014年入职洛阳师范学院，2019—2020年在爱丁堡大学和爱丁堡皇家植物园访学一年。主要从事高山植物的分类与适应性进化研究，修订了龙胆属的分类系统，发表龙胆属新种2个，发表龙胆科相关论文20余篇，主持完成国家自然科学基金1项、省级项目2项。

陈世龙（男，内蒙古包头人，1967年生），博士，研究员，博士生导师。现任中国科学院西北高原生物研究所所长、青藏高原生物标本馆馆长。现为*Flora of China* 编委会委员，*Journal of Systematics and Evolution* 编委。第十三、十四、十五、十六、十七届中国植物学会理事，青海省植物学会理事长。作为第五完成人的“中国龙胆科植物研究”获2004年国家自然科学奖二等奖和青海省科学技术进步奖一等奖，2005年获第五届青藏高原青年科技奖，2006年获青海省优秀专家，2010年获王宽诚西部学者突出贡献奖。主要从事青藏高原植物适应与进化研究，主持完成科技部科技基础性工作专项子课题、“973”前期项目、青海省重大科技专项、国家自然科学基金项目等近30项，发表论文120余篇。

园林之母
China

06

-SIX-

中国爵床科植物

Acanthaceae in China

彭彩霞[1,2*]　邓云飞[1,2**]
（[1]中国科学院华南植物园；[2]华南国家植物园）

PENG Caixia[1,2*]　DENG Yunfei[1,2**]
([1]South China Botanical Garden, Chinese Academy of Sciences, Guangzhou, China; [2]South China National Botanical Garden, Guangzhou, China)

* 邮箱：pengcx@scbg.ac.cn
** 邮箱：yfdeng@scbg.ac.cn

摘　要：爵床科植物在中国的应用有悠久历史，但作为观赏植物，直至20世纪八九十年代才受到重视。本章介绍了中国爵床科植物的分类、观赏应用与开发、栽培管理等，侧重具有园林观赏应用价值和生态应用价值的种类。

关键词：中国　爵床科植物　观赏应用

Abstract: The utilization of Acanthaceae plants in China has a long history, but it was not taken seriously until 1980s and 1990s as ornamental plants. This chapter introduces the classification, ornamental utilization, development, and cultivation management of Chinese Acanthaceae plants, with a focus on the selection and application of the species having ornamental and ecological application value in gardens.

Keywords: China, Acanthaceae plants, Ornamental utilization

彭彩霞，邓云飞，2024，第6章，中国爵床科植物；中国——二十一世纪的园林之母，第七卷：291-337页.

爵床科（Acanthaceae）植物隶属于双子叶植物纲管状目，全世界约220属4 000余种，主要分布于热带和亚热带地区，温带地区有少数物种；我国有35属（1特有属）、304种（134特有种），主要分布于长江流域以南的华南和西南地区（Hu, 2011）。大多为草本、灌木或藤本。叶对生，稀互生，无托叶。其主要特征是叶片、小枝和花萼上常具条形或针形的钟乳体（cystoliths）。花两性，左右对称，通常排列成穗状花序、总状花序、聚伞花序，有时单生或簇生于叶腋；苞片通常大，有时具鲜艳的色彩；花萼通常5枚，多为环状；花冠合瓣，通常为高脚碟状、漏斗形、钟形或二唇形；发育雄蕊4或2枚，通常二强。蒴果开裂时2爿裂，或者中轴与爿片基部一起弹起，种子一般借助珠柄钩（retinaculum）弹出。爵床科植物大多生活在疏林或密林下，山坡、乡野、荒漠甚至海边红树林也有其踪迹，是一个种类多、分布广、生境多样的类群。这种多样性基础为筛选不同地域、不同环境条件、不同场景应用的观赏物种提供了有利条件。

爵床科植物与我们的生产、生活息息相关。早在2 000多年前，人们就关注其药用功效。在《神农本草经》中，记载爵床（*Justicia procumbens*）"味咸、寒，主腰脊痛，不得著床，俯仰艰难，除热，可做浴汤"；板蓝，即马蓝（*Strobilanthes cusia*），叶含蓝靛染料，可制作染料，部分少数民族地区现在仍在用它染布，其茎叶亦是OTC处方药南板蓝根的主要成分之一；穿心莲（*Andrographis paniculata*），又名一见喜，具有清热解毒、凉血、消肿的功效，除了可入药制成穿心莲片外，嫩叶还可作为蔬菜食用；老鼠簕（*Acanthus ilicifolius*），入药具有清热解毒、消肿散结、止咳平喘的功效，是红树林重要组成物种之一；红花山牵牛（*Thunbergia coccinea*），为云南苗药和西藏藏药中的常见药物，还可以绿化、美化廊架，一串串悬垂的花序上红花绽放，宛如小鞭炮似的激情四射，花期长达半年……近年来，人们开始关注爵床科植物的观赏价值，这类花形奇特、美丽大方的植物渐渐进入人们的视野，在城市公园、小区及路边绿化带广泛应用，如蓝花草（*Ruellia brittoniana*）、红花芦莉（*Ruellia elegans*）等，一批引自热带地区的观赏爵床科植物也备受关注，如赤苞花（*Megaskepasma erythrochlamys*）、鸡冠爵床（*Odontonema strictum*）等，但引种的同时，驯化与生态应用评估还需做大量的工作，而中国爵床科物种观赏应用开发势在必行，对于保护生物多样性、维护本地区生态安全具有重要意义。在中国园林中，原生爵床科植物仅有马蓝属个别种类应用于植物园药园栽培及林下地被，其余大多数种类仅在植物园内栽培，暂时未能推广应用到园林景观上。这些栽培的物种中，不乏有较高的观赏应用价值的物种，例如叉花草（*Strobilanthes hamiltoniana*）、红花山牵牛等，它们具有良好的适应性和栽培管理便利等特点，可以再加大推广应用的力度。总体而言，中国观赏爵床科植物在园林景观应用上有较大的提升空间。

1 爵床科系统和分类概述

1.1 爵床科特征

爵床科

爵床科植物多为草本、灌木或藤本，通常具钟乳体。茎圆柱形或四棱形，节通常膨大呈膝状，基部常生出不定根。叶对生，稀互生或轮生，叶片边缘全缘、波状或具锯齿，无托叶。花序顶生或腋生，通常为穗状花序、总状花序、圆锥花序或聚伞圆锥花序，有时花单生叶腋或簇生；花两性，通常左右对称；苞片通常1枚，通常大，有时具明艳的色彩，部分种类苞片较小，绿色；小苞片有或缺；花萼通常5裂或4裂，裂片等大或不等大，少数种类具10～20枚裂片或平截呈指环状；花冠合瓣，冠管直伸或弯曲，喉部常扩大呈钟状、漏斗状或高脚碟状，冠檐通常5裂，整齐或二唇形，上唇2裂、全缘或退化，下唇3裂，稀全缘；发育雄蕊4枚或2枚，通常二强，花丝着生于冠管或喉部，花药2室或1室，有时基部具附属物，药室常纵裂；退化雄蕊有或缺；子房上位，2室，每室有2至多粒胚珠，花柱1枚，柱头通常2裂。蒴果，具柄或无柄，成熟时果室背裂为2果爿，或中轴连同爿片基部一同弹起；每室具1至多粒胚珠，通常借助珠柄钩将种子弹出或中轴连同爿片基部一同弹起将种子弹出，少数种类不具珠柄钩。种子扁平或呈透镜形，光滑无毛或被短柔毛（胡嘉琪 等，2002）。

科名模式：老鼠簕 *Acanthus* L.

1.2 爵床科分类系统的研究

爵床科（Acanthaceae）于1789年由法国植物学家De Jussieu发表，他根据雄蕊和子房的相对位置来确定爵床科的自然分类（Jussieu, 1789）。此后，不同的学者根据不同的分类特征提出了不同的分类系统，主要的分类系统：

（1）Nees分类系统。由德国植物学家Nees Von Esenbeck提出，他是第一个系统研究爵床科的学者，1832年，他根据有无珠柄钩及花部器官和果实等形态特征将爵床科分为3族7亚族57属（Nees, 1832），续而在1847年，又将将爵床科分为2亚科11族149属（Nees, 1847）。

（2）Bentham分类系统。1876年，英国植物学家Bentham和Hooker发表了爵床科的分类系统，将花冠的形状、胚珠、种子表面的毛被等特征作为族间的主要划分依据，将花冠裂片的数目、雄蕊、花萼、蒴果及种子的数目作为亚族划分的主要依据，将爵床科分为5族11亚族共120属（Bentham, 1876）。

（3）Lindau分类系统。德国植物学家Lindau是第一位全面、深入研究爵床科花粉形态的学者。1895年，他提出将爵床科分为4亚科140属。4个亚科分别为Nelsonioideae、Thunbergioideae、Mendoneioideae和Acanthoideae（Lindau, 1895）。

（4）Bremekamp 分类系统。1948年，Bremekamp将爵床科分为2亚科8族，2个亚科即Thunbergioideae、Acanthoideae，将Nelsonioideae作为Acanthoideae的一个族（Bremekamp, 1948）。1965年，他又将不具珠柄钩的山牵牛亚科（Thunbergioideae）、浆果牵牛亚科（Mendoneioideae）从爵床科中分出来，其中Thunbergioideae成立单独的山牵牛科（Thunbergiaceae），而将Nelsonioideae归入玄参科（Scrophulariaceae），以花粉特征和种子特征为主要依据，将余下的种类分为2亚科Acanthoideae和Ruellioideae（Bremekamp, 1865）。

（5）Scotland et Vollesen分类系统。2000年，Scotland et Vollesen利用分子系统学研究结果，结合器官发育等形态特征，将爵床科分为3个亚科，即Nelsonioideae、Thunbergioideae和Acanthoideae。

主要划分的依据是有无钟乳体、珠柄钩，花被卷叠方式以及花粉的形态特征等（Scotland & Vollesen, 2000）。

（6）Reveal分类系统。2012年，Reveal依据分子系统学研究结果，在APG Ⅲ基础上提出了爵床科的分类系统，将爵床科分为5个亚科和10个族，强调了科下分类系统，其中也包括爵床科族一级的分类系统，5个亚科分别为Acanthoideae、Ruellioideae、Thunbergioideae、Aicenoideae 和 Nelsonioideae（Reveal, 2012）。

对中国爵床科植物的分类研究可以追溯至林奈，他在*Speies Plantarum*中记载了产自中国的*Justicia chinensis* Linn.，即狗肝菜（*Dicliptera chinensis*）。早期对我国爵床科植物的研究主要是一些新种的描述，如Hance、Smith、Handel-Mazzetti等人。Hance以采自香港的标本发表了新属*Gutzlaffia* Hance，后被并入广义马蓝属中。罗献瑞对我国华南地区的爵床科开展了较多的研究，发表了一系列的论文，并报道了裸柱草属（*Gymnostachyum*）、安龙花属（*Dyschoriste*）和恋岩花属（*Echinacanthus*）等在中国的首次分布记录。李锡文对云南和西藏的爵床科植物开展研究，发表了宽丝爵床属（*Haplanthoides*），后被并入穿心莲属中。崔鸿宾在编写《中国植物志》爵床科时，发表了新属南一笼鸡属（*Paragutzlaffia*），后被并入广义马蓝属中。李泽贤等人发表了百簕花属（*Blepharis*）和连丝草属（*Synnema*）两个属在中国的分布新记录。方鼎对广西爵床科植物开展了较多的研究，以采自广西的标本发表了20多个爵床科植物新种。

对中国爵床科植物研究较为系统的工作是《中国植物志》和*Flora of China*。胡嘉琪和崔鸿宾在《中国植物志》第七十卷中综合了Lindau（1895）和Bremekamp（1965）的分类系统，将我国的爵床科植物分为4个亚科，即瘤子草亚科（Nelsonioideae）、山牵牛亚科（Thunbergioideae）、老鼠簕亚科（Acanthoideae）及爵床亚科（Ruellioideae），并采用狭义的概念，将马蓝属和爵床属分为多个不同的小属，共记载我国爵床科植物68属298种和13亚种或变种（胡嘉琪 等，2002）。在*Flora of China*（2011）第十九卷中，则采用广义的概念，将我国爵床科植物分35属304种。其中，对爵床属、马蓝属、芦莉草属等采用广义的概念，一些属名被作为异名处理，新增加了太平爵床属（*Mackaya*），订正了18个前人错误鉴定的物种，发表了19个新种，39种和2亚种为首次在中国报道，另有2种因未能见到标本列为存疑种（Hu, 2011）。*Flora of China*出版后，邓云飞等学者继续对中国爵床科植物开展研究，发表了荔波马蓝（*Strobilanthes hongii*）、中泰孩儿草（*Rungia sinothailandica*）、黄花孩儿草（*Rungia flaviflora*）、柳江爵床（*Justicia weihongjinii*）等新种，直立马蓝（*Strobilanthes erecta*）、翅柄裸柱草（*Gymnostchyum signatum*）等中国新记录种，将原放入爵床属的*Justicia microdonta*分出成立了新属——金沙爵床属（*Wuacanthus*）。

1.3 爵床科植物的地理分布

爵床科植物主要分布于全世界的热带和亚热带地区，4个主要分布中心为印度–马来西亚、非洲、南美巴西和中美洲，大约有12个属遍布世界各地的热带地区，其中最大的两个属为爵床属和芦莉草属，爵床属种类约有600种，芦莉草属约有250种，余下的属美洲占42%，非洲占38%，亚洲约占20%；亚热带的物种存在主要分布于澳大利亚、南非、中国、日本和美国，至少有21个属是间断分布的，非洲和亚洲间断分布的有19个属，美洲和非洲有1个属，美洲和亚洲有1个属（Grant, 1955; Wasshausen, 1998）。

在我国，据《中国植物志》第七十卷记载，按狭义划分，初步统计有68属311种、亚种或变种（298种，13亚种或变种）（胡嘉琪 等，2002），在*Flora of China*第十九卷中，按广义的概念，分为35属304种，主要分布于长江流域以南地区（Hu et al., 2011），以云南种类最多，四川、贵州、广东、广西、海南和台湾等地也很丰富，仅少数种类分布至长江流域。

2 中国观赏爵床科种类介绍

爵床科植物分属检索表

1a 胚珠及种子不着生于珠柄钩……………………………………………… 12. 山牵牛属 *Thunbergia*
1b 胚珠和种子着生于珠柄钩
　2a 植株无钟乳体，花冠单唇形，上唇退化……………………………… 1. 老鼠簕属 *Acanthus*
　2b 植株具钟乳体，花冠二唇形或近辐射对称
　　3a 能育雄蕊4枚
　　　4a 花萼4裂；花冠二唇形，上唇4裂、下唇1裂 ………………… 2. 假杜鹃属 *Barleria*
　　　4b 花萼5裂；花冠近5等裂，或二唇形，上唇2裂、下唇3裂
　　　　5a 花冠筒内面一侧具支撑花柱的两列毛；花丝基部由薄膜合生为单体雄蕊…………
　　　　……………………………………………………………………… 11. 马蓝属 *Strobilanthes*
　　　　5b 花冠筒内面不具支撑花柱的毛被；雄蕊非基部着生单体雄蕊
　　　　　6a 花药药室基部具芒状附属物……………………………3. 恋岩花属 *Echinacanthus*
　　　　　6b 花药药室基部无芒状附属物
　　　　　　7a 花冠5裂，近辐射对称 ……………………………………… 7. 地皮消属 *Pararuellia*
　　　　　　7b 花冠二唇形 ………………………………………………… 5. 水蓑衣属 *Hygrophila*
　　3b 能育雄蕊2枚
　　　8a 子房每室具3至多粒胚珠；蒴果具6至多粒种子 ……… 8. 火焰花属 *Phlogacanthus*
　　　8b 子房每室具2粒胚珠；蒴果最多具4粒种子
　　　　9a 退化雄蕊2枚
　　　　　10a 花冠5裂，近辐射对称；苞片叶状，通常具白色的网状脉 ……………………
　　　　　…………………………………………………………………… 4. 可爱花属 *Eranthemum*
　　　　　10b 花冠明显二唇形；苞片不具白色的网状脉 …… 9. 山壳骨属 *Pseuderanthemum*
　　　　9b 无退化雄蕊
　　　　　11a 花药药室基部具芒状附属物 ……………………………… 6. 爵床属 *Justicia*
　　　　　11b 花药药室基部无芒状附属物 ……………………… 10. 灵枝草属 *Rhinacanthus*

2.1 老鼠簕属 *Acanthus* L.

Acanthus L., Sp. Pl. 2: 639. 1753.

多年生草本至灌木，直立或斜展，有时攀缘状，无钟乳体。叶对生，叶片羽状分裂或浅裂，边缘具齿及刺，稀全缘。穗状花序顶生，苞片覆瓦状排列，卵形，边缘常具刺；小苞片2枚或无；花萼4裂，前后两枚裂片较大，两侧裂片较小；花冠筒短，花冠单唇形，上唇退化，下唇大，椭圆形、阔卵形至倒阔卵形，通常顶端3裂；雄蕊4枚，

近等长或二强，着生于喉部，外露，花丝粗壮，增厚；花药长圆形，1室，具髯毛，基部无附属物；子房2室，每室具2枚胚珠；花柱细长，柱头2裂。蒴果椭圆形，两侧压扁，具种子4粒，具珠柄钩；种子两侧压扁。

本属有20余种，主要分布于热带、亚热带的亚洲、非洲和地中海地区。我国有3种，分布于华南、东南沿海地区和西南部。

属名模式：*Acanthus mollis* L.

老鼠簕

Acanthus ilicifolius L., Sp. Pl. 2: 639. 1753.

TYPE: India, *Herb. Linn. No. 816.6* (Lectotype: LINN).

识别特征：灌木，茎圆柱形，粗壮。叶片革质，狭椭圆状披针形，顶端渐尖，边缘具4～7对波状锯齿，齿尖具刺，基部楔形下延。穗状花序顶生，苞片阔卵形，早落，花萼4裂，花浅蓝色至白色，下唇阔卵形。蒴果椭圆形；种子肾形，乳白色至淡黄色，表面皱曲（图1）。

地理分布：中国广东、广西、海南、福建等地；亚洲南部至澳大利亚也有分布。生于滨海地带和湿地。华南、东南沿海地区可栽培。

园林应用：四季常绿，花色清雅宜人，果实奇特，观赏性强，为海滨地区及湿地绿化的优良物种，为红树林重要组成之一，不仅为滨海地区生物多样性提供栖息地，还具有防风消浪、固岸护提等作用（图2）。

图1 老鼠簕（A：果实；B：花；C：泌盐现象）（彭彩霞 摄）

图2　深圳福田红树林自然保护区的老鼠簕（彭彩霞　摄）

2.2　假杜鹃属 *Barleria* L.

Barleria L., Sp. Pl. 2: 636. 1753.

多年生草本、亚灌木或灌木，具钟乳体，通常多刺。叶对生。聚伞花序腋生、穗状花序顶生或花单生；苞片有或缺；小苞片2枚，有时刺状；花萼4深裂，通常外部2枚裂片较大；花冠漏斗状；冠檐裂片5枚、近等大或稍二唇形；雄蕊4或2枚，内藏或稍外露，花药2室，等大，药室基部无附属物；退化雄蕊1或3枚；子房2室，每室具2个胚珠，柱头2裂或全缘。蒴果卵形或长圆形，基部无明显的柄，有时顶端具喙，具2～4粒种子；具珠柄钩；种子盘状，卵形或近圆形。

本属有80～120种，主要分布于非洲、亚洲的热带地区，欧洲、美洲有少数种类。我国有4种，分布于华南、西南等地。

属名模式：*Barleria cristata* L.

假杜鹃

Barleria cristata L., Sp. Pl. 636. 1753.

TYPE: India, *Herb. Linn. No. 805.12* (Lectotype: LINN).

识别特征：亚灌木或灌木，茎近圆柱形。叶片卵形、椭圆形至长椭圆形，顶端渐尖至急尖，全缘，基部楔形。聚伞花序顶生和近枝顶腋生，花序轴短缩，花密集；花蓝紫色，漏斗形，冠檐稍二唇形。蒴果长椭圆形；种子卵形至近圆形（图3）。

地理分布：中国华南、西南、东南沿海各地；东南亚各国也有分布。生于海拔100～2 600m的山坡、路旁、林下或岩石旁。

园林应用：喜温暖、湿润，稍耐旱，适应性好，花朵典雅美丽，盛花时簇簇花团染紫带蓝，适合庭园片植、边缘地带的绿化、美化（图4）。

图3 假杜鹃（A：花序；B：花；C：果实；D：华南国家植物园栽培）（彭彩霞 摄）

图4　广西药用植物园栽培的假杜鹃（彭彩霞 摄）

2.3　恋岩花属 *Echinacanthus* Nees

Echinacanthus Nees, Pl. Asiat. Rar. 3: 75, 90. 1832.

多年生草本或灌木。叶对生，叶片边缘通常全缘或近全缘。聚伞花序顶生或腋生，有时具分枝；苞片线形或线状披针形；小苞片无；花萼5深裂，裂片相等或近相等；花冠紫色、淡紫色或黄色，漏斗形或钟形，冠檐近辐射对称，裂片5枚，近等大；雄蕊4枚，二强，内藏，花丝基部两两合生，花药2室，药室平行，基部有芒刺状距或无距，药隔通常被毛；子房2室，每室有4~8粒胚珠；柱头2裂。蒴果通常圆柱形或棒状，具8~16粒种子，具珠柄钩；种子卵形、卵圆形或近圆形，压扁，通常被贴伏柔毛。

本属有4种，主要分布于亚洲大陆。我国有3种，分布于广西、云南。

属名模式：*Echinacanthus attenuatus* Nees

黄花恋岩花

Echinacanthus lofouensis (H. Lév.) J. R. I. Wood, Edinburgh J. Bot. 51(2): 186. 1994.

TYPE: China, Guizhou, Lofou, April 1907, *J. Cavalerie 3288* (Holotype: E).

识别特征：灌木，茎四棱形，棱上密生1行小瘤状凸起。叶片披针形、狭卵状披针形，顶端长渐尖至尾尖，全缘，基部楔形、狭楔形，稍下延。花序二歧聚伞状，生于近枝顶的叶腋处；苞片卵形，花黄色，狭漏斗状，稍弯曲，冠檐5裂，裂片阔卵形至卵圆形。蒴果长圆形（图5）。

地理分布：中国广西、贵州。生于海拔500~1 000m的石灰岩山坡地和林下。我国特有物种。

园林应用：植株高度适中，叶片整齐，花色淡雅，具有一定的观赏性，耐阴，稍耐旱，可用作林下地被植物，亦可植于庭院观赏。

图5　黄花恋岩花（A：桂林植物园栽培；B：花蕾；C：叶）（唐文秀 摄）

2.4　可爱花属 *Eranthemum* L.

Eranthemum L., Sp. Pl. 1: 9. 1753.

多年生草本或小灌木；具钟乳体。叶对生，叶片椭圆形、卵形至披针形，边缘通常全缘、浅波状或具圆齿。穗状花序或多枝组成圆锥花序，顶生或近顶端腋生；苞片大，长于花萼，有时具绿白相间斑纹；小苞片小而狭，短于花萼；花萼5深裂，裂片狭，近等大；花冠高脚碟状，冠管细长；喉部短或不明显，冠檐5裂，裂片倒卵形或近圆形，近相等；雄蕊2枚，着生于喉部下方，花药2室，药室平行；退化雄蕊2枚，棒状或丝状；子房2室，每室有2胚珠，柱头不等2裂。蒴果具柄，最多具4粒种子，具珠柄钩；种子卵圆形或卵形，两侧压扁，通常被贴伏短柔毛。

本属有15种，分布于亚洲热带至亚热带地区。我国有2种，分布于华南、西南。

属名模式：*Eranthemum capense* L.

华南可爱花

Eranthemum austrosinense H. S. Lo, Acta Phytotax. Sin. 17(4): 85, pl. 4, f. 2. 1979.

TYPE: China, Guangdong, Gaoyao, Huangcun, 31 March, 1957, *C. Huang 162701* (Holotype: IBSC).

识别特征：多年生草本，茎四棱形。叶片卵状椭圆形至卵形，顶端渐尖，有时具短尾尖，边缘稍浅波状或近全缘，基部楔形，稍下延。穗状花序顶生和近枝顶腋生，苞片具绿白相间的脉纹，花蓝紫色，高脚碟状，冠檐5裂。蒴果长倒卵状披针形；种子卵圆形（图6）。

地理分布：中国广东、广西、贵州、云南。生于海拔100～700m的灌丛中或山谷林下。我国特有物种。

园林应用：四季常绿，花期时苞片绿白相映，花朵雅致秀美，观赏性强，喜温暖、湿润、半荫蔽的栽培环境，稍耐旱，用作林下地被植物，亦用于园林绿化、庭院观赏（图7）。

图6　华南可爱花（A：花；B：花序初现；C：花序；D：盛花期）（彭彩霞 摄）

图7　华南国家植物园栽培的华南可爱花（彭彩霞 摄）

2.5　水蓑衣属*Hygrophila* R. Br.

Hygrophila R. Br., Prodr. 479. 1810.

草本，水生或湿生；具钟乳体。叶对生，叶片通常全缘、波状或具不明显小齿。花无梗，顶生或2至多朵簇生于叶腋；花萼筒状，5裂，裂至中部，裂片等大或近等大；冠管筒状，喉部通常一侧膨大，冠檐二唇形，上唇2浅裂或齿裂，下唇顶端3浅裂，中部具喉凸；雄蕊4枚，2长2短，着生于花冠喉部，两花丝基部常相连，花药2室，等大，基部无附属物或有时具不明显短尖；子房2室，每室有4至多数胚珠，柱头通常不等2裂或后裂片缺。蒴果圆筒状或长圆形，具种子8至多粒，具珠柄钩；种子宽卵形或近圆形，两侧压扁，被贴伏长柔毛。

全属约100种，主要分布于热带和亚热带的地区。我国有6种，主要分布于华南、东南和西南等地。

属名模式：*Hygrophila ringens* (L.)Steud.

大花水蓑衣

Hygrophila megalantha Merr., Philipp. J. Sci. 12(2): 110. 1917.

TYPE: China, Guangdong, Guangzhou, near Honam Island, 26 October, 1916, *E. D. Merrill 10014* (A, IBSC).

识别特征：多年生草本，茎四棱形。叶片厚纸质，倒卵形、倒卵状披针形，顶端钝尖至渐尖，边缘稍波状或全缘，基部楔形、狭楔形，下延。花1~5朵生于叶腋；苞片狭卵状披针形，花淡紫色至蓝紫色，冠檐二唇形。蒴果棒状（图8）。

地理分布：中国广东、香港、福建。生于江边的湿地上。我国特有物种。华南地区可以栽培。

园林应用：新叶黄绿色，生机勃勃，花蓝紫色，淡雅宜人，观花、观叶俱美，喜温暖、潮湿、阳光充足的栽培环境，用于水边及潮湿处的绿化、美化（图9）。

图8　大花水蓑衣（A：茎、叶；B：花蕾；C：花；D：果实）（彭彩霞 摄）

图9　华南国家植物园栽培的大花水蓑衣（彭彩霞 摄）

2.6 爵床属 *Justicia* L.

Justicia L., Sp. Pl. 1: 15. 1753.

草本、亚灌木或灌木，具钟乳体。茎直立、匍匐或斜伸。叶对生，边缘通常全缘，有时波状或稍具锯齿。花序顶生或腋生，总状花序、聚伞花序（有时具1朵花），或多枝排成圆锥状；苞片形态多变，有时明显突出或色泽鲜艳；小苞片2枚，与苞片类似或较小；花萼4深裂或5深裂，裂片等长或近等长；花冠管状或漏斗形，冠檐明显二唇形，上唇2裂至全缘，中间具花柱沟，下唇3裂；雄蕊2枚，花药2室；药室平行或一上一下，基部具1或2枚附属物；退花雄蕊缺。子房每室具2枚胚珠，柱头稍2裂。蒴果多少棍棒状，基部具柄，具2～4粒种子，具珠柄钩；种子压扁至球形，被毛或无毛。

本属约700种，主要分布于世界各地的热带和温带地区。我国有43种，主要分布于华南、东南、西南等地。

属名模式：*Justicia hyssopifolia* L.

爵床属分种检索表

1a 聚伞圆锥花序顶生枝顶和侧枝顶端……………… 4. 大爵床 *J. grossa*

1b 穗状花序，顶生或腋生，有时多个聚生于叶腋，或顶生和近顶端腋生的多个穗状花序排成圆锥状

  2a 花序上着花连续，苞片（至少下部苞片）长于花序轴上的节间距……………… 5. 紫苞爵床 *J. latiflora*

  2b 花序上花间断，苞片长度小于花序轴上的节间距

    3a 茎四棱形，棱上具狭翅……………… 1. 棱茎爵床 *J. acutangula*

    3b 茎圆柱形或稍具4棱，无翅

      4a 茎伸长，叶片对生于茎上……………… 6. 滇野靛棵 *J. vasculosa*

      4b 茎短缩，叶排成莲座状

        5a 叶片绿色至深绿色，叶面沿脉不具白色或灰白色斑纹……………… 2. 桂南爵床 *J. austroguangxiensis*

        5b 叶片沿脉具白色或灰白色斑纹，干后多少变紫色……………… 3. 白脉桂南爵床 *J. austroguangxiensis* f. *albinervia*

2.6.1 棱茎爵床

Justicia acutangula H. S. Lo et D. Fang, Guihaia 17(1): 56. 1997.

TYPE: China, Guangxi, Mashan Xian, Guling Gongshe, Guling Dadui, Shangnongla, 520m, 7 December, 1984, *D.H. Qin & R.K. Li 31353* (Holotype: GXMI).

识别特征： 亚灌木，茎四棱形，具翅，叶痕明显。叶片卵圆形至椭圆形，顶端渐尖，边缘近全缘或稍波状，基部阔楔形至圆形，下延几至叶柄基部。穗状花序顶生或近顶端腋生，苞片三角状卵形，花淡黄色至黄绿色，冠檐二唇形，下唇内面具深紫色斑点。蒴果基部具长柄；种子卵圆形或近圆形（图10）。

地理分布： 中国广西、贵州。生于海拔500～700m的石灰岩山林下。我国特有物种。华南、西南地区可以栽培。

园林应用： 四季常绿，串串黄绿色的花朵与绿色叶片相衬，清新宜人，观赏性强，稍耐阴，可用作林下地被植物，亦可用于园林绿化和庭院观赏，也可作林下花境植物与其他植物进行配置（图11）。

图10　棱茎爵床（A：花；B：叶；C：果实；D：花序）（彭彩霞 摄）

图11　桂林植物园栽培的棱茎爵床（彭彩霞 摄）

2.6.2　桂南爵床

Justicia austroguangxiensis H. S. Lo et D. Fang, Guihaia 17(1): 54. 1997.

TYPE: China, Guangxi, Longzhou Xian, Zhupu Xiang, Lenglei, 350m, 21 April, 1990, *D. Fang & K.J. Yan 76402* (Holotype: GXMI).

识别特征：多年生草本，茎短缩，叶排列呈莲座状，叶片倒卵形至倒卵状椭圆形，顶端钝尖，全缘、稍波状，基部楔形至狭楔形，下延，叶面绿色。花序顶生和近枝顶腋生，小聚伞花序短缩，成对着生，苞片小，三角状披针形，花淡黄绿色，冠檐二唇形。蒴果基部具柄；种子卵形，表面具瘤状突起（图12）。

地理分布：中国广西。生于海拔300～500m的密林下或岩石旁。我国特有物种。华南、西南地区可以栽培。

园林应用：株型优美，叶片四季常绿，盛花时一道道纤细、清秀的花序自莲座状的叶丛中抽出，观赏性强，也耐阴喜湿，为林下地被、庭院绿化、花境点缀的优良选材之一（图13）。

2.6.3　白脉桂南爵床

Justicia austroguangxiensis f. ***albinervia*** D. Fang et H. S. Lo, Guihaia 17(1): 54. 1997.

TYPE: China, Guangxi, Ningming Xian,

图12　桂南爵床（A：果实；B：花）（彭彩霞 摄）

图13　桂林植物园栽培的桂南爵床（A：桂林植物园栽培；B：花序；C：植株）（彭彩霞 摄）

图14　白脉桂南爵床（A：桂林植物园栽培；B：花；C：植株）（彭彩霞 摄）

Tingliang Gongshe, 300m, 20 September 1967, *D. Fang et al. 35985* (GXMI).

识别特征：本变型与桂南爵床的主要区别为叶片沿中脉和侧脉具灰绿色或白色斑块，干时两面多少变紫色（图14）。

地理分布：中国广西。生于海拔300～500m的密林下或岩石旁。我国特有物种。华南地区有栽培，在荫蔽处或栽培环境变化时，植株的叶片色斑有时色稍浅，但不会消失。华中地区栽培需在温室越冬。

园林应用： 株型美观，叶片沿脉具白色、灰绿色的斑块，醒目而美丽，观赏性强，可作为地被植物，亦可作为绿化植物和庭院观赏植物，用于稍荫蔽环境下的路旁和石块旁的绿化、美化。

2.6.4 大爵床

Justicia grossa C. B. Clarke, Fl. Brit. India 4: 535. 1885.

TYPE: Myanmar, Mergui, *W. Griffith s.n.* (Lectotype: K, K000884108).

识别特征： 灌木，茎四棱形。叶片纸质至厚纸质，长椭圆形至卵状椭圆形，顶端渐尖至钝尖，边缘近全缘，基部阔楔形。聚伞圆锥花序顶生和近枝顶腋生，苞片卵形、狭卵形，花淡黄色至淡黄绿色，冠檐二唇形。蒴果倒卵形，棒状；种子卵圆形至近圆形（图15）。

地理分布： 中国海南；老挝、马来西亚、缅甸、泰国、越南也有分布。生于海拔400～800m的林下。华南地区可以栽培。

园林应用： 四季常绿，黄绿色的叶片与淡绿色的花朵相映，色泽淡雅，观赏性好，耐阴性强，可用于林下地被和庭院观赏，适于丛植和花境点缀（图16）。

2.6.5 紫苞爵床

Justicia latiflora Hemsl. , J. Linn. Soc., Bot. 26(175): 245-246. 1890.

TYPE: China, Hubei, Yichang, *A. Henry 3412* (Lectotype: K K000884035).

识别特征： 多年生草本至亚灌木，茎四棱形。叶片卵形至卵状椭圆形，顶端长渐尖，具尾尖，全缘或边缘稍波状，基部楔形，下延几至基部。穗状花序顶生，花密集，苞片覆瓦状排列，卵形至卵圆形，花黄绿色，内面染紫红色，具紫红色斑纹，冠檐二唇形。蒴果基部具长柄；种子卵圆形至近圆形，表面具皱（图17）。

地理分布： 中国湖北、湖南、重庆、贵州等地。生于海拔600～1 800m的山谷、林下或溪边。

图15　大爵床（A：花序；B：花；C：果序；D：果实）（彭彩霞 摄）

图16 华南国家植物园栽培的大爵床（彭彩霞 摄）

图17 紫苞爵床（A：花序；B：花；C：叶；D：果实）（彭彩霞 摄）

我国特有物种。

园林应用：花奇趣可爱，叶片翠绿大方，观赏性强，用于林下地被和园林观赏、绿化，适于片植、丛植和花境设置（图18）。

2.6.6 滇野靛棵

Justicia vasculosa (Nees) T. Anderson, J. Linn. Soc., Bot. 9: 515. 1867.

TYPE: Bangladesh, Silhit, *F. de Silva in Wallich Cat. no. 2469a* (Lectotype: K-W).

别名：龙州爵床。

识别特征：亚灌木至灌木，茎圆柱状或稍具4棱。叶片卵形至卵状长圆形，顶端渐尖至尾尖，边缘稍具波状浅齿或近全缘，基部阔楔形或近圆形，稍下延。穗状花序顶生和近枝顶腋生，排成圆锥状，苞片三角状披针形，花淡黄绿色。蒴果基部具柄；种子卵状心形至卵圆形（图19）。

图18 中国科学院武汉植物园栽培的紫苞爵床（彭彩霞 摄）

图19 滇野靛棵（A：植株；B：盛花期；C：花）（彭彩霞 摄）

地理分布：中国广西、云南；东喜马拉雅、印度东北卡西山区也有分布。生于海拔600～1 500m的林下、溪边或石灰岩丘陵。华南、西南地区可以栽培。

园林应用：株型优美，叶片四季翠绿，花密集，在林下、林缘生长良好，可用作林下地被植物和林缘花境植物。

2.7 地皮消属*Pararuellia* Bremek. et Nann.-Bremek.

Pararuellia Bremek. et Nann.-Bremek., Verh. Kon. Ned. Akad. Wetensch., Afd. Natuurk., Tweede Sect. 45(1): 25. 1948.

多年生草本。茎短。叶对生，莲座状，叶片边缘通常波状、具圆齿，稀近全缘。花序顶生，穗状花序或聚伞花序；苞片通常叶状；具小苞片；花具短梗或近无梗；花萼5裂，裂片近等长；花冠白色、浅蓝色或粉红色；冠管圆筒状，细长，喉部渐渐扩大；冠檐裂片5枚，通常等大或近等大；雄蕊4枚，二强，着生于喉部基部；花药2室，平行，呈蝶形；无退化雄蕊；子房通常长椭圆形，无毛，2室，每室具4～8粒胚珠，花柱、柱头被短柔毛，柱头2裂，后裂片通常短或退化。蒴果圆柱状，具8～16粒种子，具珠柄钩；种子凸透镜状，被短柔毛。

本属约有10种，主要分布于我国和东南亚地区。我国有5种，分布于华南、西南等地，均为我国特有种。

属名模式：*Pararuellia sumatrensis* (C. B. Clarke) Bremek.

海南地皮消

Pararuellia hainanensis C. Y. Wu et H. S. Lo, Fl. Hainan. 3: 550, 593, f. 928. 1974.

TYPE: China, Hainan, Sanya, Yachow, 26 August 1936, *H.Y. Liang 62815* (IBSC).

识别特征：多年生草本，茎短缩，叶呈莲座

图20 海南地皮消（A：华南国家植物园栽培；B：花；C：果实）（彭彩霞 摄）

状着生，叶片纸质，倒卵形至倒卵状披针形，顶端钝圆，边缘波状，被缘毛，基部楔形至狭楔形下延。聚伞花序，常具2~6节，总苞片对生，近圆形或卵状心形，花浅蓝色至蓝色。蒴果细圆柱形；种子10~16粒，卵圆形（图20）。

地理分布：中国广西、海南。生于海拔100~600m的林下、溪流边的岩石缝或潮湿的土壤中。我国特有物种，华南地区可以栽培。

园林应用：植株低矮，莲座状，花朵清秀雅致，花期长，叶片四季常绿，观花、观叶俱佳，喜温暖、湿润、半荫蔽的栽培环境。可作林下地被植物，亦可点缀在石旁、水边作庭院观赏。

2.8 火焰花属 *Phlogacanthus* Nees

Phlogacanthus Nees, Pl. Asiat. Rar. 3: 76, 99. 1832.

草本、灌木或小乔木，具钟乳体。叶对生，叶片通常大，边缘全缘或具不明显钝齿。聚伞圆锥花序顶生，或聚伞花序腋生，具花序梗；苞片小；小苞片小或缺；花萼5深裂，裂片等大或不等大；花具花梗；花冠筒状，稍弯拱，冠檐裂片5枚，等大或多少呈二唇形，上唇2裂，下唇3裂，裂片卵形或长圆形；雄蕊2枚，着生于冠管的中部或基部，稍伸出或内藏，花药2室，药室平行，等大，基部无距；具退化雄蕊2枚；子房无毛，每室具4~8粒胚珠，柱头顶端钝或急尖，近全缘。蒴果棒状，具种子8~16粒，具珠柄钩；种子凸透镜状，被短柔毛或无毛。

本属约有15种，主要分布于亚洲大陆。我国有2种，分布于西南地区。

属名模式：*Phlogacanthus curviflorus* (Wall.) Nees

火焰花

Phlogacanthus curviflorus (Wall.) Nees, Pl. Asiat. Rar. 3: 99.1832.

TYPE: Bangladesh, e mountt Silhet, *Wallich Cat. No. 2429a* (Lectotype: K-W; Isolectotype: BM, E, K).

识别特征：灌木，茎稍具4棱或近圆柱形。叶片纸质，椭圆形，顶端渐尖具尾尖，全缘，基部阔楔形，稍下延。聚伞圆锥花序顶生，着花密集，花管状，稍弯曲，粉红色至紫红色，冠檐稍二唇形。蒴果棒状；种子轮廓卵圆形或近圆形（图21）。

地理分布：中国云南、西藏；越南、印度、老挝、泰国、缅甸也有分布。生于海拔400~1 600m的灌丛、林缘或沟壑。华南、西南地区有栽培，人工栽培条件下，花期更长，花色也更为艳丽。

园林应用：叶片整齐大方，花形奇特，盛花时，或红、或粉的花朵生于枝头，似燃烧的火焰，

图21　火焰花（A：华南国家植物园栽培；B：花；C：果实）（彭彩霞 摄）

观赏性强，喜温暖、湿润、半荫蔽的栽培环境，可用于林下地被、园林绿化、庭院观赏，适于片植、丛植、花境配置。

2.9 山壳骨属*Pseuderanthemum* Radlk. ex Lindau

Pseuderanthemum Radlk. ex Lindau, Nat. Pflanzenfam. IV(3b): 30. 1895.

草本、亚灌木或灌木，具钟乳体。叶对生，边缘通常全缘、近全缘或具钝齿。花序顶生或腋生，聚伞花序、总状花序或穗状花序；具苞片和小苞片，通常小，线形，通常短于花萼；花萼5深裂，裂片线形，等长或近等长；花冠高脚碟状，冠管细长，圆柱状，喉部稍扩大，冠檐5裂，伸展，二唇形，裂片近相等或下唇裂片稍大于上唇裂片；发育雄蕊2枚，着生于喉部，内藏或稍外露，花丝极短，花药2室，药室等高或近等高，平行，基部无附属物，退化雄蕊2枚或缺；子房每室有2粒胚珠，柱头2裂，裂片相等。蒴果棒状，最多具4粒种子，具珠柄钩；种子凸透镜状，粗糙或光滑。

本属约50种，主要分布于泛热带。我国有7种，主要分布于华南、西南地区。

属名模式：*Pseuderanthemum alatum* (Nees) Radlk.

山壳骨属分种检索表

1a 花萼长1～1.1cm；花萼裂片被腺毛和短柔毛 ……………………1. 多花山壳骨 *P. polyanthum*

1b 花萼长5～6mm；花萼裂片仅被短柔毛，无腺毛 …………… 2. 云南山壳骨 *P. graciliflorum*

2.9.1 云南山壳骨

Pseuderanthemum graciliflorum (Nees) Ridl., Fl. Mal. Peninsul 2: 591. 1923.

TYPE: Malaysia, Peneng, Porter, *Wallich Cat. no. 2427* (Lectotype: K).

识别特征：亚灌木至灌木，茎稍四棱形。叶片纸质，狭卵状椭圆形、卵状披针形，顶端长渐尖至尾尖，边缘全缘或近全缘，基部楔形至阔楔形，下延。聚伞圆锥花序顶生，小聚伞花序具1～3朵花，着花稍紧密；花萼长5～6mm，密被短柔毛，花白色至淡蓝紫色，高脚碟状，冠檐二唇形（图22）。

地理分布：中国广西、贵州、云南；印度、老挝、马来西亚、泰国、越南也有分布。生于海拔200～1 700m的森林、灌木丛。华南、西南地区可栽培。

园林应用：四季常绿，盛花时花量大，花色

图22 云南山壳骨（A：盛花期；B：花）（彭彩霞 摄）

淡雅宜人，观赏性强，喜温暖、湿润的栽培环境，可用于园林绿化、庭院观赏，还可植于林缘、林下，作林下地被、花境配置。

2.9.2 多花山壳骨

Pseuderanthemum polyanthum (C. B. Clarke ex Oliv.) Merr., Brittonia 4: 175.1941.

TYPE: India, Nempean in the Pathye Mountains, between Assam and Burma, *W. Griffith s.n.* (Lectotype: K).

识别特征：灌木，茎稍四棱形。叶片纸质，卵形至阔卵形，顶端渐尖，具尾尖，全缘或稍波状，基部阔楔形，稍下延。圆锥聚伞花序顶生或近枝顶腋生，小聚伞花序具1~3朵花，着花紧密，花萼筒状，长1~1.1cm，被腺毛和短柔毛，花淡蓝紫色，高脚碟状，冠檐二唇形（图23）。

地理分布：中国广西、云南；印度、马来西亚、缅甸、泰国、越南也有分布。生于海拔300~1 600m的林下或灌丛。华南、东南、西南等地区可以栽培，华中、华东及以北地区需温室栽培。

园林应用：株型优美，花色淡雅秀丽，观花、观叶俱佳，喜温暖、湿润，宜林下、半日照的栽培环境，为林下优良观赏花卉，可推广应用于园林绿化和庭院观赏，适于片植、丛植和花境配置（图24）。

2.10 灵枝草属 *Rhinacanthus* Nees

Rhinacanthus Nees, Pl. Asiat. Rar. 3: 76, 108. 1832.

草本、亚灌木或灌木，具钟乳体。叶对生，叶片边缘通常全缘或稍波状。花序顶生或腋生，穗状花序或总状花序，有时多枝组成圆锥花序；苞片、小苞片短于花萼；花萼5深裂，裂片近等长；花冠白色、淡绿色或紫色；冠檐二唇形，上唇全缘或2裂，内面通常具纵皱，下唇3裂；雄蕊2枚，着生于花冠喉部，外露，较花冠裂片短，花药2室，药室叠生或一上一下，基部无附属物，无退化雄蕊；子房2室，每室具2粒胚珠，花柱细丝

图23 多花山壳骨（彭彩霞 摄）

图24　华南国家植物园栽培的多花山壳骨（彭彩霞　摄）

图25　滇灵枝草（A：花序；B：花和果实）（徐海燕　摄）

状，柱头全缘或不明显2裂。蒴果棍棒状，具柄，最多具4粒种子，具珠柄钩；种子近圆形，两侧压扁，无毛。

本属有25种，主要分布于非洲和亚洲的热带和亚热带地区。我国有2种，主要分布于华南和西南。

属名模式：*Rhinacanthus nasutus* (L.)Lindau

滇灵枝草

Rhinacanthus beesianus Diels, Notes Roy. Bot. Gard. Edinburgh 5(25): 164. 1912.

TYPE: China, Yunnan, western slopes of the Yung-Ping-Hsien Vally, on Teng-yueh-Talifu Road, 7 000~8 000ft., September 1903, *G. Forrest 1053* (Holotype: E).

识别特征：灌木，茎四棱形。叶片倒卵形至狭倒卵状披针形，顶端渐尖，边缘稍波状或近全缘，基部狭楔形，下延。聚伞圆锥花序顶生，花密集；苞片线状披针形，花白色或染粉色，冠檐二唇形，上唇线形，下唇倒卵形。蒴果基部具长柄；种子卵圆形至圆形，表面具瘤状突起（图25）。

地理分布：中国云南。生于海拔2 100~2 400m的山坡。我国特有物种，华中、华东地区

图26　昆明植物园栽培的滇灵枝草（徐海燕 摄）

可以试种。

园林应用：株型优美，叶片整齐大方，花形奇特，似一只只翩翩起舞的仙鹤，观赏性强，喜凉爽、半荫蔽的栽培环境，用于园林绿化、庭院观赏（图26）。

2.11　马蓝属 *Strobilanthes* Blume

Strobilanthes Blume, Bijdr. Fl. Ned. Ind. 781, 796.1826.

多年生草本或灌木。茎常四棱形。叶对生，边缘全缘、波状或具锯齿。花序顶生或腋生，头状、穗状、聚伞状、总状、圆锥状；苞片形状差异大；小苞片2枚或缺；花萼常5深裂几至基部，裂片等大或中间1枚较长；花冠常为蓝紫色或带蓝色，管状或漏斗状，内面常被2列柔毛；冠檐5裂，裂片圆形或卵形；可育雄蕊常4枚，二强，或2枚退化，或4枚可育雄蕊、中央具1枚退化雄蕊；花药2室，卵状长圆形或亚球形；子房长圆形至倒卵形，2室，每室具2（~8）个胚珠；花柱丝状，柱头2裂。蒴果椭圆形、长圆形、狭倒卵形，有时梭形至狭椭圆形，稍扁平，具种子（2~)4（~16）粒，具珠柄钩；种子通常卵形或圆形，扁平。

本属约400种。分布于热带亚洲。中国有128种，主要分布于华南、华东、东南、西南、华中等地。

属名模式：*Strobilanthes cernua* Blume

马蓝属分种检索表

1a 可育雄蕊2枚 ………………………………………… 5. 南一笼鸡 *S. henryi*

1b 可育雄蕊4枚

2a 花序为开展的圆锥花序；每一节上花单生…………………………… 4. 叉花草 *S. hamiltoniana*

2b 花序为穗状花序，每一节上具2朵花，有时其中一侧花不发育，但具宿存的苞片

3a 穗状花序短缩成头状，有时伸长，具长花序梗；长雄蕊直立，短雄蕊弯曲，不等长，花药药室球形

4a 花序穗状，常多枝排成圆锥状；苞片、小苞片宿存…………7. 蒙自马蓝 *S. lamiifolia*

4b 花序头状；苞片和小苞片早落 ……………………… 3. 球花马蓝 *S. dimorphotricha*

3b 花序伸长，花序梗短；雄蕊直立；花药药室长圆形

5a 花在花序上间断，苞片疏远

6a 花萼裂片不等大，通常1枚大于其余4枚；苞片早落 …………… 2. 板蓝 *S. cusia*

6b 花萼裂片等大；苞片宿存 ………………………………… 8. 阳朔马蓝 *S. pseudocollina*

5b 花在花序上着生密集，苞片覆瓦状排列

7a 苞片被红色或棕色髯毛…………………………………………… 6. 红毛马蓝 *S. hossei*

7b 苞片无毛，或被毛时不为红色或棕色髯毛

8a 花冠外面无毛；植株具肉质根状茎…………………………… 9. 菜头肾 *S. sarcorrhiza*

8b 花冠外面被毛；植株不具肉质根状茎

9a 花冠直………………………………………………………… 11. 糯米香 *S. tonkinensis*

9b 花冠多少弯曲

10a 苞片披针形，疏被短柔毛 ……………………… 10. 四子马蓝 *S. tetrasperma*

10b 苞片倒披针形、倒卵形、近长圆形或匙形，苞片两面密被柔毛 …………
……………………………………………… 1. 华南马蓝 *S. austrosinensis*

2.11.1 华南马蓝

Strobilanthes austrosinensis Y. F. Deng et J. R. I. Wood, J. Trop. Subtrop. Bot. 18(5): 470, f. 1. 2010.

TYPE: China, Guangxi, Guilin, Guilin Botanical Garden, *Y. F. Deng 19372* (IBSC).

识别特征：多年生草本，茎四棱形。叶片椭圆形或近圆形，顶端渐尖至钝尖，边缘具浅锯齿，基部楔形至阔楔形，稍下延。穗状花序顶生，常短缩呈头状，苞片叶状，卵形至圆形；花淡蓝紫色，漏斗状，冠檐5裂。蒴果倒卵状披针形；种子卵形至卵圆形（图27）。

地理分布：中国广东、广西、湖南、江西。生于海拔100~1 500m的溪边、林缘、灌丛或路旁。我国特有物种，华南地区可栽培。

园林应用：株型整齐，高度适中，花期时蓝

图27　华南马蓝（彭彩霞 摄）

紫色至浅蓝色的花朵伸出，典雅大方，喜半荫蔽、湿润的栽培环境，可用作林下地被植物，亦可用于庭院观赏，适于溪边、水旁及石块周围的点缀。

2.11.2 板蓝

Strobilanthes cusia (Nees) Kuntze, Revis. Gen. Pl. 2: 499. 1891.

TYPE: India, Gongahora, 29 May 1809, *F. Buchanan-Hamilton* in Wallich Cat. *No. 2386* (Lectotype: K-W).

别名：马蓝、大青、山蓝。

识别特征：多年生草本至亚灌木，茎稍具4棱，多分枝。叶片纸质，二型，营养枝上的叶片大，卵形、椭圆形至卵状椭圆形，顶端渐尖，具尾尖，边缘具锯齿，基部楔形，下延；短枝上的叶片较小，匙形或椭圆形，顶端渐尖、钝尖至圆形，边缘具锯齿或锯齿不明显。穗状花序顶生，苞片匙形、倒卵形至倒披针形，花紫色至紫红色，冠管弯曲，冠檐5裂，裂片长圆形。蒴果倒卵状披针形；种子卵形、卵圆形或近圆形（图28）。

地理分布：中国广东、广西、福建、贵州、海南、湖南、四川等地；孟加拉国、不丹、印度、

图28 板蓝（A：花序；B：花；C：果实）（彭彩霞 摄）

图29 华南国家植物园栽培的板蓝（彭彩霞 摄）

老挝、缅甸、泰国、越南也有分布。生于海拔100～2 000m的林下潮湿处或坡地。华南、东南、西南地区可栽培。

园林应用：本种适应性好，四季常绿，叶片整齐，花色清雅秀丽，观花、观叶俱佳，可推广作林下地被植物或林缘绿化植物（图29）。

2.11.3 球花马蓝

Strobilanthes dimorphotricha Hance, J. Bot. 21(12): 355. 1883.

TYPE: China, Guangdong, Lianzhou, "Lienchau, in silvula umida ad Fuk-shan-man", 300m, 21 Oct 1881, *B.C. Henry ex Herb Hance 22110* (BM).

识别特征：多年生草本至亚灌木，茎四棱形。同一节上的叶常不等大，叶片纸质，卵形、卵状披针形至椭圆形，顶端长渐尖，具尾尖，边缘具锯齿或浅锯齿，基部楔形、阔楔形至圆形，稍下延。穗状花序顶生或近枝顶腋生，多枝排成圆锥状，小花序常短缩呈头状或亚球形，常具2～4朵花；苞片卵形至卵状椭圆形，花紫红色、蓝紫色、淡蓝紫色至白色，漏斗状，冠檐5裂。蒴果狭卵状棱形；种子卵圆形或近圆形（图30）。

地理分布：中国长江以南各地；印度、老挝、缅甸、泰国、越南也有分布。生于海拔200～2 200m的石灰岩丘陵、坡地及林下的溪流旁。华南、东南、西南地区可以栽培。

园林应用：叶片翠绿、整齐，不同来源地的花色、大小有一定差异，变化多样的花色提升其观赏性，可推广作为林下地被植物，亦可用于庭院观赏，适于片植、丛植和水边、石旁的点缀（图31）。

2.11.4 叉花草

Strobilanthes hamiltoniana (Steud.) Bosser et Heine, Bull. Mus. Natl. Hist. Nat., B, Adansonia, sér. 4 10: 148. 1988.

TYPE: India, Borjora, 29 Nov. 1808, *F. Buchanan-Hamilton in Wallich Cat. no. 2388* (K-W).

识别特征：亚灌木至灌木，茎四棱形。叶片厚纸质，卵形、卵状椭圆形至卵状长椭圆形，顶端长渐尖，具尾尖，边缘具锯齿，基部楔形、阔

图30 球花马蓝（A：花紫红色；B：花白色；C：花色淡紫红色；D：果实）（彭彩霞 摄）

图31 华南国家植物园栽培的球花马蓝（彭彩霞 摄）

楔形，稍下延。穗状花序顶生和近枝顶腋生，组成大型、疏松的圆锥花序；苞片倒卵圆形，花紫红色至浅紫色，狭漏斗形，冠檐5裂，裂片阔卵形至卵圆形。蒴果狭长圆形；种子卵圆形至近圆形（图32）。

地理分布：中国西藏；不丹、印度、缅甸、尼泊尔也有分布。生于海拔800～2 000m的林下或山坡。华南部分城市有园林观赏应用推广。

园林应用：花姿摇曳，颇为淡雅，而且花期长，观赏性佳，适合在热带、温带地区广为栽培种植，是花境点缀、边缘地带绿化和美化的优良选材（图33）。

2.11.5 南一笼鸡

Strobilanthes henryi Hemsl., J. Linn. Soc., Bot. 26(175): 240-241. 1890.

TYPE: China, Hubei, “Hupeh, Ichang and immediate neighbourhood”, May 1888, *A. Henry 4269* (K).

识别特征：多年生草本至亚灌木状，茎四棱形。叶片纸质，狭卵形、狭卵状披针形，顶端渐尖，边缘具浅圆齿，基部楔形、狭楔形，稍下延。穗状花序顶生和近枝顶腋生，苞片匙形或线状披针形，花白色至乳白色，漏斗状，弯曲，冠檐二唇形，裂片5枚，圆形至阔圆形。蒴果狭卵形至狭倒卵状披针形；种子卵形至卵圆形（图34）。

地理分布：中国湖北、湖南、贵州、四川、西藏、云南、广东、广西。生于海拔1 000～2 800m的山坡、灌丛或疏林下。我国特有物种。

园林应用：植株低矮，叶色翠绿至深绿色，花色淡雅，耐阴性好，稍耐旱，可推广作地被植物，亦可用于园林绿化、庭院观赏，适于片植、丛植和水边、石块旁的点缀（图35）。

2.11.6 红毛马蓝

Strobilanthes hossei C. B. Clarke, Bot. Jahrb. Syst. 41: 67.1907.

TYPE: Thailand, Siam, Doi Anga Luang. Urwald. alt 1 600m, 17 Jan 1905, *C.C. Hosseus 339* (B).

识别特征：多年生草本，茎四棱形。叶片纸质，卵形至卵状披针形，顶端渐尖、长渐尖至尾

图32 叉花草（A：花序；B：盛花；C：花；D：果实；E：华南国家植物园栽培）（彭彩霞 摄）

图33 厦门植物园栽培的叉花草（彭彩霞 摄）

图34 南一笼鸡（A：花序；B：花；C：株型）（彭彩霞 摄）

尖，边缘具锯齿，基部阔楔形至圆形，稍不等侧，叶面深绿色，沿中脉常具灰绿色斑块，背面紫红色。穗状花序顶生，有时短缩呈头状，苞片覆瓦状，匙形，花蓝紫色，狭漏斗形，冠檐5裂（图36）。

地理分布：中国广西、云南；泰国、缅甸、越南、马来西亚、老挝也有分布。生于海拔1 000～1 800m的丛林下或山坡。华南地区可试种。

园林应用：植株较低矮，叶片绿色，具浅色斑，观花、观叶俱佳，可作为林下地被植物，亦可用于庭院观赏，适于片植、丛植、花坛布置。

图35　昆明植物园栽培的南一笼鸡（彭彩霞 摄）

图36　红毛马蓝（A：花；B：植株；C：花序）（彭彩霞 摄）

2.11.7 蒙自马蓝

Strobilanthes lamiifolia (Nees) T. Anderson, J. Linn. Soc., Bot. 9: 476. 1867.

TYPE: Nepal, 1821, *Wallich Cat. No. 2347* (Lectotype: K-W).

识别特征：多年生草本，茎四棱形。叶片卵形至卵状椭圆形，顶端渐尖至尾尖，边缘具锯齿，基部楔形至阔楔形，稍下延。穗状花序顶生和近枝顶腋生，组成圆锥状，苞片覆瓦状排列，卵形，花蓝紫色，狭漏斗状，冠檐5裂。蒴果倒狭卵形（图37）。

地理分布：中国云南、贵州、四川及西藏；印度、不丹、尼泊尔也有分布。生于海拔1 000～2 600m的林下或草地。亚热带地区可以试种。

园林应用：四季翠绿，花色秀丽、大方，观赏性好，喜稍凉爽、湿润、半荫蔽的栽培环境，用于园林绿化、庭院观赏，适于片植、丛植和水边、石旁的点缀（图38）。

图37 蒙自马蓝（A：花序；B：花；C：华南国家植物园栽培；D：果实）（彭彩霞 摄）

图38 昆明植物园栽培的蒙自马蓝（彭彩霞 摄）

2.11.8 阳朔马蓝

Strobilanthes pseudocollina K. J. He et D. H Qin, Acta Phytotax. Sin. 45: 701. 2007.

TYPE: China, Guangxi, Yangshuo Xian, Baisha Zhen, Shanwei Cun, limestone hill, in forests, 150m, 23 Oct 2002, *K. J. He et al. 46001* (Holotype, GXMI; Isotype, PE).

识别特征：多年生草本至亚灌木，茎稍四棱形。叶片革质，卵形至卵状披针形，顶端渐尖具尾尖，边缘具浅锯齿或波状浅锯齿，基部阔楔形至圆形。穗状花序近枝顶腋生，苞片倒卵状披针形，花蓝紫色，狭漏斗状，冠檐5裂（图39）。

地理分布：中国广西。生于海拔100～300m的石灰岩丘陵的林下。我国特有物种，华南地区可以栽培。

园林应用：四季常绿，叶片整齐大方，叶面绿色，叶背常染紫红色，花色明亮，但有时花序较长，稍散乱，喜温暖、湿润、半荫蔽栽培环境，可用作林下地被植物，适于片植、丛植和石块旁的点缀（图40）。

2.11.9 菜头肾

Strobilanthes sarcorrhiza (C. Ling) C. Z. Cheng ex Y. F. Deng et N. H. Xia, Novon 17: 154-155. 2007.

TYPE: China, Zhejiang, Ruian, Kengyuan, Dongkeng, 30 Aug. 1971, *C. Ling (71) 037* (Holotype: PE).

识别特征：多年生草本，具肉质根状茎，直立茎不分枝，四棱形。叶片薄纸质，长圆状披针形，顶端长渐尖，边缘具不规则浅齿，基部狭楔形下延几至基部。穗状花序顶生，短缩呈头状，苞片倒卵状椭圆形，花淡蓝紫色。蒴果无毛；种子卵圆形（图41）。

地理分布：中国浙江。生于海拔200～600m的林下或山谷中。我国特有物种，华中地区亦可以栽培，华南有试种。

园林应用：株型整齐，叶片秀丽大方，花色明亮，观花、观叶俱佳，为林下地被植物优良选材之一，也适于庭院观赏和花境配置（图42）。

图39　阳朔马蓝（A：叶；B：花序；C：花；D：果实）（彭彩霞 摄）

图40 桂林植物园栽培的阳朔马蓝（唐文秀 摄）

图41 菜头肾（A：花；B：花序；C：果实）（彭彩霞 摄）

图42　杭州植物园栽培的菜头肾（彭彩霞 摄）

2.11.10　四子马蓝

Strobilanthes tetrasperma (Champ. ex Benth.) Druce, Rep. Bot. Soc. Exch. Club Brit. Isles 1916: 649. 1917.

TYPE: China, Hong Kong, *J.G. Champion 17* (K).

识别特征：多年生草本，茎四棱形，叶片纸质，卵形至卵状椭圆形，顶端渐尖至长渐尖，边缘具锯齿，被缘毛，基部圆形，稍下延。穗状花序顶生或近顶端腋生，花序短缩，常呈头状；苞片倒卵形至匙形，花淡蓝色至蓝紫色。蒴果，具种子2～4粒；种子卵圆形或近圆形，黑褐色（图43）。

地理分布：中国华南、东南、西南、华中等地区，生于海拔100～1 000m的森林、溪流及路边岩石旁。越南也有分布。亚热带、热带地区可栽培。

园林应用：植株整齐，四季常绿，花色淡雅，观花、观叶俱佳，可推广作林下地被植物或花境植物，适于片植、丛植和水边、石块旁的点缀（图44）。

2.11.11　糯米香

Strobilanthes tonkinensis Lindau, Bull. Herb. Boissier 5(8): 651. 1897.

TYPE: Vietnam, Mont-bavi, alt. 400m, 28 May 1887, *B. Balansa 3498* (B).

识别特征：多年生草本，全株具浓郁糯米香味。茎四棱形。叶片纸质，卵形、椭圆形至长椭圆形，顶端渐尖至急尖，边缘具波状圆齿或浅锯齿，基部楔形、阔楔形至圆形，稍下延。穗状花序顶生和近枝顶腋生，苞片匙形，花白色，狭漏斗形，冠檐5裂。蒴果狭倒卵形；种子卵圆形（图45）。

地理分布：中国广西、云南；泰国和越南也有分布。生于海拔200～1 500m林下湿润的地方。热带地区可栽培。

园林应用：叶片四季常绿，花色清新怡人，赏花的同时，阵阵清雅的糯米香味让人愉悦，稍耐阴，用作林下地被植物，亦可用于园林绿化和庭园观赏（图46）。

图43 四子马蓝（A：枝条；B：花；C：花序和花；D：果实；E：华南国家植物园栽培）（彭彩霞 摄）

图44 昆明植物园栽培的四子马蓝（彭彩霞 摄）

图45 糯米香（A：花序；B：花；C：果实）（彭彩霞 摄）

图46 华南国家植物园栽培的糯米香（彭彩霞 摄）

2.12 山牵牛属 *Thunbergia* Retz.

Thunbergia Retz.,Physiogr. Sälsk. Handl. 1(3): 163.1776.

藤本或灌木。叶片边缘全缘、浅裂或齿状，具羽状脉、掌状脉或三出脉。花单生，或成对生于叶腋，或总状花序顶生、腋生；苞片叶状；小苞片2枚，常合生或佛焰苞状包被花萼；花萼较小，苞片短小；花冠大而艳丽，冠檐5裂，裂片近等大；雄蕊4枚，花药2室，药室长圆形或卵球形；子房每室具2个胚珠，柱头2裂。蒴果基部通常球形或近球形，顶端具长喙，具2~4粒种子，无珠柄钩；种子半球形至卵球形。

本属约有100种，主要分布于热带非洲、亚洲及澳大利亚。中国有5种，主要分布于华南、东南、西南地区。

属名模式：*Thunbergia capensis* Retz.

山牵牛属分种检索表

1a 叶片阔卵形，具掌状脉5~7条；花蓝色或浅蓝色 ………………………… 2. 山牵牛 *T. grandiflora*

1b 叶片长圆形至长圆状披针形，具三出脉；花红色、橙红色或橙黄色 ………………………… 1. 红花山牵牛 *T. coccinea*

2.12.1 红花山牵牛

Thunbergia coccinea Wall., Tent. Fl. Napal. 1: 48. 1826.

TYPE: Nepal, *E. Gardner 1818* (Lectotype: BM).

识别特征：大型藤本，茎四棱形，棱上具狭翅。叶片纸质，卵形、卵状披针形、卵状长椭圆形至披针形，顶端渐尖、长渐尖至尾尖，边缘具波状浅齿，基部圆形至戟形，掌状脉（3~）5条。花序顶生或近枝顶腋生，下垂，苞片、小苞片红色，花红色、橙红色至橙黄色，冠管短，冠檐5裂。蒴果基部球形，顶端具长喙；种子半球形，表面凹凸不平，黑褐色（图47）。

地理分布：中国云南、西藏；缅甸、老挝、泰国也有分布。生于海拔800~1 000m的山地林中。华南、西南地区可栽培，长江流域及以北地区可温室栽培。

园林应用：藤蔓依依，叶形秀美，花朵红艳，盛花时如串串小鞭炮绽放，在华南地区花期长达4~5个月，观赏性强，可用于花廊、棚架的绿化和美化（图48）。

图47　红花山牵牛（A：花序；B：花；C：果实）（彭彩霞 摄）

图48　华南国家植物园栽培的红花山牵牛（彭彩霞 摄）

2.12.2 山牵牛

Thunbergia grandiflora (Rottl. ex Willd.) Roxb., Bot. Reg. 6: pl. 495.1820.

TYPE: [icon] Bot. Reg. 6: t. 495. 1820.

别名：大花山牵牛、大花老鸦嘴。

识别特征：大型藤本，茎四棱形。叶片厚纸质，阔卵形，顶端急尖，边缘具三角形的裂片，基部心形至深心形，掌状脉5~7条。花单生叶腋

图49 山牵牛（A：花序；B：花；C：叶；D：华南国家植物园栽培）（彭彩霞 摄）

或呈总状花序顶生，花序长而下垂，苞片阔卵形至卵形，花蓝紫色至浅蓝色，漏斗形，冠檐5裂，裂片圆形至阔卵形，开展。蒴果；种子卵圆形，稍扁，表面具瘤状突起（图49）。

地理分布：中国广东、广西、海南、云南和福建；印度、缅甸、泰国、越南也有分布。生于海拔400～1 500m的灌丛或林下。华南、东南、西南地区可栽培，长江流域及以北地区可温室栽培。

园林应用：四季常绿，生长迅速，花色淡雅，花期长，观赏性强，常用于花廊、棚架的绿化和美化。

3 爵床科植物观赏、应用与栽培管理

3.1 观赏价值

爵床科植物形态各异，花姿奇特，部分种类具有较高的观赏价值，它们生境多样，为筛选不同的栽培环境条件的观赏物种提供可能，加之其生性强健，适应性强，繁殖便利，利于在园林绿化中推广应用。目前，爵床科植物的观赏主要应用于以下几个方面：

3.1.1 滨海湿地绿化

老鼠簕、小花老鼠簕（*Acanthus ebracteatus*）生于海边沙滩和湿地，四季常绿，盛花时花色清雅秀丽，果实奇特美观，为海滨地区及湿地绿化的优良物种，也是红树林重要组成之一，具有防风消浪、固岸护堤等作用，对保护海滨、湿地的生态环境具有重要功能（邢福武 等, 2009; 张留恩 等, 2011）。

3.1.2 园林观赏

叉花草叶片整齐，开花时花枝摇曳，串串紫红色的花朵如一个个小风铃在风中轻摇，花期长达半年之久，是秋冬季不可多得的优良园林观赏物种之一，目前在南方部分城市已有应用，火焰花（*Phlogacanthus curviflorus*）、云南山壳骨（*Pseuderanthemum graciliflorum*）、多花山壳骨（*Pseuderanthemum polyanthum*）等一批观赏性强的物种已通过植物园的引种栽培、驯化与观察，可以进一步向园林观赏应用推广（李建友, 2015; 彭彩霞 等, 2021）。

部分爵床科植物除了花朵典雅大方，其叶片上常具白色脉纹，灰白色、灰绿色斑块，叶片斑彩迷人，很适合作为观叶植物推广应用，如红毛马蓝（*Strobilanthes hossei*）。

3.1.3 林下地被

利用植物的原生境特点，筛选出一批耐阴性好的种类，如四子马蓝（*Strobilanthes tetrasperma*）、板蓝、华南可爱花（*Eranthemum austrosinense*）等，通过驯化栽培及观察，它们适于在荫蔽、半荫蔽的环境下生长，高度适中，基部茎常匍匐蔓延，适于片植，扦插之后，通常只需要早期进行水肥等适当的管理，即可成活，在极少人为干预的环境下，它们生长良好，绿叶成丛成片，解决裸地覆绿问题，在南方地区可露地越冬，为林下地被优良选材（彭彩霞 等, 2021）。

3.1.4 廊架、花架绿化和美化

藤蔓依依，绿荫怡人，当串串长长的花序垂于廊架之下，美好的心情也油然而生。红花山牵牛、山牵牛等，或花形奇趣可爱，或花大而艳丽，花期长达4～5个月甚至半年以上，受众多游客喜爱，是廊架、花架、亭榭等绿化、美化的优良选材（陈恒斌, 2012; 彭彩霞 等, 2021）。

3.2 药用价值

部分爵床科植物因其具有药用价值，早在2 000多年前就受到人们的关注。在《神农本草经》中，记载爵床（*Justicia procumbens*）"味咸、寒，主腰脊痛，不得著床，俯仰艰难，除热，可做浴汤"，爵床除了用于清热解毒、利尿消肿、截疟之外，常可用于治疗感冒发热、疟疾、咽喉肿痛、小儿疳积、痢疾、肠炎、肾炎水肿等症；外用则用于治痈疮疖肿、跌打损伤。据宋代《本草图经》记载，板蓝，即马蓝，"连根采之，焙、捣下筛，酒服钱七，治妇人败血甚佳"。在《岭南采药录》中记载，穿心莲性苦、寒，归心、肺、大肠、膀胱经，具有清热解毒、凉血、消肿止痛等功效，用于治疗风热感冒、咽喉肿痛、口舌生疮、顿咳劳嗽、痈肿疮疡、蛇虫咬伤等。现代科学研究表明，水蓑衣（*Hygrophila ringens*）具有防癌、抗肿瘤的功效，老鼠簕能清热解毒、消肿散结、止咳平喘。随着科学技术的不断发展、进步，越来越多的爵床科植物的药用功效被人们发现、应用。

3.3 经济价值与开发

除了观赏、药用价值的应用外，有些爵床科种类具有经济价值。板蓝，除了入药，还是传统的蓝色染剂，可提取蓝靛染料（张学渝 等, 2012）。清朝陈淏子在《花镜》中描述"蓝乃染青之草，南北俱有。大蓝，叶如莴苣，出岭南，可入药。……凡五十斤用石灰一石，缸内浸至次日，已变黄色，去梗用木杷打转，粉青色变至紫花色，然后去水成靛矣"，大蓝，即是马蓝。在合成染料发明以前，马蓝在我国中部、南部和西南部大力推广使用，现在仍是少数民族地区使用的天然染料。糯米香，为马蓝属多年生草本，所含的香草醇等芳香成分，导致其全株散发出独特的糯米芳香气味，它还含有对人体有益的氨基酸等化学成分（尹桂豪 等, 2009）。利用其活性成分，人们把它制成饮品中的天然保健品——糯米香茶，除了扑鼻的香味让人难以忘怀，抗衰养颜、降脂减肥、软化血管、降低血脂等作用使它深受人们的喜爱。

3.4 繁殖、栽培与管理

3.4.1 繁殖技术

爵床科植物的繁殖包括有性繁殖、无性繁殖。

（1）有性繁殖

即种子繁殖，是爵床科的繁殖方式之一。在天然的环境下，爵床科植物借助果实中的珠柄钩和果爿裂开时的力量，将种子向四周射弹开，渐渐形成或大或小的植物居群。在栽培条件下，种子的采收不易，需要在果实成熟之前套上采集袋，以避免种子弹飞出去，也可以在果实成熟后，由绿色转成黄色、黄褐色或黑褐色时，将果实采收，用采集袋装着，置于通风干燥处。

种子发芽适温为22～28℃，在温度、水分等环境适宜情况下，常采用沙播或穴盘播种。通常5～10天形成幼根，10～15天子叶出土，20～25天形成幼苗，一般30～35天即可上盆。基质可采用泥炭土、珍珠岩、椰糠、粗沙等混合物，湿度保持在50%左右，并辅以70%左右的遮阴条件。

（2）无性繁殖

在适宜条件下，大多数爵床科植物都可以采用无性繁殖产生新个体。常用的无性繁殖方法为扦插法，压条、组培繁殖等方法也可以使用。

扦插时间常以春秋两季为宜，但在室内控温条件下，温度设置为22～28℃，一年四季均可以扦插繁殖。插穗采用一年生枝条或近基部生出不定根的枝条插穗为宜，枝条太嫩或过老时不容易生根从而影响扦插存活率。插穗长度常以含2～3

个节为宜，不留叶或只留1/3叶片。为提高生根率，扦插前可以用低浓度的生根粉溶液（稀释3 000倍的“802”植物生长调节剂）浸泡插穗1～5分钟，然后扦插，或插穗基部附上含有生根粉的泥浆进行扦插（彭彩霞 等，2021）。

3.4.2 栽培与管理

在观赏爵床科植物的栽培与管理中，尽量构建与其原生境相似的迁地栽培环境是成功保育的一个重要条件，此外，做好水肥管理、病虫害防治、定期修剪等工作，是提升爵床科植物景观应用一个必不可少的前提。

首先，依据不同植物生境特点选择适宜的栽培环境。尽管大部分爵床科植物都喜欢温暖、湿润的栽培环境，不同的种类，其生活习性不尽相同。对产于林下、沟边、溪旁等潮湿处的爵床科植物，稍耐寒，不耐旱，栽培管理时，可选取半荫蔽至荫蔽的疏林或林缘下，旱季时需保证灌溉浇水，在室内栽培时还需保障通风条件设置；部分生于向阳环境的爵床科物种，稍耐旱，大多喜半日照至阳光充足的栽培环境，可置于光照70%～90%环境下，保证植物健康生长，但通常这部分植物不耐寒，户外10～15℃条件下生长缓慢，10℃以下低温易发生寒害，遇到低温时，可采用适当减少浇水、搭塑料棚及转移至室内等方式，减少低温对植物生长的影响（刘兴剑 等，2012）。

在土壤的要求方面，大部分爵床种类适宜生长在肥沃、疏松、透气性好的壤土或砂质壤土中，酸碱度一般在pH6～7.5的微酸性至中性土壤环境。定植地土壤如果达不到这些条件，应进行土壤改良。常用的混合基质有两种，一是将泥炭土、珍珠岩、椰糠、粗沙按质量比4:3:1:1的比例混合，另一种可将肥沃的壤土，如塘泥、腐殖土、老园土、大田土等，混合腐熟的有机肥和经过杀菌杀虫处理的枯枝落叶以及粗沙，混合质量比例为7:1:1，容器育苗的培养土亦适用（梁欣 等，2010）。

3.5 栽培及引种历史

爵床科植物在国外有着悠久的栽培历史，其中最著名的是蛤蟆花（*Acanthus mollis*），在地中海地区，尤其是在古希腊和古罗马时期，它被视为一种重要的园艺植物，不仅有观赏价值，其特殊的叶片形状和花序结构成为古代建筑和雕塑的灵感来源，被广泛用于园艺和景观设计，如帕台农神庙的柱式装饰和古罗马的建筑拱顶等，为古代艺术和建筑的重要元素，对后世的园林设计和建筑装饰产生了深远的影响。

一些知名的植物园注重物种的收集与保育，当中也包括爵床科植物资料。英国皇家植物园邱园（Royal Botanic Gardens，Kew）的热带苗圃、威尔士公主音乐学院、棕榈屋、睡莲屋收集了来自热带东非和南美洲的爵床科物种，其中一种来自坦桑尼亚的物种*Issoglossa variegata*，目前只在邱园有种植，来自几内亚的*Heteradelphia paulojaegeria*，被国际自然保护联盟评为濒危物种，几十年来从未在野外出现过（https://www.kew.org）。新加坡植物园（Singapore Botanic Gardens），是世界上最古老的植物园之一，也是一个世界级的植物研究中心，保育了来自东南亚的一些爵床科植物，例如藤老鼠簕、小花老鼠簕、灰姑娘等。墨尔本植物园保育了地中海的蛤蟆花、美洲的鸡冠爵床、印度和斯里兰卡的鸟尾花等。

*1001 Garden Plants in Singapore*一书中，将爵床科植物按生活习性和应用方式，介绍了水蓑衣属、马蓝属、山牵牛属、芦莉草属等具有较高观赏价值的物种16属36种的栽培特点和观赏性，其中碗花草、大花山牵牛、老鼠簕、小花老鼠簕、鳄嘴花等5种在我国有分布（Soh, 2020）。

*A Tropical Garden Flora*一书介绍了2 100多种源自热带和亚热带植物观赏植物，其中观赏爵床科植物有20属49种，除了对这些观赏价值较高的物种进行形态上的描述，还对其来源、用途、景观特点、繁殖及栽培技术要点进行介绍，例如小苞金脉爵床、金苞花、赤苞花等（Starles, 2005），这些种类现在已经引入栽培并应用于园林景观中，深受人们的喜爱。

我国是世界上最早种花的国家之一。汉代的《礼记》中有“季秋之月，鞠有黄华”的记载。在众多的花卉典籍中，如西晋《南方草木状》、唐《园庭草木》、宋《洛阳花木记》、明《群芳谱》记录了我国传统名花，如梅花、牡丹、菊花、兰花、杜鹃、山茶等（陈俊愉 等, 1990），但未见爵床科植物的记录。最早记录爵床科植物的是《神农本草经》，记载着爵床“生川谷及田野”。其次是明朝李时珍在《本草纲目》中记录：“马蓝（主治）妇人败血。连根焙捣下筛，酒服一钱匕”，但均未记录其栽培情况。在清朝陈淏子的《花镜》中，除了记录其有药用价值及具体制作染料的方法之外，在卷一、卷二中就花卉的栽培技术和管理技术做了总述及具体方式的介绍。

20世纪90年代后，观赏花卉开始迎来欣欣向荣的发展势头。1990年，陈俊愉、程绪珂主编的《中国花经》中记录了产自我国及引自国外的假杜鹃、鸭嘴花等数种观赏爵床科植物，并针对性地介绍了不同种类的栽培条件及管理技术。但总体而言，由于我国的爵床科观赏植物的开发应用相对较晚，尤其是我国特有的物种，如马蓝属的华南马蓝、阳朔马蓝、菜头肾、南一笼鸡等，近年来方见有国内植物园引种栽培的记录。

参考文献

陈恒彬, 陈榕生, 2012. 多姿多彩的老鸦嘴[J]. 中国花卉盆景 (1): 34-35.

陈俊愉, 程绪珂, 1990. 中国花经[M]. 上海: 上海文化出版社.

胡嘉琪, 崔鸿宾, 李振宁, 2002. 中国植物志(第七十卷)[M]. 北京: 科学出版社.

李建友, 2015. 爵床科观赏植物资源及其园林应用[J]. 亚热带植物科学, 44(2): 158-162.

梁欣, 张济美, 阮家传, 2010. 爵床的栽培与管理[J]. 中国园艺文摘 (2): 105, 78.

刘兴剑, 汪毅, 全大治, 等, 2012. 几种爵床科观赏植物在温室内的引种栽培[J]. 江苏农业科学, 40(2): 157-158.

彭彩霞, 唐文秀, 何开红, 2020. 中国迁地栽培植物志. 爵床科[M]. 北京: 中国林业出版社.

邢福武, 等, 2009. 中国景观植物[M]. 武汉: 华中科技大学出版社.

尹桂豪, 章程辉, 史海明, 等, 2009. 糯米香茶的生物活性研究[J]. 食品研究与开发, (3): 18-20.

张留恩, 廖宝文, 管伟, 2011. 模拟潮淹浸对红树植物老鼠种子萌发及幼苗生长的影响[J]. 生态学杂志 (10): 2165-2172.

张学渝, 董卓娅, 李伯川, 2012. 中国传统印染与植物染料关系初探——以大理白族扎染与板蓝根为例[J]. 云南农业大学学报(社会科学版) (2): 114-118.

BENTHAM G, HOOKER J D, 1876. Acanthaceae[M]// Genera plantarum, 2: 1060-1122.

BREMEKAMP C E B, 1948. Notes on the Acanthaceae of Java[J]. Nederl. Akad. Wet., Verh. Tweed. Sect. 45(2): 1-78.

BREMEKAMP C E B, 1965. Delimitation and subdivision of the Acanthaceae[J]. Bull Bot Surv India, 7: 21-30.

GRANT W F A, 1955. Cytogenetic Study in the Acanthaceae[J]. Brittonia, 8(2):121-149.

HU J C, DENG Y F, DANIEL T et al., 2011. Acanthaceae[M]// Wu Z Y, Revan P and Hong D Y (eds.), Flora of China. Science Press, Beijing & Missouri Botanical Garden Press, St. Louis, 19: 369-477.

JUSSIEU A L de, 1789. Genera Plantarum Secundum Ordines Naturales Disposita. Apud Viduam[M]. Herissant et Theophilum Barrois, Paris.

LINDAU G, 1895. Acanthaceae[M]// EnglerA,Prantl K.Die Nattrlichen Pflanzen familienIV(3b). Leipzig; Englemann: 274-354.

NEES VON ESENBECK C G, 1832. Acanthaceae Indiae Orientalis[M]// N. Wallich [ed.], Plantae Asiaticae Rariores.Treuttel Wurtz and Richter, London, 3: 70-122.

NEES VON ESENBECK C G, 1847. (Acanthaceae)[M]// Candolle A D., Prodromus systematis naturalis regni vegetabilis Tomus II. Paris: Treuttel and Würtz: 46-519.

SCOTLAND R W, VOLLESEN K, 2000. Classification of Acanthaceae[J]. Kew Bull, 55: 513-589.

STAPLES G, HERBST D R, 2005. A Tropical Garden Flora[M]. Honolulu: Bishop Museum Press.

SOH W, KOBAYASHI K, TANG J, et al., 2020.1001 Garden Plants in Singapore[M]. NPark's Publication.

WASSHAUSEN D C, 1988. Acanthaceae of the Southeastern United States[J]. Castanea, 63(2): 99-116.

致谢

感谢马金双老师对本文撰写和修改的指导和帮助！

作者简介

彭彩霞（女，广西南宁人，1972年生），1994年毕业于华中师范大学生物系生物教育专业，获得学士学位，曾在广西柳铁二中（1994—1997）、广州市同德南方中学（1997—2000）、广州市长兴中学（2000—2005）任中学生物教师，喜欢植物摄影，对植物分类有浓厚的兴趣，2014年到中国科学院华南植物园园艺中心工作，为植物数据信息管理工程师，从事植物数据信息管理和植物开发应用等工作，侧重于爵床科、石蒜科等植物的引种、选育及园林应用推广工作。

邓云飞（男，湖南新宁人，1970年生），1992年毕业于湖南农学院园艺系园林专业，1995年毕业于南京林业大学森林资源与环境学院植物学专业，获理学硕士学位，2007年毕业于中国科学院研究生院/中国科学院昆明植物研究所植物学专业，获理学博士学位。1992—1998年在湖南省新宁县林业科学研究所工作，1998年至今在中国科学院华南植物园工作，为研究员、博士生导师，长期从事植物系统与分类学研究工作，专长于爵床科的系统与分类学研究。

园林之母
China

07

-SEVEN-

韩尔礼的植物学之路

The Botanical Pathway of Augustine Henry

许奕华*
（中农立华生物科技股份有限公司）

XU Yihua*
(Sino-Agri Leading Biosciences Co. LTD.)

* 邮箱：xuyihua@sino-agri-sal.com

摘　要： 韩尔礼（Augustine Henry, 1857—1930）的植物学生涯始于1885年。将近15年的时间里，他在中国湖北、四川（重庆）、海南、台湾、云南等地进行了大规模的植物标本采集，贡献了最多的中国新分类群，为世界打开了中国植物学的一扇门。他编写中国植物的论文，为中国植物辨析学名，介绍中国植物用途、前景，搭建了中国植物与世界沟通的一座桥。他开展了大量的引种，把中国植物尤其是园林植物引种到英国，并促成了威尔逊（Ernest Henry Wilson，1876—1930）、傅礼士（George Forrest，1873—1932）等大批植物猎人来华开展大规模的植物引种，在西方国家形成了中国植物热潮，中国也因此以世界园林之母闻名于世。

本章对韩尔礼1885—1899年的采集工作按时间进行了分析，结合以前的研究、韩尔礼的信件和标本等信息划分成26次采集，确认了每次采集活动的地点和路线。对韩尔礼标本主要保存地：哈佛大学标本馆（A, AMES, ECOM, FH, GH）、柏林达莱植物园与植物博物馆（B）、大英自然历史博物馆（BM）、爱丁堡皇家植物园标本馆（E）、日内瓦植物园标本馆（G）、邱园标本馆（K）、纽约植物园标本馆（NY）、法国国立自然历史博物馆标本馆（P）以及史密森尼学会标本馆（US）等13个馆藏的2 040个新分类群的采集地点进行了确认，按省份以及县进行了统计。介绍并解读了韩尔礼与中国相关的3篇论著：《中国植物名称》《中国经济植物注释》《台湾植物名录》。收集、统计了韩尔礼引种成功的32种中国植物的引种时间、地点和文献。对韩尔礼的生平、回英国后从事林业研究时的演化生物学、引种、育种等工作进行了概述。最后综合了韩尔礼的专业素养、职业、成就等因素把韩尔礼的植物学经历分为兴趣学习、专家和专职三个阶段，以飨读者。

关键词： 韩尔礼　中国植物　贡献

Abstract: Augustine Henry (1857—1930)'s botanical exploration began in 1885. During the following nearly 15 years, Henry took massive plant-collecting trips in Hubei, Sichuan (including Chongqing), Hainan, Taiwan, Yunnan and other parts of China. He collected plants, seeds and specimens, many of which proved new to science until then. Henry collected the most numbers of Chinese flora as new taxa and uncovered the gem of Chinese flora in the world. Henry studied on Chinese plants and compiled papers, coincided common Chinese names with botanical names, and introduced the Chinese economical plants. He set up one bridge between flora of China and that of the world. Henry carried out a vast number of introductions, particularly of horticultural plants to Europe. As a result of his insisting and helping, many of plant 'hunters', including Ernest Henry Wilson (1876—1930), George Forrest (1873—1932) and so on, came to China. All the European garden excited on Chinese plants collected and introduced by those professional hunters, so China became the Mother of Gardens in the world.

In this work, Henry's twenty-six times collections from 1885 to 1899 were summed up. Each collection's location and route were confirmed according to the previous research, his correspondences, specimens, etc. The locations of 2040 new taxa, which type specimens were kept in 13 herbaria, including A (AMES, ECOM, FH and GH), B, BM, E, G, K, NY, P and US, were identified and listed in counties and provinces of China. Three Henry's papers/books: *Chinese Names of Plants, Notes on Economic Botany of China* and *A List of Plants from Taiwan*, with some preliminary remarks on geography, nature of the flora and economic botany of the island, were brief introduced. The introduced time, locations as well as the literatures of Thirty-two Chinese species successfully introduced by Henry were collected and analyzed. An overview of Henry's life, particularly his forestry research on evolutionary biology and plant introduction and breeding after back to Britain were provided. Finally, according to his literacy, career, and achievements, Henry's botanical experience could be divided into three stages: interest and learning stage, expert stage, and full-time stage. The author hopes this article will enable readers to learn about Henry holistically.

Keywords: Augustine Henry, Chinese plants, Contribution

许奕华，2024，第7章，韩尔礼的植物学之路；中国——二十一世纪的园林之母，第七卷：339-361页.

中国植物采集是由国外外交官、传教士、博物学家等开始的。1885年之前，多集中在中国华北、东北、华东、华南、西北、西南等周边地区（王印政 等, 2004; 马金双, 2020）。在中西部地区，虽然托马斯·沃特斯（Thomas Watters, 1840—1901）于1878年4月到达宜昌采集植物，查尔斯·马里埃斯（Charles Maries, 1851—1902）于1879年春到宜昌采集和引种（O'Brien, 2011）。但由于没能深入采集，上述两位采集者错过了中国华中植物的宝藏，却被来自爱尔兰的韩尔礼打开了这个宝藏的大门。

韩尔礼1882年到宜昌海关任职后，工作中要经手大量的中草药，对中草药鉴定的需要加上在对宜昌周边的考察和游玩中的接触，他渐渐对植物产生兴趣。1885年开始学习植物学知识和开展植物采集。根据韩尔礼记述，他在宜昌采集的第一份植物是单叶铁线莲（*Clematis henryi*）（Henry, 1902），到1900年12月在上海采集舟山新木姜子（*Neolitsea sericea*）结束。韩尔礼在中国的植物采集时间跨度长（将近15年）、采集范围大（包括了华中、华南、西南和台湾等地）。他和他所培训并雇佣的植物采集者共采集6 000余种植物的158 050份标本，其中包括5个新科、37个新属、1 338个新种以及338个新变种、30个新亚种和20个新变型，共计1 726个新发现（O'Brien, 2011）。上述数据经文献及模式标本研究，确认基于韩尔礼采集的植物发表的新科为7个（附录1）、新属为34个（附录2）。在对已知收藏有韩尔礼采集标本的21个标本馆中主要12个标本馆的线上数据分析后发现总计有2 040个新分类群的模式标本，其中有新种1 775个、新变种221个、新亚种28个、新变型16个。种及以下新分类群的数据也与O'Brien（2011）不同，有待后续进行文献和模式标本对比研究确认。本章的分析以收集到的标本馆信息为基础。在中国植物采集史上，采集数量仅次于赖神甫（Abbé Pierre Jean Marie Delavay, 1834—1895）[据《中国植物采集简史》数据，赖神甫的标本为20万份左右（王印政 等, 2004）]，但采集植物中新类群的数量是最多的，在中国植物学研究史上具有重要意义。也让当时的英国、美国等国家重新认识了中国植物资源的多样性，并由此引发了又一轮的中国植物引种热。韩尔礼在中国15年的采集成果，也是三卷本《中国植物名录》（*Index Florae Sinensis*, 1886—1905）的主要依据。可以说，正是韩尔礼奠定了之后的中国植物采集基础，没有韩尔礼的发现和对中国植物发现的推动，西方世界对中国中西部地区的植物认识，将会大为推迟，当今世界温带地区的花园里，许多妖娆艳丽的装饰花木也很可能不会出现（叶文, 马金双, 2012）。

也因其杰出的成就，胡先骕（1894—1968）称赞韩尔礼"作为中国西部的一位开拓性的资深植物学家，不仅为世界增加了许多关于中国植物的知识，而且为中国植物学学生树立了一个很好的榜样"（Moore, 1942）。《中国植物图谱》（第二卷）以其特有的方式向韩尔礼表达中国植物学者的敬意，在扉页上写明以此书献给韩尔礼，称誉他为"因其对中国中部和西南地区植物的不懈研究，中国植物学得以极大的发展"（胡先骕, 陈焕镛, 1929）。

56岁的韩尔礼（O'Brien, 2011）

1 韩尔礼的生平概述

1.1 成长经历

1857年7月2日，韩尔礼出生于苏格兰的第四大城市——邓迪市（Dundee）。他的父亲伯纳德·亨利（Bernard Henry, 1830—1891）是爱尔兰（现北爱尔兰）德里（Derry）人，德里位于爱尔兰岛西北，是爱尔兰岛上的第四大城市；母亲玛丽·亨利（Mary Henry, ？—1871）是苏格兰邓迪人。出生1个月后，他的父亲带着全家搬到了爱尔兰（现北爱尔兰）蒂龙郡（County Tyrone）的库克斯敦（Cookstown）。韩尔礼14岁的时候，他的母亲不幸离世，之后他和他的1个姐姐、3个妹妹和4个弟弟在德里跟祖母共度时光。

1877年，韩尔礼20岁的时候，从高威女王学院（Queen's College, Galway）（现爱尔兰国立高威大学）毕业。翌年从贝尔法斯特女王学院（Queen's College, Belfast）（现贝尔法斯特女王大学）取得了文学硕士学位。按照当时的规定，在伦敦的教学医院度过了近1年的时间后，韩尔礼于1879年回到了贝尔法斯特。

1.2 来到中国

在爱丁堡（Edinburgh）通过了医学资质考试后，1881年8月韩尔礼被当时清政府海关总税务司罗伯特·赫德（Robert Hart, 1835—1911）录取，成为中国海关关员。韩尔礼在此机构持续工作近20年，直到1900年离开中国。当时负责征收关税的清政府海关归属管理外交事务的总理衙门管辖，协助处理部分外交事务（陈诗启, 1980）。这也许是《中国植物采集简史》一文中把韩尔礼称作英国外交官（王印政 等, 2004）的缘由。

1881年7月，韩尔礼经香港到达上海，经过培训后开始了他海关关员的工作和生活。翌年3月被派到宜昌海关任助理医官和海关关税员。途经汉口后，4月到达宜昌。宜昌海关成立于1877年4月，是当时中国西部最偏远的海关，但它当时不仅负责管辖宜昌范围内的海关业务，还负责管辖监理沙市和荆州等地的海关业务，同时还负责指导重庆代理官员的海关业务。因此，宜昌海关地位高，也是长江上重要的通商口岸（李明义, 2016）。

当时进出川藏的货物都要在宜昌中转，出口贸易的产品中有大量的中药材。韩尔礼的工作之一就是要列出通过口岸的植物和动物药材的名录。正是对应中草药的植物学名和中国俗称甚至是地方名、白话名的困难激发了他对植物学的兴趣。根据他本人的日记，1884年8月开始订购植物学书籍，学习植物学相关知识，11月开始对宜昌周边进行了植物考察和研究。在当时，英国驻广州副领事、著名植物学家亨利·弗莱彻·汉斯（Henry Fletcher Hance, 1827—1886）、时任英国皇家植物园邱园主任约瑟夫·多尔顿·胡克（Joseph Dalton Hooker, 1817—1911）的指点帮助下，他的植物学知识和技能日臻完善。自此他开始了清政府海关关员和植物学者两条道路并行的人生经历。到1889年2月，离开宜昌前他在近5年的时间里，采集的植物标本中包含了500余个新种、25余个新属和1个新科。

1889年4月，韩尔礼调任海南海关。由于不幸感染了疟疾，4个月后他离开海口，回到香港。经总税务司赫德同意，韩尔礼获得了为期2年的休假。8月他从香港出发，游历了日本的横滨、东京，美国旧金山、芝加哥，加拿大多伦多后，10月终于回到了他阔别9年的家乡。

1889年11月，韩尔礼来到他心念已久的邱园。在这里，他与邱园园长威廉·特纳·西塞尔顿-戴尔（William Turner Thiselton-Dyer, 1843—1928）和约翰·吉尔伯特·贝克（John Gilbert Baker,

1834—1920）、威廉·博廷·赫姆斯利（William Botting Hemsley, 1843—1924）、丹尼尔·奥利弗（Daniel Oliver, 1830—1916）、奥托·施塔普夫（Otto Stapf, 1857—1933）等植物学家深入交流，也见到了当时欧洲最大的苗圃公司——维奇苗圃（Veitch's Nurseries）的领导者哈里·维奇（Harrey Veitch, 1840—1924）。韩尔礼寄回邱园的植物标本由邱园植物分类学家赫姆斯利等鉴定并给他寄回所采集的植物名录（马金双, 叶文, 2013）。接下来，韩尔礼在邱园进行了为期18个月的植物学的学习和研究。这段时间的学习弥补了他的植物学专业理论知识，他也成为当时西方权威的中国植物专家之一。

也正是在邱园期间，韩尔礼结识了来自伦敦珠宝商女儿的卡罗琳·奥里奇（Caroline Orridge, 1860—1894），他坠入了爱河，1891年6月,与卡罗琳结婚，婚后不久夫妻俩相伴前往中国上海。

不幸的是，在途中卡罗琳患上了肺结核。到达上海时，卡罗琳的病情相当严重。囿于当时的医疗条件，卡罗琳病情反复。考虑到温暖的气候有利于卡罗琳的病情，韩尔礼申请到台湾南部工作。1892年11月，韩尔礼夫妻俩到达台湾高雄。此后1年多，卡罗琳的健康状况并没有明显改善，最后他们决定前往美国。

1894年1月，韩尔礼送卡罗琳从台湾到香港，卡罗琳与韩尔礼的妹妹玛丽·亨利（Mary Henry）会合后前往美国科罗拉多州，期望在那里得到康复，韩尔礼则回到台湾。只是没想到香港一别竟是永别，9月卡罗琳因肺出血在美国丹佛去世。为了纪念卡罗琳，报春花科的卡罗琳属［*Carolinella* Hemsl.，已修订，现为报春花属倒卵叶报春组——Sect. *Carolinella* (Hemsl.) Pax］和柯属的红心柯（*Lithocarpus carolineae*）以卡罗琳来命名。

1894年11月，韩尔礼离开台湾，在欧洲短暂停留后到达美国丹佛，拜访了哈佛大学阿诺德树木园后，悲伤地回到伦敦。韩尔礼又回到邱园标本馆，他只能用繁忙的工作来减轻内心的丧妻之痛。

1895年1月，韩尔礼第三次到达上海，在朋友们的陪伴与帮助下，慢慢地从失去卡罗琳的伤痛中振作起来。1896年5月，韩尔礼离开上海，经香港、海口、越南老街，6月到达云南省蒙自海关赴任。云南是植物的天堂，工作之余他几乎是全身心地投入到植物的采集研究工作。

1898年1月，他被调任云南海关思茅站，7月被任命为思茅海关税务司。他的工作更忙了，只能雇佣本地采集者帮他去采集植物标本。他最得力的植物采集助手老何（Old ho，音译）因为疟疾不幸于1899年4月去世。为了纪念老何，红河鹅掌柴（*Heptapleurum hoi*）和藤菊（*Senecio hoi*，已修订，现为*Cissampelopsis volubilis*）以老何的姓来命名。

1899年9月，韩尔礼在思茅见到来自伦敦的植物采集者——威尔逊。因为升任为蒙自海关税务司，10月，韩尔礼与威尔逊离开思茅，相伴回到了蒙自。11月初到蒙自后，韩尔礼立即投入在义和团运动中被毁的蒙自海关重建工作。6个月后，重建工作完成。

1900年义和团事件爆发，在蒙自的韩尔礼处境也在恶化。由于与北京通讯已经中断，收不到来自赫德的指令，韩尔礼必须对5名欧洲同事的安全负责。7月中旬，韩尔礼带着同事从蒙自撤到离越南老街更近的云南河口海关。近20年的中国海关工作以及发生的义和团事件都让韩尔礼感到持续的疲倦。8月，韩尔礼写了辞职信，准备辞职回家。12月，韩尔礼收到回信，辞职没有被批准，但准许他修2年的半薪假期，而他去意已决。12月31日离开上海后，再也没有回到中国，也彻底结束了他的海关工作，之后他可以专职走植物学相关的研究道路了。

1.3 离开中国

途经斯里兰卡和印度后，韩尔礼回到了伦敦。接下来的一年，他都在邱园研究他从中国采集的植物。也正是在这段时间里，他得以仔细思考未来的计划。感于爱尔兰位列欧洲最低的森林覆盖率和落后的森林学研究，以及在中国屡屡可见的被毁的森林植被，韩尔礼决心从事森林学的相关研究，期待能有助于爱尔兰的森林重建和保护。1902年10月，他到当时欧洲森林学最领先的法国南锡国家林业学校学习。1903年4月，韩尔礼在法国见到了英国著名的作家和树木学家亨利·约翰·埃尔威斯（Henry John Elwes, 1846—1922），并商定共同编著《大不列颠和爱尔兰树木志》（*The Trees of Britain and Ireland*, 1906—1913）（Elwes & Henry, 1906—1913）。1903年8月，韩尔礼从法国回到英国，在邱园开始《大不列颠和爱尔兰树木志》的编写工作，该书共7卷，于1906—1913年陆续出版。

1905年春，韩尔礼回到并居住在爱尔兰格拉斯内文国家植物园（National Botanic Garden, Glasnevin），其后携埃尔威斯、弗雷德里克·穆尔（Frederick Moore, 1857—1949）等友人游历了卡斯尔韦伦（Castlewellan）、阿瑟山（Mount Usher）、福塔（Fota）、德伦（Derreen）、格拉斯内文（Glasnevin）等5个爱尔兰出色的植物园。1906年，出于树木学研究的需要，韩尔礼游历并研究了美国和加拿大的森林植物后，从美国波士顿经直布罗陀海峡，穿越地中海到达那不勒斯，并由此去罗马、佛罗伦萨，最终到达法国科西嘉，并在这度过了1907年新年。

1907年8月，韩尔礼被任命为剑桥大学植物学院（Botany School）的高级讲师，后升任教授。期间，韩尔礼第二次坠入爱河，1908年3月，与来自医生家庭的爱丽丝·布伦顿（Alice Brunton, 1882—1956）结婚，开始幸福的家庭生活。并且日积月累，在韩尔礼熏陶下，布伦顿也成为出色的植物学家。同年，韩尔礼获得剑桥大学荣誉文学硕士学位，还游历了丹麦、挪威和瑞典研究斯堪的纳维亚特色森林和植物园，到访了乌普萨拉大学（Uppsala University）植物园，瞻仰了院内卡尔·林奈（Carl Linnaeus, 1707—1778）手植的黑杨（*Populus nigra*）。

1909年，韩尔礼在剑桥欧洲榆属植物的种植试验中发现“纯”种如光叶榆（*Ulmus glabra*）具有幼苗表型一致性，而一些所谓“变种”其实是杂交种，如亨氏榆（Huntingdon elm）幼苗对生和互生的叶序性状符合3∶1的孟德尔分离定律，而且杂种优势明显。受此启发，韩尔礼开始了速生树种的杂交育种。

1912年，韩尔礼在剑桥开始了桦、桤、榆、落叶松以及杨树等树种的杂交试验，并获得了速生的、当时世界上首次人工选育的黑杨和白杨杂交种格氏杨（*Populus × generosa*），并在法国南部和意大利北部作为材用树进行种植，但因其易感细菌性溃疡病而没能继续推广。沙兰杨（*Populus × vernirubens*）是韩尔礼选出的另一个杨树品种，该品种树形优美、幼叶铜红色、观赏价值高，是来自美洲黑杨‘卡罗琳’（*Populus deltoides* ‘Carolin’）的自然杂交种。

1913年，最后一卷《大不列颠和爱尔兰树木志》完稿，此书迄今依旧是英国和爱尔兰最出色的树木学著作。1913年4月，韩尔礼终于结束了32年的异乡漂泊，回到爱尔兰，被聘为都柏林皇家科学院（现都柏林大学学院）林学讲座教授，继续他深爱的树木学教学和树木育种研究，直至1926年退休。1930年3月，韩尔礼在家中病逝。

2 韩尔礼的采集经历

韩尔礼先后在湖北、海南、台湾、云南等地任职，也以上述地点为主采集植物。作为一名尽职的海关税务工作人员，韩尔礼只能利用下班后、周末、节假日等闲暇时间在工作所在地周边采集植物。但他想方设法组织和参加了多次专门的采集植物之行，培训并雇用了当地人为他采集植物标本，弥补了他不能长时间外出的缺憾。

2.1 湖北植物采集概况

韩尔礼1882年4月到达宜昌，但他对植物感兴趣并开始采集植物标本是从1884年8月开始的，并在1885年5月开始雇用当地人为他采集植物。如前所述，韩尔礼只能利用下班后和周末闲暇时间在宜昌及周边采集植物，他培训并雇用了当地人扩大了他采集的范围和深度。

1888年4月开始，韩尔礼利用获批的6个月假期，开展了两次深度采集。第一次是1888年4~6月，从宜昌出发，经长阳、巴东、秭归、建始，并从建始进入当时巫山南部（当时属四川，现归重庆）采集植物，在巫山采集到了光叶珙桐（*Davidia involucrata* var. *vilmoriniana*）。第二次是1888年7~10月，从宜昌出发，经巴东、兴山、房县，到达华中屋脊——神农架，由此至巴东北部、巫山北部回到宜昌。此次采集，韩尔礼雇用了24个当地人帮他采集，采集了27 300份植物标本。

即使离开宜昌，韩尔礼之前雇佣的当地人在湖北的植物采集还在继续，1889年5月，他在海南收到了当地人采集的房县植物标本。

2.2 四川植物采集概况

当时巫山归属于四川，而韩尔礼采集的部分植物标本只标注四川，因此本章把巫山采集的标本还归到四川来讨论。除了1888年亲自到达巫山采集外，韩尔礼还雇人于1889年和1890年跟随他的宜昌海关同事安特卫普·普拉特（Antwerp Pratt, 1852—1920）去川藏采集植物，途经巴东、重庆、乐山、瓦山、峨眉山等地。

2.3 海南植物采集概况

韩尔礼在海南的时间只有1889年4~8月的4个月时间，因此，他本人主要在海口周边采集植物，包括琼山，而儋州和岭门的植物则雇佣当地采集人采集。

2.4 台湾植物采集概况

1892年11月，韩尔礼到达台湾高雄，他在台湾的采集时间为1893—1894年，采集地点包括高雄、屏东、台东、嘉义等地，而新北市淡水的植物则是由淡水海关税务的霍齐亚·莫尔斯（Hosea Morse, 1855—1934）和莫尔斯雇的当地人采集的。韩尔礼在台湾采集了23 000多份植物标本。

2.5 云南植物采集概况

1895年6月至1900年12月，韩尔礼在蒙自和思茅海关任职。虽然居住工作时长不如湖北宜昌，但采集植物的时间却超过了湖北，他采集植物也以蒙自和思茅为中心。当时的蒙自是云南省对外贸易的最大口岸，云南80%以上的进出口物资通过蒙自转运，可以想见韩尔礼海关税务工作也不轻松。如同在宜昌一样，他本人利用工作之外的时间采集植物，而他雇佣的采集人则远到西双版纳等地。如同在台湾一样，韩尔礼在蒙自时请当时法国驻思茅的领事皮埃尔·邦·迪安蒂（Pierre

Bons D'Anty, 1859—1916）采集思茅植物，大约有500份。

韩尔礼采集年份、时间、地点及代表植物如表1所示。

表1　韩尔礼主要采集时间、地点（路线）和代表植物

年份	月份	省份	采集区域或路线	备注及代表植物
1885	4～9	湖北	宜昌周边［24km范围，包括磨基山、三游洞、羚羊谷（现凉风沟）、平善坝］	共采集了1 073份标本，代表植物：漆树（*Rhus verniciflua*），打破碗花花（*Anemone hupehensis*），宜昌荚蒾（*Viburnum ichangensis*），花叶地锦（*Parthenocissus henryana*），单瓣月季（*Rosa chinensis* f. *spontanae*）等
	*		巴东	由韩尔礼雇人在巴东采集，代表植物：厚朴（*Magnolia officinalis*），湖北羊蹄甲（*Bauhinia hupehana*），锥栗（*Castabae henryi*），湖北海棠（*Malus hupehensis*），皱叶荚蒾（*Viburnum rhytidophyllum*），雪胆（*Hemsleya chinensis*）等
1886	4		宜昌周边（羚羊谷、磨基山）	代表植物：巴蜀报春（*Primula rupestris*），裂唇舌喙兰（*Hemipilia henryi*），紫珠（*Callicarpa bodinieri*），冬青叶鼠刺（*Itea ilicifolia*）等
	5		宜昌周边（莲沱）	代表植物：大百合（*Cardiocrinum giganteum* var. *yunnanense*），毛叶木瓜（*Chaenomeles cathayensis*），半蒴苣苔（*Hemiboea henryi*），崖白菜［（*Triaenophora rupetris*（syn. *Rehmannia rupetris*）］，野扇花（*Sarcococca ruscifolia*）等
	6		宜昌周边（三友洞、羚羊谷、平善坝）	代表植物：水竹（*Phyllostachys chinensis*），开口箭（*Tuspistra chinensis*），盾叶唐松草（*Thalictrum ichangense*），宜昌楼梯草（*Elatostema ichangense*），宜昌飘拂草（*Fimbristylis henryi*）等
	9		宜昌	代表植物：茶菱（*Trapella sinensis*）
	*		巴东	由韩尔礼雇人在巴东采集，代表植物：毛肋杜鹃（*Rhododendron angustinii*），武当木兰（*Magnolia sprengeri*），石灰花楸（*Sorbus folgneri*），巴东荚蒾（*Viburnum henryi*），异色溲疏（*Deutzia discolor*）等
1887	2		宜昌周边（羚羊谷）	代表植物：宽苞十大功劳［（*Mahonia eurybracteata*（syn. *M. confusa*）］，丽叶女贞（*Ligustrum henryi*），紫脊百合（*Lilium leucanthum* var. *centifolium*），宜昌胡颓子（*Elaeagnus henryi*），红茴香（*Illicium henryi*）等
	5		宜昌周边（羚羊谷）	代表植物：华中五味子（*Schisandra sphenanthera*），异叶马兜铃（*Aristolochia heterophylla*）等
	全年		巴东、宜昌、莲沱	由韩尔礼雇人采集，代表植物：红麸杨（*Rhus punjabensis* var. *sinica*），杜仲（*Eucommia ulmoides*），宜昌悬钩子（*Rubus ichangensis*），宜昌木兰（*Indigofera ichangensis*），绢毛山梅花（*Philadelphus hupehensis*）、香果树（*Emmenopterys henryi*）、毛药藤（*Sindechites henryi*）等
1888	4～6	湖北、四川	宜昌-长阳-巴东-秭归-建始-巫山南部（当时属四川，现归重庆）	代表植物：光皮梾木（*Cornus wilsoniana*），湖北卫矛（*Euonymus hupehensis*），紫茎（*Stewartia sinensis*），鸡爪槭（*Acer palmatum*），光叶珙桐（*Davidia involurata* var. *vilmoriniana*）、金钱槭（*Dipteronia sinensis*）、山拐枣（*Poliothyrsis sinensis*）、四川藤（*Sichuania alterniloba*）等
	7～10	湖北、四川	宜昌（东湖）-巴东-兴山-房县-神农架-巴东北部-巫山北部-宜昌	代表植物：毛糯米椴（*Tilia henryana*），川党参（*Codonopsis tangshen*），米心水青冈（*Fagus ebgleriana*），巴东风毛菊（*Saruma henryi*），当归（*Angelica sinensis*），直瓣苣苔（*Ancylostemon saxatilis*）、山白树（*Sinowilsonia henryi*）等
1889	3	海南	海口周边、儋州、岭门	儋州、岭门的标本为韩尔礼雇人采集，代表植物：长叶茅膏菜（*Drosera indica*），厚藤（*Ipomoea pes-captae*），海南冬青（*Ilex haianensis*），海南山姜（*Alpinia hainanensis*），南海芋（*Alocasia hainanica*）
	3～9	湖北、重庆、四川	宜昌-巴东-万县-重庆-乐山-瓦山-泸定-康定-瓦山-乐山-宜昌	为普拉特原本为采集动物标本而组织的考察，普拉特在1889年和1890年共组织了2次采集，韩尔礼本人没有参加，但在他的建议下，考察带上了韩尔礼的采集人采集植物。韩尔礼的采集人将采集的植物标本分成两份，韩尔礼的那部分主要保留了与湖北不一样的，采集的代表植物：不凡杜鹃（*Rhododendron insigne*），华中茶藨子（*Ribes henryi*），梯叶花楸（*Sorbus scalaris*）、棱果秤锤树（*Sinojackia henryi*）等

（续）

年份	月份	省份	采集区域或路线	备注及代表植物
1890	2~9	湖北、四川	宜昌-乐山-峨眉山-雅安-康定-宝兴（穆坪）-峨眉山-乐山-巫山-宜昌	如上所述，也是普拉特组织的考察，韩尔礼的那份标本中代表植物：粉被灯台报春（*Primula pulverulenta*）、四川花楸（*Sorbus setschwanensis*）等
1893—1894	*	台湾	台湾南部，包括高雄（寿山）、屏东（万金、南岬）、新北（淡水）等地	总共采集了23 000份标本，代表植物：台湾丁公藤（*Erycibe henryi*）、台湾油芒（*Eccoilopus formosanus*）、台湾枇杷（*Eriobotrya deflexa*）、昆栏树（*Trochodendron aralioides*）、台北桤木（*Alnus henryi*）
1896	6	云南	蒙自、思茅	其中思茅的标本由当时法国驻思茅领事迪安蒂代采，代表植物：蒙自合欢（*Albizia bracteata*）、柳叶金叶子（*Craibiodendron henryi*）、蒙自虎耳草（*Saxifraga mengtziana*）、伯乐树（*Bretschneidera sinensis*）、云南金钱槭（*Dipteronia dyeriana*）
	7		蒙自（大黑山）	代表植物：蒙自栒子（*Cotoneaster harrovianus*）、接骨木（*Sambucus williamsii*）、大花独蒜兰（*Pleione grandiflora*）
	9		红河（曼美）	代表植物：茶（*Camellia sinensis*）、篦齿蕨（*Polypodium manmeiense*）、红河冬青（*Ilex manneiense*）
	11		弥勒、路南、石林	代表植物：蒙自桂花（*Osmanthus henryi*）、阿里山十大功劳（*Mahonia lomariifolia*）、聚花野丁香（*Leptodermis glomerata*）、云南獐牙菜（*Swertia yunnanensis*）、扇蕨（*Neocheiropteris henryi*）
	12		屏边（大围山）	采集了10 000余份标本，有1 000余个新分类群。代表植物：滇川醉鱼草（*Buddleja forrestii*）、栀子皮（*Itoa orientalis*）、蒙自苹婆（*Sterculia henryi*）、双齿香茉莉（*Huodendron biaristatum*）、颠兰（*Hancockia uniflora*），亨利原始观音座莲（*Archangiopteris henryi*）
1897	1		哀牢山（蔓耗、逢春岭、元阳）	代表植物：红花杜鹃（*Rhododendron spanotrichu*）、显脉红花荷（*Rhodoleia henryi*）、翅柄紫茎（*Stewartia pteropetiolata*）、心叶报春（*Primula partschian*）、猫尾木（*Dolichandrone cauda-felina*）
1898	3		思茅	代表植物：大叶玉兰（*Magnolia henryi*）、黄花羊角棉（*Alstonia henryi*）、思茅唐松草（*Thalictrum simaoense*）、思茅铁线莲（*Clematis ranunculoides* var. *pteraantha*）、香海仙报春（*Primula wilsonia*）
	4		西双版纳	韩尔礼派当地人采集，代表植物：苦子马槟榔（*Capparis yunnanensis*）
1899	10		思茅-墨江（通关）-元江-蒙自	韩尔礼与威尔逊同行采集标本及植物活材料，代表植物：红心柯（*Lithocarpus carolinae*）、元江铁线莲（*Clematis yuanjiangensis*）、无柄金丝桃（*Hypericum augustinii*）、元江杭子梢（*Campylotropis henryi*）、五室连蕊茶（*Camellia stuartiana*）
1899	11		思茅、红河（曼美）	主要由当地采集人采集，代表植物：大喇叭杜鹃（*Rhododendron excellens*）

注：*为采集时间不详。

大百合（*Cardiocrinum giganteum*）（李光敏）

杜仲（*Eucommia ulmoides*）（李光敏）

中华秋海棠（*Begonia grandis* subsp. *sinensis*）（李策宏）

大血藤（*Sargentodoxa cuneata*）（曾玉亮）

伯乐树（*Bretschneidera sinensis*）（周建军）

宜昌百合（*Lilium leucanthum*）（杜巍）

冬青叶鼠刺（*Itea ilicifolia*）（周厚林）

双花金丝桃（*Hypericum geminiflorum*）（孔繁明）

水青树（*Tetracentron sinense*）（朱鑫鑫）

阔叶原始观音座莲（*Angiopteris latipinna*）（李仁坤）

香果树（*Emmenopterys henryi*）（黄江华）

大花独蒜兰（*Pleione grandiflora*）（阳亿）

金钱槭（*Dipteronia sinensis*）（邢艳兰）

茶菱（*Trapella sinensis*）（周繇）

巴东风毛菊（*Saussurea henryi*）（谭飞）

半蒴苣苔（*Hemiboea subcapitata*）（刘兆龙）

湖北百合（*Lilium henryi*）（廖明林）

山白树（*Sinowilsonia henryi*）（朱仁斌）

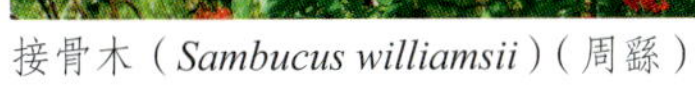

接骨木（*Sambucus williamsii*）（周繇）

巴东荚蒾（*Viburnum henryi*）（雷金睿）

多脉鹅耳枥（*Carpinus polyneura*）（徐延年）

歪叶秋海棠（*Begonia augustinei*）（朱仁斌）

3 韩尔礼采集的植物新分类群的分布

韩尔礼采集的中国植物标本主要保存在邱园（K），后来随着采集量的增加，也分发给了爱丁堡、柏林、圣彼得堡、加尔各答、香港、阿诺德、纽约和密苏里等地，他本人收藏的1万余份标本则在他故去后由他的妻子捐献给了爱尔兰国家植物园标本馆，爱尔兰国家植物园标本馆也因此更名为韩尔礼森林植物标本馆（The Augustine Henry Forestry Herbarium）。据统计现在保存有韩尔礼采集中国植物标本的标本馆共有美国哈佛大学阿诺德树木园（A）、柏林植物园标本馆（B）、大英自然史博物馆（BM）、波兰弗罗茨瓦夫大学植物标本馆（BRSL）、印度中部国立标本馆（CAL）、爱尔兰国立植物园标本馆（DBN）、爱丁堡皇家植物园标本馆（E）、费尔德自然史博物馆（F）、牛津大学植物标本馆（FHO）、日内瓦植物园标本馆（G）、阿萨·格雷标本馆（GH）、香港植物标本室（HK）、英国皇家植物园邱园标本馆（K）、荷兰国家植物标本馆莱顿大学分馆（L）、俄罗斯科学院科马洛夫植物研究所标本馆（LE）、曼彻斯特大学植物标本馆（MANCH）、密苏里植物园标本馆（MO）、纽约植物园（NY）、法国国立自然历史博物馆标本馆（P）、史密森尼学会标本馆（US）、维也纳自然史博物馆（W）等21个。

通过线上查找，收集了哈佛大学标本馆（A, AMES, ECOM, FH, GH）[1]、柏林植物园标本馆（B）[2]、大英自然史博物馆（BM）[3]、爱丁堡皇家植物园标本馆（E）[4]、日内瓦植物园标本馆（G）[5]、邱园标本馆（K）[6]、纽约植物园标本馆（NY）[7]、法国国立自然历史博物馆标本馆（P）[8]以及史密森尼学会标本馆（US）[9]馆藏的韩尔礼采集的标本信息（表2），根据上述标本馆馆藏标本将韩尔礼采集的新分类群做一个分析。

表2　9个标本馆收藏韩尔礼采集植物和新分类群数量

序号	标本馆	标本数量	模式标本数量
1	A	1 918	393
	GH	946	321
	AMES	82	0
	ECOM	1	0
	FH	2	0
2	B	5	1
3	BM	625	184
4	E	1 488	677
5	G	67	52
6	K	3 462	1 382
7	NY	1 529	957
8	P	1 428	128
9	US	5 726	181
合计		17 279	4 276

参考O'Brien（2011）的数据，经过比对上述模式标本，合并处理同分类群、同采集号，总计有2 040个新分类群的模式标本，其中有新种1 775个、新变种221个、新亚种28个、新变型16个。云南是韩尔礼采集到新类群最多的省份，湖北、四川次之（各省采集到的新分类群数量见表3）。

表3　韩尔礼采集的中国新分类群的省份分布

省份	云南	湖北	四川	台湾	海南	浙江
新分类群数量	1 114	693	165	71	28	1

3.1　湖北新类群的数量和分布

韩尔礼在湖北采集的植物中，有新类群690个，其中10个类群仅标注采自湖北但未注明具体采集县（市），680份明确标注了采集县（市），各县（市）的新分类群数量如表4所示。

表4 韩尔礼采集的湖北新分类群的县级分布

县	宜昌	巴东	房县	建始	兴山	长阳	秭归
新分类群数量	319	165	85	52	45	15	5

3.2 四川新类群的数量和分布

韩尔礼在四川采集的植物新类群165个，其中122个采自巫山，7个采自峨眉山，6个采自康定。四川标本是韩尔礼雇佣当地人跟随普拉特采集，未标注具体采集点的标本较多，有30份标本只标注四川，其可能的采集点为乐山、峨眉山、瓦山或康定。

3.3 海南新类群的数量和分布

韩尔礼在海南采集的植物中有新类群28个，全是新种。模式标本采自海口的有12份，还有6份标注的是琼州，也就是海口，3份标本采自岭门，未标注采集地的有7份。

3.4 台湾新类群的数量和分布

韩尔礼在台湾采集了23 000多份植物标本，其中含新分类群71个，来自屏东的有51个，高雄的19个，新竹淡水的1个。

3.5 云南新类群的数量和分布

在云南采集到的新类群有1 114个，其中2个的模式标本未注明采集地，可明确采集地点的有1 112个新分类群，分布如表5所示。

表5 韩尔礼采集的云南新分类群的县级分布

县*	蒙自	思茅	元阳	红河	弥勒	元江	河口	个旧	普洱	路南	石屏	他郎	宁洱	勐腊	易门
数量	567	408	48	37	32	26	11	11	8	6	2	1	1	1	1

注：他郎，今墨江；路南，今石林。

4 韩尔礼在植物分类学及演化生物学研究

除了实用意义上的植物采集、引种、育种等外，韩尔礼一直注重植物名称、名录、标本馆、树木园等传统植物分类学的工作。在中国工作期间，他就完成了3篇/部中国植物的论文/论著，《大不列颠和爱尔兰树木志》的完成更是奠定了他在英国乃至欧洲林业领域的地位。他也是最早以杨、榉、桤、榆、落叶松等为对象，通过栽培、杂交等方法开展树木演化生物学研究的研究者之一。

4.1 韩尔礼完成的与中国植物有关的分类学研究

韩尔礼完成了3部与中国植物相关的论文：最早完成的是写于1888年的《中国植物名称》（*Chinese Names of Plants*）（Henry, 1888），1893年他完成了《中国经济植物注释》（*Notes on Economic Botany of China*）（Henry, 1893），最后完成的是《台湾植物名录》（Henry, 1896）。

4.1.1 《中国植物名称》

韩尔礼对1884—1887年三年间采自宜昌、巴东、朝阳等地的565个植物本地名、中文名和学名进行了对比研究，其中本地名主要来自为韩尔礼工作的本地采集人，中文名来自1881年Dr. Bretschneider在《皇家亚洲学会杂志（中国植物）》上发表的《植物名实图考》和《本草纲目》，注音部分也参考了分音字典（William's Syllabic Dictionary），学名则来自邱园植物园的鉴定结果。

这可以说是韩尔礼第一篇植物分类学的研究论文，该文有3个特点，一是文中对大部分植物的特征和用途进行了描述，但依旧有24种名称难以确认；第二个特点是名称以宜昌、巴东和长阳等地的本地名称为主，韩尔礼本人也指出在后续的研究中要多关注中国植物学书籍的名称；第三个特点是考虑以中文名为研究对象，文中植物以中文发音来排序，没有按照分类系统来进行分类。

4.1.2 《中国经济植物注释》

不同于写《中国植物名称》时的1888年，韩尔礼仅仅是湖北植物的采集者。1892年，他又经历了海南的植物采集，和中国香港、日本、美国及英国等地众多植物学家交流学习，植物学修养大大提高，他更加自信也准备好帮助其他植物学工作者（Nelson, 1986）。时任邱园主任对中国印刷用和女性头发护理用树木的种类感兴趣，应他的要求以及韩尔礼本身的兴趣，撰写了《中国经济植物注释》这篇论文。这篇论文最早发表在当时上海发行的月刊*The Messenger*上，1893年由上海的美华书馆（The Presbyterian Mission Press）以单册印刷出版（Henry, 1893）。

如前所述，韩尔礼当时对中国植物已经非常熟悉，包括各地的名称、药材的海关名称以及学名，因此本书中没有应用按照字母或系统排序，而是按地区（地理）分成两部分。一是盛京（Shêng-king），包括的是中国东北地区植物，二是中国西部（Western China），包括了湖北、陕西、贵州和云南部分地区。其原因可能和当时中国中草药出口的海关有关，东北地区中草药主要是在当时盛京营口的牛庄海关（Shêng-king, Newchwang）（今辽宁营口牛庄），而西部的中草药主要通过上海、宁波、广东、汕头等多地的海关，所以就写了中国西部。在体例上一般是当时的威妥玛式拼音加中文名，在说明了来源、特征、用途等内容后，辨析了对应的学名，有些当时难以确认的也在文中标明。

第一部分记录了东北地区31个药材、6个麻、23个豆类、8个树木以及5个食用菌，共73个经济植物的中文名称；第二部分记录了256个中药材、17个蔬菜、33个树木、10个麻类以及93个油料、漆、茶等生活中应用的植物，共409个经济植物的中文名称。

这篇文章看起来是向西方植物学界介绍当时中国的经济植物，虽然有许多中国植物名（110余个）韩尔礼也不能确定学名，但在客观上架起了中国植物和西方现代植物学沟通的桥梁，有助于当时西方对中国植物学的研究，也让中国植物不仅仅是标本走向世界，而是中国传统植物学走向了世界。

4.1.3 《台湾植物名录》

这是首次对台湾植物进行了系统的研究，全文可分为两部分，第一部分可以说是总论部分，包括了地理、气候、植被、植物区系、种类及经济植物等，也是当时最为全面的研究。即使是这样，韩尔礼在文中也指出，对台湾植物的认识还远远不够，他估计至少一半的植物还没被发现和认识。基于这个基础，台湾植物的研究包括了1 429种植物，其中包括1 283种有花植物（其中含81种栽培植物和20种归化植物）、131种蕨类植物和15种拟蕨类植物（fern-allies）。分布上来看，分成了山地植物（与华中、华南、日本植物相近）、平原植物（与印度平原植物、少数菲律宾植物相近）以及沿海植物3个部分。区系上来看，包含了以下的特点：一是特有植物成分（103个台湾特有种，分属79个属，没有特有属）；二是印度平原植物成分（印度平原、华南也有分布，台湾平原植物多属于这一成分）；三是喜马拉雅、华中、日本植物成分（这也是台湾优势植物成分，山地植物多是这一成分）；四是菲律宾岛屿植物成分（该成分数量较少，只见于南部）；五是澳大利亚植物成分［数量更少，仅台湾相思（*Acacia richii*）、赤箭莎（*Schoenus falcatus*）、三星果（*Tristellateia australasica*)、球菊(*Epeltes australis*)、鹿角草(*Glossogyne tenuifolia*)等植物)]。

从周边地区共有比例来看，与中国大陆的共有种比例最高(97.5%)，其次是印度-马来区域(45.5%)，第三是日本区域(29%)及中国台湾特有(10%)。从系统上看，包含种类最多的3个科分别是豆科(109种)、菊科(80种)、荨麻科(64种)；包含种类最多的3个属分别是莎草属(22种)、榕属(18种)、番薯属(18种)。除了栽培的粮食和观赏植物外，韩尔礼就当时台湾的樟脑、茶、靛蓝、织物、姜黄、薯莨、藤条、材用、肥皂树等经济植物进行了讨论。

该文的第二部分也是主要部分，收录了有花植物1 279种，蕨类和拟蕨类植物149种以及海藻类7种。收录的植物中大部分都标注了采集地点、采集号，部分植物还给出了分类学处理意见，中文名、地方名等则多在经济植物中有描述。也囿于当时的研究基础，在上述列出的植物种类中，还有143种未能鉴定或存疑，其中有花植物140种。

4.2 演化生物学研究

韩尔礼对当时4种榆树：山榆(*Ulmus montana*)、光叶榆(*U. glabra*)、家榆(*U. campestris*)、维基塔榆(*U. vegeta*)及其变种进行了研究(Henry, 1910)。通过播种试验，韩尔礼发现：①山榆和光叶榆的幼苗表现一致，属于“纯合”种；②不同地区的维基塔榆后代幼苗分离多样：剑桥布鲁克兰兹(Brookland)大街的维基塔榆在1个性状(叶序)呈现2种分离(3∶1)，2个性状(叶序、幼叶大小)是4种分离(9∶3∶3∶1)，3个性状(叶序、幼叶大小、叶柄长短)是8种分离，再加上发芽率等性状则可达到64种分离结果，因此是维基塔榆是山榆和光叶榆的g2代杂交种；其他地区的维基塔榆后代幼苗在叶序上有的是3∶1分离，有的是1∶1分离；在发芽率上来自不同地区的种子差别也极大。

欧洲山毛榉的变种性状则表现在颜色(紫色、红铜色、金黄色和杂色)，叶形(深裂、羽状、簇状)，树形(垂枝、锥形和扭枝形)等特点。不同于榆属植物，山毛榉在欧洲只有1种，韩尔礼认为这是山毛榉变种性状特点的主要因素。

因此，韩尔礼得出结论：属内2个或以上种的植物(如榆、橡树、桦木、椴树)的很多变种其实是两个种之间的杂交种的混合；而只有1个种的树种(如山毛榉、桦木)的变种则多是个体生长过程中发生的变异，自然分布的多是单一的变种个体。该结论也在上述树种中得到了验证。对于植物分类学工作者来说，通过播种、栽培实验等演化生物学的路径来研究相近分类群，即使在今天，依旧是一种行之有效的方法。

07

5 韩尔礼的引种和育种成就

除了在植物采集和植物分类学上的贡献，韩尔礼在引种和育种上也开展了卓有成效的工作。与工作性质相关，与中国植物相关的引种工作中他参与或者完成的是把植物材料引进来，种植及后续的工作多由他人完成。回到爱尔兰后开展的引种和育种则是他亲历亲为的。

5.1 中国植物的引种

韩尔礼以其长时间、大规模的植物采集为人熟知和称赞，而他对中国植物的引种却经常被忽视（Andrews et al., 1986）。实际上，早自1885年3月，韩尔礼在给邱园主任胡克写信时，随信寄了一包漆树（*Rhus verniciflus*）种子（Nelson, 1984）。此后直接或间接地以种子或鳞茎形式给英国、美国等引种，一直延续到他离开中国。百合属（*Lilium* spp.）、秋海棠属（*Begonia* spp.）的许多知名植物都源自韩尔礼的引种，而且他引种的种类数量远远不止这些。

1885年，除了上述的漆树种子外，邱园还收到韩尔礼随标本寄来的97包草本植物种子和76包木本植物种子，其中包括柃叶连蕊茶（*Camellia euryoides*）、木香花（*Rosa banksiae*）、大叶醉鱼草（*Buddleja davidii*）、椴树（*Tilia tuan*）等（Nelson, 1983）。1886年11月邱园收到了冬青叶鼠刺（*Itea ilicifolia*）、来江藤（*Brandisia hancei*）、烟草（*Nicotiana tabacum*）的种子以及石蒜（*Lycoris radiata*）的鳞茎。1887年年底，一大批漆树（*Toxicodendron vernicifluum*）种子自宜昌寄至邱园，韩尔礼请求邱园分发给巴黎、柏林、波士顿等地。1888年3月邱园收到了党参（*Codonopsis* spp.）的种子，不过播种后没有发芽，5月收到了铁坚油杉（*Keteleeria davidiana*）的种子，这批种子是成熟的，发芽后的铁坚油杉在邱园生长了20多年。此后几个月，耳叶杜鹃（*Rhododendron auriculatum*）、瓶兰花（*Diospyros armata*）、大叶醉鱼草（*Buddleja davidii*）、猫儿刺（*Ilex pernyi*）、蕊帽忍冬（*Lonicera pileata*）、蕊被忍冬(*L. gynochlamydea*)、球核荚蒾（*Viburnum propinquum*）、茶菱（*Trapella sinensis*）的种子陆续到达邱园（Nelson, 1984）。

1889年3月，韩尔礼离开宜昌，在香港将随身携带的湖北百合（*Lilium henryi*）鳞茎送给了当时的香港植物园园长查尔斯·福特（Charles Ford, 1844—1927），并通过他将部分鳞茎送到了邱园，并从此推广种植。湖北百合也被誉为是最美丽的亚洲百合之一。

1895年2月包括薜荔（*Ficus pumila*）和茶菱在内的6包台湾植物种子寄至邱园。

1898年韩尔礼继续给邱园邮寄种子，虽然2月收到的百合鳞茎大部分腐烂了，3月邱园收到了100多包寄自蒙自的种子，其中存活的有蛛毛苣苔（*Boea cochinchinensis,* 1899年2月开花）和掌叶秋海棠（*Begonia hemsleyana*）。

从另外一个角度来看，他的标本也是引种的一个渠道。1886年10月，米口袋（*Gueldaenstedtia multiflora*）和1个海桐属植物（*Pittosporum* spp.）标本上的种子就被取下来进行播种。1887年3月，獐牙菜（*Swertia* spp.）、玉簪（*Hosta* spp.）、刺柏（*Juniperus formosana*）、半边莲（*Lobelia chinensis*）、紫罗兰（*Matthiola incana*）植物标本上的种子用于播种。5～10月，木香花（*Rosa banksiae*）、大花香水月季（*Rosa macrocarpa*）、莼兰绣球（*Hydrangea longipes*）、2种树莓（*Rubus* spp.）、白屈菜（*Chelidonium majus*）、醉鱼草（*Buddleja* spp.）、紫堇（*Corydalis* spp.）、郁金香（*Tulipa* spp.）等标本上的种子陆续被取来用于播种。取自标本的种子用于播种，最成功的当属大花荷包牡丹（*Dicentra macrantha*），是1889年从来自湖北建始的标本上取的种子播种而得以推广（O'Brien, 2011）。

到1899年年底，邱园从韩尔礼引种的材料中培育了47种（韩尔礼本人的信中为45种），其中包括白刺花（*Sophora davidii*）、羽叶鬼灯檠（*Rodgersia pinnata*）以及6种秋海棠（*Begonia* spp.）（Nelson, 1984）。

邱园之外，韩尔礼邮寄种子和活体材料的对象还包括：1897年自蒙自分2批给利物浦（Liverpool）蜜蜂苗圃（Bees Nursery）创始人阿瑟·基尔平·布利（Arthur Kilpin Bulley, 1861—1942）邮寄了130种植物的种子，给他都柏林的朋友顿埃默出版社（Dun Emer Press）的伊夫琳·格利森（Evelyn Gleeson）女士和布利先生邮寄包含3种兰花。1898年从云南给爱尔兰格拉斯内文国家植物园（National Botanic Garden, Glasnevin）邮寄了6包种子，只不过或是由于种子成熟度不好或是管理的问题，多数种子没能得到持续的关注和研究。不过也有成功的例子，冬青叶鼠刺

（*Itea ilicifolia*）被认为是洛德·凯斯特文（Lord Kesteven, 1851—1915）从韩尔礼处获得种子，并推广到英国各地的（Nelson, 1985）。

1984年，Nelson统计了28种引种成功的植物（Nelson, 1984），其中*Actinostemon glandulosum*可能是鉴定错误不予计入。此后研究者陆续收集发现了韩尔礼引种成功的其他植物。据统计，经韩尔礼引种成功的植物种类总共有32种（表6）。

表6　韩尔礼引种成功的植物

学名	中文名	引种时间	引种地	文献
Asarum maximum	大叶细辛	1894	宜昌	O'Brien, 2011
Begonia augustinei	歪叶秋海棠	1897	思茅	Nelson, 1984
B. cathayana	花叶秋海棠	1897	蒙自	Nelson, 1984
B. hemsleyana	掌叶秋海棠	1897	蒙自	Nelson, 1984
B. sinensis	中华秋海棠	1897	蒙自	Nelson, 1984
Boea cochinchinensis	蛛毛苣苔	1898	蒙自	Nelson, 1984
Calorhabdos cauloptera	四方麻	*	*	Nelson, 1984
Carpinus polyneura	多脉鹅耳枥	1889	宜昌	Nelson, 1984
Corydalis ophiocarpa	蛇果黄堇	*	*	Nelson, 1984
Desmodium amethystinum	紫晶饿蚂蟥	1899	思茅	Nelson, 1984
Dicentra macrantha	大花荷包牡丹	1889	建始	O'Brien, 2011
Gymnocladus chinensis	肥皂荚	1888	*	Nelson, 1984
Hypericum beanie	栽秧花	1898	蒙自	Nelson, 1984
H. geminiflorum	双花金丝桃	1893	台湾	O'Brien, 2011
H. henryi	西南金丝梅	1898	蒙自	Nelson, 1984
Itea ilicifolia	冬青叶鼠刺	1886	宜昌	Nelson, 1984
Keteleeria davidiana	铁坚油杉	1888	巴东	Nelson, 1984
Lilium henryi	湖北百合	1889	宜昌	Nelson, 1984
L. leucanthum	宜昌百合	1889	宜昌	Nelson, 1984
L. leucanthum var. *centifolium*	紫脊百合	1887	宜昌	O'Brien, 2011
L. sulphureum	蛋黄花百合	1897	蒙自	O'Brien, 2011
Lysimachia paridiformis	落地梅	*	*	Nelson, 1984
Lysionotus carnosus	蒙自吊石苣苔	*	*	Nelson, 1984
Mucuna sempervirens	油麻藤	1886	宜昌	Nelson, 1984
Pinus armandii	华山松	1896	弥勒	Nelson, 1984
Rhododendron mariesii	满山红	1886	宜昌	Nelson, 1984
Rhus verniciflus	漆树	1885、1887	宜昌	Nelson, 1984
Rodgersia pinnata	羽叶鬼灯檠	1897	蒙自	Nelson, 1984 O'Brien, 2011
Rubus lasiostylus	绵果悬钩子	1889	巴东	Nelson, 1984 O'Brien, 2011
Saruma henryi	巴东风毛菊	1898	房县	Bretschneider, 1898
Sophora davidii	白刺花	1897	蒙自	Nelson, 1984
Triaenophora rupestris	崖白菜	1886	宜昌	Nelson, 1984

备注：*为不详。

07

5.2 爱尔兰森林植物的引种

中国植物的引种是韩尔礼早期植物学工作之一，在一定程度上来说，更多的是兴趣、直觉或是在植物标本采集的衍生结果。但在经过了法国南锡国家林业学校学习后，韩尔礼的引种目标更加明确，引种来源地也扩大到了北美、南美等地。

20世纪初，缘于只有1.5%的林地面积，爱尔兰开始了森林营造，但在树种的选择上，囿于欧洲传统林业的思想，以苏格兰松、欧洲落叶松、挪威云杉等欧洲针叶树种以及橡树、榆树、榉木等欧洲硬木树种为主要引种对象，这些树种生长缓慢。韩尔礼从理论和实践证实了科西嘉黑松、北美云杉、西部红雪松、海岸红杉、巨杉以及西加云杉等外来树种在爱尔兰的适应性和速生性，应作为爱尔兰森林营造的主要树种。

韩尔礼的另一个贡献则是把沼泽和海岸空地纳入造林地域。依据他在美国、加拿大的太平洋西海岸的考察，韩尔礼认为爱尔兰、威尔士、苏格兰西部及英格兰西南沿海都可以营造类似英属哥伦比亚、华盛顿、俄勒冈、加利福尼亚等地海岸速生林。

基于韩尔礼的科学建议，今天西加云杉已经成为爱尔兰种植最广泛的森林树种，甚至在本土植物都无法生存的沼泽地形成了自然居群。速生树种的推广使得爱尔兰针叶林的林木蓄积速率达到了挪威、丹麦、瑞典等国的6倍。韩尔礼也因卓越的远见和贡献而被誉为“爱尔兰的森林之父”。1951年，爱尔兰森林学会在爱尔兰森林的起源地威克洛郡的埃文代尔（Avondale）营造了韩尔礼纪念林（Mooney, 1970）。

5.3 育种

韩尔礼的育种工作起源于《大不列颠和爱热兰树木志》的编写，他期望通过栽培和杂交实验来帮助榆属植物的变种分类群的处理，并由此扩大到了榉、桤、榆、落叶松以及杨树等树种的杂交育种。韩尔礼甚至可以说是首位以林业树种为对象开展科学杂交育种研究的育种家（Mooney, 1970）。但见诸文献的品种则只有速生杨的3个品种（O'Brien, 2011）。

表7 韩尔礼育种成功的植物

品种	亲本	年份
Populus × *generosa*	*Populus deltoides* 'Cordata' × *Populus trichocarpa*	1912
Populus × *vernirubens*	*Populus deltoides* 'Carolin' 自然授粉	1914
Populus × *canadensis* 'Henryana'	*	*

备注：*为不详。

6 由兴趣到专业再到专职

——韩尔礼的植物学之路剖析与总结

虽然说韩尔礼1881年来中国工作中接触到了中草药，但直到1884年他才开始真正学习、实践植物学知识。这个时候的他是一名植物学的新人，因为兴趣而学习植物学。到1891年6月，他重返中国的时候，因为在湖北、四川、海南等地大量的植物（包括新类群）的采集和引种，尤其是在邱园经过了18个月的交流与学习，做好了植物学实践和理论充分准备，完成了身份的蜕变，俨然已经是植物学专家了。但这之前他在植物学方面的工作都是完成他海关关税本职工作的前提下完成的。只有他回到英国选择林学作为他从事的专业，后来在剑桥大学和都柏林大学任职，才开始他专职的植物学生涯。因此，韩尔礼的植物学之路大致可以分为3个阶段。

6.1 兴趣和学习阶段（1884年8月至1891年6月）

这个阶段是韩尔礼对植物学产生兴趣、完成植物学实践和理论知识积累的阶段，时间跨度为他在宜昌和海南任职期间加上2年的假期。该阶段的特点是他多方联系、汲取植物学知识。这阶段经常保持联系的人有：他写的第一封信的英国皇家植物园邱园主任胡克、英国植物学家汉斯、胡克的继任者西塞尔顿-戴尔和贝克、赫姆斯利、奥利弗、施塔普夫等植物学家，也有当时欧洲最大苗圃公司——维奇苗圃的领导者维奇等人。

6.2 专家阶段（1891年6月至1902年2月）

这个阶段韩尔礼虽然还是业余的时间开展植物学工作，但已经完全具备了植物学专家的水平和能力，他完成了台湾和云南植物的采集与研究，撰写了《中国经济植物注释》《台湾植物名录》等有影响力的论著。最重要的是他已经从兴趣和学习的寻求帮助转为为他人提供帮助，他提供涉及中国植物的采集、鉴定、引种等方面的帮助。他在《中国经济植物注释》的前言中呼吁大家采集植物标本，他可以帮助鉴定云云。他在台湾时成功说服了时任台湾淡水海关专员的哈佛大学毕业生莫尔斯帮他采集植物标本。到蒙自后说服当时法国驻思茅的领事迪安蒂采集思茅植物，韩尔礼则负责鉴定。也是在这个阶段韩尔礼认识到中国植物对欧洲园林的巨大潜力，他清醒地知道他因工作限制而难以开展高效的种子采集和引种，因此积极游说当时的邱园主任西塞尔顿–戴尔、阿诺德树木园的创始人和首任主任查理斯·斯普拉格·萨金特（Charles Sprague Sargent, 1841—1927）、维奇、布利和当时的美国农业部植物学家大卫·费尔柴尔德（David Fairchild, 1869—1954）等派遣专职人员来华采集和引种，之后威尔逊、傅礼士、弗兰克·金登–沃德（Frank Kingdon-Ward, 1885—1958）、弗兰克·迈耶（Frank Meyer, 1875—1915）、约瑟夫·洛克（Joseph Rock, 1884—1962）陆续来到中国开展了大规模的植物采集和引种，中国植物因此迅速走向世界。韩尔礼也被认为是继罗伯特·福琼（Robert Fortune, 1812—1880）之后，开启西方大规模采集中国植物的大师级人物与领路人（马金双, 叶文, 2013）。

6.3 专职阶段（1902年2月至1930年3月）

韩尔礼回到英国后，以林业为方向，专职开展植物分类学、演化生物学、引种、育种以及林学方面的研究工作。与埃尔威斯共同编著了《大不列颠和爱尔兰树木志》。1906—1930年间，韩尔礼总共发表了32个新分类群（详见附录3）[10]。针对当时爱尔兰的森林营建还是效仿德国的弊病，韩尔礼在爱尔兰森林营造的方向、范围、方法及树种选择上都提出了科学的建议。也正是遵循着韩尔礼的思路，今天西加云杉已经成为爱尔兰种植最广泛的森林树种，甚至在本土植物都无法生存的沼泽地形成了自然居群。速生树种的推广使得爱尔兰针叶林的林木蓄积速率达到了挪威、丹麦、瑞典等国的6倍。所以说，“爱尔兰的森林之父”的称号韩尔礼名副其实，爱尔兰森林学会为他建造的韩尔礼纪念林也当之无愧。

参考文献

陈诗启, 1980. 论中国近代海关行政的几个特点[J]. 历史研究(5): 65-78.

胡先骕, 陈焕镛, 1929. 中国植物图谱[M]. 北平: 静生生物调查所.

李明义, 2016. 洋人旧事——讲述百年前发生在宜昌的故事

[M]. 宜昌：三峡电子音像出版社.
马金双, 2020. 中国植物分类学纪事[M]. 郑州：河南科技出版社.
马金双，叶文, 2013. 书评：In the Footsteps of AUGUSTINE HENRY and His Chinese Plant Collectors[J]. 植物分类与资源学报, 35(2): 216-218.
王印政，覃海宁，傅德志, 2004. 中国植物采集简史[M]// 中国科学院中国植物志编辑委员会. 中国植物志：第一卷, 北京：科学出版社: 658-680.
叶文，马金双, 2012. 重叠的脚印——两个爱尔兰青年相距百年的中国之旅[J]. 仙湖植物园学报, 11(3-4): 56-58.
ANDREWS S, NELSON E C, 1986, Augustine Henry's plants in Kew Gardens [J]. Curtis's Botanical Magazine, 3(3): 136-140.
BRETSCHNEIDER E, 1898. History of European Botanical Discoveries in China. [M]. London, UK: Sampson Low, Marston & Co.
ELWES H J, HENRY A, 1906-1913. The Trees of Great Britain and Ireland [M]. Edinburgh. R. & R. Clark, Ltd.
HENRY A, 1888. Chinese Names of Plants[J]. Journal of the China Branch of the Royal Asiatic Society for the Year 1887, New Series, Vol XXII: 233-283.
HENRY A, 1893. Notes on Economic Botany of China. Shanghai, [M]. Shanghai, China: The presbyterian Mission Press.
HENRY A, 1896. A List of Plants from Taiwan, with some preliminary remarks on geography, nature of the flora and economic botany of the island [J]. Transactions of the Asiatic Society of Japan, 24 (December of 1896 supplement):1-118.
HENRY A, 1902. Midst China forests[J]. Garden, 61: 3-6.
HENRY A, 1910, On Elm-seedlings showing Mendelian Results [J]. Journal of the Linnean Society of London, Botany, 39(272): 290-300.
MOONEY O V, 1970, The Augustine Henry memorial grove – a record [J]. Irish Forestry, 27(2): 81-86.
MOORE F, 1942. Augustine Henry,1857—1930 [J]. Journal of the Royal Horticultural Society, 67(1), 67: 10-15.
MORLEY B D, 1980. Augustine Henry [J]. The Garden, 105: 285-289.
NELSON E C, 1983. Augustine Henry and the Exploration of the Chinese Flora [J]. Arnoldia, 43(1): 21-38.
NELSON E C, 1984. The garden history of Augustine Henry's plants [M] // Pim S, The wood and the trees: a biography of Augustine Henry (edition 2), Kilkenny, Ireland: Boethius Press: 217-236.
NELSON E C, 1986. Introduction and index [M] // Facsimile of Notes on Economic Botany of China (1893 issue), Kilkenny, Ireland: Boethius Press.
O'BRIEN S, 2011. In the Footsteps of Augustine Henry and his Chinese plant collectors [M]. Woodbridge, Suffolk, UK: Garden Art Press.
参考网络资源：
[1] https://kiki.huh.harvard.edu/databases/specimen_search.php?herbarium=A&start =0&gen=&sp=&author=&cltr=A.+Henry&yearcollected=&loc=&habitat=&family=&infra=&typestatus=&collectornumber=&substrate=&host=&provenance=&barcode=&limit=5000. Accessed 2022-11-1
[2] http://ww2.bgbm.org/herbarium/result.cfm?searchart=2 Accessed 2023-9-28
[3] https://data.nhm.ac.uk/search/basically-international-goat?view=table 2023-9-26
[4] https://data.rbge.org.uk/search/herbarium/?family=&genus=&species=&coll_name =Henry+A&coll_num=&barcode=&country_name=China®ion=&major_taxon=&is_type= 1&cfg=vherb.cfg&keywords= Accessed 2023-9-26
[5] http://www.ville-ge.ch/musinfo/bd/cjb/chg/result.php?nbRecords=100&type_ search=advanced&lang=en&typecollection=&typusonly=1&family=&genus=&species=&infraspecificname=&collector=Henry&nocoll_operateur==&debut_nocoll=&fin_nocoll=&date_operateur==&debut_recolte=&fin_recolte=&country=China&locality=&barcode=&page=1&tri=5&ordre=0&lang=en Accessed 2023-10-6
[6] http://apps.kew.org/herbcat/turnPage.do?pageCode=2&queryId=15&sessionId=D41C C52FF76DFB5F4B7C4A5004756B67&presentPage=1. Accessed 2023-3-10
[7] https://sweetgum.nybg.org/science/vh/specimen-list/?ColParticipantLocal_tab= A.%20Henry&DarCountry=China&LimitPerPage=75. Accessed 2023-3-12
[8] https://science.mnhn.fr/institution/mnhn/list?typeStatus=TYPE&recordedBy= Henr y+A. Accessed 2023-9-24
[9] https://collections.nmnh.si.edu/search/botany/?ark=ark:/65665/3669a796989c04 a1fa686dbf2b3f306e1#new-search Accessed 2023-9-26
[10] https://www.ipni.org/a/3849-1 Accessed 2024-5-7

致谢

衷心感谢马金双老师的提携和帮助，从立题、结构到内容，帮助查找和提供了大量的文献，尤其是国外的文献，使本章得以顺利完成。感谢韦彦老师帮助修改和纠正文本内容，尤其是英文部分。感谢许润萌同学帮助收集了《中国经济植物注释》的英文文献。感谢邱园标本馆、剑桥大学标本馆的Amber L. Horning提供韩尔礼相关信息。

作者简介

许奕华（男，浙江东阳人，1972年生），分别于吉林农业大学获得学士学位（1994年）和北京师范大学获得硕士学位（1997年）；先后在北京市农林科学院、中农立华生物科技股份有限公司任职。从事农业科技管理和企业管理等工作。

附录1 基于韩尔礼采集而命名的科

序号	科学名	科中文名	文献
1	Bretschneideraceae	伯乐树科	Engl. & Gilg, Syllabus (ed. 9 & 10) 218. 1924.
2	Dipentodontaceae	十齿花科	Merr., Brittonia 4: 69, 73. 1941.
3	Eucommiaceae	杜仲科	Engl., Syllabus (ed. 5): 139. 1907.
4	Sargentodoxaceae	大血藤科	Stapf ex Hutch., The Families of Flowering Plants. I. Dicotyledons 1: 100. 1926.
5	Tapisciaceae	瘿椒树科	Takht., Sistema Magnoliofitov 171. 1987.
6	Tetracentraceae	水青树科	A.C. Sm. Journal of the Arnold Arboretum 26: 135. 1945.
7	Trapellaceae	茶菱科	Honda & Sakis., Daiko Nippon Shokubutsu Bunrigaku 378. 1930.

附录2 基于韩尔礼采集而命名的属

序号	属学名	属中文名	文献
1	*Archangiopteris*	原始观音座莲属	Christ & Giesenh., Flora 86(1): 77. 1899.
2	*Bretschneidera*	伯乐树属	Hemsl. in Hooker's Icones Plantarum 28(1): pl. 2708. 1891.
3	*Burretiodendron*	柄翅果属	Rehder, Journal of the Arnold Arboretum 17(1): 47. 1936.
4	*Chlamydoboea*	宽萼苣苔属	Stapf Bulletin of Miscellaneous Information, Royal Gardens, Kew 1913(9): 354-356. 1913.
5	*Craspedolobium*	巴豆藤属	Harms, Repert. Spec. Nov. Regni Veg. 17: 135. 1921.
6	*Cyphotheca*	药囊花属	Diels, Botanische Jahrbücher für Systematik, Pflanzengeschichte und Pflanzengeographie 65: 103. 1932.
7	*Dipentodon*	十齿花属	Dunn, Bulletin of Miscellaneous Information, Royal Gardens, Kew 1911(7): 311-313, f. 1-10. 1911.
8	*Dipteronia*	金钱槭属	Oliv., Hooker's Icones Plantarum 19: pl. 1898. 1889.
9	*Eleutharrhena*	藤枣属	Forman, Kew Bulletin 30: 99. 1975. (17 Jun 1975)
10	*Emmenopterys*	香果树属	Oliv. , Hooker's Icones Plantarum 19: pl. 1823. 1889.
11	*Eucommia*	杜仲属	Oliv., Hooker's Icones Plantarum 20: pl. 1950. 1890.
12	*Hancockia*	滇兰属	Rolfe, Journal of the Linnean Society, Botany 36(249): 20. 1903.
13	*Hemsleya*	雪胆属	Cogn. ex F.B. Forbes & Hemsl., Journal of the Linnean Society, Botany 23: 490. 1888. (29 Dec 1888)
14	*Huodendron*	山茉莉属	Rehder, Journal of the Arnold Arboretum 16: 341. 1935.
15	*Itoa*	栀子皮属	Hemsl., Hooker's Icones Plantarum 27:, pl. 2688. 1901.
16	*Leptocanna*	薄竹属	L.C. Chia & H.L. Fung, Acta Phytotaxonomica Sinica 19(2): 212-213. 1981.
17	*Loxocalyx*	斜萼草属	Hemsl., Journal of the Linnean Society, Botany 26: 308. 1890.

（续）

序号	属学名	属中文名	文献
18	*Neocheiropteris*	扇蕨属	Christ, Bulletin de la Societe Botanique de France: Memoires 1: 21. 1905.
19	*Notopterygium*	羌活属	H. Boissieu, Bulletin de l'Herbier Boissier, sér. 2, 2(3): 838. 1903.
20	*Paralamium*	假野芝麻属	Dunn, Notes from the Royal Botanic Garden, Edinburgh 8(37): 168. 1913.
21	*Petrocosmea*	石蝴蝶属	Oliv., Hooker's Icones Plantarum 18(1): pl. 1716. 1887
22	*Plagiopetalum*	偏瓣花属	Rehder, Plantae Wilsonianae an enumeration of the woody plants collected in Western China for the Arnold Arboretum of Harvard University during the years 1907, 1908 and 1910 by E.H. Wilson edited by Charles Sprague Sargent, 3(3): 452-453. 1917.
23	*Poliothyrsis*	山拐枣属	Oliv., Hooker's Icones Plantarum 19, pl. 1885. 1889.
24	*Psilopeganum*	裸芸香属	Hemsl. Journal of the Linnean Society, Botany 23(153): 103. 1886.
25	*Sargentodoxa*	大血藤属	Rehder & E.H. Wilson, Plantae Wilsonianae an enumeration of the woody plants collected in Western China for the Arnold Arboretum of Harvard University during the years 1907, 1908 and 1910 by E.H. Wilson edited by Charles Sprague Sargent ... 1(3): 350. 1913.
26	*Saruma*	马蹄香属	Oliv., Hooker's Icones Plantarum 19(4): pl. 1895. 1889.
27	*Sichuania*	四川藤属	M.G. Gilbert & P.T. Li, Novon 5(1): 12-13. 1995.
28	*Sindechites*	毛药藤属	Oliv., Hooker's Icones Plantarum 18: t. 1772. 1888.
29	*Sinowilsonia*	山白树属	Hemsl., Hooker's Icones Plantarum 29: pl. 2817. 1906.
30	*Styrophyton*	长穗花属	S.Y. Hu, Journal of the Arnold Arboretum 33(2): 174-176, pl. 1. 1952.
31	*Tapiscia*	瘿椒树属	Oliv., Hooker's Icones Plantarum, pl. 1928. 1890.
32	*Tetracentron*	水青树属	Oliv., Hooker's Icones Plantarum 18: pl. 1892. 1889.
33	*Trapella*	茶菱属	Oliv., Hooker's Icones Plantarum 16(4): pl. 1595. 1887.
34	*Trirostellum*	喙果藤属	Z.P. Wang & Q.Z. Xie, Acta Phytotaxonomica Sinica 19(4): 481-483. 1981.

附录3　韩尔礼发表的新分类群

序号	分类群	文献
1	*Betula papyrifera* var. *kenaica*	A. Henry in Elwes & A.Henry, Trees Great Britain [Elwes & Henry] 4: 984 (1909).
2	*Castanopsis chrysophylla* var. *sempervirens*	A.Henry, Trees Great Britain 6: 1529 (1912).
3	*Cupressus formosensis*	A.Henry, Trees Great Britain 5: 1149 (1910).
4	*Fokienia hodginsii*	A.Henry & H.H.Thomas, Gard. Chron. ser. 3, 49: 67 (1911).
5	*Juniperus chinensis* var. *sargentii*	A.Henry, Trees Great Britain 6: 1432 (1912).
6	*Larix* × *eurolepis*	A.Henry, Irish Times 1919(24 Jun): 4 (1919), nom. inval.
7	*Larix* × *eurolepis*	A.Henry, Gard. Chron. ser. 3, 66(1697): 4 (1919), nom. inval.
8	*Larix* × *eurolepis*	A.Henry, Proc. Roy. Irish Acad. 35(sect. B): 60, t. 11, figs. 1-2 (1919), nom. illeg.
9	*Picea engelmannii* var. *fendleri*	A.Henry ex Elwes & A.Henry, Trees Great Britain 1387 (1912).
10	*Populus* × *generosa*	A.Henry, Gard. Chron. ser. 3, 56(1451): 258, fig. 102 (1914).

（续）

序号	分类群	文献
11	*Populus* × *vernirubens*	A.Henry, Gard. Chron. ser. 3, 87: 24 (1930).
12	*Populus angulata* var. *missouriensis*	A.Henry, Trees Great Britain 7: 1811 (1913).
13	*Populus baileyana*	A.Henry, Gard. Chron. ser. 3, 59: 230 (1916).
14	*Populus balsamifera* var. *michauxii*	A.Henry, Gard. Chron. ser. 3, 59: 230 (1916).
15	*Populus balsamifera* var. *sensu*	A.Henry，*
16	*Populus deltoides* var. *missouriensis*	A.Henry, Gard. Chron. ser. 3, 56(1438): 46 (1914).
17	*Populus deltoides* var. *monilifera*	A.Henry, Gard. Chron. ser. 3, 56: 2 (1914)
18	*Populus serotina* var. *aurea*	A.Henry in Elwes & A.Henry, Trees Great Britain 7: 1817 (1913).
19	*Populus serotina* var. *erecta*	A.Henry in Elwes & A.Henry, Trees Great Britain 7: 1817 (1913).
20	*Populus trichocarpa* var. *hastata*	A.Henry in Elwes & A.Henry, Trees Great Britain 7: 1837 (1913).
21	*Prunus padus* var. *cornuta*	A.Henry, Trees Great Britain [Elwes & Henry] 6: 1544 (1912).
22	*Rhapis excelsa*	A.Henry, J. Arnold Arbor. 11(3): 153 (1930).
23	*Taxodium distichum* var. *mucronatum*	A.Henry in Elwes & A.Henry, Trees Great Britain [Elwes & Henry] 1: 175 (1906).
24	*Taxodium distichum* var. *typica*	A.Henry, Trees Great Britain [Elwes & Henry] 1: 173 (1906).
25	*Taxus baccata* var. *canadensis*	Elwes & A. Henry, in Elwes & A.Henry, Trees Great Britain 1: 100 (1906).
26	*Taxus baccata* var. *floridana*	Elwes & A. Henry, in Elwes & A.Henry, Trees Great Britain 1: 100 (1906).
27	*Taxus baccata* var. *globose*	Elwes & A. Henry, in Elwes & A.Henry, Trees Great Britain 1: 101 (1906).
28	*Tsuga* × *jeffreyi*	A.Henry, Proc. Roy. Irish Acad. 35(B): 55 (1919).
29	*Tsuga pattoniana* var. *jeffreyi*	A.Henry, Trees Great Britain [Elwes & Henry] 2: 231 (1907).
30	*Tsuga pattoniana* var. *typica*	A.Henry in Elwes & A.Henry, Trees Great Britain 2: 231 (1907).
31	*Ulmus* × *mossii*	A.Henry, Trees Great Britain [Elwes & Henry] 7: 1865, in adnot. (1913).
32	*Ulmus major* var. *daveyi*	A.Henry, Trees Great Britain [Elwes & Henry] 7: 1884 (1913).

备注：*文献不详。

园林之母
China

08

-EIGHT-

中国园林与博物馆的融合——园林类博物馆

Integration of Chinese Garden and Museum —— Garden-type Museum

陈进勇* 吕 洁 李大鹏
（中国园林博物馆）

CHEN Jinyong* LÜ Jie LI Dapeng
(The Museum of Chinese Gardens and Landscape Architecture)

* 邮箱：512706900@qq.com

摘　要：中国园林有着3 000年的历史，博物馆是近代才开始发展起来，中国人自己建造的第一座公共博物馆——南通博物苑就兼具园林和博物馆的内涵和功能。随着古代园林对公众开放，有的转型为博物馆，拓展了原有的功能和展览展示内容。现代建立的中国园林博物馆则将园林和博物馆完美融合为一体，体现了园林的外貌和内涵以及博物馆的功能。本章选取了11座园林类博物馆，从历史发展、园林特征和展览陈列等方面进行了梳理、阐述和分析，可为其他园林类博物馆提供借鉴和参考作用。在新时代，随着各地公园城市、花园城市、博物馆之城的建设，园林和博物馆的融合将赢得更好的发展。

关键词：中国园林　博物馆　园林特征　展览陈列　融合发展

Abstract: Chinese garden has three thousand years history, while Chinese museum developed in modern times. The first Chinese public museum, Nantong Museum, has connotation and function of garden and museum. With the ancient gardens open to the public, some of them were transformed to museums, and their functions and contents were also expanded. The Museum of Chinese Gardens and Landscape Architecture was established on the integration of garden and museum, showing the appearance and connotation of garden and function of museum. The eleven garden-type museums were selected and their brief history, garden characteristics and exhibition were elaborated and analyzed, providing reference for other related museums. In the new era, with the construction of park city, garden city and museum city, the integration of garden and museum will win better development.

Keywords: Chinese garden, Museum, Garden characteristics, Exhibition and display, Integrative development

陈进勇，吕洁，李大鹏，2024，第8章，中国园林与博物馆的融合——园林类博物馆；中国——二十一世纪的园林之母，第七卷：363-461页.

1 绪论

1.1　园林

园林是一个内涵和外延都在不断发展的概念，“园林”一词首次出现在东汉班彪《游居赋》中：“瞻淇澳之园林，美绿竹之猗猗”，描写了以产竹闻名的淇园，“淇澳之园林”指的就是种植成片树木的园子。两晋时，左思《娇女》诗中“驰骛翔园林，果下皆生摘”，园林指的是种植大量果树的园子。《拾遗记》中“河洛秘奥，非正典籍所载，皆注记于柱壁及园林树木，慕好学者，来辄写之。”东汉到魏晋，园林一词主要指种植果树或树木的场所（袁守愚，2014）。

东晋以后，“园林”一词的审美含义通过文人诗词彰显出来，如陶渊明《庚子岁五月中从都还阻风于规林二首之二》“静念园林好，人间良可辞”。还有谢惠连《咏冬诗》“园林粲斐皓，庭除秀皎洁。”张翰《杂诗三首（其一）》“暮春和气应，白日照园林”。

“园林”一词的大量使用还体现在汉译佛经中，大体可分为世俗的园林、僧人修习的园林和天神世界的园林。《洛阳伽蓝记》就有“京师寺皆种杂果，而此三寺（龙华、追圣、报德寺）园林茂盛，莫之与争。”

现代的园林定义，典型的有孙筱祥《园林艺术及园林设计》（1981）提出，“园林是由地形地貌与水体、建筑构筑物和道路、植物和动物等素材，根据功能要求，经济技术条件和艺术布局等方面综合组成的统一体。”陈从周《说园》（1984）

指出“中国园林是由建筑、山水、花木等组合而成的一个综合艺术品，富有诗情画意”。陈植《长物志校注》（1984）提出：在建筑物周围布置景物，配植花木，所构成的幽美环境，谓之“园林”。周维权《中国古典园林史》（1990）指出：山、水、植物、建筑乃是构成园林的四个基本要素，筑山、理水、植物配置、建筑营造便相应地成为造园的四项主要工作。张家骥《中国造园论》（1991）提出：园林是以自然山水为主题思想，以花木、水石、建筑等为物质表现手段，在有限的空间里，创造出视觉无尽的，具有高度自然精神境界的环境。汪菊渊《中国古代园林史》（1996）提出：园林是以一定的地块，用科学的和艺术的原则进行创作而形成的一个美的自然和美的生活境域。这种创作，或对原有的风景——大地及其景物，稍加润饰、点缀和建设而形成，或重新组织构成园林的各种题材而成。

不同专家学者对园林的定义虽各不相同，但含义基本相似，园林的构成要素有山、水、建筑和植物，工作内容为筑山、理水、植物配置和建筑营造，原则是科学性和艺术性，目标是营造美的自然和美的生活境域。

1.2 中国园林简史

1.2.1 商周时期

中国园林有着3 000年的历史，商周时期出现了园林的雏形囿、圃、台。我国园林界首位院士汪菊渊先生认为：“中国的造园是从商殷开始的，我国园林的最初形式是囿，它在商殷末期已相当发达了。”沙丘苑台，是我国园林的最初形式，可谓中国历史上第一座皇家园林（汪菊渊，2012）。《史记·殷本纪》关于商纣王帝辛的本纪中记叙其“厚赋税以实鹿台之钱，而盈钜（巨）桥之粟。益收狗马奇物，充仞宫室。益广沙丘苑台，多取野兽蜚鸟置其中。慢於（于）鬼神。大冣（聚）乐戏於（于）沙丘，以酒为池，县（悬）肉为林，使男女倮相逐其间，为长夜之饮。”汉代许慎《说文解字》的解释：“苑，所以养禽兽也”。文中“沙丘苑台”指的就是饲养鸟兽的囿，是商纣王玩乐的园子。

《诗经·大雅·灵台》有灵台、灵囿和灵沼的记载，“经始灵台，经之营之，庶民攻之，不日成之。经始勿亟，庶民子来，王在灵囿，麀鹿攸伏……王在灵沼，于牣鱼跃……”《毛传》注释“囿，所以域养禽兽也”。周文王的灵囿就是养殖动物供射猎的场地。灵台是天子观天象的。“天子有灵台，所以观天文，……诸侯卑，不得观天文，无灵台。”灵沼则是用来养鱼的池沼。周文王挖池堆台，建造苑囿，既有生产功能，也可提供游乐功能。

《诗经》中言及“园”的诗句有多篇，如《小雅·鹤鸣》：“乐彼之园，爰有树檀，其下维萚”；《郑风·将仲子》“无逾我园，无折我树檀”；《魏风·园有桃》：“园有桃，其实之肴”。如《说文解字》：“园，所以树果也。”诗经中的“园”泛指栽植花木果树的场所（牛慧慧，2019）。

《诗经》中言及“圃”的诗句有《豳风·七月》“九月筑场圃，十月纳禾稼。”；《齐风·东方未明》“折柳樊圃，狂夫瞿瞿。”《毛传》解释“圃，菜园也。”《孔疏》进一步解释“种菜之地谓之圃，其外藩篱谓之园。”也就是说，圃内可种植蔬菜瓜果。圃与园的主要区别在于园有藩墙，而圃无藩墙。因此，园为种植花果且有藩墙的场所。

《诗经》中还有不少言及“庭”的诗句，如《魏风·伐檀》“不狩不猎，胡瞻尔庭有县貆兮？”《小雅·斯干》“殖殖其庭，有觉其楹。”《周颂·有瞽》：“有瞽有瞽，在周之庭。”《诗集传》解释“庭，宫寝之前庭也。”诗经中的庭有庭院、庙庭等意思。可见《诗经》作为我国最早的一部诗歌总集，里面已有较多园林相关的诗句了。

1.2.2 秦汉时期

秦始皇统一全国后，实现了“车同轨”制度，建成以咸阳为中心向全国各地辐射的交通主干网络，“东穷燕齐，南极吴楚，江湖之上，濒海之观毕至。道广五十步，三丈而树，厚筑其外，隐以金椎，树以青松。”秦驰道两侧种植松树，形成了规模宏大的行道树网络（张国强，2017）。

秦始皇还大肆营造规模庞大的咸阳宫、阿房

宫等宫苑，形成“象天法地”的宫苑格局。《三辅黄图》记述：“二十七年，作信宫渭南，已而更命信宫为极庙，象天极。自极庙道通骊山。作甘泉前殿。筑甬道，自咸阳属之。始皇穷极奢侈，筑咸阳宫。因北陵营殿，端门四达，以则紫宫，象帝居。渭水贯都，以象天汉。横桥南渡，以法牵牛”。《史记·秦始皇本纪》载：“始皇……乃营作朝宫渭南上林苑中。先作前殿阿房，东西五百步，南北五十丈……阿房宫未成，成，欲更择令名名之。作宫阿房，故天下谓之阿房宫。”

汉代皇家园林延续了秦代规模宏大的特征，建成了“弥山跨谷”的宫苑园林，代表性的有长乐宫、未央宫、建章宫、甘泉宫、上林苑等。由未央宫到建章宫，奠定了我国宫城“南宫殿，北园林”的基本布局模式，宫以宫殿建筑群为主体，主要是理政和居住功能；苑以山池花木为主，主要提供游赏功能。

汉代还沿袭高台建筑，形成了“高台榭，美宫室”的特征。《三辅黄图》引班固《汉武故事》曰：“仙人好楼居，不极高显，神终不降也。于是上于长安作飞廉观，高四十丈；于甘泉作延寿观，亦如之”。

除了建高楼以求请神仙外，还筑“海上仙山”以象蓬莱仙境。《史记·郊祀志》云：“太液池中有蓬莱、方丈、瀛洲、壶梁，象海中神山龟鱼之属。”《秦记》中载“始皇都长安，引渭水为池，筑为蓬（莱）、瀛（洲），刻石为鲸，长二百丈”。从秦汉以后，“一池三山”模式成为造园活动中掇山理水的范例，一直沿袭到清代，太液池（中海、南海、北海）仍是具有完整三仙山景观的仙苑式皇家园林。

秦汉时期的上林苑是我国最大的皇家园林，方圆约有130～165km，面积有1 000～1 600km^2。规模大，覆盖灞、浐、泾、渭四水，自然山水优美，建筑类型多样，包含宫、馆、台、廊、阁等，既能满足皇室生活和娱乐，又能兼顾生产经济活动、狩猎、军事训练等众多方面。《三辅黄图》载：汉元鼎六年（公元前111年），武帝破南越后，在上林苑中兴建扶荔宫，广植奇花异木，其中有桂一百株。《上林名果异木》篇：“初修上林苑。群臣远方，各献名果异树。亦有制为美名，以标奇丽者”。文中列出了梨品种10个、枣品种7个、桃品种10个、李品种15个，开启了植物引种驯化的先河（张霄，2019）。

汉代的私家园林得到发展。梁园为西汉梁孝王刘武所建，因平息七国之乱之功，大受封赏，于是在睢阳城（今商丘）建梁园。梁园始建于公元前153年，初建时名为东苑，南北朝时期又有“兔园”“菟园”“雪苑”之名。《史记·梁孝王世家》记载：“梁王最亲，有功，又为大国……赏赐不可胜道。于是孝王筑东苑，方三百余里，广睢阳城七十里，大治宫室；为复道，自宫连属于平台五十余里……”梁园中各景点布局较为分散，可供园主人骑射、狩猎之用。

西汉袁广汉在洛阳建私家园林，园中山水连绵，不仅有奇花异树，也饲养各种动物。《三辅黄图》记载：“茂陵富人袁广汉，藏镪巨万，家僮八九百人。于北邙山下筑园，东西四里、南北五里，激流水注其内。构石为山，高十余丈，连延数里。养白鹦鹉、紫鸳鸯、牦牛、青兕，奇兽怪禽，委积其间。积沙为洲屿，激水为波潮。其中致江鸥海鹤，孕雏产彀，延漫林池。奇树异草，靡不具植。屋皆徘徊连属，重阁修廊，行之，移晷不能遍也。广汉后有罪诛，没入为官园，鸟兽草木皆移植上林苑中”。

东汉还诞生了我国第一座寺庙——白马寺，从而使中国古代园林形成了皇家园林、私家园林和寺观园林三大类型的体系。洛阳白马寺创建于公元68年，是我国第一座官办寺庙，被称作中国佛教的“祖庭”与“释源”，并一直延续至今。《魏书》载“自洛中构白马寺，盛饰佛图，画迹甚妙，为四方式。凡宫塔制度，犹依天竺旧状而重构之，从一级至三、五、七、九。世人相承，谓之浮图，或云佛图”。

1.2.3 魏晋南北朝时期

魏晋时期，石崇在洛阳城西北的邙山河谷之中营建金谷园，西晋惠帝元康六年（296）为送石崇出任征虏将军监徐州军事，石崇、潘岳、杜育、苏绍、欧阳建等30人聚集金谷园，游园畅饮，吟诗赏乐，留下了著名的《金谷诗集》，这次活动被称为“金谷宴集”。《金谷诗序》描述园中“或高或下，有清泉茂林，众果、竹、柏、药草之属，莫不毕备。又有水碓、鱼池、土窟，其为娱目欢心之物备矣……昼夜游宴，屡迁其坐，或登高临下，或列坐水滨。”可见园中地形高低起伏，山、水相间，挖有鱼池、土窟，可以供垂钓等活动，栽植有竹和草药等，可供食用和药用（姜智，2012）。

东晋永和九年（353）三月三，在浙江兰亭举办修禊盛会，即著名的“兰亭雅集”。王羲之撰写了《兰亭集序》：“永和九年，岁在癸丑，暮春之初，会于会稽山阴之兰亭，修禊事也。群贤毕至，少长咸集。……引以为流觞曲水，列坐其次，虽无丝竹管弦之盛，一觞一咏，亦足以畅叙幽情。是日也，天朗气清，惠风和畅。仰观宇宙之大，俯察品类之盛，所以游目骋怀，足以极视听之娱，信可乐也。”

魏晋南北朝时期，社会动荡，玄学思想盛行，文人雅士结庐山间，归隐山林，躬耕自食，弹琴赋诗，享受返璞归真的林泉之乐，园林风格出现了转折。陶渊明的《饮酒·其五》“结庐在人境，而无车马喧。问君何能尔？心远地自偏。采菊东篱下，悠然见南山。山气日夕佳，飞鸟相与还。此中有真意，欲辩已忘言。”另一首《归园田居》“方宅十余亩，草屋八九间。榆柳荫后檐，桃李罗堂前。暧暧远人村，依依墟里烟。狗吠深巷中，鸡鸣桑树颠。”

这一时期的寺观发展迅速，至北魏时期，洛阳的佛寺最多时有1 367所，胡僧3 000多人（傅晶，2004）。《洛阳伽蓝记》形容了当时洛阳城内佛塔林立的盛况，“於是昭提栉比。宝塔骈罗，争写天上之姿，竞摹山中之影。金刹与灵台比高，广殿共阿房等壮。”

1.2.4 隋唐时期

隋炀帝继位后，大兴园林建造之风，“于皁涧营显仁宫，苑囿连接，北至新安，南及飞山，西至渑池，周围数百里，课天下诸州，各贡草木花果，奇禽异兽于其中。”其营造宫苑的重点在东都洛阳，“初造东都，穷诸巨丽。……浮桥跨洛，金门象阙，咸竦飞观，颓岩塞川，构成云绮，移岭树以为林薮，包芒山以为苑囿”，宫苑营造达到登峰造极的程度。洛阳西苑成为历史上仅次于西汉上林苑的一座特大型的皇家园林，《资治通鉴》记载：西苑“周二百里，其内为海，周十余里，为方丈、蓬莱、瀛洲诸山，高出水百余尺，台观殿阁，罗络山上，向背如神。北有龙鳞渠，萦纡注海内。缘渠作十六院，门皆临渠，每院以四品夫人主之”（赵湘军，2005）。

唐代社会经济发展繁盛，园林建设也空前，长安城的宫苑先后有数十处之多，著名的有禁苑（三苑）、大明宫和兴庆宫。禁苑是隋朝修建的大兴苑，唐朝改名禁苑，禁苑面积辽阔，林木茂密，建筑疏朗，除供皇室游憩之外，还兼作驯养野兽的兽园、供应瓜果的菜园和狩猎放鹰的猎园，是一个多功能的皇家园林。

大明宫位于禁苑东南之龙首原高地上，南半部为宫殿区，北半部为苑林区，呈典型的宫苑分置的格局。宫殿区的中轴线上分布着正殿含元殿、宣政殿、紫宸殿和蓬莱殿，与长安城的南北中轴线平行。苑林区以太液池为中心，池中立蓬莱山，山上遍植各种花木，池周环绕宫殿建筑（卢石应，2011）。

兴庆宫原为睿宗太子李隆基的府邸，开元十六年（728），玄宗“始听政于兴庆宫”，成为皇帝临朝施政的处所。兴庆宫因就龙池（原兴庆池），北半部为宫廷区，南半部为苑林区，形成北宫南苑的格局，宫外还有夹城（即复道）通往大明宫和曲江，皇帝“往来两宫，人莫知之”。

唐代还继续开发和营建了骊山华清宫，此前，秦始皇、汉武帝、隋文帝等巡幸过骊山温泉，贞观十八年（644），唐太宗“幸骊山温汤”，面山开宇，从旧裁基，营建宫殿，监修御汤，建成了新的离宫。新宫“疏檐岭际，抗殿岩阴。柱穿流腹，砌裂泉心。”唐太宗赐名“汤泉宫”。唐高宗于咸亨二年（671）改名为“温泉宫”。天宝六年（747），唐玄宗改名为“华清宫”，达到了历史上鼎盛时期。华清宫时期，宫城为一个方整布局，坐南朝北，两重城垣，四面设门。宫廷区北半部分为中、东、西三路，中路津阳门外左右为弘文馆和修文馆，其南为前殿、后殿，相当于外朝。东路的主要宫殿为瑶光楼和飞霜殿，为皇帝的寝宫。西路为果老堂、七圣殿、公德院等宫廷寺观性质建筑。宫城南半部分为温泉汤池区。华清宫的布局体现了古代宫城的设计思想：择中、形胜、因地制宜、象天法地、天人合一。以温泉汤池构成园林水系，以骊山为屏障，形成小水大山的山水分离的关系，改缓坡为台地，依山就势，面山开宇，平行三轴线统领园区空间，形成多中心区、多园区的空间布局（杨洋, 2010）。

唐朝的避暑行宫除了翠微宫、玉华宫外，还有九成宫。九成宫为隋末荒废的仁寿宫，因地处云台山中，周围山环水绕，"炎景流金，无郁蒸之气；微风徐动，有凄清之凉。信安体之佳所，诚养神之胜地。"因此唐太宗于贞观五年（631），令重修仁寿宫，更名曰九成宫，并嘱魏征作《九成宫醴泉铭》，由欧阳询书丹勒石。《九成宫醴泉铭》描绘"冠山抗殿，绝壑为池；跨水架楹，分岩竦阙；高阁周建，长廊四起；栋宇胶葛，台榭参差；仰视则迢荡百寻，下临则峥嵘千仞；珠台交映，金碧相辉；照灼云霞，蔽亏日月……"其华美程度甚至连汉之甘泉不能尚也。

唐代的私家园林也得到了大发展，李格非《洛阳名园记》就言"方唐贞观、开元之间，公卿贵戚开馆列第于东都者，号千有余"。白居易在营造洛阳履道里宅园时，就将杭州带来的一块天竺石和自苏州带来的五块太湖石置于园中，开园林中太湖石造景之先河。《池上篇》描述其宅园："十亩之宅，五亩之园。有水一池，有竹千竿……有堂有庭，有桥有船。有书有酒，有歌有弦……灵鹤怪石，紫菱白莲。皆吾所好，尽在吾前……"可见园中亭台池馆，花木水石，无不寄寓着园主的闲情逸致。

唐宪宗元和十年（815），白居易被贬知江州司马，任上第三年，他于庐山购地营造草堂，次年建成，并自撰《草堂记》。草堂筑于庐山香炉峰之北、遗爱寺之南，绿树环绕，清泉流淌，环境幽静。他自称"仆去年秋始游庐山，到东、西二林间香炉峰，见云水泉石，胜绝第一，爱不能舍，因置草堂"。草堂"前有乔松十数株，修竹千馀竿；青萝为墙垣，白石为桥道；流水周于舍下，飞泉落于檐间，红榴白莲，罗生池砌"。"环池多山竹野卉，池中生白莲、白鱼。又南抵石涧，夹涧有古松老杉"。"三间两柱，二室四牖，广袤丰杀，一称心力，洞北户，来阴风，防徂暑也；敞南甍，纳阳日，虞祁寒也。木斲而已，不加丹；墙圬而已，不加白。碱阶用石，幂窗用纸，竹帘纻帏，率称是焉"。

王维所营建的辋川别业是一座天然山水园，园中有华子冈、文杏馆、斤竹岭、木兰柴、茱萸沜、宫槐陌、鹿柴、北垞、临欹湖、临湖亭、柳浪、南垞、辛夷坞、漆园和椒园等景点，《辋川集》收录了王维所作的20景点诗。华子冈"飞鸟去不穷，连山复秋色"；文杏馆"文杏裁为梁，香茅结为宇"应是简易的山野茅庐。茱萸沜的山茱萸"结实红且绿，复如花更开"。宫槐陌"仄径荫宫槐，幽荫多绿苔"。鹿柴"空山不见人，但闻人语响"。北垞临欹湖盖有屋宇"南山北垞下，结宇临欹湖"。从这里到南垞因有水隔，必须舟渡，"轻舟南垞去，北垞淼难即"。欹湖湖面宽广，泛舟湖上，十分惬意，"空阔湖水广，青荧天色同。舣舟一长啸，四面来清风"。湖畔建有临湖亭，"轻舸迎上客，悠悠湖上来。当轩对樽酒，四面芙蓉开。"沿湖堤岸上种植柳树，题名柳浪，"分行接绮树，倒影入清漪"。在竹里馆可以"独坐幽篁里，弹琴复长啸。"王维的辋川别业有山、岭、冈、坞、湖、溪、泉、沜、濑、滩和房舍屋宇，以天然山水见长，尤以植物景观取胜，如文杏馆、斤竹岭、木兰柴、茱萸沜、宫槐陌、柳浪、辛夷坞、漆园和椒园等景点都以植物命名，既富自然之趣，又有诗情画意。

隋唐时期还出现了衙署园林类型，山西绛州的绛守居园池就是我国现存较早的一座廨署园林。据文献记载，隋开皇十六年（596），正平令梁轨，引导绛州城西北二十五里鼓堆泉泉水，开渠溉田，另引渠水入城内官衙后，挖土成池，蓄水为沼，筑堤建亭，植花栽木，园池即成。唐长庆三年（823），绛州刺史樊宗师将把当时所见园池内景物记录下来，作有《绛守居园池记》，并刻石记之。直至清朝，历代均属官衙花园。绛守居园池因水而成，园池内亭台池渠已具规模，并且有假山耸峙，绿水环绕，松柏竹槐，曲径幽深，成为一方名园。

1.2.5 宋元时期

宋代园林的规模虽然没有前代那么辉煌，但却更为精致。《东京梦华录》记载“大抵都城左近，皆为园圃，百里之内，并无荒地。”东京城的皇家园林没有远离都城的离宫御园，只包括行宫及大内御园，以东京四园艮岳、金明池、玉津园和琼林苑最为著名。艮岳一度被认为是中国造园的巅峰之作，由宋徽宗亲自设计建造，建成后御制《艮岳记》，可惜不久后就毁于战火。艮岳是平地上堆山，山体从北、东、南三面包围水体，北面为主山—万岁山，万岁山上之石为“太湖灵璧之石，雄拔峭峙，功夺天造”，介亭位于主山之巅，用于赏景。西侧的万松岭为侧岭，寿山居于南侧，与主山隔水相望，形成了完整而又脉络连贯的山系。“冈连阜属，东西相望，前后相续，左山而右水，沿溪而傍陇，连绵而弥满，吞山怀谷。”水系自东南引入，北而出。园中最大的水面为大方沼，中有两洲，东为芦渚亭，曰浮阳，西为梅渚亭，曰云浪，沼水西流为凤池，东出为研池。建筑有名书馆、八仙馆、噰噰亭、绛霄楼、浮阳亭、云浪亭、炼丹亭、凝观图山亭。植物配置“山腰植梅曰梅岭；余岗种丹杏鸭脚曰杏岫；土石，间隙栽黄杨曰黄杨巘；筑修冈植丁香，积石其间曰丁嶂；自然赭石植椒兰曰椒崖；接水之末，增土大陂植柏曰龙柏坡。”艮岳虽面积不大，但均为游赏而建造，体现了园林中叠山理水、建筑及植物的完美配合，有着浓郁的文人山水情怀（张家骥，2003）。

金明池位于开封城西，北宋太平兴国元年（976）开凿，池水引自金水河。《东京梦华录》讲到金明池“在（汴梁）顺天门外街北，周围约九里三十步，池西直径七里许。入池门内南岸，西去百许步，有西北临水殿，车驾临幸观争标锡宴於此。”宋人王应麟《玉海》记载：“太平兴国元年，诏以卒三万五千凿池，以引金水河注之，有水心五殿，南有飞梁，引数百步，属琼林苑。太平兴国三年二月，宋太宗亲临工地视察凿池情况，赐名金明池”。自此金明池成为皇家园林。宋张择端《金明池争标图》细致描绘了临水殿、宝津楼、棂星门、仙桥、五殿、奥屋主要建筑物，画面底端左侧牌楼上额书写着“琼林苑”三字，金明池呈规则长方形，池周柳树千姿百态，临水建筑有宝津楼、虹桥、临水殿、奥屋，湖心为大型龙舟（张慧，2013）。

琼林苑，《东京梦华录》记载“大门牙道，皆古松怪柏。两傍有石榴园、樱桃园之类，各有亭榭，多是酒家所占。苑之东南隅，政和间，创筑华觜冈，高数丈，上有横观层楼，金碧相射，下有锦石缠道，宝砌池塘，柳锁虹桥，花萦凤舸。其花皆素馨、末莉、山丹、瑞香、含笑、射香等，闽、广、二浙所进南花，有月池、梅亭、牡丹之类，诸亭不可悉数。”

宋代的私家园林文人气息浓厚，《洛阳名园记》记述了19座园林，其中私家园林17座，《吴兴园林记》中记载的全部是私家园林，共36座，单座的有司马光的独乐园、沈括的梦溪园、范成大的石湖别墅、苏舜钦的沧浪亭等。独乐园因司马光自撰的《独乐园记》而闻名，园中由西南方引水北流，过主建筑读书堂，变为疏水，注入中间的沼中，出沼，分为两条支流绕种竹斋合为一流，最终由西北流出园。整个水系，分为溪，合为池，分分合合，曲折幽深，变化多端。园中有读书堂、浇花亭、弄水轩、种竹斋、见山台、钓鱼庵、采药圃等，“读书堂之北为一个大水池，池西为一带土山，山顶筑高台，名见山台”。园虽小，然山、水、建筑和植物等各要素无不具备，体现了宋代文人园林的风格特点：简远、疏朗、雅致、天然（张媛，2014）。

沧浪亭以其广阔的水面、起伏的地形和郁闭的林木取胜，稍加修葺便成园。苏舜钦《沧浪亭记》“一日过郡学，东顾草树郁然，崇阜广水，不类乎城中。”“并水得微径于杂花修竹之间。东趋数百步，有弃地，纵广合五六十寻，三向皆水也。杠之南，其地益阔，旁无民居，左右皆林木相亏蔽。”“访诸旧老，云钱氏有国，近戚孙承佑之池馆也。坳隆胜势，遗意尚存。”《沧浪亭》中以：“一径抱幽山，居然城市间。高轩面曲水，修竹为（蔚）愁颜。”并以“沧浪之水清兮，可以濯吾缨。沧浪之水浊兮，可以濯我足。”成为士大夫的处世哲学。园中以山、水、亭、竹等简练元素，营造古朴、荒野、幽静的意境（张甜甜，王浩，连泽峰，2018）。

宋代尚文抑武，书院园林为其特色，以睢阳、石鼓、白鹿洞、岳麓等四大书院最为有名。

辽金以来，燕京成为元、明、清的都城，园林建设持续发展。贞元元年（1153）金海陵王完颜亮迁都至燕京（今北京），在辽代陪都南京（今北京）基础上，营建金中都。金海陵王利用燕京旧城西部的古代洗马沟水（金称西湖，今莲花池），开辟了著名的西苑，以其中的琼林苑和同乐园最为有名，开始了大规模的苑囿建设。

金代在都城外东北的白莲潭（现北海）建万宁宫（太宁宫），这里原是一片天然水域，湖中广种白莲，经过疏浚湖泊，堆土砌石成岛，先后建成了琼华岛、广寒殿，挖湖堆成湖心岛和环湖小土山，又从开封（汴梁）运来艮岳太湖石，使其成为规模宏伟的离宫别苑。金末，蒙古军占领中都，万宁宫遭战火破坏。丘处机曾在琼华岛作诗云：“地土临边塞，城池压古今。虽多坏宫阙，上有好园林。绿树攒攒密，清风阵阵深。日游仙岛上，高处视人吟。”可见宫阙已破坏严重，而林、水景致依然存在。元灭金后，金代宫殿已经毁于战火，忽必烈看到琼华岛上花木繁盛，绿水环绕的景致，决定以这里为中心，开始营建元大都，并将万宁宫及湖泊定位为西苑和太液池，在琼华岛上重修广寒殿，岛上栽植白皮松、柏树、杨柳、牡丹等花木，并改琼华岛名为万寿山（莫日根吉，2017）。“广寒宫殿近瑶池，千树长杨绿影齐”。经过明、清两代的发展成为北海、中海、南海的三海格局，至今琼华岛上还保存着忽必烈用独山玉制作的玉瓮—渎山大玉海。

金章宗好游山玩水，在京西敕建八座寺庙，以其水质优良，水量充沛，又称“八大水院”，著名的有清水院（今大觉寺）、金水院（今金山寺）、潭水院（今香山寺）、泉水院（芙蓉殿，位于玉泉山）等，其中以玉泉山泉水最为有名，“玉泉垂虹”（玉泉趵突）被列为燕京八景之一，经过清代康熙、乾隆朝的扩建，成为“三山五园”之一玉泉山静明园。

元代园林发展趋缓，至正二年（1342），惟则禅师门人出资，以居其师，始建师子林，俗称“师子寺”（王博文，2016）。初时寺园合一，竹石占半，有含晖、吐月、立玉、昂霄等诸峰，最高为狮子峰，状如狻猊。园内“屋虽不多，而佛祠、僧榻、斋堂宾位，规制具备。”结茅作方丈室，称禅窝，立雪堂为法堂，卧云室为僧舍，指柏轩为僧堂，问梅阁为客房，还有栖凤亭、小飞虹、冰壶井、玉鉴池诸景。惟则禅师曾作《师子林即景十四首》，记叙当时的园景与生活。元至正十二年（1352），师子林改名为“菩提正宗寺”，欧阳玄作《师子林菩提正宗寺记》，详细描述了师子林的面貌：“寺左右前后，竹与石居地之大半，故作屋不多，然而崇佛之祠，止僧之舍，延宾之馆，香积之厨，出纳之所，悉如丛林规制。”明洪武六年（1373），画家倪瓒作《狮子林图》，使狮子林名声大震，至今一直成为名胜之地。

1.2.6 明清时期

明代，朱棣迁都北京后，按照前宫后苑的布局，在内廷中路坤宁宫之后建御花园，又称宫后园。御花园始建于明永乐十五年（1417），清代虽有修葺，但仍基本保留明代的面貌，分做中、东、西三路，布局严整。中为钦安殿，供玄天上帝，殿前有门，曰天一门。东西横亘一水渠，水上东西两侧对称建浮碧亭、澄瑞亭，可在亭中观鱼。苑内东西两侧对称分布万春亭、千秋亭，体现天圆地方的理念（赵熙春，2003）。园中还在北侧倚靠围墙用太湖石堆叠假山，名曰堆秀，山上置亭一座，名曰御景亭，可登高赏景。园中花木以柏树为主，还有白皮松、龙爪槐、海棠、牡丹等点缀其中，红墙绿树，景色宜人。

明代北京的私家园林以米万钟的勺园最有特色，以水景见长，水中种白莲，园中植柳、槐、松、竹，亭桥廊榭参差，小径奇曲迷离。《春明梦余录》概述“园仅百亩，一望尽水，长堤大桥，幽亭曲榭，路穷则舟，舟尽则廊，高楼掩之，一望弥际”。《帝京景物略》则详细介绍了其幽深曲折的景观设计：“米太仆勺园，百亩耳，望之等深，步焉则等远。入路，柳数行，乱石数垛。路而南，陂焉。陂上，桥高于屋，桥上，望园一方，皆水也。水皆莲，莲皆以白。堂楼亭榭，数可八九，进可得四，覆者皆柳也。肃者皆松，列者皆槐，笋者皆石及竹。水之，使不得径也。栈而阁道之，使不得舟也。堂室无通户，左右无兼径，阶必以渠，取道必渠之外廊。其取道也，板而槛，七之。树根槎枒，二之。砌上下折，一之。客从桥上指，了了也。下桥而北，园始门焉。入门，客懵然矣。意所畅，穷目。目所畅，穷趾。朝光在树，疑中疑夕，东西迷也。最后一堂，忽启北窗，稻畦千顷，忽视，幸日乃未曛。”

扬州影园是由明代著名的造园家计成主持设计和施工，“芦汀柳岸之间，仅广十笏，经无否（计成）略为区画，别具灵幽。”园林前后夹水，因水成景，弱柳扶疏，远山近水，自然幽静，以柳影、水影、山影取胜，故命名为“影园”。郑元勋的《影园自记》有详细的记载：“山径数折，松杉密布，高下垂荫，间以梅、杏、梨、栗。山穷，左荼蘼架，架外丛苇，渔罟所聚。右小涧，隔涧疏竹百十竿，护以短篱……入门，梧桐十余株夹径。……门内转入窄径，穿柳堤，柳尽过小桥折入玉勾草堂。堂下有蜀府梅棠二株，堂之四画皆池，池中种荷花。池外堤上多高柳，柳外长河。河南通津，临流为半浮阁。水际多木芙蓉，池边有梅、玉兰、垂丝海棠、绯白桃花几树。石隙间种兰、蕙及虞美人、良姜、洛阳诸花草。……庭前多奇石，室隅作雨岩。岩上植桂，岩下植牡丹、垂丝海棠、玉兰、黄白大红宝珠山茶、磬口腊梅、千叶石榴、青白紫薇与香橼，以备四时之色。……涧旁皆大石，石隙俱五色梅，绕阁三面至水而止。”

南苑的历史可以上溯到辽代，辽升幽州为南京，擅长骑射的契丹王朝在南京的南部开辟了供狩猎娱游之用的皇家苑囿延芳淀，进行围猎活动，“放鹘、擒鹅”，时称“捺钵”。金占据辽南京后，海陵王为了满足自己的游乐需要，常率近侍“猎于南郊”。金章宗为了游幸需要，在中都城南曾建一所行宫，名建春宫。元代，更把这一带当作游猎和训练兵马的重要场所，并营建苑囿，时称“下马飞放泊”。“冬、春之交，天子亲幸近郊，纵鹰隼搏击，以为游娱之度，谓之飞放。”“下马飞放泊在大兴县正南，广四十顷”。并在此堆筑晾鹰台，建幄殿，“城南二十里有囿，曰南海子，方一百六十里”，成为元大都城南的皇家苑囿。明永乐年间，在元下马飞放泊四周筑起土墙，开辟了北大红门、南大红门、东红门、西红门，并命名曰南海子，成为一座名副其实的皇家苑囿。还在南海子里修建了二十四园，派海户千余守视海子中的獐鹿雉兔，每年要在南海子进行合围狩猎、训练兵马。

1.3 博物馆

博物馆的定义也是在不断发展的。1946年，国际博物馆协会（International Council of Museums，简称ICOM）在法国巴黎成立，这是关于博物馆学和博物馆管理的国际性非政府组织，成立之初对“博物馆（museum）”的定义是包括收藏了艺术、科学、技术、历史、考古等诸多藏品的机构，还包括动物园、植物园，但不包括图书馆，除非图书馆中有常设性展览室。1951年，ICOM对博物馆概念进行修订，指出是为了公众兴趣设立运行，旨在保存、研究和运用多种方式（比如展览）让公众娱乐、学习的场所，公共图书馆和有常设性展览室的机构都属于博物馆。1969年修订强调，博物馆是为了研究、教育和娱乐而收藏和展示各种具有文化或科学意义的藏品的常设机构。1974年和1995年的两次定义，皆明确指出博物馆是要为社会服务，且对公众开放的非营利性机构。又经过2001年、2007年两次修订，改为：博物馆是一个不以营利为目的的、为社会和社会发展服务的、向公众开放的常设性机构。它为了教育、研究和欣赏之目的而获取、保存、研究、传播和展示人类及环境的物质和非物质遗产。2022年，ICOM特别大会在捷克布拉格召开，通过了博物馆的最新定义：博物馆是为社会服务的非营利性常设机构，它研究、收藏、保护、阐释和展示物质与非物质遗产。向公众开放，具有可及性和包容性，博物馆促进多样性和可持续性。博物馆以符合道德且专业的方式进行运营和交流，并在社区的参与下，为教育、欣赏、深思和知识共享提供多种体验。

我国对博物馆的定义，1961年文化部编印的《博物馆工作概论》将博物馆定为："文物和标本的主要收藏机构，宣传教育机构和科学研究机构，是我国社会主义科学文化事业的重要组成部分。"2005年文化部颁布的《博物馆管理办法》，提出博物馆是"收藏、保护、研究、展示人类活动和自然环境的见证物，经过文物行政部门审核、相关行政部门批准许可取得法人资格，向公众开放的非营利性社会服务机构"。2015年国务院颁布的《博物馆条例》提出：博物馆是指以教育、研究和欣赏为目的，收藏、保护并向公众展示人类活动和自然环境的见证物，经登记管理机关依法登记的非营利组织。

收藏、展览、教育和研究是博物馆的四大职能。从博物馆诞生之日起，藏品就是博物馆的象征。藏品是博物馆的立馆之基，没有藏品，只能称之为展览馆，而不是博物馆。拥有众多高品质的藏品是一个博物馆规模和地位的重要体现，故宫博物院、大英博物馆、卢浮宫博物馆等世界著名的博物馆，都以拥有数量可观的珍贵文物而显赫于世界博物馆之林。

博物馆所拥有的藏品，是发挥展览、社会教育和研究功能的基础。2021年，全国6 183家博物馆中有5 605家实现免费开放，占比达90%以上。当年全国博物馆举办展览3.6万个，教育活动32.3万场，接待观众7.79亿人次。策划推出3 000余个线上展览、1万余场线上教育活动，网络总浏览量超过41亿人次。参观博物馆已经成为人们日常生活的一部分，博物馆也日益成为连接过去、现在、未来的纽带（广东省博物馆协会，2023）。

1.4 博物馆简史

1.4.1 国外的博物馆

博物馆一词翻译自英文"museum"。在古希腊神话中，"缪斯"（Moûsa）是掌管艺术和科学知识的一群女神，英文写作"muse"。祀奉缪斯诸神的神殿，希腊语写作Mouseîon，英文为museum。公元前3世纪，托勒密·索托在埃及的亚历山大城修建了一座祀奉缪斯诸神的神殿，殿内除供奉的缪斯诸神和专门的祭司外，还收藏了大量的自然类和人文艺术类实物，并附有图书馆、植物园、动物园、天文台、竞技场以及休息室、工作室等，被认为是人类历史上最早的"博物馆"（王宏钧，2014）。

私人收藏自古有之，以王室收藏最为丰富，法国国王法兰西一世，建造了卢浮宫和枫丹白露宫园，用来存放他收藏的珍奇；英国国王查理一世收藏了1 700多件绘画、雕塑等艺术作品。奥地利斐迪南大公二世的收藏种类则包罗万象，有艺术品，来自世界各地的动植物、种子、宝石、武器、肖像画、象牙、金银器、纺织品、陶瓷、徽章、机械工具和手卷等。这些王室或贵族的收藏几乎都不对外公开展示，或只在一个小圈子内互相夸耀。值得一提的一个著名人物劳伦佐，他不但收藏古典时期的古物，还收藏了很多当时的艺术品，如雕塑、书籍、绘画、珠宝、乐器、浮雕等，还把教皇保罗二世的收藏收入囊中。当时的贵族收藏一般称为"奇珍室"（cabinet of curiosity），但劳伦佐为了标榜自己收藏数量多、档次高，而使用了"museum"一词。这个时期的museum保留了缪斯神殿的最初含义，指代某藏家收藏之富，或一个与世隔绝、可供单独读书研究的地方，具有私密和不对外开放的特点。

自17世纪，私人收藏家开始公开其珍藏文物，供民众参观，博物馆相继成立。17世纪欧洲文艺复兴后，随着市民公共文化的发达，有富裕的私人藏家将自己的藏品出售或捐献给国家或某公立机构的，如1683年英国贵族阿什莫尔就把他拥有的货币、徽章、武器、考古出土文物、民族民俗文物和各种动植矿物标本全部捐献给牛津大学。

图1 阿什莫林博物馆木刻版画（摘录自广东省博物馆协会《博物馆工作指南》）

以此为基础，牛津大学建立了阿什莫林博物馆（Ashmolean Museum）（图1），通过公开陈列的形式，向公众和学者展示阿什莫尔的藏品，成为世界上较早的、具有现代意义的公共博物馆。从此之后，欧洲出现了大量名为museum，虽源自私人收藏却对公众开放的机构，成为普通大众获取科学知识的重要场所。

1753年，英国博物学家、内科医生和收藏家汉斯·斯隆去世，根据他的遗嘱，他的71 000多件藏品转让给国家，英国国会于当年6月通过法案，批准以这批藏品为基础建立大英博物馆，成为全世界第一个对公众开放的大型博物馆。1793年，法国卢浮宫变成博物馆对外开放。此后，公立博物馆纷纷出现，匈牙利、丹麦、奥地利、捷克、荷兰、德国、瑞典等国都成立了国立（国家）博物馆，对民众开放。1846年，英国富商詹姆士·史密森（James Smithson）赞助成立了华盛顿史密森研究院，这是美国最重要的博物馆机构之一，收藏了从艺术品到工业展品的大量实物。19世纪，美国又兴建了大都会博物馆、波士顿美术馆等一批高质量博物馆。

1.4.2 中国的博物馆

中国历史上私人收藏自商周时期就有，商代妇好墓出土的755件玉器中，发现有来自新石器时代的早于妇好几百年或千余年的古玉，可见王室收藏古物风气，至少从考古材料上看，可推至晚商。《尚书·分器》记录了周武王克商之后，将作为战利品的殷商贵族所存之青铜器、玉器分给有功贵族。公元前478年，鲁国君主哀公为纪念孔子的业绩，传播其思想，将曲阜孔子故居的三间住房作为孔子的庙堂，室内陈列孔子的衣冠琴书和他所坐的车，每年举行纪念活动，成为早期的纪念馆。

中国现代意义上的博物馆则源自西方文化在中国的传播。汉语“博物院”一词，目前所见最早出现于1838年美国传教士裨治文（Elijah Coleman Bridgman）所著《美理哥合省国志略》一书（图2），指的就是美国费城自然科学学会附属的museum。

汉语“博物馆”一词最早出现于1841年林则徐组织编译的《四洲志》，将西方的museum翻译成“博物馆”进行介绍（图3）。

在19世纪的中国，澳门、上海、香港、青州等地都出现了由外国传教士、外国商人或外国学会创设的博物馆。如1829年英国东印度公司的职员在澳门设立澳门英国博物馆（British Museum in Macao）；1872年法国耶稣会传教士韩伯禄在上海创办徐家汇博物馆，收藏长江中下游动植物标本；1874年英国亚洲文会北中国支会在上海创办亚洲文会博物馆，收藏中国境内的鸟类、兽类、爬虫类等标本，也涉及一些古物和艺术品。这些博物馆虽在中国境内，但创办主体不是中国人或中国机构，经费和人员均不来自中国，只是藏品源于中国。

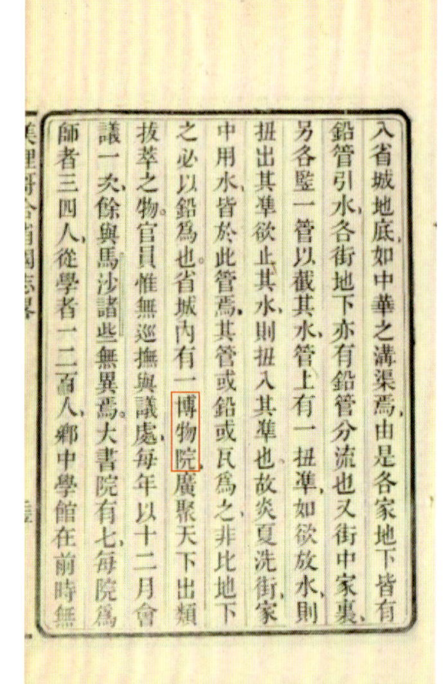
入省城地底，如中華之溝渠焉，由是各家地下皆有
鉛管引水，各街地下亦有鉛管分流也，又街中家裏，
另各監一管以截其水，管上有一扭準，如欲放水，則
扭出其準，欲止其水，則扭入其準也，故炎夏洗街，家
中用水，皆於此管焉，其管或鉛或瓦爲之，非比地下
之必以鉛爲也。省城內有一博物院，廣聚天下出類
拔萃之物。官員惟無巡撫與議處，每年以十二月會
議一次，餘與馬沙諸些無異焉。大書院有七，每院爲
師者三四人，從學者一二百人，鄉中學館在前時無

图2 《美理哥合省国志略》出现“博物院”（摘录自广东省博物馆协会《博物馆工作指南》）

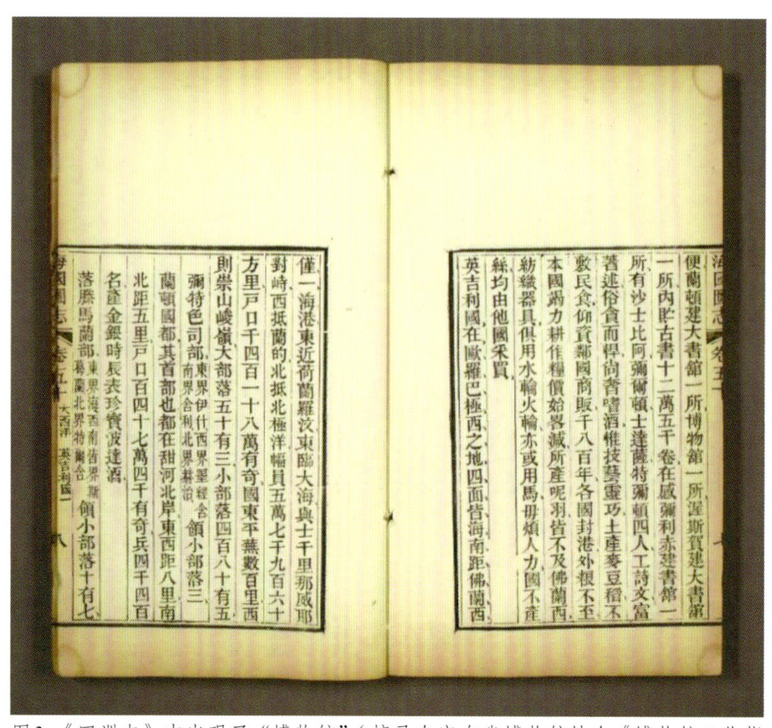
便蘭頓建大書館一所，博物館一所，渥斯賀建大書館
一所，內貯古書十二萬五千卷，在感彌利亦建書館一
所，有沙士比阿、彌爾頓、士達薩特、彌頓四人，工詩文，富
著述，俗貪而桿，尚奢嗜酒，惟技藝靈巧，土產麥豆稻，不
敷民食，仰貲鄰國商販，千八百年，各國封港，外根不至，
本國竭力耕作，糧價始畧減，所產呢羽，皆不及佛蘭西，
紡織器具，俱用水輪火輪，亦或用馬，毋煩人力，國不產
絲，均由他國采買。
英吉利國，在歐羅巴極西之地，四面皆海，南距佛蘭西，

僅一海港，東近荷蘭、羅汶，東臨大海，與士千里那威耶
對峙，西抵蘭的，北抵北極洋，幅員五萬七千九百六十
方里，戶口千四百一十八萬有奇，國東平蕪數百里，西
則祟山峻嶺，大部落五十有三，小部落四百八十有五。
彌特色司部，東界伊什西界墨緑舍南界舍利北界赫治，領小部落三，
蘭頓國都，其首部也，都在甜河北岸，東西距八里，南
北距五里，戶口百四十七萬四千有奇，兵四千四百
名，薝金銀、時辰表、珍寶、波達酒。
落滕馬蘭部，東界海西南吉界斯慕蘭北界特爾合，領小部落十有七，

图3 《四洲志》中出现了“博物馆”（摘录自广东省博物馆协会《博物馆工作指南》）

1900年庚子之变后，清政府决心变法图强，实行新政，一时之间，如教育品陈列馆、劝工陈列所、商品陈列所、农事试验场（万牲园）等纷纷开办，旨在用公开陈列实物的方式推动中国现代教育、工业、商业和农业发展，培育专业人才，由此开启了学校博物馆、商业展览馆、工业博览馆、农业博物馆、国货陈列馆、教育专题博物馆、动物园等多类型博物馆的先河。1905年，出现了中国人自办的最早公共博物馆——南通博物苑，1910年，出现了中国最早的私人博物馆——直隶总督端方创办的陶斋博物馆。1912年，中华民国教育部在北京国子监旧址开始筹设国立历史博物馆，1935年，中国博物馆协会成立。1936年，中国人创办的博物馆达到62家。1949年，全国只有博物馆21家。截至2022年，全国博物馆总数达6 565家，取得了举世瞩目的发展成就。

1.5 园林与博物馆的融合

1.5.1 园林类博物馆概念辨析

园林和博物馆虽然是两个不同的概念，当二者融合，便会产生多种可能，如中国第一座博物馆南通博物苑就是在规划建设之初将二者完美地融合在一起。近代以来皇家宫苑转变为博物馆，如故宫博物院，在此后的发展过程中就一直坚持将园林与博物馆相融合。现代园林综合型博物馆中国园林博物馆的建成，就更好地诠释了园林与博物馆的一体化发展，还有一些园林主题类博物馆的建立，如盆景博物馆、插花博物馆等，都体现了园林与博物馆融合发展的多样化，据此，国内学者提出了各自的观点。

博物馆的分类方式多样，按照所有制形式分为国有博物馆和非国有博物馆（民办博物馆）；按收藏展示内容可分为历史类、艺术类、自然类、科学与技术类和综合类等；按功能可分为收藏与保护型、研究型、教育型、互动观光型；按管理体制可划分为国家级、省级、市级、区县级；按目标观众可分为儿童类、妇女类、社区类、高校类等。行业博物馆作为博物馆重要的分支，汇集了某一行业发展进程中各个时期的历史实物资料，集中展现了某行业的历史沿革，园林类的博物馆大多为行业博物馆。

1985年，黎先耀从不同的范畴和要求出发，将博物馆类型划分标准归纳为7种：根据博物馆职

能划分；根据展品保存场所划分；根据服务对象划分；根据管理者划分；根据特殊类型划分；根据博物馆规模划分；根据陈列内容划分。1993年，黄卫国在这7种划分类型的基础上，提出在不同自然及社会环境中的博物馆有其独特的工作特点和规律，应增设“博物馆地理类型”的划分标准，包括5种地理类型：市区类型博物馆；城郊类型博物馆；遗址类型博物馆；风景名胜古迹类型博物馆；园林类型博物馆。其中园林类型博物馆又分为3种：设在市区公园内的；利用古建园林作博物馆馆址的；新建的现代园林类型博物馆。古建园林类型的博物馆是指利用古建园林原有建筑作为博物馆馆舍建立的博物馆（黄卫国，1993）。这种分类存在的问题是设在市区公园内的类型很容易与后二者交叉。

曾杰冈在2009年沿用古建园林类博物馆的说法，但其含义则有所延伸，博物馆不再只是利用古建园林作馆舍，而是服务于园林本身，承担园林的保护管理研究等工作。从黄卫国提出的利用古建园林作博物馆馆址的“古建园林类型博物馆”，到曾杰冈提出的服务于古建园林的“古建园林类博物馆”，园林的保护利用方式的转变。王红星（2010）提出古代园林建筑类博物馆，将东莞可园博物馆看作是这类。但可园博物馆作为古建园林类或古代园林类博物馆更合适。

2010年，张斌翀提出宫廷遗址类博物馆概念，是以现存宫廷遗留建筑或遗址为依托而建立起来的博物馆，主要表现为两种形式：一是以宫廷旧有建筑为馆舍；二是在原考古发掘出的宫廷遗址上新建馆舍，并列举了北京故宫博物院、沈阳故宫博物院、承德避暑山庄博物馆、长春伪满皇宫博物院、南京中国近代史遗址博物馆。作者将南京中国近代史遗址博物馆看作是宫廷遗址类似显不合适，宫廷是古代概念，与近代的时间范围不符。

2015年，袁晓君将依托私家园林成立的博物馆机构称为古园林类博物馆，将苏州园林博物馆、潍坊十笏园博物馆、成都杜甫草堂博物馆、东莞可园博物馆、清晖园博物馆、梁园博物馆、三苏祠博物馆等都归于此类。作者将古园林类只含私家园林显然不合适，皇家园林、寺观园林等都属于古园林范围。

相对于传统博物馆，符文涛于2017年提出了园林型博物馆的概念，指在博物馆设计的时候，其基本功能不变，把博物馆当做一个园林来进行设计，运用叠山、理水和植物配置等造园手法形成的整体景观风格符合园林特征。并列举了广州粤剧博物馆、可园博物馆、宝墨园作为当代广东的园林型博物馆案例，对其造园特征进行了分析，但博物馆方面缺乏阐述。从概念上讲，作者所称的园林型博物馆只是将博物馆设计在园林的环境中，具有园林的外貌，园林并不是博物馆要体现的内容，二者没有必要的关联性。与园林类博物馆的概念区别较大。

2020年，杨程斌、尹志明都提出了园林类博物馆的概念，前者提出园林类博物馆多以依托园林古建筑为主，或者兼建有博物馆展览区相结合，因此，一般包括古建筑区、园林与展览区。后者提出园林类博物馆应以园林文物为基本展品，“以物证史”“让文物说话”。前者侧重在园林，后者侧重在文物，与园林和博物馆的概念的综合性内涵还有差距。

从上面可以看出，园林相关的博物馆有园林类型博物馆、古建园林类博物馆、古代园林建筑类博物馆、宫廷遗址类博物馆、古园林类博物馆、园林型博物馆、园林类博物馆等概念，各概念的内涵和外延有所不同，以园林类型博物馆和园林类博物馆涵盖范围最广，本章采用园林类博物馆概念，指的是以古代园林或近现代园林为基础建立的博物馆，以及以园林为主题建立的博物馆。

1.5.2 园林类博物馆的建设

根据国家文物局官网（http://www. ncha.gov.cn）公布的2022年全国6 565家备案博物馆，其中与园林相关的大概有120家（附表）。按照园林和博物馆的建设年代可分为古代园林内设博物馆或转变为博物馆、近现代园林内设博物馆或园林类主题博物馆、园林与博物馆一体化综合型三大类，其中前者可细分为分皇家园林15家（如故宫博物院）、祠庙园林27家（如孔庙和国子监博物馆）、帝王陵寝11家（如明十三陵博物馆）、寺观园林20家（如西黄寺博物馆）、王府园林7家（如恭王府博物馆）、私家园林9家（如东莞市可园博物馆）、衙署园林4家（如保定直隶总督署博物馆）、书院园林5家（如莲池书院博物馆）、名胜园林13家（如大理苍山世界地质公园博物馆）等。分析这些博物馆的性质，以文物系统国有博物馆为主，有94家，其他行业国有博物馆26家。这些博物馆的级别，一级博物馆13家，二级博物馆22家，三级博物馆14家，未定级的占大多数，有71家。这博物馆免费的有50家，不免费的有70家，比例较高。

现有园林类博物馆以古代园林类博物馆为主，达百余家，他们是依托于古代园林成立的，展示园林历史变迁、人物事件、艺术特点、建造技术等，融合管理、保护、研究、展示、宣教为一体的专门性博物馆。如前所述，古代园林包括皇家园林、私家园林、寺观园林、衙署园林、书院园林等类型。

从古代园林与博物馆的空间关系看，有的是园林内设博物馆，如颐和园是著名的清代皇家园林，世界文化遗产，占地308hm²，现存各式宫殿、园林古建7万m²，并以珍贵的文物藏品（5万件）闻名于世。2021年9月，颐和园博物馆在文昌院内揭牌，为中国传统四合院形式，中央展厅面阔5间，前出厦3间，通过游廊与四座独立的展厅相连，四周围以回廊，构成相对分离的四个院落，展厅面积达2 777m²。同期举办了“园说Ⅲ——文物中的福寿文化与艺术特展”，并设“宝树琪花-颐和园藏清宫工艺盆景展”“御苑缪琳—乾隆玉器撷珍”“舶来珍奇—颐和园藏外国文物展”等主题展（图4）。圆明园占地350hm²，曾被誉为“万园之园”，1860年惨遭英法联军洗劫和焚毁，现为遗址公园，其中的正觉寺躲过劫难。2023年10月，圆明园博物馆在正觉寺揭牌，博物馆占地14 300m²、建筑面积3 649m²，展览分别位于正觉寺山门、钟鼓楼、天王殿、东西五佛殿、三圣殿、文殊亭、东六大金刚殿等建筑内，展出了230余件（组）文物和展品。有的是园林和博物馆并置，如承德避暑山庄原宫廷区设为避暑山庄博物馆，主要利用建筑举办展览，湖区、平原区和山林区等园林区则为避暑山庄，为园林游览区。更多地则是园林和博物馆交融合一，当然有的会针对园中园或展览采取不同的票务管理措施。

现代园林内设博物馆的也越来越多，如2009年，在扬州瘦西湖景区内建成扬派盆景博物馆，

图4　颐和园博物馆“宝树琪花-颐和园藏清宫工艺盆景展”

图5 月季博物馆

成为收藏、展示、普及、研究扬派盆景技艺的重要窗口。2013年，中国园林博物馆在北京市丰台区永定河畔建成开放，成为全面展示中国园林历史、文化、艺术和成就的国家级园林博物馆。2016年，作为世界月季洲际大会主场馆之一，月季博物馆在北京市大兴区魏善庄镇建成开放，成为全球首座月季博物馆（图5）。2023年，坐落在北京花乡世界花卉大观园内的北京草桥插花艺术博物馆正式挂牌，是以插花艺术为主题的博物馆。

1.5.3 园林类博物馆的展览展示

园林类博物馆主要展览展示中国园林文化的内涵，包括对园林的历史沿革、人物事迹、艺术作品、地域文化、营造技艺等。如东莞可园博物馆设“岭南传统园林与建筑”展，介绍岭南园林与建筑的文化特征与营造技艺。苏州园林博物馆的历史厅，介绍了苏州园林2 500年的发展史；艺术厅，展示苏州园林的艺术特点与造园技艺；文化厅，剖析了园林与文人、哲学、文学、书画、碑刻、赏石、民俗的渊源。

重现园林生活场景的展览是园林类博物馆的特色之处。中国园林是“可行、可观、可居、可游”的实景空间，游赏是园林生活的一大乐事，通过展示盆景花卉、奇峰异石等活动，让参观者体验赏花、赏石的生活雅兴和文化内涵。

再就是活化园林文化氛围的展览。园林是古代文人的生活之所，也是邀朋会友、雅聚唱吟和文化交流之地。古典园林类博物馆也会举办相关文化艺术的临时展览，如东莞可园博物馆举办过“海丝遗珍——‘碗礁一号’沉船出水瓷器展”，通过这些艺术展品的展出，体现园林中活跃的文化交流气氛。

博物馆还是与社会大众间的文化交流平台，常邀请专家开办园林建筑艺术、园林文化意境、建筑遗产保护等专题讲座，举办与园林相关的学术会议和研讨会，宣扬博大精深的园林文化。还会举办戏曲、绘画、书法、插花等与园林相关的表演活动，将园林中的生活情景还原到园林景色中去，通过寓情于景、情景交融的方式多角度展现园林深厚的文化底蕴，弘扬民族优秀传统文化。还可以举办摄影、绘画、书法、写作、文创产品设计等比赛，使参与者去发现园林之美，主动挖掘园林文化内涵。

古代园林类博物馆按照古代园林的类型分为皇家宫苑、皇家坛庙、寺观、衙署、书院和私家园林等类型，本章选取其中有代表性的博物馆进行阐述，皇家宫苑有故宫、避暑山庄，皇家坛庙有先农坛，寺观有万寿寺，衙署有直隶总督署，书院有莲池书院，私家园林有拙政园、可园，再加上我国最早的南通博物苑以及建成十年的中国园林博物馆，从中可了解园林类博物馆的发展历史、独具特色的园林特征以及收藏展览概况，领会园林和博物馆作为社会公益的公共性空间所发挥的功能和作用，以及二者间的关联性。

2 南通博物苑

南通博物苑位于江苏省南通市崇川区濠南路19号（网址http://www.ntmuseum.com），由我国近代著名的实业家、教育家张謇（1853—1926）于1905年创办，是近代中国人建立的第一座公共博物馆，且与中国传统苑囿相结合。园中水石禽鱼都是收藏、展示和教育的对象，是最早将园林与博物馆相融合的典范之作。1988年，南通博物苑被国务院列为全国重点文物保护单位，2007年，被国家旅游局公布为4A级旅游风景名胜区，2008年，被国家文物局公布为首批国家一级博物馆。2010年1月，南通博物苑被授予“江苏省生态文明教育基地”称号，也是江苏省唯一入选生态文明教育基地的文博单位。

2.1 张謇概述

张謇（图6），字季直，号啬庵，江苏南通人，他创办了大生纱厂，是近代著名的实业家。毛泽东主席曾经评价说，谈到中国民族轻纺工业，不要忘记张謇。张謇还是一位教育家，率先创办了符合当时政府学制标准的中国第一所师范学校、第一所纺织高校、第一所戏剧学校。这些都促使南通在当时成为全国著名的“模范县”“理想的文化城市”，外国人眼里的“中国的人间天堂”。两院院士吴良镛教授研究考察了南通的城市建设和文物保护后，从中国近代城市发展史的角度提出：“张謇先生经营的南通堪称中国近代第一城！”

图6 张謇

1915—1921年期间，以大生纱厂为核心的张氏实业达到了经营的顶峰，同一时期的南通近代园林建设成果斐然，其建设的经济来源主要为张謇个人或其家族投资。张謇深知公共园林在社会中的作用和地位，他在1917年撰写的《南通公园记》中指出：“公园者，人情之囿，实业之华，而教育之圭表也。”将公园与社会、经济、教育紧密结合起来。

1913年正月，张謇与其三哥规划建设唐闸公园，次年建成，位于通扬运河东侧，占地1.2hm^2。唐闸公园建成后，改善了工业区的环境，提高了人们的生活品质，并在一定程度上减少了社会矛盾。张謇因势利导，借鉴唐闸公园的建设经验，于1917年兴建五公园。五公园地区原为城濠的西南隅，有河通江，水面弥望，水中有积淤形成的小岛，岸边芦荻萧瑟，野趣横生。北公园总面积2.4hm^2，有网球场、气枪室、角弹房、量力亭，水边建听渔处。东公园占地1.3hm^2，为妇女儿童活动园，由骑岸乡民众捐地而建，面积1.3hm^{2}余。南公园总面积1.56hm^2，建有帘静鸥香榭、与众堂。西公园总面积达1hm^2，以中间的自西亭分为南、北二部分，南为动物场，北为通俗演教场，有竞漕船坞和游泳场。中公园总面积1.45hm^2，围绕传统建筑奎星楼修筑了一组园林建筑群（施钧桅，2008）。

张謇还是中国博物馆事业的倡导者和创始者，也是我国最早的博物馆学研究者和奠基人。他学贯中西，对西方博物馆早有了解，对维新派建立博物馆的主张也表示认可，1898年京师大学堂办法拟定之时，张謇就在日记中提出“拟大学堂办法，……宜有植物、动物苑；宜有博物苑”。1903年，张謇应邀赴日参加日本国内劝业博览会，游历考察了70天，参观了学校、工厂等政治、经济、教育场所，以及图书馆、博物馆、水族馆、动物馆等科普场馆。1905年，张謇在《上南皮相国请京师建设帝室博览馆议》中指出，“夫近今东西各邦，其所以及政治学术参考之大部以补助于学校者，为图书馆，为博物苑，大而都畿，小而州邑，莫不高阁广场，罗列物品，古今咸备，纵人观览”。他认为，“公立私立，其制各有不同。而日本帝室博物馆之建设，其制则稍异于他国，且为他国所不可及。盖其国家尽出其历代内府所藏，以公于国人，并许国人出其储藏，附为陈列。诚盛举也”。因此，他建议“我国今宜参用其法，特辟帝室博览馆于京师”。以此“庶使莘莘学子，得有所观摩研究以辅益于学校”。他还在《国家博物院、图书馆规画条议》中阐明“为事固宜择地，为地亦宜兴事”的原则，进一步提出开放前清宫廷建筑，建设博物馆的具体方案。他认为，原来“宫苑森严，私于皇室，今国体变更，势须开放。然而用之无法，即存之无名”。“所谓为地兴事者，非改为博物苑、图书馆不可。”

张謇对博物馆的性质、任务、职能、作用，以及机构设置和规章制度等，进行了系列论述，初步形成了博物馆的理论研究体系。他提出了博物馆的建设思路，“建设之初，所宜规画者，厥有六端，今条列其略，附于左方”，其条目有“建筑之制”“陈列之序”“管理之法”模型之部”“采辑之例”和“表彰之宜”（赵翀，2018）。可惜当时清政府已无心也无力建设博物馆了，为此，张謇下力气自己筹办一座博物馆，使南通博物苑成为中国第一座“民族的、科学的、大众的”博物馆（吕济民，1995）。

2.2 南通博物苑简史

1904年12月，为配合通州师范学校教学，张謇在校西购地2.3hm^2，规划了学校公共植物园。1905年12月，在此基础上重新规划建设南通博物苑。张謇自任苑总理，第一位苑主任由孙钺担任。1906年建成中馆和南馆（图7），北馆建于1912年，1913年，博物苑已初具规模，成为一座融植物园、动物园于一体的园林式的综合性博物馆。1928年，南通大学校董会建立后，南通博物苑转于大学范围之内，至1935年又由通州师范学校代管（王栋云，2005）。

1937年夏，日寇轰炸南通，1938年3月17日，南通沦陷。抗日战争胜利时，博物苑已成废园一座，南、北、中三馆以及东楼、弹子房、藤东水榭，仅有屋面，围以颓垣破壁，花木绝大部分毁灭。

1949年南通解放后，南通市第一届各界人民代表会议开幕，韩意秋、管惟吾等8位中教代表向会议提交“恢复博物苑的提案”，以促进文化教育事业，保存有历史纪念性的文化艺术。1950年11月29日，南通市地方事业委员会召开会议，由南通市人民政府函聘十七人组成“南通市博物苑修建委员会”，建立工程处，先修理中馆、南馆及东楼，规划路线，栽植花木，为公园式的布置。1952年8月，博物苑修建工程结束，经由市人民

图7　南通博物苑南馆和中馆（摄自展览图片）

政府和苏北人民行政公署批准，在博物苑原址上分别设立市人民公园及苏北南通博物馆（凌振荣，2005）。

1954年4月，江苏省人民政府为贯彻中央“整顿巩固、重点发展、提高质量、稳步前进”的文教工作方针，撤销了江苏省南通博物馆，将馆藏文物、家具移交给即将成立的江苏省博物馆筹备处。1958年在南通市成立“南通博物馆筹备处”，经过近10年的努力，博物苑终于以新的面貌——“南通博物馆”出现在原博物苑的废墟上。1968年与其他单位合并为“南通市劳动人民文化宫”。1972年与市图书馆联合成立革委会，1976年独立成立革委会。

1979年10月，中国自然科学博物馆协会的筹备会在南通召开，南通博物苑的重要历史地位得到来自全国各地博物馆人士的确认。裴文中教授特为之题词：“中国第一博物馆，是最有价值的珍宝。”1981年，南通市人民政府决定将附近的张謇故居“濠南别业”划归博物苑范围。经江苏省文化厅批准，从1984年7月1日起，南通博物馆恢复原名，仍称“南通博物苑”。1988年，国务院公布南通博物苑为全国重点文物保护单位。1993年9月21日，为加快文物库房建设，敦促动物园搬迁、市电台部分职工及经济电台办公房搬出。1999年年底，人民公园并入博物苑。

2005年百年苑庆前，苑方邀请吴良镛先生在南通博物苑历史保护区南部设计建设了现代化展厅，与老馆区互为呼应，相得益彰。

2.3　园林特色

南通博物苑1905年初建时占地23 300m^2，1915年，博物苑初具规模，面积达32 000m^2，现占地面积为71 800m^2，包括市政府1981年划归博物苑管理的张謇故居濠南别业、1999年公园和博物苑合并后增加的苑东南部分（南通农校旧址）以及新建的展馆（苑西南部分南通图书馆旧址）。

2.3.1　园林布局

南通博物苑在规划建设上体现了中国古典园林与西方近代博物馆的完美结合，室内文物标本陈列与室外动植物活体展示相得益彰，苑中筑造假山池沼、亭台馆榭，展馆周围广植树木花草，开辟温室药圃，饲养禽鸟兽类，形成和谐融洽的自然生态环境和园林景观。

南通博物苑的选址是经过统筹考虑的。张謇早在《上南皮相国请京师建设帝室博览馆议》中就提出博物馆的地点选择要“便于交通，便于开拓”，意思是要交通便利，还要有发展的余地。南通博物苑选址于旧城东南濠河之滨，原来是一片荒僻的坟地，与通州师范学校隔河相望，地广人稀，便于今后的发展。经过8年的建设，成为融植物园、动物园于一体的园林式的综合性博物馆。

博物苑先后建成了中馆、南馆和北馆作为主要展馆。中馆为三间平房，最初作为观测气象的测候所，后加盖一间二层尖顶小楼，改造为碑帖陈列室（凌振荣，2006）。

南馆是一座典雅别致的英式二层楼房，平面呈“十”字形，顶部四周砌有城垛装饰，是主要的陈列室，分别展出天产、历史、美术、教育四部文物。南馆两边有古像亭，陈列古代塑像。

在中馆、南馆间开辟了“中药坛”，栽植各种药用植物，用作南通农校的师生观察实践之用。中馆与南馆的四周还陈列着数量众多的大型文物，如石狮、石马、石人、石碑、石磨、石臼、石刻、柱础、龟趺、辟邪、铜鼎、盘铁、铁炮、铁线石、石元宝等，博物景观素材独特而丰富（任苏文,钱红,2012）。

北馆是五开间的二层楼房，楼下陈列吕四海滨出土的长达12m的鲸骨架，楼上专门陈列通、如、泰、海地区的名家书画。南馆、中馆和北馆位于博物苑的居中位置，并形成了中轴线，体现其主体地位。

东馆为一座中式楼房，作为办公室，靠近濠河。藤东水榭临河而建，属休闲建筑，苑内还有迟虚亭、谦亭、花竹平安馆、味雪斋等园林建筑，体现园林式风格，使沿河风光更加优美。

国秀亭（图8）始建于1908年，最初是封闭式茅草亭室，后在亭子四面加玻璃窗，用于展览陈列竹石、矿物标本，与国秀坛的竹石假山相得益彰。

濠南别业为张謇在南通的故居（图9），1914年5月开始建造，1915年6月28日迁入。建筑为欧式风格，高四层，采用砖木混合结构，使用玻璃、水泥等近代建筑材料。主楼南门两侧栽植紫色、白色紫藤（*Wisteria sinensis*）各一株，春日花开，一红一白，交相辉映，张謇观赏后吟出“花羽朝霞晚霞舒，百年琳蹈垂流苏”之句。

苑中饲养的动物有460号，俨然一个小型的动物园，主要分布在东北角和东南角，相对比较僻静，对动物干扰较少。兽类有鹿、兔、猴猿、山

图8　国秀亭

图9　濠南别业

图10　南通博物苑新馆

羊、熊鼠等，鸟类有家鸡、金鸡、火鸡、鸵鸟、白鸽、水鸭、鹭鸶、鸳鸯、鸸鹋、孔雀、鹳鹤等。东南有水禽池，饲养水禽。相禽阁饲养鸟类，原有题联“见树木交荫时鸟变声亦复欣然有喜，待春山可望白鸥翔翼倘能从我优乎”。

苑内还有假山、荷池、水塔、风车等，并广植珍贵树木，是一座融中国古代苑囿和西方博物馆于一体、富有中国特色的博物馆，这也是张謇取名博物苑的缘由，既有园林、苑囿的意思，又是文化荟萃之所。

2005年，南通博物苑新馆建成（图10），由吴良镛院士领衔设计，应用亭式元素，建筑单体体量较小，采取组合方式连为一体而相对集中，在结构上更为紧凑，与老馆建筑风格相协调，巧妙处理了新建筑同文物建筑之间的关系，成为南通市新的地标（张美英，任苏文，2017）。南侧水池中的倒影，增加了建筑的空灵。

2.3.2 园林植物

苑内栽植各种植物307号，以药材居多，专设有药圃、菊花圃、国秀坛、例外竹坛及花卉等。国秀坛种植淡竹（*Phyllostachys glauca*）、紫竹（*Phyllostachys nigra*）、湘妃竹（斑竹*Phyllostachys reticulata* 'Lacrima-deae'）等各种竹子，其中尤以黄金间碧玉竹（*Bambusa vulgaris* 'Vittata'）最为罕见。国秀坛北侧专设了例外竹坛，栽种天竹（南天竹*Nandina domestica*）、文竹（*Asparagus setaceus*）、石竹（*Dianthus chinensis*）等名为竹而实非竹的植物，因而称之为"例外竹"，可见张謇的别具匠心。

苑中多处植梅，如养鹤的竹篱前植有梅花（*Prunus mume*），暗合林逋的"梅妻鹤子"典故。篱前还有一块月季花田，植红白月季（*Rosa chinensis*）100多株。南馆北面台阶下植胭脂红梅花，花特大，不亚于桃杏，色似胭脂。美人石下植檀香梅三五株，花瓣白色，带有极淡的黄色，萼深红，芳香袭人。美人石下还有琼花（*Viburnum keteleeri*）一株，从扬州一寺庙移来。此外，美人石下还栽植有大红袍、姚黄、魏紫、净白等牡丹（*Paeonia* × *suffruticosa*）名种。除了牡丹名品外，苑中还栽植有芍药（*Paeonia lactiflora*）中的稀有品种金带围，其花色浓紫，复瓣中有一圈金黄色的花瓣，故名"金带围"。紫色花每年必开，而金带则不常见，可能是由雄蕊瓣化而成。

张謇还从北京三贝子花园（北京动物园前身）购买白皮松（*Pinus bungeana*）数株，植于土阜松林中，树皮白色光滑，非常漂亮。

在通向师范学校的长堤旁有几株樱花，是木村先生从日本带来的名种八重樱，复瓣八重，花白色，微带红晕，黑夜望之如积雪，故又名夜光樱。苑中还栽植国外原产的花卉，如雏菊（*Bellis perennis*）、樱草（*Primula sieboldii*）、百日菊（*Zinnia elegans*）、白花除虫菊（*Tanacetum cinerariifolium*）等。

南通博物苑至今还保留了初期栽植的古树名木17棵，其中银杏（*Ginkgo biloba*）5棵，有一棵为一级古树名木，是受张謇的保护而留存下来的。濠南别业南侧的两株紫藤在入口东西各一棵，东侧一棵开紫花，主干已朽枯，萌生新藤数十根，萦绕而上直至三楼与西侧一棵交汇成拱门造型，蔚为壮观，西侧一棵开白花，又称"银藤"，主干虬枝蜿蜒，古朴苍老。两棵紫藤，一白一紫，一西一东，一拙一雅，缠绕相拥，与英式建筑相得益彰。濠南别业北面有三棵古树，北门两侧凹进处，东边一棵广玉兰（*Magnolia grandiflora*），西边一棵厚壳树（*Ehretia acuminata*）（图11），另在大楼西北向山石花坛里还有一棵罗汉松（*Podocarpus macrophyllus*）（曹玉星，2010）。

中馆周边也有三棵古树，西侧草坪内一棵木瓜（*Chaenomeles cathayensis*），西北侧一棵榔榆（*Ulmus parvifolia*），南侧一棵罗汉松。木瓜高9m，胸径37cm，树姿优美，春花烂漫，入秋后金果满树，香气袭人。榔榆高16m，胸径46cm，树皮呈不规则鳞片状剥落，叶小质硬，秋季开花。罗汉松高7m，胸径35cm，姿态优美，生长良好。

东馆前面有一棵三角槭（*Acer buergerianum*），树高14m，胸径61cm，冠幅15m×15m，枝繁叶茂，姿态优美。在南通博物苑东边，原水禽罧山

图11　厚壳树

图12 朴树

石处有一棵丛生状的黑榆（*Ulmus davidiana*），树高7m，胸径56cm，从根部分出一丛分枝，每枝单独成树，像一巨大的伞架，笼罩水禽罧中央，根部与山石交汇在一起，奇妙壮观。

苑南部还有朴树（*Celtis sinensis*），高12m，胸径58cm（图12）。在濠阳小筑内还有古罗汉松。

2.4 收藏展示

南通博物苑集天产、历史、美术与园林于一体，开创了室内陈列与室外展示结合，标本陈列与活体养殖并存的模式，在近代中国博物馆界可谓是独创，甚至在当时全球博物馆范围内也是超前的，将自然博物馆、历史博物馆和艺术博物馆综合为一体。

南通博物苑最初的格局包括中馆、南馆、北馆等主体建筑，分别陈列天产（自然）、历史、美术等部的文物或标本。1905年，博物苑动工兴建，先建测候室，为二层建筑，楼顶层是露天方台，设风向、雨量、温度等仪器。后来被改为尖顶，气象仪器则被移至农校，名称也改为中馆，陈列金石方面的文物。接着，又建造了南馆和北馆。南馆原称博物楼，陈列历史文物和自然标本，楼上是历史部和美术部，楼下是天产部。北馆是五开间的两层楼房，楼上陈列有清代南通画家钱恕长十多米的《江山雪景图》等珍品，楼下陈列有东海边出土的鲸骨骼。

张謇既主张天产、历史、美术三部各自独立，“分部别居，不相杂厕”，又认为三部之间相互关联，“论天演之变化，天产之中有历史；论人为之变更，美术之中亦有历史。故三部虽别其大凡，仍当系以细目，目系于类，类系于门，门系于部”。关于陈列的次序，他认为“天产部以所产所得之方地为等差，历史、美术二部以所制造之时代为等差”。就是说，天然物品要按地区为次序陈列，历史、美术要按时代为次序陈列，其目的是为了“现古今之变迁，验文明之进退，秉微知巨，亦可见矣”（陈金屏，2005）。

张謇提出陈列室的设计要疏密结合，以保障文物防盗和游览秩序安全，“谨常宜密，防变宜疏；密又宜通，疏又宜塞。外密于内，乃不诲盗而通；修序以便观游，疏其中乃可防灾。而旁塞歧门，所以便巡视。”陈列室内“宜多安窗，通光而远湿”；文物橱架“毋过高，毋过隘，取便陈列，且易拂扫”，对文物的陈列环境也提出了细致的要求。

张謇志向鸿远，认为博物馆藏品要包罗古今中外，“纵之千载，远之外国”“外而欧、美、澳、阿，内而荐绅父老，或购或乞，期备百一”。当然要达到“万物皆备于我”，对南通博物苑来讲并不现实，因而他把博物苑的藏品征集定位为立足本地，兼及中外。“中国金石至博，私人财力式微。搜采准的，务其大者，不能及全国也，以江苏为断。不能得原物也，以拓本为断。”收集地方文物，是为了教育后代，“留存往迹，启发后来”。广泛收集则是为了普及科学历史知识，“昭然近列于耳目之前”。

张謇身体力行地为博物苑征集藏品，一次去北京，与人同至天坛，拾得黄、绿两片饰有龙纹图案的琉璃瓦带回南通，此文物至今仍然保存在南通博物苑内。《张謇日记》中记载，武昌起义当日，他在武昌码头上船时还为博物苑购买了两只鹤。在面临博物苑藏品缺乏时，他刊发了《通州博物馆敬征通属先辈诗文集书画及所藏金石古器启》和《为博物苑征求本省金石拓本》启事，提出将私人所藏“公诸天下”，呼吁“收藏故家，出其所珍，与众共守”。并率先捐赠出自己的收藏，强调“謇家所有，具已纳入。”并利用他广泛的社会交往和社会地位，寄出大量信函分致友朋，以求资助。对于捐献文物有重大贡献的，“当特加褒赏，以示激劝；且许分室储贮，特为表列”。

至1914年，经过10年的经营初具规模，此间编印的《南通博物苑品目》上、下两册共列藏品2 973号，每号均有一至若干件。上册为天产部，包括动物类460号、植物类307号、矿物类1 103号；下册为历史、美术、教育三部，历史部包括金类439号、玉石类86号、瓷陶类51号、拓本类45号、土木类16号、服用类49号、音乐类4号、遗像类5号、写经类3号、画像类2号、卜筮类2号，军器类9号、刑具类7号、狱具类4号；美术部包括书画类101号、瓷陶类113号、雕刻类43号、漆塑类10号、绣织类8号、缂丝类2号、编物类6号、铁制类1号、烙绘类1号、铅笔画类1号、纸墨类8号；教育部包括科举、私塾、学校三类，共87号。至1933年，增至3 605号。日军侵占南通前夕，南通博物苑已拥有品物总计1万余件。

南通博物苑新馆的基本陈列有三大版块，分别是“江海古韵——南通地区历史遗存陈列”“馆珍遗韵——博物苑精品文物展”“巨鲸天韵——江海鲸类及生物资源专题陈列”（曹玉星，2015）。“江海古韵”从自然、经济、政治、人文四个方面演绎了南通江海历史遗存，展览注重故事性，如以一块足有一人高的盘铁讲述南通盐棉经济的发展，盘铁由国家铸造，以限制私盐生产（图13）。“馆珍遗韵”主要介绍南通博物苑所藏的陶瓷器、玉器、金属珐琅等精品文物共132件（套），有晚唐-五代的越窑青瓷皮囊式壶、西夏的黑釉剔花牡丹纹罐、元末明初的红绿彩人物花卉大罐、元代的刻花龙泉瓶等精品文物（图14）。“巨鲸天韵”中展出了斑海豹、玳瑁、中华鲟、丹顶鹤等标本共239件，这些标本经过精心挑选、制作和布置，或游或潜，或停或飞，或觅食或嬉戏，富有艺术性和生态性（图15）。

图13　江海古韵——南通地区历史遗存陈列

图14　馆珍遗韵——博物苑精品文物展

图15　巨鲸天韵——江海鲸类及生物资源专题陈列

2.5　教育功能

南通博物苑初建时附属于通州师范学校，张謇鉴于新开设的师范学校“授博物课仅恃动植矿之图画，不足以引起兴味；国文、历史课仅恃书籍讲解，不足以征事物；地方人民知识之增进，亦必先有实观之处所。”于是在学校隔河以西先是规划建设植物园，后改为博物苑，以达到“博物苑之设，为本校师范生备物理上之实验，为地方人民广农业上之知识”的目的。张謇为南通博物苑南馆撰写的对联“设为庠序学校以教，多识鸟兽草木之名”，就强调了博物馆辅助学校的教育功能（赵翀，2016）。

博物苑在建成之初主要是为通州师范的学生服务，中馆建造之初设作测候所，为农校学生实习天文气象知识提供试验场所。自1909年起，南通地方报纸就逐日登载测量结果，发布天气预报，为当地人民农事、生活提供气象服务，以科学知识引导社会生产生活。

张謇"教育救国"的主张，早在1905年《上学部请设博览馆议》呈文中就有论述："窃维东西各邦，其开化后于我国，而近今以来，政举事理，且骎骎为文明之先导矣。掸考其故，实本于教育之普及，学校之勃兴。然以少数之学校，授学有秩序，毕业有程限，其所养成之人材，岂能蔚为通儒，尊其绝学？盖有图书馆、博物院以为学校之后盾，使承学之彦，有所参考，有所实验，得以综合古今，搜讨而研论之耳。"他的《上南皮相国请京师建设帝室博览馆议》中提议："且京师此馆成立以后，可渐推行于各行省，而府而州而县，必将继起。庶使莘莘学子，得有所观摩研究以补益于学校。"人们来到博物苑可以"学于斯者，睹器而识其名，考文而知其物，纵之千载，远之异国者，而昭然近列于耳目之前"，且这些物品能够"觇古今之变迁，验文明之进退，秉微知巨，亦可见矣"。将博物馆的教育功能阐述得非常翔实。

关于陈列品的说明，张謇认为天产部的物品要注明所产所得的地方，历史、美术两部要区分它们所制造、所产生的时代。中国独有的物品，要把古代的、现代的名称一并写出。室外展示的动、植物活体名目和品种繁多，如同室内陈列的标本一样，配置了标识，注明中文和拉丁文的名称，体现展品的科学性与教育性。

2.6 服务管理

张謇在《国家博物院、图书馆规划条议》中，提到了博物馆人才的要求。他认为，"经理之事，关乎学识。"并提出人才之选要"不拘爵位，博选名流以任之"。指出"胜斯任者，非博物好古、丹青不渝之君子，又能精通细事，富有美术之兴趣者，莫克当此"（张炽康，1999）。也就是说，从事博物馆工作的人既要有广博的科学、历史知识，又能忠诚于博物馆事业，办事更要勤恳精细，还要兼有一定艺术修养。

在服务方面，张謇提出设立招待员，作为导览，考虑到博物馆对外宾开放，还"必须通东西洋语言文字二三员，以便外宾来观，有可咨询"。就是要培养优秀的讲解人员，还要懂得与外宾交流沟通。他还重视博物馆环境建设，提出"贯通之地宜间设广厅，以备入观者憩息。宜少辟门径，以便管理者视察……隙地则栽植花木，点缀竹石。非恣游观，意取闲野。"

张謇对博物馆安全工作非常重视，孙钺回顾张謇在时的情况，"先苑总理在时，苑费充足，外有岗警，内有更夫，日夜轮守，无或稍懈。"未发生过文物失窃。他提出对钥匙要严格管理，"管理之责，虽责成专员，但办事员亦当共任其职，严管钥，禁非常，及其他种种之有妨碍者，均当专定章期限遵守。"

张謇深感建苑的艰难，"规画之久，经营之难，致物于远方之繁费，求效于植物之纡迟。三四年来，盖已苦矣"。因而对博物苑内发生的"随意攀折花木、摇动叠石、坐亭剥柱、行走不循正路践伤花草、踢墙攀窗、损坏物件"的破坏行为非常痛恨，制定了《博物苑观览简章》。制作博物苑观览证，参观者必须凭证参观，爱护公物，如有破坏行为，必责成专人负责。

张謇强调了博物馆事业的公益和不可侵占性，在《品目》中提出："抑闻公法，战所在地，图书馆、博物苑之属，不得侵损。损者得索偿于其敌。"并对当时的发展前景表示忧虑，"世变未有届也，缕缕此心，贯于一草一树之微，而悠悠者世，不能无虑于数十百年之后。"张謇对南通博物苑倾注了大量心血，从规划建设、藏品征集购买到日常管理细则等，可以说事无巨细地进行管理，从而形成了一整套行之有效的博物馆理论，为后人所继承。

3 故宫博物院

北京故宫旧称紫禁城，建成于1420年，是中国明清两代的皇家宫殿，也是当时国家的政治中心，位于北京市东城区景山前街4号（网址http://www.dpm.org.cn）。它是我国古代宫城发展史上现存的唯一实例和最高典范，也是世界上现存规模最大、保存最完整的古代宫殿建筑群。1912年2月，清末皇帝溥仪逊位，但被允许“暂居宫禁”，直至1924年，溥仪被逐出宫禁。民国十四年（1925）10月10日故宫博物院成立，此后才被称为故宫。1961年故宫被列为第一批全国重点文物保护单位，1987年被列为世界文化遗产，成为具有世界影响的中国历史文化遗产。

故宫博物院是以昔日的皇宫建筑、宫廷原状及皇家收藏为基础建立的博物馆，属于典型的皇宫博物馆。而且由于紫禁城是一个功能十分完备的皇宫，集礼仪、政务、祭祀、起居、宴乐、玩赏等于一体，皇家宫殿、苑囿、寺庙、戏台、器用、收藏等一应俱全，成为全世界屈指可数的最有代表性的皇宫博物馆之一。紫禁城建筑和存藏其间的186万余件文物共同构成了其世界遗产价值，遗产内容以建筑群为主，其藏品包括了古代艺术品的所有门类，具有级别上、品类上、数量上的优势，其历史文化内涵更涉及建筑、园林、历史、地理、文献、文物、考古、美学、宗教、民族、礼俗等诸多学科，在我国历史文化遗产中具有突出的历史价值、科学价值和艺术价值。

3.1 发展简史

北京故宫于明永乐四年（1406）开始建设，以南京故宫为蓝本营建，到永乐十八年（1420）建成，成为明清两朝二十四位皇帝的皇宫。由于历史的原因，故宫博物院在1925年成立时，只是紫禁城中三家博物馆之一，在紫禁城的前朝部分有北洋政府时成立的古物陈列所，在午门和端门之间有筹备了十余年的历史博物馆。

3.1.1 古物陈列所

1912年2月，清末皇帝溥仪逊位，紫禁城本应全部收归国有，但按照《清室优待条件》，溥仪被允许暂居宫禁，即后寝部分。

1913年，时任北洋政府内务总长朱启钤呈请总统袁世凯，提出将盛京（沈阳）故宫、热河（承德）离宫两处所藏宝器运至紫禁城，筹办古物陈列所（傅连仲，2005）。北洋政府批准了这一建议，由美国退还庚款内拨给20万元为开办费。内务部开始将沈阳故宫和热河行宫的文物共20多万件陆续运到北京，起运的物品范围包括瓷器、古铜器、玉器、漆器、书籍、字画、文玩钟表、戏衣等品类，在紫禁城文华殿和武英殿成立古物陈列所（王建伟，2018）。1913年12月24日颁布《古物陈列所章程》规定，“古物陈列所掌握关于古物保管事项，隶属于内务部”。1914年2月，古物陈列所在紫禁城前朝武英殿宣告成立，启用“内务部古物陈列所之章”。1914年10月11日，正式对外开放，当日购票民众2 000余人。直到1948年3月，古物陈列所与故宫博物院合并（徐婉玲，2020）。

古物陈列所在中国首开皇宫向社会开放先例，是中国近代第一座以帝王宫苑和皇室收藏辟设的宫廷博物馆，也是中国第一座对公众开放的国立博物馆（段勇，2004）。

3.1.2 历史博物馆

民国初年，政府“以京师首都，四方是瞻，文物典司，不容阙废”“而首都尚未有典守文物之专司，乃议先设博物馆于北京”。1912年7月，在教育总长蔡元培主持下，在北京元明清三代的太学——国子监筹建国立历史博物馆，这是中国第一座由政府筹设并直接管理的博物馆。教育部认为，“国子监旧署，毗连孔庙，内有辟雍、彝伦堂等处建筑，皆与典制学问有关，又藏有鼎、石鼓及前朝典学所用器具等，亦均足为稽古之资，实与历史博物馆性质相近，故教育部即就设立历史博物馆，设历史博物馆筹备处”（李守义，2012）。其宗旨为“搜集历代文物，增进社会教育”。

1917年，教育部以国子监馆址地处偏僻，房舍狭隘为由，决定将该馆迁往故宫午门，以午门城楼和东西亭楼为陈列室，东西朝房和端门城楼为文物库房，其中部分西朝房为办公室。1925年，陆续入藏文物215 200件，分金类、石器、刻石、甲骨刻辞、玉类、陶器等共26类。经多年筹备，国立历史博物馆于1926年10月10日正式开放，接待公众（王宏钧，2005）。陈列设有历史和艺术两个部，共有10个陈列室，分别为售品存储；金石之部；刻石；教育博物；明清档案、国子监旧存器物、明器、模制器物；针灸铜人、杂器及寄陈物品；兵刑器；发掘物品；模型图表；国际纪念品，总计展品2 000余件。至1927年，先后编辑出版了《国立历史博物馆丛刊》《国立历史博物馆讲演会讲演录》，编印了《国立历史博物馆陈列宝物品目录》等。

3.1.3 故宫博物院

1924年，第二次直奉战争爆发，10月22日夜，直军第三军总司令冯玉祥发动北京政变，软禁总统曹锟，组成了以黄郛为总理的摄政内阁政府。摄政内阁于11月4日晚通过《修正清室优待条件》，要求清室即日移出宫禁。11月5日上午，时任京畿警备司令的鹿钟麟受冯玉祥之命，携带摄政内阁总理黄郛代行大总统的指令，会同张璧、李煜瀛，带兵进入紫禁城，强迫溥仪离开。紫禁城被“收归国有”，成为“国产”。11月7日，摄政内阁发布命令，组织成立“办理清室善后委员会”，负责故宫公产、私产的区分，清理一切善后事宜，并提出了公产的处置构想。11月20日，“办理清室善后委员会”宣告成立，由政府和清室双方人士组成，职责主要包括会同军警长官与清室代表，办理查封接收故宫珍宝；审查区别公私物件，并编号公布；保管宫殿古物；筹建长期事业如图书馆、博物馆等（王建伟，2012）。

1924年11月24日，段祺瑞临时执政府成立之后，按“清室善后委员会组织条例”，决定成立博物馆筹备会，聘请易培基为筹备会主任。清室善后委员会议定，博物院以溥仪原居住的清宫内廷为院址，名称为故宫博物院，博物院下设三馆一处，即图书馆、古物馆、文献馆和总务处。并起草了《故宫博物院临时组织大纲》和《故宫博物院临时董事会章程》《故宫博物院临时理事会章程》，推定鹿钟麟、张学良、卢永祥、蔡元培、许世英、熊希龄、于右任、吴敬恒等21名董事。执行故宫博物院管理事务的理事会9人，李煜瀛、黄郛、鹿钟麟、易培基、陈垣、张继、马衡、沈兼士、袁同礼，推定李煜瀛为理事长，主持院务。1925年10月10日，故宫博物院在乾清门广场举行开院典礼，宣告正式建立，负责“掌理故宫及所属各处之建筑物、古物、图书、档案之保管及传播事宜”。

1950年2月，随着北平更名为“北京”，国立北平故宫博物院更名为“国立北京故宫博物院”。1951年6月，又更名为“故宫博物院”。

故宫博物院的成立具有里程碑式的意义，它使昔日封建君主的权力中枢转成为人民共享的社会场所，使皇权象征化为民主共和的标志。

3.2 园林特色

北京故宫南北长961m，东西宽753m，占地面积约72hm^2，四面围有高10m的城墙，城外有宽52m的护城河，是世界上现存规模最大、保存最完整的皇宫建筑群。故宫分为外朝和内廷两部分，建筑面积约15万m^2，规模宏大又秩序井然，红墙、黄瓦和白色台基构成了皇宫的基调，又有大量彩画作点缀，气势庄严，色彩丰富。外朝的中心为太和殿、中和殿、保和殿（图16），是国家举行大典礼的地方，三大殿左右两翼辅以文华殿、武英殿两组建筑。内廷的中心是乾清宫、交泰殿、坤宁宫，统称后三宫，是皇帝和皇后居住的正宫。其后为御花园。此外，内廷还有建福宫及花园、慈

图16 故宫保和殿、中和殿、太和殿

宁宫及花园、宁寿宫及花园等，园林特色浓郁。故宫的总体布局和空间序列布置上，传承和凝练了轴线布局、中心对称、前朝后寝等中国古代城市规划和宫城建设传统特征，建筑群囊括了政治、宗教、祭祀、文化、家居、休闲、娱乐等各种功能，代表了中国古代建筑的最高艺术成就和营造水平，成为中国古代建筑制度的典范。

3.2.1 御花园

御花园建于明永乐十八年（1420），南北纵80m左右，东西宽近140m，占地面积约12 000m^2。园中格局大致分中、东、西三路，中轴主次相辅、左右对称平衡的格局。

中路以钦安殿为核心，院墙正中设天一门，黄琉璃瓦，歇山顶。门口两侧伫立金麒麟护卫，近旁古木参天，甬路上的连理柏由两株古柏组成，双干相对倾斜生长，上部相交缠绕在一起，相交的部位已融为一体，合成为一棵树，非常奇特。

东西两路建筑基本对称，东路建筑有绛雪轩、万春亭、井亭、浮碧亭、摛藻堂、御景亭等，西路建筑有养性斋、千秋亭、澄瑞亭、位育斋、延晖阁、鹿台、四神祠等，绝大多数建筑为游憩观赏或拜佛敬神之用（陆琦，2022）。

东路上位于东南角的绛雪轩坐东朝西，五开间，前有月台，呈“凸”字形布局，其门窗装修一概为楠木，显得朴素雅致。乾隆皇帝常到绛雪轩吟诗作赋，曾有“绛雪百年轩，五株峙禁园”的诗句。当时轩前有5株海棠（*Malus spectabilis*），每当花瓣飘落时，宛如红色雪花，遂将轩取名“绛雪”。轩前面琉璃花坛上置玲珑湖石，花坛里栽植有太平花（*Philadelphus pekinensis*），据说是慈禧太后命人从河南移来栽种于此，代替了古海棠。

万春亭是明嘉靖十五年（1536）改建，重檐，上圆下方，四面均有抱厦，作“十”字折角形，周围绕以石栏，阶陛回出（图17）。万春亭北面是浮碧亭，建在单孔石桥之上，方形攒尖顶，南向有卷棚抱厦相接，桥下一池碧水。摛藻堂倚北墙而建，旁边有一株“遮阴侯柏”，乾隆在《古柏行》中诗云：“摛藻堂边一株柏，根盘大地枝擎天。八千春秋仅传说，阙寿少言四百年。”

摛藻堂西侧的堆秀山，是倚北宫墙用太湖石叠筑的假山，高逾10m（图18）。山的正中有石洞，门额题曰“堆秀”，左侧有御书“云根”二字。山势险峻，磴道陡峭，山巅建有御景亭，方形攒尖顶，上覆绿琉璃瓦，黄色琉璃瓦剪边，亭内天花藻井，下有宝座，亭外设石供桌。堆秀山是明万历十一年（1583）在拆去的观花殿原址上堆叠而成的湖石假山，清代又在山脚设石雕蟠龙喷泉，

图17 万春亭

图18 堆秀山和御景亭

口喷水柱超10m高，景象十分壮观。堆秀山上的明代白皮松遍身银白，树姿挺拔，与周围的假山、方亭等搭配得相得益彰。

西路的千秋亭，与东面相向的万春亭都是四出抱厦组成“十”字折角的多角亭，屋顶也都是体现“天圆地方”含义的重檐攒尖。千秋亭北边的澄瑞亭，也和其东西相向的浮碧亭一样，都是南出抱厦跨于水池之上的方形桥亭。位育斋西面的毓翠亭与东北苑角的凝香亭都是带蓝花屋顶的小方亭。延晖阁北倚宫墙，取延驻夕阳光辉之意。

御花园中古柏老槐，枝繁叶茂，郁郁葱葱，形成四季常青的园林景观。园内现存古树160多株，树龄多数超300年。园东南角和西南角各有一棵巨大的龙爪槐（*Styphnolobium japonicum* ‘Pendula’），东边的一棵干周长达3m，数条大干沿水平方向弯曲伸延，如巨龙飞舞，无数小枝下垂如钩，姿态奇绝，称为“蟠龙槐”。西南角的一棵干周长达2.8m，为北京的第二大龙爪槐。

园中还有千奇百怪的山石盆景，如绛雪轩前摆放的木化石做成的盆景，尤显珍贵。园内甬路以不同颜色的卵石精心铺砌而成，由720幅图画和300多步长的连续图案所组成，有人物、动物、花卉、风景、戏剧、典故等，特别是《三国演义》中的故事，像“长坂坡”“甘露寺”“凤仪亭”“火烧赤壁”“三英战吕布”等，活灵活现（王俪颖，2021）。还有象征福、禄、寿的图案丰富多彩，将花园点缀得妙趣无穷。

3.2.2 慈宁宫花园

慈宁宫始建于明代嘉靖十五年（1536），历代有修葺，是皇太后居住的正宫。花园位于慈宁宫南面，平面呈长方形，东西宽55m，南北深125m，面积约6 900m^2。庭园布局较为规整，按照中轴主次相辅、左右对称布置，空间较为开朗，园内有11座建筑，占全园面积不到1/5，多集中在花园北部。园内植花树木，点缀湖石，古树参天，浓荫匝地，幽邃雅致。

花园的最南端叠有假山，位于轴线之中，起到“开门见山”的障景作用，也作为对景。假山用太湖石叠砌两峰，峰间有谷，左右还散布几处叠石，或卧或立，有绵延不断之感。

花园南部有一东西窄长的矩形水池，围以汉白玉雕栏，池上架汉白玉石桥，桥上建临溪亭，为方形攒尖顶，四面有窗，窗下为绿黄两色琉璃槛墙，装饰精美（图19）。

临溪亭与太湖石叠山轴线之上有6.5m见方的须弥座式花坛，高1m，内植牡丹、芍药等花卉。

咸若馆是花园的主体建筑，位于中轴线的北端，面阔五间，前出抱厦三间，平面呈“T”字形，汉白玉石须弥座，黄琉璃瓦歇山屋顶，是供奉佛像及贮藏经文处所。以咸若馆为中心，北为慈荫楼，东为宝相楼，西为吉云楼，都是供佛藏经之所。三座楼形制相近，皆为两层，覆绿琉璃瓦黄剪边卷棚歇山顶，成“凵”形环抱咸若馆。

图19　临溪亭

慈宁宫花园地势平坦疏朗，叠石砌池，筑有亭台，遍植花木，满目苍翠，有山林之趣。树木以常绿的松柏为主，间有槐（*Styphnolobium japonicum*）、楸（*Catalpa bungei*）、银杏、梧桐（*Firmiana simplex*）、玉兰（*Yulania denudata*）、紫丁香（*Syringa oblata*）、海棠、榆叶梅（*Prunus triloba*）等。春天，繁花似锦；夏季，浓荫清凉；秋天，黄叶飘落；冬日，古木青翠；四季晨昏，景色各异。在礼制森严的紫禁城中，园林给太后太妃们寂寞平淡的日常生活增添了乐趣和清幽（陆琦，2020）。

3.2.3　宁寿宫花园

宁寿宫是在明代仁寿宫旧址上于清康熙二十七年（1688）始建，现存的建筑是乾隆三十六年到四十一年（1771—1796）所建，分中、东、西三路，中路是由皇极门起，沿中轴线往北的正殿部分，东部是养性门东的畅音阁、阅是楼等建筑，西路养性门西为狭长的花园，又称“乾隆花园”，南北长160m，东西宽37m，约6 000m²。

入门正对为古华轩，面阔五间，进深三间，歇山式卷棚屋顶，是具有回廊的敞厅。轩前有一棵古楸树，乾隆对其非常重视，曾为“古华楸”写有楹联一副和题匾诗四首，楹联为“清风明月无尽藏，长楸古柏是佳朋”。题匾诗之一云：“树植轩之前，轩构树之后。树古不记年，少言百岁久”。轩西南山石前有禊赏亭，重檐攒尖式，南、北、东三面都出有歇山卷棚的抱厦，平面呈“凸”字形。东面抱厦内，地上刻流杯渠，取曲水流觞之意，故亭名曰“禊赏”。亭后西北有旭辉亭，名虽为亭，实为四间带歇山卷棚顶的房屋。古华轩东南有矩亭，廊东为抑斋。斋外院内堆假山，山上建方亭，称撷芳亭，位于院内的东南角上。在古华轩以东假山之上建有承露台，循石级可登台

图20　遂初堂

上俯瞰花园美景（卢绳，1957）。

古华轩后垂花门内是遂初堂，为花园的第二进，门口台阶前置一对铜狮（图20）。院内有花坛树木，摆放铜铸鹿瓶雕塑，有福禄平安之意。

遂初堂北是花园的第三进，以假山取胜，西有延趣楼，院北为萃赏楼，院东南有三友轩，取松竹梅“岁寒三友”之意命名。

萃赏楼以北是花园的第四进，碧螺亭正北是符望阁，符望阁后正北是倦勤斋。由于庭院空间狭小，假山堆置体量较大，有拥塞之感。

故宫内还有建福宫花园，始建于乾隆五年（1740），毁于1923年大火。2000年5月动工进行了复建。

3.2.4 古树名木

故宫内现存古树名木448株，其中御花园有111株，著名的有凤凰柏、连理柏、人字柏，其中连理柏由两棵圆柏交叉长在一起（图21），姿态奇特，有美好寓意。宁寿宫花园有53株，如楸树，慈宁宫花园有34株，如银杏、槐柏合抱等（贾慧果，2020）。其他区域著名的古树有皇极门的十八罗汉松、断虹桥北的十八槐、英华殿前的欧椴等。武英殿断虹桥畔有18棵元代“紫禁十八槐”（图22），《旧都文物略》记“桥北地广数亩，有古槐十八，排列成荫，颇饶兴致”。英华殿前植有2棵明代的佛门圣树“菩提树”，据《清宫述闻》载：“明代英华殿，有菩提树二，慈圣李太后手植也。高二丈，枝干婆娑，下垂着地，盛夏开花，作金黄色……”在《天启宫词》中有句“依殿荫森奇双树，明珠万颗映花黄。九莲菩萨仙游远，玉带王公坐晚凉”。清乾隆写有《英华殿菩提树诗》，并刻在碑上立于殿内，今诗碑仍在。诗云：何年毕钵罗，植此清虚境。径寻有旁枝，蟠芝经幢影。翩翩集佳鸟，团团覆金井。灵根天所遗，嘉荫越以静。我闻菩提种，物物皆具领。此树独擅名，无乃非平等。举一堪例诸，树已无知省。诗中提到的“毕钵罗”就是“菩提树”。这些历史记载的“菩提树”实为欧椴（*Tilia platyphylla*），因菩提树在北方无法栽植成活，以椴树替代（张宝贵，2006）。

图21　连理柏

图22　紫禁十八槐

3.3 收藏展览

3.3.1 古物陈列所时期

民国时期紫禁城内曾有三家博物馆，是我国近代民主革命的重要成果。古物陈列所从创立伊始就设文书、陈设、庶务三课，其中陈设课统管文物保管、展览等事宜。1913年12月24日制定的《内务部制定古物陈列章程》申明："本部有鉴于兹，默察国民崇古之心理，搜集累世尊秘之宝藏，于都市之中辟古物陈列所一区，以为博物院之先导，综我国之古物与出品二者而次第集之，用备观览，或亦网罗散失参稽物类之旨所不废欤。"

古物陈列所主要采取原状陈列和布展陈列两种方式，展陈空间集中在武英殿和文华殿建筑群，以及太和、中和、保和三大殿。三大殿主要采取原状陈列法，不更改殿内原有陈设，按照清朝过去的原样予以展示，保留三大殿历史原貌，有时也会选择少量大件物品"略事点缀"。武英殿和文华殿建筑群则主要采取布展陈列法，前者主要展陈器物，后者主要展陈书画。武英殿及其配殿的展陈物品较多较杂，一般按照物品的类别（瓷器、玉器、珐琅器、铜器、彝器等）进行陈列。虽然是将同类物品摆放在一起，但这种展陈方式仍被批评毫无系统，和古董摊一样。第四任所长周肇祥曾指出"武英殿陈设多宝架，各物层积纷杂无统系。一物同色同样而陈列多件，有如古董肆、无意识者所为也。两配殿亦然，亟须整理而改善之。"顾维钧等在组织中华博物院之时，也曾批评古物陈列所"虽聊胜于无，而纷若列市，器少说明，不适学术之研究。"

1914年6月，古物陈列所在已毁的咸安宫基础上，兴建了中国近代博物馆史上第一座专门用于保存文物的大型库房——宝蕴楼。1915年6月，宝蕴楼工程竣工，新建的宝蕴楼采用三合院式布局，大体采用了西洋建筑风格（王敏，2016）。

3.3.2 故宫博物院时期

1924年后，开放紫禁城是清室善后委员会和故宫博物院的重要职责，而陈列展览是实现这一职责的重要手段。1925年10月10日，随着故宫博物院的成立，清宫古物清点工作和古建修缮持续进行，展览开放的面积逐步扩大，各种展览也随之举办。故宫博物院对具有历史意义的重要宫殿，如乾清宫，保留原有格局，对其加以修缮后，以宫廷原状形式开放，使观众能感受到昔日帝王执政和生活的场景（图23）。对于与典制无关或不太重要的配殿，则将原存其中的文物分类迁存于各库房集中保管，在整理装修后，辟为文物陈列室，举办各类主题展览。如改造建福宫、抚辰殿为家具陈列室，改造承乾宫为清代瓷器陈列室，修缮斋宫为玉器陈列室，修缮咸福宫为乾隆珍赏物陈列室，修缮景阳宫为宋元明瓷器陈列室，修缮景仁宫为铜器陈列室等。至1933年12月底，古物陈列室已达31处。近些年又在开放后的午门城楼举办临时展览（图24）。

历史上，故宫博物院进行过5次大规模的文物整理。第一次是1924年年底至1930年，清室善后委员会成立后逐宫逐殿的清点清宫藏品，出版了《故宫物品点查报告》28册，据统计当时文物数是117万余件套。第二次是故宫南迁文物于1950

图23　乾清宫原状陈列

图24　午门迎祥贺岁展

年起分批北返后，于1954年至1965年分两阶段进行文物整理，形成了以故宫旧藏汇总为“故”字号文物登记账和1954年开始登记的“新”字号文物登记账，经过账、单、物“三核对”的文物共1 052 653件。第三次是1978年到1987年进行的文物整理工作。第四次是故宫将60%的文物移入地库中保存后，于1991年到2001年进行的整理鉴别、分类建库等工作。第五次是从2004年到2010年进行的七年文物整理工作，经过核对，故宫博物院藏有文物1 807 558件（套）。2014年，故宫博物院启动藏品三年普查清理，延续和深化第五次文物整理工作，故宫博物院文物总数达到1 862 690件（套），其中珍贵文物1 684 490件，占全国文博系统馆藏珍贵文物的41.98%（王旭东，2020）。

故宫博物院的文物藏品分为25大类，基本涵盖了中国古代文化的各个方面，包括绘画、法书、碑帖、铜器、金银器、漆器、珐琅器、玉石器、雕塑、陶瓷、织绣、雕刻工艺、文具、生活用具、钟表仪器、珍宝、宗教文物、武备仪仗、帝后玺册、铭刻、外国文物、古籍文献、古建藏品等，大多传承有序、品相完好，是中国五千年艺术长河的重要载体和见证。故宫的文物80%为清宫旧藏，是中华文明精华的代表。

为更好地保护文物，1931年故宫博物院在延禧宫灵沼轩北、东、西三面建造文物库房，占地面积逾1 300m^2，钢筋水泥结构，硬山黄琉璃瓦顶（王敏，2016）。1987—1997年又建成2万m^{2}的地下文物库房，将大部分文物搬入地库中保存。

故宫博物院是建立在明清两代皇宫的基础上，兼容建筑、文物与蕴含其中的丰富的宫廷历史文化为一体的中国最大的博物馆，也是世界上极少数同时具备艺术博物馆、建筑博物馆、历史博物馆、宫廷文化博物馆等特色，并且符合国际公认的原址保护、原状陈列基本原则的博物馆和文化遗产，是中华文明最具代表性的象征。世界遗产委员会对故宫的总体评价“紫禁城是中国五个多世纪以来的最高权力中心，它以园林景观和容纳了家具及工艺品的9 000个房间的庞大建筑群，成为明清时代中国文明无价的历史见证。”

3.4 制度管理

3.4.1 公私分明

自溥仪逊位后，故宫文物藏品是私产还是公产就成为社会争议话题。在封建社会，皇帝号为天子，皇宫里的所有物品包括文物珍藏都是帝王的财产。中华民国成立后，皇宫、皇室文物与“皇权至上”之间的政治认同并没有消失。1914年民国政府在紫禁城外朝三大殿一带成立古物陈列所，收藏陈列从沈阳故宫和承德避暑山庄运回的珍宝20万件之多。民国政府认为这些宝藏是皇室私有财产的一部分，由清室派员约同古玩商家逐件审定估价，皇室与民国政府订立了双边协议。经民国政府与逊清皇室双方“约同古玩商家逐件审定，折中估价”，两地运京文物共值3 511 476元，“当未付价之前，这些古物暂作皇室出借民国之用”。

对于清室拍卖抵押珍宝之事，北京大学研究所国学门委员会1923年9月26日发布公函，表示坚决反对，并认为这些珍宝应由中华民国政府收回并保管，“据理而言，故宫所有之古物，多系历代相传之宝器，国体变更以来，早应由民国收回，公开陈列，决非私家什物得以任意售卖者可比。且世界先进各国，对于本国古代之遗迹古物，莫不由国家定有保护之法律，由学者加以系统的研究，其成绩斐然，有裨于世界文化者甚大，而我国于此，尚不能脱离古董家玩好之习，私相授受，视为固然，其可耻孰甚”（郑欣淼，2018）。

1924年5月3日，总统曹锟派冯玉祥、颜惠庆、程克等10人为保存国有古物委员，会同清室所派会员10人，共筹保管办法，“其所决定者，为凡系我国历代相传之物，皆应属于国有，其无历史可言者之金银宝石等物件，则可作为私有。属国有者，即由保管人员议定保管条例，呈由政府批准颁布，即日实行。其属于私有者，则准其自由变卖，此项保管条例已在起草中，大约明后日即可提出讨论，俟通过后，即呈由政府颁布。”正是由于对清宫旧藏的公私属性界定上达成了共识，才保障了后续对故宫藏品的持续清理。

3.4.2 理事会制度

故宫的管理同样复杂，1924年11月17日，时任摄政内阁教育总长的易培基对天津《大公报》记者发表谈话："清宫之古物，此后归入民国，将由何机关管理，实为一大问题。内务部与教育部孰应管理，皆可不论，惟附属于一机关中，殊觉不安。予意拟成立一国（立）图书馆与国立博物馆以保管之，地址即设在清宫中，惟组织须极完善，办法须极严密，以防古物意外损失。"12月22日，成立以易培基为主任的国立图书馆、博物馆筹备会，最终确定博物馆的名称为"故宫博物院"（王霞，2022）。

故宫博物院的成立直接借鉴了西方博物馆的管理经验，采取董事会监督制和理事会管理制，建成为一座现代意义的公共博物馆。其建院之初就制定了《故宫博物院临时组织大纲》及《故宫博物院临时董事会章程》《故宫博物院临时理事会章程》，对董事会、理事会的职权与义务作出了详细的规定。1928年6月南京国民政府接管故宫博物院后，颁布了《故宫博物院组织法》，规定"中华民国故宫博物院，直隶于国民政府，掌理故宫及所属各处之建筑物、古物、图书、档案之保管开放及传布事宜"，接着又陆续颁布了《中华民国故宫博物院理事会条例》《国立北平故宫博物院办事总则》《国立北平故宫博物院办事细则》等规定，这些管理办法和管理条例保障了故宫在战乱频发的民国时期的发展（章宏伟，2016）。在政府、军阀、各方势力的相互争斗下，1926年3月至1928年7月，故宫博物院相继经过了"维持时期""故宫保管委员会""故宫博物院维持会""故宫博物院管理委员会"几个阶段，短短两年之间，竟出现四次改组，可见故宫博物院的艰难处境。

故宫博物院吸收社会各界名流组建董事会、理事会，建立严密的管理体制和严格的制度保障，依靠一批专业学者参与具体工作，及时清点文物并向社会公布，不断推出各种专题文物展览，陆续创办数种刊物公开发行，吸纳社会赞助修缮危损建筑。1924年12月20日，善后委员会第一次会议通过《点查清宫物件规则十八条》，从登记、编号到物品挪动，建立了严格的监督机制和责任制，从制度上对参与清查文物的工作人员做出了规范，使得故宫文物在点查时得到了较好的保护。并由善后委员会陆续编辑出版《清宫物品点查报告》向社会公开，从而得到了社会力量的支持。

3.4.3 文物南迁

故宫博物院的文物南迁也体现出了理事会的决策机制和严密的管理体系。"九·一八事变"后，日军占领东北三省，华北局势岌岌可危。1933年故宫博物院理事会做出文物南迁的决定，经行政院同意后，连同古物陈列所、颐和园、国子监近2万箱百余万件文物分5批运往上海。1936年，南京朝天宫文物库房建成后，南迁文物遂分五批运往南京，并于1937年1月建立故宫博物院南京分院。1937年"七七事变"爆发后，故宫文物分四批三路西迁至四川。1947年，文物东迁回南京。1948年12月至1949年2月分3批运往台湾2 972箱。除南京仍存2 176箱外，其余在1950、1953、1958年分3批返回北京故宫博物院6 036箱。故宫文物辗转20余年的多地迁移没有损失，不得不说工作人员和管理人员都付出了艰辛的努力，堪称世界博物馆史上的奇迹。

4 承德避暑山庄与避暑山庄博物馆

承德避暑山庄又名热河行宫，始建于清康熙四十二年（1703），历时89年于乾隆五十七年（1792）建成，是清代帝王重要的避暑离宫，也是清帝的第二个政事处理中心，位于河北省承德市双桥区丽正门路20号（网址http://www.bishushanzhuang.com.cn）。全园分为宫殿区和苑景区两大部分。宫殿区包括正宫、松鹤斋、东宫，苑景区包括湖泊区、平原区、山岳区三部分，以湖区作为景观重点。避暑山庄山环水绕，融南北园林风格于一体，是中国自然山水园的杰出典范，康熙帝在《避暑山庄记》描述其“自天地之生成，归造化之品汇。”

承德避暑山庄是中国四大名园之一，1961年被国务院公布为全国重点文物保护单位，1994年被列入世界遗产名录。2008年，避暑山庄博物馆被评为国家二级博物馆。

4.1 简史

承德避暑山庄初为热河上营，是康熙皇帝每年进行木兰秋狝活动的一座行宫，此地山环水贯，奇峰异石，松林苍郁，花草繁茂，自然风景优美，“既有群峰回合，又有清流萦绕，绮绾绣错，烟景万状，蔚然深秀”，适合营造皇家园林。康熙帝经过多次考察后，颁谕称“今习武木兰已历二十载，柔远抚民，朕所惟念，然尚无从容驻跸之所。今从臣工之请，宜于热河肇基行宫，俾得北疆之安绥”。康熙四十二年（1703），开始肇建行宫，康熙四十七年开始驻跸热河行宫，至康熙五十年初具规模，更名为避暑山庄（刘玉文，2003），园中建成了烟波致爽、芝径云堤等三十六景。由于这里不仅离京师较近，便于接见各少数民族王公贵族，而且山水幽美，适于避暑，所以康熙为行宫题匾为“避暑山庄”，从此避暑山庄正式得名。

避暑山庄的建设不只是为了避暑消夏，其政治、军事上的功能也是非常强大。这里“北控蒙古，右引回回，左通辽沈，南制天下”，而且“去京都至近，章奏朝发夕至，综理万机，与宫中无异”。对于军事训练、民族团结和边防稳固均具有积极的意义。

1949年2月，筹建热河省古物保管所；1956年，组建河北省承德市避暑山庄博物馆（张斌翀，2012a）。

4.2 园林特点

避暑山庄占地564hm^2，是我国现存最大的皇家园林，分为山岳区、平原区、湖泊区、宫殿区等区域。避暑山庄充分利用自然环境，因地制宜，以山景为依托，以水景和草木取胜，建筑朴素，空间疏朗，形成了独特的风格，康熙称赞“山绕水环抱，仙庄二妙兼”。

避暑山庄四周宫墙犹如微缩的长城，山岳区表现出北方群山的浑厚气势，平原区具有塞外草原粗犷豪迈的特色，湖泊区呈现出江南水乡的风光，将整个中华大地上具有代表性的自然山水风景与人工景貌聚于一园，堪称大清帝国版图的缩影。

避暑山庄最大的特色是山中有园，园中有山，有120多组建筑，康熙和乾隆分别御题三十六景，成为避暑山庄著名的七十二景。孟兆祯院士评价其是“中国古代造园最后一个集大成的高潮作品，一所承前启后、在自然山水风景中兴造的朴野撩人的皇家园林”（孟兆祯，2003）。

4.2.1 山景

山岳区在避暑山庄的西北部，面积440hm^2，由松云峡、梨树峪、松林峪、榛子峪、西峪等沟谷组成，保持了较好的自然风貌（图25）。梨树峪以“梨花伴月”闻名，位于中部、峪北侧向阳山坡上，适宜在春季明月下欣赏洁白素雅的满树杜梨（*Pyrus betulifolia*）花。西峪以榛（*Corylus heterophylla*）为主景，树丛浓密。松云峡以油松（*Pinus tabuliformis*）胜，构成清凉幽深、四季常青的景观，秋季还可在“青枫绿屿”赏满山枫叶。康熙在《青枫绿屿》诗序里写道：“北岭多枫，叶茂而美荫，其色油然，不减梧桐芭蕉也，疏窗掩映，虚凉自生”（故宫博物院，2000）。乾隆也曾为青枫绿屿赋诗“青枫多秀色，乍可傲霜朝。楼榭惟存意，烟霞尽许招”。

避暑山庄山峦起伏，沟壑纵横，众多楼堂殿阁、寺庙点缀其间，有山近轩、碧静堂、秀起堂、创得斋、放鹤亭、绿云楼等，“台榭参差随意筑，山川环立自天成。”山峰建亭，可收纳四方胜景。在“北枕双峰”亭可北望远处的金山、黑山，在“南山积雪”亭能南视罗汉、僧帽二山，在“锤峰落照”亭东揽磬锤峰。在“四面云山”亭可望周围诸峰（王立平，1990）。

避暑山庄内还有假山叠石100余处，占地面积达11hm^2，规模较大的有文园狮子林、金山、烟雨楼、文津阁、广元宫、山近轩等处，石料大都取自当地所产的青石和黄石，也有少量的太湖石，集北雄南秀于一体。文园狮子林假山占地约200m^2，整座假山分成数组，有的依偎山坡，有的卧于水中，假山之间用石板搭桥相通（冯亚平，1997）。山下砌有曲折弯转的山洞，假山上构筑亭、阁、轩、堂等建筑（图26）。峰峦泉壑，高低错落，池水随假山透迤曲折，正如诗中描绘的“塞外富真山，何来斯有假，物必有对待，斯亦宁可舍。窈窕致径曲，刻峭成峰雅”。

文津阁前的假山占地达500m^2，用黄石堆成，峰石林立，气势磅礴，上有蹬道，下有洞壑。山上原建有月台和趣亭，山下涵洞内设计有一弯月形石洞，当光线由石洞射入假山前池沼的水面上时，会出现一个半月形的倒影，山水光影互作（冯亚平，1997）。乾隆帝曾多次登上假山上的月台赏溶溶月色，写下了“不盈十笏俯嶙峋，也可称台望月轮”“石麓东头构月台，广寒宫殿映遥开”等诗句。

万壑松风沿坡叠砌青石，石块嵌入土中，显得厚拙有根，宛如天然的悬崖峭壁。楼梯形蹬道曲折幽深，如山间小道。叠石山上的数十株古松高大挺拔，山石间青苔芳草点缀，使假山平添了真山之感。

青莲岛烟雨楼东侧湖岸边山石散置，起着点景作用。西南侧假山全部采用黄石叠成，雄峙高耸，山下砌筑洞府通道，可达山上的翼亭，在此可眺望岛内外景色。

4.2.2 水景

避暑山庄将山区径流汇集至湖泊区，还在东北角通过水渠将园外武烈河水引入，用来补给水源，在园内形成如意湖、澄湖、上湖、下湖，再从水心榭跌入银湖、镜湖，最后从南端闸门流出山庄回归至武烈河，利用地势的高差形成溪流、瀑布、湖泊等丰富多样的水体景观。

整个湖区面积57hm^2，是全园的精华所在，按

图25　避暑山庄山景

图26　文园狮子林假山

照“一池三山”的形式布置，以环碧、月色江声和如意洲三岛为中心，岛间长堤相连，形似灵芝。以桥梁和堤坝分隔，将湖面分割成大小不同的区域，层次分明，洲岛错落，碧波荡漾，富有江南水乡的特色，康熙帝赞称“自有山川开北极，天然风景胜西湖”。

如意洲是全园最大的岛屿，布置寝宫和园中园。无暑清凉是如意洲的门殿，面阔五开间，前带廊。夏日凉风习习，清凉舒爽，因此康熙题名“无暑清凉”。正殿延薰山馆为卷棚歇山顶建筑，面阔七间，前有抱厦，外观简洁朴素。中轴线上的院落左右各有一个跨院，东院呈曲尺形，设有戏楼，是清帝看戏、赐宴的场所。西院北房为川岩明秀，西厢为金莲映日，因五台山移来的金莲花而得名。如意洲东侧近水处有一小亭名为清晖亭，单檐攒尖顶方亭，名字来源于谢灵运的诗句“昏旦变气候，山水含清晖”。

如意洲东侧的金山岛仿镇江的金山而建，用大量黄石堆砌而成，参差错落，气势雄伟。岛上主要有上帝阁、芳洲亭等建筑，楼阁高耸，树木掩映，是一座极富湖山真意的岛屿（图27）。

如意洲西北侧的小岛为青莲岛，主体建筑烟雨楼仿浙江嘉兴南湖烟雨楼而建。烟雨楼的名字出自唐代诗人杜牧的诗句“南朝四百八十寺，多少楼台烟雨中”。楼面阔五间，分上下两层，四周临水，色调华美，又透着玲珑清秀。每当下雨时隔岸相望，颇有烟雨朦胧的美感，是远眺的绝佳之地。

月色江声岛位于如意洲的西北面，位于上湖和下湖之间，以静取胜，是清帝读书赏景的地方。岛上的建筑大体按照四合院式的布局，主要有月色江声殿、冷香亭、静寄山房、湖山罨画等，四周松柏清脆，杨柳依依（图28）。月色江声殿是岛

图27　金山岛

图28　月色江声岛

上最主要的建筑群，不远处为水心榭，每当月亮升起时，湖面映衬出皎洁的月光，与清脆的流水声组成一幅诗情画意的画面。

环碧作为水陆相衔的起点，面积最小，数椽小筑观山俯水。

4.2.3 园林建筑

避暑山庄有殿、堂、楼、馆、亭、榭、阁、轩、廊、桥、舫、寺等各类建筑120余处，皆因地制宜而建，集中分布在宫殿区。宫殿区占地面积约10hm²，由正宫、松鹤斋、万壑松风和东宫4组建筑组成，地势平坦，坐北朝南，高可仰山，低可俯水。其轴线明显，主要建筑有澹泊敬诚殿、四知书屋、烟波致爽殿等，建筑统一为青砖灰瓦，展现出朴素淡雅的格调，“无刻桷丹楹之费，喜林泉抱素之怀。”澹泊敬诚殿是正宫内的主殿，卷棚歇山顶，面阔七间，进深三间，四周带有回廊，外观古朴大方，是皇帝举行重大庆典和接见外史与王公大臣的地方。北侧的四知书屋是皇帝休息更衣的地方。烟波致爽殿是皇帝接受后宫朝拜的居所，殿中陈设富丽堂皇，盆景、古玩、珐琅缸等应有尽有。松鹤斋在正宫东侧，是乾隆为其母亲而建，当年“青松蟠户外，白鹤舞庭前”，寓意松鹤延年。万壑松风在正宫之北、湖区之南的高地上，可以远眺湖泊，院落北面栽植大片油松林，长风过处，松涛阵阵。康熙御制《万壑松风》诗序说：“据高阜，临深流，长松环翠，壑虚风度，如笙镛迭奏声。”

平原区的文津阁为清代四大藏书阁之一，面阔六间，高三层，建筑形式依照《易经》中“天一生水”而建，是乾隆皇帝用来珍藏《四库全书》的地方。

曲水荷香景点建有一座大型重檐攒尖方亭，亭内用山石叠成曲折的石渠，渠内流水潺潺，亭外初落的荷花瓣飘落在水面上，有兰亭修禊的意境。“碧溪清浅，随石盘折，流为小池，藕花无数，绿叶高低。每新雨初过，平堤水高，落红波面，贴贴如泛杯，兰亭觞咏，无此天趣”。

永佑寺是平原区占地面积最大的一组建筑，仿杭州六和塔而建，是全园最高的建筑，也是平原区景点的终结，控制全园。

湖泊区的水心榭临水而建，位于下湖和银湖之间，桥下设水闸八孔，桥上置亭三座，供人游赏休憩，是亭、桥、堤、闸的集合体（图29）。水榭的中间者呈长方形，重檐歇山卷棚顶，面宽三楹，南北两榭均为正方形重檐攒尖顶，再往南北两端还各有四柱牌坊一座（康莉，2018）。乾隆帝吟《水心榭》：“界水为堤，跨堤为榭，弥望空碧，仿佛笠泽垂虹，景色明湖，苏白未得专美”。置身榭中，远山、近水、小桥、堤岸、桃柳、荷花，尽收眼底，风景如画。

烟雨楼坐落于避暑山庄青莲岛上，乾隆

图29　水心榭

图30 烟雨楼

图31 荷花

四十五年（1780）乾隆皇帝仿浙江嘉兴南湖的烟雨楼而建，面阔五间，卷棚歇山布瓦顶，上下两层，前檐高悬乾隆皇帝题写的云龙金匾“烟雨楼”，围廊饰以苏式彩画，四面皆辟窗，二楼四周有栏杆，可凭栏环览四周景色（图30）。

山岳区巧妙地利用山峰、台地、山崖、沟壑、坡脊等不同的地形，散点式布置了寺、观、庵、庙、台、轩、斋等建筑40余组，“台榭参差随意筑，山川环立自天成。”

4.2.4 植物造景

整个山庄东南多水，西北多山，借景群山，因水成景，是中国自然地貌的缩影，植物景观丰富。避暑山庄七十二景中有一半涉及植物，如万壑松风、松鹤清樾、梨花伴月、曲水荷香、青枫绿屿、莺啭乔木、香远益清、金莲映日、芳渚临流、甫田丛樾、松鹤斋、冷香亭、采菱渡、观莲所、萍香泮、万树园、嘉树轩、临芳墅等，景色秀若天成，可谓“四面有山皆入画，一年无时不看花”。

湖泊区栽植大量的荷花（*Nelumbo nucifera*），观赏荷花的景点有“曲水荷香”“香远益清”“冷香亭”“观莲所”等，荷花花色、品种及周围环境各异，给人不同的体验（图31）。冷香亭就是皇帝秋季赏荷的地方，这里种植的荷花是从内蒙古敖汉旗引种的敖汉莲，因为热河泉水水温较高，到了深秋季节荷花依然开放，因此取名为冷香亭。纪晓岚《阅微草堂笔记》载“莲以夏开，惟避暑山庄之莲至秋乃开，较长城以内迟一月有余。然花虽晚开，亦复晚谢，至九月初旬，翠盖红衣，宛然尚在。苑中每与菊花同瓶对插，屡见于圣制诗中”。湖岸夹道细柳轻拂，绿荫蔽日。青莲岛的小叶杨（*Populus simonii*）是山庄的原生树种，乾隆皇帝描述“此青杨树约亦千余年矣”。

平原区是山岳区向湖泊区过渡的区域，地势开阔，面积约60hm^2，栽植有槐、圆柏（*Juniperus chinensis*）、侧柏（*Platycladus orientalis*）、油松、旱柳（*Salix matsudana*）、榆树（*Ulmus pumila*）等高大乔木，形成疏林草地景观。万树园中没有太多的建筑，青翠挺拔的树木增加了山林野趣，给人以无限亲近自然的感觉（图32）。乾隆题嘉树轩“古榆千百岁，嘉荫布轩前，难问人谁种，应知天与然”。就描述了万树园中有古榆、古柏等植物。试马埭碧草如茵，是皇帝举行赛马活动的场地。“甫田丛樾”则以田野乡土气息为主景。

图32 万树园

山岳区以自然植被为主，主要树种有油松、圆柏、落叶松（*Larix gmelinii*）、元宝槭（*Acer truncatum*）、柘（*Maclura tricuspidata*）、椴（*Tilia* sp.）、槐、榆（*Ulmus* sp.）、桦（*Betula* sp.）、栎（*Quercus* sp.）、杨（*Populus* sp.）等，四条主要沟谷（松云峡、梨树峪、松林峪、榛子峪）就是以植物命名的。榛子峪以榛树为主景，榛树浓密，古树参天。“梨花伴月”（梨树峪）为春季看花赏月的地方，每当春季，茂盛的梨花争相怒放，在融融的月光下，发出阵阵的香气，使人心旷神怡。松云峡和松林峪则以油松为主景。

山庄植物配置以松树为骨干树种，使整座园林具有苍古的情调。康熙在《芝径云堤》诗中有“又不见，万壑松，偃盖重林造化同”，描写的就是万壑松风的景观，在近方形的平地上栽植大片油松林，“据高阜，临深流，长松环翠，壑虚风度”，长风过处，松涛齐鸣。以松命名的景点还有“松鹤清樾”“松鹤斋”“松鹤间楼”“松霞室”“松云楼”“松岩”“罗月松风”“古松书屋”“就松室”等，由松建楼，因松构室，松树与建筑相得益彰（韩志兴，1996）。山庄西北山区松云峡御道两侧古松并列，起伏变化，呈现出古朴幽深的气韵美。“松林峪”则以松为主体，松林葱郁浩瀚，突出冬景。山庄的松树不仅多，而且古，乾隆皇帝很多诗中都有描述。《青莲岛歌》中描述“借问岛上何所有，千年之松五色草”。食蔗居“西临幽谷背层峰，峰上苍苍多古松”。梅檀林“山中多古松，不辨何年种，自是虞夏物，老于右丞弄”。碧静堂“山阴多古松，岩壑亦复杳”。含青斋的松霞室外“对户外多松，岁以千年计”。山近轩的古松书屋“古松不计阅世年，少言应在三代前”。

山庄还从各地引种名花异卉，如康熙帝引种的樱额（稠李*Prunus padus*）“山庄之千林岛，遍植此种。每当夏日，则累累缀枝，游观其下，殊堪娱目，不独秋实之可采也”。尤其是从山西五台山引种栽植的金莲花（*Trollius chinensis*）成为三十六景之一“金莲映日”，康熙题曰：“广庭数亩，植金莲花万本，枝叶高挺，花面圆，径二寸余，日光照射，精彩焕目。登楼下视，直作黄金布地观。”又作诗多首“曾观贝叶志金莲，再见清凉遍地鲜。近日山房栽植茂，参差高下共争妍”；“数亩金莲万朵黄，凌晨挹露色辉煌。薰风拂槛清波映，并作芙蕖满院香”。“正色山川秀，金莲出五台。塞北无梅竹，炎天映日开。”可见康熙帝对金莲花的酷爱和欣赏。

避暑山庄栽植最广泛的西洋花卉是万寿菊（*Tagetes erecta*）。《钦定热河志》记载万寿菊“花正黄，以八月中盛开。关外处处有之，山庄产者茎高而瓣尤大”（陈东，2016）。

南方的盆栽花卉如桂花（*Osmanthus fragrans*）、柑橘（*Citrus reticulata*）、兰花（*Cymbidium* sp.）、茉莉（*Jasminum sambac*）、栀子（*Gardenia jasminoides*）、秋海棠（*Begonia* sp.）等也悉数引入山庄，“桂为炎方之产，非塞外所有。今山庄所有盆植多从关内移往’”；“兰自关内移植山庄，虽不甚繁，亦能作花”；“乾隆二十七年七月十四日，热河总管永和、富贵跪进万寿橘四盆、茉莉花四盆、夜兰香四盆、秋海棠四盆、栀子四盆、果石榴四盆、蜜罗柑四盆、万年松四盆、桂花八盆”；这些南方植物主要在狮子园花房中养植，供宫廷摆放。

4.3 展览陈列

避暑山庄博物馆的前身是离宫博物馆，成立于1949年2月，馆藏文物以宫廷御用珍品为主，按其属性分为瓷器、珐琅、盆景、玉石器、漆木器、玻璃器、钟表、武备、织绣等20类，总数近3万件，珍贵文物达万件以上，其中一级文物107件、二级文物7 372件、三级文物2 562件（张斌翀，2012b）。

避暑山庄博物馆藏有100余件玻璃器，主要是清代皇帝在避暑山庄使用的陈设品和实用器皿，造型优美，工艺精湛，有的是清内务府造办处制造的，还有是意大利、比利时等国进献的礼品或赠品，难得一见。丝织品有1 700余件，主要分为服饰及陈设用品两大类，包括戏衣、门神绣铠、云龙锦蟒袍、坐褥、靠背、迎手、佛幡、缂绣香袋、各类织绣花边缎带、壮锦丝毯、漳绒丝毯等（丁艳飞，2015）。

避暑山庄博物馆展室依托古建而成，陈列展

图33　澹泊敬诚殿原状陈列

图34　烟波致爽殿原状陈列

览面积13 000m^2，主要包括正宫区、松鹤斋和万壑松风三组古建筑，陈列形式基本是复原陈列和专题陈列两种模式，展区中轴线上以殿堂复原为主，两侧围房分别陈设各种专题陈列。三组古建群中，有按照清宫陈设档案复原的“澹泊敬诚”殿、“四知书屋”“烟波致爽”殿和“慈禧居处”四个史迹复原陈列，用真实的场景再现了清代帝王临朝理政、庆典筵宴、日常起居等重要生活片段。澹泊敬诚殿用青砖灰瓦砌筑，楠木柱保持本色，不加彩绘，殿内天棚的735块天花板均为五福捧寿的吉祥图案，地面为紫红色大理石，中间是紫檀木雕刻的地坪、围屏、宝座，给人以庄重淡雅的感觉（图33）。烟波致爽殿按咸丰十一年的陈设布置（图34），西暖阁的炕床上有咸丰皇帝批准的丧权辱国的《中英北京条约》《中法北京条约》等文件的复制品，还有御用的笔、墨、纸、砚等物品。西所的北三间则按慈禧的住所陈列，南三间展出慈禧的吃、穿、用等生活用品。复原陈列再现了当时的历史真实面貌，使展览内容更为生动。

博物馆的专题展览有钟表、挂屏、瓷器、珐琅、轿舆、石鼓、玻璃等器物展，以及“兴盛时期的避暑山庄”“清宫习俗”“土尔扈特蒙古东归展”“无冕之王——慈禧生活用品展”等主题展，形成以皇家宫苑外在形式为突出特色，以清代帝后在塞外的各种活动为中心内容，以各类御用珍品为展览主线的完整陈展体系。如淡泊敬诚殿前西配殿辟为挂屏展室，展出的13件挂屏用料非常讲究，边框用料为紫檀，挂钩为铜镀金，框心用料有象牙、玉石、珍珠、黄杨木、缂丝、灵芝、珐琅等，图案有历史传说、古代人物、民间小景、自然花卉等。“避暑山庄古建艺术展”以山庄寺庙建筑为主，从园林学、建筑学高度进行阐释，使人了解山庄的园林和建筑艺术的高超，得到审美熏陶。

5 先农坛与北京古代建筑博物馆

北京先农坛始建于明永乐十八年（1420），时称山川坛，是明清两代皇家著名的九坛八庙之一，位于北京市西城区东经路21号。先农坛曾是封建皇帝祭祀先农炎帝神农氏，以亲耕耤田昭示天下劝农从本之处，有着重要的政治价值。1912年清帝逊位后，先后设立古物保存所和礼器保存所，并向公众进行短暂开放。1915年和1918年又先后被辟为先农公园、城南公园。1987年开辟为北京古代建筑博物馆，成为我国第一座以收藏、保管、研究、展示中国古代建筑历史、技术及其文化为主要内容的专题性博物馆（网址http://www.bjgjg.com）。2001年被列为第五批全国重点文物保护单位。

5.1 先农坛简史

北京先农坛始建于明永乐十八年（1420），时称山川坛，是仿照明初南京的山川坛而建，坛内有山川坛建筑群、先农坛、神厨建筑群、具服殿、旗纛庙、宰牲亭等建筑。“山川坛在正阳门之南。……缭以垣墙，周回六里。……正殿七坛，曰太岁、曰风云雷雨、曰五岳、曰四镇、曰四海、曰四渎、曰钟山之神，两庑从祀六坛，左京畿山川，夏、冬月将，右都城煌，春、秋月将。”

明天顺时在东侧内外坛墙之间添建了斋宫。明嘉靖十年（1531），于耤田北建制观耕台，旗纛庙之东添建了收贮耤田收获物的神仓，嘉靖十一年（1532）将风云雷雨及岳镇海渎诸神迁出内坛，在南侧另建天神地祇坛。由于原来的山川坛内坛仅剩下先农神、太岁神及四季月将神，外坛又增建了天神地祇坛，于是更山川坛名为神祇坛。明万历四年（1576）因为神祇坛诸神已不再专祀，便又更名为先农坛。

清乾隆十九年（1754），对先农坛进行了较大规模的改建与修缮，撤旗纛庙迁建神仓，改临时搭建的木构观耕台为固定的琉璃台座，将斋宫更名为庆成宫，作为皇帝行耕耤礼之后，行庆贺礼、休息和犒劳百官随从的场所，并广植松柏榆槐等。“先农坛在太岁坛西南，本朝因之，乾隆十九年重修。……观耕台，旧制以木为之，乾隆十九年，改用砖石，台座前、左、右三出陛，周以石栏。……乾隆二十年《会典》进呈，奉御笔将先农坛斋宫改为庆成宫。……旗纛庙旧址即今神仓”。至此，太岁殿院落、具服殿、神仓院落、神厨院落、庆成宫院落、先农坛、观耕台、神祇坛（天神、地祇二坛）组成的一组规模宏大、功能齐全、建筑风格独具特色的皇家坛庙得到完善。

光绪二十六年（1900）八国联军侵入北京，“美国第九营及十四营据守先农坛，一切亲耕农具取作柴薪，而以前厅（拜殿）为行宫，后厅（太岁殿）为医院”。

1913年新年，古物保存所为纪念共和一周年，宣布将天坛、先农坛开放10日，任人游览。

1917年，北京京都市政公所将先农坛外墙拆毁，北部开辟为市场，南部则开辟为城南公园，对公众开放。园内栽植桃树千余株，每逢盛开灿若云霞，有“京城桃花第一处”的美誉（姚安，2004）。

5.2 园林特征

北京先农坛是明清官式祭祀建筑的杰出范例，由先农坛、太岁坛、神祇坛等组成。先农坛祭祀的是先农神、自然山川神，平面布局一反长中轴式，而是以院落为单位分散开来，配以适宜的建筑尺度、灵活多变的建筑结构，以及独具特色的建筑彩画、琉璃贴饰等，体现出当时的匠心设计（董纪平，2007b）。

历史上的先农坛占地约113hm²（1 700亩），建筑群由内外两重坛墙环绕，其外坛墙北圆南方，周长“一千三百六十八丈”（约4 560m），南北长1 424m，东西宽700m，只有东墙上有东向的两座门，北为太岁门，南为先农坛门，都有三间拱券门洞，朱扉金钉，覆以黑琉璃筒瓦绿琉璃剪边。内坛墙为长方形，南北长484m，东西宽326m。现保留完整的内坛墙体内层为明代夯筑土墙，外层是乾隆年间的砌筑砖墙，墙宽2.2m，高4.1m，覆以筒瓦和檐板（张小古，2010）。内坛墙东西南北各设有三门，均为三间拱券门洞，形制同外坛墙门。内坛建筑群有四组，由西向东分别为先农坛—神厨建筑群，先农坛位于神厨正南与其呈轴线格局；太岁殿建筑群，其正南为南天门；神仓建筑群，位于先农坛内坛最东侧，其东北原有祠祭署，现已无存。外坛建筑群有三组：庆成宫、天神坛、地祇坛。这里除了天神坛、地祇坛是左右对称于先农坛内坛南门之外的，其余五组建筑群，既不相互对称，也不在一条轴线上。它们由西向东，或南或北，错落排列，各自独立。这种独特的布局，一反中国传统建筑规划的中轴对称布局特点（董纪平，2007a）。

如今先农坛外坛已不完全存在，但内坛建筑基本保存完好，既有高等级的庑殿顶建筑，又有堪称全国孤例的重檐悬山顶建筑，还有朴实无华的神坛、色彩绚丽的琉璃台座（图35），以及皇家仓房等，各具特色。尤其是保留下来的明清时期的古柏（图36）、槐、油松等为先农坛增添了古韵。

先农坛台建于明永乐十八年（1420），坐北朝南，建筑面积300m²，四面各建有八层台阶，周围翠柏苍劲，衬托出祭坛的庄严气氛（图37）。

太岁坛又称太岁殿，也是建于明永乐十八年，是先农坛内巨大的单体建筑，坐落在月台之上，面阔七间，歇山顶，覆蓝色琉璃瓦，朱漆彩画，是现存中国古代祭祀自然神祇太岁神的最高祭祀场所（图38）。

宰牲亭面阔五间，为重檐悬山顶建筑（图

图35　琉璃台座

图36　古侧柏

图37　先农坛

图38　太岁殿

图39　宰牲亭

图40　神仓和收谷亭

39），被誉为“明代官式建筑中的孤例”。

神仓原为明代旗纛庙，清乾隆十八年（1753）改建为神仓，建筑外形和台基均为圆形，屋顶也为圆形攒尖（图40）。皇帝亲耕的耤田收获下来的粮食储存在这里，作为祭品用于京城皇家坛庙的祭祀。为了使这些粮食免遭虫害，建筑上使用黄色的雄黄玉彩画，可以驱虫，为了防止谷物发霉，在仓房上开有气窗，便于通风换气。

庆成宫始建于明天顺二年（1458），当时名为斋宫，是皇帝祭祀亲耕前斋戒之所。乾隆二十年（1755），改称为“庆成宫”，成为皇帝行耕耤礼后，休息和犒劳随从百官的地方。建筑在高台之上，五开间，绿色琉璃瓦，庑殿顶。

5.3　陈列展览

清帝逊位后，先农坛内建筑先后为古物保存所、礼器保存所用作陈列展览，短时间向公众开放。现为北京古代建筑博物馆管理，进行展览陈列，并开展社会教育活动。

5.3.1　北京古物保存所

1912年2月，清帝逊位，袁世凯就任临时大总统。根据8月公布的新官制，内务部下设礼俗司，礼俗司执掌事务共计六项，最后一项为“关于保存古物事项”。据此，内务部10月1日上呈《内务部为筹设古物保存所致大总统呈》，请求设立古物保存所，称“查古物应归博物馆保存，以符名实。但博物馆尚未成立以先，所有古物，任其堆置，不免有散失之虞”，请求“于京师设立古物保存所一处，另拟详章，派员经理”。古物保存所很快在先农坛内设立。1913年内务部刊行的《临时政府内务行政纪要》“设立古物保存所”条下写道：“元年十月一日于京师设立古物保存所一处，详拟章程派员经理，旋择定先农坛地方作为保存处。先就原属国有之古物寄存各坛庙者，移存该所，分类陈列。复经本部咨行各省，凡属旧有及新发现之古物，妥为保护，并随时造句图册，送部以备考证”（李飞，2016）。

1913年1月1日，古物保存所首次开放十日。1912年12月25日，《政府公报》刊登了一则《内务部古物保存所开幕通告》，摘录如下：“本所以保存古物为主，专征取我国往古物品，举凡金石、陶冶、武装、文具……兹订于民国二年（1913）一月一号共和大纪念之日起，至十号止，为本所开幕之期。是日各处一律开放，不售入场券。由街西牌坊起，马路四通八达，所中并设有接待室、媛室、品茶社等处，凡我国男女各界，以及外邦人士，届时均可随意入内观览，本所均有司事人等妥为招待。古物保存所谨启”。12月27日，《正宗爱国报》也刊登了先农坛和古物保存所的开幕预告，称：“内务部礼俗司在前门外天桥迤南路西先农坛内庆成宫后，设立古物保存所一处，陈列京师旧有一切古物。已派科员何文成等八人为监守员，并派长警续曾等四人驻守该所。自民国二年一月一号起至十号止，开放十天，任人观览”。

1月4日，《正宗爱国报》刊登了开幕当天的见闻《先农坛游览纪事》：“阳历一月一日，为北京古物保存所开幕之第一日。……进先农坛门，见古木参天、松柏交翠、琼楼玉宇、巍巍峨峨。继而入南门，曲折而西行，入正门，至太岁殿前，古炉宝鼎罗列其间……东配殿，即系古物保存所（所购票入览），内陈钟鼓音乐之类，周彝商盘之属；西配殿之窗牖，皆以布为帘，故未得真相，盖所谓评古社、古物保质社、古物研究会、古物杂志社等处，其在兹乎？出西北旁门而西行，即古物萃卖场，然不过拓本字画、古玩玉器、旧瓷等等而已。又西行见破屋两椽，内陈古琴多张，及铜缸皮鼓，并木质铜质制成之鸟兽模型等类，其西南即秋千圃、品茶社、蹴鞠场等，游人往来期间，秋千圃中有脚踏车家，在彼玩赏，行车练技，百巧千奇。再东，古艺游习社，抖空竹者有之、耍中幡者有之，甚有拉大篇与变戏法儿者，亦皆有之。再折而东行，入山门，为庆成宫，宫内即共和纪念会先烈坛在焉”。1月9日的《申报》也有报道：“古物保存所，该所地点在永定门街西先农坛，专搜罗中国往古物品。古瓷器甚多，悉系古时籩豆，纯属宋瓷。并有特罄一架，前长三律二尺七寸，后长二律二尺七寸，纯系铜质。偏罄十六架，排箫十二管，皆系千余年前古物……于本年元旦日开幕自一号起至十号止，一律开放，不售入场券，以故游者独多，车马往来途为之塞，亦一新年行乐处也”。

除元旦开放10天外，因1913年2月12日是清帝退位诏书发表一周年，被定为中华民国南北统一纪念日，先农坛再次开放，古物保存所亦不例外，“古物保存所较前稍加扩张，所有陈列物亦为增多，并于太岁殿内陈列清朝历世皇帝御笔所书之匾额、对联。”纪念日开放后，古物保存所似再次关闭。

1914年元旦，先农坛及古物保存所循例开放10日。“余购入场券，由太岁殿之旁廊循序而进，见有古时农具及后妃亲桑之具，髹以丹漆，专备一种标本，非真能耒耜能蚕织也。两廊陈设前代古器，有暗龙毛血盘六十余具，铏鼎一，秬鬯一，又有金钟一架，编磬一架，古所谓五声十二律者是也。余则匣藏金罍，罩以玻璃，桓列鼎炉，饰以狻猊，炳炳麟麟，灿然美备……及历正殿，品物鲜少，惟有旧时殿额横倚粉壁，半系孝钦后御笔，玺宝钤压，着色猩红。有一额为高宗书“钦若昊天”四字，笔力遒劲。大清门三字城额，鼎革后亦迁徙于此”。

5.3.2 礼器保存所

1914年1月24日，古物保存所更名为“礼器保存所”，内务总长朱启钤正式发布部令：“查先农坛古物保存所庋储各物，或为各坛庙所设，或为前代礼器库所收藏，礼制攸关，足资考古，兹特更名，改称为礼器保存所。”。至2月9日，因为临近2月12日南北统一纪念日，礼器保存所循旧例再次开放10天。《申报》报道如下：“北京先农坛礼器保存所，因统一纪念，特定于月之九号起开放十日。闻陈设周备，甚为可观。该所昨发布告云二月十二日为南北统一纪念，本所援例开放十日，自九日起至十八日讫，所有陈设，全行另组，较之日前开放，更为出色。其新增并旧有各器物，为先代典礼所用，非人民所得观摩，今既任人游览，不仅增长识力，且可唤起爱国之心，是亦社会教育之一端也。届期每日上午十二钟至午后五钟为开放时间，本所设有招待所，届期尚盼莅所，茶话指导一切云云”。1914年10月10日的祭祀大典对外开放，所以这一天礼器保存所也迎来了诸多参观者。1915年元旦和2月12日南北统一纪念日，礼器保存所循例继续开放。

1915年5月，先农坛被辟为公园，内务部特设了先农坛公园事务所，对公园进行管理。在《先农坛公园开幕通告》中，指明太岁殿“正殿两廊为礼器陈列所，内有商周彝器、坛庙法物，以及内府之藏、册封之宝，均分别标题，期便展览”。与2月的陈设相比，太岁殿正殿已被清空，彻底改造成为祭祀开国英烈的忠烈祠，礼器保存所的空间缩减至太岁殿两庑。1915年下半年，内务部典礼司又成立了坛庙管理处，办公地点位于先农坛神仓院内，掌管内务部下辖的先农坛、天坛、关岳庙等坛庙事宜，礼器保存所遭裁撤。

1920年，因先农坛公园与先农坛北部外坛的城南公园合并，内务部又设立北京先农坛事务所，取代了此前的先农坛公园事务管理所。

5.3.3 北京古代建筑博物馆

北京古代建筑博物馆坐落于先农坛内，是一座以中国传统建筑为依托，面向广大观众宣传普及中国古建筑知识的专题性博物馆。其基本陈列进行了多次改陈，主要为《中国古代建筑展》和《先农坛历史文化展》，前者设在先农坛太岁殿、拜殿、西庑殿，分为中国古代建筑发展、中国古代建筑类型、中国古代建筑技术、中国古代城市发展等部分，介绍了中国古代建筑的历史、类型、精湛的建筑技术及辉煌的艺术成就（图41）。后者设在先农坛神厨正殿、耳房及东西配殿，分为北京先农坛历史沿革、农耕祭典、农神祭祀与中国古代农业文明、中和韶乐乐器展示等部分，展示了明清北京先农坛沧桑变化的历史、中国古代农业文化、坛庙祭祀文化等（董绍鹏，2014）。

为更好地展示北京先农坛蕴含的中国古代祭祀文化，采取“取下限”的原则复制了清末先农神坛和太岁殿礼器，复原了各自祭祀陈设（图42、图43）。

展览中还应用二维动画技术，将《清雍正帝先农坛亲祭图》和《清雍正帝先农坛亲耕图》转变为虚拟动画，使历史人物动起来，实现虚拟的历史还原（图44）。雍正帝祭先农坛图共二卷，卷一现藏于故宫博物院，长468cm，宽62cm，描绘的是雍正帝在先农坛祭祀的情景，先农坛为砖砌方坛，北面是一座由金黄销金绫制成的方形帐篷“幄”，里面供奉神农氏牌位，幄前摆放爵桌，上陈瓷盏，东侧摆放为笾豆案，上陈祭祀必备的笾簠豆簋，西侧摆放祝案，上置祝版架，坛上正对俎案的黄绫门框，是皇帝的拜位“御拜幄”。卷二藏于法国巴黎吉美东方艺术馆，描绘的是雍正帝行耕耤礼情景，即皇帝行过祭拜礼后，到耤田亲耕（刘潞，2010）。

北京古代建筑博物馆还积极发挥社会教育职能，开展“祭先农、识五谷”等活动，清明节期间人们在先农坛神坛前，敬献稻谷和果品，诵读祭文，向神农氏牌位行礼，听博物馆讲解员介绍炎帝神农氏、农耕文化，学习农业知识，尝试播种稻、麦、菽、稷、黍等五谷。

图41 中国古代建筑展

图42 先农神坛原状陈列

图43 太岁殿原状陈列

图44 先农坛历史文化展

5.4 先农文化

中国是农业大国，农业丰收对人民的生活和国家稳定都起着至关重要的作用。在古代，敬畏自然，崇拜自然，人与自然和谐相处，成为农耕文化的思想。山岳河湖、风云雷雨以至自然节气等直接影响农业生产与农作物成长的诸方面自然因素均成为崇拜的对象。先农坛作为北京皇家“九坛八庙”中的一座，将炎帝神农氏的牌位供奉于露天的神坛之上，通过一系列祭拜活动，表明敬畏之情，祈求风调雨顺、五谷丰登。“先农”还有王者率天下先，先行农事，重视农业和民生的含义，天子以身为先，祭祀农神，亲自耕作，为天下百姓做表率，达到教化百姓、以农为本的治国目的（董绍鹏，2017）。

在古代，“国之大事，在祀与戎”。祀礼是周代以来历代帝王建立国家秩序，进行统治的重要手段，一直延续至清代。清代祭先农是中祀的重要礼仪，先农坛作为明清两代统治者亲祭先农之神炎帝神农氏、亲行躬耕耤田礼昭示天下劝农从本的一处皇家坛庙，从明代早期的山川之祀、神农之祀、旗纛之祀，到后来的神农之祀、天神地祇之祀、太岁之祀，在清朝乾隆十九年（1754）以后基本固定下来，除了先农神之外，在太岁殿院落内有太岁神、十二月将神，天神坛内有风伯、雨师、云师、雷师，地祇坛内又有五岳、五镇、五陵山、四海、四渎之神及天下、京畿的名山大川之神，统计起来，祭拜神祇的神坛有45位之多，是对农作物生长直接产生影响的自然力的集合祭祀体现。

先农坛是帝王表达重农思想，并为政治服务的场所，体现了中国从古到今的农本思想。为了感激农神带给人们食物和教会人们耕种，为其设坛、庙祭拜献礼，祈求农神能保佑五谷丰登。此外，祭拜太岁、自然山川、风雷云雨，祈求风调雨顺，能让农田有好的收成。

先农坛与北京城的其他坛庙相比，有着鲜明的特色。先农坛的祭祀项目不像其他坛庙是专一祭祀，主祭一个神祇，设立一个神坛。先农坛里祭祀神祇的神坛共有四座：先农坛、太岁坛、天神坛、地祇坛，各坛的功能不同，祭祀的规格、时间和程序也各不相同。这里除了先农坛供奉着先农神以外，太岁坛供奉太岁神、四季月将神，天神坛供奉风、雨、云、雷之神，地祇坛供奉五岳、五镇、五陵山、四海、四渎之神及天下、京畿的名山大川之神。这是京城其他坛庙所不具备的。此外，先农坛不仅是国家祭祀神祇的地方，还有皇帝的“一亩三分”田，九五之尊的天子要来此扶犁亲耕，大臣们也要随着皇帝耕作一番，表达务农为本的思想。

6 万寿寺及北京艺术博物馆

万寿寺始建于明万历五年（1577），为明清时期京西著名的皇家寺庙，集寺院和行宫的功能于一体，举办过多次皇室祝寿盛典。1987年辟为北京艺术博物馆，并对外开放，地址在北京市海淀区万寿寺1号（网址http://www.bjartmuseum.com）。2006年列为全国重点文物保护单位。

6.1 简史

万寿寺始建于明万历年间，距今已有400多年的历史。明万历五年（1577），由李太后出资，命司礼监秉笔太监冯保在京西建造万寿寺，次年竣工，用以替代汉经厂存放经书。《帝京景物略》记载："慈圣宣文皇太后所立万寿寺，在西直门外七里，广源闸之西。万历五年时，物力有余，民已悦豫，太监冯保奉命大作。"万寿寺修建完成后，万历皇帝赐名"护国万寿寺"，特赐给寺庙一批田产，并巡幸过万寿寺。张居正还撰写了《敕建万寿寺碑文》，详细记载了寺院的格局和建筑。

明代，万寿寺还因悬挂过华严钟（今称永乐大钟）闻名。华严钟铸于明永乐十六年（1418），至宣德年间才最后铸成，大钟通高6.75m，直径3.3m，重46.5t，钟体内外遍铸汉文及梵文佛经、佛咒共23万余字，铸成后存放在汉经厂。万历三十五年（1607），华严钟连同各类经书一起被移到万寿寺钟楼，万寿寺每天派六名僧人撞击大钟，钟声能传至数十里以外，万寿寺因此名声大振。清乾隆八年（1743），乾隆帝下令将华严钟迁往觉生寺（今大钟寺），以后只是逢祈雨时才被敲响（胡桂梅，2008）。

清代，万寿寺因寺名寓意吉祥而备受皇室青睐，顺治二年（1645），顺治皇帝赐"敕建护国万寿寺"匾额，现仍悬寺门前。康熙二十五年（1686），清皇室将万寿寺作为畅春园修建的附属工程进行了扩建，竣工后还立碑为记。扩建后的万寿寺增加了西路的行宫建筑。中路假山前的水池被填，假山后加建一组院落，整体规模扩大了近一倍。康熙五十二年（1713），康熙帝六十寿辰之际，万寿寺成为举办万寿盛典的佛事场所之一，举办了千佛道场，此盛况在《康熙万寿盛典图》中有体现。雍正皇帝在雍正十一年（1733）为万寿寺的大延寿殿题写"慧日长辉"匾额。

乾隆皇帝登基以后，常由长河水路去往西郊皇家园林，曾多次在万寿寺礼佛，首次入寺即为正殿题写"法云常住"匾额，并分别于1751年和1761年为其母崇庆皇太后的六十和七十寿辰重修万寿寺，撰写了《御制敕修万寿寺碑记》和《御制重修万寿寺碑文》。《日下旧闻考》记载："万寿寺明万历五年建，乾隆十六年重修，二十六年再修"。重修之后，万寿寺达到了历史上寺院规模最大的鼎盛时期，形成了中路礼佛空间、西路行宫、东路僧人生活空间的整体格局。崇庆皇太后的七十寿诞时，万寿寺举行了规模盛大的千佛道场，体现在《崇庆皇太后圣寿庆典图》中的"香

图45　香林千衲图（摄自展览图片）

林千衲”一段（图45）（万明，2016）。

清光绪十九年（1893），为迎接次年的慈禧太后的六十寿辰，光绪皇帝颁旨对万寿寺进行重修，并在无量寿佛殿后新建了一座光绪重建万寿寺碑的御碑亭。光绪二十年（1894），慈禧六十寿辰庆典时在此举行祝寿活动。清代康熙、乾隆、光绪三朝，对万寿寺进行了4次修葺和扩建，形成了集寺院、行宫、园林为一体，东中西三路规制的皇家重寺，成为皇家祝寿庆典的重要场所之一。

万寿寺平时不对外开放，只有在浴佛会期间（农历四月初一到十五日）才开庙半个月，寺院内僧人举行浴佛会，庙会也随之举行，《燕京竹枝词》描绘“三春将尽四月来，西郊万寿庙又开。红男绿女联蝙路，小儿更是得意回。”

民国时期，万寿寺被各类社会组织所利用，先后成为学校、兵营、疗养院等机构的驻地。1918年，一度作为“一战”奥地利战俘营使用。1934年前后，万寿寺的前部曾辟为东北难民子弟学校。1937年，万寿阁因电线短路被焚毁。民国以来，万寿寺先后被用作戒毒所、战俘营、档案馆等（李蓓，2020）。

新中国成立后，万寿寺被学校、幼儿园、部队歌舞团所用。1984年，北京市文物局接管了万寿寺的中路，并进行修缮。1985年成立北京艺术博物馆筹备组，1987年作为北京艺术博物馆馆址正式对外开放，恢复重建了中路的万寿阁、东路的方丈院、西路行宫的前正殿建筑和院落等，并进行了修缮。

6.2 园林特征

万寿寺位于长河北岸，坐东北向西南，前临长河。寺院采用中国传统庭院式布局，分中、东、西三路，面积约3万m^2。中路为主要的宗教空间，是进行佛事活动的场所，共七进院落，西路为皇家行宫，东路主要为僧侣的居住生活空间。清乾隆年间的住持僧明鼎调梅提出万寿寺八景，并为每景赋诗一首，八景为古殿蟠松、高阁凌云、峰峦幻出、石洞清幽、双桥夕照、疏柳晓烟、玉泉涟漪和阆苑疏钟，描写寺内及周边的山水亭桥和植物等景观。

6.2.1 山水景观

明代的万寿寺附园位于寺院中轴线末端，与寺后的果园、外围的护寺地融合在一起。庭园中有假山和水池，假山上除了三大士殿外还有园亭，假山前后均有水池，是比较完整的山水园格局。张居正《敕建万寿寺碑文》载：“后为石山，山之上为观音像，下为禅堂、文殊、普贤殿，山前为池三，后为亭池各一。最后果园一顷，标以杂树，琪株璿果，旁启外环，以护寺地四顷有奇。”《帝京景物略》记载：“方丈后，辇石出土为山，所取土处，为三池。山上，三大士殿各一。三池共一亭。”清代康熙年间扩建以后，填平了水池，拆除了园亭，在原有园林的后面又加建了两进院落，成为以假山为主的庭园（孟兆祯，1982）。

假山为青石堆叠，高2m左右，山上建有佛殿，总体相对平坦。假山主体有三座，中间有窄路，上有小桥相连。观音殿位于北侧假山上，坐北朝南，观音殿下为地藏洞。东侧假山上为文殊殿，坐东向西（图46），西侧假山上为普贤殿，坐西向东，三殿在平面上构成了中轴对称的形态。三座假山象征佛教三山普陀、清凉、峨眉，宗教意蕴浓厚。

图46　文殊殿

6.2.2 建筑

明代万寿寺的初期建设主要在中路，张居正《敕建万寿寺碑文》载："中为大延寿殿五楹，旁列罗汉殿各九楹。前为钟鼓楼、天王殿，后为藏经阁，高广如殿，左右为韦驮、达摩殿各三楹，修檐交属，方丈庖湢具列"。从碑文上看，寺院初建时第一进为山门到天王殿院落，东西两侧分立钟鼓楼。第二进为天王殿到大延寿殿院落，大延寿殿为正殿，五开间，单檐庑殿顶，琉璃瓦屋面，木构架绘以旋子彩画。东西两侧各为九间的罗汉殿。第三进为大延寿殿到藏经阁院落，藏经阁为五开间，东侧为三间韦驮殿，西侧为三间达摩殿。

清康熙二十五年奉敕重修万寿寺，在中路轴线上增加了无量寿佛殿和万佛楼两座主要建筑，并在周边建配殿和连廊，形成两进院落。无量寿佛殿为三开间重檐歇山顶方形建筑，万佛楼为七开间歇山顶双层楼阁式建筑。寺院东路增建了方丈院，位于东路后侧，万佛阁院落东侧。寺院的西侧加建了一路行宫建筑（王曦晨，2019）。

乾隆十六年，西路行宫的南侧增加了寿茶房和寿膳房两组两进的四合院式建筑，东路将原来的钟楼遗址和药王殿拆除，改建为包括十方堂、斋堂、厨房、库房等建筑在内的十方院。乾隆二十六年，再次奉敕重修，在中路无量寿佛殿两侧增建了院墙与院门，院墙采用中式透花窗，院门为圆光门形式，上部带有巴洛克建筑风格的装饰，融合了中西方两种建筑风格（图47）。还在无量寿佛殿前修建了一座碑亭，亭平面呈八角形，黄色琉璃瓦攒尖顶，石碑上刻乾隆皇帝撰写的《御制重修万寿寺碑文》（图48）。西路的行宫建筑扩建成五进的四合院建筑，轴线上从南到北分别为前罩房、垂花门、前正殿（乐康殿）、后正殿（履绥殿）、两层的后罩楼以及最后一进的大悲坛。

光绪十九年，在无量寿佛殿后加盖了一座与乾隆御碑亭相仿的光绪御碑亭。

6.2.3 园林植物

万寿寺在明代规模宏大，除寺院外，寺后有一顷果园，园外还有护寺地四顷，"山后圃百亩，圃蔬弥望，种莳采掇，"自然风景优美，宛如桃源。寺内种植的树木以北方常见的松、柏、榆树为主，明清时期万寿寺内最主要的景观植物为7株白皮松，有记载为金元时期种植，远早于万寿寺建寺，位于"殿后阁前"，即正殿至藏经阁院落。还有一些文献提及较多的植物，如竹（*Phyllostachys* spp.）。《莲筏澈公觉天三和尚合传》记载："（莲筏）性爱竹，禅堂隙地遍栽竹，北地不宜竹，唯此最盛"。莲伐和尚爱竹，在方丈院内种植竹子，且生长茂盛。此外，柏树、榆树、桃树、杨、柳、海棠、牡丹等也见于文献记载，《日下旧闻考》载"堂后有假山，松桧皆数百年物"。

万寿寺内现存的树木，以松、柏、银杏、玉兰为主，有柏树、槐、银杏、楸、西府海棠（*Malus* × *micromalus*）共47株古树，其中一级古树11株，二级古树36株。天王殿前有两棵高大的古树，东侧的槐枝繁叶茂，被称为"福树"，西侧的楸一枝独秀，被称为"寿树"。乾隆御碑亭前的

图47 无量寿佛殿两侧增建的院墙

图48 无量寿佛殿和乾隆御碑亭

图49 古银杏

图50 假山上的古柏

两株银杏古树均被用来祈福（图49）。假山周边，多为古侧柏（图50），西部院落还有13株海棠古树（魏瑶，何建勇，2022）。这些古树名木为万寿寺增添了浓重的历史沧桑感。

6.3 展览陈列

北京艺术博物馆收藏各类文物藏品12万余件，上起原始社会，下迄民国，尤以明清时期蔚为大观。藏品门类广泛，主要包括历代书法绘画、碑帖及名人书札、宫廷织绣、陶瓷、古代家具、历代钱币及玺印，以及青铜器、玉石器、竹木牙角器、佛造像、鼻烟壶等，还收藏了上自宋代下至民国的古籍图书十余万册。

博物馆开放区域主要为万寿寺中路前六进院以及东路方丈院。大延寿殿原状陈列展，按照明清时期汉传佛教寺院规制，殿内中央供奉三世佛，中间是释迦牟尼佛，东为药师佛，西为阿弥陀佛，两侧分列十八罗汉，抱厦内有倒座观世音菩萨，殿内有乾隆题楹联。

基本陈列主要有"缘岸梵刹"万寿寺历史沿革展、"妙法庄严"佛教造像艺术展、"吉物咏寿"吉寿文物专题展、"云落佳木"中国传统家具展、"万几余暇"清代皇室书画艺术展，展示馆藏各类文物精品350余件，其中珍贵文物60余件。

万寿寺历史沿革展位于天王殿，展览主要通过文字、文物、历史图片和数字化影像等方式，向观众展示万寿寺的历史与文化，让人对万寿寺有较为系统的了解（图51）。

佛教造像艺术展在大延寿殿前东西两侧的配殿内，分别展示汉传佛教造像艺术及藏传佛教造像艺术两个主题，精选馆藏明清时期汉、藏佛教造像、法器等艺术珍品80余件，旨在普及佛教基本知识，展示不同时期、不同民族特色的佛教造像艺术。

吉寿文物专题展在万寿阁举办，精选北京艺术博物馆藏与"寿"主题相关的文物藏品，体现人们对生命的祈愿，"五福捧寿""福禄寿""鹤鹿同春"等祈求长寿的图案纹饰，在瓷器、玉器、书画等上面都有所体现（图52）。

中国传统家具展在方丈院举办，以馆藏明清至民国的50余件家具，展现中国传统家具不同时代之美（图53）。明代家具部分展示椅凳、桌案、床榻、柜架等家具的自然天成的色泽、纹理和质地，清代家具主要通过厅堂、书房、卧室、园林等场景的家具陈设，展示其装饰华丽、雕琢精细的特点，民国时期的家具则展示了榉木、柚木等非硬木材质家具，并体现出造型和装饰上的西方风格。

大禅堂展厅位于万寿阁北、假山前，面宽

图51 “缘岸梵刹”万寿寺历史沿革展

图52 “吉物咏寿”吉寿文物专题展

图53 “云落佳木”中国传统家具展

图54 瓶花落砚香——明清文房雅器展

23m，进深15m，原为寺内住持讲经说法及僧人坐禅之处，现作为北京艺术博物馆的临时展展厅（张轩宁，2016）。堂内空间开阔明朗，可以灵活划分格局布展。“瓶花落砚香——明清文房雅器展”展陈了明清时期文房用具，第一部分展出了笔、墨、纸、砚“文房四宝”，第二部分展出笔架、笔筒、笔洗、水丞、水注、印章、镇纸、裁刀等文房器具，第三部分展出香炉、香筒、书画等文房陈设，通过文物、图片、文字、场景等表达笔墨书香、文房雅韵，领略中国优秀传统文化的魅力（图54）。

博物馆内还有数字放映厅、学者书屋、文创空间以及“万寿邮局”“斫木堂”“锦绣坊”等多个观众互动休闲区域，形成一个多展示、多体验的艺术博物馆。

7 保定直隶总督署与博物馆

直隶总督署，又称直隶总督部院，是清代直隶省最高军政长官直隶总督的办公处所，位于河北省保定市莲池区裕华西路301号。清初所设置的直隶省，至光绪年间，其辖区包括今河北、北京、天津和山东、山西、河南、辽宁、内蒙古的一部分。乾隆年间督抚制度日趋成熟后，直隶总督因直隶省独特的地理位置而名列全国八督之首。直隶总督权重位显，集军事、行政、盐务、河道及北洋大臣于一身，因直隶地处京畿，拱卫京师，稍有动乱，便会危及朝廷，故直隶总督一衔非重臣莫属。

直隶总督署是我国保存较为完整的清代省级衙署，1988年被列为全国重点文物保护单位，1990年辟为博物馆，1991年对外开放（网址 https:// www.bdzlzds.cn）。

7.1 简史

直隶总督署前身可上溯到元朝，元世祖至元七年（1270），顺天路（1275年改为保定路）总管府治中周孟勘修建了衙署内的主体建筑宣化堂。明太祖朱元璋统一北方后，改保定路为保定府，隶属于北平中书省。知府衙署设在元朝的宣化堂，占地面积增加，规模扩大，“建厅堂、门庑、公廨、吏房、兵仗、军资等库二百余楹”。明永乐年间，明成祖朱棣定鼎燕京，由于其位置重要，“拱卫神京，为天下第一要镇”，保定府署改为大宁都司署，清初又改作参将署。

清雍正二年（1724），清政府将直隶巡抚改为直隶总督，直隶总督仍驻节保定，原巡抚署也升格为总督署，在参将署原址修建直隶总督署。雍正七年（1729）进行大规模的扩建，新建的总督署包括处理重大政务及举行礼仪活动的大堂、朝夕治事的二堂、总督及眷属居住的内宅、岁时节令文武将吏公宴之厅堂、公聚娱乐的场所、操演练兵的场地、在衙署中供职的低级武官及差役的住所，以及厨房、马厩等，应有尽有。直隶总督署建成之后，唐执玉亲自撰写了碑文《新建保定总督公署碑记》，记述了修建直隶总督署的原因和经过以及建筑布局的概貌：“其东西之广度以丈四十有二，南北之深几倍焉。周垣崇闳，庭阶轩广。有治事之堂，燕私之居，文武将吏岁时公宴之所，朝夕听事之厅，以及合乐之轩，教射之圃，材官之次，众隶之舍，府厩斋厨，细大毕具。”历经后世直至清王朝覆灭（衡志义，1997）。

1916年直隶总督署变为直隶督军署，1920年8月改为直鲁豫巡阅使署，成为直系军阀曹锟的大本营。1928年成为河北省政府所在地，1933年年初，改为保定行营。1939年日伪河北省政府驻此署，1946年，国民党河北省政府驻此署，1947年国民党保定警备司令驻此署直至1948年11月保定解放。1990年辟为博物馆，1991年对外开放。

7.2 园林特征

直隶总督署坐北朝南，严格按照清制修建，东西广约130m，南北深约220m，占地总面积30 000m²，中、东、西三路面积相近（李金龙，1996）。整个衙署基址高于附近地面1m左右，且由南而北逐步升高，排水顺畅。衙署西北部修建花园，沿上房西北的侧门穿过更道，可与西路的后花园相通，当年总督与眷属即可由此去花园游玩，现已不存（图55）。现存部分主要为建筑和植物。

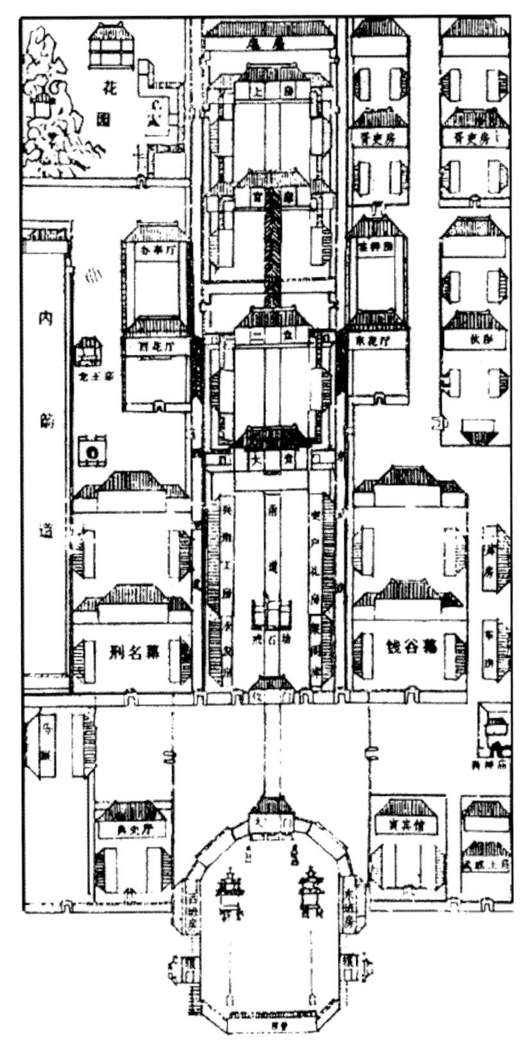

图55 直隶总督署全图（摘录自衡志义，吴蔚《浅谈直隶总督衙署的建筑》）

7.2.1 建筑布局

直隶总督署严格按照清朝关于省级衙署的规制修建，据《钦定大清会典》卷58载，各省衙署治事之所为大堂、二堂，外有大门和仪门，大门之外为辕门，宴息之所为内室、群室，吏攒办事之所为科房。直隶总督署的建筑布局与此正相符合。

直隶总督署的建筑布局，遵循了前衙后寝、左文右武、一道三涂等传统特色。清政府于雍正十一年（1733）颁布的《工部工程做法则例》，按不同封建等级所享有的特权，统一了官式建筑中构件的模数和用料的标准，导致官式建筑在布局、高度、形制、风格上的定型化。如直隶总督署的房屋、门楼均为青砖灰砌的起脊小式硬山建筑，布局严谨合理，占地面积不大，主体建筑以五开间面阔为主，进深较小，一般不超过10m，布瓦顶，彩绘级别较低，没有琉璃瓦、和玺彩绘等豪华装饰。

衙署分为东、中、西三路，以更道相隔，各路均为多进四合院格局，主体建在南北向的中轴线上，中路包括大门、仪门、大堂、二堂、官邸、上房等，并配有左右耳房、厢房等。中路建筑中，一般将五开间的正房放在正北南向主轴线上，同时根据构成院落的需要，东西配置开间不等的厢房，南面无倒座，而是呈多进三合院竖向延伸的格局，且硬山式门楼或宅门分割形成独立的院落空间（衡志义，吴蔚，1997）。

总督署大院东路的建筑有寅宾馆、武成王庙、幕府院、东花厅、外签押房、胥吏房、伙房、库房等。西路仅存古树和房基，据资料记载有典吏厅、西花厅、办事厅、旗纛庙、箭道、花园等。这些建筑均为布瓦顶、小式硬山建筑，没有豪华的装饰，比较简朴，是一座典型的北方衙署建筑群。

总督署大门外，清时便存有相当规模的一组建筑，即照壁、东西辕门、旗杆、石狮、乐亭、鼓亭、两面八字墙、东西班房等，构成了一组半封闭的方形院落。门口的大旗杆于1994年重修直隶总督署时，按原位、原高、原样进行修建，通高33.6m，由底座、旗杆、旗斗三部分组成，底座为八角形，高约2.5m，其顶为坡顶。旗杆也为八角形，高约31m，在旗杆约2/3部位有一边长约2.5m的方形旗斗。

大门黑色，三开间，其中过道一间、左右门房各一间，位于高1m有余的台基上，上方悬挂雍正皇帝手书“直隶总督部院”匾额（图56）。督署仪门也是三开间硬山门厅，东西两侧相隔0.9m的砖墙，另有单开间东西便门各一座，是主人迎送宾客的地方。

大堂基址位于高0.4m、两踏步的月台上，五开间，面阔22m，进深10m，左右有耳房，前有抱厦三间，额枋上饰贴金彩绘，屋顶为筒瓦裹垅，与其他建筑采用合瓦有明显区别，体现了其在建筑群中的最高等级，是总督举办典礼和重大政务活动的地方（图57）。大堂黑色油饰为基调，前面庭院，平面方形，面积约1 880m^2，是衙署中最大的广场，衬托出大堂威严肃穆的主体地位。

二堂又称退思堂、思补堂，正房五间，是总督接见外地官员、僚属和议事的地方。东西厢房各3间，室内均为穿堂屋，开设后门，穿过垂花门，为官邸，又称三堂，即总督处理日常政务之

图56　直隶总督大门

图57　直隶总督大堂

所，正房明间为过厅，可径直通往四堂院。最后一进为上房，又称四堂，是总督及眷属日常生活居住的地方，均为正房五间、左右耳房各二间，东西厢房各三间。沿上房西北的侧门穿过更道，可与西路的后花园相通。

7.2.2 植物景观

直隶总督署为四合院式布局，东、中、西三路现有各种树木200余株，以侧柏、圆柏、油松、槐、紫丁香、海棠等为主。古树中以槐和圆柏数量最多，槐14株，最大一棵胸径达90cm，圆柏11株，最大一棵胸径达80cm，这些古树名木大多分布在中路的五进院内，树龄在400年以上（马春和，吴蔚，刘志强，1997）。与院内规整式建筑布局相似，植物配置也多采取对植、列植等规则式方式，体现总督署的庄严肃穆。仪门院甬道两侧有古柏两株遥遥相对，遒劲多姿。大堂院内南侧4株古圆柏相对而立，在其两旁则是4株对称的古槐；院北侧的4株古槐呈梯形四角对称。二堂甬道两侧各植古槐2棵、古柏2棵，也是相对称。

官邸院的植物配置则自然一些，植有槐、石榴（*Punica granatum*）、海棠、紫丁香等，环境十分幽雅（图60）。上房院为典型的庭院式格局，植有古槐、古柏、紫丁香、紫藤等，小院花木扶疏，清幽而别致，生活气息浓郁。

直隶总督署中路的植物景观，从总体上看，南部一堂和二堂以中轴规则对称式配置，突出森严肃穆的官衙气派。进垂花门后三堂、四堂庭院不规则式种植，与古建筑群的功能、风格相统一，给人以幽深宁静的感觉。

图58　古柏

图59　古槐

08

图60　官邸院的植物

图61　大堂原状陈列

7.3　展览陈列

直隶总督署是我国目前保存最为完好的清代省级衙署，规模宏大，主要建筑大门、仪门、大堂、二堂、三堂、上房均保存完好，至今仍保持着清代雍正时期的建筑风格，室内采取复原陈列为主、辅助陈列为辅的陈列展览方式，具有浓郁的时代特征。大堂是总督署的中心建筑，是总督权力的象征，是举行隆重庆典和重大政务活动的地方，堂内陈设一品当朝的屏风，绘有丹顶鹤、海潮、初升太阳，显示出总督当朝一品的身份与地位，屏风前面摆放公案桌，桌上摆设笔、墨、砚台、令旗令箭、王命旗牌等（图61）。屏风上方悬挂“恪恭首牧”匾，是雍正皇帝赏赐给勤于政务、清正廉洁的直隶总督唐执玉的，既是对唐执玉的嘉奖，又是对后任总督的告诫与激励（张晓莉，2018）。

二堂是总督处理日常公务的地方，陈设有“政肃风清”匾，中间雕有麒麟的木雕三扇座屏。东侧为议事厅，是总督谈判之所，室内陈设有李鸿章和日本公使森有礼谈判的蜡像，既体现了议事厅的功能，又能让人回顾以往的历史（图62）。西侧为启事厅，是总督和幕僚谈论政务的场所，室内陈设有幕僚蜡像，整体陈设显得比较庄重。

直隶总督署的“后邸”包括三堂和四堂，三堂是历任总督习经练字、著书立说之所，东部是内签押房，陈设有柜子、文案，还有总督正在书桌前秉笔书写的蜡像，西部是书房，陈设有书柜和书架，整体陈列显得古朴典雅（图63）。四堂是总督及其家眷生活的地方，以曾国藩在任时的场景为背景复原，陈列有床、梳妆台、盆架、太师椅、八仙桌等，生活气息浓郁，室内简朴的设计也能体现曾国藩“勤俭持家”的思想。

直隶总督署博物馆馆藏文物约400件，以明清瓷器为主，有德化窑白釉布袋僧、白釉角端、祭兰象耳方瓶、粉彩碓彩耳瓶、白釉八卦纹方瓶、祭兰天球瓶等，依托藏品举办了馆藏文物精品展。

直隶总督署发挥博物馆“资治、存史、教化”的功能，辟有陈列室56间，总面积约900m²，举办了《直隶总督与总督衙署》《直隶总督与直隶》《天下衙门——中国古代官衙文化专题陈列》《清代刑法展》《清代帝后肖像展》等各种展览（张平一，1992）。《直隶总督与总督衙署》展览运用图片、文字、电子地图、蜡像、泥塑、沙盘模型等，全面、系统地介绍了清代直隶省的设置沿革、辖域、地方建制、总督职掌兴替、总督官品等，并对直隶总督署的历史沿革、建筑布局、建筑功能进行了介绍（图64）。利用彩塑模型重现了总督的出行仪仗，包括仪仗、护卫、车轿、万民伞以及随行的众多官员，场面尽显威严之势。还用壁挂雕画的形式生动再现了总督迎送官员、开堂审理案件、处理公务的场景，使观众对总督的日常活动有比较详细的了解。此外，展览中用沙盘制作了直隶总督署全貌模型以及保定旧城模型，让观众理解把握其建筑布局及其在保定城的重要位置。

《直隶总督与直隶》专题陈列展览，以直隶总督任职直隶期间的史实为主线，从政治、军事、

图62 李鸿章和日本公使森有礼谈判的蜡像

图63 三堂陈列

图64 直隶总督与总督衙署展

图65 "公生明"坊

经济、教育文化等方面展示直隶总督的重要功绩，展现这些封疆大吏在历史长河中书写的精彩华章。从清雍正二年（1724）李维钧首任直隶总督起，到宣统三年（1911）张镇芳署理直隶总督止，187年中产生直隶总督74人99任次，其中多为朝中重臣，著名的有修建莲池书院、备受雍正帝信赖的"模范督抚"李卫，有勤政廉洁的一代廉吏唐执玉，有兴农治水、被列为"乾隆五督臣"之一的方观承，有清末名臣曾国藩、李鸿章、袁世凯等。直隶总督署承载了历届总督的功过是非，积淀了丰富的历史内涵，成为清王朝政治、经济、军事、文化的缩影，可谓"一座总督衙署，半部清史写照"（曾素梅，王金峰，2003）。

直隶总督署蕴含着丰富的廉政文化，以"公生明"坊最具代表性，立于总督署大堂前的轴线甬路上，其意为公正方能明察事体的本末（图65）。后堂还有直隶总督孙嘉淦提出的《居官八

图66 居官八约

约》匾，内容为“事君笃而不显，与人共而不骄，势避其所争，功藏于无名，事止于能去，言删其无用，以守独避人，以清费廉取。”意思是：对国君忠诚而不自我炫耀，对同僚尊重而不自高自大，不争权夺势，不追逐功名，办事务求兴利除弊，说话务求简明扼要，不结党营私，勤俭节约以保持清正廉明。被后人看作为官做人的八项原则。为开展廉政教育，还举办了“清代直隶总督廉政文化”专题陈列，从廉政官制、廉政绩事、反腐镜鉴等方面进行介绍，以“弘扬廉政文化，传承执政文明，传递官场正能量”，倡导为官有责、为官负责、为官尽责。

8 保定古莲花池与莲池书院博物馆

莲池书院博物馆为国家三级博物馆，前称为保定市莲池博物馆，是在古莲花池基础上建立的博物馆，为第五批全国重点文物保护单位，位于河北省保定市莲池区裕华西路246号（网址http://www.glhc.org.cn）。

莲池书院位于历史文化名城保定市中心，融园林、书院、行宫三位于一体，是我国北方著名的古典园林之一。毛泽东主席巡视古莲花池就称“莲池有名，是因为有莲池书院，莲池书院当时在全国是很著名的。”莲池因莲花“出淤泥而不染，濯清涟而不妖”的君子品德，形成了“历朝虽有改建，唯此贯穿始终”的建园风格。乾隆皇帝诗句“濂溪爱处正宜思”，就是以莲花的品格来教育莲池书院学子要注意修身养德。乾隆时期，古莲花池达到最盛，形成莲池行宫十二景。莲花池以“莲漪夏艳”之名被列为保定（清苑）八景之一，清苑县令时来敏在《莲漪夏艳》诗云“一泓潋滟绝尘埃，夹岸亭台倒影来。风动红妆香细送，波摇锦缆鉴初开。宜晴宜雨堪临赏，轻暖轻寒足溯洄。宴罢不知游上谷，几疑城市有蓬莱。”

8.1 发展简史

保定古莲花池的历史可追溯至元代，汝南王张柔于元太祖二十二年（1227）修建雪香园，意指池中种植的荷花洁白如雪，清香宜人，后拨给手下第一大将乔惟忠作花园，是供其家人游憩的私家园林。园中建临漪亭，风景优美，《临漪亭记略》描述“茂树葱郁，异卉芬茜，庚伏冠衣，清风戛然，迥不知暑。澄澜荡漾，帘户疏越，鱼泳而鸟翔，虽城市嚣嚣而得三湘七泽之乐”。1289年临漪亭等建筑被地震毁坏，“近皆废毁”，仅存一池清水和荷花。

明朝嘉靖年间，时任保定知府的张烈出官费加以修复，池畔遍植柳树，池中“蓄鳞艺莲，环池植柳如槛”，并修建了亭台和围墙，辟为“水鉴公署”。万历十五年（1587），知府查志隆拓展园址，增构建筑，其《重辟水鉴公署》曰：“金台郡治前故有池，广衍可数十亩许，或曰莲花池云。池上故有亭，亭以‘临漪’名……葺其所坏，益其所未备，而堂，而寝，而门庑，而庖厨，而台榭，而艄舟，与夫芘舟之水庐，罔不具饬。甫落成，而红蕖翠荷，锦绣烂然满池面。……乃树门于甬道而扁曰‘水鉴公署’……亭之门扁曰‘临漪’，池之楔扁曰‘古莲花池’，凡以存旧也。”古莲花池名由此而出（贾珺，2016）。

清雍正十一年（1733），时任直隶总督李卫奉旨在保定创办书院，因古莲花池“林泉幽邃，云物苍然，于士子读书为宜”，遂责成清苑县令徐德泰在古莲池西北部修建书院，“因旧起废，增建斋社”，当年五月动工，九月落成，称莲池书院，成为直隶最高学府。又在莲花池东南划出五六亩建“南园”，建厅堂五间、瓦舍三间和凉亭一所，作为书院的别馆，专供学生们自学和研讨。光绪四年（1878），黄彭年任莲池书院院长时，获得直隶总督李鸿章批准，将万卷楼划归莲池书院，成为莲池书院的图书馆，藏书最多时曾达到3万余卷，对在此修业的学生颇有裨益。光绪七年（1881），经直隶布政使任道镕批准，新建和修葺讲舍以满足学生数量迅速增加的需求，在书院西院增建了9间、东院增建了11间，又修葺旧房4间，总共增建了24间，“地不加广而增舍多焉”，改变了校舍不足的状况。光绪二十八年（1902）下半年，莲池书院按照清政府的要求正式停办。当时科举未废，原址改为“校士馆”，继续对士子的学业进行考核。光绪三十一年（1905）八月，清政府下诏废除科举制度，校士馆停办。光绪三十二年（1906），袁世凯在校士馆原址建直隶文学馆，文学馆于1910年停办。1912年，在莲池书院旧址新建省立第二师范学堂附属小学，后改称保定师范附属小学。莲池书院办学170年之久（柴汝新，杨润西，2019）。

清乾隆十年（1745），清政府将开办书院时增置的宾馆扩建为行宫，将书院的南园改建为行宫绎堂，并筑起墙垣，使行宫和书院隔开。古莲池扩建为行宫，建筑假山，移植奇花异树，亭台水榭参差错落，至乾隆二十六年（1761），形成了著名的“莲池十二景”，直隶总督方观承将十二景绘为一套册页，每图各系以图解和图赞，图赞为方观承的五言古诗和莲池书院院长张叙的七言绝句各一首，名为《保定名胜图咏》。乾隆、嘉庆、光绪三朝帝后均曾来此驻跸巡幸，尤其素喜山水园林的乾隆皇帝，于1746—1792年的46年中曾先后6次来此巡幸，其间写了50余首即景诗以及训勉直隶督抚的“明职诗”，如“菁莪雅化辟莲池，秀障当门春午坡。漫爱牡丹花富贵，濂溪爱处正宜思。”

道光时期，道光帝下诏裁撤行宫，以示节俭。直隶总督纳尔经额接旨后，将莲池行宫复改为宾馆，并在池南宽广处扩修绎堂，开辟“校阅五营兵技”的校场，成为练兵场。光绪五年（1879）郭云丰作《莲池台榭记》，详述当时的全园格局，亭台楼榭等基本保持完好。

1900年，英、法、德、意四国入侵保定，古莲花池珍贵文物被抢掠一空，亭台楼阁化为灰烬。《清苑县志》记载：“（联军）驻军保定十余月之久，莲池台榭，不留寸木片瓦，举成灰烬矣。”1903年，直隶总督袁世凯将古莲花池修复为慈禧太后的行宫御苑，却未能恢复原貌。1906年，直隶布政使增韫令清苑县令汤世晋将莲花池改为公园，对外开放。1908年，直隶省提学使卢靖筹款在古莲花池东部原“鹿柴”处建立了直隶图书馆，收藏图书2 000余种供大众借阅（杨淑秋，1996）。

民国九年（1920），大总统徐世昌亲书“古莲花池”匾额悬于门楣上，一直延续至今（图67）。刘春霖《重修古莲花池公园碑记》记录了1921年直隶省长曹锐委派保定警察厅长张汝桐主持莲花池公园整修事宜，但因为各种天灾人祸而日渐颓败。

1949年以后，古莲花池继续作为公园屡经修缮。1963年成立保定市莲池管理处，1989年成立莲池书院，1996年保定市莲池管理处更名为保定市莲池管理所，2005年莲池书院合并至保定市莲池管理所，2007年保定市莲池管理所更名为保定市莲池博物馆；2017年，保定市莲池博物馆更名为莲池书院博物馆。

古莲花池历经私家园林、公署园林、书院园林、行宫园林到公园、博物馆的历史变迁，使莲池书院博物馆成为集园林、行宫、书院为一体，兼有中国南北园林之美的特色博物馆。

图67 “古莲花池”和“莲池书院”匾额

8.2 园林特色

全园现占地面积3.5hm²，其中水面7 900m²，以水为胜，因荷得名，采用集锦式方式，环池布置亭台楼阁，错落有序。清代乾隆时期《保定名胜图咏》和《莲池行宫十二景图咏》均描绘了古莲花池的十二景，并有直隶总督方观承、莲池书院院长张叙以及乾隆皇帝的题诗，十二景分别是春午坡、万卷楼、花南研北草堂、高芬阁、宛虹亭、鹤柴、蕊幢精舍、藻泳楼、绎堂、寒绿轩、篇留洞、含沧亭，形成"园中有景，景中含诗"的优美画境。

莲池书院部分总占地约6 700m²（10亩），一部分在莲池西北侧，占地约2 000m²，有圣人殿、考棚、讲堂、讲习人员的厢舍等。另一部分在莲池东南侧，占地约4 000m²，是莲池书院别馆，包括厅堂、精舍、凉亭等，又名"南园"。《莲花池修建书院增置使馆碑记》记录"新旧共为门三、堂五、斋四、左右庑八、魁阁一、廊五、平台一、亭二、楼一、小屋四十余区、池二、桥一。"形成以水景为核心、亭台楼阁皆备的典型书院园林。

8.2.1 掇山置石

莲池四周有多处假山，营造岗阜绵延的山势。"莲池十二景"之一的春午坡就是一座用太湖石叠砌的假山，当门而立，避免园中景色一览无余，起到障景的作用。春午坡由两列相对的假山构成，中间是曲折的峡谷，山上石磴增幽，古柏耸翠（图68）。南坡种植牡丹，每当春末夏初花开时节，艳丽多姿。援引宋代苏轼《雨中看牡丹三首》所咏的"午景发秾艳，一笑当及时"句，命名"春午坡"，张叙诗曰："花光泼眼春当午，引入蓬莱第一峰"（王奉慧，2009）。

藻泳楼东北的乐胥山也是一座大型假山，中部为泥土，周围是叠砌的山石（图69）。乐胥为快乐之意，取自《诗经·小雅·桑扈》："君子乐胥，受天之祜。"行宫时期，山上建有乐胥亭，现为改建的四角攒尖顶亭，名为观澜亭。在乐胥山腹部堆叠出一个人工石洞，称篇留洞，出自苏轼诗句"清篇留峡洞"。洞口有清代乾隆皇帝的题刻"篇留洞"，洞内有三个出口，气象万千。方观承描述洞内景象"初入甚黑，俄顷豁然。仰观天光，云根苍润，气蒸蒸如滴，疑有乳泉、芝髓出其间。"

莲池南岸的红枣坡，以土山为主，山上遍植枣树，秋季硕果累累，故名红枣坡。

8.2.2 理水

古莲花池在总体布局上，环水置景，池水以中心岛为界分为南北两塘，蜿蜒曲折的东西二渠将两塘沟通。南塘呈半圆形，四周松柏滴翠；北塘呈不规则矩形，环池山石堆岸，杨柳垂丝，池内种满荷花（孔俊婷，王其亨，2005）。

池塘是全园的中心，一泓碧水，锦鳞成群，绿柳垂掩，荷香飘溢，建筑、山石、花木都随塘岸的曲折而迤逦配置，亭、台、楼、阁等古典园林建筑环池而建。池塘中心岛上建有宛虹亭，北岸有花南研北草堂、万卷楼、高芬阁，东岸有篇留洞、含沧亭，西岸有鹤柴、蕊幢精舍，南岸有藻泳楼等。

为营造"一池三山"的意境，除北塘中的宛

图68 春午坡

图69 乐胥山

虹亭岛外，又在池西岸，即君子长生馆两侧构筑了小方壶和小蓬莱两座建筑，共同寓意传说中的神山仙岛的意境。

8.2.3 园林建筑

园中建筑形式多样，万卷楼、高芬阁、奎画楼、藻泳楼、水东楼等楼阁式建筑散居池塘四周，亭的造型多变，宛虹亭、濯锦亭、含沧亭等，或临水上，或置山巅，均宜登临观景。桥的形态有单孔石桥、三孔石桥、平桥、曲桥、亭桥等，各不相同。这些建筑空间用来藏书、读书、赏景、幽居、宴乐等，功能完备，且与周围环境很好地结合。

入口的古莲花池牌楼是一座三门四柱的歇山式彩绘牌楼，1975年建，高约10m，朱漆彩绘，门上悬挂"古莲花池"横匾，两侧栏额题词"涤翠"与"摇红"，描写园内绿树红花的景色（图70）。背面枋心"莲漪夏艳"，是对夏季古莲花池景观的精妙概括，也是保定八景之一的名称，两侧栏额题词"蜺带"与"霞衣"，是对宛虹桥和满池荷花的赞誉。

藻泳楼位于中部，坐南朝北，与北岸的万卷楼相望，二层五间，歇山顶，高约13m，两层都有回廊环护（图71）。前面有假山高耸，后面与左右有池沼环绕。楼名"藻泳"是因为楼后南塘中的绿藻在水中漂游，乾隆皇帝曾吟诵"藻漾波心致可凭"。

宛虹亭是北塘的中心景观，地位突出，在曲步桥之南。行宫时期，此亭是五柱虚敞的圆形攒尖顶亭，"一亭如笠系轻舠"，因此又称为"笠亭"。光绪年间，改为八角形，因四面临水，又名"水心亭"。现在此亭为两层重檐八角攒尖顶，高12m（图72）。

图70　古莲花池牌楼

图71　藻泳楼

图72　宛虹桥和宛虹亭

宛虹桥在宛虹亭之南，行宫时期，桥身弯曲，有“天半飞虹界碧霄”之势，因此被命名为“宛虹”。现在的宛虹桥是1975年重建，为汉白玉拱形弧桥，两侧有扶栏，两头台阶各十六级。

含沧亭取沧浪之水句意，是一座桥亭，上亭下桥，跨池东水上，南北两侧檐柱间设护栏，既可供游人过桥，又可供游人避雨或坐憩。南塘东沟回归北塘的水，即流经桥下。

8.2.4 植物景观

古莲花池植物造景以荷花最盛，满植于北塘，岸旁栽植柳树、槐等，疏密有致，既不挡视线，又增加了植物层次。张叙《含沧亭》诗云：“亭前流水是沧浪，亭畔依依柳带长。收拾环池襟袖里，烟波无限忆濠梁。”描述了池边柳树如烟的景观。池边有一株苍劲、古拙的槐，树冠及树枝探向水面，富有神韵（图73）。中心岛上植银杏、紫薇（*Lagerstroemia indica*）、榆叶梅、山桃（*Prunus davidiana*）、山杏（*Prunus sibirica*）等落叶乔木和花灌木，形成丛林景观。乾隆帝在《莲池书院》诗中曾咏道：“西巡回驻郡城边，便幸莲池读爱莲。……杏桃竞绘二月景，茗芷平分一母泉。”描述了早春山桃、山杏竞相开放，水生植物生长茂盛的景象。

莲池宸翰院种有2棵海棠，院北侧有清嘉庆皇帝赐直隶布政使方受畴诗碑，其中有“徙倚甘棠阴，临风忆昔贤”的诗句，“甘棠”既是实指海棠又有比喻的意思，主要是勉励方受畴要像他的叔叔方观承（曾任直隶总督）那样做出良好的政绩。寒绿轩取自欧阳修“竹色君子德，猗猗寒更绿”，周围幽篁拂窗，竹影婆娑，四季常绿，表现君子之德。油松、侧柏等常绿树种也得到广泛应用，花南研北草堂和昆阆院前列植侧柏，春午坡后对植2棵油松，坡南一片牡丹、芍药，花时璀璨夺目（马小淞，刘晓明，2020）。

莲池园中植物种类丰富，有60余种，以圆柏、侧柏、槐、旱柳等乡土树种为主，其他树种有白皮松、油松、银杏、沙枣（*Elaeagnus angustifolia*）、柿（*Diospyros kaki*）、竹、龙爪槐、枣（*Ziziphus jujuba*）、山桃、梅、海棠等（图74）。灌木有榆叶梅、木槿（*Hibiscus syriacus*）、珍珠梅（*Sorbaria kirilowii*）、紫丁香、月季、牡丹等。春天山桃花发，牡丹竞艳；夏日浓荫蔽日，鸟鸣蝉噪；入秋残荷擎水，别有一番风味；冬天松柏常青，翠竹不凋，四季景观变幻不断。

8.3 展览陈列

莲池书院博物馆现有藏品200余件（套），以古建筑为展馆，在君子长生馆举办莲池书院专题

图73 古槐

图74 古沙枣

图75　经幢和碑刻

展，展览从创建发展、组织教学、藏书法帖、书院祭祀、名师名徒、今人追忆六个方面对莲池书院进行了详尽的介绍。《荷风·翰韵——古莲花池史展》从历史变迁、造园艺术、园林典藏、保护传承四个方面对古莲花池进行了详尽的介绍。通过常设展览让人对古莲花池、莲池书院的历史文化和造园艺术等都有较为全面的理解。

博物馆以碑刻为主要展品，碑刻形制多为竖碑、壁碑及经幢等（图75），共计140多方，主要分布在宸翰院、东碑廊、西碑廊、北碑廊、水东楼南以及六幢亭等处。东碑廊排立十八幢碑面，前六幢是清代皇帝乾隆、嘉庆赐给直隶督抚大臣的御诗，七至十五幢是历代修葺和增建莲池碑记，十六至十八幢是清康熙和道光年间立的赞碑，是研究清史的实物资料。

水东楼南立有两块著名碑石，北侧是唐代书法家苏灵芝书“田琬德政碑”，南侧是明代著名哲学家王阳明诗碑，两碑皆为真迹刻物。《田琬德政碑》是园内时代最早、知名度最高的碑刻，屡见于历史著录。该碑刻于唐代开元二十八年（740），易州刺史田琬改任安西都护时，易州士绅为其立的德政碑，由唐代著名书法家苏灵芝书丹，笔法潇洒流畅，刚柔相济，是研究唐代书法的珍贵实物资料。

莲池书院还有《莲池书院法帖》刻石38方，是一部非常珍贵的书院“石籍”，现嵌于高芬阁两侧之庑廊。《莲池书院法帖》囊括六家八种的墨迹，有褚遂良《千字文》、颜真卿《千福碑》、怀素《自叙帖》、米芾《虹县诗》、赵孟頫《蜀山图歌》以及董其昌《云隐山房题记》《书李白诗》《罗汉赞》，由直隶总督那彦成将家中珍藏的真迹旧拓镌刻于石，定名为《莲池书院法帖》。高芬阁内墙上还嵌有康熙御笔书“龙飞”二字。

君子长生馆南是昆阆院，院内有坐南朝北带廊檐的平房六间，东、西、北三面庑廊环护。院内存放着距今4亿多年的蜂巢珊瑚化石，是莲池珍贵的宝物（周圣国，1996）。

莲花池西北部巨砚轩廊内北壁还镶嵌有6通明代著名哲学家王阳明手书的《客座私祝》墨迹刻石，每通纵140cm，横59cm，1965年移入古莲池内保存（柴汝新，孙月，2011）。

红枣坡六幢亭为三面虚敞、一面成壁的四角形，亭内立着六幢由汉文、梵文刻成的“陀罗尼经”碑柱，是光绪十八年（1882）时任莲池书院院长黄彭年、黄国煊父子收集保护的辽、金、元时期的经石，其中辽二、金一、元三，是研究北方少数民族风俗和历史的重要文物。

此外，博物馆还有青石质莲池行宫保护管理文告刻石，共三方，通长270cm，宽37.5cm，正面有楷书碑文。第一块“保定知府为详明酌定莲池善后事宜的告示”刻石，横98cm，纵37.5cm；第二块“莲池行宫管理规条”刻石，横97cm，纵37.5cm；第三块“莲池行宫物资清单”刻石，横75cm，纵37.5cm。此碑立于乾隆三十八年（1773），撰碑人为时任保定知府宋英玉。刻石清单逐条列出了莲池行宫内的陈设、木器等物资，共19条，陈设着珊瑚树、玛瑙、水晶、芙蓉石等珍玩异宝，名贵的古籍、字画、挂屏、文房四宝达数百件，为皇帝驻跸时所用的器具、冬夏铺垫、香几、冠架等。可见当时行宫内部陈设古玩珍宝、花木竹石、书籍、字画、瓷器、香炉、挂屏等，皇帝起居、听政、游乐等各种设施一应俱全（于素敏, 2021）。

9 恭王府博物馆

恭王府位于北京西城区前海西街17号，是北京规模最大、保存最完整的清代王府。恭王府的名称是由于恭亲王奕䜣迁居至此，成为王府而得名，并沿用至今。恭王府见证了清王朝由盛到衰的历史进程，承载了极其丰富的历史文化信息。“一座恭王府，半部清代史”，便是著名的历史地理学家侯仁之先生对恭王府的评价。1982年，恭王府被国务院公布为第二批全国重点文物保护单位。2012年被评为国家AAAAA级旅游景区。2016年更名为恭王府博物馆（网址 https://www.pgm.org.cn）。2017年文化和旅游部恭王府博物馆被评为第三批国家一级博物馆。

9.1 简史

恭王府前身为清乾隆时期权倾朝野的大学士和珅的宅第，建造年代应是乾隆四十一年（1776），府邸现存和珅宅第时期的代表性建筑主要有嘉乐堂和锡晋斋（原名庆宜堂）。乾隆年间，乾隆皇帝将和珅之子丰绅殷德指为十公主额驸，并下旨“所有李侍尧入宫中所房屋一处著赏给和珅作为十公主府第”，至乾隆五十三年（1788），十公主府基本建成（孙旭光, 2012）。

嘉庆四年（1799），嘉庆皇帝列和珅二十大罪，抄家籍产，并降旨赐和珅自尽。同年，嘉庆皇帝将这座宅第赐给了自己的弟弟，庆郡王永璘。内务府按照郡王府的规制进行了改建，称庆王府。

咸丰元年（1851），咸丰帝遵照宣宗（道光）遗旨，封奕䜣为恭亲王。同年，将辅国将军奕劻的府邸赏给其居住，并按照亲王的规制建成东、中、西三路建筑格局。咸丰二年（1852），奕䜣迁入府邸，始称恭王府。此后，邀请样式雷家族进行踏勘与设计，对萧条的后花园进行大规模修建，形成了如今的规模格局。奕䜣起初将花园命名为“朗润园”，据奕䜣《萃锦吟》诗集记载：“海淀园寓为咸丰辛亥显庙赐居，赐名朗润。当即镌额恭悬，并自撰记以钺。殊恩已刊入乐道堂文钞，兹不复赘。嗣于同治年间，邸园落成，敬将御书墨宝装裱悬挂，故亦名朗润。”萃锦园的名称则来自奕䜣诗集《萃锦吟》。

光绪二十四年（1898），奕䜣病逝。王爵由奕䜣次子载滢之子溥伟为载澂嗣承袭，继续住在府中，其胞弟溥儒携眷住在园中。

辛亥革命后，为了筹得复辟经费，溥伟将恭王府府邸抵押给了北京的天主教会，后由有教会背景的辅仁大学代偿了全部债务，府邸的产权遂归了辅仁大学。辅仁大学将府邸部分作为女院，多福轩变为图书馆，并把后罩楼通向花园的通道砌死，将府邸和花园分隔开了。"七七事变"后，溥儒也将花园部分（地面建筑）卖给辅仁大学，辅仁大学将大戏楼改为小型礼堂，并将花园中的花房和花神庙拆掉，建起了司铎书院楼，花园成了辅仁大学神职人员居住和活动的地方。

1949—1966年，府邸先后属辅仁大学、北京师范大学、北京艺术学院、中国音乐学院，花园部分则由几个单位分别使用，由于长期缺乏必要的管理和维修，这座历经风雨沧桑的清代王府一度颓废。1983年，成立了文化部恭王府修复管理处，开始进行搬迁和修复工作。按照边搬迁、边修复、边开放的原则，后花园先后完成了北京市风机厂、公安部的居民住户、国管局幼儿园等单位的搬迁工作和花园的修复工程。1988年，恭王府花园对社会开放，经过修缮，再现了其作为清代王府布局规整、园林幽美的景象。随后，中国音乐学院和中国艺术研究院也先后搬出了恭王府府邸，至2002年，府邸古建筑基本腾空（石善涛，2015）。

2003年，恭王府管理处更名为"文化部恭王府管理中心"，随后，府邸文物保护修缮工程正式启动，在大量查找和征集恭王府历史资料的基础上，府邸修缮于2005年12月开始施工，在2008年奥运前夕完成了府邸修缮工程，并实现了恭王府的全面对外开放。2016年更名为恭王府博物馆。

9.2 园林特征

恭王府总占地面积6hm^2，采用前宅后园、中轴对称、东中西三路的布局模式，府邸面积3.2hm^2，花园2.8hm^2。花园从西洋门向北，正厅安善堂、假山滴翠岩及水池形成了明显的中轴线，加上东西两路两条轴线，形成三路平行展开、气势宏大的格局。花园内建筑雕梁画栋，与山石花木紧密联系，通过百余间游廊的串联，形成了复杂多变但有秩序的空间序列。

载滢《补题邸园二十景》描述了花园中的二十景，包含曲径通幽、垂青樾、沁秋亭、吟香醉月、艺蔬圃、樵香径、渡鹤桥、滴翠岩、秘云洞、绿天小隐、倚松屏、延清籁、诗画舫、花月玲珑、吟青霭、浣云居、松风水月、凌倒景、养云精舍、雨香岑，其中包含山景的有曲径通幽、樵香径、滴翠岩、秘云洞、绿天小隐、倚松屏，包含水景的有诗画舫、浣云居、松风水月、凌倒景，包含建筑的有沁秋亭、诗画舫、养云精舍，关于植物的描写就更多（程涣杰，谢明洋，2019）。

9.2.1 叠山

恭王府花园采用土山环绕，假山叠石从东、南、西三面围合而成内敛之势，营造出花园空间的幽静氛围。假山材料分为青石、湖石、土山，各具姿态。入口处的垂青樾和翠云岭，由青石堆叠而成，营造出雄健刚劲之势。东西两侧的土山假山，点缀青石，显现出蜿蜒不尽之意（图76）。正对着西洋门耸立着高5m的瘦长型太湖石，称"独乐峰"，取自司马光的独乐园之意。

轴线中央的滴翠岩为太湖石假山叠石佳作（图77），假山中央收紧形成一个山环，山中深藏秘云洞，洞中有一座康熙皇帝御笔之宝"福"字碑，

图76 青石假山

图77 滴翠岩

高约1m，成为恭王府的一宝。假山的南部有三仙池，象征蓬莱、方丈、瀛洲三仙山。假山在设计之初，通过人工提水，将水注入山上的一口密布着小孔的水缸内，水顺着小孔沿太湖石假山的缝隙滴落至假山前的方形水池里，石头表面在水的滋润下长满青苔，由此得名“滴翠岩”，反映出叠石技艺的巧思（郭佩艳 等，2018）。

9.2.2 理水

恭王府花园有四处水面，分别为西路的方塘、中路轴线南侧的蝠池、连接蝠池和方塘的月池、滴翠岩前的三仙池。方塘面积最大，形状方正饱满，是西路轴线的主体，池中有观鱼台和湖心亭，有濠上观鱼的意趣。蝠池位于花园的中轴线，平面形如蝙蝠，形态对称，通过周围建筑的围合强调了轴线空间（图78）。月池是连接蝠池和方塘的水面，形如弯月。滴翠岩前的三仙池是与假山结合的水面。此外，沁秋亭内做成流杯渠，引井水入渠，仿兰亭曲水流觞雅趣，水渠从东西看像“水”字，南北看像“寿”字，取“水常流，寿常有”之意，故也叫水寿亭。

9.2.3 建筑

恭王府邸的中路轴线上有两进宫门，一宫门，即王府的大门，三开间，前有石狮一对（图79），二宫门五开间。二门内就是中路正殿银安殿，是王府最主要的建筑，前有月台，绿色琉璃瓦顶，歇山形制，五开间。其后为五开间硬山顶前出廊的后殿，即嘉乐堂。

东路轴线上现为两进院落，正房和配房都是五开间硬山灰筒瓦顶，头进正厅为多福轩，呈小五架梁式的明代建筑风格，曾是奕䜣会客的地方；后进正厅为乐道堂，曾是奕䜣的起居处。

西路建筑小巧精致，中进院正厅五开间，名为葆光室，两旁各有耳房三间，配房五间。后进院正厅为锡晋斋，东西配房各五间。葆光室和锡晋斋之间，为天香庭院。再往后，便是收三路院落为尽头的后罩楼。后罩楼高二层，长180m，东西贯连一百余间，是中国王府类建筑中最长的楼，前檐出廊，后檐墙上每间各开一窗，窗口砖雕精细，形制各异，文化内涵丰富。

后花园中最引人注目的是中西合璧的西洋门，是洛可可装饰风格的雕花石拱券门（图80），在北京王府花园和私家园林中极为少见。门上南北两侧的石匾额分别题写着“静含太古”及“秀挹恒春”，意指处喧闹尘嚣太古之幽静，跨风霜四季留春日之秀美。

安善堂是花园的重要厅堂，位于主轴线的中心位置，前临蝠池，后靠滴翠岩假山，为五开间周围廊歇山顶建筑，前出三间抱厦，后接一方形大月台，两侧各有厢房。中路最后有正厅五间，状如蝙蝠之两翼，称为“蝠厅”（图81）。

花园东路的“香雪坞”院落北侧，是著名的大戏楼，建筑面积685m^2，为三卷勾连搭全封闭式结构，内部空间复杂，由北向南分为前厅、观戏厅、戏台三部分，内外装饰奢华，可以媲美皇家苑囿里的戏楼。

花园西路有一小段城关，名榆关。榆关指万

图78 蝠池

图79 一宫门

图80 西洋门

图81 蝠厅

里长城的山海关，是长城的象征，在园中设此关表示园主不忘记清祖从山海关入主中原的丰功伟绩。榆关旁的妙香亭是一座双层木结构的亭子，一层平面为“十”字形，二层平面为海棠花型，暗含着“天圆地方”的思想。早年，这里的一层名为般若庵，屋内设有佛龛，二层名为妙香亭，是王府主人用来喝茶赏景之所在。

9.2.4 植物造景

恭王府汇集了中国古典造园艺术的精华，不仅注重植物的色、香、姿、韵及四时变化，尤其重视植物的文化内涵。园内榆树的应用是其特色，不仅因为它是北方乡土植物，适应性强，寿命长，蝠池边等处现今仍保存有多株古树，而且由于其翅果状如钱币，俗称“榆钱”，且“榆”和“余”同音，有富贵有余的美好寓意。槐树也是乡土树种，葆光室院落中有4株双生槐，故又称“双槐院”。银杏又称为“公孙树”，冠大荫浓，也是长寿树种，在嘉乐堂庭院有应用。

玉兰、海棠、牡丹等象征玉堂富贵，这些植物在恭王府也多有应用，乐道堂庭院中植有玉兰，牡丹院中片植牡丹，花架上攀缘紫藤，成为春季赏花的小院（图82）。方塘北岸堂前两侧对设花台，花台内植西府海棠，同时点缀紫薇、石榴与紫丁香。载滢的诗中就有“方塘北岸，海棠数本”的记录，《紫云歌》中还描写了紫丁香。方塘中还有成片荷花，夏季盛开，香气随风四溢（李春娇 等，2006）。

园中植物种类丰富，且与周围建筑等景观融为一体。在蝠厅的转角，有两处7m见方的凹形空间，内各植梧桐一株，与建筑结合密切，有叶落知秋的意味。沁秋亭周围竹子掩映，亭内有引水石渠，颇有曲水流觞之韵味。竹子院中翠竹枝叶摇曳，四季常绿，为大戏楼营造优雅的意境。艺蔬圃中则种植应季蔬果，有乡野的趣味。

图82 牡丹院

9.3 展览陈列

恭王府博物馆遵循“以藏品为基础，展览为中心，科研为先导，体现以人为本，通过展、陈取得更好的社会效益和经济效益”的原则，突出了王府文化的特色。博物馆的基本陈列旨在全面展示中国清代王府文化的各个方面，如王府的沿革、等级和府制、王府的社会生活、王府的重要历史人物、重大历史事件等等。展示年代主要从乾隆四十一年（1776）和珅建和宅开始，到恭王府被小恭王变卖这段时期，表现清朝从最兴盛的康乾时代逐步走入衰亡的历史。以恭王府现存的古建园林和历史复原性陈列展示，恢复其历史面貌，保留有价值的历史信息，体现“一座恭王府，半部清朝史”的重要价值（谷长江，2005）。

恭王府博物馆恢复或保留了一些原状陈列，如多福轩在和珅时期称为延禧堂，是和珅之子与十公主的居所，恭亲王时期称为多福轩，是王府的穿堂客厅，主要用来主人日常接待来客、亲友或前来回禀公事的下属。大厅中间悬挂慈禧手书的匾额“同德延釐”，意思是希望恭亲王和皇上一心一意，江山才能繁荣昌盛，两侧张贴福、寿字。厅内座屏上雕刻着蝙蝠等吉祥图案，做工精细，并有座椅、珐琅角端、香炉等陈设（图83）。

锡晋斋也就是和珅时期的嘉乐堂，曾是和珅的住所，室内的金丝楠木装潢，用料考究，耗资巨大，大理石和螺钿镶嵌的桌椅，做工精美，地面金砖经过打磨，呈现出金黄色花纹，整个居室保留了原有装饰，显得奢华绚丽（图84），可与故宫宁寿宫媲美，从而让观众容易理解和珅二十大罪中第十三款“僭侈逾制”。

在府邸殿堂内举办了“清代王府文化展”“恭王府历史沿革展”“府邸原状陈列展示”“府邸修缮工程成果展”等多个专题展览。银安殿内的“清代王府文化展”，系统介绍了王府和王府文化，展览分三部分，第一部分“清代的封爵制度”，介绍清代封爵制度的确立和世袭罔替的“铁帽子王”。第二部分“王府的建筑和规制”，展示清代王府在京城的分布和清代王府的建筑规制和特色。第三部分“身系国家的大清王公”，介绍清代王公的政治、军事作用和清代王公在外交中所起的作用（胡一红，2015）。

“恭王府历史沿革展”设在葆光室正殿，分为“和珅”“恭亲王奕䜣”“私属皇室宅园”“公共文化空间”四部分，全面介绍恭王府曾经作为和珅宅第、固伦公主府、庆王府、恭王府、辅仁大学和现代文化空间的历史沿革情况。室内保存完整的天花脊檩彩绘和地面旧有金砖也是展览的重要亮点。

“府邸修缮实录”展在后罩楼举办，详细介绍了2005—2008年间，对恭王府古建筑群进行整体保护修缮的情况。经过认真查考存留的信息，并与史料反复核对，寻觅到历史的本来面貌，保存了每一座建筑上不同时期的历史信息。

恭王府的“海棠雅集”历史悠久，每逢春日府内海棠盛放时举办，活动与展览相结合，展出反映雅集历程的文献和图片资料，以及历届雅集中名家创作的诗文，旨在通过诗词、书法、绘画、

图83　多福轩陈列

图84　锡晋斋原状陈列

图85　临时展览

文献图片、照片等形式，向观众介绍恭王府“海棠雅集”的由来以及恭王府博物馆举办这一文化活动的初心和使命担当，唤起人们对中华文化的热爱和兴趣。还举办了馆藏溥心畬画稿研究系列展，展出馆藏溥心畬的画稿和作品，溥心畬（溥儒）曾在恭王府花园中居住并作画。

其他展览，如乐道堂举办的“胸罗锦绣——恭王府旧藏丝绣珍品研究展”，集中展示了14件恭王府旧藏丝绣珍品以及大量老照片和珍贵文献，较为全面地呈现了恭王府丝绣“聚、散、归”的过程。恭王府馆藏扇面艺术作品展举办多次，展出扇面藏品中山水田园、祥瑞花鸟、生肖动物、冬日雪景等题材的扇面艺术作品，让观众感受中国美丽山河、自然景物及传统书画的魅力。宫廷金鱼特展也举办多届，展现金鱼在皇家园林的宫廷雅趣，福寿金鱼、狮头金鱼、珍珠金鱼、望天金鱼等品种形态各异，加上图文并茂的介绍、金鱼主题史料书籍、养殖器具、文玩器物等，呈现活化的金鱼文化。还有其他的花果器物展览（图85）。

10 拙政园与苏州园林博物馆

拙政园位于江苏省苏州市姑苏区东北街178号，始建于明正德四年，距今已有500多年历史，是江南古典园林的典范，清代学者俞樾称赞“名园拙政冠三吴”。1961年被国务院列为全国第一批重点文物保护单位，1997年被联合国教科文组织批准列入《世界遗产名录》。2007年被国家旅游局评为首批AAAAA级旅游景区。1992年在拙政园的原住宅部分（李宅）建成园林博物馆，2007年改建成苏州园林博物馆新馆。

10.1 拙政园简史

拙政园始建于明正德四年（1509），因官场失意还乡的御史王献臣，以大弘寺址拓建为园，取晋代潘岳《闲居赋》中“灌园鬻蔬，以供朝夕之膳……此亦拙者之为政也”意，命名为“拙政园”。中亘积水，浚治成池，园多隙地，缀为花圃、竹丛、果园、桃林，建筑物稀疏错落，共有堂、楼、亭、轩等三十一景，形成一座以水为主，疏朗平淡，近乎自然的园林，“广袤二百余亩，茂树曲池，胜甲吴下”。嘉靖十二年（1533），文徵明依园中景物绘图三十一幅，各系以诗，并作《王氏拙政园记》。王献臣去世后，其子一夜赌博将园输给徐少泉（王守富，何利华，2021）。

明崇祯四年（1631），园东部荒地十余亩为刑部侍郎王心一购得。王心一善画山水，布置丘壑，悉心经营，于崇祯八年（1635）落成，名“归田园居”，有秫香楼、芙蓉榭、泛红轩、兰雪堂、漱石亭、桃花渡、竹香廊、啸月台、紫藤坞、放眼亭诸胜，荷池广四、五亩，墙外别有家田数亩。直至清道光年间，王氏子孙尚居其地，但已渐荒圮，大部变为菜畦。

清顺治五年（1648）左右，徐少泉后人将园廉售于大学士陈之遴。陈得园后重加修葺，极其奢丽，内有宝珠山茶三四株，为江南所仅见。康熙元年（1662），拙政园没为官产，被圈封为宁海将军府，次第为王、严两镇将所有，康熙三年（1664）改为兵备道（安姓）行馆，康熙十八年（1679），改为苏松常道新署，苏松常道署裁撤后，渐散为民居（杨宗荣，1957）。

乾隆初年，园又分为中部的“复园”和西部的“书园”，至此，原来浑然一体的拙政园，变为相互分离、自成格局的三座园林。中部的复园归蒋棨所有，园中藏书万卷，极一时之盛，曾有《复园嘉会图》传世。西部花园的书园主人是太史叶士宽，园中有拥书阁、读书轩、行书廊、浇书亭诸胜。

嘉庆十四年（1809），刑部郎中查世倓购得复园。至嘉庆末年又归吏部尚书协办大学士吴璥，时人称为吴园。同治十年（1871）冬，张之万（光绪中为大学士）任江苏巡抚时，经营修建远香堂、兰畹、玉兰院、柳堤、东廊、枇杷坞、水竹居、菜花楼、烟波画舫、芍药坡、月香亭、最宜处诸胜，绘有《吴园图》十二册。

光绪三年（1877），富商张履谦购得西部花园，易名为“补园”，修葺有塔影亭、留听阁、浮翠阁、笠亭、与谁同坐轩、宜两亭、卅六鸳鸯馆、十八曼陀罗花馆、拜文揖沈之斋等胜景。

民国时期，拙政园变化频仍，逐渐荒颓。1951年11月，拙政园划归苏南区文物管理委员会管理，对山、水、桥、亭、厅、堂、墙、门进行修缮，1952年10月竣工，11月6日，整修后的拙政园中部花园和西部花园正式开放。

1952年下半年，市园林管理处接管了拙政园，之后，在东部花园重筑围墙，逐步浚池叠石，植树莳花。1959年下半年起，又对东部花园进行大规模修建，新建了大门、芙蓉榭、涵青亭、秫香馆等，1960年9月完工。至此，拙政园中、西、东三部重又合而为一。“文革”期间，拙政园一度改名为“东风公园”。

1992年9月，在拙政园的原住宅部分（李宅）中轴线建成了我国第一座以园林为专题的博物馆，按四进厅堂布置成园原、园史、园趣、园冶四个展厅，展现苏州园林在2 000多年历史中的历程和风采。2007年改建成苏州园林博物馆新馆。

10.2 园林特征

拙政园现占地面积52 000m^2，花园分为东、中、西三部分，东花园开阔疏朗，中花园是全园精华所在，西花园建筑精美，各具特色。园南为住宅区，体现典型江南民居多进的格局。

10.2.1 山水形胜

拙政园以水为中心，水面积占比3/5，山水萦绕，厅榭精美，花木繁茂，充满诗情画意，具有

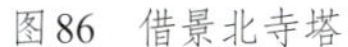

图86　借景北寺塔

图87　缀云峰

浓郁的江南水乡特色。拙政园东花园水系相对独立，水面呈环状；中花园与西花园水系直接互通，水面呈不规则形状，自东部“梧竹幽居”向西望去，水面纵深绵延，中部“别有洞天”半亭隐约在望，再远处，北寺塔影正好借景入园（图86）。中部园区水景开阔，水面有分有聚，环池参差错落布置堂、榭、亭、轩，池中堆叠山岛，东岛虽小却高耸陡峭，用黄石筑驳岸，山顶有一座六角形的待霜亭，周围翠竹绿树环绕，亭旁数株柑橘树，正合霜后赏橘之意。西岛山势平缓，面积稍大，雪香云蔚亭翼然而立于山顶，四周多植梅花，冬春开花，冷香四溢。西园中部水面开阔，但在西南和东北形成狭长的溪涧水景，八角形塔影亭立于西南端水中，水流在此收尾，有余韵绵延、水流不尽之意（徐小莲，王琼，2011）。

园内还有一些太湖石堆叠的石峰，如兰雪堂附近的缀云峰，高约6m，由多块湖石堆叠而成，浑然天成，古朴自然，近似独峰（图87）。

10.2.2　园林建筑

拙政园内园林建筑众多，类型多样。东花园主建筑为秫香馆，建筑面积250m^2，坐北朝南，歇山顶，面阔五间，四面绕以回廊，回廊为船篷轩。明代王心一建归田园居时，园中有秫香楼，《归田园居记》中称“楼可四望，每当夏秋之交，家田种秫，皆在望中”，馆因而借以为名。

兰雪堂位于东花园东南，建筑面积78m^2，坐北朝南，面阔三间，硬山顶。屋中设屏风，南面玻璃内镶嵌漆雕画《拙政园全景图》，北面为《翠竹图》，均采用苏州传统的漆雕工艺。

拙政园中部的主体建筑为远香堂，建于原若墅堂旧址上，建筑面积172m^2。单檐歇山顶，面阔三间，四面绕以回廊，南北为门，东西皆窗，可见开阔水面，夏日荷花满池，清香四溢，因此取名“远香堂”。

位于中花园的梧竹幽居为亭的形式，四角攒尖，方形，双重16柱，四面辟圆拱门，四面绕以回廊。外面看亭自成一景，亭内看四面有景，且景色面面不同，透过圆洞门望出去，风景如在画中，犹如观赏四幅立体的画面（戴旋，2009）。

荷风四面亭是位于园中部三角形小岛上的一座六角攒尖亭，抱柱联“四壁荷花三面柳，半潭秋水一房山”。在此可四面观赏园中景致，曲桥、香洲、廊桥等尽入眼帘。

小飞虹为拱形廊桥，东西长11m，跨水而建，略呈弧形，似彩虹飞越池面（图88）。廊桥正南，有松风水阁架于池上，四角攒尖，南窗北槛，两面临水，水阁外东南侧种有黑松，风起松响，欣然为乐。

海棠春坞位于中花园东南，坐北朝南，面阔为大小不等的二间。庭院中铺地用卵石镶嵌成海棠图案，室内茶几上也嵌一海棠形大理石，院中海棠两棵，还有南天竹数丛。

听雨轩也位于中花园东南，坐南朝北，面阔三间，四周绕以回廊。庭院内西北一泓池水，池边芭蕉翠竹，轩南长窗外也植芭蕉数丛，轩中听

图88 小飞虹

图89 波形廊

图90 卅六鸳鸯馆

图91 香洲

雨，别有情趣。

玉兰堂位于中花园西南隅，为一相对封闭庭院，坐北朝南，面阔三间，硬山顶，建筑面积182m²。堂后部设置隔扇，隔扇上部镶嵌书法、国画。北庭院沿南墙筑花台，内立湖石、植竹与南天竹，庭院中陈列圆明园遗物汉白玉石础。堂外北面有月台，临水的雕镂石栏为明代遗物。院内树木以玉兰为主，早春盛开之季，花大洁白，满树晶莹透亮。

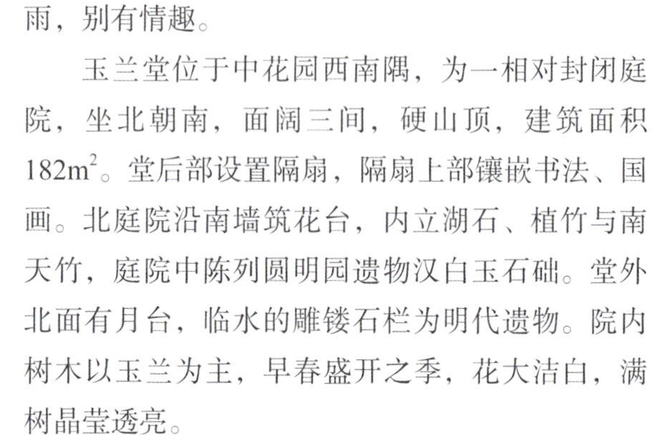

园区中部和西部山顶分隔处有六角攒尖亭，可同时欣赏中部和西部景致，故名“宜两亭”。亭四周叠假山，有低矮的云墙和太湖石作围墙。

池面西花园与中花园交界处临水而筑水廊，环池布局，平面上呈“L”形，悬空于水上，呈一波三折的动势，形如水中波浪，屋顶也随廊呈波形之势，又被称为波形廊（图89）。

拙政园西部的主要厅堂是卅六鸳鸯馆，1892年建成，建筑面积202m²，呈方形，面阔三间，在四角建有四个耳室，窗扇嵌有菱形蓝色玻璃，其形制为国内孤例（图90）。该馆为鸳鸯厅，中间用隔扇及雕花挂落分隔成两部分。南馆宜冬居，前有小院，栽植名贵的山茶花，山茶花别名曼陀罗花，所以南厅题作“十八曼陀罗馆”。北馆临大池，挑出水面，宜夏居，依窗可观看荷花池中鸳鸯戏水，额匾题作“卅六鸳鸯馆”。厅内陈设考究，是当时园主人宴请宾客和听曲的主要场所。

池北岸依山面水筑与谁同坐轩，取苏轼“与谁同坐，明月清风我”词意，歇山扇形顶，亭平面呈打开的折扇形，东南设扇形坐槛，建筑造型与门、窗、台凳、匾额皆为折扇形，又称“扇亭”。扇亭后假山山腰上建笠亭，亭子的攒尖顶与扇亭相结合，恰似一把倒置的折扇，设计精妙。

西园水边的香洲三面环水，坐西朝东，是写仿船只的经典之作，最前面伸进水面的是台，三面开敞；前舱卷棚歇山四坡顶，戗角高扬如亭；中舱平直而稍低，卷棚两坡顶，仿水榭；尾舱仿阁，高两层，可揽景（图91）。

与香洲相对的见山楼建筑面积126m²，重檐卷棚歇山顶，面阔三间，也是三面环水，东西南三面绕以回廊，登上楼顶，可望近水远山。楼下称“藕香榭”，南北东三面临水，沿水的外廊设吴王靠，小憩时凭靠可近观游鱼，中赏荷花，池中植莲藕，故名（汪菊渊，1963）。

西园主山最高处为浮翠阁，坐北朝南，是重檐八角攒尖形阁楼，登楼四望，满园葱翠。夏日十顷荷风，清香沁人。深秋池畔，芦花摇曳，萧瑟有致。

倒影楼位于西花园东北隅，临水而建，坐北朝南，楼高二层，单檐卷棚歇山顶，面阔三间，三面绕回廊，可居高临下观水中倒影，站在楼东侧水廊上又可看楼影倒映水中。楼下为“拜文揖沈之斋”。

西花园西南隅还有塔影亭，坐西朝东，八柱，八角形，八角攒尖，亭从顶部到底座及周围窗格均为八角形，造型别致。亭下，黄石砌就的山道低于周围地面，且贴近水面，人行其上，有步入涧谷和凌波之感。

10.2.3 园林陈设

拙政园内远香堂、秫香馆、卅六鸳鸯馆、十八曼陀罗花馆、玉兰堂、兰雪堂、玲珑馆等建筑内悬有明式六角形宫灯，材质有绢画、玻璃等，桌案上摆放钟表、插屏、花瓶或供石等陈设，花瓶有青花、粉彩，上面大多为山水、花鸟等图案，墙上挂画或挂屏，尤其是各种楹联匾额，体现文化品位和追求（图92）（钱亮，2017）。

图92 玲珑馆陈设

拙政园内还有不少碑刻，如王氏拙政园记、复园记、八旗奉直会馆记、拙政园重修记等，还有文徵明像、沈石田像、文徵明拙政园三十一景图等书条石，都是极其珍贵的历史记录和影像。

10.2.4 园林植物

拙政园以“林木绝胜”著称，在建园之初，园主王献臣就着意栽花植树，桃花、梅花、槐、竹、蔷薇、芭蕉等，种类丰富。文徵明《拙政园图咏》中三十一景，以花木命名的景点占了一半以上，桃花沜“夹岸植桃，花时望若红霞”；竹涧“夹涧美竹千挺”，“意境幽迥”；瑶圃中“江梅百本，花时灿若瑶华”，其他还有玫瑰柴、槐幄、芭蕉槛、蔷薇径等（韦秀玉，2014）。王心一营建归田园居时也是“林木茂密，石藓苍然”。放眼亭畔杏花盛开时，“遮映落霞迷洞壑”。拙政园内广植花木，与山水建筑相融合，数百年来沿袭不衰，站在浮翠阁上，四周花木茂盛，好似浮动于一片翠绿浓荫之上，山清水绿，天高云淡，令人心旷神怡。

拙政园内庭院错落，古树参差，其中一棵古紫藤，为建园之初文徵明栽植，夭矫蟠曲，花时璎珞流苏，下垂如串紫玉。倒影楼后的白花木香（*Rosa banksiae*），已有120年树龄，圆形棚架，花时千枝万条，香馥清远，成为拙政园一道独特的植物景观。倒影楼西侧通往扇亭的小道上的黄花木香，也已120年树龄，长方形棚架，黄色的花朵较为少见。园中古树还有白皮松、圆柏、枫杨（*Pterocarya stenoptera*）、榔榆（*Ulmus parvifolia*）等，为园林增添了古韵（图93）。

枇杷园内，嘉实亭周遍植枇杷（*Eriobotrya japonica*），叶大荫浓，常绿而有光泽，冬日白花盛开，初夏黄果累累，既可观，又可食，还有吉祥寓意（图94）。梧竹幽居旁配置梧桐和竹子，形成优雅的植物景观。此外，松风水阁旁孤植的黑松（*Pinus thunbergii*）、海棠春坞内的海棠、玉兰堂和兰雪堂内的玉兰等，都是因花木而得景名。

拙政园内水域宽广，遍植荷花，盛开时清气四溢，倾听雨打荷叶也别有一番情意，因赏荷花而命名的建筑或景观有荷风四面亭、藕香榭、芙

图93 古枫杨

图94 枇杷园

蓉榭、远香堂、香洲、留听阁等（向净，2016）。类似的，听雨轩是可在轩中听雨打芭蕉（*Musa basjoo*）之声，倚玉轩是可赏翠竹疏影摇曳之所，雪香云蔚亭可冬赏梅花，绣绮亭则是春赏牡丹。待霜亭周边种植柑橘，四季常青，春季满树盛开香花，秋冬黄果累累，黄绿相间，正是橙黄橘绿，与鸡爪槭（*Acer palmatum*）相搭配，体现秋日的色彩斑斓。由此可见拙政园内植物配置之雅致。

园中还栽植有白皮松、山茶（*Camellia japonica*）、杜鹃（*Rhododendron simsii*）等植物，体现四时之景。并依托名品花卉举办杜鹃花节、荷花节等活动，宣传传统园林花卉文化。

10.3 苏州园林博物馆

苏州园林博物馆是中国第一座园林专题博物馆，始建于1992年，位于拙政园住宅部分（李宅），在古建筑的空间里，通过图文、模型等形式，分园原、园史、园趣、园冶四个章节进行展示。

因展馆场地设施和展览内容不能满足形势发展的要求，于2007年12月建成苏州园林博物馆新馆，占地面积3 205m^2，建筑面积3 390m^2。展厅分为序厅、园林历史、园林艺术、园林文化和园林传承等部分，集中展示了园林历史、园林要素和造园艺术。新馆总体布局借鉴苏州古典园林传统的空间处理手法，既有现代建筑，又有中式老建筑，体现出传统与现代的对接（吴琛瑜，2016）。

为了保护好世界文化遗产拙政园，保留了原东北街沿街建筑、两座四合院和一幢民国建筑，采用不同的修缮技术进行修复，使之成为博物馆的有机组成部分。新老建筑共同组合成了园林博物馆新馆，延续了苏州老城的肌理。

博物馆将园林本身视作不可移动的文物，馆内的建筑、门窗、走廊、天井等打造成精美的展品，设置庭院、天井及各类植物小品，体现苏州园林的叠山、理水、建筑、花木、铺地等多种造园手法。序厅采用了爬山廊的形式，序厅与历史厅采用复廊的形式连接，并做了花窗的变式。历史厅与艺术厅采用了景廊的形式连接，复制了留园的花步小筑和古木交柯。家具陈设厅南部的院落有太湖石牡丹花台、冰裂纹铺地、荷花缸、各种植物配置等，是仿造留园涵碧山房南侧庭院的景观。大量的漏窗、空窗、洞门的使用，使建筑间取到了互为对景和空间流通的效果。造园手法厅仿制了网师园蹈和馆的鸡翅木花窗，既是展品，也起到了对景的作用。叠山理水厅的入口采用了白墙上圆形漏窗的形式，展示太湖石峰一角，南面小天井中仿制的网师园云冈黄石假山，平冈浅阜，一棵红枫，数枝南天竹，几丛书带草，将室内点缀出勃勃生机。观众通过曲折、参差的展览

图95 博物馆内园林模型

线路，在获得园林知识的同时，也体验了园林立意、布局、空间、游赏、境界、景观等造园艺术的手法。

博物馆的实物展示内容丰富，呈现出风格各异、形式多样的特点（图95）。为真实地表达园林建筑艺术，采用了足尺模型的展示方法，它不仅是观赏对象，同时也是使用对象，与参观流线相结合，使得观众可以进入展品内部，将园林艺术体验和了解构造知识融为一体，体现博物馆的核心要义（丁沃沃，2008）。

11 东莞可园与可园博物馆

可园位于广东省东莞市莞城可园路32号，清道光三十年（1850）开始建造，1864年基本建成。可园创建者张敬修，官至江西按察使署理布政使，精通金石书画、琴棋诗赋，并广邀文人雅集于可园，对东莞乃至岭南文化产生了重要影响。

可园因张敬修自谦为“可以的园子”而得名，园内不少建筑和景点也以“可”字命名，如可楼、可轩、可堂、可湖等，庭园精致典雅，大门口对联赞称“可羡人间福地，园夸天上仙宫”，即是将可园比喻为人间福地和天上仙宫。可园被誉为清代广东四大名园之一，2001年被列为全国重点文物保护单位。可园扩建后，于1998年更名为东莞市可园博物馆（网址http://www.dgkeyuan.org）。

11.1 简史

清道光三十年（1850），张敬修辞职回乡，花巨资购冒氏宅园，开始建造可园，面积仅有

2 200m²。张敬修官居江西布政使等职，曾游览各地园林，并邀请居巢、居廉等岭南画家参与造园筹划，聘请当地名师巧匠，至1864年，建成了独具一格的岭南园林。可园原址周围自然风光幽雅，园主友人居巢题咏“水流云自还，适意偶成筑。拼偿百万钱，买邻依水竹”（邓其生，1982）。可见，可园初建时山水植物环境优越，因此张敬修不惜投资在此建园。

1949年东莞解放后，土改时可园被分做农民住房。20世纪50年代，可园被改为博厦村敬老院。1961年，东莞县人民政府着手修复可园，修缮扩建至3 630m²，1964年年底竣工并对外开放，1966年停止开放。

20世纪70年代，可园被改为华侨旅行社。1979年，可园管理所正式挂牌，经过两年的维修，1981年可园重新开放（许家瑞，许先升，2016）。

1997年，可园扩建，北面可湖及东西两湖纳入园区，增加了十二生肖石、花隐园、孔雀门及湖岸公共设施，面积达198hm²，1998年更名为“东莞市可园博物馆”。

2003年年底，东莞启动筹建六项文化设施，可园博物馆新馆扩建、岭南画院、岭南美术馆及岭南画家村的兴建位列其中，岭南画院与可园博物馆新馆相连，2008年，建成可园博物馆新馆和岭南画院。新馆的建设缓解了可园古建筑区的人流压力，将其转变为景区的“园中园”得到有效保护，而且新馆与古建筑区隔湖相望，将古今有机联系和相传，为可园增添了新的活力。

可园现已成为东莞的传统文化园景区，除了可园博物馆和新馆区域，还包括了岭南画院、岭南画家村等地块，面积达348hm²，形成了集休闲、文化、教育、交流为一体的城市公共园林综合体。

11.2 园林特征

东莞可园可分为古建筑区、博物馆区、石雕展区三大部分，其中古建筑区是全园的精华所在，最能体现出岭南园林特色的部分。

可园古建筑区面积只有2 200m²，呈不规则三角形，由建筑物围合而成三个互相联系的庭园格局，建筑之间组合精妙，前通后连，亭台楼阁，山水桥榭，厅堂轩院一应俱全，布局灵活，装饰精雅，成为岭南古典园林的佳例。其主要特点是建筑沿外围边线成群成组布置，形成“金角银边”的格局，并利用“连房广厦”的构型，将每组建筑用檐廊、过厅、走道等相接，围合成一个外封闭、内开放的庭院空间，院中布置山池花木等，创造了一个可居、可赏、可游的园林空间。造园者将建筑沿边建造，留出中央空间用于造园，视线开阔畅朗，扩大了观赏间距，有小中见大的空间效果。园主人张敬修在《可楼记》中说“居不幽者，志不广；览不远者怀不畅。”从中可以看出可园“幽”和“览”的特征。孟兆祯院士评价“此园小中见大，幽中开旷，惜墨如金而有气吞山河之灵妙”（孟兆祯，2011）。

11.2.1 掇山

可园假山面积较小，在滋树台附近堂外正中用当地珊瑚石巧筑而成石山，状似狮子，其间建一楼台，称“狮子上楼台”（图96）。山石中植草，石草相配，石质玲珑浮凸，草质形如狮毛，栩栩如生。假山的腹部，有意将石砌得弯弯曲曲，若隐若现，名为“瑶仙洞”，内侧有石阶可登顶至月台上。整个高台悬空于庭院正中，每逢中秋佳节，月圆之夜，登台赏月，可尽览秋色，故又名“假山涵月”。

可园内还有一些置石，入口方池中有石如“侍女”，玲珑剔透，池内种植睡莲（*Nymphaea tetragona*），四周摆放盆景，倒影入池，景观优美。

11.2.2 理水

可园主要的水面为可湖，湖上建有可亭（图97），在可亭上既可欣赏湖光美景和游鱼，又可以沐浴在清凉的微风之中，真是“三曲红桥留雅士，一湖绿水笑春风”。沿着可湖绕行一圈，可游览石雕展区和博物馆区，欣赏四周美景以及岸边栽种的排排水杉（*Metasequoia glyptostroboides*）。

临湖的游廊名为博溪渔隐，可饱览可湖的湖光秀色。门外有对联“十万买邻多占水，一分起屋半栽花”，说明了可园“占水栽花”的特点。

图96 狮子上楼台庭院

图97 可湖和可亭

图98 湛明桥和水池

图99 可园博物馆新馆区

居巢曾题诗：“沙堤花碍路，高柳一行疏。江窗钓车响，真似钓人居。”描述了当年可湖周边宜人的景色。

问花小院中有一曲尺形水池，与外围曲廊、方室配合得体，并将邀山阁和周围景物映入池中，扩大了庭院空间，丰富了景观效果。池上有湛明桥，如虹卧波，站在桥上观鱼赏荷，非常惬意（图98）。居巢曾做诗描写道：“一曲蓄烟波，风荷便成赏。小桥如野航，恰受人三两。”

可园博物馆新馆区以水为中心，建筑围绕中间大型水池环列而建，建筑之间由长廊相连，形成连房广厦的传统岭南建筑格局，与古建筑区有异曲同工之妙（图99）。庭园巧妙借用园外活水，引入园内，创造跌水、水庭、溪流等自然景观，丰富水景的景观形式，给博物馆增添了不少生气。

11.2.3 园林建筑

岭南地处亚热带地区，阳光强，雨水多，因而修建贯通环绕可园的长廊，不仅能防晒遮雨，方便出行，还能把可园中的各组建筑连通起来，形成连房广厦的格局。环碧廊长100m，游园时，循廊前行，一折一景，步移景异。

可园东南部有一座六角半月亭，名为擘红小榭，是介于亭、屋、台之间的奇特建筑，是园主人邀客人小憩的地方。“擘”有掰的意思，“红”借指荔枝。擘红小榭周围栽植了荔枝（*Litchi chinensis*）、龙眼（*Dimocarpus longan*）等岭南果木植物，张敬修建好可园后，广邀文人雅士来前来做客，荔枝成熟时，在此观景吟诗作画，品尝新摘的荔枝，其乐融融。居巢就曾作诗“一夏名园住，十年种树迟；频歌摘得新，差免此腹负”。

可园的最高建筑为邀山阁，高约15.6m，共四层，是一座碉楼式的建筑，既有防卫的作用，又是赏景和休闲娱乐的地方。邀山阁体量虽大，因底层有双清室和曲廊的衬托，给人以高而不威、挺而不孤的感觉（图100）。登上邀山阁，近望可湖碧波荡漾，烟水苍苍，堤柳疏芦，远景近影，尽收眼底，当年还可远眺群山百川，江流如带。张敬修在《可楼记》中就称“览不远者怀不畅。吾营可园，自喜颇得幽致；然游目不骋，盖囿于园，园之外，不可得而有也。既思建楼，而窘于边幅，乃加楼于可堂之上，亦名曰可楼。”因此，建高楼后，游目驰骋，远近诸山，“奔赴环立于烟树出没之中，沙鸟风帆，去来于笔砚几席之上”。当时在可园常住的画家居廉咏邀山阁：“荡胸溟渤远，拍手群山迎。”生动点出了邀山阁赏景的作用。

邀山阁下方的双清室，命名取“竹、荷双清，人、境双清”的意思。张敬修在《双清室题榜跋后》中说：“双清室者，界于篔筜、菡筜间，红丁碧亚，日在定香净绿中，故以名之也”。“篔筜”指竹子，“菡筜”指荷花。室内家具、铺地、门窗花均摹似繁体亞字形，又称作亚字厅。双清室的花窗采用红、蓝、白、黄相间的“十”字形窗心，色彩缤纷，使室内外的景物多了几分奇妙的光影变化。位于双清室西侧的可轩是邀山阁的首层，原是张敬修接待宾客之地，厅内门罩、地板装饰均为桂花纹，因而又叫桂花厅。

图100　邀山阁及双清室

雏月池馆位于可湖边上，二楼为书房，外观似船厅，形似楼船泊岸。楼上几组大窗，每组有多排，每排分上、中、下三扇窗，下扇窗固定，中、上两扇相连，向上折叠开启，开窗时既可遮阳挡雨，又可通风，还可保持室内私密性（陆琦，1999）。站在楼上，星夜眺望可湖，夜色幽美，可安静读书治学。船厅门朝东，往右可沿曲桥到达湖心可亭，往左可穿门洞到达观鱼簃和钓鱼台。站在观鱼簃，水中游鱼历历可数。钓鱼台可供闲暇之余观鱼垂钓，还有台阶与水面相接，可乘船畅游可湖，仿“渔父浮家”泛舟在烟波水色之中。

可园博物馆新馆与可园古建筑区隔可湖相望，建筑体量和形制参照传统园林建筑的尺度与比例，借鉴岭南庭园的平面与空间构造要素，与可园互为呼应。正立面与后立面采用砖、石、瓷、玻璃、木等材料，外墙色彩大面积使用黑、砖灰、粉白、土红，并用陶制红砖封顶，水磨砖墙体顶端连续排列琉璃漏窗，满洲窗华丽多彩，均具有鲜明的岭南特色。

11.2.4　植物造景

可园花木种类繁多，常年名花佳果不断，果木以荔枝、龙眼为主。张敬修赋闲期间，将梅、兰、菊等中国传统花卉遍栽可园，他的画梅诗题有“小水通桥山对门，梅花环作草堂邻。寒香正好不归去，翠羽啅枝空笑人”。他用青砖砌筑了方形“滋树台”，莳养名兰，诗咏兰蕙，台名源于屈原的诗句：“余既滋兰之九畹兮，又树蕙之百亩。”借以托物言志，以“下野回乡”表达清高的品格。张敬修酷爱兰花，说自己“性喜蕙，绘者蕙，植者亦蕙”。其父名“应兰”，字“九畹”，建此台也有纪念其父亲的含义。花隐园是可园的花圃，“花隐”意指菊花（*Chrysanthemum morifolium*）。菊花有不畏风霜、不与群芳争艳的品格，张敬修专辟地方种菊，表明他要像陶渊明那样隐逸山林（邓颖芝，2006）。

可园中最大的庭院名为问花小院，取自“云解有情花解语”。小院以回廊绕院，中间设有花台，栽植荔枝、龙眼、石榴、炮仗藤（*Pyrostegia venusta*）等花木及应时花卉，气氛文静优雅（谢晓蓉，董丽，2004）。居巢题诗：“问花能解语，但愿惜韶华。莫似平章宅，花时不在家。”让人能深刻体会到“百年心事问花知”的境界。

可园内的植物配置有的是文献中有记载的，有的是居巢、居廉等文人雅士笔下描绘的植物，有的是岭南地区的传统花木。可园博物馆新馆区也广泛应用岭南地区花木，如罗汉松、鸡蛋花（*Plumeria rubra*）、三药槟榔（*Areca triandra*）、榕树（*Ficus microcarpa*）、肉桂（*Cinnamomum cassia*）、蒲桃（*Syzygium jambos*）、洋紫荆（*Bauhinia variegata*）、白兰（*Michelia × alba*）、山茶、叶子花（*Bougainvillea spectabilis*）、狗牙花（*Tabernaemontana divaricata*）、朱槿（*Hibiscus rosa-sinensis*）、栀子花等，还有岭南佳果波罗蜜（*Artocarpus heterophyllus*），并配置葱莲（*Zephyranthes candida*）、美人蕉（*Canna indica*）、肾蕨（*Nephrolepis cordifolia*）、龟背竹（*Monstera deliciosa*）、爆仗竹（*Russelia equisetiformis*）、四季秋海棠（*Begonia cucullata*）等草本植物，形成丰富的植物景观（刘欣妍，2018）。

11.3 展览陈列

可园在古建筑区域可堂、可轩等主要厅堂布置成清代盛期场景，陈设紫檀、大红酸枝等材料做成的广府家具，配以挂屏、盆景、赏石等，营造当年的生活场景。草草草堂是张敬修当年作画和休息之所，布置“可园主人张敬修”展览，面积约100m^2，由室内厅堂和两个三角形天井构成。展览以图文结合、文物文献、图表说明、创作画等为主要载体，辅以雕塑、场景复原等多种展览形式，展示可园主人张敬修生平及其建造的可园。展览内容包括戎马倥偬、丹青风雅、园小意胜、曲水流觞、诗画承家等部分，介绍张敬修的戎马生涯、文学书画成就、修建可园的情怀和可园的诗画意境。草草草堂是张敬修为纪念自己的戎马生涯而命名的，堂内对联“草草原非草草，堂堂敢谓堂堂”，就是告诫自己，做人办事不能草草轻率。草草草堂与展陈主题历史内涵一致，以此厅堂作为展示可园主人的展示空间，相容性和契合度高（卢翠玲，2022）。

可园的石雕展区在湖边庭园中展示收藏的各种石质文物，有造型各异的动物雕塑，有岭南园林或建筑的构件，与周围环境相融合（图101）。

可园博物馆新馆占地面积17 900m^2，建筑面积4 800m^2，有大小展厅5个，是传播岭南园林文化和岭南画派艺术，集收藏保护、展览陈列、学术研究、艺术交流、文化休闲等功能于一体，具有鲜明岭南特色和园林风格的专题性博物馆。展览陈列主要有“岭南传统园林与建筑”“居巢、居廉与可园”“莫伯治与岭南建筑艺术”等，让观众了解可园的建造历史和岭南园林的发展史，以及岭南地区书法、绘画、雕刻、赏石等独具魅力的艺术文化（袁晓君，2015）。

“岭南传统园林与建筑”展览系统介绍了岭南园林与建筑的文化特征与营造技艺，是国内第一个以岭南传统园林与建筑为主题的基本陈列，两个室内展厅和两个室外展厅，面积约1 000m^2。展览包括岭南园林、岭南建筑和历史进程三方面，以文图、建筑构件、园林场景、照片、影像以及三维技术等形式，全面展示包括可园在内的清代广东四大名园等岭南园林及其建筑（图102）。展览中采取了局部1:1的比例复制岭南骑楼等实景，对水磨青砖墙和蚝壳墙等建造工艺采取了剖面式展示，还原了可园厅堂内人工鼓风的场景，还开发了“虚拟可园”等互动性展示，让观众对岭南园林和建筑有更为深入和直观的认识。

“居巢、居廉与可园”展览主要展示居巢、居廉（“二居”）及岭南画派众名家的艺术作品，占用2个展厅，面积约400m^2。展览设计运用了岭南园林建筑元素，如青砖、满洲窗、漏窗等，通过图片、绘画、文物、塑像、场景再现等方式，展现了岭南画派祖师居巢居廉和其他岭南画派代

图 101　石雕园

图 102　岭南传统园林与建筑展

图 103　居巢、居廉与可园

表作在可园的形成历程，凸显了可园对岭南画派形成的重要作用（图 103）。展览分为“莞邑丹青”“三世交游”“可园居派”“画风传承”四个部分，阐述“二居”与可园主人张敬修及其家族三代之间的渊源、岭南画派的传承历史等，展现了可园作为岭南画派重要策源地的历史底蕴，全面系统地展示了岭南画家的代表作品和岭南画派“撞水撞粉”等绘画技艺。当年可园内丰富的花鸟鱼虫环境，为“二居”的绘画创作提供了源源不断的素材与创作灵感，展览中就专设了居巢、居廉吟诗作画的场景，体现园林与文化艺术的深度交融。

“莫伯治与岭南建筑艺术”展览分为莫伯治生平、岭南建筑与庭园结合、现代主义与岭南建筑结合、新表现主义、莫伯治晚年等部分，用图片、雕像、手稿、书籍等形式进行了展示。莫伯治是我国著名建筑设计家，中国工程院院士，也是可园博物馆新馆区的设计者，他在长期的建筑理论与实践中，将岭南传统建筑、园林与现代建筑相结合，为岭南形成自己特有的现代岭南园林、建筑做出了巨大贡献（符文涛，2017）。

此外，综合展览厅用于举办综合性、流动性展览，如“天潢贵胄　旷世逸才——恭王府博物馆藏溥心畬书画展”“镌刻的历史——泰安市博物馆藏泰山石刻拓片展”“枕上添花　帐中观曲——吉林市博物馆藏满族绣品展”等，受到了观众热捧。

12 中国园林博物馆

中国园林博物馆（简称园博馆）是我国第一座以园林为主题的国家级博物馆，位于北京市丰台区射击场路15号（网址 https://www.gardensmuseum.cn），于2013年5月18日落成并对公众开放。园博馆是收藏园林历史文物证物、展示中国园林艺术文化的窗口，是中国园林文化交流的平台，承担着藏品收集、科学研究、科普教育、展览体验等多重使命。2018年被评为国家AAAA级旅游景区，2024年被评为国家一级博物馆。

12.1 建设历程

作为2013年第九届中国（北京）国际园林博览会（简称园博会）的重要组成部分，中国园林博物馆的建设由国家住房和城乡建设部与北京市共同主持。2010年6月11日，北京市政府召开专题会，审议并原则通过了第九届中国（北京）国际园林博览会总体工作方案，明确由北京市公园管理中心负责中国园林博物馆筹建、运营和管理。6月13日，市公园管理中心接手筹建工作。7月28日，市委常委会审议并通过了园博会组织机构方案。8月11日，召开了园博馆筹建办第一次全体工作人员会。10月11日，召开了中国园林博物馆筹建指挥部第一次会议，审议并原则同意《中国园林博物馆筹建工作方案》和《中国园林博物馆建设和展陈策划方案》，明确了“中国园林——我们的理想家园”为建馆理念，提出以“经典园林，首都气派，中国特色，世界水平”为建馆目标。10月15日，召开园博馆规划设计方案应征申请人资格评审会，推选出8个优秀候选应征人。随后，对8家规划方案进行技术初审，并按程序评选出3个优秀方案。2011年1月7日，在北京规划展览馆举办第九届中国（北京）国际园林博览会规划设计成果展，广泛征求社会各界意见。

2011年2月15日，北京市发展改革委员会批复园博馆建设项目勘察、设计招标方案。2月17日，丰台区政府完成园博馆规划用地拆迁工作，正式移交，园博馆筹建办派驻施工队伍进场。4月7日，园博馆建筑及室外展园风景园林工程设计招投标工作完成。6月7日，住房和城乡建设部与北京市政府审定园博馆建筑规划方案。7月5日，北京市规划委员会审定《中国园林博物馆规划设计方案》。8月20日，中国园林博物馆主体建筑工程奠基。随后，完成园博馆主体建筑工程招投标工作，11月11日开始施工。

2012年3月21日，召开园博馆展陈设计方案招标评审会，评选出4个优秀方案。4月10日，召开园博馆组委会第二次全体会议，审议并原则通过《中国园林博物馆展陈方案》。6月30日，园博馆主体建筑结构封顶。7月1日，园博馆室外展区工程施工招投标结束。7月13日、8月22日、9月6日，余荫山房、片石山房、畅园陆续开始施工。

2013年1月23日，召开展陈设计专家审查会，通过《中国园林博物馆展陈设计方案》。至2月10日，展陈制作工程施工招标，分4个标段进行。2月17日进场施工布展，经过3个月昼夜施工，于5月18日正式开馆。

中国园林博物馆的建设是中国城市建设与园林事业快速发展的重要标志，是中国园林发展史上的一个里程碑。从首钢的废弃钢渣填埋区、地上棚户区与垃圾场到一座恢宏精美的博物馆的落成，历经14个月的前期筹备、百余天的规划方案深化修改、18个月的建设工期，3个月的展陈布置，攻坚克难，如期面向世人精彩亮相，成为北京建设和谐宜居之都的重要成就（北京市公园管理中心，中国园林博物馆筹建指挥部办公室，2013）。

12.2 园林特征

中国园林博物馆占地面积65 000m^2，由主体建筑、室内展园、室外展区组成，总建筑面积为49 950m^2。园博馆以“中国园林——我们的理想家园”为建馆理念，旨在展示中国园林悠久的历史、灿烂的文化、多元的功能和辉煌的成就，包括主体建筑内的6个固定展厅、4个临时展厅、3座室内展园以及室外3个展区，使传统展示与实景展示相互渗透，浑然一体。

园博馆按照中国传统园林的造园理念，背靠鹰山，旁依永定河，延山引水，构建“负阴抱阳、藏风聚气”的山水骨架，广植花木，营造“虽由人作，宛自天开”的园林意境。采用前殿后园式布局，主建筑着力在屋顶和墙体两个要素上进行巧思设计，中间以金顶红墙体现皇家园林的建筑特征，配以翠竹和两池浅水，更显恢宏。两侧采用白墙灰瓦表现南方私家园林的建筑特征，建筑正面以白墙为纸，树石为画，油松、玉兰、杂交鹅掌楸（*Liriodendron chinense* × *tulipifera*）、槐、桃（*Prunus persica*）等花木错落搭配，勾勒出一幅中国传统山水画长卷。馆前广场两侧国槐和银杏组成的树阵形成夹景，突出主体建筑，广场上的影壁矮墙则是障景，影壁前种植油松、矮竹和梅，构成松、竹、梅“岁寒三友”的画面，体现中国传统园林的文化内涵（图104）。还特意保留了原址的钢渣，用以造景，也是原地历史记忆的见证物。

室内公共空间突出山水园林特色，步入中央大厅，以圆明园立雕模型为视觉中心，以抄手游廊为辅助。左侧春山以太湖石为主体，点缀花木，背景为巨型植物生态墙，长28.4m，高8.9m，总面积达252.8m^2，使用各种观赏植物近两万株，构成有生命的立体画卷。右侧秋水以高低错落的两水池为主体，分别配以黄石和宣石，中间曲桥分隔，跌水从桥下穿过，动静有致，水中置一云盆，如一叶扁舟，四周配以桂花、南天竹、芭蕉、蜡梅（*Chimonanthus praecox*）、络石（*Trachelospermum jasminoides*）等南方植物，典雅精致（图105）。中轴主建筑后为夕佳阁庭院，院内设清音阁，可进行文化活动，四周长廊环绕。夕佳阁后一汪池水，水从对面湖石假山上跌入水池，形成瀑布，假山高处建扇面亭“延南薰”，形成中轴线的端点。中轴线上从入口的广场、水池，到主建筑的两侧对称布局，再到夕佳阁的庭院，最后是山水相依的扇面亭，形成了主从有序的空间格局，实现了从规则式到自然式的过渡，也体现了从传统到现代的渐变，并实现了与山地园林的自然衔接。

12.2.1 室内展园

为展现南方私家园林的造园手法和风格，选

图104 松、竹、梅配置

图105　秋水景观

取了苏州畅园、扬州何园的片石山房和广州余荫山房深柳堂景区，在中国园林博物馆主体建筑内进行仿建。为了保证展览效果和原汁原味的再现，山石、水体、庭园建筑、室内陈设等均按照1∶1原样仿造，且按照当地传统做法，由当地的专业队伍和工匠负责完成，最大限度体现了园林的真实性（北京市公园管理中心，中国园林博物馆北京筹备办公室，2016）。

畅园位于苏州庙堂巷，是苏州小型园林的代表作之一，它以水池为中心，周围绕以厅堂、船厅、亭、廊，采用环形布局，景致丰富。园博馆的畅园占地面积1 450m²，建筑总面积395m²，总体保持原貌。畅园的主体建筑“留云山房”“涤我尘襟”船厅、“延辉成趣”亭、“桐华书屋”环绕水池遥相呼应，它们分别位于水池两端和中部，互为对景（图106）。水池由曲桥一分为二成一大一小两处水面，增加了纵深感。水池四周环建游廊，并有太湖石驳岸和花木点缀，步行其中，一步一景，曲折幽深。游廊最高处为待月亭，可登高赏月。通过游廊门洞还可游览外围庭院，可谓园中有园，景象变化万千。畅园内白墙灰瓦，亭台堂榭参差，朴树、广玉兰、山茶、杜鹃、桂花、芭蕉、翠竹、野迎春（*Jasminum mesnyi*）等花木掩映，水中鸳鸯嬉戏，锦鲤遨游，一幅诗意栖居的苏州园林风范。

片石山房位于扬州何园，传说为明末大画家石涛所建，是石涛叠石的“人间孤本”。园博馆片石山房位于主建筑二层，占地面积1 050m²，建筑总面积270m²，用石900t，是国内荷载最大的空中花园。假山以湖石紧贴山墙堆叠，采用下屋上峰的处理手法，主峰峻峭苍劲，如龙头仰望，配峰在东南，两峰之间似断非断，有延绵之势（图107）。山上石隙间种植油松、蜡梅、琼花、鸡爪槭、野蔷薇（*Rosa multiflora*）、紫藤等植物，与山石相得益彰。山下碧水环抱，一弯曲水蜿蜒进入山洞，人行洞壑之中，凉意顿生，仔细观察，在白天也能发现水中一轮“圆月”。这个巧妙的设计是通过光线透过假山上预留的孔洞，映入水中，宛如水中倒映的一轮明月。东北部廊壁上刻有石涛的诗文，墙上半亭中安装的镜面能将四周的水石花木投射进去，形成镜中花的美妙景象。水中月、镜中花成为园中独特的景观，体现了中国园林虚实相生的设计手法，也表现出了石涛诗中“莫谓池中天地小，卷舒收放卓然庐”的意境。西部复仿建楠木厅，一边为棋室，并配置琴台，中间是涌泉，是池水的源头。院中面积不大，

图106　畅园

图107　片石山房

图108　余荫山房

却山水亭桥皆具，龙爪槐、木本绣球（*Viburnum macrocephalum*）、碧桃（*Prunus persica* 'Duplex'）、郁李（*Prunus japonica*）、梅花、翠竹等花木掩映，体现出扬州园林北雄南秀兼具的特征。

余荫山房位于广州市番禺区，始建于清同治五年（1866），为清代举人邬彬的私家花园，是岭南四大名园之一。为表达永泽先祖福荫，取“余荫”二字作为园名，又因园址偏僻，用“山房”以示谦逊。园博馆选取余荫山房中“浣红跨绿”廊桥西侧进行仿建，以深柳堂、方形水池、临池别馆为主要景观构成，占地537m^2，总建筑面积193m^2。园门题“余地三弓红雨足，荫天一角绿云深”，为点题名联，体现出“余荫”二字。整体布局以方形水池居中，体现岭南园林环水建园的造园主旨，水庭之北为深柳堂，是园内的主体建筑，堂内陈设的家具、屏风、挂落、花罩木雕以及彩色玻璃花窗等装饰精美，松鹤图案表达长寿的祝愿，松鼠葡萄体现了古代对多子多福的期盼。深柳堂前种植左右两棵榔榆，表达“余荫”之意。中间花架植有炮仗藤，常在春节前后开花，如红雨垂落（图108）。水池南面的临池别馆保留檐廊部分，照壁上灰塑“四福捧寿”，用蝙蝠体现福。“浣红跨绿”廊桥为半圆形拱桥，加上倒影宛如满月，上面以游廊连接，上部的蚝壳窗为岭南传统工艺制作而成，晶莹透亮。游廊东侧堆置假山，布置花台，园内大量应用堆塑手法，塑造蝙蝠和花鸟禽鱼等图案，文化气息浓厚。园内栽植榕树、羊蹄甲、鹅掌柴（*Heptapleurum heptaphyllum*）、米仔兰（*Aglaia odorata*）、九里香（*Murraya exotica*）、翠竹、广东万年青（*Aglaonema modestum*）、春羽（*Thaumatophyllum bipinnatifidum*）等岭南植物，形成嘉树浓荫、藏而不露的景观效果。加上楹联书画堆塑等，营造出满园诗联、书香文雅的文化氛围，体现了岭南园林艺术的特征。

12.2.2 室外展区

室外依地形和自然条件设计建造了北方私家园林半亩园、水景园林“塔影别苑”和山地园林“染霞山房”三处特色园林展区，面积24 000m²。运用仿建与重新设计相结合的手法使之与博物馆主建筑呈围合之势，借山于西，聚水于南，依山就势，理水造园，遍植乔木、灌木、竹类、藤本、花卉、地被及水生植物，四季变换，生机盎然。

半亩园原位于北京城弓弦胡同（今黄米胡同），始建于清康熙年间，20世纪70年代末被全部拆除，仅存遗址，园中叠石假山传为清代造园家李渔所创作，被誉为“京城之冠”，是北方私家园林的典型代表。园博馆根据历史资料，选取园中最具特色的云荫堂庭院进行仿建，占地530m²，园内叠石为山，引水为池，厅堂廊轩，曲折回合。云荫堂为正厅，前出廊与周围建筑相连，与玲珑池馆隔水相望，还有拜石轩、退思斋、近光阁、斗室等建筑，色彩和内部陈设均古朴典雅，不施彩画，反映出北方文人园林的特征（图109）。此外留客处小亭与半壁假山、小型拱桥相搭配，体现中国园林小中见大的效果。园内及周边配置圆柏、翠竹、槐、梧桐、柿树、枣、蜡梅、牡丹、芍药等植物，显得雅致有韵，体现中国古典园林的咫尺山林的意境。

塔影别苑占地面积784m²，利用中心湖面巧于因借，将园博园永定塔借景于园博馆，水际建具有皇家园林风格的镜影亭、春雨堂、澄爽榭、石舫、牌楼等，倒影成趣，浑然天成（图110）。牌楼仿颐和园东宫门涵虚罨秀牌楼而建，与镜影亭和石质曲桥互为对景，澄爽榭悬于水面，给人以水面无尽之感。水中荷花、香蒲（*Typha orientalis*）、芦苇（*Phragmites australis*）繁茂，水边千屈菜（*Lythrum salicaria*）、黄菖蒲（*Iris pseudacorus*）增色，还有岸边的水杉、金枝垂白柳（*Salix alba* var. *tristis*）、楸、沙枣、梅花、迎春、马蔺（*Iris lactea*）等，形成空间开阔、层次丰富的水景。此外春雨堂对面的双环亭是仿天坛的双环亭而建，周边配置湖石假山，种植银杏、油松、元宝枫、照手桃（*Prunus persica* ‘Terutemomo’），并群植牡丹，在绿树红花的映衬下，更显皇家建筑的辉煌。塔影别苑水面虽不大，但由曲桥和拱桥分隔，聚散有致，驳岸堆叠青石，增加自然感。水中禽鱼悠然，蛙鸣鸢飞，蜻蜓点水，一派生态自然画境。

染霞山房总占地面积约1hm²，利用鹰山东

图109 半亩园

图110 塔影别苑

坡地形、地貌和植被等要素，运用中国传统山地造园技艺建设而成北方山地园林。主体建筑由染霞山房、宁静轩、吟红斋组成，位于山顶，是鸟瞰全园美景的最佳所在。三组建筑成品字形，高低错落，并修建爬山廊连接，游人顺着游廊赏景，不知不觉便到山顶，感觉不出爬山的劳累。从山下的石质牌坊顺着青石蹬道上山，两旁黄石依山就势堆叠，有如行走在山谷之中。下山道路则有栈道，顺着山坡缓缓而行，可驻足细赏山景，中间木平台还可供休憩。染霞山房保留了原有的侧柏、臭椿（*Ailanthus altissima*）、构树（*Broussonetia papyrifera*）、荆条（*Vitex negundo* var. *heterophylla*）、酸枣（*Ziziphus jujuba* var. *spinosa*）等野生植物，沿路栽植山桃（*Prunus davidiana*）、杏、山楂（*Crataegus pinnatifida*）、樱花、梨、毛樱桃（*Prunus tomentosa*）、紫叶稠李（*Prunus virginiana*）、郁香忍冬（*Lonicera fragrantissima*）、迎春、连翘（*Forsythia suspensa*）、玉兰、紫丁香、流苏（*Chionanthus retusus*）等春季花卉，以及黄栌（*Cotinus coggygria* var. *cinereus*）（图111）、元宝枫、鸡爪槭、金枝槐（*Styphnolobium japonicum* 'Golden Stem'）、金枝白蜡、鸡树条荚蒾（*Viburnum opulus* subsp. *calvescens*）等秋季观叶植物，还有四季常青的油松、龙柏（*Juniperus chinensis* 'Kaizuca'）、矮紫杉（*Taxus cuspidata* 'Nana'），以及乡土地被大叶铁线莲（*Clematis heracleifolia*）、甘菊（*Chrysanthemum lavandulifolium*）等，形成植物丰富、四季有景、乔灌草结合、生态良好的山体园林。

12.3 展览陈列

中国园林博物馆的特色之处是馆中有园、园中有馆、馆园一体。园林中的山石花木和陈设等都是展示的部分，如山石就有南太湖石、北太湖石、黄石、英石、青石、笋石、宣石、灵璧石等，在室内外展园、公共空间、展厅等不同环境，以假山、置石、驳岸、汀步、蹬道等形式，与水体、

图111　染霞山房黄栌景观

植物、建筑交相辉映，能让观众切实感受到山石的不同种类、堆叠技艺和应用手法。

室内展陈采取基本陈列、专题陈列和临时展览相结合的展陈系统，设置6个固定展厅和4个临时展厅，以中国园林的发展历程为主线，全面展示中国园林的历史文化与艺术成就，辅以展示国外园林艺术精品。展厅以中国古代园林厅和中国近现代园林厅作为基本陈列，中国造园技艺厅、中国园林文化厅、世界名园博览厅和园林互动体验厅作为专题陈列构成固定展陈体系（北京市公园管理中心，中国园林博物馆北京筹备办公室，2016）。4个临时展厅作为文化交流展示推陈出新不间断展出国内外园林文化艺术精品。采取实物展陈与互动体验相结合、文物展示与场景再现相结合、传统展陈和数字技术相结合的展陈手段，重点表现中国园林的历史发展进程、中国园林精湛的造园技艺和独特的艺术特征、中国园林深邃的哲学思想和丰厚的文化底蕴，全面展示传统园林的继承、创新和发展，展示人们对理想家园的追求。

中国古代园林厅以“源远流长、博大精深”为主题，展示中国古代园林3 000年的发展历程。展厅面积1 670m²，分为中国园林的生成、转折、繁盛、成熟和集盛5个部分，分别对应商周秦汉、魏晋南北朝、隋唐、宋辽金元、明清时期。以文字和图片资料、文物藏品、复仿制品、模型、场景再现等形式，系统展示不同时期的园林体系和地域风格。各时期以皇家园林、私家园林、寺观园林、公共园林、衙署园林、书院园林等类型为重点，撷取经典名园为代表，展出与展览主题相关的画像砖石、瓦当、封泥、碑刻、古籍、书画、陶器、瓷器、园林建筑构件等，诠释中国园林的历史渊源、发展历程、艺术特征与文化，体现中国园林“道法自然”“天人合一”等哲学思想，以及人与自然和谐相处的理念和做法。重点场景有西汉南越王宫苑遗址、魏晋时期兰亭修禊、唐代白居易履道坊宅园、明代无锡寄畅园等（图112），模型或沙盘有隋唐时期山西绛守居园池、宋代艮岳、明代扬州影园和常州止园等，展品有秦汉时期宫苑的画像砖、园囿封泥、上林苑瓦当、陶楼，唐代陶俑，宋代皇家园林遗石“青莲朵”，明清皇家园林陈设与建筑构件等。

中国近现代园林厅以“传承创新、宜居和谐”为主题，展厅面积1 505m²，以1860年第一次鸦片战争和1949年新中国成立为界限，分为中国近代园林和中国现代园林两个部分，系统展示中国近现代园林发展历程。中国近代园林主要展示随着西学东渐和辛亥革命的胜利，民主进步的思想影响着园林建设，皇家园林和私家园林纷纷开放，转变为公园和博物馆等公共空间，南通博物苑就是中国人自己建造的园林型博物馆。中山公园的建设方兴未艾，体现园林的公共性形成了社会共识。重点场景有清农事试验场和无锡梅园等，沙盘有燕京大学校园，展品有中央公园和营造学社的图片、图书等资料（图113）。

中国现代园林重点展示新中国成立后至与改革开放后城市绿化、公园和风景名胜区建设管理以及园林科研教育等方面发展成就，反映出园林对宜居城市和生态文明建设的不可替代性。新中国成立后，广大人民当家作主，毛泽东主席发出了“绿化祖国”和“大地园林化”号召，各地兴建了大量的人民公园。1959年，北京市一次性划

图112　中国古代园林厅兰亭修禊场景

图113　中国近现代园林厅展览陈列

拨了42块土地用于公园建设，上海、新疆等地号召全体市民参加义务劳动，建设公园，同时，历史名园也纷纷修缮后开放。改革开放后，国家开展园林城市创建活动，极大地促进了宜居城市环境建设和园林行业的快速发展，城市绿地面积、绿地率、人均公共绿地面积等指标不断提高。1982年，国务院公布了第一批国家重点风景名胜区，建立了风景名胜区管理体系。展厅还介绍了风景园林学科的教育体系、园林科研成果和园林名家的行业引领作用。沙盘有北京奥林匹克公园、上海浦东世纪广场等，展品有名家手稿、各类图片资料和动植物标本等，还有园林名家访谈和各地园林建设的视频等。

中国造园技艺厅以“师法自然、巧夺天工”为主题，展厅面积640m²，分为造景立意、造景技法、园林基本要素和传统造园流程4个部分，重点展现中国传统园林的造园技艺与艺术特征。通过叠山、理水、花木配置、建筑营造等场景，辅以文字图片说明，结合模型、工具、材料、做法等展示中国园林的造园技法与造园流程。

中国园林文化厅以“文心筑圃、诗情画境”为主题，展厅面积805m²，分为中国园林与传统思想、中国园林与传统文学、中国园林与传统书画、中国园林与传统戏曲、中国园林与人居文化、中国园林与文化交流6个部分。以大量的文献、实物、楹联匾额与书房、戏台、红楼梦大观园场景表达园林中的诗情画意，通过琴棋书画、诗酒茶香等园居活动来体现文人情怀，表现园林是多元文化的载体和复合体，不少书法、绘画、戏曲正是通过园林这种形式才得以传承、发展并影响到海外。场景有《红楼梦》中大观园、园林中的戏台与昆曲《牡丹亭》、园林中的书房等。展品以书画、楹联匾额、陈设品为主（图114）。

世界名园博览厅以“海外览胜、名园撷珍”为主题，展厅面积650m²，展示不同国家、不同风格的世界园林精品，分为欧洲园林、亚太地区园林、非洲园林和美洲园林等部分，展示各国和地区的经典名园。展厅主要以图版与模型为主要展示手段，介绍不同国家和地区的园林特点、艺术手法与历史。沙盘或模型有罗马时期哈德良庄园、文艺复兴时期意大利兰特庄园、法国凡尔赛宫苑、印度泰姬陵、美国纽约中央公园等。

园林互动体验厅以“科普互动、模拟造园”为主题，展厅面积650m²，以电子与数字技术建立各种模型、游戏，突出科普性、互动性和趣味性，分为中国园林畅游和园林体验互动两部分。制作以实景和数字“中国园林——我们的理想家园”两部主题片，在4D影院循环播放，让观众在

图114　中国园林文化厅展览陈列

梦幻畅游中感受园林的历史、文化以及艺术之美，认识园林在城市环境营建中的重要作用。适应现代儿童需求，通过数字模型，儿童可以识别花木、建筑并进行花木配置、建筑营造、叠山理水等造园体验活动，在得到乐趣的同时获取园林知识。

园博馆每年还利用临时展厅举办各种园林主题的展览，建馆以来举办过百余项展览。如2014年，举办“藏地瑰宝——西藏园林文物展”，展出罗布林卡精品文物108件（套），体现中华民族多元一体的文化。2014年还举办了“文艺复兴到黄金时代——威尼斯之辉文物展”，展出意大利威尼斯的5家博物馆的百件文物，包括绘画、雕塑、陶瓷、纺织品等各类艺术品，多种视角展示了威尼斯水景园林城市的历史文化，从中领略文艺复兴时期威尼斯的辉煌。2015年，举办“南来飞雁北归鸿——纪念徐悲鸿先生诞辰120周年特展”，展览甄选出北京徐悲鸿纪念馆的52件真迹。2015年还举办了“美国景观之路——奥姆斯特德设计理念展”，展览通过100余张照片、200余份图纸、50余册历史书籍进行展示，并以工作室场景、美国翡翠项链公园沙盘、多部视频影像等展陈方式立体展现奥姆斯特德本人生平及他对美国景观发展的突出影响。其他还有“绝世天工——清代样式雷园林图档展”“瓷上园林——从外销瓷看中国园林的欧洲影响”“天地生产 造化品汇——避暑山庄·外八庙皇家瑰宝大展”“盆盎生趣——清代盆景文化展”“白云之乡——新西兰国家公园的故事”“窗——园林的眼睛”“物上山水”“长物·居园”展等（图115）。

园博馆现有藏品8 000余件套，其中文物类藏品3 400余件套，有铜器、字画、漆器、丝织品、文房四宝、自然标本、石器石刻、照片明信片、砖瓦、印玺、竹木牙角、瓷器、票证、玉器、金银器、古籍、拓片、陶器、书籍资料、电子影像等。比较集中的有秦汉时期的画像砖、瓦当、封泥等，以及园林主题的外销瓷，还有一些独具园林特色的藏品和展品，如新疆的胡杨木标本，还有来自新疆奇台的硅化木，长38m，根径2m，埋入地下亿万年，经过石化作用，形成巨型硅化木（图116）。来自四川成都的乌木长7.8m，最大围长4.2m，埋藏于河床下，在缺氧的条件下，经过上万年的时间碳化而成，也非常难得。

石质文物青莲朵原为南宋临安德寿宫的太湖石，名为芙蓉石，乾隆南巡发现后甚是喜爱，当地官员运至京城，乾隆置于圆明园的茜园之中，并题名青莲朵，民国时期移至中央公园（现中山公园），2013年至园博馆（图117）。古代园林厅的灵璧石，高3m，宽2.3m，重约7t，若龙马奔腾，

图115　盆盎生趣——清代盆景文化展

图116　硅化木

图117　青莲朵

为灵璧石上品。

木质藏品如圆明园全景立雕模型，以1:150的比例制作而成，全长18m，宽14m，面积154m^2，运用大叶紫檀、红酸枝、黄杨木等木材雕刻而成，有建筑2 000座，所有门窗均可开启，山体和水体由绿檀雕刻而成，是非遗代表作。类似的还有清明上河图全景立雕模型。还有主建筑入口处的铜狮，采用3D扫描技术，对颐和园排云殿前铜狮进行非接触式扫描，然后采用3D打印制作母模，再借用传统的失蜡法等比例铸造，形象逼真。

13 结语

13.1　古代园林转型为博物馆

中国古代园林历经3 000年的发展，保存下来的都是我国珍贵的文化遗产，如何将这些文化瑰宝保护好、利用好是管理者的责任和义务。辛亥革命胜利后，中国推翻了几千年的封建帝制，走向了民主共和，清帝逊位后，皇家宫苑、坛庙等收归国有，转变为公园、博物馆等公共空间，供市民享用。最早开放的为北京社稷坛，1914年改造后，命名为中央公园对外开放。同年，内政部将清廷奉天、热河两地行宫的部分古物运到紫禁城的武英殿、文华殿，建成古物陈列所，对外开放，这是中国近代第一所以帝王宫苑和皇室收藏开设的博物馆。先农坛分别在1913年和1915年开放作展览和公园，具有比较复杂的历史，现为北京古代建筑博物馆。

中国古代园林直接作为公园对外开放，相对比较简单易行，由私有变为公有，由小人流变为大人流，管理中存在的问题主要体现在游人的管控和建筑的保护利用。古代园林转变为博物馆的前提条件是需要有足够的建筑空间，以满足展览、收藏、研究、教育和后勤办公等所用，还要有可供展览的藏品。古代园林类博物馆的优势和特色是将园林本身看作是最大的展品，是展览的有机组成部分，这是与其他博物馆相区别的特点，园内的假山、置石、园林建筑、古树名木等有超百年的历史，是珍贵的不可移动遗产。可移动文物，如古物家具、建筑构件、陈设物件及名人物品、艺术作品等一般用展览陈设。

最常见的就是原状陈列展，主要是利用原有

的建筑空间，依据历史照片和史料文献等证据，展示园内建筑在某一历史时期的陈列摆设。园林中的这些文物本是为此环境而设，将其放在原来的环境当中，也能更好地还原园林中的场景。典型的如北京的故宫博物院，在太和殿、中和殿、保和殿等主要建筑保留了清代宫廷时期的陈设布置，让人们切实感受皇室理政和生活的历史场景。其他皇家园林、私家园林、寺观园林、衙署园林等也大都在主要建筑内部保留或复原原来的家具陈设和书画、楹联匾额等装饰，重现园林中的历史生活场景，结合牌示或讲解，参观者能更好地了解曾经发生的历史，理解园主人的价值观、审美取向、营造技术等深厚的文化内涵。

古代园林转型为博物馆后，需要根据博物馆的功能定位举办常设的主题展览，这是博物馆中最主要的展览内容。故宫藏品达186万件，在文华殿、武英殿等两侧建筑设置了瓷器馆、青铜器馆、书画馆等专题展览，展示宫廷收藏的艺术珍品。北京古代建筑博物馆则利用太岁殿等主要建筑对中国古代建筑的历史沿革、类型、营造技艺等方面进行了系统的展示。

各博物馆为了充分发挥文化交流和服务公众的功能，还会与其他机构合作，不定期地举办临时展览，拓展博物馆的品牌文化。恭王府博物馆除了王府相关的专题展览外，还经常举办现代艺术家的书法、绘画、非物质文化遗产作品等展览，开展文人雅集等文化活动，为观众提供丰富的文化享受。私家园林常是士大夫、文人墨客雅聚畅谈之地，文化交流非常频繁，通过举办文化艺术展览，既能延续私家园林的文化氛围，也能增强博物馆的文化活力。

13.2　古代园林类博物馆的发展

古代园林转变为博物馆有着独特的优势，利用园林中已有的建筑进行展览展示，除了进行必要的修缮装饰外，投入费用较新建博物馆建筑要低。更为重要的是古代园林中的建筑本身具有深厚的文化底蕴、重要的历史价值和美学价值，较新建博物馆有着独特的历史氛围，为历史场景再现提供了现成的物质条件，使观众更容易进入展览的场景中。尤其是对园藏文物来说，与原有的空间环境更为融洽。

古代园林转变为博物馆也存在不少问题，中国古建筑除少数宫殿、庙宇祠堂外，大多数建筑单体空间和高度不大，由柱子组成的“开间”组合空间整体，不能拆除和移位，展览设计受场地制约因素多，无法实现大气连贯的展陈效果，不少展览要拆分成好几部分在不同建筑中进行，影响展陈的系统性和完整性，大规格的展品甚至放不进去，或者放进去后会使空间局促，影响展览效果。有些古建筑内部加入展览的现代材料，会与古建筑原有的肌理在视觉审美上不相融，一定程度上制约了展示手法和技术的应用。故宫博物院的午门展厅空间高大，采取了在建筑内部重新搭建一个独立的玻璃展厅结构，以满足博物馆临时展览的要求（图118）。北京古代建筑博物馆的主要单体建筑内部空间较大，也是在旧有建筑内建置展厅，展厅内部主要以钢架结构和现代装饰材料穿插，构建分割成不同的展区（王放，2017）。北京艺术博物馆在万寿寺大殿两厢的配殿举办汉传佛教造像艺术展和藏传佛教造像艺术展，是对原有建筑空间的有效合理利用。北京石刻艺术博物馆的主体建筑是一座明代金刚宝座式塔，以塔为中心东西加建了明清风格的仿古建筑，在风格上与原建筑保持统一，室内空间用作博物馆的展览，展示石刻艺术的历史和藏品。

随着博物馆的高质量发展，其社会功能需求

图118　午门“茶出中国”展

也日益多元化，不仅要满足收藏、展示、研究的功能，而且要融合教育与休闲、娱乐、购物等需求。古代园林中以历史建筑作为馆址开设的博物馆，其建筑格局和形式是为了满足原功能性而设计的，成为博物馆之后，在完善功能或空间使用上存在着利用和保护之间的矛盾，其原有的历史文化背景与转变为博物馆后的主题、定位、审美取向等也有差异，因此，发展面临的困难较大。以古代私家园林为例，其中的亭、台等小体量的建筑往往保持了景观建筑的功能，原有的客厅、卧室、书房，甚至楼、阁、榭等则转化成博物馆的展厅、库房、办公区、服务设施等，以满足博物馆基本功能的发挥。从以前的私密空间向大众化的服务空间转变，从小人流到大人流，从传统的官宦文人情怀向现代的大众文化的转变，从私人收藏转向公共收藏等，都是私家园林转变为博物馆面临的挑战（吴武林，2010）。

博物馆的藏品和展品通常是珍贵文物和艺术品，是不可再生的文化资源，其安全性包括防火、防水、防潮、防虫和防盗等多个方面，还牵涉恒温恒湿和光照等保管环境条件。园林中的原有古建筑有的通过改造能满足要求，有的受限于其建筑形制和保护要求，难以满足这些功能需求，需要另辟新径。有的通过在园内就近建立新展馆，如南通博物苑新馆；有的通过扩大用地范围在周边建立新馆，如东莞可园博物馆新馆（图119）；有的在异地建立分馆，如故宫博物院在海淀区上庄建立北院区；还有的将原有建筑空间进行整合建立新馆，如苏州园林博物馆新馆。只有通过各种创新方式才能有效提升博物馆的功能。

古代园林类博物馆的展览设置有3种方式：利用原有园林建筑设展、扩建园林建筑设展、新建馆舍设展。利用原有园林建筑设展是最普遍、最常见的形式，有些小型建筑也可根据游人量布置适合的展览，如东莞可园在草草草堂设“可园主人张敬修”展览，与空间的历史文化相契合（王红星，2010）。对于规模较小、游客量不多的园林来说，这种设展方式，可丰富园林展示内容。而对游客量大的园林来说，游客观展驻足时间延长，会造成局部拥堵，需要采取分流或限流等相应措施。通过复原原来毁坏的园林建筑，或新建仿古建筑作为展览之用，也是行之有效的方式，针对性更强。如北京团河行宫遗址公园对原毁坏的行宫建筑进行了复原，并将复原建筑开辟为博物馆，2023年9月，在遗址公园揭牌了北京市南海子苑囿博物馆和北京市大兴区博物馆，形成了一园二

图119　可园博物馆新馆

图120　南海子苑囿文化展

馆的格局，同期举办了南海子苑囿文化展、团河行宫专题展、大兴历史展、样式雷专题展，形成了园林景观与历史文化相融合的模式（图120）。还有，将园林单纯作为一个展示对象，另建博物馆新馆舍来满足博物馆的功能需求，可以较为彻底地解决保护和利用的矛盾，如可园古建筑区与可园博物馆新馆的关系。古代园林作为重要的文化遗产亟须保护，要对参观的游客数量、游览行为进行有效管控；博物馆作为公益性的文化机构，要为广大观众的文化生活服务，则是多多益善，二者在空间上分离方便日常的管理。园林和博物馆看似分离，但要加强二者之间的古今传承和文化联系，使之相辅相成。

13.3　园林类博物馆的融合发展

园林类博物馆，无论是古代园林转变为博物馆，还是现代新建的园林主题博物馆，都应该实现融合发展，既要有园林的景观外貌、生态环境和文化内核，又要具有博物馆的收藏、展示、研究、教育功能，二者要相互促进，相互裨益，不能重视一方而忽视另一方，只重视博物馆的功能而忽视园林的内涵，会失去其根本，只重视园林外貌而忽视博物馆的功能，会缺失发展之本。只有将二者深度融合，才能有效发挥博物馆的职能作用，高效传播中国深厚的园林文化内涵。

园林类博物馆还要充分挖掘潜能，实现提质增效。古代园林类博物馆要加强古建筑维修、修复甚至复建，维护原有的山形水系园林风貌，并扩大开放面积，用于展览、教育和服务观众的场所，在这方面，北京艺术博物馆、北京古代建筑博物馆等都有较大的提升空间。新建的园林类博物馆，如北京草桥插花艺术博物馆挂牌为类博物馆，在展览展示、社会教育、研究，乃至人才队伍建设等方面还有很多工作要做，以充分发挥中国插花艺术这一中国非物质文化遗产的魅力。

北京正在建设博物馆之城，规划2035年博物馆达到460座，目前北京博物馆数量215座，博物馆的发展充满前景，但还有很艰巨的任务，也有很长的路要走，园林应该和文博行业携手合作，建立更多满足人民对美好生活需求的园林类博物馆。

参考文献

北京市公园管理中心，中国园林博物馆北京筹备办公室，2016. 中国园林博物馆展览陈列[M]. 北京：中国建筑工业出版社.

北京市公园管理中心，中国园林博物馆筹建指挥部办公室，2013. 中国园林博物馆筹建大事记[M]. 北京：中国建筑工业出版社.

曹玉星，2010. 江苏南通博物苑古树名木撷要[J]. 博物馆研究(2): 84-85.

曹玉星，2015. 标本意义与价值传播——兼谈南通博物苑“三韵”基本陈列[J]. 博物馆研究(1): 35-39.

柴汝新，孙月，2011. 保定古莲花池的《客座私祝》帖刻石[J]. 文物春秋(4): 62-64.

柴汝新，杨润西，2019. 莲池书院：科举教育史上的一朵奇葩[J]. 新阅读(3): 29-31.

陈东，2016. 清代避暑山庄的宫廷花卉[J]. 紫禁城(9): 34-49.

陈金屏，2005. 张謇与南通博物苑[J]. 中国文化遗产(4): 14-16.

程涣杰，谢明洋，2019.《补题邸园二十景》与恭王府花园[J]. 北极光(12): 106-107.

戴旋，2009. 江南园林建筑美学意蕴探析——以拙政园为个案研判[J]. 华中建筑(1): 199-201.

邓其生，1982. 东莞可园[C]// 建筑历史与理论(第三、四辑). 南京：江苏人民出版社: 164-175.

邓颖芝，2006. 东莞可园主人——张敬修[J]. 岭南文史(4): 32-34.

丁沃沃，2008. 探索形式的消隐——苏州园林博物馆新馆[J]. 建筑学报(10): 72-76.

丁艳飞，2015. 丝织品保管工作谈略——以避暑山庄博物馆藏品为例[J]. 沈阳故宫博物院院刊 第16辑(2): 108-116.

08

董纪平, 2007a. 北京先农坛三析[C]// 中国紫禁城学会. 郑欣淼, 晋宏逵. 中国紫禁城学会论文集 第五辑下. 北京: 紫禁城出版社: 775-787.
董纪平, 2007b. 北京先农坛与皇帝亲耕[C]// 中国紫禁城学会. 郑欣淼, 晋宏逵. 中国紫禁城学会论文集 第六辑上. 北京: 紫禁城出版社: 295-303.
董绍鹏, 2014. 北京古代建筑博物馆近年基本陈列改陈的几点反思[J]. 北京文博论丛(3): 65-70.
董绍鹏, 2017. 沧桑须有终结时 ——北京先农坛历史文化研究的25年实践与展望未来[J]. 孔庙国子监论丛: 311-321.
段勇, 2004. 古物陈列所的兴衰及其历史地位述评[J]. 故宫博物院院刊(5): 14-39, 154.
冯亚平, 1997. 避暑山庄内的假山[J]. 中国园林, 13(1): 52-53.
符文涛, 2017. 岭南四大名园的造园手法对当代广东园林型博物馆景观设计的影响研究[D]. 广州: 仲恺农业工程学院.
傅晶, 2004. 魏晋南北朝园林史研究[D]. 天津: 天津大学.
傅连仲, 2005. 古物陈列所与故宫博物院[J]. 中国文化遗产(4): 20-24.
谷长江, 2005. 加强王府与王府文化研究——论恭王府的维修保护和利用[C]// 恭王府管理中心. 清代王府及王府文化国际学术研讨会论文集. 北京: 文化艺术出版社: 2-15.
故宫博物院, 2000. 清圣祖御制诗文[M]. 海口: 海南出版社.
广东省博物馆协会, 2023. 博物馆工作指南[M]. 南宁: 广西师范大学出版社.
郭佩艳, 吕太锋, 董倩等, 2018. 清朝王府花园的园林空间特点研究——以恭王府花园为例[J]. 建筑与文化(4): 117-119.
韩志兴, 1996. 避暑山庄的园林植物景观[J]. 中国园林, 12(2): 43, 45.
衡志义, 1997. 清代省府第一衙 直隶总督署[J]: 文物春秋(4): 1-4, 70.
衡志义, 吴蔚, 1997. 浅谈直隶总督衙署的建筑[J]. 文物春秋(4): 5-18.
胡桂梅, 2008. 万寿寺沧桑[J]. 紫禁城(9): 200-205.
胡一红, 2015. 清代王府的保护与利用——以恭王府研究为例[C]// 北京古都历史文化讲座 第二辑: 507-529.
黄卫国, 1993. 论博物馆地理类型[J]. 文博(3): 82-88.
贾慧果, 2020. 庭木华滋立百年 故宫里的古树名木及其保护管理[J]. 紫禁城(3): 100-119.
贾珺, 2016. 圆明园之"别有洞天"与保定莲花池[J]. 中国建筑史论汇刊 第13辑: 349-386.
姜智, 2012. 魏晋南北朝时期园林的环境审美思想研究[D]. 济南: 山东大学.
康莉, 2018. 避暑山庄之园亭趣味[J]. 中国民族博览(5): 204-205.
孔俊婷, 王其亨, 2005. 漪碧涵虚 天人合一——保定古莲花池创作意象解读[J]. 中国园林(12): 69-72.
李蓓, 2020a. 晚清民国时期的影像资料与万寿寺史迹[J]. 北京文博文丛(1): 77-86.
李蓓, 2020b."京味文化"与博物馆展示方式——以万寿寺-北京艺术博物馆为例[C]// 中国博物馆协会博物馆学专业委员会2020年"博物馆与中国特色话语体系构建"学术研讨会论文集: 152-157.
李春娇, 贾培义, 董丽, 2006. 恭王府花园植物景观分析[J]. 中国园林(5): 83-88.
李飞, 2016. 北京古物保存所考略—兼论其与古物陈列所之关系[J]. 中国国家博物馆馆刊(9): 137-147.
李金龙, 1996. 全国唯一保存完好的省级衙署——保定直隶总督署[J]. 文史知识(8): 125-127.
李守义, 2012. 民国时期国立历史博物馆藏品概述[J]. 中国国家博物馆馆刊(3): 139-157.
凌振荣, 2005. 南通博物苑的回顾与展望——纪念南通博物苑一百年暨中国博物馆事业发展百年[C]// 回顾与展望: 中国博物馆发展百年——2005年中国博物馆学会学术研讨会文集: 5-13.
凌振荣, 2006. 论南通博物苑建筑[J]. 中国博物馆(1): 62-68.
刘潞, 2010.《祭先农坛图》与雍正帝的统治[J]. 清史研究(3): 151-156.
刘欣妍, 2018. 粤中四大名园植物造景文化研究[D]. 广州: 华南理工大学.
刘玉文, 2003. 避暑山庄初建时间及相关史事考[J]. 故宫博物院院刊(4): 23-29.
卢翠玲, 2022. 试论古建筑类博物馆陈列展览的空间利用和展陈设计——以东莞"可园主人张敬修"展览为例[J]. 文化月刊(1): 86-89.
卢绳, 1957. 北京故宫乾隆花园[J]. 文物参考资料(6): 36-39.
卢石应, 2011. 大明宫国家遗址公园旅游目标定位研究[D]. 西安: 西北大学.
陆琦, 1999. 岭南传统园林造园特色[J]. 华中建筑, 17(4): 119-123.
陆琦, 2020. 北京故宫慈宁宫花园[J]. 广东园林(1): 97-100.
陆琦, 2022. 北京故宫御花园[J]. 广东园林(5): 98-100.
吕济民, 1995. 张謇与中国博物馆[J]. 中国博物馆(3): 2-7.
马春和, 吴蔚, 刘志强, 1997. 直隶总督署内古树的调查与保护[J]. 文物春秋(4): 41-44.
马小淞, 刘晓明, 2020. 清中期保定古莲花池植物造景艺术研究（上）[J]. 古建园林技术(6): 68-71.
孟兆祯, 1982. 京西园林寺庙浅谈[J]. 城市规划(6): 52-56.
孟兆祯, 2003. 避暑山庄园林艺术功在千秋[J]. 社会科学战线(6): 171-173.
孟兆祯, 2011. 着眼三世广东园林[J]. 广东园林(3): 4-8.
莫日根吉, 2017. 元朝园林初探[D]. 北京: 北京林业大学.
牛慧慧, 2019.《诗经》居室建筑名物考[D]. 兰州: 兰州大学.
乾隆帝, 1993. 清高宗御制诗文全集[M]. 北京: 中国人民大学出版社.
钱亮, 2017. 两个时期拙政园玲珑馆的建筑空间分析———基于童寯和刘敦桢测绘图的比较[J]. 四川建筑, 37(5): 38-41.
任苏文, 钱红, 2012. 步向室外天地宽——南通博物苑室外陈列研究[J]. 博物馆研究(3): 32-41.
施钧桅, 2008. 张謇与南通近代园林[J]. 建筑与文化(9): 60-63.
石善涛, 2015. 细说恭王府[C]// 北京史与北京生态文明研究:

220-234.
孙旭光, 2012. 一座恭王府, 半部清代史[J]. 北京档案(5): 57-59.
万明, 2016. 传承与重塑——万寿寺的历史记忆[J]. 明清论丛第十六辑: 378-395.
汪菊渊, 1963. 苏州明清宅园风格的分析[J]. 园艺学报, 2(2): 177-194.
汪菊渊, 2012. 中国古代园林史[M]. 2版. 北京: 中国建筑工业出版社.
王博文, 2016. 苏州狮子林禅境营造手法初探[D]. 杭州: 中国美术学院.
王栋云, 2005. 南通博物苑的百年历程[J]. 南通大学学报(社会科学版)(4): 5-7.
王放, 2017. 历史建筑再生理论的实例应用——兼谈北京艺术博物馆展示空间的改造设想[J]. 中国博物馆(2): 34-40.
王奉慧, 2009. 畿辅名园莲花池[J]. 文史知识(1): 111-116.
王红星, 2010. 古代园林建筑类博物馆科学发展的路径——东莞可园博物馆建设思考与探索[J]. 中国博物馆(4): 8-13.
王宏钧, 2005. 中国博物馆事业的创始和民国时期的初步发展[J]. 中国文化遗产(4): 8-14.
王宏钧, 2014. 中国博物馆学基础[M]. 修订本. 上海: 上海古籍出版社.
王建伟, 2012. 民国早期皇城功能属性与内部空间格局的演变(1912—1928)[C]// 王岗. 北京历史文化研究. 北京: 人民出版社: 244-258.
王建伟, 2018. 民国北京中轴线的历史变迁[J]. 北京档案(10): 53-57.
王立平, 1990. 避暑山庄山区景点选析[J]. 中国园林, 6(2)10-15.
王俪颖, 2021. 故宫御花园石子路面的图案寓意与文化内涵[J]. 古建园林技术(3): 42-45.
王敏, 2016. 清末民初的北京皇城改造[J]. 北京观察(6): 74-75.
王守富, 何利华, 2021. 苏州拙政园历史沿革与分期考据[J]. 广东园林(1): 42-45.
王曦晨, 2019. 北京西郊万寿寺历史建筑及园林景观研究[J]. 建筑史 第44辑: 116-127.
王霞, 2022. 古物馆与故宫博物院早期发展[J]. 故宫学刊: 409-425.
王旭东, 2020. 使命与担当——故宫博物院95年的回顾与展望[J]. 故宫博物院院刊(10): 5-16, 342.
韦秀玉, 2014. 文徵明《拙政国三十一景图》的综合研究[D]. 武汉: 华中师范大学.
魏瑶, 何建勇, 2022. 万寿寺钟鼓楼: 京西小故宫内的海淀印记[J]. 绿化与生活(7): 56-57.
吴琛瑜, 2016. 内容、文脉、概念: 关于苏州园林博物馆的一点思考[J]. 东南文化(S1): 91-96.
吴武林, 2010. 巧手和自然的共同结晶——苏州博物馆新馆与东莞可园博物馆新馆比较研究[J]. 东南文化(4): 109-114.
向诤, 2016. 苏州拙政园花木意境[J]. 边疆经济与文化(11): 87-88.
谢晓蓉, 董丽, 2004. 浅谈岭南晚清四大古典庭园植物景观[J]. 中国园林(10): 67-74.
徐婉玲, 2020. 从皇宫到博物院 紫禁城的空间转变[J]. 科学大观园(20): 36-39.
徐小莲, 王琼, 2011. 苏州拙政园和网师园的理水艺术[J]. 南方农业, 5(12): 1-4.
许家瑞, 许先升, 2016. 从“私家古典庭园”到“城市公共园林”——东莞可园的转型变迁[J]. 广东园林(5): 41-45.
杨程斌, 2020. 园林文物的分类与研究——以园林类博物馆为例[J]. 文物鉴定与鉴赏(9): 86-90.
杨淑秋, 1996. 保定“古莲池”园林史略[J]. 中国园林, 12(2): 17-18.
杨洋, 2010. 华清池园林景观品质提升设计研究[D]. 西安: 西安建筑科技大学.
杨宗荣, 1957. 拙政园沿革与拙政园图册[J]. 文物参考资料(6): 56.
姚安, 2004. 北京先农坛的沿革[J]. 紫禁城(3): 27-29.
尹志明, 2020. 浅谈园林类博物馆安全防范——以可园博物馆为例[J]. 明日风尚(12): 186-188.
于素敏, 2021. 清代莲池行宫保护管理文告刻石考[J]. 保定学院学报34(6): 123-127.
袁守愚, 2014. 中国园林概念史研究: 先秦至魏晋南北朝[D]. 天津: 天津大学.
袁晓君, 2015. 古园林类博物馆新馆建筑设计研究[D]. 广州: 华南理工大学.
曾杰冈, 2009. 古建园林类博物馆陈列思考——以东莞可园博物馆陈列特色为例[J]. 中国博物馆(4): 56-61.
曾素梅, 王金峰, 2003. 一座总督衙署 半部清史写照[J]: 神州学人(4): 26-27.
张宝贵, 2006. 故宫的古树名木[J]. 百科知识(2)下: 58-59.
张斌翀, 2010. 宫廷遗址类博物馆的基本特点与发展取向[J]. 沈阳故宫博物院院刊 第9辑: 17-23.
张斌翀, 2012a. 宫廷遗址类博物馆的基本特点与发展取向[J]. 沈阳故宫博物院院刊(第9辑): 17-23.
张斌翀, 2012b. 避暑山庄博物馆概况[C]// 溥仪研究(4): 5-7.
张炽康, 1999. 神州第一馆——南通博物苑与其创始人张謇[J]. 档案与建设(11): 55-57.
张国强, 2017. 中国风景园林史纲[J]. 中国园林(7): 34-40.
张慧, 2013. 从宋代山水画看宋代园林艺术[D]. 杭州: 浙江大学.
张家骥, 2003. 中国造园论2版[M]. 太原: 山西人民出版社.
张美英, 任苏文, 2017. 淡雅天造气逸质伦——试论南通博物苑新馆建筑特色[J]. 东南文化(S1): 48-55.
张平一, 1992. 直隶总督署博物馆基本陈列体系的设想[J]. 中国博物馆(4): 59-61,78.
张甜甜, 王浩, 连泽峰, 2018. 北宋苏舜钦沧浪亭考辨[J]. 中国园林(11): 136-139.
张霄, 2019. 秦汉时期的宫苑分布与特点[D]. 郑州: 郑州大学.
张小古, 2010. 北京先农坛建筑群整体价值与保护利用研究[C]// 中国紫禁城学会论文集 第七辑: 228-242.
张晓莉, 2018. 直隶总督署博物馆陈列及其体现的古衙署文化[J]. 温州文物 第十六辑: 90-96.
张轩宁, 2016. 北京艺术博物馆展陈模式探究[J]. 西北艺术(3):121-124.
张媛, 2014. 宋代私家园林记研究[D]. 无锡: 江南大学.
章宏伟, 2016. 紫禁城: 从皇宫到博物院———故宫博物院的前世今生[J]. 江南大学学报(人文社会科学版), 15(2): 52-61.
赵翀, 2016. 晚清时期南通博物苑与西方博物馆教育实践比较[J]. 兰台世界(14): 131-133, 138.
赵翀, 2018. 试论中国早期博物馆规划理论——"六端之说"[C]// 中国博物馆协会博物馆学专业委员会2018年"理念·实践——博物馆变迁"学术研讨会论文集: 4-10.
赵熙春, 2003. 明代园林研究[D]. 天津: 天津大学.
赵湘军, 2005. 隋唐园林考察[D]. 长沙: 湖南师范大学.
郑欣淼, 2018. 关于故宫学的再认识[J]. 故宫学刊: 8-27.
周圣国, 1996. 历史文化名园—古莲花池[J]. 文物春秋(3): 1-4.
周维权, 2008. 中国古典园林史[M]. 3版. 北京: 清华大学出版社.

作者简介

陈进勇（男，江西樟树人，1971年生），华中农业大学林学专业学士（1992），北京林业大学园林植物专业硕士（1995），中国科学院植物研究所植物学专业博士（2008），先后任职于北京市植物园（1995—2015）和中国园林博物馆（2015—），现为中国园林博物馆教授级高级工程师。主要研究领域：园林绿化和园林文化。

吕洁（女，内蒙古呼和浩特人，1987年生），四川外语学院重庆南方翻译学院对外汉语专业学士（2011），内蒙古师范大学汉语国际教育专业硕士（2013），任职于中国园林博物馆（2014—），科学传播馆员。主要研究领域：园林历史文化与展览策展研究。

李大鹏（男，河南洛阳人，1985年生），河南农业大学农学专业学士（2008），中国农业大学植物检疫与农业生态健康专业硕士（2012），北京林业大学森林保护学专业博士（2015），先后任职于中华全国供销合作总社（2015—2020）和中国园林博物馆（2020—），现为中国园林博物馆高级工程师。主要研究领域：园林有害生物防控和园林植物养护。

* 文中照片除标注外均为作者拍摄。

附表　中国园林类博物馆名录

地区	名称	等级	性质
北京	故宫博物院	一级	文物系统国有博物馆
	文化和旅游部恭王府博物馆	一级	文物系统国有博物馆
	宋庆龄故居管理中心	未定级	其他行业国有博物馆
	孔庙和国子监博物馆	二级	文物系统国有博物馆
	北京古代建筑博物馆	二级	文物系统国有博物馆
	大钟寺古钟博物馆	二级	文物系统国有博物馆
	首都博物馆［北京文博交流馆（北京智化寺管理处）］	三级	文物系统国有博物馆
	北京石刻艺术博物馆	三级	文物系统国有博物馆
	北京大觉寺与团城管理处	未定级	文物系统国有博物馆
	首都博物馆（白塔寺管理处）	未定级	文物系统国有博物馆
	北京大觉寺与团城管理处（大觉寺管理处）	未定级	文物系统国有博物馆
	北京艺术博物馆	未定级	文物系统国有博物馆
	雍和宫藏传佛教艺术博物馆	未定级	其他行业国有博物馆
	北京历代帝王庙博物馆	未定级	文物系统国有博物馆
	慈悲庵	未定级	其他行业国有博物馆
	西黄寺博物馆	未定级	文物系统国有博物馆

（续）

地区	名称	等级	性质
	园林博物馆（中国园林博物馆）	二级	其他行业国有博物馆
	法海寺	未定级	文物系统国有博物馆
	香山双清别墅	未定级	其他行业国有博物馆
	圆明园博物馆	未定级	其他行业国有博物馆
	颐和园博物馆	未定级	其他行业国有博物馆
	北京房山云居寺石经博物馆	未定级	文物系统国有博物馆
	明十三陵博物馆	二级	文物系统国有博物馆
	北京南海子麋鹿苑博物馆	二级	其他行业国有博物馆
天津	天津文庙博物馆	未定级	文物系统国有博物馆
河北	保定直隶总督署博物馆	三级	文物系统国有博物馆
	莲池书院博物馆	三级	文物系统国有博物馆
	曲阳北岳庙博物馆	三级	文物系统国有博物馆
	元中都博物馆	二级	文物系统国有博物馆
	承德市避暑山庄博物馆	二级	文物系统国有博物馆
山西	太原市晋祠博物馆	二级	文物系统国有博物馆
	云冈石窟博物馆	未定级	文物系统国有博物馆
内蒙古	内蒙古自治区将军衙署博物院	二级	文物系统国有博物馆
	奈曼旗王府博物馆	三级	文物系统国有博物馆
	伊金霍洛旗郡王府博物馆	未定级	文物系统国有博物馆
	阿拉善王府博物馆	未定级	文物系统国有博物馆
辽宁	沈阳故宫博物院	一级	文物系统国有博物馆
	张氏帅府博物馆	二级	文物系统国有博物馆
吉林	伪满皇宫博物院	一级	文物系统国有博物馆
	吉林市文庙博物馆	三级	文物系统国有博物馆
黑龙江	五大连池世界地质公园博物馆	三级	文物系统国有博物馆
上海	上海豫园管理处	未定级	文物系统国有博物馆
江苏	明孝陵博物馆	二级	其他行业国有博物馆
	苏州园林博物馆	未定级	其他行业国有博物馆
	南通博物苑	一级	文物系统国有博物馆
	江苏盆景博物馆	未定级	其他行业国有博物馆
	扬派盆景博物馆	未定级	其他行业国有博物馆
浙江	杭州西湖博物馆总馆	一级	文物系统国有博物馆
	杭州孔庙	未定级	文物系统国有博物馆
	宁波市天一阁博物院	一级	文物系统国有博物馆
江西	白鹿洞书院博物馆	未定级	文物系统国有博物馆
山东	潍坊十笏园博物馆	未定级	文物系统国有博物馆
河南	牡丹博物馆	未定级	其他行业国有博物馆
	内乡县县衙博物馆	二级	文物系统国有博物馆
	南阳知府衙门博物馆	三级	文物系统国有博物馆
	南阳武侯祠博物馆	未定级	文物系统国有博物馆
	安阳市殷墟博物馆	未定级	文物系统国有博物馆
	周口市关帝庙民俗博物馆	三级	文物系统国有博物馆
湖北	武汉市晴川阁管理处	二级	文物系统国有博物馆

（续）

地区	名称	等级	性质
	武汉东湖梅花博物馆	未定级	其他行业国有博物馆
	武汉荷花博物馆	未定级	其他行业国有博物馆
	神农架大九湖湿地馆	未定级	其他行业国有博物馆
广东	南越王博物院	一级	文物系统国有博物馆
	佛山市祖庙博物馆	二级	文物系统国有博物馆
	佛山市顺德区清晖园博物馆	未定级	文物系统国有博物馆
	五华县长乐学宫博物馆	未定级	文物系统国有博物馆
	东莞市可园博物馆	二级	文物系统国有博物馆
广西	南宁孔庙博物馆	未定级	文物系统国有博物馆
	柳州文庙管理所（柳州文庙博物馆）	未定级	文物系统国有博物馆
	桂林市靖江王陵博物馆	三级	文物系统国有博物馆
	北海涠洲岛火山国家地质公园地质博物馆	未定级	其他行业国有博物馆
重庆	张桓侯庙博物馆	未定级	其他行业国有博物馆
四川	成都杜甫草堂博物馆	一级	文物系统国有博物馆
	成都武侯祠博物馆	一级	文物系统国有博物馆
	成都永陵博物馆	二级	文物系统国有博物馆
	大邑县刘氏庄园博物馆	三级	文物系统国有博物馆
	明蜀王陵博物馆	未定级	文物系统国有博物馆
	泸县屈氏庄园博物馆	未定级	文物系统国有博物馆
	皇泽寺博物馆	三级	文物系统国有博物馆
	眉山三苏祠博物馆	二级	文物系统国有博物馆
	宜宾市蜀南竹海博物馆	未定级	文物系统国有博物馆
贵州	赤水丹霞石刻艺术博物馆	未定级	文物系统国有博物馆
	兴义市刘氏庄园陈列馆	未定级	文物系统国有博物馆
云南	哈尼梯田文化博物馆	未定级	文物系统国有博物馆
	大理苍山世界地质公园博物馆	未定级	其他行业国有博物馆
西藏	西藏自治区罗布林卡管理处	未定级	文物系统国有博物馆
	西藏自治区布达拉宫管理处	未定级	文物系统国有博物馆
陕西	汉景帝阳陵博物院	一级	文物系统国有博物馆
	秦始皇帝陵博物院	一级	文物系统国有博物馆
	西安市秦阿房宫遗址博物馆	未定级	文物系统国有博物馆
	蓝田水陆庵壁塑博物馆	未定级	文物系统国有博物馆
	大明宫遗址博物馆	未定级	文物系统国有博物馆
	华清池唐华清宫御汤遗址博物馆	未定级	文物系统国有博物馆
	法门寺博物馆	二级	文物系统国有博物馆
	宝鸡先秦陵园博物馆	未定级	文物系统国有博物馆
	岐山县五丈原诸葛亮庙博物馆	未定级	文物系统国有博物馆
	乾陵博物馆	二级	文物系统国有博物馆
	昭陵博物馆	二级	文物系统国有博物馆
	茂陵博物馆	二级	文物系统国有博物馆
	富平县文庙博物馆	未定级	文物系统国有博物馆
	蒲城县清代考院博物馆	未定级	文物系统国有博物馆
	蒲城县惠陵文物管理所	未定级	文物系统国有博物馆

（续）

地区	名称	等级	性质
	白水仓颉庙博物馆	未定级	文物系统国有博物馆
	韩城市普照寺博物馆	未定级	文物系统国有博物馆
	韩城市司马迁墓祠博物馆	未定级	文物系统国有博物馆
	韩城市大禹庙博物馆	未定级	文物系统国有博物馆
	西岳庙博物馆	未定级	文物系统国有博物馆
	洛川县黄土国家地质公园管理处	未定级	其他行业国有博物馆
	延安杜供祠博物馆	未定级	其他行业国有博物馆
	勉县武侯祠博物馆	三级	文物系统国有博物馆
	略阳县江神庙民俗博物馆	未定级	文物系统国有博物馆
	略阳县灵岩寺博物馆	未定级	文物系统国有博物馆
甘肃	敦煌研究院	一级	文物系统国有博物馆
	张掖湿地博物馆	未定级	其他行业国有博物馆
	敦煌雅丹国家地质公园地学博物馆	未定级	其他行业国有博物馆
宁夏	宁夏湿地博物馆	未定级	其他行业国有博物馆
	须弥山博物馆	未定级	其他行业国有博物馆
	火石寨地质博物馆	未定级	其他行业国有博物馆
新疆	松峰书院展陈馆	未定级	文物系统国有博物馆
	和布克赛尔蒙古自治县王爷府博物馆	未定级	文物系统国有博物馆

资料来源：国家文物局官网（http://www.ncha.gov.cn）公布的2022年全国博物馆名录。

园林之母
China

09

-NINE-

黑龙江省森林植物园的发展历程（1958—2023）

The Development Process of Heilongjiang Forest Botanical Garden (1958—2023)

张 鑫* 石艳霞** 滕 飞 肖 潇
（黑龙江省森林植物园）

ZHANG Xin* SHI Yanxia** TENG Fei XIAO Xiao
(Heilongjiang Forest Botanical Garden)

* 邮箱：kckc@qq.com
** 邮箱：通讯作者。syx789@qq.com

摘　要：本章全面地介绍了黑龙江省森林植物园的发展历程，从总体规划、园区建设、发挥功能到取得成效方面进行了全面介绍，并概述了未来发展的构想方向，以供读者借鉴、参考和提出宝贵意见。

关键词：哈尔滨　森林植物园　黑龙江　基本情况　总体规划

Abstract: This article provides a comprehensive overview of the development process of Heilongjiang Forest Botanical Garden, detailing the general planning, garden construction, functions, and outcomes, as well as the future development direction. These details are present for readers to study, reference, and provide valuable feedback.

Keywords: Harbin, Forest botanical garden ,Heilongjiang, Comprehensive overview, General planning

张鑫，石艳霞，滕飞，肖潇，2024，第9章，黑龙江省森林植物园的发展历程（1958—2023）；中国——二十一世纪的园林之母，第七卷：463-525页.

黑龙江省森林植物园位于哈尔滨市香坊区哈平路105号（图1），地理坐标为126.642 677° E，45.709 255° N，园区占地面积136hm^2（其中：东园区104hm^2，西园区32hm^2）。是东北最具代表性的寒温带植物园；是集科研、科普、生态旅游为一体的综合性植物园；也是坐落在城市市区的国家级森林公园（图2）。

黑龙江省森林植物园是黑龙江省林业科研教

图1　黑龙江省森林植物园主大门——1号门（石艳霞 提供）

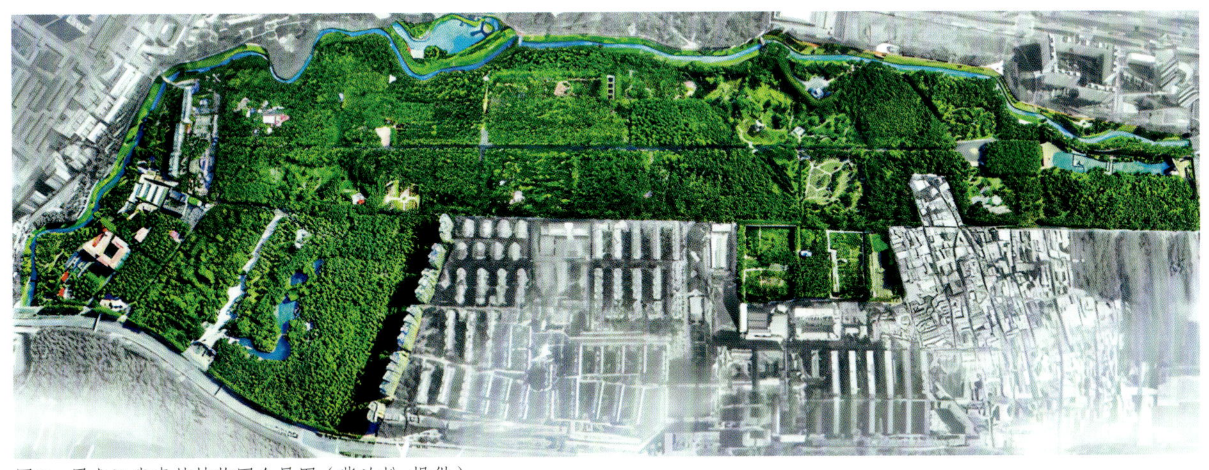
图2　黑龙江省森林植物园全景图（柴汝松 提供）

图3　黑龙江省森林植物园内主干道——林荫大道（张鑫 提供）

学、东北地区珍稀濒危植物保护、国家科普教育和全国花卉生产示范四大基地，也是我国唯一的搜集、保存、引种驯化、培育繁殖和展示寒温带植物的植物园，是国家物候观测站，哈尔滨市区内面积最大的、生态系统最稳定的森林绿地和氧源地，被誉为“哈尔滨之肺”和“城市绿洲”（李长海, 2007）。共收集保存活植物1 500余种，已迁地保存国家重点保护植物20余种，省级保护植物60余种，成为黑龙江省保护珍稀濒危植物的“诺亚方舟”。西园区作为科研试验基地进行封闭管理，东园区以林荫大道（图3）为基线，向四周辐射。建有2个不对外开放的植物保护研究基地。承担着森林植物物种及其多样性领域的科学研究、引种保护、科普教育等工作（李长海, 2007）。

园区已建成树木标本园、药用植物园、珍稀濒危植物园、婚庆园、紫杉园、春园、玉簪园、月季园、百花园、观果园、秋景园、丁香园、牡丹芍药园、湿地园、蔷薇园、园中湖（图4）、青云塔、长寿山、山水乐园、风车广场、游乐园、示范园和生态休闲广场23处主题展区。

经过65年的发展，黑龙江省森林植物园科研力量不断增强和扩大，设有科学技术科、园林建

图4　园中湖（张鑫 提供）

设科、公园管理科、党群工作部（人事劳资科、党委办公室、工会等）、行政管理科、计划财务科、信息技术科、科普宣教科、科研试验基地等。黑龙江省森林植物园隶属于黑龙江省林业和草原局，是公益一类事业单位，建有“省级领军人才种苗学梯队”，研究方向为东北地区珍稀濒危植物迁地保育、寒地园林树木种苗繁育、耐寒花卉及地被植物研究和寒地浆果选育及栽培技术。科研团队下设珍稀濒危植物引种驯化研究室、观赏植物培育研究室、园艺花卉研究室、资源植物研究室、森林植物物种研究室。

科研团队以黑龙江省及东北地区珍稀濒危植物收集、保存、繁殖及栽培技术研究为中心，以引种国内外优良耐寒用材、观赏及经济植物研究为特色；通过开展抗逆性、种子生物学、苗木生物学和苗木培育技术研究，选育适应性强的优良品种，利用常规和现代育苗技术对其扩繁，为黑龙江省生物多样性及生态、经济建设提供优良种质资源和良种壮苗（李长海，2007）。

黑龙江省森林植物园1957年提出项目建议并得到立项批复，1958年筹建具有中国北方特色的寒温带森林植物园启动建设，经多方面考察，最后将森林植物园地址确定为当时的哈尔滨市任家桥苗圃，1988年正式向公众对外开放。为了更适应时代发展的需要，打造现代化植物园，植物园重新修订了“十年总体规划”，并于2002年4月28日闭园改造，历时1年，使园区容貌发生了巨大变化。2003年6月1日，黑龙江省森林植物园以崭新的面貌重新对外开放至今（李长海，2007）。

经过了65年的建设，其间取得了哪些成绩？发挥了什么作用？遇到了哪些挑战？为什么要建立这样一个植物园？是很多人关心和关注的话题。虽然前期相关媒体记者采访都有所涉及，但是相关内容都没有得到充分和全面的认识和报道。所以，实时总结并记载下来，不仅是对目前工作的总结，也是一次深刻反思，明晰森林植物园将来的发展方向和主要目标任务，同时希望黑龙江省森林植物园的发展过程能为国内同行提供些许借鉴意义。

1 项目选址

1957年，根据黑龙江省省长李范五（1912—1986）同志，黑龙江省林业厅厅长张世军（1920—1991）同志的提议，经黑龙江省人民政府批准，筹建具有中国北方特色的寒温带森林植物园，并责成黑龙江省林业厅（现黑龙江省林业和草原局）、哈尔滨市园林处，在哈尔滨市选址。经多方面考察，最后将黑龙江省森林植物园（图5）地址确定为当时的哈尔滨市任家桥苗圃。

在接收原哈尔滨市任家桥苗圃后，于1958年邀请北京林学院（现北京林业大学）园艺系教授余树勋（1919—2013），带领团队完成了总体规划并开展建设。1988年正式对外开放，1992年被国家林业部批准为“哈尔滨国家森林公园”，是全国为数不多的坐落于城市中心地带的植物园。主要承担森林植物物种及其多样性领域的科学研究、引种保护、科普教育等工作。

图5　黑龙江省森林植物园导览图（谭梦 提供）（1. 生态休闲广场；2. 标本园；3. 园中湖；4. 春园；5. 青云塔；6. 药物园；7. 游乐园；8. 风车广场；9. 婚庆园；10. 百花园；11. 观果园；12. 示范园；13. 湿地园；14. 丁香园；15. 长寿山；16. 山水乐园；17. 蔷薇园；18. 牡丹芍药园；19. 秋景园；20. 珍稀濒危园；21. 紫杉园；22. 月季园；23. 玉簪园）

2 历史沿革

1958年2月黑龙江省森林植物园在哈尔滨市任家桥苗圃（哈尔滨市第一苗圃旧址）的基础上正式建立。1958年4月18日，哈尔滨市建设局与黑龙江省林业厅、林业科学研究所共同对筹建森林植物园几项原则问题进行了讨论，对有关建园目的、主要任务（短期）、筹建经费、土地范围、植物园形成后的管理等做出了6项决定。根据这6项决定，1958年5月6日由哈尔滨市园林处牵头，会同任家桥苗圃和省森林植物园正式办理移交手续。同年从省林业厅、东北制材局、山西太原林校、各林业局等地调入部分人员，从此植物园的建园工作陆续展开。

2.1 发展阶段

大致可分为3个阶段：

第一阶段：1958—1980年；

第二阶段：1981—2001年；

第三阶段：2002年至今。

2.1.1 第一阶段：1958—1980年

黑龙江省森林植物园从艰苦创业起步。建园初期，在科技人员少（只有1名工程师、6名技术员）、环境艰苦的条件下，领导干部带领广大科技人员与职工，团结奋战，开荒、整地、育苗、造林，引种栽培各种植物，绿化面积达到200hm^2，形成了各小区的初步格局，为以后的建设和发展打下了坚实基础。同期陆续开展了植物园引种驯化、杨树育种、速生丰产林和果树园艺等方面的科学试验研究。1978年党的十一届三中全会以后，森林植物园隶属关系划归省科学院自然资源研究所领导，科研力量不断充实起来，为以后的科学研究及园区建设奠定了良好基础（李长海 等，2007）。

2.1.2 第二阶段：1981—2001年

1981年黑龙江省森林植物园划归省营林局领导，全园的科研和建设能力继续增强。全园的科研和建设工作开始稳步、有计划地向前发展，尤其是大规模的植物引种驯化工作成绩显著，成为我国寒温带森林植物园资源保存的集中地和东北地区专门从事植物引种驯化栽培的科研基地。1988年6月1日，经省林业厅批准，黑龙江省森林植物园正式对外开放。

1992年9月中华人民共和国林业部正式批准建立哈尔滨国家森林公园。全园景区景点的建设得到进一步推进，先后建设了药用植物园、水生植物区等景区，以及具有欧式风格的防火瞭望塔中心景点。开放后的森林植物园吸引了大量的中外宾客观光、旅游和学习（王晓冬 等，2007）。

2.1.3 第三阶段：2002年至今

随着社会的发展，森林植物园的建设水平相对滞后的问题已日益凸显，为了把黑龙江省森林植物园打造成现代化森林植物园，使之适应时代的发展，黑龙江省林业厅责成森林植物园重新修订了“十年总体规划”，并决定于2002年4月28日起进行闭园改造。历时一年的改造，森林植物园的园容园貌发生了巨大的变化，2003年6月1日，黑龙江省森林植物园以崭新的姿态重新对外开放。

2003年10月17日，黑龙江省第十届人民代表大会常务委员会第五次会议根据《中华人民共和国森林法》《中华人民共和国自然保护区条例》等法律、法规，通过了《黑龙江省森林植物园保护条例》（简称《保护条例》），并于2003年12月1日起施行。《保护条例》是黑龙江省出台的第一部保护植物的专门法规，《保护条例》的出台，以立法的形式使植物园的资源得到了有效保护。黑龙江省省长张左己（1945—2021）同志在《关于以立法的形式保护省森林植物园的建议》一文上批示：森林植物园和太阳岛是哈尔滨人的命根子，要世世代代保护好，决不允许破坏……

2.2 隶属变迁

黑龙江省森林植物园从1958年建立以来，其体制和隶属关系曾多次变换。大致过程如下：

1958年1月，森林植物园成立时建制为科级，隶属黑龙江省林业厅系统，由黑龙江省林业科学研究所领导。

1960年5月，黑龙江省林业科学院在黑龙江省林业科学研究所的基础上成立。同年12月，省林业科学院设立了植物研究所，森林植物园的具体领导划归植物研究所，同时森林植物园的体制由科级变为处级。

1962年9月25日，森林植物园的行政隶属关系改为省林业厅直属。

1972年6月，森林植物园的隶属关系重新划归黑龙江省林业总局系统，由省林业科学院领导。

1978年，森林植物园的隶属关系划归黑龙江省科委系统（省科学院）管理，省科学院在森林植物园的基础上建立了黑龙江省自然资源研究所，森林植物园归自然资源研究所领导，体制降为科级。

1981年7月11日，黑龙江省森林植物园改由省营林局管理。1981年9月森林植物园与自然资源研究所脱离，省政府办公厅协调处理了相关事宜。

1982年5月26日，经省政府同意，恢复植物园的县团级级别。

1983年6月，省营林局恢复省林业厅名称，森林植物园行政关系隶属省林业厅。1988年6月1日，经省、市、区各级领导商定，森林植物园添挂黑龙江省哈尔滨森林公园的牌子，正式对外开放。

1990年6月28日，黑龙江省编制委员会批准成立省森林经营研究所，并与森林植物园合署办公（一套人马、两个牌子）。

2019年5月23日至今，黑龙江省森林经营研究所更名为黑龙江省森林植物研究所，与森林植物园一套人马、两个牌子，合署办公。

3 园区规划

总体规划是森林植物园建设的纲领性文件，它规定了森林植物园的性质、方向、主要任务及建设内容，同时由于受到社会、经济、技术、文化等诸多因素的影响而又处于不断调整的过程中。黑龙江省森林植物园首次总体规划于1959年完成，至2023年年底，共进行过5次调整。

3.1 黑龙江省森林植物园总体规划

1959年1月，黑龙江省森林植物园在北京林学院（现北京林业大学）指导下完成了首次总体规划，规划面积467.2hm^2（7 007.55亩）。

建园方针及工作任务：

（1）作为林业试验研究基地，培育各种丰产林、标准林，对工业原材植物、速生树种、果树、珍贵用材林树种、观赏植物进行引种驯化和定向培育。

（2）进行良种繁育及推广。

（3）收集木本植物，成为活的树木标本园。

（4）栽培主要用材林树种的标本林，培育速生高产优质的人工林分。

功能分区：全园规划为10个小区，包括树木园、植物地理区、观赏植物区、苗圃、果树园、水生植物区、经济植物区、主要树种造林区、引种驯化区、森林鸟兽繁殖场等。以上10个小区占地5 938.8亩。另外，防护林、建筑用地、马家沟河水面，占地1 068.75亩。北部接近市区，交通方便，侧重安排游览区，南部为科研试验区。观赏植物展区、树木园、植物地理区、水生植物区和森林鸟兽繁殖场等展区采用自然式布局，其他各区采用规划式布局。规划的主要建筑设施有林业展览馆、展览温室、林业研究所、办公楼、试验温室。规划内容还包括园区道路系统、主要建筑布局及分区植物种植计划。

3.1.1 第一次修订

修订时间：1964年

1961年和1964年由于执行农业退赔政策，1958年森林植物园合并农业社的土地被退回，土地面积大大减少，因此森林植物园于1964年对原总体规划进行了较大调整和修订，于1964年8月完成。修订后的规划面积为166.7hm^2（2 500亩）。

总体规划提出的建园方针：以培育研究黑龙江省森林植物为主，适当引种驯化外地树种，为生产、科研、教学服务。体现三个为主、三个结合，即以科研为主，科研、生产、教学相结合；以乡土树种为主，乡土树种与引进外地珍贵用材树种相结合；以木本植物为主，木本植物与草本植物相结合。并将森林植物园的性质明确为直接受省林业厅领导的地方性森林植物园，是全国植物网点的组成部分，是密切联系林业实践、服务于林业建设的科学研究基地，肩负基地建设和科学研究的双重任务，并对普及植物科学知识负有重要责任。它既要有科学内涵，又要有园林外貌。

功能分区：全园规划为4个区：树木园（树木园、标本园）、引种驯化区（引种驯化区、选种育种区、种子园）、造林试验区、办公楼。总投资概算为221万元。

3.1.2 第二次修订

修订时间：1978年8月

1966—1978年间，由于森林植物园隶属关系多次变动，建园工作处于停滞状态。1978年，隶属省科委系统领导，在森林植物园的基础上建立了黑龙江省自然资源研究所。同年8月编写了《黑龙江省森林植物园总体规划说明和今后建设的意见》，对规划面积和功能分区重新进行了调整。规划面积为146hm^2（2 190亩）。

功能分区：共设9个小区，包括标本园区、选种育种区、苗圃、树木园、果树区、种子园区、经济植物区、温室花卉展览区、环境保护区。

3.1.3 第三次修订

修订时间：1980年

1980年1月，省自然研究所再次组织进行了森林植物园总体规划的修订。规划面积为220hm^2（3 300亩）。

森林植物园建园任务、性质及方向：森林植物园是从事寒温带森林植物引种驯化为中心工作的科研机构，研究的重点是用材树种、经济植物、绿化植物和观赏植物，并肩负着普及植物科学知识的职责。

功能分区：全园共设10个分区，包括标本园、树木园、绿化植物展览区、经济植物区、果树区、育种区、引种区、主要树种造林区、人工生态区、环境保护试验区。规划主要设施有展览温室、标本馆、人工湖等。总投资概算为700万元。

3.1.4 第四次修订

修订时间：1981年

1981年9月，森林植物园隶属关系改由省营林局领导，森林植物园总体规划又进行了一次认真的修订。此次规划从1981年年底开始，1983年2月结束。规划面积96.2hm^2。

森林植物园的性质、方向、任务：黑龙江省森林植物园是本省的地方性森林植物园，是全国森林植物园网点的组成部分，也是全国唯一处于市区的森林植物园，是以研究寒温带森林植物为主，面向生产、科研、教学与普及森林植物科学知识的森林植物园。

主要任务：

（1）以调查、收集、引种黑龙江省森林植物为主，有计划地引进其他寒温带地区的森林植物，使之成为黑龙江省森林植物的橱窗和缩影。

（2）引种驯化和培育改良适于黑龙江省推广的速生速种、人工林森林景观，又有科学内容的科研科普基地，对外开放，为生产、教学和建设精神文明服务，并与国内外进行相关的技术交流和科研协作。

总体布局：本园北部与城区相连，交通便利，主要开辟为科普、教学服务小区；南部偏僻静，主要设置科研区。

功能分区：全园规划为9个小区，其中有4个科普小区，即标本园、森林植物地理区、观赏植物区、药用植物区；5个科研小区，即杨树区、珍稀用材树种区、经济植物区、果树区、苗圃区。主要设施有展览温室、科研科普楼、人工湖等。

3.1.5 第五次修订

修订时间：2001年7月

从1992年黑龙江省森林植物园被国家林业部批准为哈尔滨国家森林公园以来，景区景点建设得到了进一步的加强。但是随着社会的发展，森林植物园现有的景区状态已无法充分发挥它应有的功能与作用，因此，2001年7月，黑龙江省森林植物园对总体规划进行了第五次修订。规划范围为136hm^2，东区以马家沟河为界，南至哈平路朝阳村，西至哈平路，北侧与省自然资源研究所和动力食品厂相邻，西区西至哈尔滨理工大学，北至马家沟河，东至哈平路，南至武警黄金总队。

此次规划以植物保育生物学、生态学原理为理论指导，以保护东北地区珍稀濒危植物种质资源和促进物种及其生境恢复为目的，不断丰富、保护园内现有植物资源，同时引种保存重要的华北、西北和北美等北温带地区植物种质资源，建立具有现代科技水平的东北地区植物保护基地。在通过合理的布局与规划建设，建成具有东北地区特色的集科研、科普、生态休闲为一体的重要基地。

3.2 发展性质定位

以将黑龙江省建设成为全国第三个生态示范省的发展战略为导向；以建设跨世纪生态示范市为契机；以科教兴省的发展战略为手段；以建立寒温带植物博览中心与省林业科教示范中心为目标。

发展功能定位：突出东北森林特点，以保护生物多样性为前提，以建立东北地区珍稀濒危植物保护基地为重点，集科学研究、科普教育、生态休闲、环境保护等多功能于一体的，具有综合效益的现代化森林植物园（李长海 等，2007）。

总体布局：黑龙江省森林植物园的规划建设以植物生态体系的保护与建设为首要原则，其总体布局方式在尊重城市总体规划的前提下，充分考虑现状及地形条件，采用由西向东、南北分段式的布局，依据尊重自然、保护自然、回归自然、享受自然四大主题构想将全园分为西区、东区两个园区。全园基本风格采用以自然山水骨架、自然生态群落与具有地方文脉特色的建筑、雕塑、广场相结合的方式。西区为典型植物区和珍稀濒危植物异地保存区，东区为植物展示区、生态休闲区、科研试验区及科普教育管理区。

功能分区：将全园分成珍稀濒危植物异地保存区、典型植物区、植物标本区、水生植物区、药用植物区、科研试验繁育区、生态休闲区、科普教育管理区8个功能区。主要建筑设施：苗木储藏库、植物观赏温室、科普展览区、科研及专家工作室、专类园等。工程概算8 485万元。此次规划得到了上级主管部门的大力支持，使得规划设计能够顺利进行。

虽然森林植物园的总体规划因政策和隶属关系的变化而几次调整，但全园的建设工作仍在黑龙江省林业和草原局的支持下，在园党委班子的正确领导下不断推进和开展。

3.3 1958—1978年

从任家桥苗圃接受的产业除土地外，其他基层设施和固定资产接近于零。1958—1978年间，森林植物园集中人力、财力致力于植物引种和植树造林，奠定了全园绿化和林业科研基础。同时补充了科研、技术需要的设备，新建了少量职工住宅、小区作业房、局部围墙、水电设施及道路等。

3.4 1982—1999年

1978年，党的十一届三中全会以后，森林植物园加快了建设步伐。仅在1982—1984年三年间，上级部门集中财力对森林植物园进行了较大规模的基本建设，完成了园主干道、科普楼等20余个项目的建设，森林植物园开始展现出良好的状态和园貌。

3.5 2000年至今

为了把森林植物园打造成为现代化森林植物园，使之更加适应时代发展的需求，2000—2003年，森林植物园在省领导、厅领导的关心和支持下，集中进行了大规模的全园基础设施和景区景点改造建设工作。新建了主大门——1号门，同时进行广场工程改造，新建了人工湖等12个专类园景区，重新修建了围墙、道路、供水、供电等基础设施。通过整体建设。森林植物园的园容园貌得到了彻底的改观，解决了长期制约森林植物园发展的基础设施不完备问题，丰富了景区景点的观赏游览内容，提高了森林植物园的景观档次，突出了森林植物园的风格和特色（图6），为森林植物园长期发展奠定了坚实基础（李长海 等，2007）。

2002年4月至2003年5月，黑龙江省森林植物园进行了为期一年的闭园改造，对园容园貌及基础措施进行了全面建设，工程项目包括主广场建设工程，占地20 000m^2；园中湖改造建设工程，占地25 000m^2，园中湖面积为11 600m^2；全园围墙封闭建设工程，拆除破损围墙，重新砌筑修建3m高砖围墙3 670m，沿线居民区污水引流渗井6处；防火塔景区维修改造建设工程；北门道路广场建设工程，修筑3m宽混凝土道路1 100m，铺设步道板广场670m^2；道路建设工程，修建园区沥青混凝土道路33 870m^2，使全园各景区景点全部贯穿联结；供水工程，完成给水主管线建设3 430m，敷设地下水和自来水两套管线，沿途设检查井20个；供电工程，建设供电缆井16个；堆山工程，堆建12m高、方圆2 400m^{2}长寿山一座（图7）；亮化工程；厕所，建成4处冲水式公共厕所；钻井工程，新建地下抽水井2座，每座供水量32t/h；井房工程，新建占地35m^2，高6m井房2座；排水工程，共修筑排水井15座。

图6 植物园工作人员对新修建园区内树木进行保护工作（谭梦 提供）

图7 长寿山立体花坛（石艳霞 提供）

4 园区建设

4.1 土壤植物分析实验室的建设

1984年，世界银行向我国贷款用于黑龙江省6个县建立商品材基地，其中包括配套的“土壤植物分析实验室”的建设。经世界银行、国家林业部及黑龙江省林业厅共同选址，实验室设在哈尔滨市的黑龙江省森林植物园内，并责成森林植物园建设和管理。

1986年，森林植物园土壤植物分析实验室正式开始筹建，由森林植物园拨出新建的科普楼300m^2 14间房屋作为实验基地用房。设置了气相色谱室、液相色谱室、原子吸收光谱室、紫外光谱室、氨基酸分析室、离子色谱室、薄层扫描室、定氮和常规分析室、天平室、机修及样品处理室各一间，其余作为实验室的办公室。同时，新建200m^{2}药品仓库一处。

1987年，省林业厅外资项目办公室拨给土壤植物分析实验室40万美元，作为采购仪器设备的资金。先后从联邦德国、日本等国家订购了9台大型精密分析仪器和原子吸收分光光度计等8台5个型号的小型仪器。

1990年，森林植物园土壤分析实验室建成并投入使用后，经世界银行和国家林业部、黑龙江省林业厅两级外资项目办公室批准，实验室又购置了旋转蒸发仪、远红外消煮炉、多功能离子分析仪器、自动滴定仪、数字式酸度计、数字式电导仪、水浴恒温振荡器、电热真空干燥箱、白金坩埚、大容量电冰箱、四通打字机、复印机、稳压器等近百种配套设备及玻璃仪器、化学试剂，价值7.5万美元（李长海，2007）。

4.2 东北地区珍稀植物保护基地建设项目

为了收集、保存东北地区珍稀濒危植物种质资源，保护生物多样性，2002年7月，黑龙江省森林植物园组织编写并向国家林业局呈报了《东北地区珍稀植物保护基地可行性研究报告》。

国家林业局给予批复后，于2004年6月得到黑龙江省林业厅的批准。按照上述两个批复文件的具体要求，我们森林植物园严格工程建设和项目资金管理，精心组织工程施工，保证配套资金全额到位。于2006年年底完成了主要建设项目内容。

4.3 黑龙江省野生植物种质资源库建设项目

“黑龙江省野生植物种质资源库建设项目”是2007年黑龙江省森林植物园作为项目法人组织申报的建设项目。2007年6月22日，国家林业局对该项目予以批复，项目的实施时间为2008—2009年。

批复内容如下：

（1）同意在黑龙江省森林植物园建设野生植物种质资源保存库项目，建设总规模为16hm^2。

（2）项目主要建设内容：营建北方野生植物保护区14hm^2，北方野生植物繁育区2hm^2；新建温室280m^2；配套对项目供暖、供电、给排水等辅助设施进行改造。

该项目的建设，对本地区野生植物的引种驯化、种质资源保护、栽培繁育优良植物等一系列工作将起到积极的推动作用。

4.4 专类园建设

4.4.1 树木标本园

树木标本园（图8、图9），占地4hm^2，以引种栽培东北乡土树种为主，园中乔木、灌木、草本与地被植物相结合；常绿树种、观花、观果、观皮树种相互配置。

园内引种栽植了红松（*Pinus koraiensis*）（图10）、樟子松（*Pinus sylvestris*）、长白松（*Pinus sylvestris*）、东北红豆杉（*Taxus cuspidata*）、黄

图8　树木标本园正门（张鑫 提供）

图9　树木标本园（张鑫 提供）

图10　标本园内的红松（张迎新 提供）

图11　树木标本园是黑龙江省森林植物重要木本植物种质基因保存基地（张鑫 提供）

檗（*Phellodendron amurense*）、水曲柳（*Fraxinus mandshurica*）、胡桃楸（*Juglans mandshurica*）、锦带花（*Weigela florida*）、白杄（*Picea meyeri*）、红皮云杉（*Picea koraiensis*）、紫丁香（*Syringa oblata*）、天女花（*Oyama sieboldii*）、三花槭（*Acer triflorum*）、紫花忍冬（*Lonicera maximowiczii*）、雷公藤（*Tripterygium wilfordii*）、东北接骨木（*Sambucus williamsii*）等40科90属300余种树木，是黑龙江省森林植物园引种木本植物的集中展示区、木本植物种质基因保存库（图11），也是开展植物科学研究及中小学科普教育的主要场所。

4.4.2 药用植物园

药用植物园（图12），占地面积4hm^2，以引种栽培东北药用植物为主。整个园区亭廊小品（图13）、水生植物区（图14）相结合，利用高大乔木及茂密的灌木丛形成良好的药用植物生长环境。

园区已引种栽培甘草（*Glycyrrhiza uralensis*）、防风（*Saposhnikovia divaricata*）、白头翁（*Pulsatilla chinensis*）、狭叶荨麻（*Urtica angustifolia*）、桔梗（*Platycodon grandiflorus*）（图15）、荷包牡丹（*Lamprocapnos spectabilis*）（图16、图17）、黄芪（*Astragalus membranaceus*）、苍术（*Atractylodes ancea*）、鲜黄连（*Plagiorhegma dubium*）等药用植物59科近200种。除了具有极高的药用价值外，还拥有较好的观赏价值。药用植物园也是黑龙江省森林植物园重要的科研和科普教育场所之一。

图12　药用植物园一瞥（张鑫 提供）

图13　药用植物园白桦林内的经典建筑——红房子（石艳霞 提供）

图14　药用植物园水生植物区（张鑫 提供）

图15　药用植物园内桔梗开花（石艳霞 提供）

图16　药用植物园内的荷包牡丹（一）（石艳霞 提供）

图17　药用植物园内的荷包牡丹（二）（石艳霞 提供）

4.4.3　丁香园

丁香园（图18），占地1.5hm^2，以引种栽植丁香属植物为主，丁香是哈尔滨市市花。该园共引种栽植暴马丁香（*Syringa reticulata* subsp. *amurensis*）（图19）、金园丁香（*Syringa pekinensis* var. *Jinyuan*）（图20）、重瓣欧丁香（*Syringa vulgaris* f. *plena*）（图21）、欧丁香（*Syringa vulgaris*）（图22）等30余个品种。

花色有紫色、白色、黄色、粉色等。丁香的花序多为大型的圆锥花序，为著名的观赏芳香类树种。

图18　丁香园内丁香花颜色各异（张鑫　提供）

图19　丁香园内暴马丁香花开（张鑫　提供）

图20　金灿灿的金园丁香颜色格外醒目（高秀芹 提供）

图21　重瓣欧丁香（高秀芹 提供）

图22　欧丁香（高秀芹 提供）

图23　牡丹芍药园（张鑫 提供）

4.4.4 牡丹芍药园

牡丹芍药园（图23），始建于2003年，占地2.2hm²。园中主要引种栽培中原牡丹（*Paeonia cathayana*）、紫斑牡丹（*Paeonia rockii*）以及国外引进牡丹200余个品种3 000余株；芍药80余种

图24 牡丹与建筑亭廊（高秀芹 提供）

20 000余株。

经过科研人员多年的引种驯化，每年的5月下旬至6月下旬，品种丰富的牡丹、芍药竞相开放。园内小路蜿蜒曲折，半壁曲廊、假山石、亭榭等建筑小品点缀其间（图24至图26）。

图25　牡丹芍药园景区一瞥（顾春雷 提供）

图26　牡丹芍药园内牡丹（A）与芍药（B）的对比（高秀芹 提供）

4.4.5 秋景园

秋景园（图27），始建于2003年，占地2hm²。园内主要引种栽植各种观叶、观皮植物，其中有观叶槭树20个品种1 000余株（图28至图30）。

秋景园地势的基本特征是地势东低西高呈缓坡状，依势最高处建有一座供游人休息并可纵观全景的亭子。沿着石路随处可看见各种观叶植物，如紫叶稠李（*Prunus virginiana*）、火炬树（*Rhus typhina*）、茶条槭（*Acer tataricum* subsp. *ginnala*）、东北槭（*Acer mandshuricum*）、三花槭（*Acer triflorum*）、樟子松（*Pinus sylvestris*）、红皮云杉（*Picea koraiensis*）等。

图27　秋景园景区（张鑫 提供）

图28　秋景园五花山景观（张鑫 提供）

图29　秋景园景观（石艳霞 提供）

图30　秋景园内秋色叶（石艳霞 提供）

4.4.6 紫杉园

紫杉园（图31），面积5 212m^2。园中栽有紫杉400余株，树龄已有30年，是植物园播种培育的大树。

紫杉是红豆杉（*Taxus wallichiana*）的别名（图32、图33），是世界上公认濒临灭绝的天然珍稀抗癌植物，被我国定为国家一级保护野生植物，是名副其实的“植物大熊猫”。2022年由哈尔滨市人民政府设立了古树名木标志牌，编号23011000183（图34），提示游客和市民珍稀濒危植物的重要性并加以保护与利用。

图31　森林植物园内的紫杉林（张鑫 提供）

图32　森林植物园内的紫杉（张鑫 提供）

图33　紫杉果实（石艳霞 提供）

图34　哈尔滨市人民政府设立古树名木编号：23011000183（张鑫 提供）

4.4.7 湿地园

湿地园（图35），于2007年6月建成。该园占地面积2.8hm^2，其中水面面积3 500m^2。其主要模拟小兴安岭典型的森林湿地景观（图36），是黑龙江省唯一一处市区内的森林湿地公园。

湿地是重要的国土资源与自然资源，如同森林、耕地、海洋一样，具有多种功能，是自然界中最具有生物多样性的生态景观和人类最重要的生存环境之一。湿地具有巨大的环境功能和效益，在抵御洪水、调节径流、控制污染、调节气候、美化环境等方面都有着其他系统不可替代的作用。

4.4.8 观果园

观果园（图37），位于黑龙江省森林植物园东侧，与百花园、秋景园为邻。该园占地面积2hm^2，于2003年建成并对外开放。

观果园以引进栽培各类观果植物及瓜类植物

图35 湿地园正门（张鑫 提供）

图36 湿地园景观（顾春雷 提供）

图37 观果园景观（顾春雷 提供）

为主。有山梨（*Pyrus ussuriensis*）、梓树（*Catalpa ovata*）、山楂（*Crataegus pinnatifida*）、山皂角（*Gleditsia japonica*）、山荆子（*Malus baccata*）、山杏（*Prunus sibirica*）、苹果（*Malus pumila*）、樱桃（*Prunus pseudocerasus*）等60余种。

园内建有弧状的拱形藤架长廊。葫芦（*Lagenaria siceraria*）、丝瓜（*Luffa aegyptiaca*）等藤本植物蜿蜒攀附而上。沿着石路随处可见山梨、

图38　观果园内的忍冬（顾春雷 提供）

山楂、山杏、花楸（*Sorbus pohuashanensis*）、忍冬（*Lonicera japonica*）（图38）等。三角形藤架极具园林气息，一根根成熟了的苦瓜（*Momordica charantia*）、南瓜（*Cucurbita moschata*）挂满藤架。观果植物的应用不仅美化了植物园的景观，还通过吸引鸟类等小型动物增加了生物多样性，对提升植物的整体生态效益和美学价值有着显著的作用（图39）。

4.4.9　百花园

百花园（图40），占地面积2hm^2，园内栽植了羽扇豆（*Lupinus micranthus*）、千日红（*Gomphrena globosa*）、福禄考（*Phlox drummondii*）、飞燕草

图39　观果园内硕果累累（顾春雷 提供）

图40　百花园内百花盛开（石艳霞 提供）

（*Consolida ajacis*）、虞美人（*Papaver rhoeas*）、芙蓉葵（*Hibiscus moscheutos*）、大花圆锥绣球（*Hydrangea paniculata*）等（图41）极具观赏价值的草本花卉、宿根花卉及木本花卉100余种，花期错落，三季有花。

在花丛之中，聆听着一朵朵花苞次第绽放的微音，犹如一首动人的自然乐章在无声地奏响。沿小路向南行走在百花园中，有一处圆形的硬质广场，踏上两级台阶看到两个扇形花池和四个圆形花池，花池中种植着颜色绚烂、高低错落的植物，美不胜收。

继续向南游览，就来到了一处方形广场（图42），其名为“百花仙子”，广场呈左右对称，广场东侧尽头处是一处百花仙子的雕塑（图43），栩

图41　百花园景观（谭梦　提供）

图42　百花园广场（顾春雷　提供）

图43　百花园内百花仙子雕塑（张鑫 提供）

栩如生，中轴线上设有4个正方形花池，每年种植不同的一年生花卉植物（图44）。中轴线两侧各有三个抬高的方形花池，每年搭配的一年生花卉植物充分衬托出百花仙子雕塑的人文之美。

百花园用数10种花期错落、季相丰富的花卉搭配景观小品（图45）及黑松、丛生蒙古栎（*Quercus mongolica*）、元宝槭（*Acer truncatum*）、三花槭、花楸（*Sorbus pohuashanensis*）、海棠（*Malus spectabilis*）、锦带花、榆叶梅（*Prunus triloba*）等乔灌木植物呈现了一个都市生活中的自然生境，让人流连忘返，自在惬意。

4.4.10　玉簪园

玉簪园是一处占地面积为24 745m^{2}的观赏专类游园，位于春园东侧。从春园出口向东游览就来到了玉簪园。玉簪园主入口由刻有"玉簪园"字样的置石景观构成，置石四周搭配栽植'花香束'（*Hosta* 'Fragrant Bouquet'）、'莫尔黑母'（*Hosta* 'Moertheim'）、'小黄金叶'（*Hosta* 'Piedmont Gold'）、'金边瑞香'（*Hosta* 'Aureomarginate'）等

图44　百花园内百花盛开（顾春雷 提供）

图45　百花园景观（顾春雷 提供）

图46　玉簪园内栽植多种玉簪颜色各异（周玉迁 提供）

图47　玉簪园景观（周玉迁 提供）

图48　珍稀濒危植物园（张鑫 提供）

精品玉簪。

园内主景是由花朵形状的木栈道组成的，圆形区域围合的木栈道内展示的玉簪品种花型多样，种类繁多，分别为‘翠鸟’（*Hosta* ‘Tardiana Halcyon’）、‘鳄梨味调味酱’（*Hosta* ‘Guacamole’）、‘阿必阔酒葫芦’（*Hosta* ‘Abiqua Drinking Gourd’）、‘油炸西红柿’（*Hosta* ‘Fried Green Tomatoes’）、‘圣诞树’（*Hosta* ‘Christmas Tree’）、‘国王旗’（*Hosta* ‘Royal Standard’）等30多个品种（图46）。其余游园木栈道两侧为次展示区。每到夏日，这里俨然成为玉簪的海洋，园内引种、栽植40余种近万平方米观赏性极强的玉簪，在樟子松、红花槭（*Acer rubrum*）、元宝槭等乔木及锦带花、连翘（*Forsythia suspensa*）、兴安杜鹃（*Rhododendron dauricum*）等花灌木组成的林下空间中竞相生长（图47），也使得玉簪园成为植物园春、夏、秋季景观中极具观赏价值的游憩场所。

4.4.11　珍稀濒危植物园

珍稀濒危植物园（图48），占地4hm^2。已保存东北红豆杉（*Taxus cuspidata*）、岩高兰（*Empetrum nigrum*）（图49）、牛皮杜鹃（*Rhododendron aureum*）、紫雨桦（*Betula pendula* ‘Purplerain’）、西伯利亚红松（*Pinus sibirica*）、高山红景天（*Rhodiola cretinii* subsp. *sinoalpina*）、大苞柴胡（*Bupleurum euphorbioides*）、青海云杉（*Picea crassifolia*）等珍稀濒危植物，是珍稀濒危植物的“避难所”。

4.4.12　春园

春园（图50），位于黑龙江省森林植物园园中湖的南侧，是植物园春季游人主要游览、观赏的专类园区。该园占地面积3.8hm^2，始建于2002年，2003年正式对外开放。

图49 珍稀濒危植物——岩高兰（张鑫 提供）

图50 春园景区（张鑫 提供）

主要引种栽培东北地区春季开花植物。木本植物有兴安杜鹃、迎红杜鹃（*Rhododendron mucronulatum*）、照白杜鹃（*Rhododendron micranthum*）、东北连翘（*Forsythia mandschurica*）（图51、图52）、珍珠绣线菊（*Spiraea thunbergii*）、重瓣榆叶梅（*Prunus triloba* 'Multiplex'）、黄刺玫（*Rosa xanthina*）、山梨等；草本植物有樱草（*Primula sieboldii*）、紫花地丁（*Viola phillipina*）、侧金盏花（*Adonis amurensis*）等（图53、图54）。

图51　森林植物园内的东北连翘（一）（王晓冬　提供）

图52　森林植物园内的东北连翘（二）（肖潇　提供）

图53　春园内侧金盏花（一）（肖潇 提供）

图54　春园内侧金盏花（二）（王晓冬 提供）

4.4.13 蔷薇园

蔷薇园，占地2.5hm^2。主要引种栽植了欧洲花楸（*Sorbus aucuparia*）、金露梅（*Dasiphora fruticosa*）、银露梅（*Dasiphora glabra*）、玫瑰（*Rosa rugosa*）、草原樱桃（*Prunus fruticosa*）等蔷薇科植物。共20余个品种。每年的7、8月，百合花竞相开放。百合花的花色以黄、橙黄、乳白等颜色为主色调，由各种几何图形组成不同的色块（图55）。

4.4.14 月季园

月季园是2012年新建的又一专类园，占地5 800m^2，以栽植月季花（*Rosa chinensis*）品种为主，同时栽植了唐菖蒲（*Gladiolus gandavensis*）、大丽花（*Dahlia pinnata*）等植物。

栽植月季36种数千株。主要色系有红色、朱红色、粉色、橙色、二重色、混色等系列。品种类型上有丰花月季、大花月季、红双喜混色月季和藤本月季等种类。

月季园的中心建一带有雕塑的花坛，外围的条形坡状绿地种植着不同颜色的月季，形成色彩纷呈的条状花带（图56、图57）。

图55　森林植物园内由各种植物组成不同的色块（张鑫　提供）

图56　月季园一瞥（王晓冬　提供）

图57　月季园景观（王晓冬　提供）

5 科学研究

黑龙江省森林植物研究所以黑龙江省森林植物园为依托，科研人员以林业基础性应用研究为中心，长期开展温带、寒温带森林植物引种、驯化工作；培育与当地生态环境相适应的温带、寒温带优良植物品种；开展黑龙江省及东北地区植物种质资源搜集、迁地保存工作，开展植物遗传育种研究，创制植物新品种。

经过科研人员几十年的努力，黑龙江省森林植物园在种质资源收集与保存工作方面取得了一定的成绩，栽培的植物品种达1300余种；先后完成了郁金香、兴安杜鹃、紫斑牡丹、欧洲花楸、法国丁香等几十个优良园林观赏植物的引种研究；开展了山野菜老山芹、水芹、寒葱的研究；开展了园林花卉芍药属耐寒品种、伊藤芍药和樱花的繁育技术推广与示范工作，锦带花乔木化和国外萱草引种驯化工作；选育出的优良用材及观赏树种长白松、白杄、粗皮小黑杨、塔柏、垂榆、欧洲花楸、偃伏梾木、大花圆锥绣球、金山绣线菊、金焰绣线菊等，已经应用到园区及城市景观建设当中，丰富了黑龙江省乃至东北地区造林和观赏植物品种，形成了良好的景观效果，取得了良好的经济效益和社会效益，为黑龙江省的园林绿化和生态保护作出了突出贡献（图58、图59）。

5.1 丰硕的科研成果

建园以来，在全体科研工作者的共同努力下，共开展科研项目100余项；获得省部级科学技术进步奖26项；省厅级科学技术进步奖43项；梁希林业科学技术奖科技进步二等奖一项。获得国家林业和草原局授权植物新品种百余项。其中，黑龙江省森林植物园开展的丁香种质资源库建设项目，被纳入国家“十四五”102项重大工程项目库，申报的国家迁地保护项目在国家林业和草原局动植物保护司已通过并全面实施（图62）。作为全省唯一的植物种质资源库，黑龙江省森林植物园在维

图58　植物园试验基地内育苗的科研人员（肖潇 提供）

图59　植物园科研人员在做育苗试验工作（肖潇 提供）

图60　植物园科研人员在做观测工作（肖潇 提供）

图61　本章第一作者在野外引种（张旭东 提供）

护国家生物安全、满足全省生态建设需求、调节城市空气气候等方面发挥重要作用。

5.2　黑龙江省森林植物园近年主要科研成就

（1）“金山、金焰绣线菊引种及繁殖技术的研究”2005年获省科学技术进步奖三等奖。

（2）“欧洲花楸引种及繁殖技术的研究”2006年获省科学技术进步奖二等奖。

（3）“城市园林绿化树种引种及繁殖技术的研究”2008年获省科学技术进步奖二等奖。

（4）“欧洲花楸组织培养技术的研究”2009年获省科学技术进步奖三等奖。

（5）“东北野生杜鹃引种及生物学特性研究”2009年获省科学技术进步奖三等奖。

图62　本章第一作者（右1）在野外采集（张旭东 提供）

（6）“寒冷地区地被植物引种及生物学特性研究”2010年获省科学技术进步奖二等奖。

（7）“紫斑牡丹引种及栽培技术研究”2011年获省科学技术进步奖三等奖。

（8）“锦带花引种栽培及选育技术研究”2011年获省科学技术进步奖三等奖。

（9）“金山绣线菊、金焰绣线菊引种驯化及繁育技术推广”2012年获国家林业局西北华北东北防护林建设局优秀科技推广项目三等奖（图63）。

（10）“城市景观树种选育及生态园林构建技术研究”2016年获省科学技术进步奖二等奖（图64）。

（11）“抗寒彩叶树新品种选育及繁育关键技术研究”在2020年10月获梁希林业科学技术奖科技进步奖二等奖（图65）。

在国际合作方面，黑龙江省森林植物园与国内外多家植物园和科研单位建立和保持着种子、苗木及相关资料的交换关系，与国内外相关单位及学术团体一直保持着良好的学术交流，通过开展学术交流活动，丰富了收集的植物种类，同时也提高了科技人员的科技综合能力和科研水平。随着科研能力的不断提高，相关媒体也陆续关注和报道我们植物园的科研成果（图66）。

5.3 黑龙江省森林植物园重大科研成果简介

5.3.1 欧洲花楸引种及繁育技术研究

黑龙江省森林植物园自1986年开始从波兰引进欧洲花楸种子进行繁育研究，经过多年试验研究，两代苗木已开花结果，目前已繁育到第三代苗木。同时还开展了欧洲花楸种源试验研究。

该项目对引入的欧洲花楸从植物学、生物学、果实形态、果实化学成分分析、生物量、繁殖及栽培技术、区域化试验和应用价值等方面进行了较系统的研究。欧洲花楸首次在我国寒冷地区引种获得成功。为我国北方地区增添了一个具有四季观赏价值的城市绿化及经济林优良乔木新树种。

研究成果在总体上达到同类研究国际先进水平，于2007年获得黑龙江省科学技术进步奖二等奖（图67）。

该项研究与推广紧密结合，自2004年开始陆续在黑龙江省哈尔滨、尚志、阿城、密山、嘉荫，吉林省延吉等地推广栽植欧洲花楸。经过几年的推广应用证明，欧洲花楸适合我国北方地区的环境条件，是一种极具发展潜力及广泛应用前途的优良绿化树种，应大力发展早日推向社会，以期获得良好的社会和经济效益。

5.3.2 欧洲花楸组织培养技术的研究

首次在国内建立了一套较完整的欧洲花楸组织培养技术体系。试验设计方案在国内同类研究领域具有自主创新性。其中，以无菌苗复叶和复叶轴进行不定芽的诱导，是建立欧洲花楸组培体系的一个新途径，填补了国内同类研究领域的空白。

该研究成果在国内外同类研究中具有创新性，经项目鉴定委员会鉴定为国际先进水平，并于

获奖证书

黑龙江省森林植物园：

你单位完成的金山绣线菊、金焰绣线菊引种驯化及繁育技术推广，获三北防护林体系建设工程优秀科技推广项目三等奖。特发此证，以资表彰。

国家林业局西北华北东北防护林建设局

二〇一二年十二月二十六日

图63　国家林业局西北华北东北防护林建设局颁发的获奖证书

科学技术奖证书

为表彰在推动科技进步、促进我省经济和社会发展中做出贡献的单位，特颁发此证书。

证书号：2016-088-01

项目名称：城市景观树种选育及生态园林构建技术研究

获奖单位：黑龙江省森林植物园（黑龙江省森林经营研究所）

奖励等级：二等　（进步）

二〇一六年八月

图64　“城市景观树种选育及生态园林构建技术研究”获奖证书

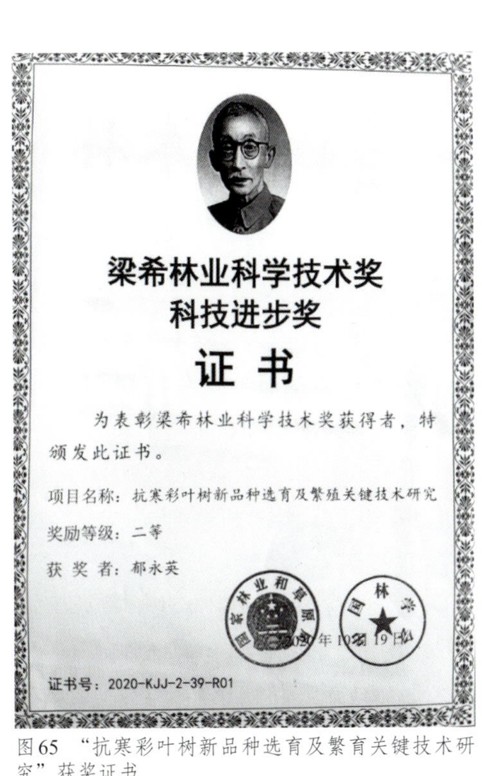
梁希林业科学技术奖
科技进步奖
证书
为表彰梁希林业科学技术奖获得者，特颁发此证书。
项目名称：抗寒彩叶树新品种选育及繁殖关键技术研究
奖励等级：二等
获奖者：郁永英
证书号：2020-KJJ-2-39-R01

图65 “抗寒彩叶树新品种选育及繁育关键技术研究”获奖证书

图66 森林植物园科研项目接受黑龙江省极光新闻采访并报道（肖潇 提供）

科学技术奖证书
为表彰在推动科技进步、促进我省经济和社会发展中做出贡献的单位，特颁发此证书。
项目名称：欧洲花楸引种及繁育技术研究
获奖单位：黑龙江省森林植物园
奖励等级：二等（进步类）
证书号：2007-045
二〇〇七年七月

图67 “欧洲花楸引种及繁育技术研究”获奖证书

科学技术奖证书
为表彰在推动科技进步、促进我省经济和社会发展中做出贡献的单位，特颁发此证书。
项目名称：欧洲花楸组织培养技术的研究
获奖单位：黑龙江省森林植物园等
奖励等级：三等（进步类）
证书号：2009-196

图68 “欧洲花楸组织培养技术的研究”获奖证书

2009年7月获得黑龙江省科学技术进步奖三等奖（图68）。

该研究通过复叶和复叶轴诱导不定芽为欧洲花楸苗木规模化生产提供了大量原材料，节省了植物资源。建立了欧洲花楸组织培养技术平台，为欧洲花楸快速繁育打下坚实基础。该技术可促进和改善欧洲花楸繁育和苗木培育状况，丰富欧洲花楸品种资源，为园林绿化提供更多更好的品种、品系，从而改善城乡生态环境。该项成果的应用，将改变传统的育苗方式，极大地提高欧洲花楸繁殖系数及扩繁速度，解决种苗奇缺和苗木成本高的问题；促进其在城乡园林绿化、防护林、水土保持林及经济林建设中的应用。

5.3.3 城市园林绿化树种引选及繁育技术的研究

该研究课题的重点是从波兰、加拿大及日本引种美洲朴、日本花楸、紫雨桦、紫枝玫瑰、欧洲花楸、金雨点金露梅、芽红红瑞木等城市园林绿化树种。对引进的树种开展适应性、植物学、物候期观测、生长节律、生长量、区域化试验、繁殖及栽培技术等研究。掌握引进树种幼苗期及

科学技术奖证书

为表彰在推动科技进步、促进我省经济和社会发展中做出贡献的单位，特颁发此证书。

项目名称：城市园林绿化树种引选及繁育技术的研究

获奖单位：黑龙江省森林经营研究所（黑龙江省森林植物园）

奖励等级：二　等（进步类）

证书号：2008-05(

二〇〇八年七月

图69 “城市园林绿化树种引选及繁育技术的研究”获奖证书

成苗的栽培管理技术。并在省内进行区域栽培试验，为其在城市园林绿化中扩大应用提供技术保障，为黑龙江省城市园林绿化增添优良新品种。

该研究成果在国内外同类研究中具有创新性，研究成果在总体上达到国际同类研究先进水平。并于2008年7月获得黑龙江省科学技术进步奖二等奖（图69）。

自2005年开始陆续在省内推广栽植紫雨桦、美洲朴、紫枝玫瑰、欧洲花楸等，栽植地点为哈尔滨、肇东、尚志、密山等。经过几年的推广应用证明，这些树种的适应性较强，是栽培性状好、观赏价值高的园林绿化树种。

该项研究总结出较完整的繁殖栽培技术措施，经推广应用，已获得显著的社会和经济效益。其技术达到成熟应用阶段，为黑龙江省中南部地区城市园林绿化建设增添了具有不同观赏特性的新树种。无不良生态后果。

5.3.4 紫斑牡丹引种栽培研究

该课题从甘肃兰州引种紫斑牡丹160个品种3 000余株，经试验筛选出适应黑龙江省寒冷地区生长的紫斑牡丹品种96个，存活苗木2 260株。并从中选择具有代表性的8个紫斑牡丹品种：‘书生捧墨’（‘Shu Sheng Peng Mo’）、‘珍珠白’（‘Zhen Zhu Bai’）、‘粉盘玉杯’（‘Fen Pan Yu Bei’）、‘清风微波’（‘Qing Feng Wei Bo’）、‘喜庆’（‘Xi Qing’）、‘红珍珠’（‘Hong Zhen Zhu’）、‘兴高采烈’（‘Xing Gao Cai Lie’）和‘紫海银波’（‘Zi Hai Yin Bo’）开展了形态特征、花芽分化、物候、生长节律、植物抗寒性、繁殖与栽培技术、防寒技术以及应用价值等方面的研究。结果表明，紫斑牡丹在引种地适度防寒，生长状况良好，开花结实正常，观赏价值高，具有很好的推广应用前景。

该项目是首次针对黑龙江省气候特点，对紫斑牡丹进行多品种、大规模、系统性的引种栽培研究。极大地丰富引种地区园林绿化树种的同时，也为具有相似生态环境地区开展紫斑牡丹引种及推广应用提供基础理论依据。并为黑龙江省森林植物园有计划建立东北地区紫斑牡丹品种资源圃创造有利条件。

该项目在应用植物生长调节剂提高紫斑牡丹抗寒性、花芽分化以及防寒技术研究方面具有创新性，成果达到国际先进水平。

该课题的实验基地（黑龙江省森林植物园牡丹芍药园）经过多年的科学经营和完善，并陆续地引种和进行苗木繁育，现已成为集观赏、科研、教学和苗木繁育于一体的紫斑牡丹品种资源基地，使园区的景观效果和知名度得到显著提升。同时也成为各大中院校教学和实习的基地。每年花期游客络绎不绝，仅门票收入一项就创造了十分可观的经济效益。在省内已推广到哈尔滨、牡丹江、大庆等地区。品种丰富的紫斑牡丹得以有效地推广应用将会对丰富东北地区园林绿化树种的多样性、提升园林景观效果起到良好的推动作用，社会效益、经济效益和生态效益显著。

该研究成果在国内外同类研究中具有创新性，研究成果在总体上达到国际同类研究先进水平。并于2011年12月获得黑龙江省科学技术进步奖三等奖（图70）。

5.3.5 锦带花引种及选育技术研究

为了解决东北高寒地区园林绿化观赏花木品种单一、色彩单调，尤其是红花色系花灌木观赏树种匮乏的现象，该项目从1999年至今先后从北京植物园引进锦带花属红花系花灌木红王子锦带花、金亮锦带花，对其开展了植物学、生态学、繁殖及栽培技术、区域化试验和应用的研究，重点开展了锦带花属植物杂交育种及新品种选育研究。

历经20多年引种驯化栽培研究，课题组先后承担“锦带花引种及选育技术研究”“锦带花优良植物新品种区域转化运用与示范”等项目，目前已成功选育出6个（‘贵妃’*Weigela florida* ‘Royal’，国家林业和草原局植物新品种授权号：20130092；‘秋韵’*Weigela florida* ‘Qiu Yun’，国家林业和草原局植物新品种授权号：20160265；‘宝石’*Weigela florida* ‘Ruby’，国家林业和草原局植物新品种授权号：20130091；‘初恋’*Weigela florida* ‘Chu Lian’，国家林业和草原局植物新品种授权号：20160258；‘紫惑’*Weigela florida* ‘Zi Huo’，国家林业和草原局植物新品种授权号：20160268；‘传奇’*Weigela florida* ‘Chuan Qi’，国家林业和草原局植物新品种授权号：20160259）适应性强、观赏特性突出、特征表现稳定且一致的优良植物新品种，该成果达到了国际先进水平，于2011年12月获得黑龙江省科学技术进步奖三等奖（图71）。

成果已应用到北方城乡园林绿化建设中，这些优良的红花色系、彩色叶新品种的应用，对丰富城乡园林绿化树种多样性、提升生态园林景观效果、引导城乡绿化苗木产业发展方向具有现实意义。

5.3.6 东北野生杜鹃引种及生物学特性研究

该项目主要研究内容为在哈尔滨地区引种栽培东北野生杜鹃8种1变种。经过多年的引种、栽培研究，从中筛选出栽培性状好、适应性强、观赏价值高的野生杜鹃2种（图72至图74），即兴安杜鹃和迎红杜鹃。重点对这两种杜鹃的形态学、物候学、生物学、生理生态学及繁殖、栽培技术等方面进行了系统深入研究。建立了城市环境下兴安杜鹃和迎红杜鹃的引种、栽培、生长管理、人工繁殖等

科学技术奖证书

为表彰在推动科技进步、促进我省经济和社会发展中做出贡献的单位，特颁发此证书。

项目名称：紫斑牡丹引种栽培研究

获奖单位：黑龙江省森林植物园

奖励等级：三等（进步）

证书号：2011-182

二〇一一年十二月

图70 “紫斑牡丹引种栽培研究”获奖证书

科学技术奖证书

为表彰在推动科技进步、促进我省经济和社会发展中做出贡献的单位，特颁发此证书。

项目名称：锦带花引种及选育技术研究

获奖单位：黑龙江省森林植物园

奖励等级：三等（进步）

证书号：2011-183

二〇一一年十二月

图71 “锦带花引种及选育技术研究”获奖证书

图72 森林植物园内杜鹃花开（王晓冬 提供）

图73　森林植物园内杜鹃花开（顾春雷 提供）

技术指标及技术关键体系和优化配置模式。

该研究成果达到同类研究的国际先进水平。2009年8月获黑龙江省科学技术进步奖三等奖（图75）。

该项目研究内容特点是在技术方案和学术观点上均有创新。注重科研与生产实践紧密结合，具有重要的理论价值和实用价值，社会效益和经济效益显著。

黑龙江省森林植物园结合课题研究建设杜鹃展区10万m^2，栽植杜鹃花10 000余株，从2004年开始结合郁金香花展，展示引种栽培的杜鹃花。三年期间接待游客上百万人次，创造了上百万元的经济效益。

该项研究成果被大兴安岭神农北药开发有限公司、黑龙江省森林植物园、伊春市红星林业局、长寿国家森林公园等多家单位所应用，经济效益和社会效益都非常显著。

5.3.7　寒冷地区地被植物引种及栽培技术研究

该研究课题是在多年引种、驯化、栽培繁育的基础上，从北京、沈阳及黑龙江等地引

图74　森林植物园内两种杜鹃花开颜色各异（王晓冬 提供）

科学技术奖证书

为表彰在推动科技进步、促进我省经济和社会发展中做出贡献的单位，特颁发此证书。

项目名称：东北野生杜鹃引种及生物学特性研究

获奖单位：黑龙江省森林植物园等

奖励等级：三 等（进步类）

证书号：2009-195

图75 “东北野生杜鹃引种及生物学特性研究”获奖证书

进23种地被植物。经初步选择确定绢毛匍匐委陵菜（*Potentilla reptans*）、细叶景天（*Sedum elatinoides*）、堪察加景天（*Sedum kamtschaticum*）、蛇莓（*Duchesnea indica*）、紫萼玉簪（*Hosta ventricosa*）、东北玉簪（*Hosta ensata*）、连钱草（*Glechoma longituba*）、大叶铁线莲（*Clematis heracleifolia*）等8种具有良好发展潜力的地被植物为研究对象，对其适应性、物候、生长节律、生物学特性、繁育栽培技术、应用技术以及光照和水分胁迫对生理生化指标的影响等方面进行了全面科学系统的研究。

通过物候期的观测掌握了其生长开花结实规律，为评价引种地被植物适应性，提出相应栽培技术奠定了基础。通过生长量的测定与分析掌握了其高生长、匍匐茎生长、节间数、冠幅、根生长、各部生物量等与光照和季节变化的规律性，为性状评估和繁殖栽培以及养护管理提供了科学的依据。通过耐阴性、抗旱、耐涝及耐践踏性等抗逆性的研究，了解了其耐阴程度和抗旱及耐践踏能力，为这些地被植物的园林应用以及养护管理提供了科学的依据。通过繁殖、栽培技术的研究，提出的相应繁殖、栽培管理技术，可有效地指导生产，同时为其在城市园林绿化中扩大应用提供了技术保障。

最后从耐寒性、耐旱性、观赏性、生长性状、繁殖难易程度、栽培性状、病虫害、区域适应性及光照和水分胁迫对生理生化指标的影响等因素综合评价，筛选出5种适应性强、栽培繁育容易、观赏性优良的城市园林绿化地被植物。

课题组已繁育绢毛匍匐委陵菜、堪察加景天、蛇莓、紫萼玉簪、东北玉簪等地被植物58万株。研究成果达到国内领先水平，2010年获黑龙江省科学技术进步奖二等奖。

植物学家曾说过：“植物园应是科学和艺术的结晶”（图76）。如今的黑龙江省森林植物园，不仅是植物艺术的殿堂，更成为一座科学研究和学术交流公共的殿堂（王晓冬，2007）。

图76 植物园科学和艺术的结晶——牡丹芍药园景观（顾春雷 提供）

6 科普功能

黑龙江省森林植物园自建园以来便极为重视科普教育工作，立足于本园去收集、栽培多样化的植物，向公众宣传以植物为主的生物多样性保护的重要性和紧迫性，了解生物多样性保护对人类生存和发展的重大意义。向公众宣传人与自然和谐发展的科学思想，让公众了解包括植物在内的生物资源的有限性，使公众认识到必须重新探讨人类的自然资源政策，减少过度浪费，以保护地球以及生物的承受能力。

在面对植物多样性保护的需求时，黑龙江省森林植物园采用了先进的技术来进行植物保护、利用和科普，使森林植物园更加高效地履行着保护植物多样性的使命。

植物是地球生命的基石，它们不仅为我们提供氧气和食物，还维护着生态平衡。植物的多样性与人类的福祉息息相关，因为它们为人类提供了干净的空气、清洁的水、丰富的食物、稳定的气候和宜人的环境。这些恩惠，让我们不得不重新审视植物的价值。但是，植物多样性正在逐渐丧失，人们开始认识到，“抢救植物就是拯救人类自身”。植物园的使命是增进人类对地球生命的基层——植物世界的了解，以更好地管理全球环境。因而科学普及和自然教育成为植物园的重要工作职责之一。

在2015年5月9日，以“关注候鸟保护，守护绿色家园”为主题的第34届黑龙江省“爱鸟周”活动在黑龙江省森林植物园启动。该届爱鸟周，由黑龙江省野生动植物保护协会、黑龙江省林业厅、黑龙江省森林植物园、东北林业大学、黑龙江省林学会、哈尔滨师范大学、黑龙江省野生动物研究所、哈尔滨市林业局联合主办。

同年5月23日，由国家林业局主办的“推进生态文明 建设美丽中国——绿色让生活更美好”的“2015年全国林业科技活动周”在黑龙江省森林植物园正式启动（图77）。森林植物园科技活动周已连续举办多年，成为推动全国林业科普事业发展的重要载体，通过开展林业科学技术普及，传播林业科学知识、倡导科学方法、弘扬科学精神，能够更好地推动林业技术创新，促进结构调整，提高发展质量，从而实现绿色化的生产生活方式。同时让社会各阶层的人们了解林业，感受森林带来的福祉，积极投身到生态文明建设的伟大实践中，为实现生态文明建设宏伟目标作出应有的贡献。

赏森林美景、长科普知识已成为黑龙江省森林植物园主题科普常态化活动，在全国科技周期间，东北林业大学、哈尔滨工业大学绿色协会等大、中小学生及社会公众20 000余人参加了当天的活动（图78、图79）。

在重视知识传播与科普教育工作的同时，开展的科普工作受到社会各界的充分好评。多年来，以大、中、小学生及社会群众为主要服务对象，以园区各专类园为基地，坚持实效性、创新性和特色性的活动特点，开展了一系列丰富多彩的科普活动（图80）。

如今的黑龙江省森林植物园已成为一座全省大、中专院校，中小学校师生课外实习、开阔视

图77　2015年在黑龙江省森林植物园举办的全国林业科技周活动启动仪式（张鑫 提供）

图78　全国科技周主题科普活动黑龙江省森林植物园专家讲解活动现场（王晓冬 提供）

图79　全国科技周主题科普活动黑龙江省森林植物园专家讲解活动现场（王晓冬 提供）

图80　黑龙江省森林植物园历年来的科普周活动日现场（王晓冬 提供）

野、接触大自然、丰富课堂知识的科学殿堂。

森林植物园现已建设成独具特色的森林文化、植物文化和园林文化的科普文化宣传长廊（图81），一个将书本知识立体化的好去处，一处汲取自然科学知识的驿站。

黑龙江省森林植物园在办好科研科普教育工作，使广大游客及大、中、小学生认可的同时，植物园科研人员也始终坚持生态可持续发展道路。在植物园科研人员不断努力下也多次获得了国家相关部委的科普荣誉证书和相关单位的自然教育培训证书以及联合国开发计划署Movers和地平线共同颁发的“全球青年可持续发展系列工作坊”项目（Movers Programme，简称“Movers项目”）认证证书（图82至图84）。

近些年获得的荣誉：

1999年被中国科学技术协会授予“全国科普教育基地”称号。

2005年被批准成为中国首批“野生植物保护科普教育基地”之一；同年5月被黑龙江省授予“黑龙江省青少年科技教育基地”称号（张荣波，2007）。

2009年获得“黑龙江省科普日活动先进单位”和“全国科普日活动先进单位”荣誉；并于2009年起，连续三届获得梁希科普奖。

2010年被黑龙江省林学会批准为“黑龙江省林业科普基地”。2011年被中国林学会批准为“全国林业科普基地”。

2012年荣获中国科学技术协会“全国优秀科普基地”称号。

2021年被黑龙江省林业和草原局批准为“黑龙江省自然教育基地”。

2021年2月5日，被中国林学会命名为第五批全国林草科普基地等。每年入园参观人数达100万人次。

图81　黑龙江省森林植物园文化宣传长廊（张鑫 提供）

图82　张鑫获得全国科技活动的荣誉证书

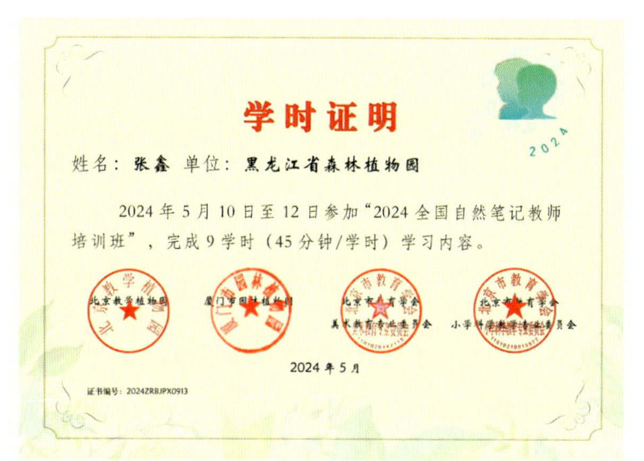

图83　张鑫获得北京教学植物园、厦门市园林植物园、北京市教育学会联合颁发的自然教育培训证书

兹证明

张鑫

完成了由地平线计划与Movers项目共同举办的“全球青年可持续发展系列工作坊”，包含主题：

- 可持续发展与我们的生活
- 社会创新创业引领美好未来
- 性别平等与多元性别教育
- 气候变化与生态环境保护

特颁此证，以资鼓励。

This is to certify that ZHANG XIN has successfully completed Horizon X Movers SDG Workshops, including:
1) Sustainable Development and Our Life; 2)Social Innovation and Entrepreneurship;
3) Gender Equality and Gender Diversity ; 4) Climate Change and Ecological Conservation.

活动发起方 Event Organizers

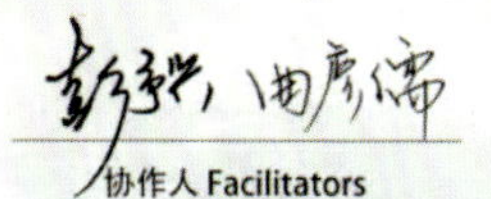

协作人 Facilitators

31 January 2021

日期 Date

图84　张鑫获得联合国开发计划署Movers项目和地平线共同颁发的“全球青年可持续发展系列工作坊”项目认证证书

7 公益活动

2003年重新开放后的森林植物园，加大了对外宣传的力度，开展各种形式的公益活动，打造和推广植物园的品牌形象，同时对森林植物园的科研成果和森林景观等进行了全方位、系统化的宣传与展示。

森林植物园为推进生态文明建设，履行植树义务，保护自然资源，建设美丽中国，帮助青少年增强环保意识，学习环保知识，引领青少年积极参与自然资源保护，树立尊重自然、顺应自然、保护自然的生态文明理念，从身边小事做起，培养维护生态、促进文明的责任心和使命感。在2020年6月承办了黑龙江省第一届“认养一棵树、寄语一片情”自然公益课走进黑龙江省森林植物园大型自然教育类自然课堂（图85至图87）。

自然教育公益课（实践课）从网络云端走进黑龙江省森林植物园。在公益林中，嘉宾与公益小助手共同为秋景园纪念石描红，并为“友谊常青树”挂牌。

小志愿者们通过环保知识问答及亲手为树木挂牌、浇水、施肥的方式感受了自然资源之美、聆听了自然资源之声、学习了自然资源知识。黑龙江省希望工程形象大使以端午节为契机讲授传统文化知识，并带领公益小助手识艾蒿、包粽子、画彩蛋、系彩绳……领略自然之美，感受中华民族传统文化魅力（张鑫，2020）。

图85　2020年国家希望工程、黑龙江省青年基金会在黑龙江省森林植物园举办活动的集体合影

图86　2020年黑龙江省森林植物园承办国家希望工程活动现场互动环节（张鑫 提供）

图87　希望工程形象大使修琳和希望工程小志愿者在节目中的互动（张鑫 提供）

8 职工队伍及历任领导

8.1 职工队伍

1958—1960年：森林植物园职工总人数为380人，其中干部31人，工人260人。

这一时期，森林植物园职队伍由以下几部分人员组成：1958年2月开始接收原任家桥苗圃的人员、林业厅、东北制材局部分人员、森林工业局抽调的技术和工人（40~50名）、山西太原林校分配人员5人。1959年春，森林植物园合并了附近农业社的土地和社员（农民）200名；东北林业大学毕业分配2人，1959年接收转业军人10余名；同年接收山东单县支边青年48名。职工总人数为380人，这支队伍延续到1960年。

1961—1962年：职工总人数为160人。1961年贯彻执行中央农业退赔政策，将1958年合并农业社的农民退回农业社，同时支边青年大部分离去，到1962年年末职工人数减少到160人。

1963—1965年：职工总人数为80人。

1972年：职工总人数为75人，其中干部26人，工人49人。

1981年：森林植物园隶属省营林局领导，人员定编74人。

1982年：森林植物园增加编制23名，总编制达97人。5月植物园恢复为县团级级别，人员编制增加16名。

1982年年末至1993年年末：1982年年末，实际职工人数为87人，其中管理人员18人，专业技术人员21人，工勤人员48人；1993年年末，实有职工157人，其中管理人员3人，专业技术人员107人，工勤人员47人。

1994年至2002年年末：1994年年末，实有职工158人，其中管理人员9人，专业技术人员100人，工勤人员49人；2002年年末，实有职工146人，其中管理人员6人，专业技术人员88人，工勤人员52人。

2003年年末至2023年年末：实有职工143人，其中管理人员12人，专业技术人员91人，工勤人员40人；2023年年末，实有职工137人，其中研究员级高工11人，高级工程师63人，工程师33人，助理工程师（含技术员）13人，管理人员4人，工勤人员13人。

8.2 历届主要领导

1958年2月经黑龙江省人民政府批复，黑龙江省林业厅、林业科学研究所共同筹建，任命孙月晨为党支部书记（1958.2—1968.9）、王敬芳为主任（1958.2—1968.12），植物园体制为科级。1961年森林植物园体制改为处级，成立党总支，孙月晨任党总支书记。

1982年5月森林植物园体制恢复县团级，成立中共黑龙江省森林植物园委员会，迟福昌任党委书记兼主任（1982.5—1985.1）。1984年植物园党的建制改为党总支，1985年1月任命杜守宪为党总支书记（1985.1—1987.10）、迟福昌为主任（1985.1—1985.8）。1986年7月杜守宪为党总支书记、主任（1986.7—1987.10）。

1991年4月植物园党的建制改为中共黑龙江省森林植物园委员会，付志学任党委书记（1991.7—1995.12）、沈清越为主任兼任森林经营研究所所长（1991.7—1992.3）、张润雪为党委副书记（正处级，1991.9—1994.3）。

1992年4月张士增任黑龙江省森林植物园主任兼森林经营研究所所长（1992.4—1998.12），1997年5月张喜良任黑龙江省森林植物园党委书记（1997.5—2002.5）。

2002年6月刘兆文任黑龙江省森林植物园党委书记兼主任（2002.6—2003.11），2003年11月李广武任党委书记兼主任（2003.11—2006.6）。

2019年6月苏世河任黑龙江省森林植物园党委书记兼主任（2019.6—2021.5），2021年6月李洪林任植物党委书记兼主任（2021.6—2023.12）。

9 大事记

黑龙江省森林植物园是在黑龙江省原省长李范五同志、黑龙江省林业部原部长张世军同志的提议下建立的。自1958年建园以来，黑龙江省森林植物园已走过了65年的发展历程。如今的黑龙江省森林植物园已由原来功能单一的任家桥苗圃发展成为集科研、科普、旅游休闲为一体的综合性植物园。这其中凝聚了几代植物园人的心血和汗水，倾注了各级领导的关心和支持。

李范五同志、张世军同志对植物园的筹建及初期建设工作给予了极大的关心和支持。几乎每周都要来植物园视察指导，并对建园工作给予重要和具体的指导。李范五同志强调在植物园内要重点栽植东北三大硬阔，即黄檗、水曲柳、胡桃楸，这一重要指示使这些目前珍稀濒危物种在森林植物园内得到了大量的保存。

1958年

1月，经黑龙江省领导批准，由黑龙江省林业厅投资，在接收任家桥苗圃的基础上组建黑龙江省森林植物园，体制为科级，隶属于黑龙江省林业厅系统，由黑龙江省林业科学研究所领导。

5月6日，黑龙江省森林植物园与哈尔滨市任家桥苗圃办理移交手续。

1959年

1月，黑龙江省森林植物园总体规划由北京林学院完成，森林植物园潘家莹参加设计。规划面积为467.2hm²（7 007.55亩），全园规划为10个小区。

1960年

5月，在黑龙江省林业科学研究所的基础上成立了黑龙江省林业科学院，森林植物园隶属于林业科学院。

12月，黑龙江省林业科学院设立了植物研究所，森林植物园的隶属关系划归植物研究所。同时森林植物园由科级单位改为处级单位，成立了党总支，隶属于林业科学院党委，关慈任植物研究所所长，孙月晨、王敬芳任副所长，并分别担任森林植物园的中共党总支书记和主任。

在中共黑龙江省第二次代表大会后，黑龙江省省长李范五同志带领全体与会代表来到森林植物园植物地理区，营造了一片纪念林，命名为“党代林”，以此来纪念第二届党代会的召开。后来，李范五同志在病重期间，特地从北京来到这里，在爱人的搀扶下，最后看一看这片林子，留下对绿色事业的无限眷恋……

在森林植物园建设期间，国家林业部部长罗玉川同志，中共中央委员、全国政协副主席，时任黑龙江省委第一书记欧阳钦同志等均来到森林植物园视察指导工作。

1961年

8月，国务院副总理谭震林同志来黑龙江视察时参观了黑龙江省森林植物园。陪同参观视察的还有黑龙江省省长李范五同志、黑龙江省林业厅厅长张世军同志。

1964年

5月，中国科学院植物研究所北京植物园副主任俞德浚陪同印度尼西亚茂物植物园主任苏查拿·卡·山来森林植物园参观。

8月，森林植物园对原总体规划进行了较大调整和修订。此次规划面积为166.7hm^2（2 500亩），全园规划为4个区，即树木园（树木园、标本园）、引种驯化区（引种驯化区、选种育种区、种子园）、造林试验区、果树区。建园方针明确为以培育研究黑龙江省森林植物为主，适当引种驯化外地树种，为生产、科研、教学服务。体现三个为主、三个结合，即：以科研为主，科研、生产、教学相结合；以乡土树种为主，乡土种与引进外地珍贵用材树种相结合；以木本植物为主，木本植物与草本植物相结合。

1979年

森林植物园增加观赏植物区，并将树木园改为植物地理区。

1980年

1月，黑龙江省自然资源研究所组织对森林植物园总体规划进行修订。明确了森林植物园是从事寒温带森林植物引种驯化为中心工作的科研机构，研究的重点是用材树种、经济植物、绿化植物和观赏植物，并承担普及植物科学知识的职责。修订后的总规划面积为220hm^2（3 300亩），全园共设置10个分区，即标本园、树木园、绿化植物展览区、经济植物区、果树区、育种区、引种区、主要树种造林区、人工生态区、环境保护试验区。规划主要建筑设施有展览温室、标本馆、人工湖等。投资总概算为700万元。

1982年

4月12日，黑龙江省委书记李力安、省长陈雷、副省长王一伦等同志来森林植物园参加义务植树劳动，并于植树前座谈讲话。

4月28日，为加强植物园技术力量，我园聘请东北林学院周以良（1922—2005）教授为我园名誉主任、兼职研究员；聂绍荃（1933—2005）讲师为兼职副研究员，二人负责指导植物园的建设、主持重点科研项目和培育人才等工作。

6月1日，黑龙江省营林局在森林植物园召开“总体规划专家讨论会”，到会的专家、学者共计18人。参加会议的有东北林学院、哈尔滨师范大学、省建设委员会、省资源处、省林业科学研究院、省博物馆、太阳岛景区管理处等单位的专家学者以及省营林局科技处、计划处、财务处、造林处的负责同志和植物园领导。

6月17日，省人民政府办公厅以文件批复，在省森林植物园与省自然资源研究所领导协商一致的基础上，省营林局、省科委领导同意签署“关于划定省森林植物园与省自然资源研究所土地界限会议纪要”的通知，森林植物园将任家桥南路东2.3hm^{2}土地划给省自然资源研究所作为所址。

1983年

7月25日，美国农业部农业研究局昆虫学家保尔·夏裴、农业部林务局昆虫学家托马斯·奥德尔组成舞毒蛾天敌考察组来森林植物园参观。

7月29日，美国明尼苏达大学景观树木园主任佩莱特博士和迪沃斯博士来森林植物园参观考察。

10月23日，联合国粮食及农业组织专家组来森林植物园参观了杨树区。

1984年

5月10日，黑龙江省森林植物园科普楼建成竣工。

1987年

8月31日，林业部雍文涛部长视察黑龙江省森林植物园并题词。同日举行黑龙江省森林植物园“药用植物园”落成典礼。省市领导和有关单位及新闻部门应邀参加，省市领导发表讲话并参观游览。

1988年

5月30日，黑龙江省哈尔滨森林公园正式开放新闻发布会在森林植物园召开。

6月1日，隆重举行了庆祝建园三十周年暨哈尔滨森林公园正式对外开放典礼大会。省、市主要领导及新闻界、中小学生聚集一堂，举行了隆重的庆祝活动和开园仪式。王权副市长做了讲话。

7月，黑龙江省森林植物园正式对外开放的一个月以来，先后接待了马来西亚、菲律宾、肯尼亚、英国、美国、联邦德国、苏联7个国家的外宾。省、市领导王一伦、赵德尊、王化成、马国良、王权等同志先后来园检查指导工作，并赞扬林业厅办了一件为市民和子孙后代造福的大好事，表示对植物园今后的建设给予必要的支持与扶持。

8月16日，著名科学家钱学森、朱光亚来园参观。

1989年

8月17日，邵奇惠省长参观森林植物园的标本园、药用植物园、果树区和正在施工建设的人工湖工地，对森林植物园的工作给予高度评价和肯定。

8月19日，接待全国林业“八五”计划会议代表。

10月26日，接待了福建省三明市集体林区改革试验区赴黑龙江学习小组来植物园考察，并留言“白山黑水、浓缩一团，科研科普、集于一体”。

1990年

1月19日，植物园部分科技人员参加省委、省政府在北方剧场召开的黑龙江省迎春专家团拜会，沈清越同志获得“国家有突出贡献的中青年专家”称号。

6月23日，第十一届亚运会亚运村村长焦若愚同志在亚运会前夕来园视察。

6月25日，林业部副部长蔡延松、外贸司司长陈显林来园参观、视察。

6月28日，省编委批准成立省森林经营研究所，接收牡丹江林业科研所和松花江林业研究所人员50人，与森林植物园实行一套人马，两个牌子，合署办公。

7月28日，全国人大赴黑龙江省国有林区视察组来园参观考察，王玉生、伞裕民、王槐隆等题字留念。

8月1日，林业部宣教司司长张观礼同志来园参观视察，并题词“为人类造福”。

8月13～15日，森林植物园召开中国人参协会成立大会，来自全国各省、自治区、直辖市的著名专家、教授五十人参加了大会。会议内容：①选举产生中国人参协会第一届理事会；②就人参、西洋参的栽培、加工技术以及今后的发展进行学术交流和探讨。

10月6日，根据世界银行、林业发展贷款项目关于技术培训的有关规定，森林植物园派遣两位科技人员同志赴美国密执安科技大学林学系进修，学习森林土壤方面的先进技术，为期半年。

1991年

7月，由门玉芩同志主持的“偃伏梾木引种及繁殖技术的研究”获黑龙江省科学技术进步奖三等奖。

7月10日，防火瞭望塔主体工程开始施工。防火瞭望塔是一组造型别致的欧式塔群，主塔是全园的制高点，也是全园的火情监测中心。

8月1日，国务委员、中国银行行长李贵鲜同志由副省长陈云林、省林业厅副厅长金祥根同志陪同来植物园参观。

1992年

9月，中华人民共和国林业部批准黑龙江省森林植物园建立哈尔滨国家森林公园。实行两块牌子、一套班子的管理体制。

1996年

1月26日，由省森林植物园基建项目办胡丽娟编制设计的《哈尔滨国家森林公园总体规划》经过专家、学者的评审鉴定，一致认为达到了国内领先水平，并上报林业部批准实施。

7月，张士增同志主持的“天然落叶松幼中龄林定向分类经营技术的研究”荣获林业部科学技术进步奖三等奖。

1998年

7月，由李长海主持的“柏新类型一塔柏引种及繁殖技术的研究”和谷淑芬主持的“偃伏梾木引种及繁殖技术推广”两项科研成果均获黑龙江省科学技术进步奖三等奖。

1999年

7月5日，全国人大常委会委员、林业部部长高德占来园视察《中华人民共和国森林法》执法工作情况，并为植物园题词“办好植物园改善生态环境”。

11月，黑龙江省森林植物园被中国科学技术协会命名为“全国科普教育基地”。

12月黑龙江森林植物园被国家林业局、中国花卉协会命名为“全国花卉生产示范基地”。12月27日，在中国99昆明世界园艺博览会黑龙江省参展工作中，作出突出贡献，被黑龙江省人民政府授予先进集体称号。

2001年

5月20日，黑龙江省委书记徐有芳同志来园视察，要求林业厅“抓紧研究，搞好规划，保护好植物园，建设好植物园”。

5月23日，黑龙江省省长宋法棠同志来园视察指导工作，提出“一定要保护好、管理好植物园”。黑龙江省省长宋法棠同志代表黑龙江省人民政府与日本国北海道知事在森林植物园共同栽植“建立友好省道十五周年”纪念林。

8月14日，国家林业局副局长马福同志来园视察，并对植物园的建设和管理发表讲话。

12月30日，《黑龙江省森林植物园总体规划的报告》得到黑龙江省林业厅的批复。

2002年

4月13日，国家林业局局长周生贤同志在黑龙江省副省长申立国的陪同下，来园视察工作，并发表讲话，提出“保护、保存、科普、科教、引种”的十字方针。

4月28日，为改善植物园的社会形象，加强森林资源保护，黑龙江省森林植物园遵照省厅指示，于4月28日正式闭园改造。闭园期间，省林业厅投资2 300万元，完成了主广场建设工程、人工湖改造建设工程等28项景区景点及基础设施建设工程。新建11个植物专类园区，游览景区从5处增加到17处，游览面积从15hm^{2}拓展到106hm^2。园容园貌得到了彻底改观，为森林植物园的长远发展奠定了坚实基础。

10月15日，省委书记徐有芳在《关于省森林植物园建设情况的汇报》中批示：要高标准、严要求，管理好植物园，在规划的基础上，一年应有一个变化，三年要上一个大的档次，达到国内唯一处于城市市区的国家森林公园的要求。

10月，国家“948”引进项目优良用材树种真桦引进，获得批准，争取课题资金70万元。

2003年

3月25日，国家林业局对森林植物园《关于东北地区珍稀植物保护基地基础设施建设项目可行性研究报告》进行了批复。

6月1日，黑龙江省森林植物园以崭新的面貌向社会重新开放。当日，在园主大门举行隆重的开园庆典仪式，省人大、省政府、省政协、国家林业局等领导亲临祝贺，近百家单位参加了庆典活动。

10月17日，黑龙江省第十届人民代表大会常务委员会第五次会议根据《中华人民共和国森林法》《中华人民共和国自然保护区条例》等法律、法规，于2003年10月17日通过《黑龙江省森林植物园保护条例》(简称《保护条例》)，并自2003年12月1日起施行。《保护条例》是黑龙江省出台的第一部保护植物园的专门法规，《保护条例》的出台，以立法的形式使植物园的资源得到了有效的保护。

10月23日，黑龙江省省长张左已同志在《关于以立法的形式保护省森林植物园的建议》一文上批示：森林植物园和太阳岛是哈尔滨人的命根子，要世世代代保护好，决不允许破坏……

12月1日，为宣传落实好《黑龙江省森林植物园保护条例》，在植物园主大门举行《保护条例》

启动宣传仪式。

2004年

6月23日，黑龙江省森林植物园的“关于东北地区珍稀植物保护基地工程建设初步设计”得到黑龙江省林业厅批复。

7月，郁永英同志主持的“金山、金焰绣线菊引种驯化及繁殖技术的研究”获得黑龙江省科学技术进步奖三等奖。

2005年

5月，森林植物园被黑龙江省科学技术厅、中共黑龙江省委宣传部、黑龙江省教育厅、黑龙江省科学技术协会授予“黑龙江省青少年科技教育基地”称号。

9月5日，为纪念世界反法西斯战争胜利六十周年，俄罗斯老战士代表团来园参观。

10月31日，森林植物园被“中国野生植物保护协会”批准成为全国首批“野生植物保护科普教育基地”之一。

2006年

3月10日，黑龙江省森林植物园主任李广武同志，在全面推广科学先进的领导管理方式方法中作出突出贡献，被黑龙江省领导科学学会授予黑龙江领导科学成果奖。

7月15日，俄罗斯萨哈（雅库特）共和国代表团来园参观。

8月11日，韩国林学会会长、高丽大学著名教授金真水先生及韩国国立树木园教授赵东光博士应邀来园参观、讲学。

10月24日，黑龙江省森林经营研究所与韩国（财）春川生物产业振兴院签署了信息与技术交流协议书。

2007年

4月6日，黑龙江省林业厅韩连生厅长在黑龙江省森林植物园会见了韩国三星集团李云鹤、俞久浚、柳宗元三位客人，就森林植物园投资建设观赏温室及科研合作项目进行了洽谈。

6月20日，在省森林植物园内，集科普、休闲于一体的人工森林湿地园建设完成，向游客开放。该园占地面积2.8hm^2，其中水面面积3 500m^2，是黑龙江省唯一一处建在市区内的湿地公园。

7月，由刘玮主持的“欧洲花楸引种及繁育技术研究”科研成果获得黑龙江省科学技术进步奖二等奖。

7月11日，森林植物园与韩国国立树木园建立合作关系，在哈尔滨签署了双方业务合作协议书，同时选派两名科技人员去韩国国立树木园进行为期一个月的业务学习。

11月4日，中央电视台《绿色时空》栏目以《曼妙神奇的黑龙江省森林植物园》为标题，对森林植物园进行专题报道。

12月9日，中央电视台《绿色时空》栏目以《湿地中的森林植物园》为标题，对森林植物园进行专题报道。

12月，黑龙江省森林植物园党委书记李广武同志被国家林业局授予“全国林业系统劳动模范”。

2019年

5月23日，黑龙江省森林植物园黑龙江省森林经营研究所更名为黑龙江省森林植物园黑龙江省森林植物研究所，实行两块牌子、一套班子的管理体制。

2020年

10月19日，由郁永英研究员主持的“抗寒彩叶树新品种选育及繁育关键技术研究”科研成果获得国家林业和草原局梁希林业科学技术奖科技进步奖二等奖。

2021年

7月31日，副省长王永康来园调研，强调省森林植物园涵盖了黑龙江省重点林区的植物群落，是“城市之肺”，也是科普林业知识、增强全社会保护森林资源意识的重要窗口，切实做好园区防火等工作。

10 现状

黑龙江省森林植物园位于哈尔滨市香坊区哈平路105号，占地面积136hm²，始建于1958年，是集科研、科普及旅游休闲为一体的综合性森林植物园。是国内为数不多处于城市市区的森林植物园，也是哈尔滨现存最大的一片城市森林绿地（图88、图89）。

经过65年的耕耘和几代植物园人的共同努力，黑龙江省森林植物园由原来的功能单一的任家桥

图88 森林植物园内多处森林绿地——森林浴（张鑫 提供）

图89 森林植物园阳光绿地——森林浴（张鑫 提供）

苗圃发展成为集科研、科普、旅游休闲为一体的综合性森林植物园。其深厚的科学内涵、多样性的植物种类、典型的植物群落，突出地再现东北林区的林分结构和林相特征，成为大兴安岭、小兴安岭、长白山脉植被的橱窗和缩影。科研工作硕果累累，科普教育成效显著，优美的园林外貌和1500余种植物争奇斗艳，使植物园与太阳岛并称为哈尔滨市的“南园北岛”（张荣波，2007）。随着科研、科普、建园工作的不断推进，森林植物园正呈现出欣欣向荣、和谐向上的发展势头，并向正规化、现代化、数字化国家植物园体系稳步前进。

黑龙江省森林植物园作为中国东北地区重要的森林植物研究基地，一直担负着森林植物种质资源的迁地保护、保存、植物引种、驯化、繁育技术的研究及成果推广等重要任务，并取得了累累硕果。建园65年来，共完成各类科研项目100余项，为黑龙江省及哈尔滨市的园林绿化和生态保护作出了显著贡献；众多的科研成果被大量应用于园林和生产实践，产生了极为明显的生态效益和社会效益。

如今的植物园因其神奇的植物景观、丰富的科学内涵、和谐的公益理念、有序的自然保护而受到各级政府的关心、支持与市民的喜爱。

11 乘势而上，展望未来

黑龙江省森林植物园位于中国东北部，是中国北方特色的寒温带森林植物园。以研究寒温带森林植物为主的植物园，被称为东北森林植物的橱窗和缩影（图90）。森林植物园坐落于黑龙江省省会哈尔滨市南部的香坊区，气候冬长严寒多雪，夏季凉爽宜人，属寒温带大陆性季风气候。全园森林覆盖率达90%以上，平均树龄为30年，部分乔木树龄在65年以上。园内主要收集引种了东北地区的乔灌木和药用植物，栽植红松、白桦、樟子松（91）及著名的东北三大硬阔树种黄檗（图92）、水曲柳（图93）和胡桃楸（图94），还有珍稀濒危植物刺人参（图95）等。森林植物园还是东北地区各种小型兽类动物的乐园，其中有刺猬、松鼠（图96）、黄鼬、环颈雉、野兔等，另有鸟类20多种、蝶类30多种。森林植物地理景区位于公园的西南部，海拔136～153m，现有60余种24 000余株树木。园区的规划是模拟东北地区大兴安岭、小兴安岭、长白山三大山系的森林植物群落景观。

黑龙江省森林植物园应按照国家林业和草原局主导思想为原则，分区域稳步跟进国家植物园体系的主导思想来规划和建设。未来，森林植物园将按照“政府满意、科学家满意、人民满意”的目标，争取地方党委、政府支持，在组建人才队伍、推进基础设施建设、开展科学研究等方面提高层次，高位推进国家级北方森林植物园体系

图90 黑龙江省森林植物园简介牌（张鑫 提供）

图91　森林植物园内的樟子松（张鑫 提供）

图92　林荫大道旁的黄檗林地（张鑫 提供）

图93　植物园生态广场旁的水曲柳（张鑫 提供）

的建设。建设过程中要突出黑龙江省野生种质资源的保护，突出地域特色，进一步密切各级植物园与省、市林业科学院及相关高校的联系，用高水平的科研为黑龙江省森林植物园发展提供支撑。

在国际社会逐渐认识到“抢救植物就是拯救人类自身”的理念下，各国纷纷采取措施来保护

图94　森林植物园内的胡桃楸林地（张鑫 提供）

图95　列入《中国生物多样性红色名录-高等植物卷》易危的刺人参（张鑫 提供）

图96　黑龙江省森林植物园内可爱的松鼠（张鑫 提供）

本国和全球的生物多样性。黑龙江省是中国的最北方这一特殊的地理位置和生态环境，决定了其植物资源的特殊、珍贵性，应该有国家级的植物园对特殊植物、特别是濒危植物进行保护保育、科学研究、开发利用。随着黑龙江省日益崛起为全国生物多样性保护的重要参与者，黑龙江省森林植物园的建设也面临着较高的期望。森林植物园下一步的目标是对接国家植物园体系的标准，积极构建具有中国北方特色、东北地区一流、万物和谐的国家植物园体系。这一计划将有望进一步提高中国东北地区在全国生物多样性保护领域的地位，并为未来的北方生态平衡贡献力量。

黑龙江省森林植物园，正日益成为中国北方地区植物多样性保护的中坚力量。森林植物园以创新和科技为支持，通过国内外合作，在应对气候变化、支持可持续发展、提升生态意识等方面发挥着关键作用。

植物世界虽然静默无言，但却是我们生活的基石和未来的希望。它们不仅为我们提供氧气、食物和药材，还维持着地球的生态平衡，是地球上最古老、最珍贵的“居民”之一。政府和社会各界也应该加大投入，加强植物保护和生态修复工作，推动可持续发展。让我们携手共进，为保护这个星球上的植物世界而努力奋斗，为我们的子孙后代留下一个更加美好、宜居的地球家园备加珍惜和保护“植物”（图97、图98）。

图97 森林植物园内林下植物——堇叶延胡索和兴安白头翁（肖潇 提供）

图98 植物园内自然和谐的植物景观（张鑫 提供）

12 结语

荏苒日月，书写岁月诗篇。1958年建园的黑龙江省森林植物园，65年风雨兼程、65年辛劳耕耘，65个春夏秋冬沧桑巨变，没有改变植物园人始终不渝的绿色信念，没有停止植物园人坚持不懈的生态建设步伐。

目前，我园已成功构建了绿色和谐的森林景观，并踏上了国家生态科学的发展道路。森林植物园以其清新优雅的生态景观环境（图99）、科学严谨的生态研究内容以及丰富直观的生态科研科普内涵，正奋力向生态研究、生态教育和生态建设的大示范窗口及绿色家园迈进。

黑龙江省森林植物园在今后科学与科技创新方面的主要任务将集中在东北植物保护生物学、森林生态系统生态学和资源植物学三个学科领域。根据国家战略需求和区域经济发展需求，重点强化对战略性北方植物资源的遴选和发掘利用。进

图99　婚庆园景区内醒目的主题小品（石艳霞 提供）

图100　黑龙江省森林植物园承办全省第一届自然教育课堂体验活动工作人员集体合影

一步加强科学研究的基础平台建设，为提升自主科技创新能力提供技术支撑。坚持人与自然和谐共生，尊重自然、保护第一；坚持植物迁地保护为重点，体现国家北方代表性和社会公益性；坚持对东北植物类群进行系统收集、完整保存、高水平研究、可持续利用，统筹发挥多种功能作用；坚持将东北植物知识和园林文化融合展示，讲好中国东北植物园的故事（图100），彰显中国东北生态文化和东北生物多样性魅力。强化自主创新，对接国家标准，接轨国际化步伐，争取早日建设成为中国东北特色、万物和谐的国家级植物园。

雄关漫道真如铁，而今迈步从头越。黑龙江省森林植物园的历程令人自豪，黑龙江省森林植物园的明天会更加辉煌！

参考文献

顾春雷，翁国胜，张鑫，等，2007. 黑龙江省森林植物园主要病虫害及其防治[J]. 陕西林业科技 (3): 70-72.

李长海，王晓冬，张荣波，等，2007. 黑龙江省森林植物园园志[G]. 内部资料.

李长海，周玉迁，高秀芹，等，2008. 黑龙江省森林植物园露地栽培植物[M]. 哈尔滨：东北林业大学出版社.

石艳霞，张鑫，张荣波，2014. 森林植物遗传单一性的危害及多样性保护措施探析[J]. 防护林科技 (10): 70-71.

张鑫，2020-08-10. 自然教育体验行|志愿者手记之走进黑龙江省森林植物园自然公益课活动[E]. 黑龙江自然教育.

张鑫，2022-02-16. 爱吃虫的森林卫士：黑龙江刺猬[E]. 中国植物保护协会.

张鑫，石艳霞，张荣波，等，2010. 控制榆紫叶甲上树危害新技术的研究[J]. 林业科技，35(6): 31-32.

张鑫，石艳霞，石艳丽，2015. 哈尔滨市绿地土壤理化性质研究[J]. 防护林科技 (11): 25-27.

致谢

由衷感谢国家植物园（北园）首席科学家马金双研究员、黑龙江省森林植物园李长海研究员对本章撰写思路给予的指导和帮助；特别感谢高秀芹研究员、王晓冬研究员、顾春雷研究员为本章内容审稿和收集分享的相关信息。还有很多未提到的给予我热心帮助的同事、朋友们，从而使本章得以完成，在此一并致以衷心的感谢！

作者简介

张鑫（男，辽宁人，1983年生），本科学历，2002年毕业于齐齐哈尔林业学校森林保护专业；2010—2017年北京林业大学林业工程专业和延边大学林学专业本科；2002年至今就职于黑龙江省森林植物园，高级工程师（2016）。主要从事森林资源保护、植物资源学研究工作，现任植物园珍稀濒危引种驯化研究室副主任；兼任中国野生植物保护协会兰花专业委员会委员；中国林学会青年工作委员会委员；中国林业生态经济发展国家创新联盟、中国林业产业联合会生态产品监测评估与价值实现专业委员会成员；中国林业产业联合会自然与实践教育分会会员。获得全国科技活动周组委会、科技部联合颁发的荣誉证书1项，获得省、厅级科技进步一等奖1项，二等奖2项，获得黑龙江省林学会优秀学术论文一等奖1项。

石艳霞（女，黑龙江人，1981年生），佳木斯大学计算机专业学士（2005），2006年至今就职于黑龙江省森林植物园，高级工程师（2015）。主要从事林业科技推广、林业科技情报工作，现任植物园科学技术科科长，2021年获得全国林业与草原系统第一批“最美林业科技推广员”称号。

滕飞（女，黑龙江人，1988年生），东北石油大学国际经济与贸易专业学士（2009），2015年至今就职于黑龙江省森林植物园，高级工程师（2023）。主要从事林下经济、花卉育种及推广工作，现任植物园科学技术科副科长。获得厅级二等奖1项。

肖潇（女，黑龙江人，1988年生），东北农业大学食品科学与工程专业学士（2012），东北林业大学林学专业硕士（2017），2015年至今就职于黑龙江省森林植物园，工程师（2021）。主要从事林业生态工程研究工作，现任植物园珍稀濒危引种驯化研究室副主任。

园林之母
China

10

-TEN-

秦岭国家植物园

Qinling National Botanical Garden

苏齐珍*
（秦岭国家植物园）

SU Qizhen
(Qinling National Botanical Garden)

* 邮箱：suqizhen-021@163.com

摘　要： 本章全面地介绍了秦岭国家植物园，内容包含基本情况、园区特征、历史沿革、发展、机构及人员、物种保育、科学研究、科普教育等方面，以供读者借鉴、参考和提出批评意见。

关键词： 秦岭　秦岭国家植物园　西安　中国

Abstract: This paper gives a comprehensive introduction to Qinling National Botanical Garden, including the basic situation, characteristics of the garden, history, development, institutions and personnel, species conservation, scientific research, popular science education and so on. To provide reference and criticism for reader's.

Keywords: Qinling, Qinling National Botanical Garden, Xi'an, China

苏齐珍，2024，第10章，秦岭国家植物园；中国——二十一世纪的园林之母，第七卷：527-589页.

1 基本情况

秦岭国家植物园由陕西省人民政府、国家林业和草原局、中国科学院、西安市人民政府联合共建，为陕西省政府直属正厅级公益一类事业单位，于2017年9月27日正式对外开放。总规划面积639km^2，园区整体划分为4个功能区，其中植物迁地保护区10km^2、生物就地保护区575.31km^2、珍稀动物迁地保护区和历史文化保护区16km^2，复合生态功能区37.69km^2（图1至图4）。目前主要建设植物迁地保护区和生物就地保护区，按照“保护、研究、科普、利用”并举的方针，坚持统一规划、统一管理、分步实施、统筹发展的原则。

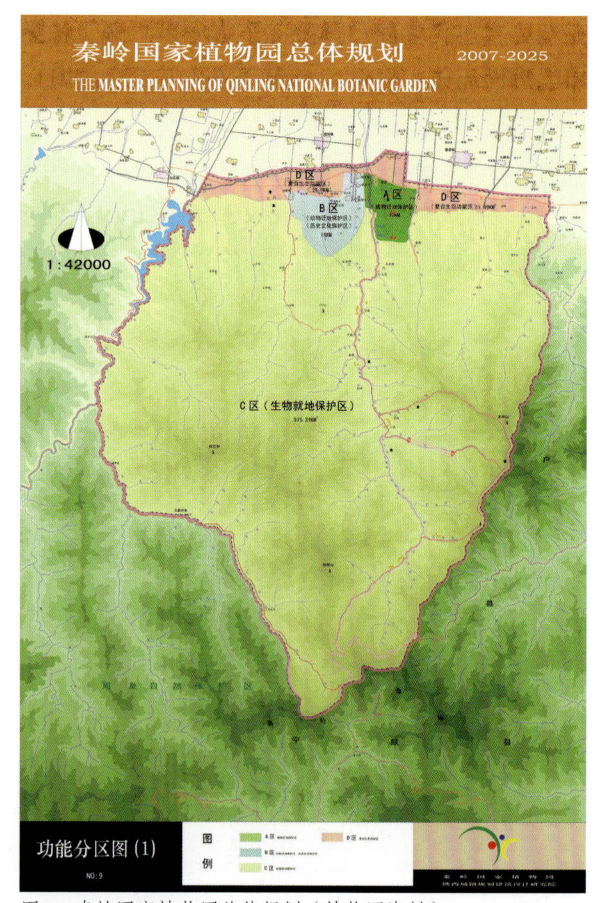

图1　秦岭国家植物园总体规划（植物园资料）

秦岭国家植物园是以保护生物多样性为宗旨，突出自然生态特色，集迁地保护、科学研究、科普教育、园林展示和资源利用五大功能为一体的综合植物园，是目前世界面积最大、地理位置最独特、生态价值最高、原始山林保护最好的植物园。秦岭国家植物园立足秦岭，重点开展秦岭南北麓植物多样性收集保存，利用“迁地、就地互补”模式，实现秦岭野生植物保护全覆盖。以保护秦岭生物多样性和“危、特、稀、小”植物为使命，协同开展祁连山、六盘山-子午岭、大巴山等野生植物迁地保护和科学研究，力争把秦岭国家植物园建成具有国家代表性、社会公益性、保护系统性的国内一流、国际知名植物园。

1.1 地理位置

秦岭国家植物园地处中华地理自然标识及素有“生物基因库”之称的秦岭，位于秦岭北麓中段陕西省西安市周至县境内，距离西安市中心70km。秦岭是我国南北自然环境的天然分界，是暖温带和北亚热带气候的分界线，暖温带落叶阔叶林与亚热带常绿阔叶林的过渡带，中国–日本和中国–喜马拉雅植物区系的交汇区，古北界和东洋界动物区系的分界线，黄河水系与长江水系的分水岭，也是我国17个具有国际意义的生物多样性关键地区（新华网，2002）和35个生物多样性保护优先区之一（《中国生物多样性保护战略与行动计划》，2010）。

1.2 地形地貌

秦岭属昆仑山脉的东延部分，是东亚地质上最古老的地区之一（应俊生，1994）。秦岭地质构造复杂、地貌类型多样，素有“地质博物馆”“地质实验室”的美誉。秦岭国家植物园地处秦岭北麓，北秦岭加里东褶皱带，即秦岭地轴，是秦岭地区构造最强烈、岩浆活动最发育、变质岩作用和混合岩化最显著的地段，有以秦岭北侧山前大断裂为代表的4条大断层通过。地层主要由泥盆、奥陶变质岩系及花岗岩体构成，有石灰岩、石英片岩、片麻岩、千枚岩、花岗岩等。

秦岭国家植物园地貌形态丰富多样，地势自东南向西北方向倾斜，形成高山、中山、低山、丘陵和平原5种地貌单元。以石质中低山地貌为主，流水侵蚀剥蚀作用强烈。高山区发育着比较完整的第四纪冰川地貌，山顶保存着第三纪或更早的夷平面。主要山峰有银屏山、首阳山、四方台等，最高峰银屏山海拔2 997m，平原地区海拔473m，高差达2 524m，垂直地带性分异显著。在微地貌方面，由于岩石类型多样、流水作用强度大、河流比降大，山体气势宏伟，瀑布多而壮观，山石千姿百态，是目前世界上面积最大、植被分带最清晰、最具自然风貌的植物园。

1.3 气候

秦岭位于中纬度地区，呈东西走向，受大陆性气候和季风性气候的双重影响，是暖温带和北亚热带气候的分界线。秦岭国家植物园位于秦岭

图2 秦岭国家植物园迁地保护区（袁景智 摄）

图3　秦岭国家植物园就地保护区（一）

图4　秦岭国家植物园就地保护区（二）

北坡，属暖温带半湿润大陆性季风气候。随海拔升高，形成暖温带、温带、寒温带和亚寒带4个气候带，气候垂直分异显著。

秦岭国家植物园多年平均温度14.35℃，7月平均气温27℃、最高气温35～40℃，1月平均气温0.4℃、最低气温-6～-12℃。多年平均降水量800～1 100mm，丰水年达到1 100～1 300mm，且从北向南逐渐增加。年平均无霜期230天，年日照时间1 781小时，主导风向为西风（周至县气象局）。

1.4 水文

秦岭南临汉水，北界渭河，发育着众多的河流，是我国的中央水塔，是黄河与长江两大水系的分水岭。秦岭国家植物园位于秦岭北麓，属黄河流域渭河水系，水资源极为丰富，有“七十二道脚不干”的谚语。秦岭国家植物园有13条主要河流，自西向东为马岔河、就峪河、田峪河、赤峪河、耿峪河和甘峪河等。其中，田峪河流域面积最大，为255km^2，流长57.6km，径流量为2.6m^3/s，为西安市市级饮用水水源地。受地质构造和地形影响，秦岭国家植物园河流多呈钩型，具有流程短、流速急的特点。除耿峪河直接流入渭河，其余河流均汇至黑河而入渭河，最终汇入黄河。

1.5 植被

秦岭国家植物园位于秦岭北坡，植物区系和植被类型具有明显的温带性特点，植物种类组成丰富，地理成分复杂，特有种比例高，且具有强烈的始生性质。秦岭国家植物园具有典型的温带山地植被垂直带谱。随着海拔升高，依次为杂果林及次生林带、侧柏林带、锐齿栎林带、红桦林带、巴山冷杉林带、太白红杉林带、亚高山灌丛及草甸。杂果林及次生林带主要分布在平原区，位于海拔700m以下，以猕猴桃、杏、构树、白皮松等为主；侧柏林带主要分布于河流两侧，海拔范围为700～1 000m，以侧柏为建群种，伴生有紫荆、栓皮栎、青檀、刺榆等；锐齿栎林带面积最大，分布海拔为1 000～2 000m，以锐齿栎为建群种，伴生有板栗、漆树、华山松、白檀等；红桦林带主要分布海拔为2 000～2 400m，以红桦、糙皮桦为建群种，林下伴生有箭竹、荚蒾、卫矛和忍冬等；巴山冷杉林带和太白红杉林带主要分布海拔为2 400～2 800m，以巴山冷杉和太白红杉为优势种，林下伴生有杜鹃花、绣线菊和茶藨子等；亚高山灌丛及草甸分布海拔为2 800～3 000m，主要位于银屏山、四方台，优势种有太白杜鹃、秦岭蔷薇、秦岭小檗、薹草类等。

2 园区特征

2.1 园区标识

园区Logo以独特的地理区位、山水为主基调，整体设计为一片树叶的造型，代表了植物园的行业属性。山脉代表秦岭，亦表示秦岭为中国南北分界线；水是生命之源、万物之灵，秦岭之水，孕育万物、滋养百姓；体现了秦岭生态系统的重要性，以及保护秦岭生态环境的使命。中间

图5 秦岭国家植物园园徽

的山脉和水用一条绿色丝带连接，代表自然、纯粹、舒适的环境（图5）。

2.2 园训

2019年，时任园长张秦岭提出“惟精惟一，允功厥囿，诚致良知，立园百年”的园训。

意为：用功精深、用心专一，认真保护、建设、管理、运营好园子，建功立业，营造致良知的文化氛围，将良知扩充到事事物物，建设百年植物园。

3 历史沿革

3.1 筹备阶段

2000年6月，陕西省人民政府（2000年第五次）省长办公会议决定建设秦岭植物园，时任中国科学院西安分院副院长沈茂才同志积极推动秦岭植物园建设。

2001年12月，陕西省人民政府文件批复陕西秦岭植物园总体规划，总面积458km^2。

图6 在北京钓鱼台国宾馆召开联合共建秦岭国家植物园第一次会议（园资料）

2001年12月，陕西省编办文件批复成立陕西省秦岭植物园。加挂陕西省秦岭植物研究院牌子，为省政府直属正厅级事业单位。

2003年8月，中国科学院文件批复中国科学院与陕西省人民政府决定联合共建陕西省秦岭植物园。

2005年8月，陕西省编办发文，陕西省秦岭植物园由陕西省林业厅代管。

2006年10月，陕西省人民政府、国家林业局、中国科学院、西安市人民政府在北京召开了联合共建秦岭国家植物园会议（图6）。

2006年11月，国家林业局文件批复，同意共建秦岭国家植物园。

3.2 建设阶段

2007年5月30日，陕西省人民政府、国家林业局、中国科学院、西安市人民政府联合在周至县集贤镇举行秦岭国家植物园奠基仪式（图7）。

2007年9月，陕西省人民政府发布文件《关于秦岭国家植物园总体规划的批复》，确定总规划面积639km^2。

2008年9月，陕西省编办编发文，同意陕西省秦岭植物园更名为秦岭国家植物园。

2016年7月19日，胡和平省长主持召开专题会议听取并研究了秦岭国家植物园建设有关工作，会议明确要求加快秦岭国家植物园建设进度，确保2017年10月1日前一期项目开园运营。

2017年3月16日，秦岭国家植物园在周至园区召开“甩开膀子加油干，全力以赴保开园”全体职工动员大会，会议要求全体员工尽快转入工作状态，珍爱植物园集体名誉，维护“国家级”这块金字招牌，甩开膀子加油干，全力以赴保开园，争当奋发有为者，建设“美丽植物园、人文植物园、廉洁植物园”。

2017年9月27日盛大开园（图8）。陕西省省长胡和平，国家林业局副局长彭有冬，西安市副市长吕健、秦岭国家植物园园长张秦岭等依次发表讲话后，中共陕西省委书记娄勤俭庄严宣布：“现在，秦岭国家植物园开园！”

3.3 发展阶段

2018年，标本馆主体建成，科普中心成立。

2018年，秦岭北麓违建别墅整治，打响秦岭保卫战。拆除违建，关闭水电站。

2018年4月13日，秦岭国家植物园与陕西省社会科学界联合会、陕西师范大学、西安文理学院、西北农林科技大学、西北大学、陕西省植物学会、陕西省动物学会联合共建的教学实践基地、科普教育基地揭牌仪式隆重举行。

2019年1月9日，园艺中心成立。

2019年12月，温室馆主体建成。

2019年12月31日，科研中心成立。

2020年8月，设立秦岭南麓柞水引种保育基地和西安科研科普基地（图9、图10）。

2020年，国家林业和草原局发布文件《关于公布第二批国家林业和草原长期科研基地名单的

图7　秦岭国家植物园奠基（园资料）

图8　秦岭国家植物园开园（园资料）

图9　秦岭国家植物园柞水引种保育基地（杨颖　摄）

图10　秦岭国家植物园科研科普中心西安基地（园资料）

通知》，秦岭国家植物园为陕西珍稀野生植物保护与繁育国家长期科研基地。

2020年12月31日，根据《旅游景区质量等级的划分与评定》国家标准（GB/T 17775—2003）和《旅游景区质量等级管理办法》，经西安市旅游资源开发管理评价委员会组织评定，秦岭国家植物园景区达到国家3A级旅游景区标准，确定为国家3A级旅游景区。

2020年，亚洲开发银行（简称亚行）陕西秦岭生态和生物资源保护植物项目进行检查验收。

2021年，招聘科研人员32人。

2021年4月，经2020年11月国家林业和草原局批准，依托陕西省林业科学院共建“秦岭生态保护修复科技协同创新中心”。

2021年6月10日，全国关注森林组委会授予秦岭国家植物园首批“国家青少年自然教育绿色营地”。

2021年8月，省长赵一德批复，解决秦岭国家植物园债务问题。

2022年4月2日，省委书记、省人大常委会主任刘国中、省长赵一德、省政协主席徐新荣等省领导来到秦岭国家植物园植树点，参加义务植树活动。省委、省人大常委会、省政府、省政协、省军区、省法院、省检察院、武警陕西省总队省级领导同志，省绿化委员会成员单位主要负责同志参加义务植树活动。

2022年12月26日，退休干部管理中心成立。

2023年3月15日，省委书记赵一德、省长赵刚、省政协主席徐新荣等省领导来到秦岭国家植物园植树点，参加义务植树活动。省委、省人大常委会、省政府、省政协、省军区、省法院、武警陕西省总队省级领导同志，省绿化委员会成员单位主要负责同志参加义务植树活动。

2023年4月23日，陕西省文化和旅游厅下发《关于确定西咸新区诗经里小镇等18家旅游景区为国家4A级旅游景区的公告》。根据中华人民共和国国家标准《旅游景区质量等级的划分与评定》和《旅游景区质量等级管理办法》，经有关市级文化和旅游行政部门推荐，陕西省文化和旅游厅组织综合评定并按程序完成公示，秦岭国家植物园被评为国家4A级旅游景区。

2023年8月，中华人民共和国国务院发布《关于国家植物园体系布局方案的批复》，秦岭国家植物园被列入其中。

2023年9月，陕西秦岭北麓山水林田湖草沙一体化保护和修复工程，西安市田峪片区生态保护修复项目开工实施，项目总投资1.6亿元。

2023年10月，亚行驻北京办事处首席代表萨法尔·帕尔韦兹带领的采访团一行13人来秦岭国家植物园进行现场调研与采访。

4 秦岭国家植物园的发展

4.1 秦岭国家植物园规划变更

2001年12月，陕西省人民政府发布文件批复陕西秦岭植物园总体规划。陕西秦岭植物园位于西安市周至县境内，总面积458km^2。中心起步区为田峪河赤峪河流域及S107省道以南山前丘陵和平地，面积262km^2。

2007年9月，陕西省人民政府发布文件《关于秦岭国家植物园总体规划的批复》，总规划639平方公里，其中植物迁地保护区10km^2、生物就地保护区575.31km^2、珍稀动物迁地保护区和历史文化保护区16km^2、复合生态功能区37.69km^2。要以保护生物多样性为宗旨，突出自然生态特色，坚持“保护、研究、科普、利用”并举的方针，努力把秦岭国家植物园建成集生物多样性保护、科学研究、科学教育与普及、生态旅游四大功能为一体的、国际一流水平的综合性植物园。

4.2 “四方”共建科学模式

2003年8月19日，中国科学院发布《关于中国科学院与陕西省人民政府联合共建秦岭植物园的通知》，中国科学院与陕西省人民政府签订合作协议，决定在秦岭北麓中段陕西省周至县境内联合共建国家级秦岭植物园。

2006年10月，陕西省人民政府、国家林业局、中国科学院、西安市人民政府在北京召开了联合共建秦岭国家植物园会议。会议还确定了共建四方的任务：陕西省人民政府把秦岭国家植物园纳入全省“十一五”重点建设项目，重点负责交通、土地、防洪、电力、水系生境等基本建设和部分科技方面的投入，尽快启动植物迁地保护区的建设，同时完成亚行贷款工作。国家林业局把秦岭国家植物园建设纳入林业发展规划，对动植物迁地保护、就地保护、林业科研、林业国际合作及林业基础设施等方面的建设按国家投资方向进行资金支持。中国科学院根据2003年5月签订的院省联合共建协议精神，结合自身业务特点和优势，主要在科学规划、人才智力、科研项目、科技国际合作等方面提供支持，并积极推动秦岭国家植物园纳入国家植物园创新体系规划。西安市人民政府重点负责园区移民搬迁、新农村规划建设、基础设施配套工程等建设，为植物园建设创造良好的建设和投资环境，并纳入市政府重点建设项目予以多方面支持。其他经营性项目以及可以通过招商引资的项目，由秦岭国家植物园按市场运作方式筹措建设资金。

秦岭国家植物园建设要按照“保护、研究、科普、利用”并举的方针，坚持统一规划、统一管理、分步实施、统筹发展的原则和高起点、高标准、高品位的建设思路，各方共同努力，加快建设步伐，力争把秦岭国家植物园建成世界上规模最大、功能最完备的植物园，打造成中国的绿色品牌，树立我国绿色的国际形象。

4.3 秦岭国家植物园开园

2017年9月27日上午，秦岭国家植物园开园仪式在西安市周至县举行（图11）。陕西省委书记娄勤俭宣布开园，省长胡和平讲话，国家林业局副局长彭有冬致辞。秦岭国家植物园位于秦岭中段，规划面积639km^2，是由省政府、国家林业局、中国科学院和西安市政府联合共建的综合性大型植物园，是目前国内面积最大的植物园，2007年经省政府批复规划后开始建设。园内地貌单元多样，气候垂直变化明显，生物多样性极其丰富，有1 641种植物，原始森林、大峡谷、瀑布、古栈道等自然和人文景观保存完好。

图11 秦岭国家植物园开园大会现场（园资料）

胡和平在讲话中说，近年来，陕西省深入贯彻习近平总书记关于秦岭保护的指示要求，实行最严格的制度和最严密的法治，修订了《秦岭生态环境保护条例》，按照保护优先原则划定了禁止开发区、限制开发区和适度开发区，通过专项检查、环保督察、联合执法等多种方式加大对突出环境问题的整治力度，秦岭保护取得了显著成效。建设秦岭国家植物园，是加强生态文明建设的一次生动实践，也是深化供给侧结构性改革的重要体现，必将有力提升秦岭保护和研究水平，有效促进旅游和林业融合发展，不断满足人民群众森林旅游观光和休闲体验的新需求。要坚持生态立园、合作建园、旅游兴园，保护好自然生态系统的原真性和完整性，充分展示秦岭之秀、秦岭之美、秦岭之奇，提高管理和服务水平，加强四方共建和国际交流，努力开创园区发展新局面、探索秦岭保护新途径、打造陕西景区新品牌。

4.4 秦岭国家植物园开园五周年

2022年9月27日上午，秦岭国家植物园在标本馆学术报告厅举行开园五周年园庆活动（图12、图13），陕西省林业局党组书记、局长党双忍，党组成员、园长张秦岭，副园长高卫民、马安平，省林业局二级巡视员王俊波，局相关处室、部分直属单位负责人以及秦岭国家植物园干部职工参加了此次活动。此次活动由高卫民副园长主持，陕西省林业局二级巡视员王俊波同志宣读了省林业局贺信，马安平副园长介绍了秦岭国家植物园开园五年来所获部分成就与奖项。

张秦岭园长作了《立园百年 垂裕后昆》的报告。张秦岭园长对五年来支持帮助过秦岭国家植物园工作的领导和同志们表示衷心的感谢，并对同志们致以崇高的敬意和问候！报告回顾了秦岭国家植物园贯彻落实习近平总书记重要指示批示精神，履行植物园职责，在科学研究、物种保育、科普教育、园林园艺、园区基础设施建设、筹融资、债务化解、园区防疫抗旱、运营管理以及秦岭国家植物园纳入国家植物园体系等工作中取得的佳绩。

念兹在兹。张秦岭园长指出，全园干部职工要心怀国之大者，履行神圣职责，当好秦岭生态卫士。抓住机遇，不遗余力，全园上下勠力同心，克难攻坚纳入国家植物园体系，内顺外联争取增加科研编制，全力化解债务困厄，继续打造5A级景区。做好迁地保育，狠抓科研工作，争创科普

图12　秦岭国家植物园开园五周年园庆活动（张勇　摄）

图13　秦岭国家植物园开园五周年合影（园资料）

第一，喧妍秦园美景，开发利用资源。东有兵马俑，西有植物园，“十四五”构建既彰显人文景观，又显自然山水陕西旅游大格局；国内追版纳，全球骊邱园，2035年迈入国家一流、世界有名的国家植物园行列。

展望未来。张秦岭园长强调，“岂曰无衣，与子同裳。修我甲兵，与子偕行”。我们将团结起来，秉承老秦人古风，发扬植物园精神，惟精惟一，允功厥闱，立园百年，垂裕后昆。

党双忍局长代表省林业局对秦岭国家植物园开园五周年表示热烈祝贺，向所有辛勤付出、默默奉献的同志们致以崇高的敬意和衷心的感谢。强调秦岭国家植物园建成开园五周年是陕西省生态文明建设史上的一件大喜事。开园五年来，秦岭国家植物园牢记国之大者，攻坚克难，踔厉奋进，保持了稳健向好的发展态势。在园内造园、植物研究、科普研学、景观管理等方面，不断取得新进展，奋力谱写新篇章。并指出陕西省林业局始终坚持与秦岭国家植物园站在一起，并肩作战，倾力支持。站在新的历史起点上，我们必将再接再厉、意气风发、同心勠力，推动秦岭国家植物园可持续发展、高质量发展，创建“国内龙头、世界一流”植物园。

立园百年　垂裕后昆

——纪念秦岭国家植物园开园五周年

张秦岭　2022年9月27日

今天，是秦岭国家植物园开园五周年纪念日，在此向全园同志们致以崇高的敬意和问候，并对五年来支持帮助过我园工作的领导和同志们表示衷心的感谢！

曩日初春，省政府决定国庆开园，其令切峻。领命之初，诚惶诚恐，深感才薄智浅，而兹事体大，恐难胜其任。环睹现状，无比忧虑，虽园区皆工地，然杂乱而无章；既戚戚于巨债，又汲汲于乏人；天气前旱后涝，做事左牵右绊；或结党谋私，好诉成风，困于蒺藜，踽踽而行。所幸上级支持，亚行项目及时，班子团结给力，职工不畏困难，凭借一股心劲，采取超常措施，终成开园大业，于公元2017年9月27日上午10时隆重开园。是日瓢泼大雨，大家泪与雨俱下，相拥喜极而泣！

开园五年，筚路蓝缕，栉风沐雨，直面事势，义不旋踵。历北麓之事，乘打除之威，顺肃纪之势，解债务之困，排疫情之忧，正歪斜之风，治无序之乱。逮逢省委政府重视，受益四方联建机制，仰赖省林业局支持，铭感财政发改相助，凭仗班子凝聚一心，依靠大家共同努力，苦学苦帮苦干苦熬。全园踔厉奋发，笃行不怠，众擎易举，共铸辉煌；落实总书记批示，履行植物园职责；就地迁地结合，秦园全国首创；保护秦岭生态，保育物种六千；加强科学研究，虽迟奋力追上；开首科普教育，佳绩频频上榜；提升园艺水平，园貌月月异样；工程建设给力，投资幂数增长；水电路讯齐备，山原阡陌通畅；融资化解债务，鲜有讼堵造访；协调周围四方，防疫抗旱真忙；精心运营管理，遽获4A在望；资源充分利用，社区社会共享；处理政务事务，重视党建纪纲；后勤保障到位，居园安适如常；邀聘博士硕士，壮我科研力量；西安柞水基地，均已使用开张；廿年建设成果，今朝并呈颂扬；积极纳入体系，定会事成心想；干事轰轰烈烈，相处和谐无恙；秦园已非昨日，试问谁家能伉？

“君子豹变，其文蔚也”。看今日之秦园，变化地覆天翻，美誉颂声载道，人心思治思干，风气向上向善，政通人和，百废备举，开物成务。选贤任能，陟罚臧否，虽蓬蓬生麻中而自直也。倘游园中，山清水秀，苍翠欲滴，鸟飞兽走，四季花香；卅园扑面，目酣神醉，场馆宏大，美轮美奂；登山攀岩，心旷神怡，观天察地，往往自得；秦岭大观，概莫如是，工作在此，与仙何异！

心怀国之大者，履行神圣职责，当好生态卫士。念兹在兹，扭住机遇，不遗余力全园上下一条心勠力，克难攻艰纳入国家植物园体系，内顺外联争取增加科研编岗，百折不回全力化解债务困厄，马不停蹄继续打造5A景区。做好迁地保育，狠抓科研工作，争创科普第一，喧妍秦园美景，开发资源利用。“东有兵马俑，西有植物园”，“十四五”构建既彰人文景观、又显自然山水陕西旅游大格局，“国内追版纳！全球骊邱园”，2035迈入国家一流、世界有名的国家植物园行列。

回首过去，感慨万千，五年太短，百年可期，展望未来，无限阳光。“岂曰无衣，与子同裳。修我甲兵，与子偕行”。让我们团结起来，秉承老秦人古风，发扬植物园精神，惟精惟一，允功厥囿，立园百年，垂裕后昆！

祝福秦岭国家植物园！

祝福全园亲爱的同事们！

祝福赞勷秦园的所有同志们！

5 机构及人员

秦岭国家植物园下设办公室、规划处、科研处和设计室（亚行办）4个处室；科研中心、科普中心、园艺中心、植保中心、筹融资中心、后勤中心和退休干部管理中心7个中心；机关党委、陕西秦岭国家植物园建设开发有限公司、陕西秦岭国家植物园园林花卉科技开发有限责任公司和陕西西安田峪河湿地公园管理处。现有员工202人，其中硕博士以上52人。

陕编发〔2003〕9号文关于陕西省秦岭植物园（陕西省秦岭植物研究院）职能配置、内设机构和人员编制的批复，内设4个机构：办公室、规划建设处、科研开发处、植物分类研究所（《西北植物学报》编辑部），人员暂定20名。陕编发〔2016〕103号文关于秦岭国家植物园整合机构精简编制规范管理方案的通知，秦岭国家植物园不再加挂“陕西省秦岭植物研究院”牌子，内设机构4个核减为3个：办公室、规划处、科研处。人员编制由20名核减为18名。秦岭国家植物园现有人员中，在编人数18人，其余员工为聘用制。

5.1 办公室

（1）负责园行政、人事、劳资、财务等工作。

（2）负责公文、机要、档案处理。

（3）负责综合材料的起草，督促协调会务工作。

（4）负责政务信息及宣传、新闻发布工作，做好对外联络及综合协调工作。

（5）负责车辆、安全、保卫、接待等工作，督促做好后勤服务等工作。

（6）完成好领导交办的其他工作。

5.2 规划处

（1）负责工程建设项目的申报核准。

（2）负责施工现场管理以及协调解决工程项目建设中的各种矛盾与问题。

（3）负责园区及入园企业的规划管理以及建设用地管理工作。

（4）负责部门廉政工作和安全生产工作。

5.3 科研处

（1）负责组织与管理植物园的科学研究工作。

（2）负责组织与管理植物园的科普宣传教育工作。

（3）负责植物园植物引种及繁育技术研究工作。

（4）负责植物园科研方面的对外合作与交流培训工作。

（5）完成领导交办的其他任务。

5.4 设计室（亚行办）

（1）负责园计划职能，开展前期项目设计、申报、造价预算、招标及合同签订等前期工作。

（2）负责亚行项目的开展实施，与亚行、省外贷办、省财政厅等相关业务部门协调对接，开展亚行项目前期设计、招投标、合同授予及报账工作。

（3）完成园里交办的其他临时性工作。

5.5 科研中心

（1）负责学科及科研团队建设。

（2）负责科研项目组织、管理、实施。

（3）负责科研成果的推广应用及转化。

（4）承担园里安排的相关工作。

5.6 科普中心

负责秦岭国家植物园科普教育相关工作。

（1）举办丰富多彩的科普教育活动。

（2）打造各类科普教育基地。

（3）加强科普讲解员队伍建设。

（4）科普专家的遴选、聘用、管理和服务工作；科普共建项目洽谈合作、组织实施等工作。

（5）科普志愿者的招募、培训、管理等工作。

（6）科普宣传工作。

5.7 园艺中心

（1）负责园区植物管理。

（2）负责园区园林管护。

（3）负责园区景观提升。

（4）负责园区苗木繁育等工作。

5.8 植保中心

（1）负责园区植物病虫害的监测、预警、防治和抗旱灌溉工作。

（2）与科研中心协调做好植物检疫病虫害预防工作。

（3）与园后勤中心、园艺中心、建设公司等部门协调做好全园抗旱灌溉组织安排工作，负责水源、抗旱设备调度服务工作。

（4）做好园领导安排的其他工作。

5.9 筹融资中心

（1）负责园筹融资工作。

（2）负责与相关银行的沟通、洽谈。

（3）负责园建设项目资金的筹措，申请各类专项基金。

（4）领导交办的其他事情。

5.10 后勤中心

（1）负责周至办公区域的水、电、网络、通信等运营维护管理。

（2）负责园区基础设施的维修维护。

（3）负责职工食堂、专家公寓的运行管理。

（4）负责领导交办的其他事情。

（5）负责后勤服务中心的日常工作。

5.11 退休干部管理中心

（1）贯彻落实党中央、国务院及省委省政府有关退休干部工作政策，拟定落实好有关退休干部管理办法。

（2）组织退休干部阅读、学习文件和参加有关活动。

（3）负责退休干部的日常党务工作，组织退休干部参加党的组织生活。

（4）组织发挥老干部余热，为园区建设出谋划策。

（5）组织退休干部开展适宜老年人特点的文体活动。

（6）负责退休干部生活福利、医疗保健等服务工作。

（7）组织退休干部参观、健康疗养。

（8）做好领导安排的其他工作。

5.12 机关党委

（1）负责做好全园的党建工作，组织开展“两学一做”学习教育工作，负责基层党组织建设。

（2）做好党风廉政建设工作。

（3）负责园纪检监察工作。

（4）负责信访工作。

（5）负责日常党务工作。

5.13 陕西秦岭国家植物园建设开发有限公司

秦岭国家植物园建设开发有限公司是秦岭国家植物园根据省委、省政府事企分开原则组建并控股的独立法人单位，公司成立于2014年8月，注册资本3 000万元人民币。

公司设置综合办公室、财务管理部、工程维修部、经营接待部、营销策划部、场馆运维部、游客服务部、安全综治部八个职能和业务部门，另外，还有工会及秦岭四宝科学公园运营管理中心两个机构。现有固定职工80人，在旅游旺季（3~10月）还需补充临时用工40余人，主要用于园区旅游接待和金牛坪客栈的正常运营，旺季公司有130余人。

公司秉承“忠诚、实干、廉洁、担当”理念，围绕园里的重点工作和中心工作，承担的主要工作任务：秦岭国家植物园景区运营管理工作，园区水、电、路的维修、保养和管理，园区安全及森林防火，旅游接待及经营管理，园区对外合作洽谈与管理，园区丝路园部分园林养护任务及秦岭四宝科学公园委托管理工作。

5.14 陕西秦岭国家植物园园林花卉科技开发有限责任公司

陕西秦岭植物园园林花卉科技开发有限责任公司成立于2015年3月31日，是秦岭国家植物园独资的法人单位。公司下设5个部门：综合办公室、园艺部、园林管护部、花卉部、机械设备部，在职人员42人。公司主要承担秦岭特有花卉引种、栽培、驯化，名优新品种花卉的引种栽培与扩繁，名优树木引种栽培，特色有机蔬菜种植、园林管护、园林工程施工等工作。

公司本着“有特色，入主流，先做大，再做强”的指导思想，在做大做好目前花卉生产和园林管护、园林工程施工的基础上，将陆续开展农副产品、山林产品的研发和推广，新品花卉的研发、技术指导、布展设计、园林设计等工作。公司运营思路及目标已逐渐明确，各项规章制度也已完成，逐渐走向正规，确保为园区服务。

5.15 陕西西安田峪河湿地公园管理处

（1）严格按照《陕西西安田峪河国家湿地公园总体规划》（2017—2021）进行湿地保护管理工作，并贯彻执行国家有关湿地保护的法律、法规、规章和方针政策。

（2）负责湿地公园内的湿地保护与利用、生态旅游等事务；负责对湿地公园规划控制区内的建设、规划、开发、经营活动进行监管、审批和处罚。

（3）负责制定湿地公园的管理计划和各项规章制度并组织实施；协调湿地公园与周边镇(处)、村(社区)的关系。

（4）负责对授权的相关资产进行经营、管理、合理开发和综合利用；组织实施湿地公园生态保护修复工程、基础设施配套、生态旅游开发及其他项目，并予以管理。

（5）负责做好湿地资源的普查、评价工作，保管湿地保护、管理和研究工作中获得的各项成果、数据和资料，并按照规定向有关部门报送调查和监测报告。

（6）负责对外宣传、推广、交流湿地科学知识、普及教育、参与国际国内湿地保护与利用的交流与合作。

（7）配合有关部门做好园区内的林政、渔政、环境保护市政市容、园林绿化等工作。

（8）完成上级行政主管部门安排的其他工作。

6 物种保育

6.1 就地保护

秦岭是我国中部东西走向的最大山脉，地处暖温带和亚热带的交界处，是我国南北气候的分界线，在植物区系上也处于交汇地带。它是我国南北生物相互交流的重要通道和过渡地区，植被类型包含了亚热带的常绿阔叶林、暖温带的落叶阔叶林、温带的针阔叶混交林、亚高山针叶林及灌丛、草甸等，垂直分带明显，生态系统多样，是我国生物多样性最丰富的地区之一，并且保留有很多古老的第三纪孑遗物种如银杏、水杉、水松等，在植物区系和演化上有重要意义。

秦岭是昆仑山脉东延余脉，中国中部东西走向的最大山脉，中国东半壁的南北分界线。东起河南伏牛山，西至甘肃岷江，北临渭河，南界汉水，位于104° 30′ ~ 112° 52′ E、32° 50′ ~ 34° 45′ N，东西长逾800km，南北宽140 ~ 200km。秦岭是中国暖温带与北亚热带气候的分界线，长江和黄河两大水系的分水岭。山势挺拔，山体高大雄伟，峰峦叠嶂，气势磅礴，主脊平均海拔约2 500m。主峰太白山海拔3 771.2m，是中国大陆青藏高原以东的最高山峰。据《秦岭植物志》《秦岭植物志增补——种子植物》，利用恩格勒1936年分类系统进行分类划分，秦岭有种子植物164科1 052属3 839种（李思锋 等, 2014）。

田峪河流域是秦岭国家植物园的核心区，有种子植物128科605属1 231种（不含种下等级）（沈茂才 等, 2001）。区系分析表明，该流域仍以温带成分为主，占总属数的70.96%。热带成分占21.13%，地中海与中亚成分占4.41%，中国特有属占3.5%。稀有濒危植物、单种属和少种属、中国特有属及木本植物均占较大比重，说明了历史起源的古老性，地理成分复杂，联系广泛，分布交错，具有明显的温带特征，这与整个秦岭的植物区系是一致的。其中木本植物394种，草本植物841种。药用植物496种，观赏植物308种，淀粉植物125种，木本粮油树种15种，纤维植物112种，饮料植物235种（沈茂才, 2008）。

根据最新调查，按照APG Ⅳ分类系统进行统计，田峪河流域有维管植物153科634属1 291种。秦岭国家植物园就地保护区目前记录有国家一级保护植物3种（含种下单位）、二级保护植物21种、陕西省级重点保护植物34种、重点保护野生植物共计58种（表1、表2）。

表1　秦岭国家植物园就地保护区国家重点保护野生植物名录

序号	植物名	学名	科名	保护级别	分布地
1	红豆杉	*Taxus wallichiana* var. *chinensis*	红豆杉科	一级	东河
2	南方红豆杉	Taxus wallichiana var. *mairei*	红豆杉科	一级	五虎沟、小岔沟
3	太白山紫斑牡丹	*Paeonia rockii* subsp. *atava*	芍药科	一级	野牛河
4	秦岭冷杉	*Abies chensiensis*	松科	二级	首阳山
5	马蹄香	*Saruma henryi*	马兜铃科	二级	光头山（银屏山）、野牛河
6	七叶一枝花	*Paris polyphylla*	藜芦科	二级	铁炉岔
7	太白贝母	*Fritillaria taipaiensis*	百合科	二级	光头山（银屏山）
8	绿花百合	*Lilium fargesii*	百合科	二级	光头山（银屏山）
9	翅柱杜鹃兰	*Cremastra appendiculata* var. *variabilis*	兰科	二级	大野羊
10	蕙兰	*Cymbidium faberi*	兰科	二级	白杨岔

（续）

序号	植物名	学 名	科 名	保护级别	分布地
11	毛杓兰	*Cypripedium franchetii*	兰科	二级	光头山（银屏山）
12	天麻	*Gastrodia elata*	兰科	二级	大野羊
13	手参	*Gymnadenia conopsea*	兰科	二级	光头山（银屏山）
14	独叶草	*Kingdonia uniflora*	星叶草科	二级	光头山（银屏山）
15	水青树	*Tetracentron sinense*	昆栏树科	二级	光头山（银屏山）
16	连香树	*Cercidiphyllum japonicum*	连香树科	二级	光头山（银屏山）
17	云南红景天	*Rhodiola yunnanensis*	景天科	二级	野牛河
18	野大豆	*Glycine soja*	豆科	二级	田峪口
19	翅果油树	*Elaeagnus mollis*	胡颓子科	二级	野牛河
20	庙台槭	*Acer miaotaiense*	无患子科	二级	铁炉岔
21	软枣猕猴桃	*Actinidia arguta*	猕猴桃科	二级	光头山（银屏山）
22	中华猕猴桃	*Actinidia chinensis*	猕猴桃科	二级	野牛河
23	香果树	*Emmenopterys henryi*	茜草科	二级	赤峪沟、五福沟
24	珠子参	*Panaxjaponicus* var. *major*	五加科	二级	铁炉岔

表2　秦岭国家植物园就地保护区省级重点保护野生植物名录

序号	植物名	学名	科名	保护级别	分布地
1	狭叶瓶尔小草	*Ophioglossum thermale*	瓶尔小草科	省级	野牛河
2	秦岭藤	*Biondia chinensis*	夹竹桃科	省级	野牛河、白羊岔
3	星叶草	*Circaeaster agrestis*	星叶草科	省级	光头山（银屏山）、野牛河
4	小丛红景天	*Rhodiola dumulosa*	景天科	省级	光头山（银屏山）
5	秦岭黄芪	*Astragalus henryi*	豆科	省级	光头山（银屏山）
6	秦岭红杉	*Larix potaninii* var. *chinensis*	松科	省级	光头山（银屏山）
7	延龄草	*Trillium tschonoskii*	藜芦科	省级	光头山（银屏山）
8	西藏洼瓣花	*Lloydia tibetica*	百合科	省级	光头山（银屏山）
9	假百合	*Notholirion bulbuliferum*	百合科	省级	光头山（银屏山）
10	流苏虾脊兰	*Calanthe alpina*	兰科	省级	首阳山
11	银兰	*Cephalanthera erecta*	兰科	省级	大野羊
12	凹舌掌裂兰	*Dactylorhiza viridis*	兰科	省级	首阳山
13	大叶火烧兰	*Epipactis mairei*	兰科	省级	首阳山
14	毛萼山珊瑚	*Galeola lindleyana*	兰科	省级	铁炉岔
15	大花斑叶兰	*Goodyera biflora*	兰科	省级	野牛河
16	波密斑叶兰	*Goodyera bomiensis*	兰科	省级	白杨岔
17	角盘兰	*Herminium monorchis*	兰科	省级	光头山（银屏山）
18	原沼兰	*Malaxis monophyllos*	兰科	省级	光头山（银屏山）
19	尖唇鸟巢兰	*Neottia acuminata*	兰科	省级	光头山（银屏山）
20	二叶兜被兰	*Neottianthe cucullata*	兰科	省级	大野羊
21	舌唇兰	*Platanthera japonica*	兰科	省级	首阳山
22	小花舌唇兰	*Platanthera minutiflora*	兰科	省级	头山（银屏山）
23	东亚舌唇兰	*Platanthera ussuriensis*	兰科	省级	首阳山
24	广布小红门兰	*Ponerorchis chusua*	兰科	省级	光头山（银屏山）
25	绶草	*Spiranthes sinensis*	兰科	省级	田峪口
26	串果藤	*Sinofranchetia chinensis*	木通科	省级	野牛河

10

（续）

序号	植物名	学名	科名	保护级别	分布地
27	太白乌头	*Aconitum taipeicum*	毛茛科	省级	光头山（银屏山）
28	山白树	*Sinowilsonia henryi*	金缕梅科	省级	光头山（银屏山）
29	秦岭岩白菜	*Bergenia scopulosa*	虎耳草科	省级	光头山（银屏山）
30	太白岩黄耆	*Hedysarum taipeicum*	豆科	省级	光头山（银屏山）
31	血皮槭	*Acer griseum*	无患子科	省级	光头山（银屏山）
32	秦岭米面蓊	*Buckleya graebneriana*	檀香科	省级	东河
33	灰毛岩风	*Libanotis spodotrichoma*	伞形科	省级	光头山（银屏山）
34	二色马先蒿	*Pedicularis bicolor*	列当科	省级	天华山

6.2 迁地保护

秦岭国家植物园种质资源圃主要以收集保育秦岭特有、珍稀濒危、极小种群及国家和省级保护野生植物资源为主。迁地保护区建设种质资源圃面积45亩，包含各类温棚6 500m^2。专类园建设基本完成，建成秦巴园、木兰园、海棠园、梅园、槭树园等30个专科专类园1 500余亩。截至2023年9月，保育植物6 093种（含品种），其中国家一、二级重点保护野生植物88种，省地方重点保护野生植物34种（表3）。

2017年4月，设立秦岭国家植物园种质资源圃并开展引种和保育工作，种质资源圃面积10亩（图14），下设工作人员2人（引种1人、保育1人）。2018年，种质资源圃面积扩大至20亩，下设工作人员3人（引种2人、保育1人）。2021年，新增柞水引种保育基地，下设工作人员10人（引种4人、保育6人）。

表3　秦岭国家植物园迁地保护国家重点保护野生植物名录

序号	植物名	学名	科名	保护级别
1	苏铁	*Cycas revoluta*	苏铁科	一级
2	银杏	*Ginkgo biloba*	银杏科	一级
3	水杉	*Metasequoia glyptostroboides*	柏科	一级
4	崖柏	*Thuja sutchuenensis*	柏科	一级
5	红豆杉	*Taxus wallichiana* var. *chinensis*	红豆杉科	一级
6	南方红豆杉	*Taxus wallichiana* var. *mairei*	红豆杉科	一级
7	东北红豆杉	*Taxus cuspidata*	红豆杉科	一级
8	云南红豆杉	*Taxus yunnanensis*	红豆杉科	一级
9	大别山五针松	*Pinus dabeshanensis*	松科	一级
10	毛枝五针松	*Pinus wangii*	松科	一级
11	华山新麦草	*Psathyrostachys huashanica*	禾本科	一级
12	紫斑牡丹	*Paeonia suffruticosa* var. *papaveracea*	芍药科	一级
13	绒毛皂荚	*Gleditsia japonica* var. *velutina*	豆科	一级
14	小叶红豆	*Ormosia microphylla*	豆科	一级
15	珙桐	*Davidia involucrata*	蓝果树科	一级
16	福建柏	*Fokienia hodginsii*	柏科	二级
17	台湾杉	*Taiwania cryptomerioides*	柏科	二级
18	海南粗榧	*Cephalotaxus hainanensis*	三尖杉科	二级
19	篦子三尖杉	*Cephalotaxus oliveri*	三尖杉科	二级
20	巴山榧树	*Torreya fargesii*	红豆杉科	二级

（续）

序号	植物名	学名	科名	保护级别
21	秦岭冷杉	*Abies chensiensis*	松科	二级
22	金钱松	*Pseudolarix amabilis*	松科	二级
23	黄杉	*Pseudotsuga sinensis*	松科	二级
24	马蹄香	*Saruma henryi*	马兜铃科	二级
25	厚朴	*Houpoea officinalis*	木兰科	二级
26	鹅掌楸	*Liriodendron chinense*	木兰科	二级
27	大叶木莲	*Manglietia dandyi*	木兰科	二级
28	大果木莲	*Manglietia grandis*	木兰科	二级
29	毛果木莲	*Manglietia venti*	木兰科	二级
30	峨眉含笑	*Michelia wilsonii*	木兰科	二级
31	云南拟单性木兰	*Parakmeria yunnanensis*	木兰科	二级
32	夏蜡梅	*Calycanthus chinensis*	蜡梅科	二级
33	闽楠	*Phoebe bournei*	樟科	二级
34	浙江楠	*Phoebe chekiangensis*	樟科	二级
35	七叶一枝花	*Paris polyphylla*	藜芦科	二级
36	太白贝母	*Fritillaria taipaiensis*	百合科	二级
37	绿花百合	*Lilium fargesii*	百合科	二级
38	白及	*Bletilla striata*	兰科	二级
39	杜鹃兰	*Cremastra appendiculata*	兰科	二级
40	毛杓兰	*Cypripedium franchetii*	兰科	二级
41	蕙兰	*Cymbidium faberi*	兰科	二级
42	春兰	*Cymbidium goeringii*	兰科	二级
43	豆瓣兰	*Cymbidium serratum*	兰科	二级
44	天麻	*Gastrodia elata*	兰科	二级
45	手参	*Gymnadenia conopsea*	兰科	二级
46	沙芦草	*Agropyron mongolicum*	禾本科	二级
47	八角莲	*Dysosma versipellis*	小檗科	二级
48	桃儿七	*Sinopodophyllum hexandrum*	小檗科	二级
49	独叶草	*Kingdonia uniflora*	星叶草科	二级
50	黄连	*Coptis chinensis*	毛茛科	二级
51	水青树	*Tetracentron sinense*	水青树科	二级
52	卵叶牡丹	*Paeonia qiui*	芍药科	二级
53	太白山紫斑牡丹	*Paeonia rockii* subsp. *atava*	芍药科	二级
54	滇牡丹	*Paeonia delavayi*	芍药科	二级
55	四川牡丹	*Paeonia decomposita*	芍药科	二级
56	连香树	*Cercidiphyllum japonicum*	连香树科	二级
57	云南红景天	*Rhodiola yunnanensis*	景天科	二级
58	野大豆	*Glycine soja*	豆科	二级
59	红豆树	*Ormosia hosiei*	豆科	二级
60	肥荚红豆	*Ormosia fordiana*	豆科	二级
61	光叶红豆	*Ormosia glaberrima*	豆科	二级
62	海南红豆	*Ormosia pinnata*	豆科	二级
63	花榈木	*Ormosia henryi*	豆科	二级
64	秃叶红豆	*Ormosia nuda*	豆科	二级
65	缘毛红豆	*Ormosia howii*	豆科	二级
66	软荚红豆	*Ormosia semicastrata*	豆科	二级
67	槽纹红豆	*Ormosia striata*	豆科	二级

（续）

序号	植物名	学名	科名	保护级别
68	甘肃桃	*Prunus kansuensis*	蔷薇科	二级
69	蒙古扁桃	*Prunus mongolica*	蔷薇科	二级
70	翅果油树	*Elaeagnus mollis*	胡颓子科	二级
71	小勾儿茶	*Berchemiella wilsonii*	鼠李科	二级
72	长序榆	*Ulmus elongata*	榆科	二级
73	台湾水青冈	*Fagus hayatae*	壳斗科	二级
74	喙核桃	*Annamocarya sinensis*	胡桃科	二级
75	庙台槭	*Acer miaotaiense*	无患子科	二级
76	漾濞槭	*Acer yangbiense*	无患子科	二级
77	黄檗	*Phellodendron amurense*	芸香科	二级
78	富民枳	*Poncirus polyandra*	芸香科	二级
79	蒜头果	*Malania oleifera*	铁青树科	二级
80	金荞麦	*Fagopyrum dibotrys*	蓼科	二级
81	秤锤树	*Sinojackia xylocarpa*	安息香科	二级
82	狭果秤锤树	*Sinojackia rehderiana*	安息香科	二级
83	软枣猕猴桃	*Actinidia arguta*	猕猴桃科	二级
84	中华猕猴桃	*Actinidia chinensis*	猕猴桃科	二级
85	香果树	*Emmenopterys henryi*	茜草科	二级
86	黑果枸杞	*Lycium ruthenicum*	茄科	二级
87	水曲柳	*Fraxinus mandshurica*	木樨科	二级
88	珠子参	*Pseudocodon convolvulaceus* subsp. *forrestii*	桔梗科	二级

图14　秦岭国家植物园种质资源圃I区鸟瞰（樊卫东　摄）

7 科学研究

秦岭国家植物园积极开展科学研究，加快提升就地保护和迁地保护科学研究水平，于2019年12月31日成立科研中心（图15）。目前有“秦岭珍稀濒危植物珙桐、红豆杉高效繁育技术研究”等在研项目30个，完成科研项目18个，发表科研论文70余篇，出版专著3部。其中，“果用与观赏海棠优良品质繁育及栽培技术研究示范”研究成果，荣获陕西林业技术成果推广一等奖；“果用与观赏海棠种质资源收集与栽培技术研究”“野刺梨精深加工和系列产品开发研究”研究成果，荣获陕西林业科学技术进步奖二等奖；“建设秦岭国家公园的可行性战略研究”研究成果获陕西省人民政府哲学社会科学优秀成果奖一等奖。

持续开展科学研究平台建设，不断完善基础科研条件，建有标本馆，馆藏容量30万份，已收集标本4万份；建有组培室、生理生化实验室、分子实验室以及学术报告厅等；并建成陕西珍稀野生植物保护与繁育国家长期科研基地、柞水引种保育基地、陕西省林业科学院珙桐试验示范站和科研科普中心西安基地。

7.1 科学研究人员

现有科研人员主要包含科研处、科研中心2个部门的人员，其中科研处、科研中心共计31人，包含生态学、植物分类学、植物营养学、植物保护、林学、野生动植物保护、植物资源利用、风景园林等研究方向的人员。

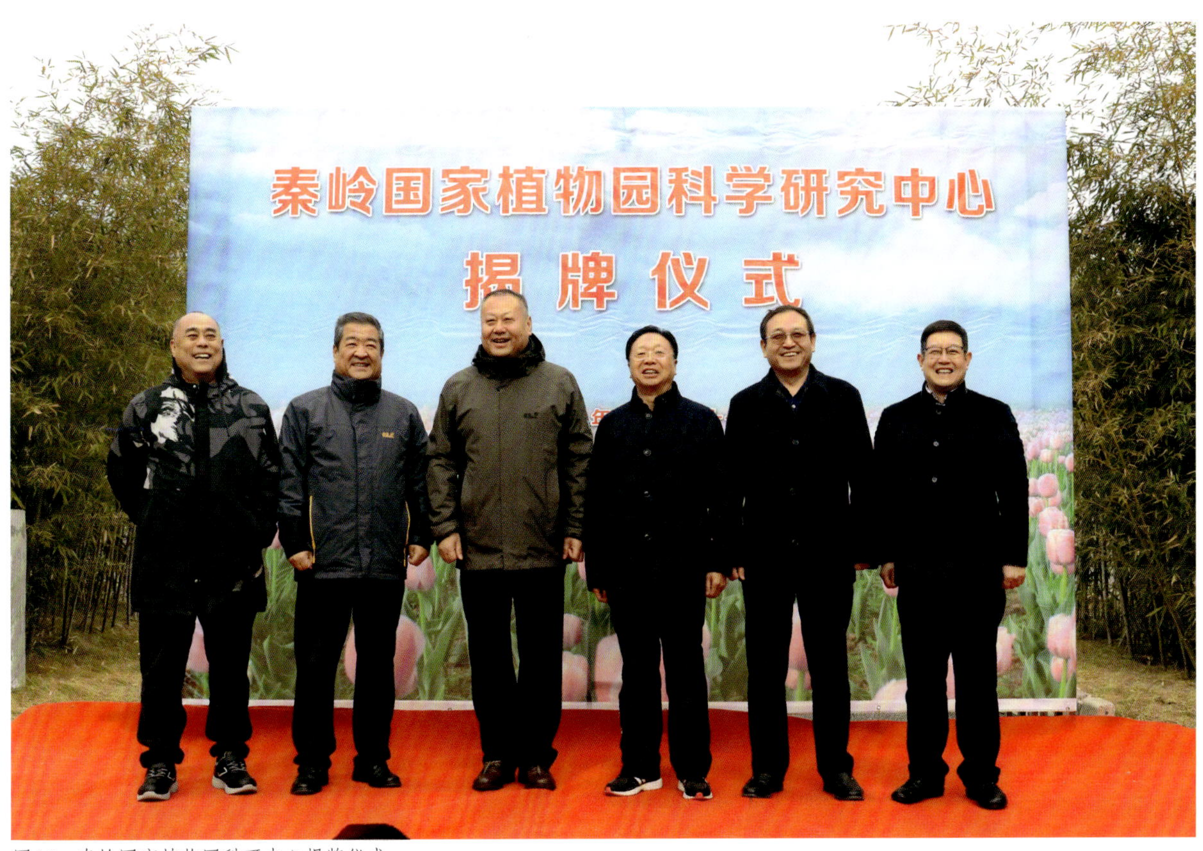

图15 秦岭国家植物园科研中心揭牌仪式

7.2 陕西珍稀野生植物保护与繁育国家长期科研基地

国家林业和草原局发布文件《国家林业和草原局关于公布第二批国家林业和草原长期科研基地名单的通知》，依托秦岭国家植物园申报的陕西珍稀野生植物保护与繁育国家长期科研基地被列入其中。

基地以创新需求为导向，以产学研合作项目为纽带，引进学科带头人及其创新团队高端智力资源，围绕秦岭珍稀野生植物保护的前瞻性、关键性和共性问题，聚合资源，开展技术创新研究，建立科研基地。紧贴秦岭珍稀野生植物保护现状，开展就地保护及繁育等方面的科学研究，为保护和恢复野外种群提供科技支撑。建立起资源共享、多方联合、优势互补的技术创新合作基地，最终建成研究秦岭珍稀濒危野生植物保育的一流研究机构。

科研基地将集中力量，争取国家的重大科研计划项目，与国内外相关学术机构、高校等科研单位密切协作，联合研究，围绕秦岭野生植物特别是珍稀濒危植物的致濒机理和保护、繁育研究技术等领域的科研选题进行广泛合作。同时与更多的国内外大学、科研机构进行双边、多边合作，拓宽协作领域，深化协作层次，吸引更多的资金或设备，提高科研基地自身的综合能力。

7.3 珙桐试验示范站

陕西省林业科学院发布文件《陕西省林业科学院关于增设科研试验示范基地（站）、研究中心的通知》，增设依托秦岭国家植物园申报的陕西省林业科学院珙桐试验示范站。

该站设立为更全面深入研究濒危珍稀物种珙桐，打造高水平科研平台；进一步完善陕西省生物多样性保护体系，尤其是濒危珍稀物种保护性研究；为开展珙桐科普教育及生物多样性保护提供科学性支撑；为珙桐资源的科学合理开发，提供科学技术支撑。建成以珙桐为主的珍稀濒危植物研究中心；开展珙桐从繁育到栽培再到野外回归的全套保护性研究，以及珙桐的资源开发利用研究。

通过该站的建设，目前在园区建成占地550亩的珙桐专类园，培育珙桐3万余株。开展了珙桐的快速出苗技术、扦插繁育技术、栽培养护管理、驯化研究工作，以期选育出适合关中地区及更高纬度地区的珙桐苗木。

7.4 主要科研项目及研究成果

7.4.1 西北－陕西本土植物清查与保护

2016—2019年承担的《西北—陕西本土植物清查与保护》项目，为中国科学院科技服务网络计划（STS计划）中国植物园联盟建设（Ⅱ期）项目子课题，项目收集整合关于本地所有植物名，参考*Flora of China*为标准，参考《中国入侵植物名录》剔除外来物种，最终形成陕西地区本土植物名录。根据《IUCN物种红色名录濒危等级和标准》（V3.1）、《国家重点保护野生植物名录》以及是否为本地区特有种，对陕西地区本土物种濒危状况（珍稀危特）进行评估（图16、图17）。

经过项目的实施，最终编制完成了《陕西本土植物名录》，共有植物4 320种，其中极危种29种，濒危种104种，易危种143种，近危种469种，无危种3 329种，数据缺乏种246种，并对国家重点保护野生植物、陕西本土植物进行了迁地保育。通过项目的实施，增强陕西各相关植物园、树木园、植物研究机构保护本土植物的能力、有效提高各园的物种数量、植物档案管理和研究能力，并培养一批从事植物引种驯化专业技术人才。同时加深政府及社会公众对秦岭地区植物多样保护的认识和重视，从而更科学更深入地保护秦岭地区生态环境。

7.4.2 果用与观赏海棠优良品种繁育及栽培技术研究示范

2014—2016年秦岭国家植物园和西北农林科技大学共同完成的“果用与观赏海棠优良品种繁育及栽培技术研究示范”项目，从国内外引进海棠优良品种，建立了一个包含115个种（品种、品

图16　物种濒危状况评估会（朱琳 摄）

图17　项目野外考察（邢小宇 摄）

系）的海棠种质资源圃；通过对引种的海棠进行评价分析筛选出适合在陕西栽培的优良观赏品种25个，其中既有观赏价值，又具有很高的食用价值和加工价值的品种6个。建立良种繁育圃，对从种质资源圃筛选出的果用或者观赏价值较高的野生海棠、国内外优良海棠品种通过嫁接或者组织培养进行繁殖，建立了果用海棠标准化栽培示范基地，对这些优良种源进行了推广示范，对专业技术人员和农民进行了海棠栽培技术培训，促进了陕西省海棠产业发展。该项目获得“2017年陕西林业技术成果推广一等奖”。

7.4.3 秦岭地区受威胁植物翅果油树综合保护

翅果油树（*Elaeagnus mollis*），是胡颓子科（Elaeagnaceae）胡颓子属（*Elaeagnus*）的一种优良木本油料兼药用树种，中国特有植物，早在20世纪80年代被列为国家第一批二级重点保护植物。翅果油树是第四纪孑遗植物，仅在陕西和山西有零星种群分布，被IUCN评为濒危（EN）等级。2018年，秦岭国家植物园田峪河流域金牛坪首次采集翅果油树标本，为陕西省增加1个新分布点。由国际植物园保护联盟（BGCI）资助的“秦岭地区受威胁植物翅果油树综合保护”项目，从2020年开始实施到2023年，通过项目实施，在涝峪、田峪等秦岭地区开展40余次野外调查活动（图18）。在田峪地区发现一个新种群，有成熟个体150余株，分布在海拔1 100m的兴隆寨山顶，是目前发现的陕西分布最大种群。并成功繁育翅果油树实生苗2 800余株。

2020年召开秦岭生物多样性保护暨翅果油树综合保护研讨会（图19），参加人员包括大学、研究机构、植物园、政府部门人员和当地居民共计78人。2021年召开翅果油树野外回归技术培训会议，BGCI中国办公室、秦岭国家植物园、陕西省西安植物园、周至县林业局、陕西省楼观台国有生态实验林场的人员和当地居民代表等80余人参加了会议。会后，在秦岭国家植物园秦巴园举行了翅果油树回归实践活动，回归翅果油树20株。2022年举办了陕西省极小种群植物保护策略研讨会，BGCI中国办公室、秦岭国家植物园、陕西省自然保护区与野生动植物管理站、陕西省楼观台国有生态实验林场、陕西省西安植物园、周至县林业局等单位代表及社区居民等共100余人参加了会议。2023年召开陕西省极小种群野生植物迁地保护研讨会，并在秦岭国家植物园秦巴园举行了翅果油树回归实践活动，回归翅果油树30株。通过会议的召开，促进植物资源管理和保护相关部门技术人员及当地社区居民掌握濒危植物保护方法和技术，积极参与保护本土植物资源，拓宽了秦岭国家植物园职工对国内外植物园建设发展的国际视野，为秦岭国家植物园未来植物多样性保护提供了思路，为秦岭珍稀濒危植物的保护和研究提供科学依据，为大秦岭生态文明建设奠定良好基础，对丰富生物多样性和物种保育具有十分重要的意义。

7.4.4 秦岭国家植物园2022年国家重点野生植物保护项目

根据国家林业和草原局 农业农村部发布的《国家重点保护野生植物名录》（2021），以及秦岭国家植物园规划范围内已有文献记载的国家重点保护野生植物，对秦岭国家植物园就地保护区内的国家重点保护野生植物资源进行详细调查，结合生物学特性和表现特征，制定国家重点保护野生植物生长及分布状况调查指标和调查表，系

图18　翅果油树项目野外考察（杨颖　摄）

图19《秦岭生物多样性保护暨翅果油树综合保护》项目研讨会（杨颖　摄）

统的收集、整编现有资料后开展外业调查，全面调查了解秦岭国家植物园国家重点保护野生植物数量分布及濒危状况，开展南方红豆杉（国家一级）、紫斑牡丹（国家一级）、水曲柳（国家二级）3种重点保护野生植物繁育、培植以及回归原生境进行试验。

2022年7月6～9日，秦岭国家植物园科学考察队，顺利完成对秦岭国家植物园就地保护区内银屏山及田峪河流域为期4天的生物多样性及自然资源调查（图20至图25）。本次科考队由张秦岭园长、高卫民副园长、马安平副园长等27名成员组成。科考路线为秦岭国家植物园周至园区—玉皇庙—银屏山—望子沟—金牛坪，全程徒步共计102.72km，途经最高海拔2 996m。对考察路线上的植被类型、植物的种类和种群、生境状况、分布情况、分布规律等进行调查，尤其是国家重点保护野生植物和受威胁物种的调查；同时对两栖类动物、鸟类、哺乳类、昆虫、微生物、菌类等

图20　野外科学考察（一）（高龙　摄）

图21　野外科学考察（二）（樊卫东　摄）

图22　野外科学考察（三）（卜朝军　摄）

图23　野外科学考察（四）（高龙　摄）

图24　野外科学考察（五）（高龙　摄）

图25　野外科学考察（六）（高龙　摄）

展开调查；兼顾沿线地形地貌、地理条件、河流水系等自然资源的调查。

银屏山，海拔2 996m，是秦岭国家植物园就地保护区海拔最高的山。科考发现该地区生物多样性丰富，植被类型垂直分布明显，动植物资源非常丰富，山上林木茂盛，中草药资源丰富。本次调查科考共调查到植物583种，其中国家二级保护野生植物5种：连香树（*Cercidiphyllum japonicum*）、七叶一枝花（*Paris polyphylla*）、马蹄香（*Saruma henryi*）、太白贝母（*Fritillaria taipaiensis*）、甘肃桃（*Prunus kansuensis*）；陕西省重点保护野生植物12种：秦岭红杉（*Larix potaninii* var. *chinensis*）、角盘兰（*Herminium monorchis*）、大花斑叶兰（*Goodyera biflora*）、广布小红门兰（*Ponerorchis chusua*）、头蕊兰（*Cephalanthera longifolia*）、火烧兰（*Epipactis helleborine*）、星叶草（*Circaeaster agrestis*）、甘遂（*Euphorbia kansui*）、小丛红景天（*Rhodiola dumulosa*）、西藏洼瓣花（*Lloydia tibetica*）、太白岩黄芪（*Hedysarum taipeicum*）、灰毛岩风（*Libanotis spodotrichoma*）。本次共制作植物标本117号，325份。

8 科普教育及志愿者服务

8.1 科普教育

秦岭国家植物园立足秦岭特色优势，建设科普宣教基地，培养科普宣教人才队伍，研发设计科普宣教课程，开展志愿者服务活动，培育科普旅游新业态，探索出“名园+名校”“名园+协会”“名园+名企”等新模式，已形成较为完善的科普宣教体系。拥有教育部、全国关注森林活动组委会、中国科学技术协会等授予的全国中小学生研学实践教育基地、国家青少年自然教育绿色营地、全国科普教育基地共19个，其中国家级称号6个，省级称号7个，市级6个。与西北农林科技大学、陕西师范大学、西北大学、西安文理学院、西安交通大学附属中学等学校，共建青少年科普教育基地、教学实践基地、产学研基地等11个，与陕西省植物学会、陕西省动物学会共建青少年科普教育基地2个。

园区建有科普馆、温室馆、标本知识馆、蔬菜知识馆、教学菜园、研学大棚、营地等丰富的科普宣教设施。自2018年设立科普中心，现在科普队伍达54人。积极开展研学活动，累计接待国内外师生28.14万人次；持续开展科普进校园活动，在西安、咸阳、铜川、深圳等地举办活动223场，服务人数12.62万人次；大力举办公益科普活动，如秦岭生态保护科普展、保护秦岭生态“云课堂”、秦岭大寻宝、秦岭小绿军等，服务人数205万人次。科普活动荣获科学技术部颁发的“全国科技活动周及重大示范活动荣誉证书”3次，中国科学技术协会颁发的“全国科普日活动优秀组织单位”2次，陕西省科学技术协会颁发的“‘科技之春’宣传月活动优秀单位”5次（图26至图29）。

8.2 成立西安市科普教育基地联盟

2023年5月23日，西安市科普教育基地联盟成立大会暨2023年科普教育基地展教活动在秦岭国家植物园举办（图30）。市科协党组书记、常务副主席耿占军，秦岭国家植物园副园长马安平及园长助理苏华，市科技局，市文旅局，西安广播电视台（集团），周至县委有关领导和17个区县

图26 科普进校园活动（科普中心 摄）

图27 科普研学（一）（科普中心 摄）

图28　科普研学（二）（科普中心　摄）

图29　科普研学（三）（科普中心　摄）

图30　西安市科普教育基地联盟（科普中心　摄）

和开发区科协、科技主管部门领导以及全市82个市级科普教育基地负责人共220余人参加了活动。

会议审议通过了联盟章程和联盟理事会成员单位，选举产生了联盟理事会主席、副主席及各位理事，确定秦岭国家植物园为首届联盟主席单位，联盟秘书处设在园科普中心。与会嘉宾还为54个市级科普教育基地授牌。秦岭国家植物园等4家单位作为市级科普教育基地先进代表作了交流发言。

西安市科普教育基地联盟的成立，搭建了交流与合作的平台，大力促进联盟成员间有效联动，将实现全市科普教育资源的有效整合与应用，有力推动科普活动的开展、科普资源的共享、科普产品的研发，提高全市科普教育基地协同化发展水平，实现共建共享、互惠互利、合作共赢。

8.3　志愿者服务

为倡导与弘扬奉献、友爱、互助、进步的志愿服务精神，2022年9月秦岭国家植物园正式面向社会招募志愿者，让广大有志之士可以参与到秦岭国家植物园各项工作中，以更好地助力保护和生态文明建设工作。志愿服务队伍于2022年10月1日正式开始第一次志愿服务，截至目前已开展志愿服务活动30余场（图31）。

图31　秦岭国家植物园志愿者服务队队旗（科普中心设计）

8.3.1　参与科普进校园活动

2023年科普进校园志愿活动开展14场次共33人次参加服务（图32），志愿者在服务过程中积极建言献策，有效加强我园公益科普进校园活动效果，提升科普宣传质量。志愿者在服务结束后纷纷表示在为我园提供志愿服务过程中受益良多，学生们的感谢、热烈的掌声也提升了志愿者的服务积极性。

8.3.2　开展“小小讲解员”志愿者服务

联合西安市爱在路上公益服务中心开展常态化保护秦岭生态“小小讲解员”志愿服务活动14期（图33），共164人次参与志愿服务，有效提升了秦岭国家植物园和秦岭四宝科学公园游客服务质量，活动效果突出，使得楼观镇关心下一代工作委员会和金凤小学等单位积极报名加入“小小讲解员”志愿者服务的队伍中。在小志愿者的服务过程中还吸纳游客主动加入服务队伍体验志愿服务的乐趣，自愿奉献服务爱心。每次志愿服务结束后，参与志愿者服务的孩子们都表示当日的志愿服务意义非凡，对他们的成长是一次宝贵的历练与提升。

图32　志愿者参与科普进校园活动（科普中心　摄）

图33　“小小讲解员”为游客讲解（朱艺萌　摄）

9 园区现有基础设施

目前，园区建成建成了大门广场、停车场、科普馆、温室馆、标本馆、枫叶湖及道路、电力、通讯、综合管网等基础设施和30个专科专类园。其中实验室172m^2、标本馆容量30万份、科普馆1 500m^2、温室馆3 326m^2、繁育基地13 320m^2、智能温室2 904m^2、日光温室4 303m^2，以及游客服务中心、休闲游憩、解说导览等配套服务管理设施，基础设施较为完善，能够满足植物园功能需求。

9.1 科普馆

科普馆占地面积1 800m²，以“科学、体验、互动”为主题，立足服务，着力满足基层公众的科普需求，分为大美秦岭、自然王国、秦岭印象、珍稀植物、四季秦岭等14个模块（图34至图36）。

图34 科普馆内景（一）

图35 科普馆内景（二）

图36 科普馆内景（三）

图37 标本馆

9.2 标本馆

标本馆占地面积为3 153m²，主要包含实验室、种子库、标本储藏室、标本制作室、研究室、会议室、学术交流厅等（图37至图39）。其中标本知识展示馆建筑面积998m²，主要有动植物标本展厅、多媒体演示厅等，为游客提供标本知识展览展示；标本展藏馆建筑面积1 083m²，主要布设标本藏展库、查阅区等；研究馆建筑面积970m²，主要布设研究室8间、标本制作室、管理用房等。

“秦岭国家植物园植物标本馆”，英文名“Herbarium of Qinling National Botanical Garden”，国际植物标本馆索引缩写代号“QL”。标本展藏馆以长期储存秦岭地区植物标本为目标，收集苔藓植物、蕨类及石松植物、裸子植物和被子植物标本。通过野外采集、交换等方式获得标本，同时注意收集、交换秦岭地区植物模式标本。结合植物多样性保护信息平台建设，建设标本库信息

图38　学术交流区

图39　标本知识馆

管理系统，实现植物标本信息录入及数据管理的高效化、数字化、可视化。现收藏植物标本4万份。

9.3 温室馆

项目占地面积3 326.07m^2，长105m，宽39m，高28.8m，钢结构玻璃幕建筑。其中种植面积为1 908.4m^2，室内最高种植高度为21.69m（图40）。

2018年4月9日上午，秦岭国家植物园温室馆工程开工仪式在园迁地保护区项目施工现场隆重举行（图41）。出席开工仪式的有秦岭国家植物园张秦岭园长、崔汎副园长、赵辉远副园长及各相关处室负责人，陕西建工集团有限公司副总雷晓义、经营部部长张恒、三部部长周凯峰、项目经理成锁生，中国建筑西北设计研究院有限公司总工郑晓洪，陕西科兴源建设监理有限公司董事长兼总经理郭辉，西安旅游集团有关负责人也应邀出席了开工仪式。

开工仪式由植物园赵辉远副园长主持，崔汎副园长对项目概况进行了简要介绍，并就该项目建设的进度和质量等提出了具体要求。陕建集团副总雷晓义在发言中表示，陕建集团将发挥自身优势，精心组织，精心施工，高标准高质量按期完成建设任务。最后，植物园园长张秦岭宣布温

图40 温室馆

图41 温室馆开工典礼（刘耀华 摄）

室馆正式开工建设。

温室馆是秦岭国家植物园规划建设的重点项目，该项目于2017年经陕西省发展和改革委员会立项。馆址位于园区迁地保护区秦峡东路南侧，占地45亩，建筑面积6 000m^2，由中建西北设计院设计。其中一期先建设A馆3 500m^2，土建及设备类计划总投资约5 000万元，项目资金来源为亚行贷款及省级配套资金。该工程到2018年12月底完成主体建设，主要是以展示热带雨林植物及生态景观。温室馆的建设对进一步完善园区功能，打造真正科学意义的植物园具有十分重要的意义，并将在种质资源收集保存，开展公众教育和科学研究方面发挥重要的平台作用。

9.4 图书室

图书室设置在科研楼一楼，2022年开始建设，现藏书2 596册，部分书籍为园领导及相关人员捐赠。藏书主要包含《秦岭植物志》《中国植物志》《黄土高原植物志》《神农架植物志》植物学、植物生理学等工具书及哲学、社会科学类书籍。图书室未来将开通相关电子数据库，开展全文传递、图书代借等多项服务，以满足科研人员的文献需求和深层次知识服务需求；与国家标本资源共享平台（NSII）等平台项目建立合作共享关系，致力于生物多样性文献与数据的收藏、管理、整合和共享服务。

9.5 专类园

秦岭国家植物园专类园建设工作从2007年木兰科植物专类园建设开始起步，2012年蔷薇园、杨柳园、银杏园、松科园、柏科园、杉科园、秦巴特色园专类园开始建设，到2023年建成30个专科专类园。

9.5.1 木兰园

木兰园位于迁地保护区的低山区域，海拔530～560m，占地面积75亩。自2007年开始建设，由时任园长沈茂才研究员进行规划，杨廷栋高级工程师作技术支撑，进行前期引种栽培。2012年在原有基础上进行景观设计及建设，对路网、标识系统、园林小品等进行建设；2016—2017年对木兰园进行景观改造提升。

木兰园现引种收集木兰科植物5属52种（含品种），其中野生种34个，品种18个（表4）。依据世界自然保护联盟（International Union for Conservation of Nature, IUCN）的物种濒危等级体系，野生种中受威胁物种13种，其中2种极危（CR, Critically Endangered）、5种濒危（EN, Endangered）、6种易危（VU, Vulnerable）；共有8种为中国特有种，其中2种为秦岭特有。最佳观赏期3～4月（图42至图52）。

表4 秦岭国家植物园木兰园引种名录

序号	植物名	学 名	属名	濒危等级
1	鹅掌楸	*Liriodendron chinense*	鹅掌楸属	
2	杂交鹅掌楸	*Liriodendron tulipifera* × *L. chinense*	鹅掌楸属	
3	川滇木莲	*Manglietia duclouxii*	木莲属	VU
4	大果木莲	*Manglietia grandis*	木莲属	VU
5	大叶木莲	*Manglietia megaphylla*	木莲属	EN
6	巴东木莲	*Manglietia patungensis*	木莲属	VU
7	毛果木莲	*Manglietia venti*	木莲属	EN
8	阔瓣含笑	*Michelia cavaleriei* var. *platypetala*	含笑属	
9	含笑花	*Michelia figo*	含笑属	
10	香子含笑	*Michelia gioii*	含笑属	EN
11	黄心夜合	*Michelia martini*	含笑属	VU
12	深山含笑	*Michelia maudiae*	含笑属	

（续）

序号	植物名	学 名	属名	濒危等级
13	尖叶木兰	*Magnolia acuminate*	木兰属	
14	望春玉兰	*Magnolia biondii*	木兰属	
15	厚叶木兰	*Magnolia crassifolius*	木兰属	
16	黄山木兰	*Magnolia cylindrical*	木兰属	
17	玉兰	*Magnolia denudata*	木兰属	
18	华中木兰	*Magnolia denudata* var. *glabrata*	木兰属	
19	弗拉氏木兰	*Magnolia fraseri*	木兰属	
20	荷花玉兰	*Magnolia grandiflora*	木兰属	
21	皱叶木兰	*Magnolia kobus*	木兰属	
22	厚朴	*Magnolia officinalis*	木兰属	
23	罗田玉兰	*Magnolia pilocarpa*	木兰属	EN
24	多瓣紫玉兰	*Magnolia polytepala*	木兰属	
25	柳叶木兰	*Magnolia salicifia*	木兰属	
26	凹叶木兰	*Magnolia sargentiana*	木兰属	VU
27	天女木兰	*Magnolia sieboldii*	木兰属	
28	景宁木兰	*Magnolia sinostellata*	木兰属	CR
29	武当玉兰	*Magnolia sprengerii*	木兰属	
30	星花木兰	*Magnolia tomentosa*	木兰属	
31	弗吉尼亚木兰	*Magnolia virginiana*	木兰属	
32	青皮玉兰	*Magnolia viridula*	木兰属	EN
33	西康玉兰	*Magnolia wilsonii*	木兰属	
34	宝华玉兰	*Magnolia zenii*	木兰属	CR
35	‘香蕉’玉兰	*Magnolia denudata* ‘Banana’	木兰属	
36	‘贝蒂’玉兰	*Magnolia denudata* ‘Betty’	木兰属	
37	‘大花白玉兰’	*Magnolia denudata* ‘Dahua’	木兰属	
38	‘玉灯’玉兰	*Magnolia denudata* ‘Lamp’	木兰属	
39	‘玉灯1号’	*Magnolia denudata* ‘Lamp No.1’	木兰属	
40	‘红脉二乔’	*Magnolia denudata* ‘Red nerve’	木兰属	
41	‘飞黄’玉兰	*Magnolia denudata* ‘Yellow river’	木兰属	
42	‘黄鸟’玉兰	*Magnolia denudata* ‘Yellow bird’	木兰属	
43	二乔玉兰	*Magnolia* × *soulangeana*	木兰属	
44	‘大花红’玉兰	*Magnolia* × *soulangeana* ‘Dahua’	木兰属	
45	‘桃花扇’	*Magnolia* × *soulangeana* ‘Fan’	木兰属	
46	‘丹馨’玉兰	*Magnolia* × *soulangeana* ‘Fragrant cloud’	木兰属	
47	‘红霞’玉兰	*Magnolia* × *soulangeana* ‘Hongxia’	木兰属	
48	‘林奈’玉兰	*Magnolia* × *soulangeana* ‘Lennei’	木兰属	
49	‘紫二乔’	*Magnolia* × *soulangeana* ‘Purprea’	木兰属	
50	‘常春二乔’	*Magnolia* × *soulangeana* ‘Semperflores’	木兰属	
51	‘紫霞’玉兰	*Magnolia* × *soulangeana* ‘Zixia’	木兰属	
52	乐东拟单性木兰	*Parakmeria lotungensis*	拟单性木兰属	VU

10

图42 玉兰园景观（高卫民 摄）

图43 ‘飞黄’玉兰

图44 ‘贝蒂’玉兰

图45 望春玉兰

图46 荷花玉兰

图47 多瓣紫玉兰

图48 ‘大花红’玉兰

图49　星花木兰

图50　阔瓣含笑

图51　含笑花

图52　杂交鹅掌楸

图53　海棠园景观鸟瞰（田刚　摄）

9.5.2　海棠园

海棠园于2014年开始规划建设，2016年建成，占地面积约65亩。海棠园依托“果用与观赏海棠优良品种繁育及栽培技术推广示范”项目建设，原副园长崔汛为项目主持人，西北农林科技大学李厚华教授为项目提供技术支撑，该项目成果获得陕西省林业技术推广一等奖。李厚华教授主编著作《中国海棠》《海棠诗词与文化》《秦岭蔷薇科植物》等，审定陕西省海棠林木良种7个。

海棠园位于迁地保护区大门广场南侧，紧邻园区主干道（图53）。海棠园迁地保育蔷薇科苹果属、木瓜海棠属的植物共计50余种（品种），共860余株。最佳观赏期，观花4~5月，赏果8~10月。

海棠花在古代非常名贵，只有皇家园林才有，遂有“花中神仙”“花贵妃”的美誉，深受人们喜爱，海棠也是重要的温带观花树木。海棠果可直接食用，口感像苹果，可制果脯或酿酒，营养价值可与猕猴桃媲美，以“百益之果”著称，是药食兼用食品。明代王象晋在《群芳谱》中把西府海棠、垂丝海棠、贴梗海棠和木瓜海棠统称为海棠，习称“海棠四品”。

9.5.3 秦巴园

秦巴园位于迁地保护区元始台西坡，是以收集、保护、展示秦巴山区特色植物为主的专类园。占地约65亩，与我国道教圣地楼观台隔河相望。该区背依秦岭山脉，集浅山、沟谷、丘陵等多种地貌单元为一体，具有平原区域植物专类园无可比拟的自然地理优势。

秦巴园计划收集展示秦巴特色植物200余种，截至目前已保有120种。包括国家一级保护植物5种，其中有被誉为“秦岭双娇”的红豆杉和珙桐、农作物野生近缘种华山新麦草等；国家二级保护植物连香树、厚朴、榉树、香果树、红豆树、翅果油树、水曲柳、喜树、野大豆、金荞麦等10余种；陕西省重点保护植物庙台槭、山白树、蜡梅、蝟实、虎皮楠、交让木、中华蚊母树、白及、马蹄香等10余种。均采取实时监测，并有针对性地开展适应性或应用性研究，在保护的基础上开展资源的利用研究。

9.5.4 百花园

百花园位于迁地保护区中心位置，主要以草本植物为主进行植物造景。于2021年11月16日至2022年5月26日建设，占地面积10.5亩。主要以

图54 百花园（一）

图55　百花园（二）

收集、展示各类花卉植物为主，是集中收集、展示花卉种质资源的园地，最佳观赏期为春季、夏季、秋季。花境骨架树种20种，为形状各异的灌木；花卉包括宿根花卉96种，球根、块根花卉7种，收集花卉品种123种。以花卉及秦岭保护动物为元素，通过园林景观形式，表现不同的主题和效果；通过景观路线的设置，引导游人认识珍稀动、植物，了解科研、科普知识，提高保护秦岭自然生态环境的意识（图54、图55）。

10 陕西秦岭生态和生物资源保护植物项目

10.1　项目概况

陕西秦岭生态和生物资源保护植物项目于2009年10月亚行和全球环境基金（GEF）通过联合融资共同发起“陕西秦岭生物多样性保护与示范项目”，采用以市场为导向的措施来加强环境管理，并促进当地社区可持续生计。“陕西秦岭生态和生物资源保护植物项目”是陕西省利用外资建设的集生物多样性保护和科学研究为一体的综合性国家级生态示范项目，主要包括植物和动物两部分，植物部分由秦岭国家植物园承担，项目支持建立了中国首个国家级植物园——秦岭国家植物园。

项目于2008年6月进行评估，2009年10月22日亚行批准执行，2010年7月2日双方签署贷/赠款协议，项目执行期为2010年10月至2017年10月31日。2017年6月12日经亚行批复同意，项目执行期延长至2018年10月31日。项目使用亚行贷款4 000万美元，省内配套资金4.2亿元，项目总投资为6.92亿元，全球环境基金（GEF）给予了427万美元赠款。其中秦岭国家植物园承担的植物部分总投资为4.92亿元，亚行贷款2 800万美元，中方配套3.02亿元。

10.2 项目主要建设内容及作用

植物保护子项目主要建设内容包括迁地保护区，重点建设专类园区和科研、科普及公共配套工程建设；就地保护区的林业保护、道路改造、基础设施及信息监测等。贷款项目共有30个采购包，主要包括温室馆、标本馆、迁地保护区道路网、大门广场、综合楼、迁地保护区给排水、电力、电信等建设项目，温室馆设备、移动灌溉设备温棚设备等采购项目。截至关账日，所有项目均已按照亚行批准的采购计划全部完成。赠款项目共有14个采购包，主要有生态基线调查、生态监测、市场营销咨询、国际培训考察等项目。截至关账日，所有项目均已按照亚行批准的采购计划全部完成。

陕西秦岭生态和生物资源保护植物项目，是秦岭国家植物园开园前得以建设发展的主要支撑项目。该项目作用主要体现在：

（1）为整个秦岭的生物多样性保护起到了示范作用，秦岭国家植物园的建成是陕西省生态文明建设的一个重要成果，是陕西省贯彻落实习近平总书记生态文明思想和“绿水青山就是金山银山”理念的具体实践，是大秦岭保护与利用示范的重要抓手和窗口。

（2）通过实施本项目，亚行向秦岭国家植物园贷款2 800万美元，贷款周期长且利率低，在建设资金不足的情况下极大缓解了秦岭国家植物园的建设资金压力，在困难重重的情况下得以顺利开园。

（3）改善了周边群众生计。通过实施该项目，周边的殿镇、金凤等村通过补偿、参加建设及运营、保洁等劳动、农家乐等经营活动，转变了传统的生产方式，极大地改善了生活水平。

（4）通过实施本项目，引起了国家、省市的重视及全国植物园界的关注，提升了园区知名度，在纳入国家植物园体系建设，争取配套资金、省级相关资金及科研项目合作等方面起到了引领作用。

（5）通过实施该项目，极大提升了秦岭国家植物园的项目建设管理水平，通过国际培训及考察，开拓了园区建设思路，了解到了与国际、国内知名植物园的差距，确定了秦岭国家植物园的发展方向。

10.3 亚洲开发银行的指导

2018年6月22日，亚行项目检查团到秦岭国家植物园进行项目检查（图56、图57），亚行东亚局局长Amy Leung女士、亚行北京办事处副首席代表贾新宁女士、亚行北京办事处项目管理部主任Nargiza Talipova女士、亚行项目经理牛志明，财政部国合司国金二处调研员姚怡昕、主管崔冬冬，陕西省财政厅、外贷办、林业厅国际合作中心相关负责人，秦岭国家植物园园长张秦岭、副园长崔汛及亚行办有关人员陪同检查。检查团一行先后深入秦岭国家植物园大门广场、科普馆、花园沟、专类园、标本馆、温室馆、就地保护区摞摞石民宿改造、田峪沟未搬迁群众、移民新村等现场进行检查。亚行检查团在检查中要求：①要加快剩余亚行项目的合同授予及提款报账进度，确保在2018年10月底关账前完成所有项目及提款报账工作；②提前做好各项准备工作，确保2018年8月亚行行长考察的顺利进行。

2019年11月6日，亚行项目检查团来园进行项目考察，亚行北京办事处副首席代表张浩、助理宋英，省财政厅、省林业局相关单位负责人，秦岭国家植物园张秦岭园长、马安平副园长及亚行办有关人员陪同。检查团一行先后深入大门广场、科普馆、花园沟、专类园、标本馆、温室馆、就地保护区等现场进行检查，检查团表示此项目是亚行在中国生物多样性保护的一个成功示范案例，将力促亚行行长近期来园进行考察。

2023年10月25～26日，由亚行驻北京办事处首席代表萨法尔·帕尔韦兹带领的采访团一行13人来秦岭国家植物园进行现场调研与采访，张秦岭园长、马安平副园长及园相关部门负责人参加。采访团一行在标本馆会议室与我园进行了座谈交流，先后调研了园就地保护区与迁地保护区，采访了就地区当地居民、受益农户，并采访了学生研学课堂，对殿镇村移民搬迁项目进行实地考察。

采访团在实地考察我园亚行项目建设的同时，对我园近几年在大秦岭保护、科学研究、科普研学、园艺展示等方面取得的成绩给予充分的肯定，将把我园与亚行合作的此项目作为经典案例，向全国同类亚行项目进行推广。

图56　亚行项目检查团到秦岭国家植物园进行项目检查（一）（园资料）

图57　亚行项目检查团到秦岭国家植物园进行项目检查（二）（园资料）

11 人才交流与培养

11.1 植物园之间的人才交流

2012年9～12月，中国科学院西双版纳热带植物园陈进主任应原园长沈茂才之邀，派施济普博士来秦岭国家植物园工作，主要从事专类园建设，引种保育工作。在施济普博士的指导下，负责专类园建设的同志，基本掌握了各种引种植物信息表格的填写和使用，对各专类园苗木进行了清查，在每种植物上悬挂了标牌，标明了种名、引种号，并认真填写了引种登记表，准确记载了引种植物来源、种名、规格、数量、引种时间、定植地点、引种人等，目前已全部汇总完毕并归档，为秦岭国家植物园数字化管理奠定了基础，也为引种工作保存了第一手资料。

2018年2～5月，通过植物园联盟“成员互动交流计划（2017）”，秦岭国家植物园派杨颖同志赴中国科学院植物研究所标本馆进行了为期3个月的标本馆建设学习，系统学习了标本馆的各项基本工作：标本装订、标本分科、标本消毒、标本管理、模式标本管理、标本数字化管理、标本借阅、标本交换等工作。中国科学院植物研究所标本馆金效华副馆长为其安排学习内容，王凤华、傅连中、班勤、杨志荣等老师在工作及生活上给予了帮助。植物所标本馆老师们严谨的治学态度、奉献型科学研究的精神，将激励她今后在植物的研究及标本馆的工作中创出佳绩。

2018年7～10月，通过植物园联盟“成员互动交流计划（2017）”，在植物园联盟及南京中山植物园的帮助下，南京中山植物园派徐增莱研究员来秦岭国家植物园指导工作，秦岭国家植物园聘徐增莱同志为标本馆馆长，负责标本馆的建设工作。对标本科研、标本制作、标本收藏进行现场指导。

11.2 技术人才培养情况

2016年4～7月，秦岭国家植物园依托亚行项目GEF赠款，委派刘耀华同志前往英国皇家植物园邱园学习。邱园是联合国指定的世界文化遗产，集科研、物种保育和科普教育于一体，是世界上最著名的植物园。主要学习世界著名植物园的管理经验和英国先进的园林园艺理念和技术。

2017年5月19日至10月18日，秦岭国家植物园依托亚行项目，派方利英同志前往美国芝加哥植物园学习先进的植物园管理经验和服务意识，为大秦岭景观和生物多样性保护以及建设高附加值的旅游市场发挥作用，力争把陕西建设成为一个动植物学的研究和展览中心。此次交流学习工作将主要集中在以下几个方面：①专类园管理，包括专类园中苗木的生产、移栽、定植后管护等；②植物数据库的建设和管理，包括植物收集、标签化、数字化、入库等一系列活动；③环境教育，利用各类场馆和植物园现有资源进行科普教育，以及利用植物现有资源与社区共建，做好公益服务工作；④志愿者管理体系，包括志愿者的招募、培养、管理等。

亚行贷款秦岭生态与生物资源保护项目是陕西省利用外资建设的集生物多样性保护、科学研究、珍稀动植物抢救繁育为一体的综合性国家级生态示范项目。项目建设得到了亚洲开发银行和全球环境基金的积极支持，亚行提供4 000万美元贷款，全球环境基金提供427万美元赠款，支持项目建设。其中GEF支持为项目执行和实施机构的工作人员进行国际培训。

派出人员参加中国植物园联合保护计划（ICCBG）原中国植物园联盟举办的相关培训班。自2015年来，先后派出4人参加环境教育研究与实践高级培训班、6人参加植物分类与鉴定培训班、4人参加园林园艺与景观建设培训班、1人参加花境培训班、1人参加植物文化营建培训班、1人参加植物园解说系统规划设计培训班、2人参加活植物管理培训班、1人参加植物园管理高级研修班，共计20人。经统计，其中4人现为园中层管理人员，在相关处室、中心负责主要业务工作；1人为业务部门负责人。

11.3 科研人才培养

2021年3月，招聘合同制科研人员32人，其中博士2人、硕士25人。为了帮助新员工尽快融入工作环境，对秦岭国家植物园各部门及相关工作有整体了解；让新员工全面了解了秦岭国家植物园的管理体系、服务宗旨；让新员工饱含激情追求梦想，找准定位并为之奋斗；3月2~15日开展新员工入职培训（图58至图60）。培训内容主要涉及相关政策、业务、秦岭国家植物园介绍、职业道德、植物园相关知识等。

3月2日上午，秦岭国家植物园在西安市浐灞欧亚国际科研科普中心西安基地举行了新员工培训开班仪式。开班仪式由高卫民副园长主持，张秦岭园长、马安平副园长、赵辉远园长助理、苏华园长助理、园各（处、办、室）负责人及新员工参加了开班仪式。

马安平副园长介绍了秦岭国家植物园2021年度新员工入职培训安排。

开班仪式上，张秦岭园长代表园领导班子和全体员工热烈欢迎新员工加入秦岭国家植物园，就我园历史沿革、组织架构、职能职责、人员构成、园区建设发展和“惟精惟一，允功厥阐，诚致良知，立园百年”建园理念做了全面介绍。

张秦岭园长对新员工提出四点希望：一是新员工要做一个政治立场坚定、热爱党、忠于祖国、忠诚于单位、敬岗干事的人；全体员工要认真学习习近平新时代中国特色社会主义思想，增强“四个意识”、坚定“四个自信”、做到“两个维护”；贯彻落实好习近平总书记关于生态文明建设和大秦岭保护一系列批示、指示精神。二是新员工要做一个知良知、正直善良、良好道德修养的人，朝着先贤的方向去努力。三是做一个既仰望星空，又脚踏实地的人，学好科学，学会独立思索、不断追问，建立哲科思维。四是做一个读书、学习伴其一生的人，要加强自身学习、多读书，知识改变命运，通过学习提升业务水平、提高道德修养与综合素养，为生态环境建设、为大秦岭保护、为植物园发展发挥作用。

11.4 秦岭论坛

秦岭和合南北、泽被天下，是我国的中央水塔，是中华民族的祖脉和中华文化的重要象征。保护好秦岭生态环境，对确保中华民族长盛不衰、实现“两个一百年”目标、实现可持续发展具有十分重大而深远的意义。

为提升学习氛围，弘扬学术精神，促进科学

图58 新员工入职培训（一）

图59 新员工入职培训（二）

图60 新员工入职培训（三）

图61 秦岭论坛（周昊飞 设计）

发展，提高学术水平，定期举办秦岭国家植物园“秦岭论坛”。在这里可以了解学科前沿、分享经验、展示成果、启发思路；与其他专家、学者进行深入的讨论和交流。

2021年7月27日，第一期秦岭论坛在学术报告厅召开（图61），本次秦岭论坛由科研中心朱琳主任主持，共25人参加此次论坛。本期论坛共分为三个主题，科研中心管慧锐向参会人员展示了草原主要毒害草扩张的分子机制，通过微观分子的角度探寻毒害草的奥秘；科研中心徐哲超重点介绍了陕西堇菜属新纪录植物——犁头叶堇菜的发现过程；科研中心王智通过秦巴园定植图的绘制过程，展现现代数字化、信息化植物园的建设与发展。截至2023年10月，共举办秦岭论坛25期。

12 承办的相关会议

12.1 承办2013年中国科学院植物园工作委员会会议暨学术论坛

2013年11月4~5日在西安市承办中国科学院植物园工作委员会会议暨学术论坛。工委会年度全体委员会议上，陕西省林业厅副厅长白永庆致欢迎辞，中国科学院西安分院院长周杰作了讲话。工委会13家成员单位负责人分别汇报了2013年度工作进展并对各单位“十三五”规划进行了初步交流。中国科学院科技促进发展局农业科技办公室张长城、陈浩出席了会议，工委会主任陈进作了总结发言。

来自13家植物园的70位代表参加了5日举办的学术论坛，秦岭国家植物园园长沈茂才致欢迎词、中国科学院科技促进发展局副局长段子渊在开幕式上作了讲话并参与学术讨论。共有30位专家分别交流了在各自领域取得的最新科研成果或研究进展，内容涉及系统发育、全球变化、植物引种与资源利用、植物抗逆机制、生理生态、生物多样性保护等，充分展现了中国科学院各植物园的科研实力。

会后，工委会委员考察了秦岭国家植物园，并对园区的总体规划（图62）、建设实施和未来发展提供了咨询意见。

图62　专家讨论秦岭国家植物园总体规划（园资料）

12.2　承办第六届中国植物园联盟植物分类与鉴定培训班

2019年6月27日至7月10日，来自福建、云南、新疆、内蒙古、香港等全国22个省（自治区、直辖市、特别行政区）的49个单位的59名学员相聚秦岭，参加由我园和上海辰山植物园联合承办的“中国植物园联盟2019年植物分类与鉴定培训班”（图63），其中10人获得“优秀学员”称号。

本次培训班为期15天，主要有《植物分类学历史与文献》《命名法规与植物学拉丁语》《当代植物标本馆的建设与管理》《植物精细解剖摄影的方法与实践》等近20门理论课程，安排有7天的野外实践与标本采集，授课形式多样，培训总时间将超过130课时。5天在秦岭国家植物园金牛坪酒店，10天在西北农林科技大学火地塘实习基地，共计授课64学时，学术报告21学时，野外实习44学时，实践与讨论48学时，学术交流24学时。

开班仪式上杨玺女士代表中国植物园联盟秘书处主持仪式，介绍了中国植物园联盟开办植物分类与鉴定培训班的历史和概况。崔汛副巡视员代表陕西省林业局和秦岭国家植物园对培训班首次在秦岭开办表示欢迎，感谢中国植物园联盟对秦岭国家植物园的信任。黄卫昌副园长代表上海辰山植物园感谢中国植物园联盟对辰山教学团队的信任。马金双研究员最后代表授课教师发言，鼓励学员认真学习，珍惜来之不易的学习机会，通过此次培训系统掌握一线工作所急需的植物分类学知识，也感谢秦岭国家植物园的热情服务和全力配合。

陕西省林业局副巡视员崔汛、秦岭国家植物园园长张秦岭、秦岭国家植物园副园长赵辉远、

图63　中国植物园联盟2019年植物分类与鉴定培训班（朱仁斌 摄）

上海辰山植物园副园长黄卫昌、上海辰山植物园首席科学家马金双和中国植物园联盟培训部主管杨玺、秦岭国家植物园科研处处长邢小宇，以及来自陕西省西安植物园、西北农林科技大学、西北大学、上海辰山植物园的14人教学团队成员和所有本届培训班学员，出席开班仪式。

12.3 承办中国植物园联盟建设（Ⅱ期）项目验收会

2020年9月11日，中国植物园联盟建设（Ⅱ期）项目验收会议在秦岭国家植物园召开（图64）。会议邀请了中国科学院院士许智宏，中国科学院院士洪德元，中国科学院生命科学与生物技术局原局长王贵海，北京植物园顾问、教授级高级工程师张佐双，中国科学院西双版纳热带植物园研究员许再富担任评审专家。会议由中国科学院科技促进发展局生物技术处处长周桔主持，推选许智宏院士作为专家组组长。

会上，项目负责人、联盟常务副理事长兼秘书长陈进首先对联盟（Ⅱ期）项目总体进展情况做了总结，三个课题负责人分别就课题进展及完成情况作了介绍。专家组认真听取讨论后认为该项目已圆满完成合同规定的主要研究内容和研究指标，联盟在增进全国植物园的联合发展，保护和利用战略植物资源方面起到了积极的作用，专家组一致同意通过验收。植物园建设是一个长期性的任务，专家组还建议对植物园建设这类基础性的工作应给予继续支持，希望加大支持力度，特别关注植物园各方面人才的培养。

陈进还在会上就联盟“十四五”规划向专家进行了汇报。专家认为中国植物园联盟充分发挥了纽带作用将中国植物园联合起来，“十四五”要更加重视加强部委合作，扩大宣传，积极推进中国植物园标准建设与认证，持续培养植物园人才队伍建设、不断扩大资金池，带领中国植物园共同进步，提高世界影响力。

中国植物园联盟建设（Ⅱ期）项目共设置3个课题，分别为本土植物全覆盖保护计划（Ⅱ期）、植物园标准体系建设（Ⅱ期）、能力建设计划（Ⅱ期）。通过联盟（Ⅱ期）项目的实施以期充分利用国家部委、地方政府、自然保护区等多方资源和力量，摸清试点地区本土植物本底，评估每种植物受威胁等级，分析植物受威胁原因，为各植物园制订引种策略提供科学依据，确保各地区75%以上受威胁物种在保护区或者植物园系统内得到有效保护；完成中国植物园相关规范、标准的制订，促进我国植物园的科学发展和规范建设；通过加强对植物园的人才培养、开发植物园活植物管理系统、加强秘书处建设，提升植物园建设和管理能力。

图64　中国植物园联盟建设（Ⅱ期）项目验收会（朱仁斌 摄）

会后，专家考察了秦岭国家植物园，对秦岭国家植物园取得的建设成果予以充分肯定，并对下一步发展提出相关意见。

12.4 《秦岭国家植物园创建方案》评审会

由陕西省林业局主办，秦岭国家植物园承办的《秦岭国家植物园创建方案》评审会于2023年7月27～28日在秦岭国家植物园召开（图65）。中国科学院院士洪德元、许智宏、安芷生、周卫健、彭建兵、陈发虎，美国国家科学院院士欧阳志云，中国工程院院士尹伟伦和来自中国科学院西双版纳热带植物园、中国科学院庐山植物园、华南国家植物园、国际植物园保护联盟、江苏省中国科学院植物研究所、中国科学院昆明植物研究所、伊犁植物园、上海辰山植物园、中国科学院沈阳应用生态研究所、陕西省西安植物园、中国科学院武汉植物园的国内知名专家陈进、杨永平、黄宏文、任海、廖景平、文香英、姚东瑞、孙卫邦、管开云、胡永红、何兴元、沈茂才、岳明、王青锋等通过线上线下的方式参加了评审会。国家林业和草原局野生动植物保护司也派员出席了会议。陕西省林业局党组书记、局长郑重，副局长范民康，西安市人民政府副秘书长张博到会并致辞，省林业局有关处室负责人参加会议。邀请了陕西省发展和改革委员会、陕西省财政厅、陕西省住房和城乡建设厅、西安市自然资源和规划局相关方面负责人；我园园长张秦岭主持了会议，副园长高卫民、马安平，园长助理赵辉远，及园相关处室负责人参加了此次评审会。

评审会一致同意成立以中国科学院洪德元院士为组长的专家评审组，评审组的院士、专家实地考察了科普馆、种质资源圃、标本馆、秦巴园以及就地保护区（图66），对秦岭国家植物园在秦岭生物多样性保护、物种保育、科研科普以及生态旅游方面所取得的成绩给予了充分的肯定和高度赞赏。

评审会通过现场评审和远程网络会议线上线下相结合的方式进行，院士、专家通过听取国家林业和草原局林草调查规划院就创建秦岭国家植物园的重大意义、功能分区、主要任务、运行管理、投资匡算、保障措施等主要内容的汇报，认真审阅了《秦岭国家植物园创建方案》，提出了不少宝贵的意见和建议。专家组一致认为，秦岭国家植物园创建是践行习近平生态文明思想，贯彻落实习近平总书记重要指示批示精神，促进人与自然和谐共生的需要。秦岭国家植物园创建的区位优势明显，特色植物具有不可替代性，符合国家代表性、科学系统性、社会公益性的要求和国家植物园的整体布局，

图65　秦岭国家植物园创建方案评审会（雷璐 摄）

图66　专家参观秦岭国家植物园园区（师金波 摄）

支持秦岭国家植物园创建工作。

陕西省林业局局长郑重对各位院士专家来参加《秦岭国家植物园创建方案》评审会表示欢迎。他表示，创建秦岭国家植物园是贯彻落实习近平总书记重要指示批示精神，是积极践行习近平生态文明思想的具体实践，是保护秦岭生态环境，促进人与自然和谐共生的重要举措。希望各位院士、专家和各有关方面支持秦岭国家植物园建设与发展，为秦岭国家植物园纳入国家植物园体系建设积极建言献策。

张秦岭园长对各位院士、专家和有关方面表示衷心感谢，表示我园将积极配合国家林业和草原局林草调查规划院，根据评审会院士、专家提出的意见和建议进一步修改完善《秦岭国家植物园创建方案》，希望各位院士、专家、领导继续支持秦岭国家植物园的建设。

13 科研产出

自建园以来，出版相关专著3部，发表文章74篇（中文60篇、英文14篇），申请专利2项。

13.1　出版相关专著

沈茂才, 2008. 秦岭植物园科学考察报告[M].

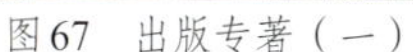
图67 出版专著（一）

图68 出版专著（二）

图69 出版专著（三）

西安：陕西科学技术出版社（图67）。

沈茂才，2010. 中国秦岭生物多样性的研究和保护——秦岭国家植物园总体规划与建设[M]. 北京：科学出版社（图68）。

沈茂才，2010. 媒体笔下的秦岭国家植物园[M]. 西安：陕西出版集团，陕西人民出版社（图69）。

13.2 发表文章

崔汛，韩崇选，王培新，等，2013. 利用清灌剩余物预防草兔啃食幼树的研究[J]. 西北林学院学报，28(3): 7.149-154, 219.

樊卫东，沈茂才，刘军，等，2012. 香果树属——秦岭北坡茜草科一新分布属[J]. 西北植物学报，4: 819-820.

樊卫东，苏齐珍，杨颖，等，2020. 秦岭北坡兰科Orchidaceae一新分布属——山珊瑚属*Galeola*[J]. 陕西林业科技，48(4): 22-24.

房丽君，张宇军，邢小宇，2020. 秦岭国家植物园蝴蝶群落结构与多样性[J]. 生物多样性，28(8): 965-972.

高龙，李亚利，康晓育，等，2023. 秦岭特有濒危及生境局限性植物迁地保育[J/OL]. 林业科技通讯. https: //doi.org/10.13456/j.cnki.lykt.2023.05.11.0004.

高晓进，郭莉，陈迪，等，2023. 花椒窄吉丁化学感受蛋白AzanCSP7的三维模型预测及其与寄主挥发物的分子对接[J]. 农业生物技术学报，31(6): 1238-1251.

江仕嵘，童亚文，刘耀华，等，2020. 秦岭国家植物园生态环境质量评价[J]. 林业资源管理，3: 85-88.

康胜华，侯璐，朱琳，2023. 唐古特大黄根腐病病原菌的鉴定[J]. 青海农林科技，1: 62-66.

李建康，李建春，韩崇选，等，2016. 降水量与安康飞播油松成苗效果关联分析[J]. 西北林学院学报，31(5): 121-126.

李建康，韩崇选，张芳宝，等，2015. 纳米型植物抗逆剂蘸浆造林抗旱作用分析[J]. 西北林学院学报，30(6): 104-109.

李炜，2013. 秦岭国家植物园生态旅游规划可持续发展探[J]. 陕西林业科技，5: 81-84.

李亚利，樊卫东，邢小宇，等，2020.2种猕猴桃砧木对猕猴桃品种嫁接成活率的影响[J]. 果树实用技术与信息，9: 8-10.

李亚利，高龙，2023.中国旌节花科[M]//马金双. 中国——二十一世纪的园林之母：第四卷[M]. 北京：中国林业出版社：390-419.

李亚利，高龙，康晓育，等，2023. 陕西省分布的国家重点保护野生植物的地理成分和分布特征[J]. 植物资源与环境学报，32(5): 62-69.

李亚利, 刘军, 樊卫东, 2019. 陕西特有珍稀濒危植物灰毛岩风的迁地保育技术[J]. 陕西林业科技, 47(6): 108-110.

李亚利, 刘军, 樊卫东, 等, 2019. 秦岭地区青檀迁地保育技术初探[J]. 防护林科技, 10: 85-86.

李叶, 余玉群, 时磊, 2014. 天山中部地区盘羊冬季采食地和卧息地的生境分离[J]. 生态学杂志, 33(2): 358-364.

李叶, 余玉群, 史军, 等, 2013. 天山盘羊夏季采食地和卧息地生境选择[J]. 生态学报, 33(24): 7644-7650.

梁昭, 魏凯璐, 杨冬梅, 等, 2020. 水分浸泡过夜对刺槐枝条最大水分导度测定的影响及年龄差异[J]. 植物研究, 40(5): 706-712.

刘军, 高宇琪, 李莹, 2022. 秦岭生态环境的保护和利用[J]. 农村农业农民, 2: 42-43.

路东敏, 王宇, 朱琳, 等, 2023. 秦岭国家植物园植物定位方法[J]. 智慧农业导刊, 3(16): 1-4.

潘少安, 彭国全, 杨冬梅, 2015. 从叶内生物量分配策略的角度理解叶大小的优化[J]. 植物生态学报, 39(10): 971-979.

彭国全, 崔汛, 吴成春, 等, 2011. 不同海拔岷江冷杉林凋落物量及其季节动态变化研究[J]. 陕西林业科技, 4: 1-4, 14.

邱静雯, 章进峰, 张筱, 等, 2023. 石墨烯对杉木无性系根际土壤酶活性和微生物多样性的影响[J]. 江西农业大学学报, 45(2): 243-251.

沈茂才, 2010. 浅谈秦岭生物的保护与利用[J]. 西部大开发, 9: 84.

苏齐珍, 2018. 秦岭北麓野生宿根花卉及其园林应用前景[J]. 现代园艺, 9: 90-91.

苏齐珍, 赵锦, 朱琳, 2018. 11种芳香植物生长特性研究[J]. 热带农业科学, 38(8): 18-23.

孙亚男, 樊卫东, 朱琳, 等, 2016. 秦岭北坡兰科 Orchidaceae 斑叶兰属 *Goodyera* 一新分布[J]. 陕西林业科技, 6: 54-55.

逯真真, 2012. 中学生思想教育应在教学过程中得以完善与发展[J]. 读写算 德育教育研究, 4: 4.

王丽萍, 2017. 园林景观建筑特点及设计方法与技巧[J]. 建筑 · 建材 · 装饰, 20: 108.

王丽萍, 高希望, 2018. 浅谈新型夯土墙在景观工程中的应用——以秦岭国家植物园大门广场为例[J]. 中国园艺文摘, 1: 154.

吴力博, 方利英, 高梵音, 等, 2021. 1999—2019年秦岭国家植物园鸟类组成变化[J]. 陕西林业科技, 49(2): 28-35.

吴力博, 朱琳, 刘军, 等, 2018. 施工对秦岭国家植物园迁地保护区冬季鸟类群落的影响[J]. 陕西林业科技, 46(1): 28-32.

徐哲超, 樊卫东, 刘佳陇, 等, 2021. 陕西堇菜属一新记录种——犁头叶堇菜[J]. 陕西林业科技, 49(4): 61-62.

徐哲超, 张勇, 刘佳陇, 等, 2023. 秦岭国家植物园重点保护野生植物名录更新[J]. 陕西林业科技, 50(6): 112-117, 121.

徐哲超, 赵继蓉, 刘佳陇, 等, 2021. 陕西2种植物新记录及荷青花花部变异描述[J]. 中国野生植物资源, 40(12): 9-12.

徐哲超, 周天华, 田伟, 等, 2022. 陕西堇菜属新记录植物——柔毛堇菜[J]. 陕西林业科技, 50(2): 92-93.

薛宁涛, 刘军, 2019. 城市湿地公园景观参与性设计研究——以秦汉渭河湖泊湿地生态公园为例[J]. 现代园艺, 17: 111-112.

杨柯, 徐哲超, 张勇, 等, 2023. 陕西八角枫属新记录种——小花八角枫[J]. 耕作与栽培, 3(3): 103-104.

杨媛媛, 佘志鹏, 夏梦洁, 等, 2023. 西安市浐灞生态区地表水水质变化特征研究[J]. 水利规划与设计, 3: 50-53, 70.

余玉群, 郭松涛, 刘楚光, 等, 2009. 我国马可波罗盘羊种群数量和年龄结构[J]. 野生动物杂志, 30(6): 293-296.

岳珍珍, 王静, 方利英, 等, 2016. 大孔吸附树脂对刺梨果汁单宁脱除及其色泽的影响[J]. 食品科学, 37(17): 109-114.

张巧明, 沈茂才, 樊卫东, 等, 2011. 秦岭野生蔬菜资源及开发利用对策[M]. 中国植物园(第十五期). 北京: 中国林业出版社: 214-221.

张耀飞, 逯真真, 2011. 浅谈秦岭森林旅游开发

[J]. 科技信息, 20: 90.

张勇, 2022. 陕西省国家重点保护野生动物名录调整建议[J]. 陕西林业科技, 50(3): 37-41.

张勇, 龚大洁, 2022. 陕西省两栖爬行动物名录更新及区系分析[J]. 四川动物, 41(2): 223- 232.

张勇, 龚大洁, 荣海, 等, 2023.陕西省兽类物种多样性及其地理分布[J]. 四川动物, 42(3): 343 -354.

张勇, 荣海, 赵宝鑫, 等, 2022. 陕西安康市鸟类资源及区系分析[J]. 陕西林业科技, 50(2): 16-36, 43.

张勇, 徐哲超, 刘佳陇, 等, 2022. 秦岭国家植物园重点保护野生动物名录[J]. 陕西林业科技, 50(6): 112-117.

张勇, 徐哲超, 吴力博, 等, 2023. 秦岭国家植物园陆栖脊椎动物多样性及区系分析[J]. 自然保护地, 3(3): 45-66.

张玉艳, 方利英, 樊卫东, 等, 2016. 刺梨扦插繁育技术初探[J]. 安徽农业科学, 44(12): 187-188.

赵继蓉, 徐哲超, 2022. 大叶铁线莲组(Sect. *Tubulosae*)植物在陕西的分布订正[J]. 陕西林业科技, 50(3): 63-64, 96.

赵继蓉, 徐哲超, 魏树和, 等, 2022. 陕西3种植物新记录[J]. 陕西理工大学学报(自然科学版), 38(5): 75-78.

赵锦, 张严, 2020. 我国城镇绿化植物的应用特点及乡土植物的选择应用[J]. 江西农业, 12: 110, 112.

周圣博, 张勇, 徐哲超, 等, 2023. 陕西镇坪发现光雾臭蛙[J]. 动物学杂志, 58(3): 473-479.

周欣悦, 崔翔, 2021. 艺术创作的潜意识探析——以杜尚的《下楼梯的裸女》为例[J]. 美与时代(中), 4: 80-81.

周欣悦, 崔翔, 2021. 植物景观设计在风景园林中的运用[J]. 城市建筑, 18(27): 169-171.

朱琳, 李世清, 2017. 地表覆盖对玉米籽粒氮素积累和干物质转移"源—库"过程的影响[J]. 中国农业科学, 50(13): 2528-2537.

朱琳, 刘军, 任欢, 2014. 城市植物多样性与园林绿化关系研究[J]. 北京农业, 15: 56.

朱琳, 苏齐珍, 杨颖, 等, 2018. 秦岭国家植物园木兰科专类园建设[M]. 中国植物园: 第二十一期. 北京: 中国林业出版社: 19-23.

BAI G Q, FANG L Y, LI S F, et al., 2017. Characterization of the complete chloroplast genome sequence of *Bergenia scopulosa* (Saxifragales: Saxifragaceae)[J].Conservation Genetics Resources, 10: 363-366.

GUAN H R, LIU X, FU Y P, et al., 2022. The locoweed endophyte *Alternaria oxytropis* affects rootdevelopment in *Arabidopsis* in vitro through auxin signaling andpolar transport[J]. National Library of Medicine, 74(3): 931-944.

GUAN H R, LIU X, Luis A. J. Mu, et al., 2021. Rethinking of the roles of endophyte symbiosis and mycotoxin in *Oxytropis* plants[J]. National Library of Medicine, 7(5):400.

GUO J Q, LIU X H, GE W S, et al., 2021. Specific drivers and responses to land surface phenology of different vegetation types in the Qinling Mountains, central China[J]. Remote Sens, 13, 4538.

HONG Y X, LIU X H, CAMARERO J J, et al., 2023. The efects of intrinsic water-use efciency and climate on woodanatomy[J]. International Journal of Biometeorology, 67: 1017-1030.

HONG Y X, ZHANG L N, LIU X H, et al., 2021. Tree ring anatomy indices of Pinus tabuliformis revealed the shifted dominant climate factor influencing potential hydraulic function in western Qinling Mountains[J/OL]. Dendrochronologia, 70; https://doi.org/10.1016/j.dendro.2021.125881.

LU Q Q, LIU X H, Kerstin Treydte, et al., 2023. Altitude-specific differences in tree-ring δ^2H records of wood ligninmethoxy in the Qinling mountains, central China[J]. Quaternary Science Reviews, 300, 107895.

LU Q Q, LIU X H, TAN L C, et al., 2022. Tree-ring δ^2H records of lignin methoxy indicate spring temperature changes since 20th century in the Qinling mountains, China[J/OL]. Dendrochronologia, 76, https://doi.org/10.1016/j.dendro.2022.126020.

LUO N, WEI N, LI G L, 2023. Growth versus

10

storage: response of *Pinus tabuliformis* and *Quercus mongolica* seedlings to variation in nutrient supply and its associated effect on field performance[J/OL]. New Forests, https://doi.org/10.1007/s11056-023-09966-w.

ZHANG L, WU R L, LUIS A J M, et al., 2022. Assembly of high-quality genomes of the locoweed Oxytropis ochrocephala and its endophyte Alternaria oxytropis provides new evidence for their symbiotic relationship and swainsonine biosynthesis[J/OL]. Molecular Ecology Resources, 10.1111/1755-0998. 13695.

ZHANG Y, LIU X H, JIAN W Z, et al., 2023. Spatial heterogeneity of vegetation resilience changes to different drought types[J]. Earth's Future, 11, e2022EF003108.

ZHANG Y, LIU X H, JIAO W Z, et al., 2021. Drought monitoring based on a new combined remote sensing index across the transitional area between humid and arid regions in China[J/OL]. Atmospheric Research, 264, https://doi.org/10.1016/j.atmosres. 2021.105850.

ZHANG Y, LIU X H, JIAO W Z, et al., 2022. A new multi-variable integrated framework for identifying flash drought in the Loess Plateau and Qinling Mountains regions of China[J]. Agricultural Water Management, 265, 107544.

ZHONG Y J, WANG L, RUYI JIN R Y, et al., 2023. Diosgenin inhibits ROS Generation by modulating NOX_4 and mitochondrial respiratory chain and suppresses apoptosis in diabetic nephropathy[J]. Nutrients, 15(9):2164.

13.3 相关专利

一种新型植物标本烘干装置，已授权（ZL 2023 2 0128380.1）。

一种用于翅果油树的组织培养装置，已授权（ZL 2023 2 0207572.1）。

园区风景

图70至图90展示了秦岭国家植物园的园区风景。

图70 园区风景（一）

图 71　园区风景（二）

图 72　园区风景（三）

10

图 73　园区风景（四）

图 74　园区风景（五）

图75　园区风景（六）（田刚 摄）

图76　园区风景（七）（田刚 摄）

图77　园区风景（八）

图78　园区风景（九）

图79　园区风景（十）

图80　园区风景（十一）

图81　园区风景（十二）

图82　园区风景（十三）

图83 园区风景（十四）（高卫民 摄）

图84 园区风景（十五）

图85　园区风景（十六）

图86　园区风景（十七）

图87 园区风景（十八）

图88 园区风景（十九）（王璐）

图89　园区风景（二十）（园资料）

图90　园区风景（二十一）（园资料）

参考文献

李思锋, 王宇超, 黎斌. 2014. 秦岭种子植物区系的性质和特点及其与毗邻地区植物区系关系[J]. 西北植物学报, 34(11): 2346-2353.

沈茂才, 2008. 秦岭植物园科学考察报告[M]. 西安: 陕西科学技术出版社.

沈茂才, 张志英, 2001. 秦岭田峪河流域种子植物区系研究[J]. 西北植物学报, 21(5): 973-989.

新华网, 2002. 中国将对17个生物多样性关键地区实施优先保护[EB/OL]. (2002-12-27). https: //news.sina.com.cn/s/2002-12-27/155523029s.shtml.

应俊生, 1994. 秦岭植物区系的性质、特点和起源[J]. 植物分类学报, 32(5): 389-410.

中华人民共和国生态环境部. 关于印发《中国生物多样性保护战略与行动计划》(2011—2030年)的通知[EB/OL]. (2010-9-17). https://www.mee.gov.cn/gkml/hbb/bwj/201009/ t20100921_194841.htm

致谢

在本章的撰写过程中得到了园相关部门提供的资料；感谢园各部门的支持。感谢张秦岭园长、马安平园长、高卫民副园长的指导，感谢原园长沈茂才的指导。感谢安元华、邢小宇、刘耀华、朱琳、方利英、张瑞、崔翔、王玮琦、张严、蒋子路、朱龙慧、樊卫东、李亚利、杨颖、高龙、张勇、徐哲超、王璐、任欢、朱艺萌、郭舒艳、许静、封耀花、王娟、周昊飞、肖曼利、罗卫等为本章提供的帮助；感谢相关摄影师拍摄的照片，感谢国家植物园马金双博士、郝强博士的指导。

本章中除标注摄影者、出处或提供者之外的照片均为作者拍摄。

作者简介

苏齐珍（女，山西临汾人，1983年生），高级工程师，山西农业大学园林专业学士（2006），福建农林大学园林植物与观赏园艺硕士（2009）；2009—2015年，先后在北京光合园林集团、北京市海淀区植物组织培养技术实验室、达生集团西安唐朝新天地房产地产开发有限公司任研发专员、技术员、园林工程师、景观设计师；2015年至今任职于秦岭国家植物园，主要从事生物多样性保护、科研项目管理、对外交流、国家植物园创建等相关工作，主要研究领域：生物多样性保护和园林。邮箱：suqizhen-021@163.com。

10

植物中文名索引
Plant Names in Chinese

A
阿墩子龙胆 220
阿里山龙胆 245
矮姜花 109
矮龙胆 236
矮小石蒜 064
安徽石蒜 073

B
巴山重楼 009
巴塘龙胆 226
白姜花 110
白脉桂南爵床 306
百金花属 180
斑点龙胆 221
板蓝 318
半侧蔓龙胆 183
抱茎獐牙菜 266
北重楼 046
北方獐牙菜 265
笔龙胆 244
碧江姜花 107
扁蕾 275
扁蕾属 272
伯乐树 347
伯乐树科 359

C
菜头肾 325
草果药 126
叉花草 319
叉序獐牙菜 252
茶菱 346
茶菱科 359
长瓣裂姜花 119
长萼龙胆 211
长萼马醉木 155
长梗秦艽 193
长筒石蒜 074
长叶石蒜 069
长柱重楼 017
川西獐牙菜 263
春晓石蒜 065
唇凸姜花 110
刺芒龙胆 242
粗茎秦艽 195
粗壮秦艽 199

D
达乌里秦艽 195
大花扁蕾 274
大花荷包牡丹 354
大花龙胆 232
大花水蓑衣 302
大爵床 308
大血藤科 359
大钟花 247
大钟花属 247
大籽獐牙菜 263
倒锥花龙胆 209
稻草石蒜 067
滇重楼 039
滇姜花 133
滇灵枝草 315
滇龙胆草 203
滇西龙胆 233
滇野靛棵 310
东俄洛龙胆 237
杜鹃花科 154
杜仲 346
杜仲科 359
短柄龙胆 230
短蕊石蒜 072
多花山壳骨 314
多叶重楼 024
多枝组 206

E
峨眉姜花 112
峨眉獐牙菜 252
耳褶龙胆属 187
二叶獐牙菜 256

F
匍茎组 230
辐花 272
辐花属 272
福建蔓龙胆 183

G
高平重楼 040
高山龙胆 223
高山组 219
高獐牙菜 257
珙桐 564
观赏獐牙菜 265
管花秦艽 197
光叶珙桐 345
广西姜花 119
广西石蒜 073
桂南爵床 306

H
海滨石蒜 076
海南重楼 014
海南地皮消 311
何氏秦艽 191
黑边假龙胆 279

黑籽重楼 028
红豆杉 483, 564
红花山牵牛 330
红花狭蕊龙胆 184
红姜花 109
红毛马蓝 320
红丝姜花 115
喉毛花 277
喉毛花属 276
忽地笑 070
胡桃楸 509
湖北百合 354
湖北石蒜 065
湖南石蒜 067
虎克姜花 118
互叶獐牙菜 254
花锚 248
花锚属 247
花叶重楼 022
华北獐牙菜 257
华龙胆属 185
华南可爱花 300
华南马蓝 317
华山新麦草 564
换锦花 077
黄檗 509
黄管秦艽 199
黄花扁蕾 273
黄花恋岩花 299
黄花獐牙菜 257
黄姜花 113
黄秦艽 250
黄秦艽属 250
黄长筒石蒜 074
回旋扁蕾 273
火焰花 312

J
假杜鹃 297
假龙胆属 279
江苏石蒜 068
巾箴石蒜 072
金线重楼 011

K
康定獐牙菜 259
昆明龙胆 201

L
蓝白龙胆 243
蓝玉簪龙胆 211
老鼠簕 296
肋柱花 270
肋柱花属 269
棱茎爵床 304
藜芦獐牙菜 256
李氏重楼 036
丽江獐牙菜 264
镰萼喉毛花 278
凌云重楼 010
瘤毛獐牙菜 266
六叶龙胆 216
龙胆 228
龙胆草组 228
龙胆属 189
鹿葱 076
禄劝花叶重楼 019
露蕊龙胆 238
绿苞姜花 130
卵萼花锚 249
轮叶獐牙菜 259

M
麻花艽 192
马醉木 155
马醉木属 154
蔓龙胆属 182
毛重楼 020
毛萼獐牙菜 268
毛姜花 128
毛脉华龙胆 186
玫瑰石蒜 066
美耳褶龙胆 188
美丽百金花 180
美丽马醉木 155
蒙自马蓝 324
勐海姜花 120
密花姜花 110
岷县龙胆 224
木兰属 561

N
南重楼 032
南一笼鸡 320
尼泊尔双蝴蝶 181
女娄菜叶龙胆 201
糯米香 327

P
平伐重楼 029
苹果属 564
普洱姜花 123

Q
七叶一枝花 043
启良重楼 026
秦艽 197
秦艽组 190
秦岭石蒜 070
青城姜花 124
青藏龙胆 215
球花马蓝 319
球药隔重楼 014
全萼秦艽 191

R
肉红姜花 121

S
三歧龙胆 226
三叶龙胆 216
山景龙胆 213
山牵牛 332
陕西石蒜 075
少花姜花 122
伸梗龙胆 241
深裂耳褶龙胆 187
湿生扁蕾 273
十齿花科 359
石蒜 063
疏花草果药 127
双蝴蝶 181
双蝴蝶属 181
水青树科 359
水曲柳 509
硕花龙胆 234
丝柱龙胆 235
思茅姜花 124
四数龙胆 240
四数异型株 269
四数组 239
四叶龙胆 216
四子马蓝 327
宿根肋柱花 271

T
台湾龙胆 203
太白龙胆 222
腾冲姜花 127
天蓝龙胆 210
条纹华龙胆 186
头花龙胆 204
头花组 199
椭叶龙胆 207

W
望谟姜花 131
微籽组 237
乌奴龙胆 234
无毛姜花 116
无丝姜花 111
武陵石蒜 066

X
西畴重楼 045
西盟姜花 131
西藏秦艽 196
锡金龙胆 204

狭蕊龙胆属 183
狭叶重楼 037
狭叶獐牙菜 262
显脉獐牙菜 262
线叶龙胆 213
香石蒜 075
小苞姜花 122
小花姜花 125
小龙胆组 240
小毛姜花 128
新疆假龙胆 279
新疆秦艽 198

Y
阳朔马蓝 325
叶萼龙胆 229
叶萼獐牙菜 252
叶萼组 229
异型花属 268
盈江姜花 132
瘿椒树科 359
玉山龙胆 246
圆瓣姜花 114
云龙重楼 034
云南龙胆 239
云南山壳骨 313
云南藻百年 179
云南獐牙菜 266
云雾龙胆 227

Z
藻百年属 179
獐牙菜 260
獐牙菜属 250
直萼龙胆 224
中国龙胆 206
中国石蒜 071
皱边喉毛花 277
紫苞爵床 308
钻叶龙胆 242

植物学名索引
Plant Names in Latin

A

Acanthus ilicifolius 296

B

Barleria cristata 297
Bretschneidera sinensis 347
Bretschneideraceae 359

C

Centaurium pulchellum 180
Chondrophyllae 240
Comastoma 276
Comastoma falcatum 278
Comastoma polycladum 277
Comastoma pulmonarium 277
Crawfurdia 182
Crawfurdia dimidiate 183
Crawfurdia pricei 183
Cruciata 190

D

Davidia involucrata var. *vilmoriniana* 345
Dicentra macrantha 354
Dipentodontaceae 359

E

Echinacanthus lofouensis 299
Eranthemum austrosinense 300
Ericaceae 154
Eucommia ulmoides 346
Eucommiaceae 359
Exacum 179
Exacum teres 179

F

Frigida 219

G

Gentiana 189
Gentiana algida 223
Gentiana altigena 207
Gentiana amplicrater 234
Gentiana apiata 222
Gentiana aristata 242
Gentiana atuntsiensis 220
Gentiana caelestis 210
Gentiana cephalantha 204
Gentiana chinensis 206
Gentiana crassicaulis 195
Gentiana dahurica 195
Gentiana davidii var. *formosana* 203
Gentiana dolichocalyx 211
Gentiana duclouxii 201
Gentiana erectosepala 224
Gentiana filistyla 235
Gentiana futtereri 215
Gentiana georgei 233
Gentiana handeliana 220
Gentiana haynaldii 242
Gentiana hexaphylla 216
Gentiana hoae 191
Gentiana lawrencei var. *farreri* 213
Gentiana leucomelaena 243
Gentiana lhassica 191
Gentiana lineolate 240
Gentiana macrophylla 197
Gentiana melandriifolia 201
Gentiana nubigena 227
Gentiana obconica 209
Gentiana officinalis 199
Gentiana oreodoxa 213
Gentiana phyllocalyx 229
Gentiana product 241
Gentiana purdomii 224
Gentiana rigescens 203
Gentiana robusta 199
Gentiana scabra 228
Gentiana scabrida 246
Gentiana sikkimensis 204
Gentiana siphonantha 197
Gentiana stipitata 230
Gentiana straminea 192
Gentiana susanneae 226
Gentiana szechenyii 232
Gentiana ternifolia 216
Gentiana tetraphylla 216
Gentiana tibetica 196
Gentiana tongolensis 237
Gentiana trichotoma 226
Gentiana urnula 234
Gentiana veitchiorum 211
Gentiana vernayi 238
Gentiana waltonii 193
Gentiana walujewii 198
Gentiana wardii 236
Gentiana yunnanensis 239
Gentiana zollingeri 244
Gentianella 279
Gentianella azurea 279
Gentianella turkestanorum 279
Gentianopsis 272
Gentianopsis barbata 275
Gentianopsis contorta 273
Gentianopsis grandis 274
Gentianopsis lutea 273
Gentianopsis paludosa 273

H

Halenia 247
Halenia corniculata 248
Halenia elliptica 249
Hedychium bijiangense 107
Hedychium brevicaule 109
Hedychium coccineum 109
Hedychium convexum 110
Hedychium coronarium 110
Hedychium densiflorum 110
Hedychium efilamentosum 111
Hedychium flavescens 112
Hedychium flavum 113
Hedychium forrestii 114
Hedychium gardnerianum 115

Hedychium glabrum 116
Hedychium hookeri 118
Hedychium kwangsiense 119
Hedychium longipetalum 119
Hedychium menghaiense 120
Hedychium neocarneum 121
Hedychium parvibracteatum 122
Hedychium pauciflorum 122
Hedychium puerense 123
Hedychium qingchengense 124
Hedychium simaoense 124
Hedychium sino-aureum 125
Hedychium spicatum var. *acuminatum* 127
Hedychium spicatum var. *spicatum* 126
Hedychium tengchongense 127
Hedychium tenuiflorum 128
Hedychium villosum 128
Hedychium viridibracteatum 130
Hedychium wangmoense 131
Hedychium ximengense 131
Hedychium yungjiangense 132
Hedychium yunnanense 133
Hygrophila megalantha 302

I

Isomeria 230

J

Justicia acutangula 304
Justicia austroguangxiensis 306
Justicia austroguangxiensis f. *albinervia* 306
Justicia grossa 308
Justicia latiflora 308
Justicia vasculosa 310

K

Kudoa 206
Kuepferia 187
Kuepferia damyonensis 187
Kuepferia decorate 188

L

Lilium henryi 354
Lomatogoniopsis 272
Lomatogoniopsis alpine 272
Lomatogonium 269
Lomatogonium carinthiacum 270
Lomatogonium perenne 271
Lycoris anhuiensis 073
Lycoris aurea 070
Lycoris caldwellii 072
Lycoris chinensis 071
Lycoris × *chunxiaoensis* 065
Lycoris guangxiensis 073
Lycoris × *houdyshelii* 068
Lycoris × *hubeiensis* 065
Lycoris hunanensis 067
Lycoris × *incarnata* 075
Lycoris insularis 076
Lycoris × *jinzheniae* 072
Lycoris longifolia 069
Lycoris longituba 074
Lycoris longituba var. *flava* 074
Lycoris longituba var. *longituba* 074
Lycoris radiata 063
Lycoris radiata var. *pumila* 064
Lycoris radiata var. *radiata* 063
Lycoris × *rosea* 066
Lycoris × *shaanxiensis* 075
Lycoris sprengeri 077
Lycoris × *squamigera* 076
Lycoris × *straminea* 067
Lycoris tsinlingensis 070
Lycoris wulingensis 066

M

Megacodon 247
Megacodon stylophorus 247
Metagentiana 183
Metagentiana rhodantha 184
Microsperma 237
Monopodiae 199

P

Pararuellia hainanensis 311
Paris bashanensis 009
Paris caobangensis 040
Paris chinensis 043
Paris cronquistii 010
Paris delavayi 011
Paris dunniana 014
Paris fargesii 014
Paris forrestii 017
Paris lancifolia 037
Paris liiana 036
Paris luquanensis 019
Paris mairei 020
Paris marmorata 022
Paris polyphylla 024
Paris qiliangiana 026
Paris thibetica 028
Paris vaniotii 029
Paris verticillata 046
Paris vietnamensis 032
Paris xichouensis 045
Paris yanchii 034
Paris yunnanensis 039
Phlogacanthus curviflorus 312
Phyllocalyx 229
Pieris 154
Pieris formosa 155
Pieris japonica 155
Pieris swinhoei 155
Pinus koraiensis 474
Plagiorhegma dubium 476
Pneumonanthe 228
Pseuderanthemum graciliflorum 313
Pseuderanthemum polyanthum 314

R

Rhinacanthus beesianus 315

S

Sargentodoxaceae 359
Sinogentiana 185
Sinogentiana souliei 186
Sinogentiana striata 186
Sinoswertia 268
Sinoswertia tetraptera 269
Strobilanthes austrosinensis 317
Strobilanthes cusia 318
Strobilanthes dimorphotricha 319
Strobilanthes hamiltoniana 319
Strobilanthes henryi 320
Strobilanthes hossei 320
Strobilanthes lamiifolia 324
Strobilanthes pseudocollina 325
Strobilanthes sarcorrhiza 325
Strobilanthes tetrasperma 327
Strobilanthes tonkinensis 327
Swertia 250
Swertia angustifolia 262
Swertia bifolia 256
Swertia bimaculata 260
Swertia calycina 253
Swertia decora 265
Swertia delavayi 264
Swertia diluta 265
Swertia divaricata 252
Swertia elata 257
Swertia emeiensis 253
Swertia franchetiana 266
Swertia hispidicalyx 268
Swertia kingii 257
Swertia macrosperma 263
Swertia mussotii 263
Swertia nervosa 262
Swertia obtusa 254
Swertia pseudochinensis 266
Swertia souliei 259
Swertia veratroides 256
Swertia verticillifolia 259
Swertia wolfgangiana 257
Swertia yunnanensis 266
Syringa oblata 475

T

Tapisciaceae 359
Tetracentraceae 359
Tetramerae 239
Thunbergia coccinea 330
Thunbergia grandiflora 332
Trapella sinensis 346
Trapellaceae 359
Tripterospermum 181
Tripterospermum chinense 181
Tripterospermum volubile 181

V

Veratrilla 250
Veratrilla baillonii 250

W

Weigela florida 'Ryal' 499

中文人名索引
Persons Index in Chinese

A
埃尔威斯 344

C
蔡邦平 144

F
傅礼士 340

G
高丽霞 142

H
海沃德 078
韩尔礼 340
何廷农 169
赫伯特 078
赫姆斯利 343
胡秀 142
霍迪舍尔 079

K
考德威尔 079

L
李范五 467
栗田子郎 061
林德利 079
林巾箴 061
刘念 147
刘尚武 167

M
马安平 536
马毓泉 168

S
沈茂才 532
斯普伦格 080

T
特劳布 060

W
威尔逊 340
吴德邻 102

X
西塞尔顿-戴尔 342
夏念和 144
熊友华 144
徐炳声 061

Y
于飞 102
余树勋 467

Z
张謇 378
张秦岭 532
张世军 467
张左己 468

西文人名索引
Persons Index

B

Baker, John Gilbert 101

C

Caldwell, Sam 079

E

Elwes, Henry John 344

F

Fang, Ding 108
Fischer, Cecil Ernest Claude 102
Forrest, George 340

H

Hayward, Wyndham 078
Hemsley, William Botting 343
Henry, Augustine 340
Herbert, William 078
Ho, Ting Nung 169
Horaninow, Paul Fedorowitsch 101
Houdyshe, Cecil 079
Hu, Xiu 120

K

Kingdon-Ward, Frank 140, 142
König, Johann Gerhard 101

L

Lindley, John 079

M

Ma, Yu-Chuan 168
Moore, Frederick William 100, 143
Mou, Fengjuan 103, 131

P

Pradhan, Keshab C. 143

Q

Qian, Yiyong 123, 131

R

Raffill, Charles Percival 100, 142
Roscoe, William 101

S

Schumann, Karl 101, 102
Siro Kurita 061
Smittle, Doyle A. 144
Sprenger, Charles 080
Struwe, Lena 169

T

Thiselton-Dyer, William Turner 342
Tong, Shaoquan 110, 116
Traub, Hamilton P. 060
Turrill, William Bertram 102

W

Wallich, Nathaniel 101, 110
Wilson, Ernest Henry 340
Wu, Delin 102, 107

Z

Zhu, Zhengyin 124
ZHANG, Jian 378